Der Elementargeometrie
Zweiter Theil.
Von geometrischen Körpern und von Figuren in der Kugelfläche.

Erstes Hauptstück.
Die Stereometrie.

I. Von den Lagen grader Linien und ebener Flächen gegen einander und von den Grundsätzen der Stereometrie.

§. 1. Forderung. Durch zwey und auch durch 3 Punkte, die nicht in einer graden Linie liegen läßt sich immer eine Ebene von unbestimmter Größe legen.

Erläut. Legt man sie durch einen Punkt; so läßt sie sich um denselben immer so drehen, bis auch der zweite in der Ebene zu liegen kommt. Um die grade Linie zwischen diesen beiden Punkten (sie ist ganz in der Ebene §. 16. Planim.) läßt sich die Ebene ferner drehen, bis auch der 3te gegebene Punkt in ihr lieget.

§. 2. Daher kann durch beide Schenkel eines ebenen Winkels immer eine Ebene gelegt werden, und ebene Winkel, auch gradlinigte Dreiecke, sind immer in einer Ebene. Ferner kann durch 3 Punkte nicht mehr als eine Ebene gelegt werden, oder 3 Punkte bestimmen eine Ebene vollkommen, wie 2 eine grade Linie.

 Anmerk.

Anmerk. Daher wanket ein Tisch auf 3 Füssen nicht so leicht als einer auf vier; weil 4 Punkte nicht nothwendig in einer Ebene liegen.*)

§. 3. **Durch eine grade Linie kann mehr als eine Ebene gelegt werden, welche sich alsdenn in der graden Linie schneiden.** Ebenen, die einander schneiden, haben immer eine grade Linie mit einander gemein, außer derselben aber auch keinen Punkt mehr. Zwei verschiedene Ebenen weit genug ausgedehnt, müssen sich schneiden.

§. 4. Wenn eine Ebene CD (1 F.) eine andere EF in der graden Linie AB schneidet; so kann man aus einem Punkt P in beiden Ebenen die Perpendikel PN und PM auf AB errichten. §. 70 Pl. Der Winkel MPN heist der **Neigungswinkel** beider Ebenen. Und also steht AB auf den Linien PN und PM, die in **verschiedenen** Ebenen liegen senkrecht. Ist der Neigungswinkel ein rechter, so stehen die Flächen senkrecht auf einander. Wenn man die Lage zweier Ebenen gegen einander den **Flächenwinkel** nennt so sieht man, daß der Flächenwinkel und Neigungswinkel gleich groß sind.

§. 5. Wenn man durch einen Punkt H in einer Ebene CD und einen andern K außer ihr die grade Linie KL zieht, so **schneidet** KL die Ebene CD; und H heißt der Durchschnittspunct. Es giebt nur **den einen** Durchschnittspunct; denn wenn es noch einen gäbe, so fiele die grade Linie ganz in der Ebene, mit welcher sie 2 Punkte gemein hätte. §. 1.

§. 6.

*) Man muß sich ein paar Dutzend grade Stäbe von Eisen oder Messingdrath, von etwa 6, und 3 Zoll lang, mit scharfen Spitzen, und oben in ein Ohr umgebogen, wodurch man den Stab durchstecken kann, auch einige kleine spitze Pflöcke mit Oehren machen; und mit starkem Zwirn oder Bindfaden, den man durch die Oehre zieht, und daran wo es nöthig anknüpfet, die hier zum Behuf der Beweise vorkommenden Figuren konstruiren. Es ist seltsam genug, wenn man aus Rigorismus das zur Deutlichkeit abzweckende Verfahren verwirft Eben dadurch komt man dahin, sich endlich von den Projectionen der in verschiedenen Ebenen liegenden Linien auf eine Ebene, wie die Kupfertafeln sie vorstellen, eine richtige Vorstellung zu machen, ohne seine noch ungeübte Einbildungskraft zu martern.

§. 6. **Wenn eine grade Linie AH (2 Fig.) durch den Durchschnittspunkt H zweier graden Linien GD und CF geht, und auf beiden Linien senkrecht ist; so ist sie auf allen graden Linien, welche durch H in der Ebene, worin GD und CF liegen, gezogen werden können, senkrecht** *)

Bew. Man mache HF = HC; HD = HG und ziehe BE, DF, CG und aus A grade Linien an D E, F, C, B, G; so ist

1) Dr FDH = Dr. GCH §. 59. Pl. mithin HDE = HGB und FD = GC.

2) Dr. HED = Dr. HBG §. 116. Pl. mithin HE = BH und DE = GB.

3) Dr. AHF = Dr. AHC und Dr. AHG = Dr. AHD §. 59. Pl.

4) Dr. AGC = Dr. ADF §. 64. Pl. daher ADE = AGB.

5) Dr. AED = Dr. ABG aus 4) und 2) und §. 59. Pl. Folglich ist AE = AB; aber HE = BH aus 2) und AH = AH. Folgl.

6) Dr. AEH = Dr. ABH; also AHE = AHB = R. d. i. AH ist auf BE senkrecht; und da der gleiche Beweis für alle durch H in derselben Ebene gezogene Linien gilt, so ist AH auf allen solchen Linien senkrecht.

§. 7. Unter **senkrechte, lothrechte Linie auf einer Ebene** wird keine andere Linie, als eine solche wie AH verstanden, welche auf **allen** durch den Durchschnittspunkt in der Ebene gezogenen Linien senkrecht ist. Der vorige Satz schränket die Untersuchung, die unendlich wäre, auf 2 Linien ein.

§. 8. Eine Linie steht schief auf einer Ebene, die nicht auf allen durch H gezogenen Linien senkrecht ist.

*) Hier schlägt man für AH einen metallenen Stift ein. DF, HD u. s. w. werden mit Röthel auf dem Brette, und von A nach B, E u. s. w. Fäden gezogen.

§. 9. Wenn AH auf HD, HE, HF senkrecht ist, so sind leztere Linien in einer Ebene. Denn wäre HE nicht in einer Ebene, so müste doch die Ebene FHD die AHE in einer graden Linie z. E. He schneiden. Also wäre AH senkrecht auf He §. 7. und zugleich auf HE wider §. 81. Pl.

§. 10. **Aus einem Punkt ausserhalb einer Ebene kann nur eine senkrechte Linie auf die Ebene gezogen werden.** Denn wäre ausser AH auch noch AF senkrecht, so wäre im Dreieck AHF der Winkel AFH = R = AHF wider §. 82. Pl.

§. 11. **Die senkrechte Linie AH ist kürzer als jede von A auf die Ebene gezogene Linie oder AH ist die** eigentliche Entfernung des Punkts A von der Ebene CF.

§. 12. **Wenn eine von den Parallelen *AB*, *CD* (3 Fig.) auf der Ebene *LM* senkrecht ist, so ist es auch die andere.**

Bew. Es sei AB senkrecht auf LM und die beiden AB, CD sind als Parallelen in einer Ebene, welche die LM in BD schneidet. Eine jede Linie wie DA ist auch in der Ebene der Parallelen. Man zieht DE senkrecht auf DB in der Ebene LM, und macht DE = AB; zieht ferner BE; so ist Dr. BDE = Dr. ABD §. 59. Pl. Mithin AD = BE. Man ziehe AE; so ist Dr. AEB = Dr. AED §. 64. Pl. Folglich ADE = ABE = R = BDE. Also ED senkrecht auf der Ebene ABDC. Nun ist CDB = 2 R — ABD = R. Also ist CD auf DB und DE d. i. auf der Ebene LM senkrecht.

§. 13. **Wenn hinwiederum *AB* und *CD* auf *LM* senkrecht sind, so sind sie auch parallel.** Denn jede durch D mit AB parallel gezogene Linie muß senkrecht seyn, wenn AB es ist; wegen §. 12.; also wegen §. 10. mit DC zusammenfallen d. i. einerlei seyn. Also muß auch DC ∓ AB seyn.

§. 14.

§. 14. Zwei grade Linien *AB*, *CD*, (3 Fig.) die mit einer dritten *EG*, die nicht mit ihnen in einer Ebene ist, parallel sind, sind unter sich parallel.

Bew. In CDEG ziehe man auf EG die Linie DE, und in ABEG auf eben dieses EG die Linie EB senkrecht. Durch B, D und E lege man eine Ebene LM, so ist EG senkrecht auf LM §. 6. Also sind auch die Parallelen AB und CD auf LM senkrecht §. 12. Daher auch AB ‡ CD §. 13.

§. 15. Aufg. Aus einem Punkte A außerhalb einer Ebene LM eine senkrechte Linie auf die Ebene zu ziehen. (4 Fig.)

Aufl. Man ziehe in der Ebene LM beliebig eine Linie DE und AF auf DE senkrecht. Aus F errichte man die senkrechte Linie FI, und fälle darauf das Perpendikel A; so ist AI auf LM senkrecht.

Bew. Man ziehe durch I die Linie KL ‡ DE; so ist DE senkrecht auf der Ebene AFI §. 6.; denn DFA = DFI = R. Folglich auch die Parallele KI senkrecht auf AFI §. 12. Daher ist AIF = R = AIL; also AI auf LM senkrecht. §. 6.

§. 16. Hieraus folget umgekehrt

1) Wenn man aus A ein Loth auf die Ebene LM in den Punkt I; und ein anderes auf eine Linie DE in LM in den Punkt F fället; so ist auch FI auf DE senkrecht; denn sonst müste eine andere Linie wie Fy auf DE in F senkrecht und ein Loth aus A auf selbiger auch auf LM senkrecht seyn wider §. 10.

2) Wenn AI auf LM und IF auf DE senkrecht ist, so ist auch AF auf DE senkrecht. Denn sonst müste aus A ein anderes Perpendikel Af auf DE, und eine aus f nach I gezogene Linie müste so wie FI senkrecht auf DE seyn nach Nr. 1 wider §. 82. Pl.

§. 17. Aus einem Punkte Q einer Ebene LM errichtet man ein Perpendikel, wenn man aus

 einem

einem Punkt A ausserhalb der Ebene ein Perpendikel AI fället, und nun QS ‡ AI macht §. 12.

Anm. Ein Instrument um im Kleinen Lothe aus einem Punkte auf eine jede (auch nicht horizontale) Fläche zu fällen oder aus einem Punkte in derselben zu errichten, mögten zwei an einander gesetzte sogenante Winkelhacken oder rechtwinklichte Dreiecke ABC, ABD seyn 4* F., die einen Flächenwinkel oder Kante in AB mit einander formirten; mit der Kante brächte man sie an den Punkt ausserhalb der Ebene und mit der Fläche des Winkels DBC, auf dessen Schenkeln BD, BC die Kante AB senkrecht ist, setzt man sie an die Fläche und läßt nun den senkrechten Stift oder sonst eine Linie längs AB herabgehen. Will man ein Perpendikel aus einem Punkt in einer nicht horizontalen Ebene errichten, so setzt man die Fläche DBC so auf dieselbe, daß B über den gegebenen Punkt komt, und befestiget den senkrechten Stift u. d. gl. in der Richtung BA.

§ 18. Eine grade Linie AB (5 F.) ist **mit einer Ebene EF parallel,** wenn sie mit der Ebene nicht zusammenstoßen kann, man mag sich beide noch so weit verlängert und ausgedehnt vorstellen.

§. 19 **Wenn AB nur mit einer in EF befindlichen Linie CD parallel ist; so ist AB auch mit der Ebene EF selbst parallel** Denn AB muß in der Ebene ABCD bleiben; sollte AB also EF schneiden, so müste es in der Durchschnittslinie CD beider Ebenen geschehen, mit der es doch parallel ist.

§. 20 Wenn man durch AB eine Ebene so leget, daß sie EF schneidet, so ist allemal die Durchschnittslinie CD ‡ AB. Denn schnitte AB die Linie CD; so stieße sie auch mit der Ebene EF zusammen, womit sie doch parallel seyn soll.

§. 21. **Winkel in verschiedenen Ebenen** *ACB*, *DEF* (6 Fig.) **sind gleich groß, wenn ihre Schenkel** *CA*, *ED* **und** *CB*, *EF*, **die in Absicht der durch die Spitzen gezogenen Linie CE nach einer Seite liegen, parallel sind.**

Bew.

Bew. Man nehme CA = DE; CB = EF; so sind AD ‡ und = CE; BF ‡ und = CE §. 91 Pl. Folglich AD ‡ und = BF. Daher auch AB = DF. Also ist Dr. ABC = Dr. DFE §. 64. Pl. und ACB = DEF.

§. 22. Z. Wären BC und AC, imgleichen EF und DE auf CE senkrecht, so wäre BC ‡ EF und AC ‡ DE und ACB = DEF. Einer wie der andere Winkel stellte den Neigungswinkel der Flächen ACDE und CBFE vor, d. i. der Neigungswinkel zweier Flächen ist gleich, wo man auf ihrer Durchschnittslinie den Punkt annimmt, aus welchem man die Perpendikel errichtet. §.4.

§. 23. Man kann eine durch ACB, DEF oder Fig. 1. durch MPN gelegte Ebene **die Ebene des Neigungwinkels** der Flächen nennen, die sich in CE oder AB schneiden, auf welcher Ebene CE oder AB senkrecht ist. Daher wenn man die Durchschnittslinie zweier Flächen mit einer Ebene senkrecht schneidet; so ist dies die Ebene ihres Neigungswinkels. Denn die Durchschnittslinien PN, PM dieser dritten Ebene machen mit AB rechte Winkel. Daher ist MPN der Neigungswinkel der beiden ersten. Und so steht die Ebene des Neigungswinkels zweier Ebenen auf beide Ebenen, und letztere beide auf erstere jederzeit senkrecht.

§. 24. **Eine grade Linie kann nicht auf zwei Ebenen, die einander schneiden, zugleich senkrecht seyn.** Denn wenn NR (1 Fig.) sowol auf CD als EF senkrecht seyn sollte; so müsten im Dreieck NPR zwei Winkel jeder für sich = R seyn können wider den 82. §. Plan.

§. 25. Es können also durch einen und denselben Punkt einer graden Linie nicht zwei verschiedene Ebenen gedacht oder gelegt werden, worauf die genannte grade Linie zugleich senkrecht wäre.

§. 26. Wenn daher eine grade Linie auf zwei Ebenen senkrecht steht: so können sie sich nicht schneiden, und sind parallel. Denn Ebenen die sich nicht schneiden können, man mag sie nach allen Seiten so weit ausdehnen als man will, heißen **parallele Ebenen**.

§. 27. **Aufg Durch einen Punkt** *A* (7 F.) **außerhalb einer Ebene** *BC* **eine Ebene mit** *BC* **parallel zu legen**

Aufl. Man fälle auf BC das Perpendikel AD §. 15. ziehe in BC die Linien DF, DE und lege durch A die Linie AG ⫩ DE und AH ⫩ DF. Die Ebene des Winkels HAG wird mit BC nach §. 26. parallel seyn müssen. Denn AD ist auch auf HAG senkrecht nach §. 6.

§. 28. Z. 1. Durch einen Punkt außerhalb einer Ebene läßt sich nur eine einzige Ebene mit ihr parallel legen.

§. 29. Z. 2. Eine Linie die auf einer von zweien parallelen Ebenen senkrecht ist, ist es auch auf der andern.

§. 30. Sind in zwei Winkeln HAG, OPQ die nach einer Seite der Linie AP (7 Fig.) liegenden Schenkel parallel, so sind auch die Ebenen dieser Winkel parallel. Denn man fälle das Loth AD; und ziehe DF ⫩ PO und DE ⫩ PQ, so ist auch DF ⫩ AH; DE ⫩ AG §. 14. Daher auch DAH = 2R — ADF = R und DAG = R d. i. die Ebene des Winkels HAG der Ebene BC, worin FDE und OPQ liegen, parallel.

§. 31. Wenn zwei parallele Ebenen von einer dritten durchschnitten werden, so sind die Durchschnittslinien parallel. Denn sie können nicht zusammen stoßen, wofern die beiden parallelen Ebenen nicht auch zusammen stoßen sollen.

Z. 1. Daher sind auch parallele Ebenen durchaus gleich weit von einander entfernt. Denn wenn AD und HF die Entfernungen sind; so sind sie auch parallel §. 13 und auch die Durchschnitte AH, DF sind parallel; also AD = HF. So an jeder andern Stelle.

Z. 2. Daher sind auch 3 und mehr gleich weit von der Ebene BC entfernte Punkte in einer mit BC parallelen Ebene.

Ebene. Denn die Entfernungen sind alle auch parallel, es machen also die Ebenen, die dadurch gelegt werden, Rechtecke, so daß jede auf der Ebene worin diese Punkte liegen senkrecht, mithin selbige mit BC parallel ist.

§. 32. Z. Daher werden auch Linien AB, CD (8 F.) welche zwischen zwei parallelen Ebenen LM, NO liegen, von einer dritten PQ in proportionale Theile geschnitten. Man ziehe DB; so sind die Durchschnitte der Dreiecke ADB und DBC parallel §. 31. Daher AE : EB = DG : GB = DF : FC.

§. 33. I. Wenn AD auf BC (9 F.) senkrecht steht, so ist jede Ebene durch AD senkrecht auf BC. Denn wenn einer solchen Ebene Durchschnittslinie mit BC die Linie EF ist, und man zieht in BC die Linie DG auf EF senkrecht, so ist ADG = R §. 7. und weil GDF = EDG = R; so ist auch ADG der Neigungswinkel §. 4.

§. 34. II. Umgekehrt. Wenn eine Ebene FH senkrecht auf BC steht; so ist nun ein in FH auf den Durchschnitt EF gezogenes Loth AD auch auf BC senkrecht. Denn wenn man wieder die senkrechte Linie DG ziehet, so ist ADG als der Neigungswinkel = R und ADF = R. Also AD senkrecht auf BC nach §. 7.

§. 35. Das aus einem Punkt A der Ebene HEF, die auf der Ebene BC senkrecht ist, auf letztere gefällte Loth liegt ganz in der senkrechten Ebene HEF und es ist kein anderes als das Loth AD auf der Durchschnittslinie EF möglich.

§. 36. So steht auch jedes auf dieser EF in HEF errichtete Perpendikel AD auf jener Ebene BC senkrecht. Denn zieht man DG in letzterer auf EF in D senkrecht, so ist GDA der Neigungswinkel zweier aufeinander senkrechten Ebenen, also = R und ADF = R (per constr.) mithin AD senkrecht auf BC nach §. 6.

§. 37. **Wenn zwei parallele Ebenen AB, CD (10 F.) von einer dritten EF durchschnitten werden, so sind die Neigungswinkel der Ebene EF gegen beide parallele Ebenen gleich groß.**

Bew. GH und KL sind parallel §. 31; MP stehe auf GH und KL senkrecht. Man lege durch MP eine Ebene senkrecht auf EF. Sie wird CD, AB in den Parallelen MN, PQ schneiden a. O. Also wird EMN = EPQ §. 105 Pl.

§ 38. Umgekehrt. **Wenn zwei Ebenen CD, AB mit einer dritten parallele Durchschnittslinien GH, KL machen, und die nach einer Seite dieser Durchschnittlinien hinliegenden Neigungswinkel sind gleich groß; so ist Eb. CD ‡ Eb. AB.**

Bew. Kann man beweisen, daß ein Winkel, in CD z. E. NMH mit einem Winkel in AB wie QPL nach einer Seite zu sich erstreckende parallele Schenkel 1) HM ‡ PL: 2) MN ‡ PQ hat; so ist nach §. 30 CD ‡ AB. Aber wenn man nun ME in GH aus M senkrecht in EF und MN senkrecht in CD zieht; so ist EMN der Neigungswinkel von EF gegen CD die Fläche desselben §. 105 Z. 1. Plan. NME steht auf CD und EF senkrecht; die mit ihr verlängerte Linie EM muß, weil GH ‡ KL letztere in einem Punkt P senkrecht schneiden. Man ziehe nun PQ senkrecht aus P in AB; so ist MPQ der Neigungswinkel von EF gegen AB. Nun ist also MH ‡ PL (per hyp) und MN ‡ PQ nach §. 98 Plan. Also Eb. CD ‡ Eb. AB nach §. 30.

§. 39. Wenn die Ebenen AF, CD 1 Fig. und KH, AB 10 Fig. gleiche Neigungswinkel wie NPM und MPQ gegen einander haben, so decken sich die Flächenwinkel §. 4. Denn schiebt man sie so in einander, daß die Punkte P aufeinander und AB längs KL zu liegen kommen; so fällt auch PM Fig. 1 längs PQ Fig 10; weil MPB = R = QPL. Ferner ist NPM zuvor auf CD in PM und MPQ auf AB in PQ senkrecht; sie fallen also nun in eine Ebene zusammen, in welcher nun auch NP auf

MP

MP fället. So ist es überall, wo man den Neigungswinkel sich gedenket.

§. 40. Wenn man von einem Punkt A (11 F.) der Linie AB auf die Ebene EF die senkrechte Linie AG fället, und aus dem Durchschnittspunkt B der Linie AB mit EF die Linie BG zieht, so ist ABG **der Neigungswinkel der Linie AB gegen die Ebene EF.**

§. 41. **Parallellinien AB, CD haben einerlei Neigung gegen die Ebene EF welche sie durchschneiden.**

Bew. Man fälle aus A und C die senkrechten Linien AG und CH auf die Ebenen, so sind auch diese parallel §. 13. Daher sind die Winkel BAG und DCH gleich, deren Schenkel AB, CD und AG, CH gleichliegend parallel sind §. 21. Man ziehe BG und DH, so ist G = H §. 14. Daher in den Dreiecken ABG und CDH ist ABG = CDH §. 105. Z. 1 Pl. d. i. die Neigungswinkel sind gleich.

§. 42. **Wenn zwei Ebenen AM, CN (12 F.) die sich in GH schneiden, auf einem dritten EF senkrecht sind; so ist auch GH auf EF senkrecht.**

Bew. Man ziehe HK auf HN und HL auf HM d. i. auf den Durchschnitten beider Ebenen mit EF senkrecht; so ist HK auf CN und LH auf AM senkrecht, §. 33. Mithin GHK = R = GHL. Folglich GH senkrecht auf EF §. 6.

Schlußanmerk. Daß unter Horizontalfläche ein Theil der Erdoberfläche verstanden wird, womit ein herabhängendes Loth rechte Winkel macht, ist durch den Anhang vom Nivelliren Abth. 1 klar genug und giebt die Auflösung folgender.

Aufgabe. **Es ist die senkrechte Entfernung dreier Punkte α, e, d 60* F. V. Taf.) von Punkten auf der (unebenen) Oberfläche der Erde a, b, c gegeben; man soll der Ebene α e d § 1. Lage gegen den Horizont finden.**

Aufl. Man bestimme (durch Höhenmessung §. 69. eb. Tr. oder Nivelliren Anh. vom Niv. §. 5. 7. 8 oder 9 die Höhen bα; cγ; und aus den gleichfalls (§. 69 II.)

N.C) gegebenen Seiten $\alpha\beta$, $\alpha\gamma$ und dem gemessenen $\beta\alpha\gamma = \mu$ das △ dieses Nahmens §. 56 2. Trig. Da nun $\gamma c + cd = \gamma d$, $\beta b + be = \beta e$ mithin $\gamma d - \alpha\alpha = t$ und $\beta e - \alpha\alpha = p$ bekant sind; so hat man $\frac{t.\alpha\beta}{p}$ welches q heissen soll. In einem Dreieck wie $\alpha\varphi\gamma$ wo $\alpha\varphi = q$ und $\alpha\gamma$ den Winkel μ einschliessen bestimmt man $\alpha\varphi\gamma = \varrho$ aus §. 56. 2 Tr. und das Loth ak auf $\varphi\gamma = q \sin\varrho$ (§. 49 Tr.) $= Q$; Nun ist endlich wenn man $\gamma d - \alpha\alpha = t$ und den Winkel der Ebene αed mit dem Horizont ϑ setzt

$\frac{t}{Q} = \tang \vartheta$ §. 17 Tr.

Bew. Es ist $\alpha\beta\gamma$ eine Horizontfläche; eine damit durch d parallele Ebene ist gleichfalls horizontal. Schneidet sie αed in df, so kann man $\gamma\varphi \mp df$ und $\alpha\beta$ so weit ausziehen bis es $\gamma\varphi$ in φ schneidet; so ist $\varphi f = \gamma d$. Nun ist, wenn $\varphi\varphi' = \alpha\alpha$; $f\varphi' = t$; $\frac{t.\alpha\beta}{p} = q = \alpha\varphi$. Das übrige folgt aus der Auflösung selbst, weil auch $kl = \gamma d$; $km = \alpha\alpha$ mithin $ml = kl - km = t$. Aber $l\alpha m = \vartheta$. Also $\frac{ml}{\alpha m} = \frac{t}{Q} = \tang\vartheta$.

3. Das ist eigentlich eine Auflösung der Markscheider-Aufgabe: Aus der Seigerteufe (senkrechten Tiefe) dreier Bohrlöcher vom Tage auf das Flötz (von der äussern Erdoberfläche auf die Oberfläche einer flachliegenden Lage Erzes) hier also aus den Größen $\alpha\alpha$, be, cd das Streichen und Fallen des Flötzes (das heißt den Winkel welchen seine und einer horizontalen oder söhligen Ebene Durchschnittslinie df mit der Mittagslinie und der Ebene αed mit dem Horizont) zu finden. In den hier erforderlichen Nivellements braucht der Markscheider (bergmännische Feldmesser) seinen Gradebogen S. Nivell. §. 7 und §. 13 und der Hängecompaß, welcher an einer von a nach γ oder wenn der Punct φ auch am Tage (d. i. auf der äussern Erdfläche) bestimt wird, auf einer von γ nach φ gespanten Schnur aufgehangen wird, giebt ihm das Streichen d. i. die Abweichung der Linie $\gamma\varphi$ oder df von der Mittagslinie auf dem Compaß oder Boussole §. 255 B Planim.

Diese ganze Auflösung steht hier als eine Probe, unter unzähligen wie die Bekantschaft mit der ebenen

Tri-

Trigonometrie dienet, nützliche Aufgaben in der Stereometrie aufzulösen. Uebrigens sieht man wol, daß wenn nicht große Genauigkeit verlangt wird, man aus den gemessenen Datis, $\varphi a \gamma$ und dessen Lage gegen die Mittagslinie, der Linie $a\gamma$, ferner aus $\beta e - a\alpha : \gamma d - a\alpha = a\beta : a\varphi$ d. i. $a\varphi = \frac{\gamma d - a\alpha}{e - a\alpha} a\beta$ das Dreieck $a\varphi\gamma$ nebst dem Perpendikel ak; ferner aus diesem $ak = \alpha m$ und $\gamma d - a\alpha = lm$ ein rechtwinklichtes Dreieck $\alpha m l$ verzeichnen und so aus $\Delta a\varphi\gamma$ das Streichen $\gamma\varphi$; aus $\Delta \alpha m l$ das Fallen $l\alpha m$ des Flötzes $\alpha e d$ herleiten könne. Das erste Dreieck muß wenigstens so genau als möglich mit dem Zulegeinstrument (einer Boussole, woran ein Linial mit dem Meridian parallel angebracht ist) verzeichnet werden.

§. 43. Das bisherige muß eben so nothwendig bei der Stereometrie vorausgesetzt werden, als was zu Anfang der Planimetrie von graden Linien und Winkeln voraus gelehret wurde. Uebrigens braucht eigentlich die körperliche Geometrie keiner besondern Grundsätze sondern auch bei ihr reicht man mit den allgemeinen §. 4. 24. Ar. und dem eigenthümlichen geometrischen §. 21. Plan. vollkommen aus. Der erste Lehr-Satz §. 6. bei dessen Beweis die Einschränkung auf eine und dieselbige Ebene, die bei dem planimetrischen Verfahren Statt fand, §. 16. Pl. aufgehoben wird, hänget doch durch sehr sichtbare Kettenglieder mit dem Grundsatz der Congruenz zusammen. Denn er ist ganz auf die Lehrsätze von der Kongruenz der Dreiecke gebauet. — Ich werde auch mich bemühen alles folgende nach der gewöhnlichen Euklidisch-Archimedischen Art daraus herzuleiten. Inzwischen kann ich mich doch nicht entbrechen, den von einem unsrer größten Mathematiker dem sel. Segner aufgenommenen Grund- oder Lehrsatz hier anzuführen, und in der Folge auch daraus hin und wieder einen zweiten Beweis herzuleiten, da dieser Satz und seine Anwendung für den Schüler der Mathematik so leicht ist.

§. 44. Ursprünglich rühret dieses principium eigentlich von Cavalleri in Geom. indivisibilium her. Doch ist es nicht der eigentliche methodus indivisibilium dieses Mathematikers, von welchem Tschirnhausen beweiset, er sey nur per accidens wahr. Vielmehr will er im 7ten Buche seines Werks, den er damit anfängt, auf eine andere von der meth indivis. unabhängige Art eben dieselben Sätze beweisen. Ich würde ihn nach Segner El. Geom. §. 194. und Kästner Gesch. der Mathem. III. B. S. 209. für die Planimetrie, wo er schon, wenns nöthig wäre zum Beweise mehrerer Sätze des IV. und VII. Abschnitts gebraucht werden kann, so ausdrücken.

§. 45. **Ebene Figuren, die zwischen zwei Parallellinien so eingeschlossen sind, daß sie mit ihren Extremitäten diese Linien berühren, sind gleich, wenn diejenigen Stücke von jeder andern zwischen den beiden Gränzparallelen in gleicher Entfernung davon gezogenen Parallelen, welche innerhalb der besagten Figuren fallen, gleich groß (gleich lang) sind.** Der Beweis welchen H. v. S. hier beibringt sagt eigentlich bloß: Ebene Figuren worauf diese Kennzeichen treffen, sind offenbar gleich hoch §. 165. Pl. auch läßt sich keine von den obersten und untersten Extremen gleich weit entfernte Stelle angeben, wo sie nicht gleich breit wären. Mithin ist das was man Ausdehnung nennt, bei zwei so verglichenen Figuren durchaus gleich groß. Folglich sind die Figuren völlig gleich.

§. 46. Mit Voraussetzung des Begriffs von einem geometrischen Körper §. 3 Pl. läßt sich nun auf ähnliche Art behaupten.

Wenn zweier oder mehrerer geometrischer Körper obere oder untere Extreme in 2 parallelen Flächen liegen, und die Durchschnitte, welche von jeden andern zwischen letztere mit ihnen parallel gelegten Flächen in den Körpern ent-

entstehen, in gleicher Entfernung von den Grundflächen gleich groß sind, so sind die Körper selbst gleich groß. Auch wenn in den gleich hohen Körpern A, B, C, oder A, B, C, D der beschriebene Durchschnitt von A der Summe der Durchschnitte in B und C oder die Summe derselben in A und B der Summe in C und D gleich wäre, würde eben die Behauptung gelten.

Der sogenannte Beweis deutet auch nur darauf hin, daß dieser Satz blos ein Kennzeichen angiebt, woraus augenscheinlich zu ersehen, daß die drei Dimensionen der Höhe, Breite und Länge bei den verglichenen Körpern die nämlichen sind. Denn sie liegen ganz zwischen zwei gleichlaufenden Flächen, sie haben also gleiche Höhen; und in gleichen Entfernungen von der obern und untern Gränzfläche sind gleich große Durchschnitte.

Aber darauf kommt es nun eben an, daß man aus den Eigenschaften der Flächen oder Körper jederzeit zeigen muß, daß die Durchschnitte bei gleicher Entfernung von der Basis gleich groß seyn müssen. Wo man dies deutlich übersehen kann ist freilich dies die allerleichteste Art die Gleichheit besonders geometrischer Körper einzusehen, deren In einander passen wie die Folge zeigen wird, manchmal nicht so leicht deutlich zu machen ist. Nur der höhere Grad der Einfachheit, in Absicht der Grundsätze, welche die Wissenschaft durch den alten Gang des Beweises bekommt, bestimmt mich ihn nicht zu verlassen.

§. 47. Anm. Sollte wol ein gemeiner Landmann wenn man ihm ausser dem cylindrischen Scheffel zwei Parallelepipeda von eben der Höhe darstellte, um sich von dem gleichen Inhalt beider zu überzeugen, etwas mehr als den Beweis verlangen, daß beider letzten Oberfläche unter sich und mit der kreisförmigen des gemeinen Scheffels gleich wäre? Diese Frage lege ich demjenigen vor, der etwa einwenden mögte, daß wenn die Durchschnittsfiguren der Körper incongruent wie wol gleich gros wären, es doch nicht so evident sey

ob

ob alle 3 körperliche Dimensionen an zwei Körpern gleich seyn. Wenigstens hoffe ich, mein Landmann begriffe es, daß wenn nur die Durchschnittsflächen gleich groß wären, jede Schicht des runden und eckigten Körpers eine gleiche Anzahl Körner fassen werde.

II. Von den geometrischen Körpern überhaupt, besonders von den Prismen.

§. 48. Ein jeder geometrische Körper §. 4. Pl. der von allen Seiten in Gränzen eingeschlossen ist, hat eine bestimmte Figur, die ihm eben diese Gränzen geben. Diese Gränzen sind Flächen, ebene oder krumme.

§. 49. Eine einzige ebene Fläche kann keinen körperlichen Raum begränzen oder eine Figur bestimmen, wol aber theilt sie gehörig erweitert jeden körperlichen Raum den sie durchschneidet in zwei Stücke.

§. 50. Zwei, nicht einmahl drei ebene Flächen können keinen Körper begränzen, Es sey die erste ADE, (13 Fig.) man lege durch eine Linie AD in derselben eine zweite Ebene ADB, ziehe nun aus dem Punkt A in ADB die Linie AB, so wird doch die durch BAE gelegte Ebene mit den beiden vorigen den um A herum liegenden körperlichen Raum nicht von allen Seiten begränzen. Es wird dazu noch eine Ebene erfordert, die etwa AD, AB, AE in den Punkten B, D, E schnitte. §. 2.

§. 51. An dem so entstandenen Körper heissen die Gränzen wie ABE, ABD, die **Seitenflächen** (hedrae) AD, AB, EA u. s. w. **Seitenlinien** auch **Kanten** (welches nach dem Sprachgebrauch aber doch mehr den Flächenwinkel §. 4 anzudeuten scheint, da man von scharfen und stumpfen Kanten spricht). Wenn die Seitenflächen alle Ebenen sind, heißt der Körper **eckigt**. Es befinden sich nun auf seiner Oberfläche Punkte wie hier E, A, B, D wodurch 3 oder mehr Ebenen gelegt sind, diese Ebenen formiren an den zugehörigen Punkten durch ihre

ihre Lage gegen einander, das was man einen **körperlichen Winkel** (angulus solidus) oder eine **Ecke** nennt; und zwei Ecken die von gleich vielen Ebenen, die nach der Ordnung einerlei Neigungs- oder Flächenwinkel haben, und die gleiche ebene Winkel an der Spitze machen, formirt werden, sind gleich groß, und passen in einander (congruunt). Jede Seitenfläche für sich betrachtet hat **wenigstens** 3 Seitenlinien. Aber jede Seitenlinie gehört zugleich zu der nächstliegenden Seitenfläche, wird also gleichsam zweimal benutzet; daraus folgt, daß man nicht behaupten kann, es seyn wenigstens 3 sondern nur, es seyn **wenigstens $\frac{3}{2}$mal so viel Seitenlinien als Seitenflächen an einer eckigten körperlichen Figur.** Ebene Winkel aber giebt es eben so viel auf des Körpers Oberfläche, als alle Seitenflächen, jede für sich betrachtet, Seiten haben, mithin doppelt so viel als einzelne wirklich von einander verschiedene Seitenlinien oder Kanten.

§. 52. Auf mannichfaltig verschiedene Art können Ebenen so gelegt werden, daß sie einen körperlichen Raum einschließen. Hier werden nur die merkwürdigsten auf die Art entstandenen Figuren, welche die Elementargeometrie ausmessen lehret, betrachtet werden; und da bei den in den Elementen betrachteten Körpern selten andere als dreiseitige Ecken Data sind; so ist es auch hinlänglich folgende Aufgabe aufzulösen.

§. 53. Aufg. **An einen Punkt a eine gegebene dreiseitige Ecke A zu legen.** (Die drei Seitenlinien sind AB, AD, AE).

Aufl. Man fälle aus einem Punkt B (13 Fig.) der Seitenlinie AB das Loth BC auf die entgegenliegende Seite DAE §. 15. Aus a ziehe man ad willkührlich; mache dae = DAE; dac = DAC; ac = AC, errichte aus c, cb senkrecht auf der Ebene dae §. 17, mache cb = CB und ziehe ab; so schließen die Flächen der Winkel dae, bae und bad eben die Ecke ein, die bei A gegeben war.

Bew. Die Ecke bei A muß in die an a angelegte hineinpassen §. 51. Denn wenn man ad = AD und so auch ae = AE machet, und ziehet in der bei a construirten Figur dc, ce, de, db, bc, und bei A die gleichnahmigen DC u. s. w.; so sind die Lothe bc, BC auch auf cd, ca, ce so wie auf CD u. s. w. senkrecht. Nun ist dac = DAC da = DA; ac = AC also dc = DC §. 59 Pl. also wegen bc = BC auch db = DB; mithin wegen ac = AC auch ab = AB. Da auch ad = AD war; so ist bad = BAD. Eben so erhellt, daß bae = BAE ist, und es wurde dae = DAE gemacht. Mithin, da hier alles erforderliche gleich ist, so wird, wenn man A auf a bringt und so schiebet, daß AC auf ac fällt, AB auf ab, mithin AE auf ae, DA auf da fallen, und die Ecke A in die Ecke a passen.

§. 54. Es sey in einer Ebene eine gradlinigte Figur (14 Fig.), deren Winkelpunkte C, D, E, F, G. Man ziehe Cc, willkührlich gegen AB geneigt. Durch Cc und D lege man eine Ebene worin man Dd ‡ Cc macht. Eben so legt man durch Dd und E eine Ebene, worin man Ee mit Dd parallel zieht, und so weiter erhält man die Ebenen Ef, Fg, Gc und die Parallelen Ff, Gg. Durch einen Punkt c der Linie Cc legt man eine Ebene ab mit AB parallel, welche die vorgenannten in ed, de u. s. w. schneiden, und mit ihnen und der gradlinigten Figur CDEFG einen körperlichen Raum einschließen wird. Die so entstandene Figur heißt ein **Prisma**. (Ecksäule, Pfeiler). Die parallelen Seitenflächen in den Ebenen AB, ab werden hier **Grundflächen** des Prisma genant, den übrigen wie Ce, De bleibt der Name **Seitenflächen**, und nach ihrer Anzahl heist das Prisma **dreiseitig**, **vierseitig** u. s. f. Die **Höhe** eines

Prisma

Prisma ist die Entfernung einer Grundfläche von der andern.

§. 55. Die Durchschnitte wie CD, cd jeder Seitenfläche mit den Grundflächen sind parallel §. 31. Da nun (per constr.) auch Cc ‡ Dd; so sind die Seitenflächen der Prismen Parallelogramme.

§. 56. Ferner: weil CD = und ‡ cd; DE = und ‡ de u. s. w. so ist auch W. C = c; D = d u. s. w. § 21. d. i. die Grundflächen der Prismen sind congruent; so wie auch jeder parallele Schnitt mit den Grundflächen ihnen congruent ist; und man kann sich vorstellen, daß ein Prisma entsteht, wenn sich die obere Grundfläche an Cc ‡ herunterwärts bewegt.

So ist das Prisma ein zwischen zwei congruenten, Ebenen von n Seiten (seinen Grundflachen) und n Parallelogrammen (seinen Seitenflächen) eingeschlossener Raum.

§. 57. Wenn die parallelen Seitenlinien, folglich auch die Seitenflächen §. 33 auf den Grundflächen senkrecht stehen, so ist der Körper ein grades, sonst ein schiefes Prisma. Die Seitenflächen des graden sind daher Rechtecke.

§. 58. Pr. Anmerk. Eine geringe Ueberlegung zeigt, daß man beim Feldmessen mit Instrumenten die Winkel eigentlich in einer Fläche cdefg (15 F.) misset und aufnimt, welche mit der Horizontalfläche CDEFG parallel und derselben congruent seyn soll. Nur in so weit cdefg diese Eigenschaft hat, ist die Messung richtig. Daher muß man so sorgfältig seyn, die Punkte c oder d über C und D zu bringen, die Stäbe wie Dd, Ee vertikal zu setzen, die Ebene des Instruments in die mit dem Horizont übereinstimmende Lage zu bringen u. s. f.

§. 59. Ein solches Prisma, dessen Grundflächen HBCD, ARCS (16 Fig.) Parallelogramme sind, heißt ein Parallelepipedum. Es wird Kürze wegen in der Folge Pppd. geschrieben werden.

Weil AR ≠ CS und HR ≠ CB; so sind die Seitenflächen HA und BS und aus ähnlichem Grunde HC und DS parallel §. 30. Man kann daher jede paar gegenüberliegende Seitenflächen auch zu Grundflächen annehmen. Eine Fläche, die durch die gegenüberliegenden Seitenlinien wie BC, DA gelegt wird, heißt eine **Diagonalfläche**. **Rechtwinklicht** ist ein Parallelepipedum, dessen Grundflächen und Seitenflächen Rechtecke sind.

Wenn des letztern Grundflächen Quadrate sind, und ihre Entfernung von einander der Seite dieser Quadrate gleich ist; so heist die Figur ein **Würfel** (cubus) und jede Seitenlinie heißt die Seite des Würfels.

§. 60. **Prismen, deren Grundflächen auf einander passen, deren Seitenlinien** mithin auch ihre Seitenflächen, die auf gleichen Seiten der Grundfläche stehen, **gleiche Neigungen gegen die Grundfläche haben, und deren Höhen gleich sind, passen ineinander** (congruunt) und sind also nach §. 21. Pl. gleich groß.

Bew. I. Wenn man eine Grundfläche des einen, gehörig auf eine Grundfläche des andern legt, so fallen die Seitenlinien, die einerlei Neigung dagegen haben und gleich groß sind, mithin auch die durch jede zwei neben liegende gelegten Ebenen, das ist die Seitenflächen fallen zusammen; und weil die obern Endpunkte der Seitenlinien alle in einer Ebene liegen, so fällt auch die zweite Grundfläche des einen mit der zweiten Grundfläche des andern zusammen d. i. alle Gränzen der beiden Prismen fallen zusammen, oder die Prismen passen in einander; und sind also gleich groß,

Bew. II. Die verglichenen Prismen sind gleich hoch, liegen also ganz zwischen 2 Parallelflächen, wenn sie auf einerlei Fläche stehen, und haben außerdem gleiche Grundflächen. Alle Durchschnittsflächen in jeder

Höhe

Höhe sind gleich. §. 56. Mithin sind die Prismen gleich groß §. 47.

§. 61. 3. **Würfel, die gleiche Seitenlinien haben, sind gleich groß und umgekehrt.** Sie sind größer und kleiner, wenn die Seiten-Linien größer und kleiner sind und, um einen Würfel von bestimmter Größe zu haben und zu construiren, braucht man nur eine Seite davon zu wissen.

§. 62. **Jedes Parallelepipedum AB (16 Fig.) wird von jeder Diagonalfläche ABCD in zwei gleiche dreiseitige Prismen getheilt.**

Bew. I. Vom rechtwinklichten erhellt es aus §. 60 Um es vom schiefwinklichten einzusehen; halbire man AC, BD in E und F und lege durch die Linie EF Parallelflächen mit AG und AH, so entstehen dadurch die gleichen Pppda RF, SF, und die ebenfalls ihnen und unter sich gleichen BE, ED, welche letztere aber durch die Diagonalfläche in zwei 3seitige Prismen getheilt werden, bei welchen die gleiche Frage stat findet. Macht man hier eben solche Durchschnitte, wie bei dem größern zuerst vorgelegten Pppd. so entstehen 4 kleinere ganze Pppda, zwei auf der einen und zwei auf der andern Seite von ABCD, wovon jedes dem entgegengesetzten gleich ist, und vier kleinere von ABCD getheilte, womit man wieder eben so verfahren kann. Immer bleiben kleinere und kleinere 3seitige Prismen übrig und jedesmal geht die Hälfte von dem Rest an solchen Pppden ab, die ihren entgegengesetzten gleich sind. Es muß also zuletzt ein Rest bleiben, der kleiner ist als jede Größe d, die man zuerst auch noch so klein angenommen hätte.

Man nenne nun auf jeder Seite die Summe der abgehenden Pppden S, die getheilten welche auch bei der letzten Operation noch übrig bleiben s. Das anfangs gegebene Ppp heiße Π, die beiden Prismen, worin es die Diagonalfläche theilt, heißen P und P. Man setze es sey der Behauptung zuwider P — 𝔓 = d. So wäre P = 𝔓 + d; Π = P + 𝔓 = 2S + s = 2𝔓 + d. Stellt man sich nun die Theilung so oft wiederholt vor, bis s < d geworden ist; so muß 2S + s < 2S + d; also auch P + 𝔓 < 2S + d oder 2𝔓 + d < 2S + d; also 𝔓 < S das heißt das Ganze kleiner als ein Theil werden können gegen §. 4. Ar. Da dieser Widerspruch aus der Voraussetzung folgt, daß P — 𝔓 = d das ist P > 𝔓, das heißt ein durch den Diagonalschnitt entstandenes dreiseitiges Prisma größer als das andere sey; so müssen sie gleich seyn.

Bew. II. Beide durch den Diagonalschnitt entstandene Prismen haben gleiche Grundflächen §. 124. Pl. sind gleich hoch §. 54. Alle Durchschnitte welche in jedem Abstande von ihren Grundflächen mittelst parallel mit selbigen gelegten Ebenen gemacht werden, sind gleich groß §. 56. Also ist P = 𝔓 §47.

§ 63. Also ist jedes 3seitige Prisma die Hälfte eines Pppdums das mit ihm gleiche Höhe, und die doppelte Grundfläche hat, und **3seitige Prismen sind gleich groß, wenn sie gleiche Höhen und Grundflächen haben.**

§. 64. **Parallelepipeda von gleicher Höhe, die auf congruenten Grundflächen stehen, sind gleich groß d. i. von gleichem Inhalt.** (Jede Seite kann bei Pppden Grundfläche heißen §. 59.)

Bew. I. Es sey BCDA (17 F.) die congruente auch (wie man sie immer darauf bringen kann) gemeinschaftliche Grundfläche der Parppden AG und AM und die Seitenflächen BG, BM, AH, AK liegen in den parallelen Flächen EBCM und FADK: so sieht man leicht, daß die dreiseitigen Prismen von FAI und HDK gleich groß sind aus §. 60 verbunden mit §. 167. und 59. Pl. Nimt man nun von beiden das Prisma auf HOI weg, und

setzt

setzt zu beiden wieder das Prisma auf AOD hinzu: so hat man Pppd. AG = Pppd. AM.

Man sieht, daß der Beweis sich eben so leicht wird führen lassen, wenn etwa die Seitenflächen AH, AK eine Lage hätten wie Fig. 18. Denn alsdenn sind wieder die Prismen über AIF und HDK gleich groß, und werden beiderseits zu dem Prisma über IHDA hinzugesetzt.

II. Daher ist auch das Parallelepipedum Am = Prpd. AG (17 Fig.) wenn gleich Bm nicht mit BG, Ak nicht mit AH in einer Fläche liegen. Denn man darf nur ein Parallelepipedum wie AM verzeichnen, dessen Seiten BM und AK mit den Seiten BG und AH des Pppdi AG, die Seiten DM, AL aber mit den Seiten Dm, Al des Pppdi Am in gleichen Flächen liegen, so erhellt aus I., daß das Ppp. AM = Ppd. AG und eben so Ppd. AM = Ppd. Am, mithin auch Ppd. AG = Ppd. Am sey.

§. 65. **Parallelepipeda auf unähnlichen aber doch gleich großen Grundflächen, haben einerlei Inhalt, wenn sie nur gleich hoch sind.**

Bew. I. 1) Wenn die Grundflächen ABDC, DEFG (19 F.) gleiche Winkel haben, so lassen sie sich immer in eine solche Lage gegen einander bringen, wie die Figur anzeigt (vergl. §. 174. ff. der Planimetrie).

Stehet nun über jeder der gleichen Grundflächen ABDC und GDEF ein Pppdum von gleicher Höhe, aber von ungleich gegen die Grundflächen geneigten Seitenflächen, so bringt man 1) vier Seitenlinien z. E. über D, G, F und E in eine solche Lage, daß D und E, G und F zwar in denselben Flächen über DE, GF bleiben, worin sie vorher waren, aber doch D, G mit D, C in einer Fläche zu liegen kommt: so bleiben nach §. 64. die beiden Pppda über DF gleich groß. Nun giebt man 2) den vier Seitenlinien über D, G, F, E eine solche Lage, daß die Ppdda über D, B und E in einer Fläche liegen, mithin die beiden über D zusammenfallen: so ist ebenfalls nach dem vor. Sph dies IIIte Pppdum dem nach 1) also auch dem vorgegebenen gleich. Alsdenn aber ist das Prisma über IHF = Prisma über AIH §. 62. Nimmt man nun die ebenfalls gleichen Prismen über IDG und IDB, über DHE und DHC beiderseits weg, so bleiben die Parallelepipeda über ABCD und DEFG übrig, welche also gleich seyn müssen.

2) Wären die Winkel der Grundflächen KCDL, DEFG nicht gleich, so verwandelt man noch KCDL nach §. 168. Pl. in ACDB, wo die Winkel denen in DEFG gleich sind. Bey gleicher Höhe ist nun das Parallelepipedum über KCDL dem über ACDB gleich §. 64. und Ppd. über ACDB = Ppd. über DEFG; daher ist auch das Ppd. über KCDL = Ppd. über DEFG.

Bew. II. Es ist 1) die Grundfläche KLDC = DGFE 2) die Pppda sind gleich hoch 3) sind die mit den Grundflächen parallelen Durchschnitts-Flächen in jeder Höhe den in beiden gleichen Grundflächen gleich §. 56. Also sind die Pppda über KLDC und DGFE unter jeder Neigung der Seitenflächen gleich groß §. 47.

So kann man nun den allgemeinen Satz behaupten: **Parallelepipeda deren Grundflächen gleichen Flächeninhalt haben, und die gleich hoch sind, schließen gleichen körperlichen Raum ein.**

§. 66. **Zwei Parallelepipeda, 1) P und p (Fig. 20.) verhalten sich wie ihre Längen, wenn Breite und Höhe gleich ist.**

2) p und π verhalten sich wie die Breiten, wenn Länge und Höhe gleich ist.

3) π und Π verhalten sich wie die Höhen, wenn Breite und Länge gleich ist. Endlich

4)

4) P und Π, woran alle Dimensionen verschieden sind, verhalten sich wie die Produkte der beiderseitigen Längen, Breiten und Höhen in einander.

Bew. Weil alle Parallelepipeda nach §. 65. in rechtwinklichte zu verwandeln sind, so darf nur für diese die Behauptung dargethan werden. Es sey von P die Höhe AD, die Breite AC, die Länge AB, und von Π die Höhe FA, Breite FE, Länge FG. Es sey von p die Höhe KM = AD, Br. IK = AC, Länge KL = FG. Ferner von π die Höhe OQ = KM = AD, Br. NO = EF, Länge OP = KL = FG.

1) Nun vergleiche man zuerst P und p. Man theile AB in etliche gleiche Theile, so daß AR der Maasstab wird. Dieser Maasstab wird in KL aufgehen oder nicht. Ist das erste, so kann AB = nAR; KL = mAR gesetzt werden, wo n und m jede ganze Zahlen bedeuten. Alsdenn wird P durch Parallelschnitte mit CD in Parallelepipeda wie AT getheilt werden können, so daß nAT = P ist, und p wird eben so getheilt mKX = mAT enthalten. Folglich ist P : p = nAT : mAT = nAR : mAR = AB : KL. Geht AR nicht in KL auf, so wird doch immer gewiß seyn, daß bey kleinern angenommenen Maaßen z. E. $\frac{1}{2}$AR, $\frac{1}{4}$AR u. s. w. wenn auch diese nicht in KL aufgiengen, KL > m solche Maaße und zugleich KL < m + 1 dergleichen Maaße ist. Setzen wir das allerkleinste Maas gleich Ar so wird AB = nAr und KL > mAr und zugleich KL < (m + 1) Ar seyn. Eben so; wenn die kleinen Parallelepipeda, die durch den parallelen Schnitt entstehen, At hießen: so wird P = nAt und p > mAt und zugleich p < (m + 1) At seyn. Aber auch alsdenn ist noch nach §. 262 Arithmetik P : p = AB : KL = AB : FG, welches das erste war.

2) Nun vergleicht man p und π, und theilt auf eben die Art wie vorher die Längen, hier die Breiten IK = AC und NO und findet eben so

$$p : \pi = IK : NO = AC : FE$$

3) Endlich vergleicht man π und Π: und weil sich auch QO = AD und FH eben so theilen, dann auch die Parallelepipeda durch parallele Schnitte mit ihren Grundflächen in kleine Parallelepipeda zerfällen lassen: so läßt sich der gleiche Schluß machen

$$\pi : \Pi = OQ : FH = AD : FH$$

4) Da nun $P : p = AB : FG$ nach 1)
$p : \pi = AC : FE$ nach 2)
$\pi : \Pi = AD : FH$ nach 3); so ist weil dergleichen Vergleichung bei jeden zwei Ppden von ungleichen Dimensionen wie P und Π angestellt werden kann

$$P : \Pi = AB . AC . AD : FG . FE . FH.$$

d. i. weil AB und FG die Längen; AC und FE, die Breiten; AD und FH die Höhen von P und Π sind, wie die in einander multiplicirten Längen, Breiten und Höhen, auch wie die Höhen in die Grundflächen multiplicirt.

§. 67. Z. 1. Daher wenn AD = FH d. i. bei gleichen Höhen verhalten sich zwei Ppda wie AB . AC : FG FE d. i. wie ihre Grundflächen G : g und bei gleichen Grundflächen nach Nr. 3 wie die Höhen.

§. 68. Z. 2. Bei P sei AB = AC = AD und bei Π sey FG = FE = FH. Wenn nun P und Π rechtwinklicht sind, so sind es nach § 59 Würfel (Cubi). Man nenne sie K und C so ist nun $K : C = AB^3 : FG^3 = AC^3 : FE^3 = AD^3 : FH^3$ d. i. Würfel verhalten sich wie die Kubikzahlen ihrer Seiten.

§. 69. Z. 3. Man kann also auch nach §. 275 A. R. sagen, daß zwei Ppda im zusammengesetzten Verhältnisse ihrer 3 Dimensionen oder ihrer Höhen und Grundflä-

chen

chen, und daß Würfel im verdreifachten (triplicata) ihrer Seiten sind. Es heissen A, a die Höhen; B, b die Breiten; L, l die Längen; G, g die Grundflächen; so würde dies so bezeichnet

$$1)\ P:\Pi = \begin{bmatrix} A:a \\ B:b \\ L:l \end{bmatrix} \text{ und } P:\Pi = \begin{bmatrix} A:a \\ G:g \end{bmatrix}$$

$$2)\ K:C = \begin{bmatrix} A:a \\ A:a \\ A:a \end{bmatrix} = \begin{bmatrix} L:l \\ L:l \\ L:l \end{bmatrix} = \begin{bmatrix} B:b \\ B:b \\ B:b \end{bmatrix}$$

§. 70. Z. 4. Auch 3seitige Prismen als Hälften von Parallelepipeden §. 62 verhalten sich, wie die Produkte der Höhen in die Grundflächen. u. s. w.

§. 71. **Jedes nseitige Prisma AGKE (21 Fig.) verhält sich zu einem dreiseitigen LMNSTU von gleicher Höhe wie die Grundflächen der genannten Prismen.**

Bew. Man setze das 3seitige $= \pi$; dessen Grundfläche $= \beta$; das nseitige Π; seine Grundfläche $= B$. Schneidet man lezteres mit Diagonalflächen wie AE so ist DA ⧣ EH; HA ⧣ DE u. s. w. und man erhält n dreiseitige Prismen, deren Grundflächen a, b, c sind. Die Prismen heißen P, Q, R.

$$\begin{aligned} \text{Nun ist } P:\pi &= a:\beta \\ Q:\pi &= b:\beta \\ R:\pi &= c:\beta \\ \hline \text{Also } P+Q+R:\pi &= a+b+c:\beta \text{ §. 273 A. R.} \\ \text{oder } \Pi:\pi &= B:\beta \end{aligned}$$

§. 72. Z. Also ist ein n seitiges Prisma eben so groß als ein 3seitiges von gleicher Höhe und Grundfläche. **Alle Prismen von gleicher Höhe und Grundfläche sind gleich groß. Bei gleicher Höhe verhalten sie sich wie die Grundflächen.**

§. 73.

§. 73. Zwei Prismen P und p verhalten sich bei gleichen Grundflächen wie ihre Höhen.

Bew. Es verhalten sich zwei Ppden in diesem Fall wie ihre Höhen § 67. Der Prismen Höhen seyn A und a, nun kann man Rechtecke zeichnen, die ihren Grundflächen gleichen. Die darauf errichteten Parpda von den Höhen A und a sind den Prismen P und p gleich §. 72. Also auch P:p = A:a

§. 74. Z. 1. **So verhalten sich also auch jede Prismen P, p,** da man sie sich als (rechtwinklichte) Parallelepipeden Π, π §. 66 vorstellen oder darin verwandelt gedenken kann, **wie die Produkte aus ihren Höhen in ihre Grundflächen** d. i.

$$P:p = A.G:a.g = \begin{Bmatrix} A:a \\ G:g \end{Bmatrix}.$$

§. 75. Z. 2. Ist nun A.G = a.g; so ist A:a = g:G; aber auch P = p das heißt, wenn die Höhen sich umgekehrt wie die Grundflächen verhalten; so sind die Prismen gleich groß; und wenn P = p; so muß A.G = a.g u. s. w. seyn, das heißt, sind die Prismen gleich, so müssen Höhen und Grundflächen im umgekehrten Verhältniß seyn. Uebrigens folgen die Sätze von Gleichheit der prismatischen Körper, da die Durchschnitte allenthalben gleich sind, auch aus §. 47.

§. 76. Man hat nun um die Größe der geometrischen Körper zu bestimmen wiederum eine **körperliche** Größe zur Einheit angenommen, und dazu mit dem Verfahren der Flächenmessung §. 279. Pl. analogisch einen in lauter senkrechte Quadrate eingeschlossenen Raum den Würfel (Cubus) §. 59. am bequemsten gefunden. Ihn selbst mißt man mit dem Linear-Maasstabe und macht oder setzt ihn eine Ruthe, Fuß, Zoll, Lachter u. d. gl. nach den Umständen hoch, lang und breit. So kann man ihn zwar wieder an sich wiederholt in den (penetrablen) Raum des Körpers hineinbringen und dann

dann die Zahl, wie oft es angeht, bemerken. Aber da man mit dem cubischen Maasstabe bei incommensurablen Grössen hier sehr zurückbleiben würde; so hat man auch hier wie beim Flächenmaaß die Sache wieder aufs bloße Anlegen eines **linearen** Maasstabes an einige von der Theorie dazu angewiesene Linien und in ihr gegründete Rechnungsoperationen mit den für diese Linien gefundenen Ruthen- Fuß- und Zollzahlen zurück geführt, wodurch das Verhältnis jeder körperlichen Grösse zu ihrer Einheit in einer Zahl gefunden wird, die die Frage beantwortet, wie viel Kubikruthen, Kub. Fuß. u. s. w. enthält der Körper? §. 8. 10. Ar. 118. A. R.

§. 77. Aufg. Jedes Prismas d. i. rechtwinklichten und schiefen Parallelepipedums oder 3, 5 und mehrseitigen Prismas körperlichen oder cubischen Inhalt auszumessen und zu berechnen.

Aufl. 1) Blos beim rechtwinklichten Ppdum, wenn der zum Grunde liegende Linear-Maasstab in seinen Dimensionslinien aufgeht und der auszumessende Körper penetrabel ist, läßt sich die Kubische Einheit grade zu als Maasstab zum Ausmessen gebrauchen. Man stellt z. E. so viel Würfel von 1 Cubikfuß §. 76. an die Länge AB, als Platz haben (in der Figur 6) und so viel Reihen hinter einander als die Breite AC, (hier 2 Fuß) leidet, macht 2.6=12 Cubikfuß. Dergleichen Schichten kann man nun so viel über einander bringen als die Höhe AD Fuße (hier 3) enthält, sind 3.2.6 Cubikfuße, welches man ohne den Cubikfuß selbst zu gebrauchen, auch erhalten haben würde, wenn man, welches denn auch beim physischen Ppdo angeht, Höhe und Breite und Länge gemessen und die dafür durch den Maasstab gefundenen Zahlen in einander multiplicirt hätte,

2) Man berechnet aus den Datis des Parallelepip. oder Prismas Grundfläche l. b oder g nach § 292 ff. Pl, und mißt die Höhe a entweder unmittelbar oder nach

§ 69 Trig. (wenn beides nicht schon in Zahlen gegeben ist). Das Produkt abl oder ag der dafür gefundenen Zahlen giebt den Inhalt des Prisma in Cubikruthen, Cubikfußen, Cubikzollen u. d. gl. nachdem man dieses oder jenes Längenmaaß am Maasstabe zur Einheit angenommen hat.

Bew. Auch der Würfel ist nur eine Art von Ppd. oder Prisma. Der zur Einheit angenommene heiße K das vorgegebene Prisma oder Ppd. P; so hat K die Länge 1., die Breite 1, die Höhe 1. Seine Grundfläche ist also 1. 1. Des Parallpdi Grundfläche sey ac. ab; auch des Prisma Grundfläche kann man sich in ein Parallelogram verwandelt gedenken §. 181. Pl. das den Inhalt ac. ab. hat, die Höhe des Prisma sey ad; so verhält sich nach §. 66., $K : P = 1^3 : ac.ab.ad$ und es ist $P. 1^3 = P = ac.ab.ad.K$ oder wenn man $ac.ab = l.b = g =$ dem Quadr. Inhalt der Grundfläche, die Höhe $= a$ setzt; so ist $P = a.l.bK = agK$ das heißt das Prisma enthält so viele K oder so viele Kubikfuße, Kubikruthen u. d. gl. als das Produkt aus den für a und l.b oder g gefundenen Zahlen Einheiten; welches man hier nur suchte,

Ex. Länge des Ppdi 7,6', Breite oder Höhe der Grundfläche 4,31'; oder 32,756 Qu. Fuß sey der Qu. Inhalt der Grundfläche eines Ppdi oder Prisma; die Höhe sey 5'; so ist der Kubikinhalt 163,780 Kub. Fuß.

§. 78. Ist nun eines Würfels C Seite $= AB = a$ und K der als Einheit angenommene Würfel; so ist auch $K : C = 1^3 : AB^3 = 1 : a^3$ oder es ist $C = a^3K$ wo wiederum K ein Kubikfuß, Kub. Zoll und dergl ist. d. i. der Würfel C enthält K so oft als 1 in der Zahl a^3 enthalten ist. Dies ist der Ursprung des Namens eine Kubikzahl. Da $\sqrt[3]{a^3} = a$; so wird also die Seite eines

Wür-

Würfels gefunden, wenn man aus der Zahl, die seinen Inhalt ausdrückt, die Kubikwurzel auszieht.

§. 79. Wenn also eine Ruthe = 10 Fus wie beim Decimalmaaß, so ist eine Kubikruthe = 10^3 = 1000 Kubikfuß. Eben so hält ein Kubikfuß 1000 Kubikzoll, oder eine Kubikruthe 1000000 Kubikzoll, 1 Kubikzoll hält 1000 Kubiklinien u. s. w.

Wenn daher bei einer Zahl wie diese 793,86493 Kubikfuß die Kubikzolle und Kubiklinien abgesondert ausgedruckt werden sollen, so ist sie auch 793,864930 Kubikfuß. Nun ist 0,864930 Kubikfuß = 0,864930. 1000 = 864,930 Kubikzoll und 0,930 Kubikzoll = 0,930. 1000 = 930 Kubiklinien. Die Zahl kann nun so geschrieben werden $793' \, 864'' \, 930'''$ in Kubikmaaß.

Eben so sind 934653807 Kubiklinien = $\frac{934653807}{1000}$ $= 934653'' 807''' = 934' 653'' 807'''$ im Kubikmaaß. Oder die Regel, eine solche Zahl zu lesen, besteht darin, daß man sie von der Rechten zur Linken in Klassen zu 3 Ziffern eintheilt, und jeder höhern Klasse einen höhern Namen giebt.

Eine Duodecimal Kubikruthe hält 1728 Kubikfuß; ein Duod. Kubikfuß 1728 Kubikzoll u. s. w. Hiernach kann man Decimal und Duodecimal Kubikmaaß in einander verwandeln, wenn man die Reduktionssätze merket, wo m Decimal und w Duodecimalmaaß anzeigt.

Wenn nun die Ruthe einerlei, so ist
$1000 m' = 1728 w' = 1$ K. R.; $m' = 1{,}728 w'$; $w' = 0{,}5785 m'$
$1000000 m'' = 2985984 w'' = 1$ K. R.; $m'' = 2{,}985984 w''$; $w'' = 0{,}3348979 w''$.

Man sieht leicht, daß wenn die Fuße einerlei r'' für m'; r''' für m''; w'' für w', w''' für w'' und 1 Kub. F. für 1 K. R. in vor Reduktionssätzen geschrieben werden könne. Dieser Formeln bedient man sich auf eben die Art bei der Reduktion des Kubikmaaßes wie nach der §. 287 und §. 33 Pl. angenommenen Bezeichnungsart der dort gegebenen beim Längen und Quadratmaaß, außer daß man, wenn das zuletzt gefundene Duodecimalmaaß ist, hier durch wiederholtes Dividiren mit 1728 die höheren Classen absondert. Behufs logarithmischer Rechnungen merken wir

$$l\,1{,}728 = 0{,}2375437; \quad l\,0{,}5785 = 0{,}7623034 - 1$$
$$l.\,2{,}985984 = 0{,}4750874; \quad l\,0{,}3348979 = 0{,}5249125 - 1$$

Exempel. 742,93104 Dec. Kub. Ruthen auf Duodecimalmaaß zu bringen. Die Ruthen bleiben; $931040 m'' =$
931040

931040. 2,985984. w'' = 2780070,543 w'' = 1608' 1446,543'' Duod. Kub. Maaß. Folgl. ist 742,93104 Dec. K. R. = 742° 1608' 1446,543'' Duod. Kubikmaaß.

Die Kubikfuße verschiedener Orte verhalten sich wie die Kubikzahlen der oben §. 32 ff. Plan. für die Verhältnisse der Längenmaaße angegebenen Zahlen. Z. E. Par. Kub. F : Londn. K. F. = 144³ : 135³. Daher sind 144³ Londn. K. F = 135³ Par. K. F. Wollte man nun z. E. 8712 Londn. K. F im Pariser Kubikmaaß mittelst der Logarithmen ausdrucken, so ist hier nach eben den Gründen wie §. 287 und 37 Pl. p die Kubikzahl der in der Tabelle für den Ort, wovon die Kubikfuße gegeben sind aufgeführten Verhältnißzahl, hier 135³ = p für London, r diese Zahl für den Ort für welchen man sie sucht hier r = 144³ für Paris. Mithin hat man lx = ln + lp — lr. Also

l 8712 = 3,9401179
3 l 135 = 6,3910014
10,3311193
3 l 144 = 7,0750875
3,2560318

Es ist 3,2560318 = l 7178. Also sind 8712 Londn. K. F. = 7178 P. K. F.

§. 80. Aufg. Ein Prisma aus Theilen, welche die Grundfläche bestimmen, der Länge einer Kante Dd = a (14 F.) und den ebenen Winkeln dDE = α und dDC = γ an einer Ecke D zu berechnen.

Aufl. Nachdem die Grundfläche, mit welcher auch der Winkel β = CDE bekannt ist, berechnet worden; so berechne man zuerst nach §. 49. Trig. die Lothe aus d auf DE und DC so ist dh = a sin α = b; dk = a. sin γ = c; Dh = a cos α = e; Dk = a cos γ = f. Wären nun hl und kl auf DE und DC und dl nur auf einer von beiden z. E. auf lk in l senkrecht, so wäre dl das gesuchte Loth auf der Grundfläche nach §. 15. Dies findet man nach §. 56. 2 Trig. so: $\cot. khD = \frac{e}{f \sin \beta} - \cot \beta = \cot \delta$; $\cot hkD = \frac{f}{e \sin \beta} - \cot \beta = \cot \epsilon$; $hk = e \cos \delta + f \cos \epsilon = g$. Trig. S. 507. 2) Da nun lhk = 90°

$lkh = 90^\circ - \varepsilon = \mu$; so ist $lk = \frac{g : \sin\eta}{\sin(180 - (\eta + \mu))} = m$. Folglich ist die Höhe $dl = h = \surd(c^2 - m^2)$. Nach den Umständen lassen sich hier Verkürzungen anbringen: z. B. wäre mit dh der Punkt h gefunden und man könnte in der Grundfläche ihn senkrecht auf DE ziehen; und $dhl = v$ wäre zu messen; so hätte man sogleich, $h = b \sin v$. Dies wäre vieleicht bequemer, wenn man an der über die Grundfläche hervorragenden Seite z. E. gC einen Punkt wie h, hiernach auf der Seitenfläche und verläng. Grundfl. des Prisma aus h Lothe nach §. 71 Pl. bestimmte, und den Neigungswinkel nach §. 67 Pl. mässe. Auch §. 69 II. Trig. wird sich öfters hier anwenden assen, ich meine nämlich wenn auch das Prisma in einer umgestürzten Lage ist, wenn man nur das was dort Erhebungswinkel heißt, auf einige Art messen kann. Hat man also auch die Höhe des Prisma, so berechnet man es nach §. 77. Noch bemerke ich, daß der Sinus des Flächenwinkels $\frac{h}{c}$ ist.

Anm. Nach dem, was ich hier voraussetzen konnte, habe ich der sehr richtigen Ausstellung des Hr. H. Kästner Geom. Abh. II Th. S. 69 zu genügen gesucht. Allerdings ist es für die Ausübung eine ganz andere Sache auf eine nicht horizontale Fläche ein Perpendikel zu fällen, wenn gleich die Theorie dieser Auflösung nach §. 15 eben so vollkommen geometr. richtig ist, als die §. 90 Pl. für die Planimetrie. Der große Mathematiker scheint den Nimbus des bloßen Theoretikers überhaupt nicht so sehr zu lieben. Man findet daher immer, daß er die Anwendung im Auge behält und Brauchbarkeit mit strenger Gründlichkeit verbindet.

§. 81. Wenn der Inhalt V, die Grundfläche g, die Höhe a genannt wird, so findet man am Prisma aus

 zwey

zwei Stücken das 3te. Denn $V = ag$; $g = \frac{V}{a}$; $a = \frac{V}{g}$; oder beim Ppd. $V = abl$; $\frac{V}{a} = bl = g$; $\frac{V}{ab} = l$; $\frac{V}{bl} = a$; $\frac{V}{al} = b$.

Ex. Die ganze Erndte beträgt höchstens 128 Schock, eine Garbe ninmt 6 Kub. F. Raum ein (Meinerts Landbauk. Th. I. S. 494). Eine Scheune anzulegen, welche diese Erndte faßt. Sie soll 30 Fuß breit, 14 bis unters Dach hoch, letzteres halb so hoch als das Gebäude breit, und die durch die Breite gehende Tenne in die eigentlich kein Getraide kommt, selbst 12 Fuß breit seyn, wie lang muß die Scheune werden?

Das Getraide erfordert $128 . 60 . 6 = 46080$ K. F. die Tenne $14 . 12 . 30 = 5080$; die ganze Scheune also 51120 K. F. Raum. Mit gradem Giebel ist sie ein 5seitiges Prisma und die Giebelseiten sind die Grundflächen, bestehend aus einem Rechteck $= 14 . 30$ und einem $\triangle$ (dessen Höhe die halbe Scheunen-Breite ist wie beim neudeutschen Dach) $= \frac{1}{2} . 30 . 15$ also ist g hier 645 □F. Mithin a (welches hier die Länge der Scheune ist) $= \frac{51120}{645} = 79{,}2$ Fuß. Wäre a (die Länge) vorgeschrieben z. E. 70 F. so sey β die Breite und es ist $46080 + 14 . 12\beta$ der ganze Kubikinhalt; also $\frac{46080 + 14 . 12\beta}{70} = \frac{V}{a} = g =$ der Grundfläche, hier der Giebelseite; mithin $g = 658{,}3 + 2{,}4\beta = 14\beta + \frac{1}{4}\beta^2$ oder $\beta^2 + 46{,}4\beta = 2633{,}2$ und $\beta = 23{,}2 \pm \sqrt{3171{,}44} = 33{,}1$ §. 231 A. R.

§. 82. Wenn man den Begriff der Aehnlichkeit §. 250. Pl. auf geometrische Körper anwendet; so so werden **ähnliche Körper** solche seyn, deren Grundflächen so wie dort ähnliche ebene gradlinigte oder kreisförmige auch vermischtlinigte (§. 46. Pl.) Figuren sind, deren Höhen und homologe Seitenlinien sich wie ein paar ebenfalls homologe Seiten der Grundflächen verhalten, endlich deren gleichliegende Ecken §. 51. gleich groß sind. Die gleiche Größe der letztern giebt dann auch den homologen Seitenflächen die zur körperlichen Aehnlichkeit ebenfalls erforderliche gleiche Neigung gegen einander und gegen die Grundfläche. So ist das Prisma ABCDEFGH ∽ dem Prisma abcdefgh (23 F.) oder kurz P ∽ p, wenn man auf HG, HE proportionale Theile HE, Hη nimmt; alsdann HG : Hη = GC : ηγ macht, über der Grundfläche Hεζη ∽ HEFG die Seitenlinien ηγ = Hβ = εα = ζδ mit ηγ ‡ errichtet, und durch ihre Endpunkte die obere Grundfläche αβγδ (welche = Hηζε ist) leget.

Es sey abcdefgh = αβγδHηζε = p so ist P : p = A . G : a . g §. 74. Nun ist A : a = BH : bh (§. 82.) G : g = GH² : gh² §. 276. Pl. Da nun auch BH : bh = GH : gh; so ist P : p = GH³ : gh³ = BH³ : bh³ oder überhaupt ähnliche Prismen verhalten sich wie die Würfel oder Kubikzahlen gleichliegender Linien an und in den Prismen, sie mögen übrigens liegen wo sie wollen. Z. E. Es sey AX = ⅓AE; ax = ⅓ae; AY = ⅓AC; ay = ⅓ac; so sind XY und xy so gut homologe Linien als AC, ac und es ist P : p = AC³ : ac³ = XY³ : xy³.

§. 83. Diese Begriffe von der körperlichen Aehnlichkeit sind in Wissenschaften und Künsten und überall in der Ausübung vom größten Nutzen. Nur ein Beispiel: Wo das Brennholz nach Klaftern gerechnet wird wird es meistens 6′ lang und hoch bei 3füßiger Klobenlänge angenommen. Aber der Fuß ist der jedes Orts

 übliche.

übliche. Nun ist nach §. 35. Pl. Berl. Fuß: Breslauer F = 1391,3:1276; und weil es ähnliche Körper sind Berl. Klafter: Bresl. Kl. = $1391,3^3$; 1276^3 d. i. $1391,3^3$ Bresl. Kl. = 1276^3 Berl. Kl.; oder $\left(\frac{1391,3}{1276}\right)^3$ Br. Kl. = 1 Berl. Kl. und $\left(\frac{1276}{1391,3}\right)^3$ Berl. K. = 1 Br. K. Also I. 3. $l\,\frac{1391,3}{1276}$ = 0,1027103; II. 3. $l\,\frac{1276}{1391,3}$ = 0,8624297 — 1

Will man also Berl. K. auf Breslauer bringen und umgekehrt; so addirt man den Logarithmen der gegebenen Anzahl Bresl. K. zu I. und v. v. und sucht die zugehörige Zahl. Z. B. Wie viel sind 1000 Berliner Haufen Holz a $4\frac{1}{2}$ Kl. in Bresl. Kl.

$$l\,4500 = 3,6532125$$
$$l\,\frac{1391,3}{1276} = \underline{0,1021703}$$
$$3,7553828$$

Also sind 1000 Berl. Haufen oder 4500 Klafter 5693,5 Bresl. Klafter d. i. 5693,5 — 4500 = 1193,5 Klafter mehr der Anzahl nach. Man sieht den für den Unwissenden unglaublichen Unterschied, den das cubische Verhältnis macht, da doch der Maasstab nur etwa um 1 rheinl. Z. verschieden ist. Weil man auf eine solche Kleinigkeit nicht sehen zu dürfen glaubte, so konte man wol aus dem Grunde, weil nur 5 Schfl. Steinkohlen gegen 1 Bresl. Klafter Fichtenholz erforderlich sind, die leztern auch an einem anderen Ort einzuführen suchen und mit $22\frac{1}{7}$ Schfl. Steinkohlen (d. i. mit 13 rthl. etwa) den Berliner Haufen Kiefernholz, der etwa eben so viel kostet, bei Fabriken zu ersetzen projektiren. Aber wenn auch die leztere Holzart nicht merklich besser wäre, so brauchte man des kubischen Verhältnisses

wegen

wegen wenigstens 28 Schfl. oder $16\frac{2}{3}$ thl., und das Projekt mußte sich vor dem cubischen Verhältniß beugen Auch findet man eine Rechnung nach Faktoreyklaftern (wie bei Hr. Kästner S. 386.) wo man wegen so ein paar kleiner Zolle Uebermaas in der Länge und Breite 11000 Klafter braucht die man 10000 nennt. —

§. 84. **Aufg. Die homologe Seitenlinie oder überhaupt jede gleichliegende Linie an und in einem geometrischen Körper (Prisma) zu finden, der nmal so groß als ein anderer ihm ähnlicher Theil seyn soll.** NB. n bedeutet hier wie §. 354. Pl. ganze Zahlen, Brüche, wol gar Irrationalzahlen.

Aufl. Wenn a die Seite des gegebenen, x des gesuchten ähnlichen Prisma (geom. Körpers) ist; so machet man $x = a\sqrt[3]{n}$. Z. B. wenn $n = 3$; so ist $x = a\sqrt[3]{3} = 1{,}442.\ a$. Ist $n = \frac{1}{3}$ so ist $x = a\sqrt[3]{\frac{1}{3}} = \frac{a\sqrt[3]{9}}{3}$ §. 191. A. R. $= 0{,}693.\ a$.

Bew. Es sey P das gegebene, p das gesuchte ähnliche Prisma oder Körper; so muß $p = nP$ d. i. $P : p = P : nP = 1 : n = a^3 : x^3$ also $x^3 = na^3$ oder $x = a\sqrt[3]{n}$ seyn.

§. 85. **Aufg. An einer gegebenen graden Linie eh ein Prisma dh = p zu construiren, das einem gegebenen DH = P ähnlich und nmal so groß als lezteres ist.** (23 Fig.)

Aufl. Man trage nach §. 53. die Ecke H in h, mache ihre Kante $hb = HB.\sqrt[3]{n}$; aber auch $hg = HG\sqrt[3]{n}$; $he = HE\sqrt[3]{n}$ und überhaupt die Grund-

 fläche

fläche von p der von P ähnlich; hierauf vollende man das Prisma nach §. 54.; so sind offenbar alle Ecken und Winkel gleich und alle Seitenlinien und Seitenflächen in Proportion. Letztere sind nämlich wie $a^2 : a^2\sqrt[3]{n^2}$. Denn $a\sqrt[3]{n}.\ a^2\sqrt[3]{n^2} = a^3n$ wie der vor. §. verlangte.

Anm. Die Auflösung ist von der Art derjenigen, welche Kästner für die Ausübung nicht bequem hält. Sie setzt durchdringliche blos geometrische Körper voraus, wie überhaupt die Aufgabe §. 54. welches man in natura an sich selten thun kann. Und kann mans auch, und sich etwa zuerst mit Stiften, Pappe, Thon rc. Modelle machen; so verlangt sie grade das Fällen des Loths auf eine Ebene wovon Hr. K a. a. O. spricht Nach der Auflösung §. 80 kann man allerdings auch die Ecken gleich machen. Wenn man alsdenn auf einer Ebene kDl 14 F. und mit den berechneten Linien Dk, Dh, hl, kl, die Fläche Dklh verzeichnet auch mit Dd (das hier gleich anfangs $a\sqrt[3]{n}$ genommen würde) hd, ld, kd den Körper (eigentl. eine Pyramide dDklh errichtet, so erhält man die Ecke richtig; oder man könnte auch wenn Dklh verzeichnet ist aus l die berechnete ld (etwa mittelst eines Instruments wie § 17 Anm.?) senkrecht errichten und $Dd = a\sqrt[3]{n}$ ziehen;. so hätte man auch die Ecke. Endlich da durch §. 80 auch die Neigungswinkel der Seitenflächen dhl, dkl gefunden sind, so erhielte man auch durch Schmiegen, die nach diesem Winkel verfertigt wären, in Holz oder Thon d. i. an einem physischen Körper die begehrte Ecke. Wenn freilich nicht nur EHG (23 Fig.), sondern auch EHμ gegeben: so hat man noch andere Wege, die ich aber übergehe, weil wol letztgenannter Winkel gewöhnlicher ein Quaesitum oder doch Requisitum als ein Datum ist.

III. Vom Cylinder.

§. 86. Wird die Grundfläche welche §. 54. gradlinigt angenommen ward ein reguläres Polygon von un-

unzählig vielen Seiten d. i. ein Kreis §. 264. Pl. dessen Mittelpunkt C ist (24 F.); so ziehe man eine Linie CK unter beliebiger Neigung gegen die Fläche AB; bis sie irgend eine mit der Grundfläche parallele Fläche DE in K schneidet. Aus einem Punkt F der Peripherie der Grundfläche ziehe man FG mit GK parallel, bis sie DE in G schneidet: so werden die Durchschnitte der Fläche GFCK mit AB und DE d. i. die Linie FG und GK parallel §. 31. und gleich §. 123. Pl. Ein gleiches gilt für jede andere Linie HI, die auf eben die Art gezogen worden. Alle Endpunkte in der Ebene DE sind im Umfange eines Kreises, welcher der Grundfläche gleich und dessen Mittelpunkt K ist. Wenn nun durch die Peripherie beider Kreise eine krumme Fläche so gelegt wird, daß alle mit CK in der Entfernung des Halbmessers parallel gezogene grade Linien ganz in derselben liegen, so wird sie nebst den beiden genannten Kreisen einen körperlichen Raum einschließen, welcher ein **Cylinder** oder **Walze**, oder Rundsäule heißt. Beide Kreise heißen seine **Grundflächen**, CK die Axe, die krumme Fläche die **cylindrische Oberfläche**. Ist die Axe auf der Grundfläche senkrecht oder schief, so entsteht ein **senkrechter** oder **schiefer Cylinder**.

§. 87. Z. 1. Es kam nicht auf die Entfernung der Ebene DE von AB an, daß die Punkte G, I, im Umfange eines Kreises lagen. Daher giebt jeder mit der Grundfläche parallele Durchschnitt beim Cylinder einen und zwar sich immer gleichen Kreis.

§. 88. Z. 2. Man kann sich daher die Vorstellung machen, als wenn ein jeder Cylinder dadurch entstanden wäre, daß sich der Kreis GKI an KC so herunter bewege, daß seine Ebene sich immer parallel bleibt, vergl. §. 56. Nur der senkrechte entsteht durch die Umdrehung eines Rechtecks um eine Seite, als um eine bewegliche Axe.

§. 89. Z. 3. Uebrigens ist die Durchschnittsfläche jeder durch des Cylinders Axe gelegten Ebene ein Parallelogram. Denn GL ‡ FM §. 31., und GF ‡ LM in der cylindrischen Oberfläche §. 86.

§. 90. Z. 4. Wenn GI kleiner als jede angebliche Grösse ist, so kann man GIHF als eine äußerst schmale Ebene, mithin die cylindrische Oberfläche aus lauter solchen zusammengesetzt, d. i. den Cylinder als ein Prisma von unzählig vielen Seitenflächen ansehen, dessen Grundfläche ein Unendlicheck wäre, in dem Sinne des 263. §. der Planimetrie.

§. 91. Z. 5. Aus dieser Vorstellung, nach welcher der Cylinder als eine Art von Prisma gedacht wird, ergeben sich ohne weitern Beweis folgende Sätze:

1) Ein Prisma und ein Cylinder, wie auch zwei Cylinder von gleichen Höhen und gleichräumlichen Grundflächen sind gleich groß §. 72.

2) Ein Cylinder verhält sich zum andern, und ein Cylinder zum Prisma, wie die Produkte ihrer Höhen in ihre Grundflächen u. s. w. §. 74.

3) Bei zwei Cylindern, wie auch bey einem Prisma und einem Cylinder, die (zwar nicht congruent aber doch) gleich groß sind, verhalten sich die Höhen umgekehrt wie die Grundflächen; und wenn man dies umgekehrte Verhältniß an zwei solchen Körpern bemerket, so weis man auch, daß sie gleich groß sind §. 75.

§. 92. **Aufg. Den Inhalt eines Cylinders zu finden.**

Aufl. Man messe den Durchmesser d, oder berechne ihn aus dem gemessenen Umfange; so ist die Grundfläche $\frac{d^2}{4}\pi$ §. 302. Pl. Man messe die senkrechte

Höhe

Höhe a; so ist des Cylinders Inhalt $= \frac{ad^2}{4}\pi$ oder (wenn $r = \frac{1}{2}d$) $= ar^2\pi$. Denn man kann den Cylinder nach dem eben gesagten §. 90. ff. völlig wie ein gleich großes Prisma berechnen. Kann man nur die Peripherie p messen, so ist nach §. 309. Pl. auch der Inhalt $= 0{,}079577 . ap^2$.

§. 93. Z. 1. Ist der Halbmesser des äußern Cylinders $AB = R$ (25 Fig.), des innern $CF = r$, und man stellet sich die Figur so ausgehöhlt vor, daß der innere als ein leerer Raum vom ganzen abgienge, so ist, wenn die Höhe $= a$, der körperliche Inhalt der **cylindrischen Röhre** $= aR^2\pi - ar^2\pi = a\,(R^2 - r^2)\,\pi = a\,(R + r)\,(R - r)\,\pi$. Letzteres ist zur Rechnung bequemer, wenn R und r vielziffrige, aber nur um eine einziffrige Zahl von einander verschiedene Zahlen sind.

Ex. Eine 20′ lange bleierne Röhre, die 8‴ im Metall dick, und 1 Fuß im Lichten weit ist, auszurechnen. Es ist $R = 6{,}8''$; $r = 6''$; $a = 200''$. Folglich sind es $200 . 12{,}8'' . 8'' . 3{,}14 = 6{,}431$ Kubikfuß beinahe. Wenn Blei 11mal schwerer als Wasser, d. i. der Kubikfuß 11. 64 ℔ wiegt, und das ℔ 2 Gr. kostet, so läßt sich hieraus der Wehrt des Bleies berechnen. Er ist 377 Rthlr. 6 Gr. beinahe.

§. 94. Z. 2. Man nennet das Rechteck aus AC, der Dicke, und EC, der Summe der Dicke der Röhre und des Durchmessers der Röhre im Lichten, d. i. AC. EC das **Rechteck der Röhre** und behauptet nun den Lehrsatz: **Das Rechteck der Röhre, ist gleich dem Unterschied der Quadrate der Halbmesser des äußern und innern Cylinders.** Es folgt von selbst; denn $R^2 - r^2 = (R + r) . (R - r)$; und $R + r$ ist CE; $R - r$ ist AC. Eben so wenn die Höhen eines Cylinders und einer cyl.

Röhre gleich, des Cylinders Halbm. drr Grundfläche ϱ ist; so ist beider Inhalt, wie a $(R+r)$ $(R-r)$ $\pi : a\varrho^2\pi = (R+r)(R-r) : \varrho^2$, wie das Rechteck der Röhre zum Quadrat des Halbmessers der Grundfläche des Cylinders. Es ist also in der 25ten Figur 1) $AC. CE = AK^2 - CK^2$ 2) Cyl. Röhre: Cylinder $= AC. CE : AK^2$.

§. 95. Z. 3. Es sey der Inhalt eines Cylinders $A = \frac{ad^2}{4}\pi$; so ist $\frac{4A}{d^2\pi} = a$ und $d = \sqrt{\frac{4A}{a\pi}}$. Man kann also auch aus dem gegebenen Inhalt und Durchmesser die Höhe, aus dem Inhalt und der Höhe den Durchmesser finden. Eben so wenn der cylindrische Ring $V = a(R^2 - r^2); \pi$ so ist $a = \frac{V}{(R^2 - r^2)\pi}$.

Z. E. Der Läufer auf einer Kornmühle soll 3000 ℔ wiegen, und 4 Fuß im Durchmesser haben. Wenn ein Kubikfuß Stein 150 ℔ schwer ist, das Läuferauge 6 Zoll weit ist, so ist $V = 20$; $R = 2$; $r = \frac{1}{4}$. Dies giebt $a = \frac{20}{(4 - \frac{1}{16}). 3,14} = 1,6$ Fuß beinahe.

§. 96. Die Höhen zweier Cylinder heißen a und α, die Durchmesser d und δ, so verhalten sich die Cylinder, wie ihre Inhalte $\frac{ad^2}{4}\pi : \frac{\alpha\delta^2}{4}\pi$; also auch wie $ad^2 : \alpha\delta^2$; sind die Höhen gleich, wie $d^2 : \delta^2$. Ist aber $d = \delta$, wie $a : \alpha$.

§. 97. Nähme man nun einen Cylinder K, dessen Höhe a, sein Durchmesser d ist, zur Einheit an, um damit jeden andern Cylinder C auszumessen, so daß eine Menge solcher Einheiten wie K ist, des leztern Inhalt ausdrücken soll;

soll; so sey des Cylinders C Höhe $= \alpha =$ na, sein Durchmesser $\delta =$ md, wo n und m jede ganze und gebrochene, rationale und irrationale Zahlen bedeuten können; und es wird der Inhalt des zweiten Cylinders $C = nm^2. K$ seyn. Denn es ist $K : C = ad^2 : \alpha\delta^2 = ad^2 : nam^2d^2 = 1 : nm^2$. Also ist $C = nm^2K$. Wenn $\alpha = a$, also $n = 1$; so ist $C = m^2K$. Soll nun $C = 2K$ seyn, so muß $m^2 = 2$, mithin $m = \sqrt{2}$, oder $\delta = d\sqrt{2}$ seyn. Eben so wenn $C = 3K$ seyn soll; so muß $m = \sqrt{3}$ u. s. w. seyn.

Es sey nun $\alpha = 3a$, oder $n = 3$, $\delta = d\sqrt{13}$, folglich $m = \sqrt{13}$, d. i. $m^2 = 13$; so ist $C = 3. 13K = 39K$ d. i. C enthält so oft den K, als das Produkt aus der Zahl der Höhen a in das Quadrat der Zahl der Durchmesser d die Einheit enthält.

§. 98. Pr. Anmerk. zur Visirkunst. Auf das bisher vorgetragene gründet sich die Verfertigung des Visirstabes. Zum Gebrauch wird man ihn auf folgende Art ziemlich genau erhalten. Man lasse sich ein ziemlich großes Gefäß machen, welches möglichst genau ein Würfel ist. Dies fülle man mit einigen Eimern Wasser, wo jeder eine bestimmte Anzahl Kannen, oder Berliner Quarte hält. Nun rechne man den Inhalt bis auf Kubikzolle aus, und dividire die Kubikzolle durch die Anzahl der eingegossenen Kannen, so bekommt man die Anzahl Kubikzolle auf eine Kanne. S. Leup. Suppl. §. 125. Sie sey K, so ist $K = \frac{ad^2}{4}\pi$, wenn der Durchmesser einer Kanne d, ihre Höhe a ist. Letztere sucht man so genau als möglich an einem geeichten Kannenmaaß. Alsdenn kann man $d = \sqrt{\frac{4A}{a\pi}}$, den Durchmesser der Kanne, genau berechnen, ihn nun auch mit dem Durchmesser des geeichten Maaßes vergleichen. Da das Verfahren nur vorgeschlagen ist, um den Fehler aus der mislichen Messung des Durchmessers im Lichten, wenn das Maas nicht völlig kreisrund ist zu vermeiden; so versteht sich, daß wenn man sich vom letztern überzeugt hält, man

man auch aus 3 Sehnen den Halb- und Durchmesser nach § 61 Trig suchen könne. Auf eine Seite eines Stabes, der die Gestalt eines langen Parallelepipedi hat, trägt man nun a, so oft auf, als sich will thun lassen, und theilt etwa jede Länge a noch in Viertel ein. Man schreibet zu jedem a nach der Ordnung die Zahlen 1, 2, u. s w. Dies nennt man die Längen Seite des Maasstabes. Das gefundene d multiplicirt man nach der Ordnung mit $\sqrt{\frac{1}{4}}$, $\sqrt{\frac{1}{2}}$, $\sqrt{\frac{3}{4}}$, $\sqrt{1}$, $\sqrt{\frac{5}{4}}$, $\sqrt{\frac{3}{2}}$, $\sqrt{\frac{7}{4}}$, $\sqrt{2}$, $\sqrt{\frac{9}{4}} = \frac{3}{2}$ $\sqrt{\frac{10}{4}}$, $\sqrt{\frac{11}{4}}$, $\sqrt{3}$ u. s. w., wobei man sich bequem der 41 und 43ten Lambertschen und der Schulzischen Quadratwurzel Tabelle wird bedienen können Die so gefundenen Breiten trägt man auf die andere Seite des Maaßstabes, und schreibt nach der Ordnung hinzu $\frac{1}{4}$, $\frac{1}{2}$, $\frac{3}{4}$, 1, $\frac{5}{4}$, $\frac{3}{2}$, 3, 2, u s. w. Dies nennt man die Flächenseite des Maaßstabes; die ganze Einrichtung heist der cylindrische Visirstab. Auf dem Rand der IIten Kupfertafel stelle ich ihn vor.

Wäre nun das Gefäß welches man visiren, d. i. dessen Inhalt man nach Kannen angeben wollte, ein genauer Cylinder, so mißt man seine Höhe oder Tiefe mit der Längenseite, und merket die beistehende Zahl z.E. $9\frac{3}{4}$. Man mißt mit der Flächenseite den Durchmesser, und merkt auch hier die beistehende Zahl z. E $12\frac{1}{2}$. Das Produkt $9\frac{3}{4} \cdot 12\frac{1}{2} = \frac{39}{4} \cdot \frac{25}{2} = 121\frac{7}{8}$ ist der Inhalt in Kannen. Denn hier war $\alpha = 9\frac{3}{4} a$, und $\delta = d\sqrt{12\frac{1}{2}}$, d. i. $n = 9\frac{3}{4}$, $m^2 = 12\frac{1}{2}$. Daher ist $C = 9\frac{3}{4} \cdot 12\frac{1}{2} \cdot K$, wenn K eine Kanne bedeutet.

§. 99. Die Fässer, worin man im gemeinen Leben die fluida aufbehält, haben keine cylindrische, sondern etwa die Fig. 26 vorgestellte Gestalt. So wenig nun auch allgemeine Uebereinstimmung in ihrer Bildung beobachtet wird, so hat man doch zur Schätzung ihres Inhalts angenommen, daß er einem Cylinder gleich sey, dessen Höhe die innere Länge des Fasses AB, dessen Durchmesser aber das arithmetische Mittel zwischen BG (= HI) und EF wäre. Man mißt daher mit der Längenseite, so genau es seyn kann, AB; mit der Flächenseite HI und EF. Man macht das Produkt $AB. \frac{HI + EF}{2}$; so soll dies der Inhalt des Fasses seyn.

Man

Man hat längst bemerket, daß man hier um etwas ansehnliches fehlen könne Je größer HI — EF d. i. je mehr die Faßdauben gekrümt sind; je beträchtlicher wird der Fehler

Lambert mathem Beitr. Th I Abh. II findet, daß man wol auf 12 Maaß um eines fehlen könne. Er leitet daselbst vermittelst der höhern Geometrie aus der Voraussetzung, daß die Krümmung KHE ein Kreisbogen sey, eine Regel her, die nach angestellten Erfahrungen auf 100 Maaß kaum um eines fehlen soll. Hier ist ihre Ausübung mittelst des Visirstabes.

Mit der Längenseite wird AB und mit der Flächenseite HI, EF, KL gemessen. Nun ist $AB \times \left(\frac{2}{3}HI + \frac{EF + KL}{6}\right)$ = dem Inhalt. Ist $EF = KL$; so ist $\frac{EF + KL}{6} = \frac{2EF}{6} = \frac{1}{3}EF$ zu nehmen.

Ex. Es sey $AB = 9\frac{3}{4}$; $HI = 29\frac{1}{4}$; $EF = 21\frac{1}{2}$; $KL = 21\frac{1}{4}$; so ist der Inhalt $= \frac{39}{4} \cdot \left(\frac{117 \cdot 2}{4 \cdot 3} + \frac{171}{4 \cdot 6}\right) = \frac{39}{4} \cdot \frac{213}{8} =$ $259\frac{2}{3}$ Maaß beinahe. Die gemeine Art giebt $248\frac{1}{3}$.

§. 400. Ich führe auch noch die Regel an, nach welcher Lambert Gefäße, die nicht mehr voll sind, visiren lehrt, weil hier die gemeine Art ganz zurück bleibt. Wenn man das liegende Faß nicht auf den Boden stellen kann oder darf, da man beiläufig den Inhalt wie unten beim abgekürzten Kegel berechnen könnte; so sey 27te Figur der Durchschnitt des Faßes durchs Spundloch auf der Axe senkrecht. Der kleinere Kreis sey die Peripherie eines Bodens darauf projicirt. Mit einem Zollstabe mißt man AB, und auch BD, die Höhe des Weins im Fasse. Nach einem verjüngten Maaße beschreibt man einen Kreis mit $CA = \frac{1}{2}AB$, und trägt BD auf den Diameter; so läßt sich mAGm nach §. 313 Pl. oder auch nach § 73. 5), noch besser aus §. 74 Trig. ohne erst Data aus einer verjüngten Verzeichnung herzunehmen, berechnen. Dies von $CA^2\pi$ abgezogen, giebt mBGm. Man mißt FE, so ist $\frac{AB - FE}{2} = BE$, und $DB - EB = DE$ die Höhe des Weins am Boden bekannt.

Nun

Nun kann man nEHn wie mBGm finden, und wenn der zweite Boden dem ersten nicht gleich ist, auch den an demselben vom Wein benetzten Abschnitt. Die 3 gefundenen Abschnitte seyen S, s, σ. Man setze $\frac{2S+s+\sigma}{6} = \frac{4S+s+\sigma}{6} = \frac{\delta^2}{4}\pi$ und suche $\delta = \sqrt[2]{\tfrac{2}{3}} \cdot \frac{4S+s+\sigma}{\pi} = 0{,}46\sqrt{(4S+s+\sigma)}$. Ist wie gewöhnlich ein Boden wie der andere; also $s=\sigma$; so ist $\delta = 0{,}65\sqrt{(2S+s)}$.

Hier ist $\sqrt{\frac{1}{\pi}}$ aus §. 310 Pl. genommen, und alle beständige Größen sind ein für allemal berechnet. Die gefundene Anzahl Zolle lege man an der Flächenseite des Visirstabs an, und multiplicire die nebenstehende Zahl mit der Zahl, welche die Länge des Faßes auf der Längenseite des Visirstabes giebt.

Anm. Ich hätte, da diese Regeln nur in der höhern Geometrie demonstrirt werden können; den Praktiker der hier schon begierig nach einer sicherern, als der gemeinen auch unbewiesenen Regel ist, mit der lakonischen Antwort abweisen können: Es ist nicht dieses Orts! Aber wenn alle diejenigen welche Fässer ausmessen sollen, erst die höhere Geometrie dazu lernen sollten; so mögten wol nicht viel richtigere Ausmessungen sobald zu erwarten seyn.

§. 101. **Aehnliche Cylinder** sind, deren Seitenlinien, also auch, deren Axe einerlei Neigungswinkel gegen die Grundfläche und gleiches Verhältniß zum Durchmesser der Grundfläche haben (vergl. mit §. 82), daher sich auch ähnliche Cylinder wie die Kubikzahlen homologer Linien an ihnen, z. E. der Axe, verhalten.

Pr. Anm. Auf diesen Begrif der Aehnlichkeit geometrischer Körper ist der sogenannte kubische Visirstab gegründet, den ich darum hier anrühre, weil er eigentlich, so viel ich weis, nur, so wie auch der cylindrische, zur Ausmessung oder Visirung der Weinfässer gebraucht wird. Er setzt aber nothwendig voraus, daß diese Fässer ganz nach gleichen Verhältnissen gearbeitet seyn müssen. Alsdann verhalten sie sich freilich wie HL^3 (26 F.). Gesetzt also man fände HL an einem Oxhoft 2, 3 rheinl. Fuß, und man wollte bis auf $\frac{1}{2}$ Anker einen kubischen Visirstab haben; so trägt man auf einen

einen Maasstab nach der Ordnung $2,3'$; $\sqrt[3]{11} \cdot \frac{2,3}{\sqrt[3]{12}}$

$= 1,0048 \cdot \sqrt[3]{11} = 2,23$; $1,0048 \cdot \sqrt[3]{10} = 2,15$ u. s. w. und schreibe nach der Ordnung 6, 5½, 5, 4½, 4 . . . u. s. w. Anker dazu. Man sieht, daß ungeachtet der sehr groß angenommenen Einheit von ½ Anker = 16 Quart, doch die Unterschiede nur 0,7'' etwa betragen, und es also sehr schwer seyn müsse, selbst bei genauer Aehnlichkeit der Gefäße hier nur mit einiger Sicherheit den Inhalt zu bestimmen. Man soll nämlich den Stab selbst in das volle Gefäß durch das Spundloch H an den untersten Endpunkt von KL bringen. Wird man grade L genau treffen? Wird nicht etwa von ungefähr oder mit Fleiß der Boden dort ausgeschnitten seyn? und wird man, besonders wenn der Stab benetzt wird, die obere Gränze so genau finden?

§. 102. Man hat indessen zum körperlichen Maasstabe der Flüssigkeiten den Cylinder, wie schon aus dem Letztgesagten erhellet, wirklich dem Prisma vorgezogen; zu großen Quantitäten hat man bauchigte Gefäße genommen. (Beides vermuthlich der mehrern Festigkeit gegen äußern Stoß, letzteres besonders der Wälzbarkeit wegen.)

In Berlin so wie in einem großen Theil unseres Landes liegt das Quartmaaß zum Grunde. Hrn. **Eytelweins** sorgfältigen Untersuchungen der Berliner Probequarte nach (die doch wie abgekürzte Kegel gestaltet sind) ist ein Berl. Quart = 65,415 rheinl. K. Z. = 59 par. K. Z.; ein Bresl. Quart = 38,833. rhld. K. Z.

Nun ist beim Weinmaaß

1 Anker	=	32. 65,415	=	2093,268 K. Z.
1 Eimer	=	2 Anker	=	4186,537 "
1 Ohm	=	2 Eimer	=	8373,073 "
1 Oxhoft	=	1½ Ohm	=	12559,61 "
1 Stückfaß	=	4 Oxhoft	=	50238,493 "

Beim

Beim Biermaaß ist 24 Qu. = 1 Oehmchen, deren 4 eine Tonne, deren 2 ein Faß, deren 2 eine Kufe, deren 9 ein Gebräude geben.

Beim Weinmaaß machen 200 **Breslauer** Quart eine Tonne, 8 Tonnen einen Eimer; ein Quart hält 2 Quartierchen.

Nun noch einige der nöthigsten Flüssigkeitsmaaße, als Auszug der Eytelw. Tabelle, von mir auf rheinl. Maas gebracht.

Amsterdam 1 Pot = 2 Pinken = 66,6 K. Z.; deren 2 ein Stoof, 8 St. = ein Steckan; 2 Steckan = 1 Anker; 6 A. = 1 Oxhoft?

Anspach 1 Maas = 71 Kz.

Berlin Quart = 65,415 Kz.

Bourdeaux Pinte = 2 Schopinen = 57,4 Kz.; 2 Pinten = 1 Pot; 100 Pot. = 1 Barique; 4 B. = 1 Tonneau.

Braunschweig Stübchen = 197,3 Kz.

Breslau Quart = 38,388 Kz.

Culm Stoof = 77,4. Kz.

Dännemark Pott = 54 Kz.; 30 P. = 1 Anker.

Danzig Stoof Wein = 93 Kz.; 11 St. = 1 Ohm.

Frankf. a. M. Maas = 2 Schoppen = 103 Kz.; 80 M. = 1 Ohm?

Hamburg Quartier = 2 Oezel = 50,6 Kz, 2 Qu. = 1 Kanne, 2 K. = 1 Stübchen; 8 St. = 1 Eimer; 10 Stübchen = 1 Anker; 4 A = 1 Ohm.

London Weinpinte = 26,5 Kz.; 8 Pinten = 1 Gallon; 63 Gallon = 1 Hogshead.

Bierpinte = 32,3 Kz.; 8 P. = 1 Gallon; 32 Gallon = 1 Barrel Ale = 36 Gallon = 1 Barrel Porter.

Paris Neues Maas = 56 Kz. = 1 Litre = 10 L. = 1 Decalitre

calitre; $\frac{1}{10}$ Litre = 1 Decilitre; $\frac{1}{100}$ Litre = 1 Centilitre.

Altes Maas; Pinte = 53,23 Kz.; 2 Pinten = 1 Pot; 4 Pot = 1 setier; $\frac{1}{2}$ Pinte = 1 Chopine.

Spanien: Weinquartillos = 27,5 K. Z.; 32 Qu. = 1 Arrobas; 27 Arrobas = 1 Pipe.

Oelquarteron 172 Kz.; 4 Quarteron = 1 Arrobas.

Ungarn: Weinmaas; 4100 Kz. = 1 Eimer = 63 Berliner Quart beinahe;. oberung. Antahl = 3992 Kz. = 61 Berl. Qu.; Niederung. Ant. = 2812 Kz. Ant. Tokayer = 2825 Kz. = 43 Berl. Quart beinahe.

§. 103. Da die Körner etwas dem Flüssigen ähnliches an sich haben; so ist auch hier ein Cylinder, nämlich der Scheffel zum Grundmaaß angenommen. Hn. Eytelweins Vorschlag lieber ein Parallelepipedum dafür zu nehmen, mögte wol dadurch einige Hindernis finden, weil ein runder Scheffel der Gefahr die Ecken zu zerstoßen, bei der rauhen Behandlung nicht so sehr ausgesetzt ist, als ein kantiger. — Genaue Untersuchungen des Hrn. E. haben den Berl. Scheffel $3058\frac{11}{14}$ oder 3059 rheinl Kz. gegeben. In den Marken, Magdeburg, Halberstadt und Pommern pflegt man so viel ich weiß, meistens den Berliner Scheffel, wenn man ja nicht allenthalben damit ausmessen sollte, doch meistens wie z. B. in Cammeranschlägen zum Grunde zu legen. Ich werde daher die besondern Scheffel der andern Churm. auch Pommerschen Städte nicht besonders anführen, sondern nur wieder nach rheinl. Cubikzollen die Inhalte an einigen andern mit Berlin in Handelsverhältnissen stehenden Hauptörtern angeben. Auch in Westpreußen scheint nach Hrn. E. der Berl. Scheffel zu dominiren. Vorher bemerke ich:

Der Berl. Scheffel = 4 Viertel = 16 Metzen = 64 Mäßchen; 24 Scheffel = 1 Winspel: und rechnet man auf den Scheffel 85 ℔ Weizen, 80 ℔ Roggen, 69 ℔ Gerste im Durchschnitt. Der Breßl. Scheffel wird eben so eingetheilt.

In Pommern besonders werden 12 Schfl. auch ein Drömt genannt, deren 8 in dem benachbarten Mecklenburgischen und Schwedisch-Pommerschen Seeplätzen eine **Last** machen; dies ist ziemlich gleich mit 3 Winspel Berl. Maaß. Also ist der Scheffel in

	rhl. Kubz.		rhl. Kubz.
Berlin	3059	Hamburg Faß	2946
Königsb.	$2963\frac{2}{3}$	Leipzig Scheffel	7770
Breslau	$4135\frac{1}{2}$	London Bushel	1997
Amsterdam Shepel	1510,5	Lübeck Schfl.	1858
Anspach Meeß	1322	Mähren Metze	3771
Braunschweig Himte	1739	Paris septier	8579
Bremen Sch.	3976	Boisseau	714
Cleve Malter	10130	Prag Strich	5278
Colberg Schfl.	2580	Rostock Scheffel	1984
Culm	3062	Rußland Tschetwert	10804
Dännem. Tonne	9405	Schweden Tonne	8191
Dresden Schfl.	5920	Spanien Fanēga	3195
Emden Tonne	10689	Wismar Schfl.	2140

§. 104. In den Seestädten pflegt man, da es beim Getraidehandel so sehr auf Gewicht ankommt, sogenannte Getraidewaagen d. i. zwei Gemässe von Kupfer zu haben, welche ein Mäßchen oder $\frac{1}{64}$ vom Scheffel enthalten. Man füllet eins mit Getraide und leget in das andere so viel halbe Lothe bis man das Gleichgewicht erhält; so wiegt ein Scheffel so viel ℔ als das Mäßchen halbe Lothe wiegt. Wenn der Berliner Scheffel nach Hrn. E. 22 Zoll im Durchmesser und 8 Zoll $\frac{1}{2}$ Linie Höhe hat; so wird das Mäßchen ein ähnlicher Cylinder wenn man im Durchmesser 4,4″ und die Höhe 2 Zoll $\frac{1}{8}$ Linie macht, indem man mit $\sqrt[3]{\frac{1}{64}} = \frac{1}{4}$ die Dimensionen am Scheffel

Scheffel multiplicirt. Man sieht leicht, daß man eigentlich nur eins gebraucht.

§. 105 1 Last Salz sind 60 Berl. Scheffel oder 8 Tonnen a 405 ℔ Handelsgewicht.

Der Haufen Holz 18 rh. Fuß lang 9 Fuß hoch $= 4\frac{1}{2}$ Klafter von 6′ lang und hoch beides in Berlin 3′ Klobenlänge.

Ein Haufen Steinkohlen sind 28 Berl. Schfl.

Ein Haufen Torf hält 240 kleine Körbe a 25 Stück a 90 Kzoll.

Ein Malter Holz eigentl. 4. 4. 4 = 64 Kf.; in Thüringen 3 bis 4 Fuß hoch 4′ breit $3\frac{1}{2}$′ Klobenlänge. Im Anhaltschen 3′ hoch, 6′ Fuß breit 4 bis $4\frac{1}{2}$ Klobenlänge, im Braunschw. Halberst. Mansfeld 42 Kf.

Ein Faden in Pommern 7 F. lang und hoch 2, 3, bis 4 F. Klobenlänge.

Ein Achtel Holz in Preußen ist 360 Kubikfuß.

§. 106. Eine Regel aufs kürzeste anzugeben, wie sich zwei Ppda, wenn sowol Fuß- oder Zollmaaße nach Landesart, als auch die Zahl der Fuße in Absicht der 3 Dimensionen verschieden sind, findet man so: Es seyn die Längen der Fuße wie F : f und die Höhen A.F, a.f; Breiten B.F b. f; Längen L. F, l. f die Inhalte K und k; so ist

$$K : k = A.\ B.\ L.\ F^3 : a.\ b.\ l.\ f^3.$$ Also

$$K = \frac{A.\ B.\ L.}{a.\ b.\ l.} \left(\frac{F}{f}\right)^3 k.$$ Z. B. Der stralsundische Faden = k ist 7 Fuß lang 7′ hoch 2′ Klobenlänge nach altpommerschen Fuß = 1263,7. Der Berl. Haufen = K ist 18′ lang, 9′ hoch, 3′ Klobenlänge rheinländ. Maaß a 1391,3

Also $\left(\frac{F}{f}\right)^3 = \left(\frac{1391,3}{1263,7}\right)^3$ u. $l\,1391,3 = 3,1433896$

$l\,1263,7 = 3,1016440$

$0,0417456 \times 3$

$l\left(\frac{F}{f}\right)^3 = 0,1252368$

$l.\,18.9.3 = l\,486 = 2,6866363$

$0,1252368$

$2,8118731$

$1,8573325$

$0,9545406$

Also gehen ziemlich genau 9 stralſ. Faden auf 1 Berl. Haufen. 1 Faden Weisbüchen Holz gilt in Stralſund im Herbst 8, gegen Ostern wohl 12 bis 14 thl. schwer Geld. Also das Aequiv. eines Berl. Haufens 72 bis 126 thl. oder $83\frac{1}{2}$ bis 145 rthl. pr. Courant.

IV. Von der Pyramide und dem Kegel.

§. 107. **Vorerinnerung.** Die genannten beiden geometr. Körper nehme ich zusammen, weil sich von beiden mit Veränderungen in bloßen Nebenbestimmungen fast immer einerlei Satz behaupten läßt; und man nun schon am Prisma und Cylinder gesehen hat, daß 2 dem Schein nach sehr verschieden gestaltete Körper unter eine Gattung gebracht werden können.

§. 108. Außerhalb einer gradlinigten Figur NBCD (28a Fig.) wird ein Punkt A angenommen; von allen Winkelpunkten N, B, C, D werden Linien grade nach A hin gezogen. Durch die Flächen der so entstandenen Dreiecke wie ABC und durch NBCD selbst wird ein körperlicher Raum eingeschlossen, der eine **Pyramide** oder **Spitzsäule** genannt wird. NBCD ist hier **Grundfläche**, die Dreiecke **Seitenflächen**. Ihre Anzahl, die sich nach der

der Seitenzahl der Grundflächen richtet, bestimmt die Benennung 3, 4, *n*seitige Pyramide.

§. 109. Die Linien aus A an die Winkelspitzen der Grundflächen heißen auch hier Seitenlinien auch wohl Seiten der Pyramide Kanten; vergl. §. 50. Höhe der Pyramide ist das Loth AF aus der Spitze auf die Grundfläche; Es kann in den Körper hinein auch außer ihm fallen. Trifft das Loth einen Punkt C, der nicht gleich weit von den Winkelspitzen der Grundfläche entfernt ist; so ist die Pyramide ungleichseitig. Träfe das Loth aber in der Grundfläche in einen Punkt F, der von den Spitzen B, C E, D u. s. w. gleich weit entfernt wäre, (29 F.) so daß alle letztere Punkte in der Peripherie eines Kreises lägen, so giebt dies eine gleichseitige Pyramide. Sie ist möglich wegen §. 198. ff. Pl. da man um solche Grundflächen Kreise beschreiben, oder in einem gegebenen Kreis nseitige Figuren legen, und dann aus dem Mittelpunkt C ein Loth auf der Fläche desselben errichten §. 17. und die Seiten an die Winkelspitzen B, F u. s. w. ziehen konnte. Die Seiten als Hypotenusen gleicher rechtw. △△ sind nun alle gleich groß.

§. 110. Die Grundfläche kann nun so wol bei der ungleichseitigen als gleichseitigen Pyramide ein ordentliches Vieleck von n Seiten seyn. Ist n = ∞ d. i. wird das reguläre Polygon ein Unendlicheck oder ein Kreis §. 263. Pl. so geht die Pyramide in einen Kegel über; denn ein Kegel (conus) ist ein körperlicher Raum zwischen einem Kreise als Grundfläche und einer so gekrümmten Oberfläche, daß jede von einem außerhalb der Grundfläche befindlichen Punkt A (der Spitze des Kegels) an jeden Punkt des Umkreises der Grundfläche gezogene grade Linie (auch hier Seite genannt) ganz in die Oberfläche fällt. Die von der Spitze des Kegels nach dem Mittelpunkt der Grundfläche gezogene grade Linie wird die **Axe** genannt. Die Entfernung der Spitze von der Grundfläche ist des Kegels **Höhe** §. 11. Fällt dieses Loth mit der Axe zusammen, das heißt, ist die Axe auf der Grundfläche senkrecht, so ist es ein **grader Kegel** (conus rectus) sonst ein **schiefer**.

§. 111. Wenn die Höhenlinie der Pyramide die über einem regulären Polygon steht, in des Polygons Mittelpunkt (§. 206. Pl.) fällt, so kann man sie auch eine **grade Pyramide** und die Höhenlinie ihre Axe nennen. Nur sie hat lauter gleiche Seitenflächen, welches gleichschenklichte Dreiecke sind, und wird so wie der grade Kegel von jeder Ebene durch die Axe in ähnliche Hälften getheilt. Das thut nicht jede Ebene durch des schiefen Kegels Axe, auch nicht durch die Höhenlinie der schiefen Pyramide.

§. 112. **Wenn zwei Pyramiden gleiche und ähnliche gradlinigte Figuren, und wenn zwei Kegel gleiche Kreise zu Grundflächen haben, und überdem die Seitenlinien und Seiten gleiche Neigungen gegen die Grundflächen haben; so ist die Pyramide mit der andern, der eine Kegel mit dem andern congruent und gleich groß.**

Bew. 1. Alsdann sind auch bei den Pyramiden die gleichnahmigen Seitenflächen gleich, und haben gleiche Neigungen gegen die Grundflächen; also fallen sie gehörig in einander gebracht zusammen.

2. Eben so jede der unzähligen Kegelseiten; also auch die Spitzen so wie die Grundflächen fallen zusammen. Also passen beide Pyramiden und beide Kegel in einander und sind gleich groß.

§. 113. **Wenn eine Pyramide oder ein Kegel mit der Grundfläche parallel geschnitten wird, so ist der Durchschnitt der Grundfläche ähnlich d. i. beim Kegel ein Kreis.**

Bew.

Bew. 1) Es ist bc‡BC; cd‡CD (28 α Fig.) §. 31. Daher W. bcd = BCD §. 21. Dies gilt von den übrigen Linien und Winkeln gleichfalls. Eben so ist Ab : AB = Ac : AC = bc : BC = cd : CD; also bc : cd = BC : CD; und so bei den übrigen Seitenlinien der Figuren ABCD und abcd. Daher sind sie ähnlich.

2) Beim Kegel werden die parallelen Durchschnittsebenen von Ebenen AFO und AGO geschnitten, und alsdenn ist fo ‡ FO; go ‡ GO. Nun ist AO : Ao = FO : fo = GO : go. Aber FO = OG, also auch fo = og. Dies läßt sich von allen in dem parallelen Durchschnitt aus o an die konische Oberfläche gezogenen Linien beweisen. Also ist die Durchschnittsfigur um o im Kegel ein Kreis.

§. 114. Z. 1. Daher NBCD : nbcd = BC^2 : bc^2 = AB^2 : Ab^2. Im Kegel sind die Durchschnitte wie FO^2 : fo^2.

§. 115. Z. 2. Wenn AF die Höhe ist, welche nbcd in f trifft; so ist NBCD : nbcd = AF^2 : Af^2 weil AB : Ab = AF : Af. Im Kegel sind auch die Kreise um O und o = AO^2 : Ao^2.

§. 116. Des Kegels Durchschnitt durch die Axe ist ein Dreieck, welches beim graden gleichschenklicht ist (32 F.); durch dessen Hälfte, dem rechtwinklichten Δ, wird wenn es sich um einen Katheten als um seine Axe drehet, ein bestimmter **grader** Kegel beschrieben, oder gleichsam aus dem universo ausgeschnitten, und durch den Weg, welchen die Hypotenuse und der zweite Kathete durchgehen, umgränzet.

Anm. Nun folgt der Beweis nach Euklidischer Methode, daß alle Arten von Pyramiden und Kegeln, die gleiche Höhen und gleich große, wenn gleich nicht eben congruente Grundflächen haben, gleich große Körper sind.

§. 117. Zwei dreiseitige Pyramiden von gleicher Höhe verhalten sich 1) wie ihre Grundflächen, und sind 2) gleich groß, wenn Höhen und Grundflächen gleich groß sind.

Bew. Man halbire an der dreiseitigen Pyr. ABCD (II 28 β F.) jede Seite der Grundfläche in G, H, L, die man vereiniget, so wird die Grundfläche in 4 gleiche △△ getheilt. Denn LG ∦ BC; LH ∦ CD; HG ∦ BD §. 224. Pl. Daher LD = HG = BL; LG = HC = BH; GD = GC = HL. Also △GDL = △HCG = △HLG = △BHL. Auch die Seitenlinie CA halbire man in K, und lege durch K eine Fläche ∦ mit BCD; so ist KF ∦ CD und = $\frac{1}{2}$CD = GD; EF ∦ und = DL = $\frac{1}{2}$BD; EK = HC = LG; mithin auch aus noch mehrern Gründen △EKF = △LGD; und da auch die Höhe durch den parallelen Schnitt durch K auf der Hälfte von CA halbirt wird §. 32. so sind die Pyramiden FGDL und AKFE gleich hoch, und haben gleiche Grundflächen. Weil auch FG ∦ AK; FL ∦ EA; so sind FLG und AEK Seitenflächen von gleicher Neigung, welches von den übrigen beiden von selbst klar ist. Daher ist AEKF = FGDL, deren Gleichheit mit KCGH und EHLB aus ihrer gleichen Höhe und Grundfläche auch gleicher Seitenneigung genugsam erhellet. Man sieht nun deutlich, daß die beiden ersten Pyramiden lange nicht die Hälfte der ganzen ausmachen. Denn es bleibt außer den ihnen gleichen KCGH und EHLB noch ein Körper (eigentlich noch 4 dreiseitige eben so große Pyramiden) auf KHLF übrig, wodurch, wie die Figur zeigt, wenn KCGH zu der einen, EHLB zu der andern hinzugerechnet wird zwei dreiseitige Prismen auf BHL und KHO entstehen wovon letzteres die Hälfte eines vierseitigen Prisma auf LHCG (wie die punktirten Linien deutlich zeigen) und also dem auf BHL gleich ist.

Die

Die Pyramiden I und II sind nach dem allgemeinen Begriff §. 82. der ganzen Π völlig ähnlich, und jede kann also auch auf ähnliche Art wie die vorgegebene in Pyramiden und Prismen getheilt werden; so daß die den beschriebenen ähnlichen beiden Prismen mehr als die Hälfte von I und II ausmachen. Daraus folgt daß, wenn auch ein Körper Z gegeben würde, der um so wenig als man will, von Π verschieden wäre, durch unaufhörliches Abnehmen der Prismen von den an den Spitzen A und D übrig gebliebenen Pyramiden man endlich eine Summe von Prismen P > Z erhalten müsse.

Man kann auf eben die Art mit jeder andern 3seitigen Pyramide π, die mit Π einerlei Höhe aber ein Dreieck bcd von verschiedener Größe und Gestalt zur Grundfläche hat, verfahren. Man stelle sich vor, daß beider Grundflächen in einer Ebene liegen; so werden auch die Spitzen in einer mit selbiger parallelen Fläche liegen; also sind die Pyramiden AEKF und aekf, wie auch die Prismen EKFLHB = P und ekflhb = p gleich hohe Körper. Aber BCD = 4BHL und bcd = 4bhl. Eben so ist BCD = 2HLGC und bcd = 2hlgc. Da also die Prismen die auf HLGC und hlgc liegen, denen P und p gleich sind; so verhält sich 2P : 2p = BHL : bhl = BCD : bcd. Nun ist auch EKF = LGD = BHL und eben so ekf = lgd = bhl. Also werden sich auch die von AEKF, FLGD; aekf, flgd abgeschnittenen Prismen wie EKF : ekf = BHL : bhl = BCD : bcd verhalten. Dies wird immer so fort gehen, so oft auch die Eintheilung wiederholt wird; so daß wenigstens so viel erhellet, daß sich die beiderseitigen Summen von Prismen (sie sollen Σ und σ heißen), welche den ganzen Inhalt der gleichhohen Pyramiden so nahe kommen können als man will, sich wie die Grundflächen verhalten, mithin bei gleichen Grundflächen gleich seyn müssen.

Wer aber nun noch behaupten wollte; es sey nicht $bcd:BCD = \pi:\Pi$; sondern $bcd:BCD = \pi:Z$, so daß etwa 1) $Z < \Pi$ wäre, dem antwortet man. Es war doch $bcd:BCD = \sigma:\Sigma$ zu machen; so daß $\Sigma > Z$ war; alsdenn müßte (per hyp.) $\sigma:\Sigma = \pi:Z$ also, (weil $\Sigma > Z$) $\sigma > \pi$ seyn. Größer als die Pyramide kann doch aber die Summe der darin beschriebenen Prismen nicht werden; also findet die Voraussetzung $Z < \Pi$ nicht Statt.

Aber auch die entgegengesetzte $Z > \Pi$ fällt weg. Denn nun müßte auch hier $\sigma:\Sigma = \pi:Z$ oder $Z:\pi = \Sigma:\sigma$ seyn. Sucht man nun zu Z, π, Π die vierte Proportionalgröße y d. i. $Z:\pi = \Pi:y$, so müßte $y < \pi$ seyn, weil $\Pi < Z$ seyn soll. Also müßte $\Sigma : = \Pi:y$ folglich $\Pi:\Sigma = y:\sigma$ seyn. Nun ist $\Sigma < \Pi$ also $\sigma < y$, und so kann ja nicht σ dem π näher als jede angebliche Größe kommen, da $y > \sigma$ und $y < \pi$ also y dem π noch näher kommt. Da also auch $Z > \Pi$ gegen die Voraussetzungen streitet, so bleibt nichts übrig, als die Richtigkeit der Proportionen $\Sigma:\sigma = BCD:bcd = \Pi:\pi$ oder $bcd:BCD = \pi:\Pi$, das ist zuzugestehen, daß gleichhohe 3seitige Pyramiden sich wie ihre Grundflächen verhalten, und also bei gleichen Grundflächen gleich groß sind.

§. 118. **Alle Pyramiden und Kegel von gleichen Höhen und Grundflächen sind gleich groß.**

Bew. I. 1) Die nseitige Pyramide ACBFED (30 F.) $= \Pi$, ihre Grundfläche mag ein ungleichseitiges oder reguläres Polygon seyn; läßt sich im ersten Falle am besten in $n - 2$, also in so viel dreiseitige Pyramiden theilen als die Grundfläche $\Delta\Delta$ giebt. Diese Pyramiden heißen P, Q, R, die dreieckten Grundflächen B, 𝔅, b und ihre Summe G, die einzelne 3seitige

tige eben so hohe Pyramide π, ihre Grundfläche β; so ist

$P:\pi = B:\beta$	Also ist
$Q:\pi = \mathfrak{B}:\beta$	$P+Q+R:B+\mathfrak{B}+b = \pi:\beta$
$R:\pi = b:\beta$	oder $\Pi:G = \pi:\beta$ d. i.
u. s. w.	

die nseitige Pyramide verhält sich zu der gleichhohen 3seitigen, wie der Quadratinhalt ihrer Grundflächen.

2) Wenn die Grundfläche der vielseitigen Π ein reguläres Polygon von n Seiten ist, so ist dies an sich kein besonderer Fall; man könnte aber doch die Dreiecke zu n dreiseitigen Pyramiden bekommen, wenn man die Grundfläche in n Dreiecke aus dem Mittelpunkte eintheilte. Nun kann man den Kegel als eine Pyramide ansehen, deren kreisförmige Grundfläche unendlich viel Seiten hat und also aus unendlich vielen Dreiecken OFG, OHK, (28 F.) wo sich die Bogen FG, HK in grade Linien verlieren §. 263 Pl. Daher verhält sich die Summe der unendlichen Menge kleiner 3seitigen Pyramiden, woraus jeder Kegel besteht d. i. der Kegel selbst wie seine (kreisförmige, ∞ seitige) Grundfläche zu der dreieckten Grundfläche einer gleichhohen 3seitigen Pyramide.

3) Sind also die (regulären oder irregulären) Grundflächen nseitiger und 3seitiger Pyramiden, die (kreisförmige) Grundfläche der Kegel mit der 3eckten Grundfläche einer gleichhohen 3seitigen Pyramide von gleichem Quadratinhalt, so haben alle diese Körper mit der letzten und jeder mit dem andern einerlei körperliche oder cubische Größe.

Bew. II. Gesetzt $\triangle bcd =$ Trap. NBCD $=$ Kr. OFGHK (28 F.), und die Spitzen liegen in einer mit IK parallelen Ebene; so ist c wenn TV $\ddagger$ LM die Durchschnitte ekf, nbcd, ofgh giebt), $bcd : ekf = ao^2 : ak^2$; $NBCD : nbcd = AB^2 : Ab^2$; $OFGH : ofgh = AO^2$

$= AO^2 : Ao^2$ §:114. Nun ist ac:ak = AB:Ab = AO:Ao. Daher auch bcd : ekf = NBCD : nbcd = OFGH : ofgh. Daher ekf = nbcd = ofgh weil bcd = NBCD = OFGH. Da eben der Beweis fur jede Durchschnitte gilt die wie ekf, nbcd, ofgh entstehen; so sind die Pyramiden ABCDN, abcd und der Kegel AFGK gleich groß §. 46.

Also hat ein Kegel, dessen kreisförmige Grundfläche mit der gradlinigten einer Pyramide einerlei Flächeninhalt hat, und der eben so hoch als die Pyramide ist, auch einerlei körperliche Größe mit der Pyramide; und jede vielseitige Pyramide und jeder Kegel ist einer dreiseitigen gleich hohen Pyramide gleich, wenn nur die Grundflächen gleich sind.

§. 119. Eine dreiseitige Pyramide ist der 3te Theil eines dreiseitigen Prisma, das mit ihr gleiche Grundfläche und Höhe hat.

Bew. Wenn ABC (31 Fig.) die Grundfläche, E die Spitze der Pyramide ist, so lege man durch E eine Fläche mit ABC parallel und nehme in ihr EFD = und ∽ ABC, ziehe AE, BF, CD; so hat das Prisma AEDFCB einerlei Grundfläche und Höhe mit der Pyramide. Nachdem nun die Pyram. EABC davon weggenommen, so schneide man die übrige Pyr. EBCDF durch EFC; so ist Pyr. EFDC = Pyr. EBCF. Denn FBC = FCD und beider Spitzen sind in E, also sind sie gleich hoch. Da nun auch Pyr. EABC = Pyr. CFDE, weil ABC = EFD, und die Höhen oder die Entfernungen der beiden parallelen Ebenen gleich sind, so ist auch Pyr. EABC = EBCF. Mithin das Prisma = 3EABC.

§. 120. Z. 1. Auch vielseitige Pyramiden sind der dritte Theil von Prismen, die eben so viel oder mehr oder weniger Seiten haben, wenn nur Grundfläche

fläche und Höhe bei beiden gleich ist. Denn man kann beide auf dreiseitige von begehrter Eigenschaft bringen.

§. 121. Z. 2. Eben so: da auch jeder Cylinder einem nseitigen also auch zseitigen gleich hohen Prisma auf gleich großer Grundfläche gleich ist, so ist auch jede Pyramide und jeder Kegel der 3te Theil eines gleich hohen Cylinders, dessen Grundkreis dem Grundkreise des Kegels oder Grundvielecke der Pyramide im Quadratinhalt gleichet. So gelten nun alle Sätze des 73. und 91. §phs, Verhältnisse betreffend, nicht allein von Prismen und Cylindern sondern auch von Pyramiden und Kegeln. Denn was vom ganzen gilt, muß auch von seinem aliquoten (hier dritten) Theil gelten. Daher sind 1) Pyramiden und Kegel von gleicher Grundfläche wie ihre Höhen; 2) verhalten sie sich wie die Produkte aus Grundfläche in die Höhe 3) oder sind aus dieser beider Verhältnissen zusammengesetzt 4) Kegel verhalten sich wie die Höhen ins Quadrat der Durchmesser der Grundfl. multiplicirt 5) Pyramiden und Kegel sind gleich, wenn die Grundflächen (beim Kegel auch nur die Quadrate der Durchmesser) umgekehrt wie die Höhen sind. Auch ist eine 3mal so hohe Pyramide oder Kegel eben so groß, als ein dreimal niedrigeres Prisma oder Cylinder bei gleicher Grundfläche u. m.

§. 122. Aufg. **Jede vorgegebene Pyramide oder Kegel auszurechnen.**

Aufl. Ist die Grundfläche und Höhe gegeben, oder kann man sie nach der Planimetrie entweder unmittelbar oder doch die Höhe nach §. 69. Trig. messen; so nimmt man vom Produkt beider Größen den 3ten Theil §. 120. Wenn die Grundfläche einer Pyramide g die Höhe a so ist a.g ein Prisma von angegebnen Dimensionen, also die Pyramide $\frac{1}{3}$a.g. Wenn der Durchmesser der Grundfläche des Kegels d, seine ne Höhe a; so ist $\frac{ad^2}{4}\pi$ der Inhalt eines Cylinders von gleicher Höhe und Grundfläche. Daher $\frac{1}{3} \cdot \frac{a}{4} d^2\pi = \frac{1}{12} ad^2\pi =$ dem Inhalt des Kegels §. 121. Wenn r der Halbmesser der Grundfläche, so ist der Inhalt $\frac{1}{3}ar^2\pi$. Aus dem Umfange p wäre nach §. 309. Pl. die Grundkreisfläche $p^2 . 0{,}079577$. Also des Kegels Inhalt $0{,}026526 . a . p^2$.

Ex. Der großen Pyramide von Memphis Grundfläche ist 693 Fuß ins Gevierte und 481 Fuß Höhe (nach Pocock); Inhalt $= 480249 . 481 = 76999923$ Kub. Fuß. Ein Kegel von 12 Fuß Umfang 6 Fuß Höhe $= 0{,}026526 . 144 . 6 = 22{,}918464$ K. F.

§. 123. **Aufg. Eine abgekürzte Pyramide (einen Obelisk bis an die aufgesetzte Spitze) auszurechnen.**

Aufl. So viel ist gleich offenbar, daß wenn man der ganzen Pyramide, wovon dies nur der Stumpf ist, Höhe AF $= a$ (29 Fig.) und des fehlenden Stücks Höhe Af $= \alpha$ nebst den Grundflächen BCDN $= G$ und bcdn $= g$ wüßte; so wäre nach §. 122. der Stumpf (truncus, Torso) $\frac{1}{3}AG - \frac{1}{3}\alpha g$. Aber hier kann man nur als Data voraussetzen G und g mit ihren Seitenlinien und die Höhe des Stumpfs fF $= h$. Nun sey z. E. CD : cd $= m : n$; so ist auch $m : n = a : \alpha$ §. 32. nun giebt dies

$$m - n : m = h : a \text{ d. i. } a = \frac{m}{m-n} h; \text{ also auch}$$

$$a - h = \alpha = \frac{n}{m-n} h \text{ und}$$

$$m^2 : n^2 = G : g; \text{ also } g = \frac{n^2}{m^2} G \text{ §. 276 Pl.}$$

Also

Also ist $Tr. = \frac{1}{3} G . \frac{m}{m-n} h - \frac{1}{3} G . \frac{n^2}{m^2} . \frac{n}{m-n} h =$ $\frac{1}{3} h G \left(\frac{m}{m-n} - \frac{n^2}{m^2} . \frac{n}{m-n} \right)$. Der eingeklammerte Faktor auf einerlei Benennung giebt $\frac{1}{m^2} . \frac{m^3 - n^3}{m-n}$; und nun wieder $\frac{m^3 - n^3}{m-n}$ durch die Division $m^2 + mn + n^2 = (m+n)^2 - mn$; also wird

$$Tr = \frac{1}{3} hG \left(1 + \frac{n}{m} + \frac{n^2}{m^2} \right) \text{ oder}$$

$$Tr = \frac{hG}{3m^2} ((m+n)^2 - mn)$$

Ex. Der vatikanische Obelisk, den Fontana aufrichtete, soll (nach Leupold Theat. Mach. §. 268.) 107,5 römische Palmen hoch, unten 12 und oben 6 breit gewesen seyn, dies giebt seinen Inhalt ohne die Spitze

$$\frac{107{,}5 . 144}{3 . 4} ((2+1)^2 - 2 . 1) = 9030 \text{ Kub. Palmen}$$

oder $\left(\frac{990}{1391{,}3} \right)^3 . 9030 = 3253{,}352$ rheinl. K. F. Leupold hat 1118 Kub. P. Woher? kann ich nicht finden.

Anm. In dem Beweise (es ist der Kästnersche etwas verändert) finde ichs nicht, weswegen man die Auflösung auf die senkrechte abgekürzte Pyramide einschränken sollte, wie Hr. Lorenz.

§. 124. **Aufg. Den Inhalt einer Pyramide, zu finden, wenn blos so viel Seiten und Winkel der Grundfläche, als zu ihrer Bestimmung nöthig sind, (§. 256. B 1. Pl.) außerdem aber nur eine Ecke z. E. C und an einer nebenliegenden z. E. D nur der nächste Winkel ADC gegeben sind. (33 F.)**

Aufl.

Aufl. Wenn man zuerst die Grundfläche mit allen ihren Seiten und Winkeln bestimmt; so folget aus CD, ADC und ACD der mit der Ecke C gegebenen Seitenfläche nach §. 48. Trig. die Größe von AC, woraus, und aus der andern Seitenfläche von C ∠ ACB man nun wie §. 80. die senkrechte Linien Ah und Ak und so weiter die Höhe AF = a herleitet und nun den Inhalt nach §. 122. berechnet.

Anm. Man bemerke, daß bei der Pyramide nicht einmal eine Seitenlinie AC wie beim Prisma gegeben seyn durfte.

§. 125. Eine abgekürzte Pyramide zu berechnen, wenn außer den zu der ganzen gegebenen Stucken nur noch die an der Ecke C liegende Kante Cc gegeben ist. (29 Fig.)

Aufl. Man sucht außer der Grundfläche wie §. 80. die Höhe des Stumpfs, oder das h des 123 §phs, wie dort des Prisma, alsdann die Seite CA der ganzen Pyramide und ihre Höhe a wie §. 124. Da nun auch AC : Ac (= AC — Cc) = CD : cd = m : n ist; so hat man alle Stücke beisammen um die Rechnung nach §. 123. zu führen.

§. 126. Aufg. Den abgekürzten graden Kegel auszurechnen. (32 Fig.)

Aufl. Es sey AC = r; DE = ϱ so ist AB = $r - \varrho$. Ferner sey EC = DB = a und CF = x. Nun ist $r - \varrho : a = r : x$. Daher $x = \frac{ar}{r - \varrho}$, und weil $r - \varrho : a = \varrho : FE$; so ist $FE = x - a = \frac{a\varrho}{r - \varrho}$. Mithin ist der Inhalt des abgestumpften Kegels $= \frac{1}{3} \frac{ar}{r - \varrho} \cdot r^2\pi - \frac{1}{3} \frac{a\varrho}{r - \varrho} \varrho^2\pi = \frac{r^3 - \varrho^3}{r - \varrho} \cdot \frac{1}{3} a\pi$. Da auch

$r^3 - \varrho^3$

$\frac{r^3 - \varrho^3}{r - \varrho} = r^2 + r\varrho + \varrho^2 = (r + \varrho^2) - r$ so ist des abgekürzten Kegels Inhalt $= (r + \varrho)^2 - r\varrho) \frac{1}{3} a \pi$.

§. 127. Z. 1. In der Formel $\frac{1}{3} \pi \frac{a}{r - \varrho} (r^3 + \varrho^3)$ ist, wenn man FAG $= \Phi$ setzt, weil a $=$ EC $=$ DB, und AC — BC $=$ AC — DE $=$ AB $= r - \varrho$ war, $\frac{a}{r-\varrho} = \frac{DB}{AB} = \frac{1}{\cot\Phi} = tg\,\Phi$ also AB $= a \cot \Phi$; und $\varrho =$ AC — AB $= r - a \cot \Phi$. Also ist der abgekürzte Kegel, wenn statt ϱ nur Φ gegeben ist $= \frac{1}{3} \pi \tang \Phi$ $(r^3 - (r - a \cot \Phi)^3)$.

§. 128. Z. 2. Den ganzen oder abgekürzten schiefen Kegel auszurechnen, darf man nur den Durchmesser HF (28 α F.) und die beiden Winkel an selbigem bei H und F nebst der Seite Ff oder AH des abgekürzten wissen, da sich alles nöthige berechnen läßt. Denn aus §. 48 Trig. findet man HA, aus HA, H und R nach §. 49 B. Trig. den Katheten Ak als des ganzen Kegels Höhe; eben so beim abgekürzten aus Hh dessen Höhe hl, da denn Ak — hl die Höhe des abgeschnittenen Stücks ist.

Dies mag genug seyn, um zu der Berechnung des sonst nicht erwähnten schiefen Kegels und seines Stumpfs hinzuleiten. Auch liegend wird an ihm, so wie an der abgestumpften Pyramide, da die Körper einer unvollständigen Regel zu gefallen, ihre Impenetrabilität nicht fahren lassen, die Seite leichter, als die senkrechte Höhe unmittelbar zu messen seyn.

§. 129. Pr. Anm. Die Baumstämme welche entweder zu Bau- oder Klafterholz nach Kubikfußen berechnet werden müssen, haben bald mehr die cylindrische, bald einigermaaßen die Gestalt des abgekürzten Kegels. Andere geben als eine allgemeine Bemerkung an, (Vierenklee Arithm. und Geom. des Forstwesens S. 444) daß jeder Baum etliche (wol 6 bis 8) Ellen von der

Grundfläche an walzförmig sey, dann aber wie ein Kegel sich zuspitze. Nehmen wir letzteres an also eine Figur, die man auch des Baumes Nachbilde dem Säulenschaft giebt; so müßte man nach jedesmaliger Beobachtung eine doppelte Rechnung machen, und die Summe ziehen. Ist der Baum abgesäget, so mißt man die Durchmesser, steht er noch auf den Stamm die Umkreise leichter. Es sey nun ein Baum 85′ hoch; sein unterer Umfang 7 F. $8\frac{1}{2}''$ der obere 12,6 Zoll und man fände ihn 16′ noch ganz cylindrisch; so hat man 1) $16 . 0{,}0796 . 7{,}85^2$ §. 309 Pl. 2) Für den abgek. Kegel ist $a = 69'$; $r = 0{,}159 . 7{,}85$; $\varrho = 0{,}159 . 1{,}26$ §. 309 Pl. Dies giebt $(r + \varrho)^2 = 2{,}0981$

$$- r . \varrho = 0{,}25$$

$$1{,}8481 \times 3{,}14 . \tfrac{69}{3} =$$

133,66 Kub. F.

$$l . 16 = 1{,}2041200$$
$$l . 0{,}0796 = 2{,}9009131 - 4$$
$$l . 7{,}85^2 = 1{,}7897393$$
$$l . 78{,}48 = 1{,}8947724 - 4$$

Also der gesammte Inhalt $133{,}66 + 78{,}48 = 212{,}142$ Kub. F. Dafür hat Vierenklee nur 132,857 K. F. überhaupt. Der Unterschied ist sehr groß. Aber aus Kästn. 62 Z. 5. A. 1 erklärt er sich genugsam, da V. wirklich die gemeine Regel für abgekürzte Pyramiden, welche wie K. a. O. zeiget um desto mehr und bis auf die Hälfte fehlen kann, je höher sie sind, auch auf abgekürzte Kegel anwendet. Diesen Baum nach Kubikfußen zu Bauholz zu verkaufen, geht nun nur nicht so recht an, da die Spitze nicht einmal mehr 3 bis 4zölliges Sparrenholz giebt. Denn der Durchmesser der Spitze ist nur etwa 4 dec. Z. Es sollte aber $\sqrt{2 . 4^2} = \sqrt{32} = 5{,}66$ Zolle haben. Dies giebt einen Umfang $d\pi = 5{,}66 . 3{,}14 \ldots$ wenigstens von 18 bis 20 Zoll; den man am Baume aufsuchen und bis dahin die Spitze abnehmen muß. Will man ihn als Klafterholz verkaufen, so ist zu merken, daß wegen der unvermeidlichen Lücken beim Setzen nach den praktischen Schriftstellern wenigstens $\frac{1}{10}$, wenn recht gut gesetzt wird, sonst wol $\frac{1}{8}$ bis $\frac{1}{6}$ abgerechnet wird. Nach dem ersten Satz gingen $108 - 10{,}8 = 97{,}2$ K. F. dichte Holzmaaße auf die Klafter und der berechrechnete Baum enthält also $\frac{212,142}{97}$ oder 2,187 Klaftern. Je dicker die Kloben, je geringer der Abgang wegen der wenigern Zwischenräume. Am vortheilhaftesten für den Käufer ist die Klafter in Rundholz aufgesetzt. Will man Kernholz zum Bau haben, muß man für den Splint ein ansehnliches abrechnen. — Aber dies gehört zur eigentlichen Praxis.

Anm. Ueber ähnliche ganze und abgekürzte Pyramiden und Kegel bedarf es weiter keiner Anweisung, da man alles was §. 82 bis 85 und §. 101 von Prismen gesagt ist, in seiner Maaße auch hier behaupten kann.

V. Von den Oberflächen der Prismen, Pyramiden, Cylinder und Kegel.

§. 130. **Die Oberfläche des Prisma besteht aus der Summe der Flächen der Parallelogramme CDdc, DEed u. s. w. (13 Fig.) die es einschließen;** also aus dem Produkt a.(CD+DE+EF+FG+GC) etc. wenn a diese Höhe ist; wo, wenn es auf die gesamte Oberfläche ankommt, die Grundflächen hinzuaddirt werden. Gleiche Seitenflächen kürzen die Rechnung ab z. E. die gesamte Oberfläche eines Würfels von 4 Fuß ist 6.16=96 Quadr. Fuß.

§. 131. **Die cylindrische Fläche des graden Cylinders ist dem Rechtecke gleich, dessen Grundlinie so groß als die Peripherie der Grundfläche, seine Höhe der Höhe des Cylinders gleich ist oder sie ist $=ad\pi=2ar\pi$.** Denn nach §. 90 läßt sie sich aus lauter unendlich kleinen Rechtecken zusammengesetzt gedenken, die als Seiten eines graden gleichseitigen Prisma anzusehen, und deren Grundlinie der Kreislinie, welche die Grundfläche einschließet, gleich ist. Und in ein solches Rechteck gehörig gelegt, läßt sich der Cylinder einwickeln; welches dann das Netz des Cylinders heißt.

§. 132. **Die cylindrische Fläche ist dem Kreise gleich, dessen Halbmesser die mittlere Proportionallinie zwischen der Höhe und Durchmesser des Cylinders ist.** Es sey der Halbmesser eines gleich großen Kreises ϱ, so soll $\varrho^2\pi = 2ar\pi$ seyn, folglich muß $\varrho^2 = 2ar$ und $\varrho = \sqrt{2r \cdot a}$ seyn §. 274 Pl. Auch verhalten sich die cyl. Oberflächen wie $2r \cdot a = d \cdot a$ d. i. wie die Rechtecke durch ihre Axen.

§. 133. Wenn von allen Seitenflächen der Pyramide als lauter Dreiecken sogleich die 3 gehörigen Stücke §. 117. Pl. gegeben sind, so kann man eines jeden einzelnen Inhalt §. 292 Pl. oder §. 63 Trig. finden; die Summe ist der Pyr. Oberfläche. Aber auch wenn nur die Stücke § 124 gegeben sind, kann man doch die ganze Pyramidalfläche finden. Denn wenn man erst wie dort AF, Ch, Ck weis; so hat man auch CF, FCh, also FD; aus diesem FD, FDC, FDE, also AE und das △ ADE; ferner die Linie FE; dann vermittelst AF, AE und NF das △ AEN; und so weiter alle Seitenflächen. Bei der senkrechten Pyramide ist die Oberfläche der Umfang der Grundfläche in die halbe Höhe eines der gleichen Dreiecke multiplicirt.

§. 134. **Die konische Fläche des graden Kegels ist also einem Dreiecke gleich, dessen Höhe der Seite des Kegels, die Grundlinie der Peripherie seiner Grundfläche gleich ist §. 110.**

Es sey also des Kegels Seite l, der Durchmesser seiner Grundfläche $d = 2r$; so ist die conische Fläche $= \frac{l \cdot d\pi}{2} = rl\pi$.

Sucht man hier wieder den Halbmesser ϱ eines der Kegelfläche gleichen Kreises so muß $\varrho^2\pi = rl\pi$ oder $\varrho = \sqrt{rl}$ seyn; das heißt **die Kegelfläche ist einem Kreise gleich, dessen Halbmesser die mittlere Pro-**

portionallinie zwischen der Seite und dem Halbmesser seiner Grundfläche ist.

Da der Umkreis der Grundfläche $2r\pi$, ein Kreis aber dessen Halbmesser $= l =$ der Seite des Kegels $= 2l\pi$ ist, so verhalten sich beide Kreise wie $r:l$. Wenn man also von letzterm Kreise einen Ausschnitt von $\frac{r}{l}$ 360° nimt; so selbiger auch der Kegelfläche gleich.

Anm. Sie läßt sich genau um den Kegel wickeln oder ist ein Netz desselben. Siehe mit mehrerm Kästn. geom. Abh. Th II. 4.

§. 135. **Aufg. Die konische Oberfläche eines abgekürzten graden Kegels zu finden.**

Aufl. Es seyn r und ϱ die Halbmesser wie §. 126 $DF = x$, der unbekannten Seite des abgeschnittenen Stücks; DA oder die Seite des Stumpfs $= e$; so ist nun aus dortiger Construktion $r - \varrho (AB) : e (DA) = \varrho (DE) : x$ und $r - \varrho : e = r (AC) ; x + e (AF)$ also $x = \frac{e\varrho}{r-\varrho}$; $x + e = \frac{er}{r-\varrho}$. Da nun des ganzen Oberfläche $r\pi . (x + e) = \frac{r^2 e}{r-\varrho}\pi$, des abgeschnittenen $\varrho\pi x = \frac{\varrho^2 e}{r-\varrho}\pi$; so ist des abgekürzten konische Fläche $\frac{r^2 - \varrho^2}{r-\varrho} . e\pi = (r+\varrho)e\pi$; d. i. einem Trapez gleich dessen Höhe $= e$ der Seite des abgekürzten Kegels, und dessen parallele Seiten $2r\pi$ und $2\varrho\pi$ der Grundflächen Peripherien sind.

§. 136. Z. Ist der Stumpf eine so dünne Scheibe nahe bei der untern Grundfläche weggeschnitten, daß e unbedeutend (unendlich klein) wird; so ist $r - \varrho = \frac{\varrho e}{x}$

 (nach

(nach obiger ersten Proportion) $= \frac{\varrho . o}{x} = \frac{o}{x} = o$ also $r = \varrho$ und $r + \varrho = 2r$; also die abgekürzte Kegelfläche $= 2er\pi$ wie eine cylindr. Oberfläche §. 132 anzusehen.

Anm. Für des schiefen Kegels Oberfläche hat sogar alle Bemühung der größten Geometer, unter welchen ich nur Eulern und Kästnern nennen darf, auch mit Hülfe der höhern Geometrie keine demonstrative Regel finden können, welches letztgenannter mit Recht bei einem aus der Elementar-Geometrie entsprungenen Körper höchst merkwürdig findet.

§. 137 **Die abgekürzte Kegelfläche ist einem Kreise gleich dessen Halbmesser R die mittlere Proportionale zwischen der Seite des Stumpfs und der Summe der Halbmesser seiner Grundflächen ist.** Dies wird wie §. 132 und 134 bewiesen.

§. 138. **Die cylindrische Fläche eines mit einem abgek. oder ganzen Kegel gleichhohen Cylinders verhält sich zu der conischen Fläche des Kegels wie der Halbmesser R der cyl. Grundfläche zu dem aus der Mitte der Seite des letzten bis an die Axe gezogenen Perpendikels d. i. wie FC : HK.** (34 Fig.)

Bew. 1) Die cyl. Fläche sey F die konische f; und es sey $GF = l$; $DA = e$; so ist $F : f = 2Rl\pi : (r+\varrho)e\pi = \frac{1}{2}R . l : \frac{1}{2}(r+\varrho) . \frac{1}{2}e$. Ist nun in der Figur die gemeinschaftliche Axe EC in M halbirt und ML ≑ CF; so ist $GL = DB = \frac{1}{2}l$; $ML = FC = R$; $DH = \frac{1}{2}e$; $HM = \frac{1}{2}(r+\varrho)$; Also $F : f = FC . DB : HM . DH$. Es ist aber, weil △ DBH ∽ △ HMK, $DB : DH = HM : HK$. Also HM statt DB, und HK stat DH gesetzt $F : f = FC . HM : HK . HM$ d. i. $F : f = FC : HK$.

2) Beim ganzen Kegel ist Dc die gemeinschaftliche Axe und die ähnlichen △△ DBH, HBk führen ebenfalls auf das Resultat $F : f = cF : Hk$.

Wenn

Wenn also das so gezogene Loth HK = CF; oder Hk = cF der Halbmesser eines Cylinders ist; so sind Kegel- und Cylinderfläche gleich groß.

VI. Von der Kugel, ihrer und ihrer Theile Oberfläche und Inhalt.

§. 139. Wenn sich ein Halbkreis ADB (35 F.) um seinen unbeweglichen Durchmesser AB herum drehet, bis er wieder in die erste Lage kommt, so ist der körperliche Raum durch dessen Gränze ADB gegangeu eine **Kugel** oder **Sphäre**. Man stelle sich z. E. vor, der Halbkreis (eine subtile Schneide) wäre in flüssiges Wachs bis A versenkt und in dem halbgestandenen Wachs umgedrehet worden. — In der krummen Oberfläche der Sphäre müssen daher alle Punkte von einem Punkte C, dem Mittelpunkt des Halbkreises gleich weit entfernt liegen, weil diese Entfernungen Halbmesser CD, CG des semicirculi generatoris sind. C heißt auch **der Kugel Mittelpunkt**, und jede solche Entfernung ein Halbmesser der Sphäre, und sein doppeltes wie AB der Durchmesser oder eine grade Linie durch den Mittelpunkt bis an die Oberfläche ist der **Durchmesser der Kugel**.

§. 140. Senkrechte Linien wie ED, FH, CG würden bei der Umdrehung um AB Kreise beschrieben haben, die einander parallel wären und um so viel größer, je näher die Perpendikularen als ihre Halbmesser dem Mittelpunkt C waren. Größer kann keiner dieser Kreise werden als der, dessen Halbmesser CG auf C selbst senkrecht ist, und dessen Fläche daher durch der Kugel Mittelpunkt geht. Man sieht dies schon so deutlich; doch folgendes ist der methodische Beweis.

§. 141. **Durchschneidet man eine Kugel mit einer Ebene so ist der Durchschnitt immer** ein **Kreis**, so viel grösser, je näher dem Mittelpunkt.

Bew. Man fälle CD auf die schneidende Fläche (36 Fig.) senkrecht. Es fällt auf den Theil in der Kugel, weil das Loth der kürzeste Abstand eines Punkts von einer Fläche, und Punkte außerhalb der Kugel weiter vom Mittelpunkt sind als innerhalb der Kugel liegende. Man ziehe CE an einen Punkt E des Umfanges des Durchschnitts und DE; so ist $DE = \sqrt{(CE^2 - CD^2)}$. Aber CE und CD sind sich immer gleich, wo man auch im Umfang des Durchschnitts E nimmt; also auch alle DE gleich groß oder EFG ein Kreis. Ist der Durchschnitt dem Mittelpunkt näher, so ist $CF < CD$; $CH = CE$. Also $CH^2 - CF^2 > CE^2 - CD^2$; mithin $FH > DE$, weil $FH = \sqrt{(CH^2 - CF^2)}$ und $DE = \sqrt{(CE^2 - CD^2)}$. Alle diejenigen Kreise welche durch den Mittelpunct gehen, heißen **gröste Kreise**, und sie sind einander gleich, weil ihre Halbmesser einerlei mit der Kugel Halbmesser sind. Ein auf einem solchen Kreise im Mittelpunkt senkrecht stehender Durchmesser, heißt des grösten Kreises und aller durch mit ihm parallele Schnitte entstandener **Parallelkreise** wie auch der Kugel Axe, und die äußersten Punkte dieser Axe im Umfange der Kugel die **Pole**.

§. 142. **Vorbereitung** zu §. 145. I. Auf dem senkrechten Halbmesser CB (37 Fig.) des Halbkreises nehme man T an und ziehe durch diesen Punkt Dd mit Aa, und durch E und e, A und a, EF, ef; AD, ad mit BC parallel. Drehet sich nun der Halbkreis um BC als seiner Axe; bis a in A und umgekehrt zu liegen kommt, so entsteht dadurch eine Halbkugel §. 139. durch die Revolution der Rechtecke Da, Ef aber Cylinder §. 88. wovon der erstere dessen cyl. Oberfläche außerhalb der Halbkugel zu liegen kommt ein **äußerer**, der Ef aus ähnlichem Grunde ein **innerer** Cy-

Cylinder heißen mag AE, ae beschreiben eine cylindrische Röhre.

Mehrere durch willkührliche Punkte BC mit Aa und durch die Durchschnitte E, H, N im Kreise mit BC gezogene Parallelen bringen bei der beschriebenen Umwälzung ebenfalls solche, nur kleinere Cylinder, und auch cylindrische Röhren hervor. Die durch den Endpunkt B gezogene Parallele Ss beschreibet blos mit den Lothen SN und sn einen äußern Cylinder.

Man hätte die Distanzen von Aa auf BC auch gleich nehmen können. Dann läßt sich der Satz behaupten:

Der Ueberschuß aller äußern Cylinder in der Figur 37 über die innern ist dem auf dem größten Kreise stehenden Cylinder aus ADda gleich.

Bew. Es ist der Cylinder aus Sn = Cyl. aus Qr
Cyl. Röhre aus MPmp = C. R. KRkr
— — aus GKgk = „ „ ELel
— — „ „ DFdf = „ „ DFdf

Also ist

dieser Ueberschuß, der aus Sn + MPmp + GKgk + DFdf entstehet ist = Qr + KRkr + ELel + DFdf = dem ganzen Cylinder aus ADda.

§. 143. II. **Dieser Ueberschuß ADda der äußern über die innern Cylinder an und in der Halbkugel heiße u; so mag m eine noch so kleine körperliche Größe seyn; so wird sich doch immer eine Summe äußerer und innerer Cylinder denken lassen, deren Unterschied von einander noch kleiner als dieses m ist.** Denn wenn man BC in doppelt so viel gleiche Theile theilte als in der Figur; so wird der Cylinder welcher nun den Ueberschuß ausdruckt $\frac{1}{2}$u; verdoppelt man ferner die Theilungspuncte so wird selbiger $\frac{1}{2}$u = $\frac{1}{4}$u und so fort

 an

an $\frac{1}{2^4}u = \frac{1}{16}u$; $\frac{1}{2^5}u = \frac{1}{32}u$, u. s. w. also endlich $\frac{1}{2^n}u < m$ §. 175. A. R.

§. 144. III. 1) **Die Summe aller innern Cylinder I kann größer werden als jeder Körper P, der kleiner als die Halbkugel H ist.** Ist H — P = D so ist H = P + D. Nun sey H — I = d also H = I + d. Folglich P + D = I + d. Die Summe aller äußern Cylinder sey E. Nun kann E — I kleiner als jede angebliche Größe werden. Also noch vielmehr weil H < E auch H — I = d; so kann auch d < D werden. Geschieht dies, so muß, weil P + D = I + d auch I > P seyn.

2) Eben so kann auch E < Q werden, wenn Q > H ist. Es sey Q = H + 𝔇 und E = H + δ. Nun kann gewis nach §. 143. δ kleiner als jede Größe also auch δ < 𝔇 werden. In diesem Fall muß also H + δ < H + 𝔇 d. i. E < Q werden.

§. 145. **Der körperliche Inhalt einer Kugel, deren Durchmesser der Höhe und deren gröster Kreis der Grundfläche eines Cylinders gleich ist, verhält sich zum körperlichen Inhalt des eben beschriebenen Cylinders wie 2 zu 3.**

Bew. I. In der 38 und 39ten Figur sind im Kreise um C senkrechte Durchmesser und ein Quadrat um den Kreis, auch das gleichschenkliche △DCd gezogen. Aba beschreibe eine Halbkugel = H; ADda einen Cylinder und DCd einen Kegel durch die Revolution um Cb. Der Kegel wird sich zum Cylinder wie 1 : 3 verhalten §. 121. Der durch ADCda entstandene Körper muß daher $\frac{2}{3}$ des Cylinders seyn und so kommt es nur darauf an, zu zeigen daß ADCda = H

= H oder daß weder ADCda < H; noch ADCda > H sey. Gesetzt nun das erste: so lassen sich so viel innere Cylinder in der von ABa beschriebenen Halbkugel h = H beschreiben, daß I > ADCda wird §. 144. Die dabei erhaltenen Theile auf CB, trägt man auf Cb, und wo die durch die Theilpunkte mit Aa gezogenen Parallelen die Kugelfläche schneiden, errichtet man QT, qt, RV, SZ, sz. Beim Umdrehen würden dadurch cylindrische Röhren entstehen. Nun findet man $FK^2 = BF \,.\, bF = AT \,.\, aT$; $GL^2 = BG$ $Gb = NV.\, Vn$; $HM^2 = BH.\, Hb = OZ.\, Zo$. Folglich ist in jedem, also auch in dem Fall, da in h die Summe der innern Cylinder I > ADCda geworden, selbige der Summe der um den Kegel beschriebenen cylindrischen Röhren gleich §. 94. Folglich müste zugleich I < ADCda seyn, welches sich widerspricht.

Es sey also ACDda > ABa (oder Aba = h = H). Nun kann man um h so viel äußere Cylinder beschreiben, daß ihre Summe E < ADCda. Man mache alles wie vorhin ziehe aber nun innerhalb DCd die Lothe QT, qt, RV, rv, SZ, sz (39 F.). Hier werden wieder die durch die Umwälzung entstandene Cylinder in h den cylindr. Röhren in DCd gleich seyn; letztere sind gewiß größer als ACDda. Also wäre eine Größe die = E ist, größer als ADCda, welches dem widerspricht, daß E < ADCda ist. Also ist weder anzunehmen, daß ADCda > H noch daß ADCda < H sey. Es muß also der aus ADCda entstandene Körper = H; mithin H = $\frac{2}{3}$ eines Cylinders seyn, der auf eben der Grundfläche steht und eben so hoch als H ist.

Bew. II. Man lasse sich 42 Fig. einen Quadranten ABC um AB, ein Quadrat DQ um DE = AB und ein rechtwinklichtes und gleichschenklichtes Dreieck FGT um einen Katheten FG = AB so weit drehen, bis sie senk-

recht

recht auf der Fläche stehen, worin sie vorher lagen; so entsteht im ersten Falle ein Kugelausschnitt der der 4te Theil der Halbkugel, deren Höhe AB, ist, im zweiten $\frac{1}{4}$ eines Cylinders und im dritten $\frac{1}{4}$ eines Kegels; beide letztern von eben der Höhe und Grundfläche wie der Kugelausschnitt. Stehen nun alle 3 Körper auf einer Fläche $\alpha\beta$ und man durchschneidet sie parallel mit $\alpha\beta$; so sind die Durchschnitte LIK, MNO, YVX Quadranten und also ähnliche Figuren. Setzt man nun über eben der Fläche $\alpha\beta$ ein Quadrat ac, dessen Höhe ab = AB, worin man den Quadranten akc beschreibt, und die Diagonale bt zieht, so ist wenn auch hier die schneidende Ebene durchgeht yk = LK; yo = MO; yx = YX. Da ferner yo = bk, so ist auch MO = bk und weil yx = by; so ist YX = by. Weil nun $bk^2 = by^2 + yk^2$, so ist $MO^2 = YX^2 + LK^2$. Daher $\frac{1}{4}MO^2\pi = \frac{1}{4}YX^2\Pi + \frac{1}{4}LK^2\pi$ d. i. Quadrant MNO = Quadrant YVX + Quadr. LIK. Man nenne das Viertel des Cylinders, des Kegels und der Halbkugel $\frac{1}{4}C$, $\frac{1}{4}K$, $\frac{1}{4}H$; so ist $\frac{1}{4}C = \frac{1}{4}K + \frac{1}{4}H$ §. 141. und C = K + H; da nun $K = \frac{1}{3}C$ §. 121; so ist $C = \frac{1}{3}C + H$; d. i. $H = \frac{2}{3}C$ oder 3H = 2C d. i. 2 : 3 = H : C; das heißt, die Halbkugel verhält sich zum Cylinder dessen Grundfläche ein größter Kreis und dessen Höhe der Halbmesser der Halbkugel ist, wie 2 zu 3. Da sich nun nach beiden Schlußfolgen für die zweite Hälfte der Kugel eben auf die Art der Beweis führen läßt, so ist die ganze Kugel zum Cylinder dessen Höhe der Durchmesser und dessen Grundfläche der größte Kreis der Kugel ist, wie 2 : 3.

§. 146. Z. Die Kugel ist also $\frac{2}{3}$ des Cylinders, dessen Grundfläche ihrem größten Kreise und dessen Höhe ihrem Durchmesser gleicht, und ein Kegel der eben diese Eigenschaften hat, ist $\frac{1}{3}$ vom Cylinder und die Hälfte der Kugel.

§. 147. **Den Inhalt einer Kugel zu finden.**

Aufl. Man multiplicirt ihren größten Kreis mit dem Durchmesser und nimt vom Produkte 2 Drittheile.

Wenn

Wenn nämlich d der Durchmesser so ist $\frac{d^2\pi}{4}$ der größte Kreis. Multiplicirt man mit d so ist d. $\frac{d^2\pi}{4} = \frac{d^3\pi}{4}$ der Inhalt eines Cylinders dessen Höhe dem Durchmesser gleicht und dessen Grundfläche der größte Kreis ist. Also ist $\frac{2}{3} \cdot \frac{d^3\pi}{4} = \frac{d^3}{6}\pi = 0{,}52359 \ldots d^3 =$ dem Inhalt der Kugel, oder weil $d = 2r$; so ist auch $\frac{4}{3} r^3 \pi$ diesem Inhalt gleich.

§. 148. Aus dem gegebenen Inhalt der Kugel S findet man den Durchmesser $d = \sqrt[3]{\frac{6S}{\pi}} = 1{,}242 \ldots \sqrt[3]{S}$

§. 149. **Aufg. Des Kugelabschnitts $\gamma S b s \delta$ Inhalt zu finden.**

Aufl. 1. Von dem nach §. 92 berechneten Inhalt des Cyl. aus $\mu D d \nu$ ziehe man den Inhalt des abgekürzten Kegels aus $\phi D d \psi$ ab; der Rest giebt das Segment $\gamma S b s \delta$.

Bew. Es erhellt aus beiden Beweisen des 145 §phs. Denn man kann ganz und gar eben so darthun, daß in den dortigen Figuren das durch Umdrehung entstandene Kugelsegment nicht kleiner und auch nicht größer sey als der von $\mu D \phi \psi d \nu$ hervorgebrachte Körper, letzterer ist aber so groß als der Cylinder aus $\mu D d \nu$ weniger dem abgek. K. aus $\phi D d \psi$. Eben so ist auch, wenn man die 40 Fig. betrachtet und LIK, MNO, YVX zu Grundflächen annimmt, MNO $=$ LIK $+$ YVX und so bleiben immer bis zur parallelen Fläche, welche das Kugelstück in A berührt und worin des Cylinderstücks und Kegelstücks Grundflächen liegen, die sich immer gleichen Durchschnitte des Cylinders $=$ der Summe der Durchschnitte durch das Kugelstück und das Kegelstück; wenn gleich letzterer immer um ebenso viel zunimmt, als des Kugelstücks Durchschnitt abnimmt.

Aufl. 2.

Aufl. 2. Wenn des Segments $\gamma b \delta = \Sigma$ Höhe $= a$, der Kugel Radius $= r$ gesetzt wird, so ist der Kubikinhalt von $\Sigma = ra^2\pi - \frac{1}{3}a^3\pi$.

Bew. Weil $B\eta = 2r - a$ und $\gamma\eta = \sqrt{a.(2r-a)} = \sqrt{(2ar - a^2)}$ ist; so ist nach voriger Auflösung Cyl. weniger dem abg. Kegel $= \pi ar^2\pi - \frac{1}{3}\pi(r^3 - (r-a)^3)$ nach §. 127. Denn da hier $CDd = 45°$; so ist hier tang $\Phi = \cot\Phi = 1$. Also ist $\Sigma = ar^2\pi - \frac{1}{3}\pi(3ar^2 - 3a^2r + a^3)$ oder $\Sigma = ar^2\pi - ar^2\pi + ra^2\pi - \frac{1}{3}\pi a^3 = ra^2\pi - \frac{1}{3}\pi a^3$.

Hieraus folgt eine ganz ähnliche Regel für den Fall, wenn das Kugelsegment größer als die halbe Kugel ist. Denn da $\frac{4}{3}r^3\pi = S =$ der ganzen Kugel ist; so muß man davon den Ueberschuß oder das Segment dessen Höhe $a < r$ ist abziehen. Dann hat man $\frac{4}{3}r^3\pi - ra^2\pi + \frac{1}{3}\pi a^3$. Nun sey $B\eta = b$; so ist $a = 2r - b$; und man erhält durch Substitution $\frac{4}{3}r^3\pi - r(2r-b)^2\pi + \frac{1}{3}\pi(2r-b)^3 = rb^2\pi - \frac{1}{3}b^3\pi$. Das negative zeigt nur an, daß dies Segment die entgegengesetzte Lage des vorigen hat, absolut genommen aber $\frac{1}{3}b^3\pi - rb^2\pi$ ist. Es sey $r = 12$; $b = 20$, so ist $\Sigma = 5445{,}398$ Kub. Fuß.

§. 150. **Aufg. Das Kugelstück oder die sphärische Scheibe $\gamma\Phi\psi\delta$ zu finden, welches zwischen zwei Parallelkreisen liegt.**

Aufl. Man sucht das ganze Kugelstück, zwischen dem grössern Parallelkreis und dem Pol und zwischen dem kleinern und dem Pol, nach dem vor. Sph und zieht letzteres vom erstern ab.

§. 151. **Aufg. Die Kugelfläche zu finden.**

Aufl. Man mache $d^2\pi = 4r^2\pi$.

Bew. Man beschreibe einen Quadranten und theile ihn in etliche z. B. 3 gleiche Theile AD, Dd, dδ, (41 Fig.), und ziehe die eben so benannten Sehnen. Man errichte aus der Mitte der so entstandenen Seiten eines regulären Polygons Lothe HC, hC, ηC, welche alle durch den Mittelpunkt C gehen müssen, und aus A und δ die

Tan-

Tangenten $A\gamma$ und $\delta\gamma$; so entstehen durch Umdrehen um die Axe $C\delta$ außer der Halbkugel und dem Cylinder 2 abgekürzte Kegelflächen durch AD, Dd und eine ganze durch $d\delta$. Die Kegelflächen jede für sich und ihre Summe verhalten sich zu der cylindr. Fläche von AG, Gg, $g\gamma$ und des ganzen $A\pi = CH : CA$. Die Kegelflächen sind nur in dem Verhältnis kleiner als die cylindrische, in so fern CH ein Kathete CA die Hypotenuse des rechtw. $\triangle ACH$ ist. Aber die Summe der Kegelflächen nähert sich immer mehr der besagten cylindrischen Oberfläche, in je mehr gleiche Theile man den Quadranten theilet. Wird die Anzahl dieser Theile $n = \infty$, das heist, verlieren sich die Polygonseiten im Kreise; so wird aus dieser Zusammensetzung von Kegelflächen eine Halbkugelfläche; es wird $CA = CH$ und die Kugelfläche wird mit der cylindrischen Fläche eines Cylinders, der mit jener auf einer Grundfläche, einem größten Kreise, steht und den Halbmesser der Kugel, so wie sie selbst, zur Höhe hat, völlig gleich groß. Nun ist aber diese cylindrische Fläche $= r \cdot 2r\pi = \frac{1}{2}d^2\pi$. Machte man diese Construktion auch unterhalb CA auf eben die Art; so müste die ganze Kugelfläche oder $F = 2 \cdot \frac{1}{2}d^2\pi = d^2\pi = 4r^2\pi$ seyn.

§. 152. Es ist $d^2\pi = 4 \cdot \frac{d^2}{4}\pi$, und $\frac{d^2}{4}\pi$ ist der Flächeninhalt eines größten Kreises der Kugel. Also ist die Oberfläche einer Kugel 4 größten Kreisen durch die Kugel gleich.

Exempel. Die Oberfläche der Erdkugel, deren Durchmesser 1718 Meilen ist, beträgt $1718^2 \cdot 3{,}141592$ Deutsche Quadrat-Meilen.

§. 153. Das Stück der Kugelfläche, welches zwischen zwei Parallelkreisen liegt, wird ein **Gürtel** (Zona) der Kugelfläche genannt.

§. 154. Die sphärische Oberfläche jedes Kugelabschnitts oder jeder sphärischen Zone ist der cylindrischen Oberfläche eines Cylinders gleich, der einerlei Höhe fδ, Fδ, Ff, (41 Fig.) mit den Kugelabschnitten dδf, Ddδ oder der Scheibe DdfF hat, und dessen Grundfläche ein größter Kugelkreis ist. Denn eine solche sphärische Fläche kann als aus einer Menge abgek. Kegelflächen bestehend angesehen werden so daß DC in der Fig. = AC ist.

§. 155. Aufg. Die sphärische Oberfläche jedes Kugelabschnitts und jeder Zone auszumessen und zu berechnen.

Aufl. Ist Fδ oder Ff = h gegeben, so berechnet man blos hdπ oder 2hrπ. Muß man h erst suchen; so ist es wol meistens am besten aus den Bogen AD, Ad oder Winkeln ACD = α; δCd = β zu bestimmen. Dann ist Fδ = r sin v. α = r(1 — cos α) und Ff = r(sin v. α — sin v β) = r(cos β — cos α); also die Zone DdfF = 2r²(cos β — cos α). Die Oberfläche des Abschn. Ddδ = 2r²(1 — co s α).

Exempel. In der mathem. Geographie heißt auch die Fläche des 23° 28′ um die Pole herum liegenden Kugelabschnitts die kalte Zone wie in der Figur hδf. Sie beträgt also 2.860².0,0827081 deutsche □Meilen die gemäßigte hemisphärische Zone beträgt, weil δCD = 66° 32′ ist 2.860²(0,9172919 — 0,3982155) □ Meilen.

§. 156. Wenn sich in der Axe der Kugel PQ (42 F.) zwei größte Kreise PAQ und PDQ schneiden, so nennen wir das Stück der Kugel zwischen zwei größten halben Kreisen und dem Stück der Kugelfläche PAQDP oder PAQEP einen keilförmigen Ausschnitt. Steht der Kreis ADB auf PQ senkrecht, so heißt nun das Kugelstück zwischen ACD, PCD, PCA ein pyramidalisches. Diese Kugelstücke sowol als ihre sphärische

sche Oberflächen verhalten sich offenbar, wenn sie einerlei Höhe PQ haben, wie die Flächenwinkel ACD = IKL und ACE = IKM. Weis man also diese Winkel, oder kann entweder sie oder der zugehörigen Bogen Verhältnisse zum ganzen Kreise finden, so lassen sich dergleichen Kugelstücke nebst dem sphärischen Theil ihrer Oberfläche leicht berechnen. Z. B. Es sey PQ = d Fuß, AD = 30°, so ist das zugehörige keilf. Stück $\frac{1}{12}\cdot\frac{d^3}{6}\pi$; seine sphär. Fläche $\frac{1}{12}d^2\pi$; das pyramid. Stück APCD und dessen sph. Fläche halb so viel. Das pyramid. Stück IPKL ist $\frac{1}{12}$ von dem nach §. 149. gefundenen Segment IPNMI, und die Fläche IPL $\frac{1}{12}$ der nach §. 155. gefundenen sph. Oberfläche dieses Segments; so wie auch IKLDCA und seine sph. Oberfläche $\frac{1}{12}$ der nach §. 150. gefundenen Scheibe zwischen IN und AB und der nach §. 154. berechneten Zone sind. Selbst wenn Stücke zwischen zwei nicht parallelen, sich aber doch auch nicht schneidenden Durchschnittsflächen liegen, wird man sie leicht finden, wenn man nur bedenket, daß sie der Rest sind, wenn man die beiden Kugelabschnitte, zwischen welchen sie liegen, von $\frac{4}{3}r^3\pi$ abzieht. Man sehe z. B. in der 43 Fig. das zwischen den Kreisen FMLN und AHEG liegende Kegelstück.

§. 157. **Die sphärische Oberfläche eines Kugelabschnitts ist einem Kreise gleich, dessen Halbmesser die Sehnen QN oder PN des grösten Kreises zwischen dem Pol des Abschnitts P und dem Umfang der Grundfläche des Segments ist.**

Bew. Die in Rede stehende Oberfläche ist nach §. 155., nachdem der Abschnitt kleiner oder größer ist, als die Halbkugel $2r(r-m)\pi$ oder $2r(r+m)\pi$ (m bedeutet den Unterschied seiner Höhe vom Radius.)

Ein gleich grosser Kreis sey $x^2\pi = 2(r + m) r\pi$; also $x = \sqrt{(r + m) 2r}$. Nun ist aber in der Figur $PQ : QN = QN : KQ$ und $PQ : PN = PN : PK$. Es ist aber $PQ = 2r$; $KQ = CQ + CK = t + m$; also $QN = \sqrt{KQ . PQ} = \sqrt{(r + m) 2r} = x$ und so auch im 2ten Fall.

§. 158. **Ein kegelförmiger Kugelausschnitt** (welcher entsteht, wenn auf eines Ausschnitts Grundfläche ADBE ein grader Kegel gesetzt wird dessen Spitze C der Mittelpunkt ist) **ist so groß als ein Kegel dessen Höhe dem Halbmesser der Kugel und dessen Grundfläche der sphärischen Fläche des Abschnitts gleich ist.**

Bew. Des Abschnitts Höhe FG sei a; so ist sein Inhalt $ra^2\pi - \frac{1}{3}a^3\pi$ §. 149. 2. Seine Grundfläche $BG^2\pi = (2ar - a^2)\pi$ (eben das.) und $CG = r - a$. Also ist der Kegel $= \frac{1}{3}(r - a(2ar - a^2)\pi = \frac{1}{3}\pi(2ar^2 - 3ar^2 + a^3) = \frac{2}{3}ar^2\pi - a^2r\pi + \frac{1}{3}a^3\pi$; also $ra^2\pi - \frac{1}{3}a^3\pi$ addirt ist der ganze kegelförmige Ausschnitt $= \frac{2}{3} ar\pi$. Nun ist die sphärische Fläche desselben $= a.2r\pi$ §. 155. $= 2ar\pi$. Ein Kegel von der Höhr r auf dieser Grundfläche ist $\frac{1}{4}v.2ar\pi = \frac{2}{3}ar^2\pi$; also ist die Behauptung vom kegelförmigen Ausschnitt der Sphäre erwiesen. Man kann diesen Beweis auch leicht auf die kegelförmigen Ausschnitte die grösser als die Halbkugel ausdehnen. Denn z. B. des ergänzenden Fläche wäre $(2r - a) 2r\pi = 4r^2\pi - 2ar\pi$. Der Kegel auf dieser Grundfläche ist also $\frac{4}{3}r^3\pi - \frac{2}{3}ar^2\pi$; also grade was an der ganzen Kugel noch fehlt. **So ist also die Kugel einem Kegel gleich, dessen Grundfläche so groß ist als die ganze Kugelfläche, und dessen Höhe der Halbmesser der Kugel**

gel

gel ist. Denn man fand beide Stücke $\frac{4}{3}r^3\pi - \frac{2}{3}ar^2\pi + \frac{2}{3}ar^2\pi = \frac{4}{3}r^3\pi$.

Anm. Wenn man sich auf der Oberfläche einer Kugel lauter kleine gleichseitige Dreiecke vorstellt so klein, daß sie als kleine ebene Grundflächen 3seitiger Pyramiden deren Spitzen insgesammt im Mittelpunkt der Kugel liegen angesehen werden können, so folget daß eine einzige Pyramide oder Kegel, deren Höhe dem Halbmesser der Kugel r, die Grundfläche der Kugelfläche F gleich ist also $\frac{1}{3}rF$ der Inhalt der Kugel sey. Diese Vorstellung die mir sehr einleuchtend schien, hatte ich in der ersten Ausgabe angenommen, und ich habe auch gefunden, daß sie von sonst strengen Nachfolger, des Euklids so wie der Segnersche Beweis für die Vergleichung der Sphäre mit dem Cylinder §. 34, 39 in der von ihm so genannten gemischten Geometrie aufgenommen war. Man konnte aber auch wie §. 151. $F = 4r^2\pi$ und daraus $\frac{1}{3}rF = \frac{4}{3}r^3\pi$ den Inhalt der Kugel bestimmen, und nun alle Sätze und Aufgaben der Kugeltheorie bequem herleiten. Ich führe dies an, um an einem Beispiel bemerkbar zu machen, wie man auf verschiedenen Wegen zu einerlei Resultat gelangt.

§. 159. **Kugeln von verschiedenem Durchmesser verhalten sich wie die Würfel ihrer Durchmesser oder Halbmesser.**

Bew. Die Kugel deren Durchmesser D sey S eine andere deren Durchmesser d sey s; so ist $S : s = \frac{D^3}{6}\pi : \frac{d^3}{6}\pi = D^3 : d^3 = 8R^3 : 8r^3 = R^3 : r^3$, wenn die Halbmesser R und r sind. Dies folgt auch unmittelbar daraus, daß alle Kugeln ähnliche Körper sind §. 83. Daher sie sich überhaupt wie die Würfel jeder in ihnen ähnlich liegenden Linien verhalten. Auch ist wie bei allen ähnlichen Körpern der Durchmesser der nfachen Kugel $d\sqrt[3]{n}$ nach §. 84.

§. 160. Anmerk. 1. Dies sind die Regeln, nach welchen die Körper ausgemessen und berechnet werden, deren Entstehung aus den Postulaten der Elementargeometrie abzuleiten ist. Eigentlich reguläre Körper sind solche, deren Ecken gleich groß und deren Seitenflächen gleiche reguläre Figuren sind. Der Würfel ist ein solcher. Die hedrae der körperlichen Ecke sind ebene Winkel und es läßt sich leicht begreifen, daß diese ebenen Winkel zusammen kleiner als 360° seyn müssen, wenn sie eine Ecke formiren sollen. Denn wenn die Winkel an den Spitzen, wo die Seitenlinien der hedrarum an einander gelegt werden sollen, zusammengenommen grade 360° machen, so fallen sie in eine ebene Fläche und formiren gar keine Ecke. (Unten mehr darüber). Von einwärtsgehenden Ecken ist bei regulären Körpern gar nicht die Rede, da alle Ecken gleich seyn sollen, und wie man wol sieht kein Körper lauter einwärts gehende Ecken haben kann. Nun fängt man mit der ersten regulären Figur I. dem gleichseitigen Dreieck an, so ist dessen Polygonwinkel 60°. Es geben aber 3.60° = 120 die Ecke des Tetraëdri; 4.60° = 240 die Ecke des Octaëdri; 5.60° = 300 die Ecke des Icosaëdri; 6.60° = 360° läßt keine Ecke mehr zu; II. das reguläre Viereck, dessen Polygonwinkel 90°. Hier giebt 3.90° = 270 die Ecke des Hexaëdri (cubi); 4.90° = 360 giebt schon keine Ecke mehr. III. Das reguläre Fünfeck, dessen Polygonwinkel 108°. Also 3.108 = 324 giebt die Ecke des Dodecaëdri; 4.108° = 432° giebt keine Ecke mehr. IV. Das reguläre Sechseck, dessen Polygonwinkel ist 120°. Nun sind 3.120 schon 360, welches keine Ecke mehr giebt. Daher ist offenbar, daß nur 5 reguläre Körper möglich sind, nämlich I. Tetraëdrum, II. Hexaëdrum, (cubus) III. Octaëdrum, IV. Dodecaëdrum, V. Icosaëdrum. Bisher hat ihre Theorie noch wenig Nutzen gebracht, so scharfsinnig sie sonst ist ausgeführt worden. Das einzige bemerke ich, daß ihr kubischer Inhalt gefunden wird, wenn man ihre Seitenflächen zu Grundflächen gleichseitiger Pyramiden annimmt, deren Seiten gegen die Grundflächen unter einem Flächenwinkel geneigt sind, der die Hälfte des Neigungswinkels der Seitenflächen des regulären Körpers ist; die Summe des Inhalts von so viel dergleichen Pyramiden als der reguläre Körper Seiten hat, ist der Inhalt des regulären Körpers.

Von

Von diesem Satz kann man sich durch Modelle überzeugen. Strenge geometrisch ausgeführt findet man dies in Karstens Lehrbegr. Th. 2. Geom. 25 26. Abschn.

Anm. 2. Irregulärer Körper cubischen Inhalt zu finden, bedienet man sich des Kunstgrifs, sie in ein Gefäß von einer genau zu berechnenden Gestalt zu legen, und es alsdann völlig mit Wasser oder feinem Sand zu füllen. Nimmt man nun den Körper heraus, so kann man des Wassers Inhalt vom ganzen abziehen u. s. w. Die Statik und Hydrostatik lehret aus der specifischen Schwere und dem Gewicht der Körper ihren geometrischen Inhalt finden u. m.

VII. Von der Kubatur der Körper und ihrer Verwandlung in einander.

§. 161. Einen geometrischen Körper **kubiren** heißt den Würfel oder die Seite eines Würfels finden, dessen Inhalt dem Inhalte des gegebenen Körpers gleich ist. Die Kubatur heißt **geometrisch**, wenn man dies vermittelst einer Konstruktion, **arithmetisch** wenn man diese Seite durch Rechnung findet. Wenn man also den Kubikinhalt irgend eines der bisher betrachteten Körper nach den vorigen Regeln in Kubikruthen, Kubikfußen u. s. w. gefunden hat; so darf man nur die Kubikwurzel suchen, um die Seite eines mit dem vorgegebenen Körper gleich großen Würfels d. i. einen gleich großen Würfel zu finden. Wenn nun aber des Cylinders oder Kegels Durchmesser d und seine Höhe a, der Kugel Durchmesser gleichfalls d ist; so sind $\sqrt[3]{\frac{ad^2.\pi}{4}} = 0{,}9222.\sqrt[3]{ad^2}$ für den Cylinder; $\sqrt[3]{\frac{ad^2\pi}{12}} = 0{,}6397.\sqrt[3]{ad^2}$ für den Kegel; $d\sqrt[3]{\frac{\pi}{6}} = 0{,}805995977.d$

für die Kugel die Seite des gleich großen Würfels. Aber alle diese Kubaturen aus Kreisumwälzungen entsprungener Körper hängen in Absicht theoretischer Genauigkeit natürlich von der Kreisquadratur ab; auch können daher eben so wenig geometrische Construktionen dafür gefunden werden.

§. 162. Die Pyramide und jede Art prismatischer Körper kann man eben so leicht und natürlich ohne Rücksicht auf Kreisquadratur wenn ihr Inhalt nach dem vorigen gefunden ist, arithmetisch kubiren: Aber eben so wenig hat man eine allgemeine geometrische Construktion in der niedern Geometrie finden können, um einen Kubus anzugeben, der nmal einen der genannten Körper selbst einen vorgegebenen Kubus enthielte. Nur blos wenn n eine vollkommene Kubikzahl ist läßt sich die Seite eines 8, 27, 64... oder eines $\frac{1}{8}$, $\frac{1}{27}$mal größern oder kleinern Kubus finden, dadurch daß man des vorgegebenen Seite verdoppelt, verdreifacht, halbiret, den dritten Theil davon nimmt u. s. w. Indessen suchten doch die Alten die Auflösung dieser und dergleichen Aufgaben durch geometrische Konstruktion. Besonders berühmt war bei ihnen das Delische Problem: Wenn ein Würfel gegeben, die Seite des doppelten zu finden; welches nur ein besonderer Fall des vor. §phs ist. Sie fanden, daß es darauf beruhete zwischen a der Seite des einfachen Würfels und 2a zwei mittlere Proportionalen zu finden, wovon die erste die gesuchte Seite seyn würde. Dies konnte aber die niedere Geometrie nicht leisten, die höhere lehrt dazu Konstruktionen. — Daß wirklich $a\sqrt[3]{2} = a.2^{\frac{1}{3}}$ die erste von 2 mittlern Proportionalen zwischen a und 2a, sieht man leicht. Denn a, $a.2^{\frac{1}{3}}$, $a.2^{\frac{2}{3}}$, $a.2^{\frac{3}{3}}$ (wo $a.2^{\frac{3}{3}} =$ 2a) machen eine geometrische Reihe.

§. 163. Man mache sich folgende Tabelle

Geom. Körper	Höhe	Länge	Breite	Grundfl.	Durchm.	Inhalt
1. Prisma	H	=	=	B	=	H.B
2. Pppdum	h	l	b	l.b	=	hlb
3. Würfel	L	L	L	L^2	=	L^3
4. Pyramide	η	=	=	β	=	$\frac{1}{3}\eta\beta$
5. Cylinder	a	=	=	$\frac{d^2}{4}\pi$	d	$\frac{ad^2}{4}\pi$
6. Kegel	α	=	=	$\frac{\delta^2\pi}{4}$	δ	$\frac{\alpha\delta^2}{12}\pi$
7. Kugel	=	=	=	circ. max. $\frac{D^2\pi}{4}$	D	$\frac{D^3\pi}{6}$

Wenn man aus den hier aufgezählten Formeln in vorkommenden Fällen, wenn statt eines dieser Körper ein anderer von gleichem Inhalt von welchem auch eine und die andere Dimension vorgeschrieben ist gemacht werden soll, Gleichungen formirt; so kann man alle hieher gehörigen Aufgaben sehr bequem auflösen.

Ex. I. Statt eines Geerickschen Kugelrecipienten auf der Luftpumpe von 1 F. 7″ im Durchm. will man einen 11zolligen Cylinder von gleichem Inhalt haben. Aus no. 5 und no. 7 hat man $\frac{D^3\pi}{6} = \frac{ad^2\pi}{4}$ so ist die ges. Höhe $a = \frac{2}{3}\frac{D^3}{d^2}$ Da $D = 19''$; $d = 11''$; so ist $a = 37{,}8'' = 3$ F. 1,8Z.

Ex. II. Ein runder massiver Thurm der 30 Fuß im Lichten weit und 40 bis an das kegelförmige hole Dach, und von da bis an die Spitze noch 24′ hoch, auch mit einem 8 Fuß tiefen Keller versehen ist,

ist, war in einer Vestung zum Pulvermagazin gebraucht worden, und zum Verderben vieler 100 Menschen aufgeflogen. Man will nun ein leichtes ordinäres Gebäude 36' = l tief, 15 Fuß = b bis ans Dach hoch, und mit halbem Walm der im Drittel der Dachhöhe angeht, dafür hinsetzen. Der innere Raum ist genau wie beim Thurm, die Dachhöhe 21 F. zu nehmen. Die Aufl. ergiebt sich aus no. 5,6 und no. 1,2 und 4 der Tab. Der Thurm ist ein Kegel auf einem Cylinder, und $\alpha = \frac{1}{2}a$; $\delta = d$, also der Thurm $= \frac{7}{24} a d^2 \pi = \frac{7 \cdot 48 \cdot 900 \cdot 3{,}14}{24}$. Beim Gebäude bis ans Dach $= hlb$; der 3seitige Giebel weniger 2 halbe Walme $= HB - \frac{2}{3}\eta\beta$. Daher $\frac{7}{24} ad^2\pi = hlb + HB - \frac{2}{3}\eta\beta$. Nun ist $H = h$; $B = \frac{1}{2} 21 . l$; $\eta = \frac{1}{3} l$ (nach archit. Regel). $\beta = \frac{2}{3} . 7 l$. Daraus folgt $h = \frac{7 \cdot 3 \cdot 160 . 3{,}14 + 224}{3 \cdot 51} = 44 =$ der ges. Länge.

VIII. Weitere Ausführung der Sphärick oder von den Kugelschnitten und sphärischen Dreiecken.

§. 164. Von der Kugel ist im VI. Abschnitt nur so viel gesagt als nöthig war, um diesen Körper in Absicht auf Inhalt, Oberfläche und deren Theile eben so unter die Rechnung zu ziehen, als die übrigen Körper der Elementargeometrie, wo denn freilich die Kugel schon zu einer größern Menge von Aufgaben führt, §. 145 — 158. Aber besonders der Umstand, daß die Sterne an einer scheinbaren Kugelfläche sich befinden, wo denn der Astronom ihre Lagen gegen einander und gegen sich durchschneidende Peripherien größter Kreise zu bestimmen hat, macht, daß man noch

noch etwas mehr von Kugelschnitten und sphärischen Dreiecken wissen muß, das denn auch oft noch sonst brauchbar ist.

§. 165. **Eine grade Linie AE (43 Fig.) schneidet die Kugelfläche in nicht mehr als zwey Punkten.**

Bew. Durch die zwey Punkte, in welcher sie die Kugel, wenn sie dieselbe einmal trifft, gewiß schneidet, und durch der Kugel Mittelpunkt lege man eine Ebene, darin müßte auch der 3te Schneidungspunkt seyn §. 1. Da nun alle Punkte der Kugelfläche, die zu dieser Ebene (einem grösten Kreise) gehören in einer Kreisperipherie liegen; so müste AE eine grade Linie seyn, die mit einer Kreisperipherie 3 Punkte gemein hätte, gegen §. 89. Pl.

Z. 1. Daher schneiden sich auch zwey Kreislinien auf der Oberfläche der Kugel nur in zwey Punkten. Denn der Durchschnitt der zugehörigen Kreisflächen ist eine grade Linie.

Z. 2. Durch FL gehe ein Kreis, der die Kugel schneidet; so läßt sich immer durch CFL ein gröster Kreis legen, FL ist seine Sehne. Ein Loth aus der Kugel Mittelpunkt auf den Kreis FML muß auch durch den Mittelpunkt K der Sehne und des Kreises gehen. Also umgekehrt: ein aus diesem K errichtetes Loth trifft des grösten Kreises und der Kugel gemeinschaftlichen Mittelpunkt, und so steht auch eine Linie, die der Kugel und des Kreises FML Mittelpunkt vereiniget, auf leztem senkrecht.

§. 166. **Zwei gröste Kreise BGDH, AGEH schneiden sich in einem Durchmesser der Kugel HG und zwar in gleiche Hälften.**

Bew. Schneiden müssen sie sich, und zwar in einer graden Linie §. 3. Diese grade Linie ist alles was sie mit einander gemein haben. Da sie aber gemeinschaftlich durch den Mittelpunct der Kugel gehen §. 141., so muß selbiger auch auf der Durchschnittslinie HG liegen, also muß HG der Kugel §. 139., mithin auch der beiden grösten Kreise §. 141. Durchmesser seyn, sie also beyde, und auch ihre Peripherien halbiren §. 48. Pl.

§. 167. **Kreise, die einander halbiren, sind gröste Kreise.**

Bew. Denn wenn sie nicht größte Kreise wären könnten sie einander auch nicht halbiren. Dazu wird nämlich ein gemeinschaftlicher Durchmesser erfordert, welchen 2 gröste Kreise haben können und haben müssen. Zwei andere nicht gröste Kreise können dergleichen nicht haben. Denn hätten sie ihn z. E. in MN, so müste CK in K auf zwey verschiedenen Flächen senkrecht seyn gegen §. 25.

§. 168. **Wenn das Loth auf der Kreisfläche FMLN an beiden Seiten bis an die Kugelfläche nach P und Q verlängert wird; so sind P und Q von allen Punkten der Peripherie FMLN gleich weit entfernt.**

Bew. Es sind, man mag aus P, die gr. Linien PR, PL, und aus Q, die hierin QR; QL ziehen, wo man will, PK und KR, PK und KL, KL, QK, KR, und QK und KL in deu bey K rechtwinklichten Dreiecken gleich groß; also müssen auch die Entfernungen PR=PL, QR=QL seyn.

Z. Ist hinwiederum ein Punkt P in der Oberfläche der Kugel von allen Punkten der Peripherie eines Kreises FMLN gleich weit entfernt, so muß ein Loth auf P auf die zugehörige Kreisfläche durch deren Mittelpunct gehen. Denn nur dann können KR, KL und also auch PR, PL allenthalben gleich seyn.

§. 169. **Die Pole des Kreises sind solche Punkte in der Oberfläche der Kugel, die von allen**

len Umfangspunkten eines solchen Kreises gleich weit abstehen.

Bew. Denn aus der Definition der Pole §. 141. als Bedingung angenommen, folgt §. 168.

Anm. Auf der Oberfläche einer festen Kugel kann man man also mit dem Zirkel einen Kreis beschreiben, wenn man eine Spitze in den Pol setzt, und bei gehöriger Eröffnung des Instruments die andre Spitze auf der sphärischen Fläche herumführt.

§. 170. **Eine solche Linie wie PQ** (die Axe §. 141.) muß, wenn ihr von folgenden 6 Eigenschaften 2 gegeben werden, oder wenn man 2 von den sechs folgenden von ihr weis, auch die 4 übrigen an sich haben: Sie muß

1) durch den Pol P 2) durch den Pol Q des Kreises FML 3) durch den Mittelpunkt der Kugel C, 4) durch den Mittelpunkt des Kreises FML 5) durch den Mittelpunkt T jedes damit parallelen Kreises gehen; 6) auf dem grösten sowohl als auf allen übrigen mit FML parallelen Kreisen senkrecht stehen. Zum Beyspiel diene folgender Satz:

§. 171. **Eine grade Linie PQ durch beyde Pole des Kreises FML (1 und 2) steht auf seiner Ebene (also auch auf allen Parallelen) senkrecht und geht durch seinen und der Kugel Mittelpunct.**

Bew. Das Loth aus einem Pole P auf FML geht durch dessen Mittelpunkt K, §. 168. Z., also auch durch den andern Pol Q §. 168. und als Loth aus K durch den Kugelmittelpunkt C §. 165. Z. 2., und es ist also die einzige grade Linie zwischen zwey Punkten, den Polen, welche alle diese Eigenschaften hat.

§. 172. **Ein Kreis durch des Kreises FML Pole geht durch die auf ihm senkrechte Linie PQ**

(wel-

(welche die Axe von FML hieß §. 141.) und steht also auf ihm senkrecht §. 33., ist demnach, da er durch der Kugel Mittelpunkt geht, §. 171. ein größter Kreis, und halbirt FML, weil er durch PKQ d. i. durch K geht, mithin der Durchschnitt ein Durchmesser von FML ist.

§. 173. Mit einem Worte: ein jeder Kreis, der durch die Axe irgend eines Kreises, der die Kugel schneidet, wie FML geht, muß 1) durch den Pol P und 2) Q, wie auch 3) durch den Mittelpunkt der Kugel C; 4) durch K den Mittelpunkt des Kreises FML, wie auch 5) durch den Mittelpunkt jedes andern mit FML parallelen Kreises gehen und 6) auf aller dieser Kreise Flächen senkrecht seyn. Es ist hinwiederum genug, wenn zwey dieser Eigenschaften ausgemacht sind: die übrigen folgen dann von selbst. Z. B.

§. 174. **Ein größter Kreis, der auf einem kleinern senkrecht steht, geht durch die Pole des andern und halbirt ihn.**

Bew. Als ein größter geht er durch C; das Loth CK auf den kleinern gezogen ist in der Fläche des größten §. 35., geht durch des kleinern Mittelpunkt §. 165. Z. 2. und seine Pole §. 168., halbirt ihn daher §. 172.

Z. 1. **Zwey größte auf einander senkrechte Kreise gehen einer durch des andern Pole und halbiren sich.**

Z. 2. **Die Bogen PF, PL solcher auf einem kleinern senkrechten grösten Kreise sind gleich groß,** weil ihre Sehnen es sind §. 168.

§. 175. **Wenn durch die Pole P, Q (44 F.) zweyer (oder mehrerer) Parallelkreise FBG, fbg, zwey größte Kreise PbBQ und PeEQ geführt wer-**

werden, so sind die abgeschnittenen Bogen BE, be der Parallelkreise ähnlich.

Bew. PQ geht durch der Parallelkreise Mittelpunkte; KB ‡ kb; KE ‡ ke §. 31. Daher BKF = bke §. 21. Daher sind ihre Maaße Bog. BE ∽ Bog. be §. 268. Pl.

Z. 1. Weil Pkb = Pke = PKB = PKE = R; so sind BKE = bke Neigungswinkel der Halbkreise.

Z. 2. Da immer ein Parallelkreis durch der Kugel Mittelpunkt gedacht werden kann, so pflegt man wohl gewöhnlich die Neigung zweier Kreise PBQ PEQ durch die Anzahl Grade des Bogens βε anzuzeigen, welchen sie von diesem größten Parallelkreise abschneiden, wiewohl BE und be von eben so viel Graden sind, als βε.

Z. 3. Geht ein solcher Parallelkreis durch den Mittelpunkt; so ist der Bogen Pβ = Pε das Maaß von PCβ = R = 90°, also die Pβ, Pε die Bogen eines größten Kreises zwischen einem größten Kreise und seinen Polen sind Quadranten.

Z. 4. Wenn Qβ, Qε Quadranten gr. Kreise sind, so steht ein größter Kreis durch βε, der in der Ebene des Winkels εCβ liegt, so wie εCβ selbst senkrecht auf beiden Quadranten, und geht durch ihre Pole §. 173.

§. 176. Zieht man aus Q die Tangenten QT, Qt an die beyden größten Kreise PBQ, PEQ in der Ebene derselben; so ist auch TQt der Neigungswinkel. Denn TQt = εCβ, weil QT, Qt senkrecht auf dem Durchschnitt PQ stehen. Man nennet den Winkel, welchen die Halbkreise PBQ, PEQ oder auch nur zwey Bogen εQ, βQ mit einander machen einen **sphärischen Winkel**, in so weit es Bogen größter Kreise sind. Das Maaß des erstern ist der

Bogen

Bogen eines größten Kreises εβ, der zwischen den beyden größten Kreisen PBQ, PEQ da enthalten ist wo die Punkte ε und β, 90° von P oder Q entfernt sind. Man pflegt einen solchen sphärischen Winkel, so wie einen ebenen Winkel durch 3 Buchstaben εQβ, EQB anzuzeigen, zielt aber damit nur auf den Winkel, den die Richtungen der Tangenten in Q mit einander machen. So ist z. E. auch Pεγ ein sphärischer Winkel, und der Quadrante PG sein Maaß.

Z. Aber Peg ist kein sphärischer Winkel, wenn eg kein Bogen eines circ. max. sondern eines kleinern Kreises ist. Man muß einen Kreis durch e, g und C legen, der ein größter werden wird, dessen Bogen zwischen e und g mit Pe einen sphärischen Winkel formiret.

§. 177. **Der kürzeste Weg zwischen zwey Punkten auf der Kugelfläche e und g (44 Fig.) ist der Bogen eines grösten Kreises ghe, den man durch 3 Punkte g, e und den Mittelpunkt C leget.**

Bew. Soll ein Kreisbogen durch g und e gehen, so gehört er entweder zu einem größten Kreise durch den Winkel eCg, oder zu einem nicht größten Kreise durch den Winkel eKg. Andere Wege wurden offenbar noch länger seyn. Die grade Liniedurch die Kugel zwischen e und g ist die gemeinschaftliche Grundlinie der Dreyecke eCg und eKg aber es ist 1) Cg oder Ce als Halbmesser eines gr. Kreises immer größer als Kg oder Ke. Daher ist 2) Winkel eCg < eKg §. 79. Pl. Nun ist in den verschiedenen Kreisen um K und C, wenn man die Bogen nach Längenmaaß bestimmt, B. ehg : B. efg = eCg . Kg : eKg . Cg §. 319. b) Pl. Aber eCg < eKg; Kg Cg; mithin eCg . Kg < eKg . Cg. Also B. ehg B. efg d. i. der Bogen des größten Kreises ist

die

die kürzeste Linie, die in der Kugelfläche von einem Punkte zum andern gezogen werden kann.

§. 178. **Von drey ebenen Winkeln die eine dreiseitige Ecke §. 51. formiren, sind zwey zusammengenommen größer als der dritte.** *)

Bew. Es seien die 3 Winkel DAB, BAC, DAC. (46 F.) Sind alle 3 gleich, so versteht sich der Satz von selbst. Sind sie ungleich; so sey DAB der kleinste. Man mache BAE = DAB, und AE = DA = AB ziehe DB und BE, bis es den Schenkel AC in C schneidet, und DC; so ist DB = BE §. 59. Pl. und DB + DC > BC, mithin DC > EC. Da nun in den beyden Dreyecken DAC und EAC, AC = AC, AE = AD so muß nothwendig DAC > EAC seyn §. 80. 3. Pl. Folglich ist DAB + DAC > ((BAE + EAC) = BAC.)

§. 179. **Die Summe der ebenen Winkel, die eine Ecke formiren, ist kleiner als 4 rechte Winkel.** **)

Bew. Man ziehe die Seiten der Ecke DABC mit DB, BC, CD zusammen, so werden die 3 Winkel γ, δ, ζ die Ecke, wovon die Rede ist, formiren. Bei D, B, C aber nach 3 andre Ecken befindlich seyn. Nun ist nach §. 178 wenn DAC = δ und BAC = ζ gesetzt wird

1)

*) Verzeichnet man in einer Ebene z. B. auf Pappe zwei Winkel DAB, BAC, so daß ihre Spitzen in einem Punkt A zusammenfallen und faltet sie nun zusammen, so daß DA auf AE fällt; so ist offenbar, daß wenn man an A noch einen dritten Winkel legte, der kleiner oder gleich mit EAC wäre, wenn man ihn gegen DAB=BAE herüber beugte, er im ersten Falle etwa auf Ae, im 2ten mit AE auf BAC zusammenfallen und nur eine Ecke entstehen würde, wenn man den 3ten Winkel nimmt.

**) Wenn man um einen Punkt A auf einer Ebene einige Winkel leget, die grade = 4R sind, so ist offenbar, daß sie sich nicht eher in eine Ecke biegen lassen als bis man wenigstens von einem etwas abnimmt. Vergl. §. 160.

1) $\eta + \mu > DCB$ §. 178. 2) $(\eta + \alpha) + \delta = 2R$
$\alpha + \beta > BDC$ $(\varepsilon + \beta) + \gamma = 2R$
$\varepsilon + \vartheta > DBC$ $(\vartheta + \mu) + \zeta = 2R$
Nun ist 3) $DCB + ADC + DBC = 2R$.

Also $\eta + \alpha + \varepsilon + \beta + \vartheta + \mu > 2R$ also $= 2R + d$, wenn d der etwanige Unterschied von 2R ist. Mithin da $(\eta + \alpha + \varepsilon + \beta + \vartheta + \mu) + \delta + \gamma + \zeta = 6R$ so ist $\delta + \gamma + \zeta = 6R - 2R - d = 4R - d$ d. i. $\delta + \gamma + \zeta$ oder $(DAC + DAB + BAC) < 4R$. Der Beweis läßt sich mit geringen Abänderungen für 4seitige Ecken führen. Statt des Dreiecks BDC entsteht hier ein Viereck, dessen Winkel 4R ausmachen; so bei der fünfseitigen Ecke ein Veck von 6R u. s. w. wornach de Beweis abzuändern ist, aber immer das nämliche Resultat giebt.

§. 180. Z. Daher muß die Seite einer Ecke d. i. der Winkel, womit sich die Seitenfläche an der Spitze A anschließt immer kleiner als 2R seyn; denn wäre sie = 2R, so müßten die übrigen größer als 2R, §. 178., d. i. alle mit einander > 4R seyn, gegen §. 179.

Anm. Ich bemerke, daß ich Winkel über 180° beiseite setzen, auch in der Folge nur allein von dreiseitigen Ecken reden werde.

§. 181. Statt daß man an der Ecke A mittelst der Seitenlinien und der graden Linien DB, BC, DC ebene Dreyecke machte, um sich die Betrachtung derselben zu erleichtern; so könnte man auch die Spitze A als den Mittelpunkt einer Kugel ansehen, und mit einem willkührlichen Halbmesser die Seitenlinien mit dem Bogen DB, BC, DC (47 Fig.) vereinigen. Hier erhellt sogleich ein Vortheil: nämlich, daß diese Bogen zugleich das Maaß der die Ecke bei A einschließenden Winkel sind.

Man

Man bedienet sich dieser Manier die dreiseitige Ecke, die wir auch das **körperliche Dreieck** genannt finden, darzustellen, sehr oft, und es heißt in dieser Rücksicht auch wol ein **sphärisches Dreieck**. Man kann sich wirklich eine solche Ecke als einen pyramidalischen Ausschnitt aus einer Kugel vorstellen, deren Spitze A im Mittelpunkt ist, und dergleichen jedesmal entstehen, wenn in der Kugel 3 größte Kreise einander schneiden. Siehe auch §. 156.

§. 182. Uebrigens kommt es bei jeder Ecke, man mag sie sich ohne oder mit Rücksicht auf eine Kugel gedenken, auf die Flächenwinkel an, welche die Seitenflächen mit einander machen. An dem sphärischen Dreyeck sind es die §. 176. schon betrachteten **Neigungswinkel** der größten Kreise gegen einander, die ich dort **sphärische Winkel** nannte. In der unten vorkommenden sphärischen Trigonometrie versteht man indessen unter der Benennung **sphärisches Dreyeck** eigentlich den auf der Oberfläche einer Kugel zwischen 3 Bogen AD, BD, BA (48 Fig.) eingeschlossenen Raum auf der Kugelfläche, also keinen Körper, sondern eine krumme Fläche. Diese Bogen, wie z. E. DB, BA, welche eben so große Theile vom grösten Kreise, als die zugehörigen Winkel DCB, ACB von 4R sind, heißen die **Seiten des sphärischen Dreyecks**. Seine Winkel sind die Winkel, welche diese Seiten wie DB, BA mit einander machen; z. E. der Winkel ABD, welcher ganz einerley mit dem eben beschriebenen Flächenwinkel ist, und auch eben das Maas hat §. 176. Auf diese Seiten und Winkel sieht man auch fast nur allein in der sphärischen Geometrie und Trigonometrie, selten auf den Flächenraum des sphärischen, oder kubischen Raum des zugehörigen körperlichen Dreyecks. Daher wird in der Folge bei Vergleichung der sphärischen Dreiecke auch nur mehrentheils die Gleichheit der beschriebenen Winkel und Seiten bewiesen werden. Auch in so fern es auf die absolute Größe der Kreisbogen, welche die Seiten der sphärischen Dreiecke sind, nicht ankommt; kann man sich die Kugel und ihren Halbmesser immer von einerlei Größe gedenken.

Indessen aus diesen Betrachtungen sieht man, daß, was man von der dreiseitigen Ecke gefunden hat und noch finden wird, sich gehörig verstanden auch auf das sphärische Dreieck anwenden läßt, und umgekehrt. So müssen zwei Seiten des sphärischen Dreiecks, wie $BA + AD > BD$ §. 178; $AB + AD + BD < 360°$ §. 179, und jede Seite wie $DB < 180°$ seyn §. 180.

§. 183. Anm. Nur wenn uns die Vorstellung leichter scheinet, werden wir bei den künftigen Sätzen von körperlichen Dreiecken reden, sonst aber wegen der Anwendung alles unmittelbar auf das sphärische Dreieck in der Kugeloberfläche beziehen.

Alles schwierige wegzuschaffen, welches nur davon herrührt, daß die Wörter Seiten und Winkel hier etwas ganz anders als in der ebenen Geometrie und Trigonometrie bedeuten, imprimire man sich noch einmal recht fest:

Seiten (das Wort hedrae wäre viel deutlicher) sind hier, wenn vom körperlichen Dreieck die Rede ist, die Ebenen der Winkel, welche die Ecke formiren. Da alles auf die Größe des Winkels ankommt, den ihre Seitenlinien an der Ecke einschließen; so wird ihre Größe durch die Größe oder durch die Grade dieses Winkels angegeben.

Winkel bei der körperlichen Ecke sind die Neigungs- oder Flächenwinkel, welche die eben erklärten Seiten mit einander machen.

Seiten sind beim sphärischen Dreieck die Bogen der größten Kreise, welche dies Dreieck auf der Kugelfläche einschließen. Ihre Größe wird daher wieder durch die Grade dieser Bogen bestimmt. Sie sind der Zahl nach mit den Graden der Winkel gleich, welche die Seiten der zugehörigen körperlichen Dreiecke bestimmen.

Winkel

Winkel beym sphärischen Dreieck sind daher die Winkel, welche zwei Bogen der größten Kreise als Seiten des sph. Dreiecks) mit einander machen, daher sie auch durch Winkel DAB, DBA in der Figur angezeigt werden; eigentlich die Winkel, welche die Tangenten dieser Kreisbogen in den Punkten A, B mit einander machen, die wir §. 176. sphärische Winkel genannt haben.

§. 184. Die beyden sphärischen oder auch körperlichen Dreiecke AB(C)D (48 Fig.) und ab(C)d heißen entgegengesetzt in der Kugel, weil das erstre über dem andern unter dem gr. Kreise DBd, das eine vor dem andern hinter dem gr. Kreise ADad liegt. Man kann sich die Entstehung auch so gedenken: Es sey das körperliche Dreieck ABCD gegeben, und die Bogen eines größten Kreises AB, AD, BD, gezogen; nun verlängere man die Seitenlinien DC, BC, AC nach d, b und a, und mache Cd=CD, Cb=CB, Ca=CA, und ziehe die Bogen db, ab, ad. so erhält man offenbar ein körperliches und ihm zugehöriges sphärisches Dreieck, dessen Seiten und Winkel den Seiten und Winkeln des vorgegebenen AB(C)D gleich sind, so daß die gleichen Seiten den gleichen Winkeln gegenüber liegen.

Denn im sphär. △ müssen wegen §. 29. 157 Pl. die Seiten ab=AB, ad=AD, bd=BD seyn. Auch ist der sphärische Winkel abd = ABD, dab = DAB, adb=ADB: weil, wenn man sich die Flächen, z. E. ABCab und BDCdb, gehörig verlängert gedenket, diese Winkel immer vertikal entgegengesetzte, also gleiche Flächenwinkel werden. — (Wenn ab=AB, so ist auch acb = ACB, d. i. eine homologe Seite des körperlichen Dreiecks, und eben so auch die übrigen gleich.)

Gleichliegende (homologe) Seiten und Winkel heissen hier wie in der Planimetrie solche, die gleichen Winkeln und Seiten gegenüber liegen.

Anm. Ungeachtet in den beiden entgegengesetzten Dreiecken alle gleichliegenden Stücke für sich gleich groß sind, und für sich auf einander passen müssen, so werden doch, wie man leicht sieht, weder die beiden körperlichen Dreiecke so gelegt werden können, daß sie in einander passen, noch die sphärischen so, daß sie auf einander passen; doch kommt es auch darauf eigentlich nicht an, §. 182.

§. 185. Wenn zwei sphärische Dreiecke ABD und $\alpha\beta\delta$ (48. 49 no. 1. Fig.)

1) einen gleichen Winkel D $=$ δ und zwei gleiche Seiten $\alpha\delta$ $=$ AD, $\delta\beta$ $=$ DB haben, welche Seiten den gleichen Winkel einschließen, oder wenn sie

2) eine gleiche Seite $\delta\beta$ $=$ DB und zwei Winkel $\alpha\delta\beta$ $=$ ADB, $\alpha\beta\delta$ $=$ ABD, die an der gleichen Seite liegen, haben; so sind in diesen beiden Fällen die drei übrigen gleichliegenden Stücke gleich.

Bew. von 1). Der Ausschnitt $\beta\gamma\delta$ als die Seite des dem sph. △ zugehörigen körperlichen, werde so auf BCD gelegt, daß γ in C und $\gamma\delta$ in CD fällt; so müssen die übrigen gleichnahmigen Theile auch auf einander fallen, §. 135 Pl., weil es nämlich 2 gleiche Ausschnitte sind. Fällt nun, wie von dem körperlichen △ $\alpha\beta\gamma\delta$ no. 1., die Seite $\alpha\gamma\delta$ über BCD, so fällt es mit ACD zusammen, wegen der gleichen Neigungswinkel §. 39, und alle gleich benannten Theile fallen zusammen, gleichfalls nach §. 135 Pl. Daher fällt nun auch $\alpha\gamma\beta$ mit ACB in eine Ebene zusammen wegen §. 2, und so müssen auch die Winkel $\beta\alpha\delta$ und BAD, $\alpha\beta\delta$ und ABD, und die Seiten $\alpha\beta$ und AB zusammenfallen, da die Gränzpunkte zusammentreffen, nach eben dem §. 135. Pl. Und da die Gleichheit der größten Kreisbogen und der sphärischen Winkel auch die Gleichheit der Winkel am Mittelpunkt oder der Seiten

des

des körperl. △ und der Flächenwinkel seiner Seiten mit sich bringt; so sind auch in den zugehörigen körperlichen △△ alle gleichliegenden Stücke gleich. (Sie passen hier wirklich in einander).

Fällt das $\gamma\delta\alpha$ von no. 2 unter BCD (49 no. 2. u. 48 F.) so darf man nur $\beta\gamma\delta$ auf das gleiche und kongruente bCd passen, und so wird nun, wie im ersten Fall das körperliche △ $\gamma\alpha\beta\delta$ ganz in das dem ABCD entgegengesetzte passen, mithin doch nach §. 184 $\alpha\beta$ = ab = AB, α = a = A, β = b = B seyn.

Bew. von 2). Nachdem auch hier wie beym Beweis von 1) $\delta\gamma\beta$ auf DCB gepaßt ist, so werden, wenn die Seiten des körperl. △ $\delta\gamma\alpha$ und $\beta\gamma\alpha$ mit DCA und BCA auf eben der Seite, nämlich über der nun gemeinschaftlichen Grundseite BCD fallen, die mit der sphärischen bei δ, D und β, B gleichen Flächenwinkel nach §. 39 sich decken; und so können sich die beiden nun in eins übergegangenen Seiten beyder Dreiecke $\alpha\beta\gamma\delta$ und ABCD nicht anders als in der einen Durchschnittslinie CA = $\gamma\alpha$ schneiden §. 3. Sie passen also durchaus in einander, und so ist auch α = A, $\alpha\delta$ = AD, $\alpha\beta$ = AB, u. s. w.

Wenn aber auch hier $\alpha\beta\gamma\delta$ wie in no. 2 liegt, also $\delta\beta\alpha$, $\beta\gamma\alpha$, wenn $\beta\gamma\delta$ auf BCD gepasset würde, unter BC fielen, so kann man offenbar wie im Beweis von 1) verfahren, und $\beta\gamma\delta$ auf bCd passen; da dann das Ineinanderpassen des $\alpha\beta\gamma\delta$ mit abcd eben wie vorher bewiesen, auch hier α = a = A, $\alpha\delta$ = ad = AD, $\alpha\beta$ = ab = AB u. s. w. gefunden wird, §. 184.

§. 186. Daß man auch ein sphärisches Dreyeck **gleichschenklicht** nennen könne, wenn zwey Seiten, und **gleichseitig**, wenn alle 3 Seiten in ihm gleiche gröste Kreisbogen sind, wird man nicht unrecht finden;

und so lassen sich auch von gleichsch. und gleichs. △△ Sätze, wie §. 72. Pl. behaupten, z. E.

Ein gröster Kreisbogen, welcher den Winkel zwischen den gleichen Seiten eines gleichsch. sphärischen Dreiecks halbirt, halbirt auch die gegenüberliegende Seite, und steht auf ihr senkrecht. Denn die beiden durch die theilende Ebene entstandenen Dreyecke werden zwar nicht in einander; aber doch wird eins in das dem andern entgegengesetzte gepaßt werden können, und so sind doch die Grundseiten, und die an ihnen beym Schnitt zusammenliegenden Winkel gleich; letzte müssen daher rechte seyn.

§. 187. **1) Im gleichschenklichten sphärischen Dreieck ABD (48 Fig.) sind die den gleichen Seiten gegenüberstehenden Winkel gleich, oder B = D; und 2) wenn in einem sph. Dreieck ABD die Winkel B und D an der Grundseite BD gleich sind; so sind die gegenüberstehenden Seiten gleich, oder AD = AB.**

Bew. Man formire wie §. 184. das entgegengesetzte Dreieck abd; so ist für 1) a = A, ab = AB = AD ad = AD = AB. Aber ab = AD, a = A, ad = AB, giebt die Gleichheit der übrigen hiernach gleichliegenden Stücke nach folgender Ordnung aus §. 185. b = D, bd = DB, d = B. Da aber auch nach §. 184., b = B; d = D; so ist auch B = D.

2) Es ist bd = BD und d = D = B, b = B = D. Aber aus bd = BD; d = B und b = D folgt, nach §. 185 2) ab = AD, weil ab dem d, AD dem gleichen B gegenüber liegt, also homolog mit ihm ist. Nun ist aber nach §. 184. auch ab = dem entgegengesetzten AB. Also ist auch AD = AB.

Z. 1. Aus no. 1. folgt nun wie im ähnlichen Fall §. 63. Z. Pl. der Satz: **Ein gleichseitiges sph. Dreieck hat auch lauter gleiche Winkel; und**

wie

wie §. 110. Pl.: Ein gleichwinklichtes sph. △ hat auch lauter gleiche Seiten.

§. 188. Z. 2. Wenn ABD > ADB; so ist auch AD > AB (48 Fig.). Denn wenn man eine Ebene BCE durch B und C §. 1. so legt, daß der Winkel EBD = D wird; so ist nach §. 187. 2) DE = DB also DE + EA = AD = BE + EA > AB. Umgekehrt: wenn AD > AB, so muß auch ADB > ABD seyn; weil weder ABD = ADB, noch ABD < ADB seyn kann, da sonst entweder nach §. 187 2) AD = AB, oder nach dem eben bewiesenen AD < AB seyn müste gegen die Voraussetzung.

§. 189. Wenn zwar

1) Zwey Seiten in den beyden sphärischen oder körperlichen Dreiecken ADC (B) und ADc (B) (50 F.) und ein sphärischer oder Flächenwinkel D gleich ist, letzterer aber nicht zwischen den gleichen Seiten lieget, oder wenn zwar:

2) Eine Seite in den sph. △△ ADC und Adc, AC = Ac und die beiden Winkel D = d und ACD = Acd wovon aber einer der gleichen Seite gegenüber steht;

so sind doch die übrigen homologen Stücke nicht nothwendig gleich, sondern können sehr wohl ungleich seyn.

Bew. von 1). Aus den Seiten AD (B), CA (B) und aus dem Winkel D, welcher als ein schiefer angenommen wird, sei ein sphärisches (körperliches) Dreieck ADC(B) zusammengesetzt.

Man lege durch AB eine Ebene senkrecht auf die Fläche worin CD(B) ist. Man mache Ec = EC und lege einen größten Kreis durch cAB. Nun erhält man ein zweites sphärisches (körperliches) Dreieck cAD (B), welches den Winkel D und die Seite AD(B) mit dem erst beschriebenen ADC (B) gemein hat. Aber es ist auch die dem D gegenüberliegende Seite cA (B) = CA (B). Denn in den beiden Dreiecken cEA (B), CEA (B) ist EA (B) gemeinschaftlich, bey E sind rechte Winkel, und cE (B) = CE (B) (p. constr.) mithin nach §. 185. 1) auch cA (B) = CA (B). Also trifft die erste Bedingung des Satzes bey den genannten △△ zu, aber demohnerachtet ist die 3te Seite cD (B) > CD (B), auch der Winkel cAD > CAD, welches aus der Figur offenbar ist. Endlich aber ist ACD + ACE = 2R. Aber ACE = AcE Also ACD + AcE = 2R; daher kann nicht ACD = AcE seyn, wofern nicht AE auf AC fällt, gegen die Voraussetzung.

Bew. von 2). Da aus dem vor. Bew. erhellt, daß in der Figur ACD = Acd, die Seite AC (B) = Ac (B) sei, und gleichfalls der Winkel CDA = cdA ist, so giebt dies zwei Dreiecke DCA (B) und cdA (B)), worin eine Seite und zwei Winkel, wovon einer der beiderseits gleichen Seite gegenübersteht, gleich sind. Aber demohnerachtet ist offenbar die Seite dA (B) > DA (B), auch sind cAd und CAD, cd (B) und CD (B) nicht nothwendig gleich, wie man leicht siehet.

Anm. Ich habe den Bew. mit Fleiß so geführt, daß, wenn man die Parenthesen mitlieset sie für das körperliche, ohne dieselben für das sphärische Dreieck gelten, woraus man die Abhängigkeit des einen vom andern deutlich erkennen kann.

§. 190. Wenn alle drei Seiten in zwei sphärischen (körperlichen) Dreiecken ADB und DGB gleich groß sind, so sind es auch die gleichliegenden Winkel.

Bew. Man bringe die Dreiecke mit einer gleichen Seite B(C)D (48 Fig.) an einander, die beiden übrigen gleichen Seiten DG (C) = DA (C) und BG (C) = BA (C) mögen zuerst nach unten fallen. Man ziehe AG,

AG, so ist DG=DA, also DGF=DAF; AB=BG, mithin BGF=BAF §. 187. Also gehörig summirt G=A, mithin, da jeder dieser Winkel zwischen zwei gleichen Seiten liegt, wegen §. 185. 1), auch die übrigen gleichliegenden Winkel gleich.

Fielen die gleichen Seiten auch nach oben, so könnte man das in allen seinen Stücken mit BAD (C) gleiche entgegengesetzte Dreieck bad (C) construiren; und daß das zweite mit diesem gleiche Winkel habe, ließe sich wie vorher beweisen, weil, wenn man es daran bringt, die gleichen Seiten unterwärts fallen müssen. Aber eben um deswillen hat es eben so wie bad (C) gleiche Winkel mit BAD (C).

§. 191. **Aufg. Zu einem gegebenen körperlichen (sphärischen) Dreieck ACD (B) (51 F.) ein anderes acd (B) zu beschreiben, dessen Seiten a(b)c, c(b)d, a(b)d die Ergänzungen der Winkel des vorigen C, D und A zu 180° = 2R sind, und dessen Winkel a, c, d hinwiederum die Seiten A(B)C, C(B)D, und A(B)D zu 180° = 2R ergänzen.**

Aufl. Innerhalb (ACD)B=I nehme man willkührlich einen Punkt b und fälle auf die größten Kreisausschnitte, welche des körperl. △ Seiten sind, die Lothe bF, bE, bG, mache bc = ba = bd = BD, und beschreibe die größten Kreisbogen ac, cd, da; so hat (acd) b=II die begehrten Eigenschaften.

Bew. Es schneiden

die Seiten von II		die Seiten von I		in den graden Linien
abc	=	= { CBD	=	= = IF
		{ ABC	=	= = EI
abd	=	= { ABC	=	= = EH
		{ ABD	=	= = HG
cbd	=	= { ABD	=	= = GE
		{ CBD	=	= = FK

Nun steht bE senkrecht auf EI und EH (§. 7.) Da nun bE oder ba die Durchschnittslinie der beiden Ebenen abc und abd ist; so ist IEH ihr Neigungs- oder Flächenwinkel §. 4. und dem Winkel a gleich §. 177. Aus ähnlichen Gründen ist HGK = d, und IFK = c. Da die Ebene abc durch die Lothe bE, bF auf den beyden Flächen ABC, CBD gehet; so ist abc auf letztgenannten Ebenen und diese wieder auf abc senkrecht: daher ist auch CI, der beiden Durchschnittslinie, auf abc, und also auf IF und IE senkrecht. Folglich ist EIF der Flächenwinkel von CBD und CBA, und EIF = C. Eben so findet man EHG = A, und GKF = D. Nun sind in dem Viereck EbFI die Winkel IEb = R = IFb. Mithin IEb = IFb = 2R = EIF + EbF, oder C + abc = 2R.

Eben so im Vierecke FbGK, sind F + G = 2R. Also auch K + cbd oder D + cbd = 2R. Und endlich im Viereck EbGH sind E + G = 2R; also auch H + abd = A + abd = 2R, das heißt: die Winkel C, D und A des ersten Dreiecks, ergänzen die Seiten a(b)c, c(b)d, a(b)d zu 180° und umgekehrt.

Aber es ist aus eben den Gründen

in IBHE, HBI + HEI = ABC + a = 2R

in HBGK, HBK + HGK = ABD + d = 2R

in IBKF, IBK + IFK = CBD + c = 2R

Das heißt die Grade der Winkel des zweiten Dreiecks ergänzen die Grade der Seiten des ersten zu 180° und umgekehrt.

§. 192. Die Summe aller drei Winkel eines sphärischen oder körperlichen Dreiecks ACD (B) ist größer als 2R und kleiner als 6R. (51 Fig.)

Bew. Man mache das Ergänzungs-Dreieck acd(b); so ist C + D + A = 2R − abc + 2R − cbd + 2R − abd = 6R − (abc + cbd + abd) folglich C +

$C + D + A < 6R$. Da nun $abc + cbd + abd < 4R$ (§. 179); so ist $6R - (abc + cbd + abd) > 2R$; also $C + D + A > 2R$.

§. 193. **Wenn die 3 Winkel zweier sphärischen oder körperlichen Dreiecke gleich groß sind, so sind auch ihre gleichliegenden Seiten gleich groß.**

Bew. Die Dreiecke seyen D und T; so kann man zu D sowohl als zu T Ergänzungsdreiecke d und t verzeichnen, deren Seiten also gleich groß werden müssen, weil sie die Ergänzungen gleicher Winkel zu 180° sind. Also sind in d und t auch die sphärischen Winkel gleich. Aber die Winkel in d und die Seiten in D, so wie die Winkel in t und die Seiten in T ergänzen sich ebenfalls zu 2R. Also müssen die Ergänzungen gleicher Winkel, d. i. die Seiten der Dreiecke D und T ebenfalls gleich seyn.

Anm An sich ist dieser letzte Satz, wodurch sich die sphärische Geometrie von der ebenen unterscheidet; in welcher 3 gleiche Winkel nur proportionale nicht gleiche Seiten geben, darum der erstern eigen, weil nach §. 182 nur Verhältniß der Seiten zu 2R oder 180°, nicht ihre absolute Größe gesucht wird. Aber von dieser Seite betrachtet, bedarf er auch fast keines Beweises, in dem gleichen Winkeln in eben der Ordnung wohl gleiche Bogen gegenüberstehen müssen.

§. 194. Man theilet die sphärischen (körperlichen) Dreiecke in rechtwinklichte und schiefwinklichte ein. Rechtwinklichte sind solche, die einen rechten (sphärischen) Winkel haben, die übrigen Winkel mögen nun rechte oder schiefe seyn. Die dem rechten Winkel gegenüberstehende Seite heißt auch hier **Hypotenuse** (H), die an dem rechten Winkel anliegenden: **Grundseite** (basis, B), und **Perpendicularseite** (P), welche letztern beide willkührlich gewählt werden.

Schief-

Schiefwinklichte sph. Dreiecke sind solche, worin kein einziger rechter Winkel ist.

§. 195. In einem jeden rechtw. sphärischen oder körperlichen Dreiecke ist eine jede der zwei Seiten, welche den rechten Winkel einschließen, mit dem Winkel von einerlei Art, welcher ihr gegenübersteht. (Spitzige Winkel, die kleiner als R: Bogen, die kleiner als der Quadrante oder Q heißen von einerlei Art, und so auch stumpfe, und Bogen > Q).

Bew. Man sieht dies gleich deutlich aus der 52ten Figur. Die Ebenen RMr und RNr sind auf einander senkrecht, R und r also rechte Winkel. Man setze NCM = H senkrecht auf RMr, so ist NCR = P = R oder NR = Q, so wie NCr. Man lege N'CM = H, unter dem spitzen Winkel N'MR an P; so ist N'CR < R, N'R < Q, und weil N'Mr > R; so ist auch N'Cr > R und N'r > Q.

So kann man also auch umgekehrt sagen;

wenn P $\begin{bmatrix} > \\ < \\ = \end{bmatrix}$ R; so ist der opp. Winkel an H $\begin{bmatrix} > \\ < \\ = \end{bmatrix}$ R.

Eben diese Schlüsse gelten von der Grundseite oder B, da B und P nur im Namen verschieden sind §. 194.

§. 196. Die Hypotenuse im rechtwinklichten sphärischen Dreieck ist 1) rechtwinklicht, und ihr Bogen ein Quadrant, wenn ein an ihr liegender Winkel = R ist; 2) sie ist spitz, und ihr Bogen < Q, wenn beide an ihr liegende Winkel gleichartig; und sie ist stumpf, wenn beide an ihr liegende Winkel ungleichartig sind. (51 Fig.)

Bew.

Bew. CMN sey H, und bei M ein rechter Winkel $=$ R; N'MR und MN'R beide spitzig, so ist N'CM $<$ ECM also $<$ R und N'M $<$ Q. Eben so N'Mr $>$ R und MN'r $>$ R, und auch da ist N'CM $<$ R, und N'M $<$ Q. Hingegen ist an der Hypotenuse N''CM' der Winkel N''MR stumpf, und MN''R spitz, und N''CM $>$ R, N''M $>$ Q. Der Beweis liegt eigentlich darin, daß in jedem dieser Fälle ein gröster Halbkreis RNr auf einem andern RMr senkrecht, und durch den senkrechten Kugelhalbmesser eine 3te Ebene XNY gedacht werden kann, wenn man nach der Bedingung des Satzes aus der Kugel rechtwinklichte körperliche oder sphärische Dreiecke ausschneidet oder auf der Oberfläche zeichnet.

Z. 1. Hieraus läßt sich auch leicht nach §. 195. herleiten, daß die Hypotenuse $=$ R ist; wenn eine der gegenüberliegenden Seiten $=$ R ist; daß sie $<$ R ist, wenn P und B gleichartig; $>$ R seyn werde, wenn P und B ungleichartig sind.

Z. 2. Diese Sätze lassen sich auch umgekehrt behaupten.

§. 197. Behufs der gleich folgenden sph. Trigonometrie stelle ich den Inhalt von § 195 — 196 noch einmal tabellarisch dar.

Versteht man unter P, B und H die in §. 194. benannten Größen, und Q heißt ein Quadrante; so folgt beim rechtwinkl. sph. △, wenn

I, ein Winkel an H, d. i. P oder B	so ist das entgegengesetzte P oder B des körperl.	des sph. △
R	R	Q
$<$ R	$<$ R	$<$ Q
$>$ R	$>$ R	$>$ Q

und umgekehrt.

Wenn

Wenn

II. die W. an H od.	die Seiten P, B;	so ist H im körp.	sph. Δ
Eine ein rechter	Eine = R oder Q	R	Q
beide gleichartig	beide gleichartig	$<$ R	$<$ Q
beide ungleichartig	beide ungleichartig	$>$ R	$>$ Q

und ebenfalls umgekehrt.

III. Beim schiefwinklichten sph. Dreieck, wenn die anliegenden Wink. gleichartig; so fällt das Perp. innerhalb
" " ungleichartig " " außerhalb des Dreiecks.

Von III folgt nun die umständliche Auseinandersetzung.

§. 198. Wenn man nämlich durch einen Winkelpunkt C (53 Fig.) eines schiefw. sphärischen Dreiecks BCD oder BCd eine Ebene ACa auf die entgegengesetzte Seite BD oder Bd senkrecht setzt, so fällt sie bei dem ersten innerhalb BCD und bei dem andern außerhalb BCd, man will aber die Bedingungen bestimmt wissen, unter welchen das eine oder das andere geschieht.

Aufl. 1) Man setze auf einen gröſten Kugelkreis ABaDA als auf eine Grundfläche einen gröſten Halbkreis ACa senkrecht. Durch einen Punkt C des letztern, der nicht im 90sten Grade liegt, lege man zwei andre gröſte Kreise dCD und bCB schief; so daß sie nach A zu bey B, b, D, d spitze, nach a zu stumpfe Winkel mit dem Grundkreise machen.

2) Alsdann wird CA $>$ R, Ca $>$ R (§ 197 I). Sind die beiden letztern Kreise so gelegt, daß AD, AB $<$ R; so sind nach §. 197. II. weil beide nun mit CA gleichartig, auch CD, CB $<$ R, und eben weil ad = AD, ab = AB, da es wie §. 184. gleiche Theile entgegengesetzter Kugeldreiecke sind, und Ca $>$ R wegen dieser Ungleichartigkeit Cd und Cb $>$ R. §. 197. II.

3) Die

3) Die beiden schiefen Kreise geben 4 sph. Dreiecke, nemlich BCD $= \alpha$, und bdC $= \beta$, die am Grunde gleichartige Winkel, nämlich α spitze, und β stumpfe haben. Innerhalb beider fällt die senkrechte Kreisebene ACa, das spitze CA innerhalb des am Grunde spitzwinklichten, der stumpfe Theil Ca innerhalb des am Grunde stumpfwinklichten Dreiecks.

Die beiden übrigen mit α und β im Kreuze liegenden Dreiecke DbC $= \gamma$ und CdB $= \delta$ haben ungleichartige Winkel am Grunde; in γ ist der Winkel D $>$ R, an b $<$ R; in δ ist der Winkel an B $>$ R, der an d $<$ R. Die senkrechte Kreisfläche fällt außerhalb dieser letztern beiden Dreiecke, und Ca ist mit dem nächsten Winkel in den $\Delta\Delta$ γ und δ ungleichartig weil sie mit seiner Ergänzung nach §. 197. I. gleichartig seyn muß.

Anm. Man sieht doch deutlich, daß CA immer das Perpendikel werden würde, wenn auch die Dreiecke CDb, dCB für sich gegeben wären.

§. 199. Aufg. Den Flächeninhalt jedes sphärischen Dreiecks BCD (53 Fig.) zu finden.

Aufl. Man ziehe von der Summe seiner drei Winkel, oder deren zugehörigen Bogen, die im Verhältniß zu dem Halbmesser $= 1$ im Längenmaaß ausgedruckt sind (nach der XXIII. Lambertschen Tafel) die Größe $\pi = 3,14159$ — —, d.i. $180°$ im Längenmaaß, ab, und multiplicire diese Differenz mit dem Quadrat des Halbmessers der Kugel. d. i. Wenn der Flächeninhalt des sphär. Dreiecks $=$ F, die Winkel B, D, C; so ist $F = (B + D + C - \pi)r^2$.

Bew. Nach §. 306 Pl. und 156 St. ist DBdC $= \frac{n}{360} 4r^2\pi$, wenn D $= \frac{n}{180}\pi$, und r der Halbmesser ist. Eben so ist BDbC $= \frac{m}{180}\, 2r^2\pi$, wenn B, m Grade enthält. Nun sey F der Flächeninhalt des Δ BDC, so ist dBC $= \frac{n\pi}{180} \cdot 2r^2 - F$, und bCD $= \frac{m \cdot \pi}{180} \cdot 2r^2 - F$. Nun ist offenbar, wenn man Cb,

Cd

Cd in die andre Halbkugel um $180° - Cb$, und $180° - Cd$ fortführen würde; sie da ein sphärisches dem BDC entgegengesetztes Dreieck, $cbd = BDC$ formiren, und c und C zwei sich im Durchmesser entgegengesetzte Punkte seyn würden. (Grade so, wie in Fig. 48 $\triangle ADB = adb$ ist). Es ist also, wenn die Vertikalwinkel BCD = bCd von p Graden wären $dCb = dcbC - dcb = \frac{p\pi}{180} 2r^2 - F$. Nun sind aber $\triangle BDC + dBC + bCD + dCb = 2r^2\pi$ = der halben Kugelfläche, deren Halbmesser r ist. Mithin ist $\triangle BDC$ oder sein Flächeninhalt $F = 2r^2\pi - \frac{n\pi}{180} . 2r^2 + F - \frac{m\pi}{180} . 2r^2 + F - \frac{p\pi}{180} . 2r^2 + F$ oder $(\frac{n\pi}{180} + \frac{m\pi}{180} + \frac{p\pi}{180} - \pi) 2r^2 = 2F$; das giebt $F = r^2 (B + D + C - \pi)$.

Exempel. Es sey $B = 50° = 0,873$, $D = 60° = 1,047$, $C = 150° = 2,618$; der Halbmesser 860 Meilen; so ist $F = 860^2 . (4,538 - 3,142) = 860^2 . 1,395 = 739600 . 1,395 = 10217,420$ □ Meilen.

§. 200. Zuletzt will ich nur noch die Bemerkung hinzufügen, daß in der 52. Fig. neben dem rechtwinklichten Dreieck mit zwei spitzen Winkeln auch eins mit 2 stumpfen Winkeln lieget, so wie im Gegentheil wenn ein rechtwinklichtes, dessen übrige Winkel stumpf sind, gegeben ist, auch immer neben demselben eins liegen muß, dessen beiden übrigen Winkel spitz sind.

Schlußanmerkung. Ich rathe dem Lehrling sich, wie die 54. Figur zeigt, Netze aus Pappe zu machen, die auf der Rückseite in CM, CR no 2. halb eingeschnitten, in ein körperliches dem sphärischen no. 1. gezeichneten zugehöriges Dreieck zusammengebogen, und wieder auseinander gelegt werden können. In dem aus der Kugel geschnittenen Dreieck setzt man durch N eine Ebene senkrecht auf die Basis, verzeichnet nun CMR in der Ebene no. 2. verlängert RM nach N, setzt RN in R senkrecht auf CR, und mit der Hypotenuse CN vollendet man MCN und CNR; die man nun wie gesagt, einschneidet. Der Gebrauch wird sich bald zeigen.

Der

Der Elementargeometrie.

Zweiten Theils, zweites Hauptstück.

Die sphärische Trigonometrie.

I. Trigonometrische Berechnung rechtwinkligter sphärischer Dreiecke.

§. 1.

Bereits §. 2. der ebenen Trigonometrie ist es gesagt, daß selbst die Grundsätze der ebenen Trigonometrie eigentlich darum von den Astronomen erforscht worden, um sich ihrer zur Berechnung der Dreiecke der Himmelskugel, d. i. zur sphärischen Trigonometrie zu bedienen. Man sieht im allgemeinen sehr leicht ein, daß eine solche Wissenschaft möglich seyn müsse. Ein sphärisches Dreieck hat 6 verschiedne Stücke: 3 Seiten Np, NR, pR,(54 F.) zu welchen als Kreisbogen bestimmte trigonometr. Linien und deren Logarithmen gehören, und 3 Winkel N, p, R, bei welchen eben dies statt findet. Es kommt nur darauf an, so wie in der ebenen Trigonometrie, zu zeigen, auf wie mannigfaltige Art aus 3 dieser Stücke mittelst jener beständigen, immer zugleich gegebenen trigonometrischen Zahlen die 3 übrigen Stücke zu berechnen sind. Analogisch zu schliessen müssen die Sätze §. 185. 190,

193 Ster. alle diese Fälle enthalten, und die Wissenschaft der auf Arithmetik und Geometrie, zunächst aber auf Sphärik und ebener Trigonometrie gegründeten Regeln, aus 3 gegebenen Stücken eines sphärischen Dreiecks die übrigen zu berechnen, ist eigentlich die **sphärische Trigonometrie**. Man hält sich hier aber hauptsächlich an die Eintheilung der sphärischen Dreiecke in rechtwinklichte und schiefwinklichte §. 194. St., und fängt mit der Untersuchung der ersten, als der leichtesten, an.

§. 2. Anm. Aus dem, was von der Sphärik §. 182 gesagt ist, ergiebt sich, daß hier keine absolute Zahlen von Längen, also auch keine Logarithmen der natürlichen Zahlen gebraucht werden. In der Trigonometria Britannica (§. 38 der eb. Trig. befinden sie sich auch nicht. Sie ist also direkte nur für sphärische Trigonometrie und Astronomie bestimmt. Jetzt wollen wir, um die Aufmerksamkeit des Lehrlings nicht zu theilen, ohne das mindeste weiter unter unsern Vortrag zu mischen, die 6 Hauptregeln für die rechtw. sphärischen Dreiecke entwickeln.

§. 3. Man darf aber wegen §. 200. St. nur die Regeln für solche rechtwinklichte △ △ suchen, deren übrige Winkel spitzig sind. Denn für jedes, wo die übrigen stumpf sind, sind die trigonometr. Linien für die Stücke, welche > R oder > Q, der absoluten Größe nach einerlei mit denjenigen, welche für das Ergänzungsdreieck mit einem rechten und zwei spitzen Winkeln gehören, wie aus a. O. und §. 14. eb. Tr. erhellet.

§. 4. Man setze nun auf CM eine Ebene MNR' senkrecht, §. 6. Stereom.; so ist CMN = CMR' = R §. 7 St. Mithin ist NMR' der Neigungswinkel von den Ebenen NCM und R'CM, mithin NMR' = p = dem sphär. Winkel §. 177 und 182 St. Auch sind CMR' (weil es durch CM geht) und NMR' auf einander senkrecht, §. 33. St. Weil nun auch NCR'

auf

CMR' senkrecht (per hyp); so ist auch die Durchschnittslinie NR' dieser beiden auf CMR senkrecht §. 42. St. und NR'M = NR'C = R §. 7. St. Und so sind durch den senkrechten Schnitt von CM, 3 rechtw. Dreiecke R'CN, R'CM, NCM entstanden, die man nun nach §. 200. Anm. St. in eine Ebene (54. no. 2. F.) ausbreiten, und mit H, P und B (welche Buchstaben den §. 194 St. angezeigten Sinn haben), und die gegenüberliegenden Winkel mit den kleinen Buchstaben p, b bezeichnen kann. Will man P und B mit einander verwechseln, da diese Benennung willkührlich ist a. a. O.; so muß man auch p und b wechseln. Legt man an das verlängerte CR noch einmal Rp, und zieht hier ein zweites Rp, so hat man auch das Dreieck bpR in der Ebene. Da nun von den in der körperlichen Figur befindlichen Dreiecken eben das gelten muß, was von den in der Ebene ausgebreiteten bewiesen wird, so kann man aus letztern den Beweis vielleicht leichter herleiten, wenigstens wird, was man von jenen behauptet, an diesen, womit man schon bekannter ist, bestätigt. Doch werden von den 6 Regeln nur 3 aus der Figur, die übrigen aus dem bloßen Kalkül hergeleitet. Es erhellet, daß unter H, P und B die Winkel des körperlichen Dreiecks am Mittelpunkt, d. i. seine Seiten, und die zu diesen Winkeln gehörigen größten Kreisbögen, d. i. die Seiten des sph. △ verstanden werden.

§. 5. Aus der Figur folgt nun: 1) Es ist

im △ bCp	Cp : bp = 1 : tang H
RCp	Cp : pR = 1 : tang B; also
	bp : pR = tang H : tang B
pRb	bp : pR = 1 : cos p. Folglich

I. Regel. $1 : \cos p = \tang H : \tang B$

$\tang B = \tang H . \cos p$

$\tang H = \frac{\tang B}{\cos p}$; $\cos p = \frac{\tang B}{\tang H}$

Daher man immer, wenn man von den 3 Stücken, der Hypotenuse H, dem Winkel p, und der Grundseite B, zwei weis, das 3te finden kann, welches ein für allemal hier bemerkt wird.

Schreibt man P statt B, also auch b statt p; so ist auch:

$1 : \cos b = \tang H : \tang P.$

2) Es ist ferner:

im △ bCp	Cb : bp = 1 : sin H
bCR	Cb : bR = 1 : sin P
Also	bp : bR = sin H : sin P
bRp	bp : bR = 1 : sin p. Daher

II. Regel $1 : \sin p = \sin H : \sin P$

durch Verw. $1 : \sin b = \sin H : \sin B.$

3) Eben so ist

im △ RCp	CR : Rp = 1 : sin B
bCR	CR : Rb = 1 : tang P
Daher	Rp : Rb = sin B : tang P
im △ pRb	Rp : Rb = 1 : tang p. Folglich

III. Regel $1 : \tang p = \sin B : \tang P$

$1 : \tang b = \sin P : \tang B$

§. 6. Aus dem Kalkül oder aus Analogien folgert man mit Hülfe der drei, oder wenn wir die Versetzung von P und B, b und p mitrechnen, sechs im vor. Sph gefundenen Proportionen die übrigen Regeln.

1. Es ist

nach Reg. II.	$1 : \sin H = \sin p : \sin P$
wie auch	$1 : \sin H = \sin b : \sin B$
Folglich	$\sin p : \sin P = \sin b : \sin B$
nach Reg. III.	$1 : \tan p = \sin B : \tan P$
nach der eb. Trig.	$\sin P : \cos P = \operatorname{tg} P : 1$
§ 18 und F. 149	$\operatorname{tg} p : \sin p = 1 : \cos p$.

Also nach §. 274 A. R.

IV. Regel $1 : \cos P = \sin b : \cos p$

durch Verw. $1 : \cos B = \sin p : \cos b$

2. Ferner hat man nun

nach Regel I	$1 : \tan H = \cos p : \tan B$
aus E. T. a. D.	$\operatorname{tg} H : \sin H = 1 : \cos H$
nach Regel II	$\sin H : 1 = \sin B : \sin b$
aus E. T. a. D.	$1 : \cos B = \tan B : \sin B$
und	$\cos B : 1 = \cos B : 1$
nach Reg. IV	$1 : \cos P = \sin b : \cos p$.

Folglich

V. Regel $1 : \cos P = \cos B : \cos H$

Die Verwechselung von P und B giebt hier nichts anders.

3. Endlich hat man

Aus Reg. V.	$1 : \cos P = \cos B : \cos H$
Reg. IV	$\cos P : 1 = \cos p : \sin b$
und Verw.	$\sin p : \cos b = 1 : \cos B$
aus eb. Tr. a. D.	$\cos b : \cot b = \sin b : 1$
wie auch	$\tan p : \sin p = 1 : \cos p$
	$\tan p : \cot b = 1 : \cos H$

VI. Regel $1 : \cos H = \tan p : \cot b$

Auch hier giebt die Verwechselung von p und b nichts bequemeres, da p und b schon hinreichend durch $\cot b = \cos H . \operatorname{tg} p$, und $\operatorname{tg} p = \frac{\cot b}{\cos H}$ bestimmt sind.

§. 7. Die im 5ten und 6ten Sph bewiesenen VI Hauptregeln nebst den 4 Verwechselungen sind hinreichend, um alle Fälle, die bei rechtw. sphär. Dreiecken vorkommen können, aufzulösen.

Bew. Außer dem rechten Winkel, der immer gegeben ist, sind 5 Größen: P, B, H, p und b. Der Sinus von R und noch 2 trigonometrische Linien von ein paar dieser 5 Größen geben immer von der 4ten eine zugehörige trig. Linie. Also müssen immer 3 in einer Proportion seyn; und so lassen sich durch Versetzungen aus jeder Proportion 3 Aufgaben auflösen. Nun hat man hier $\frac{5 \cdot 4 \cdot 3}{1 . 2 . 3} = 10$ Conternationen, wie die höhere Algebra beweisen wird, aber auch aus folgender Darstellung sichtbar ist

BPH	Reg. V	Bpb	Verw. z. IV
BPp	Reg. III	PHp	Reg. II
BPb	V. z. III	PHb	Verw. zu I
BHp	Reg. I	Ppb	Reg. IV
BHb	V. z. II	Hpb	Reg. VI

§. 8. Da nach §. 14 eb. Trig. die absoluten Größen aller trig. Linien für die Winkel und Bogen, die sich zu 180° ergänzen, gleich groß, aber Cosinus, Tangente und Cotangente des stumpfen Winkels negativ sind, so muß aus der bekannten Art der gegebenen Winkel hergeleitet werden, ob die gefundene trigonometrische Linie positiv oder negativ, oder der zugehörige Winkel und Bogen spitz oder stumpf oder gar zweideutig sey. Nur die VI Hauptregeln brauchen wir in dieser Rücksicht zu untersuchen, da auf die Verwechselung eben das paßt, was von der Hauptregel gilt. Wir setzen sie in einer etwas andern Ordnung wieder her, um sie beisammen zu übersehen. Der

§. 189.

§. 189, 195, 196, 197 der Stereometrie, und der §. 14 der ebenen Trigonometrie, und §. 137, 142 der allg. Rechenkunst, die man wol zu erwägen hat, geben hier den Aufschluß.

I. (vorher III BpP) $1 : \sin B = \text{tang}\, p : \text{tang}\, P$.

Es lehret §. 198, 1., weil p ein Winkel an H, daß, wenn p ein Datum ist, P mit ihm gleichartig seyn muß, und umgekehrt. Ob B spitzig oder stumpf ist, bleibt, so lange man b nicht weis, unentschieden. Denn in der Proportion $t.\,p : t.\,P = 1 : s.\,B$ ist die Seite P, R und der nicht an P liegende Winkel gegeben, welches nach §. 189. 2) St. die übrigen Stücke des Dreiecks unbestimmt läßt.

Die allgemeine Rechenkunst entscheidet den Fall so: Die Größe sin B ist immer positiv; tg p und tg P können positiv und negativ seyn. Bew. zu §. 14 eb. Tr. Nun sey:

W. $p < R$ giebt $+ t.\,p$ und $+ tp. + s.\,B = + t.\,P$
d. i. $P < Q$

stumpf 〃 〃 $- t.\,p$ 〃 $- tp. + s.\,B = - t.\,P$
d. i. $P > Q$

Seite $P < Q$ giebt $+ t.\,P$ und $\frac{+tg.\,P}{+\sin B} = + t.\,p$ d. i. $p < R$

〃 〃 $> Q$ 〃 $- t.\,P$ 〃 $\frac{-tg.\,P}{+\sin B} = - t.\,p$ d. i. $p > R$

Da p und P gleichartig seyn müssen; so ist $\frac{\pm t.\,P}{\pm t.\,p} = + \sin B$, welches zweideutig ist, wegen §. 189.

Ist $p = R$; so ist $t.\,p = \infty$ und $t.\,P = \infty$; also $P = Q$
〃 $P = Q$ 〃 〃 $t.\,P = \infty$ und $t.\,p = \infty$; d. i. $p = R$
nach §. 10 Eb. Trig.

II. (wie vorher; HpP) $1 : \sin H = \sin p : \sin P$

Hier zeigt §. 189. 2), daß $\frac{\sin P}{\sin p} = \sin H$, die Größe H zweideutig lassen, weil nämlich der zweite Winkel außer R nicht an der bekannten Seite P anliegt. Ob 1) $\sin p . \sin H = + \sin P$, und 2) $\frac{\sin P}{\sin H} = + \sin p$ zu einem spitzen oder stumpfen Winkel gehören, ist aus §. 198 klar; weil man bei 1) die Art von p, und bei 2) die Art von P kennet. Denn p und P sind gleichartig.

III. (vorh. V PBH) $1 : \cos P = \cos B : \cos H$.

Hier entscheidet sich alles ohne Zweideutigkeit aus §. 198. II Tabelle, wenn man die Art von den gegebenen P und B oder dem gegebenen H kennet. Auch die allgemeine Rechenkunst giebt $\pm \cos P \times \pm \cos B = + \cos H$ d. i. $H < Q$; $\mp \cos P \times \pm \cos B = - \cos H$, d. i. $H > Q$.

Eben so zeiget auch in $\frac{\cos H}{\cos B} = \cos P$ und $\frac{\cos H}{\cos P} = \cos B$ die Gleichheit der Zeichen, daß P und B kleiner, die Ungleichheit, daß P und B größer sind als ein Quadrant.

IV. (wie oben Pbp) $1 : \cos P = \sin b : \cos p$.

Hier entstehen die 3 Gleichungen: 1) $\sin b . \cos P = \cos p$; 2) $\frac{\cos p}{\sin b} = \cos P$; 3) $\frac{\cos p}{\cos P} = \sin b$.

Da $\sin b$ immer positiv ist; so ist p in 1) von eben der Art, wie das gegebene P, und P in 2) von eben der Art, wie das gegebene p, nach §. 198, I, welches auch die Zeichen geben. Aber weil p der gegebenen Seite P gegenüber liegt; so ist nach §. 189 2) hier in 3) b zweideutig.

V. (vorher VI. Hpb) $1 : \cos H = \tan p : \cot b$

Hier entstehen die Gleichungen

1) $\cos H . \tan p = \cot b$; 2) $\frac{\cot b}{\cos H} = \tan p$; 3) $\frac{\cot b}{\tan p} = \cos H$

Nach §. 197. II. ist hier nichts zweideutig. Denn wenn in 1) $H < Q$; so sind p und b gleichartig. Wenn also

also noch $p < R$, so ist auch $b < R$; wenn aber $p > R$, so ist auch $b > R$. Wenn aber $H > Q$ und $p < R$, so ist $b > R$; und wenn $p > R$, so ist $b < R$. Das ähnliche gilt bei 2). Endlich wenn bei 3) b und p gleichartig; so ist $H < Q$ im Gegentheil $H > Q$.

Eben dies geben die Zeichen. Z. B. $\frac{\pm \cot b}{\pm \operatorname{tg} p} = + \cos H$; $\frac{\mp \cot b}{\pm \operatorname{tg} p} = - \cos H$, u. s. w. Ist z. E. $b = 90°$; so ist $\cot b = 0$, und $\cos H = 0$, d. i. H ist ein Quadrant.

VI. (vorher I. pHB) $1 : \cos p = \operatorname{tang} H : \operatorname{tang} B$ giebt die Gleichungen: 1) $\operatorname{tg} H . \cos p = \operatorname{tg} B$; 2) $\frac{\operatorname{tg} B}{\operatorname{tg} H} = \cos p$; 3) $\frac{\operatorname{tg} B}{\cos p} = \operatorname{tg} H$, wo ebenfalls gar keine Zweideutigkeit entstehen kann; weil die hier vorkommenden trigonometr. Größen für $< R$ alle positiv, für $> R$ alle negativ sind; also die Zeichen die Art des Produkts oder des Quotienten bestimmt angeben müssen.

§. 9. Ich habe nun nur noch eine Bemerkung beizufügen. Weil hier nichts weiter in den Proportionen als trigonometrische Linien vorkommen; so darf man nur statt 1 immer ϱ den Halbmesser der Tafeln §. 39. eb. Tr. setzen, um ohne weiteres die Zahlen, wie sie in den meisten Tafeln, außer den Schulzischen stehen, zu gebrauchen.

Eben so ist es auch mit den Logarithmen. Bedient man sich der Formeln, und will doch logarithmisch rechnen, so muß man darauf merken, ob mit ϱ multiplicirt oder dividirt ist. Z. B. Es soll die Hypotenuse aus beiden anliegenden Winkeln p und b gefunden werden;

den; so ist nach V §. 8. $\varrho : \cos H = tg\,p : \cot b$; daher $\cos H = \frac{\varrho . \cot b}{tg\,p}$. Nun sey $b = 20°$, $p = 75°$; so ist

$$
\begin{array}{rl}
l.\cot 20° = & 10,4389341 \\
l\,\varrho = & 10, \\
\hline
 & 20,4389341 \\
l.\,tg\,75° = & 10,5719475 \\
\hline
l.\cos H = & 9,8669866 \\
 & 9614 \\
\hline
 & 252
\end{array}
$$

Also $H = 22° 4' 29,5''$

Zugleich überzeugt man sich hier, daß, wenn b zu 20° bestimmt wird, wegen §. 192 p über 70° seyn müsse, damit $p + b + R > 2R$ werden.

II. Berechnung der schiefwinklichten sphärischen Dreiecke.

§. 10. Auf des schiefwinklichten sphärischen Dreiecks bpp Grundseite pp (55 F.) sey der Bogen P senkrecht, und gehe durch die Spitze des Winkels b + b oder b — b, welcher der Grundseite pp gegenüber liegt. Dadurch wird das schiefwinklichte Dreieck auf zwei rechtwinklichte gebracht, und die Aufgabe, ein schiefwinklichtes Dreieck zu berechnen, gewissermaaßen auf die Berechnung des rechtwinklichten zurückgeführt. Indem man nämlich hier die für das letztere gefundenen Analogien vergleichet, und nach §. 270, 271 A. R. (ex aequo perturbatim vel ordinatim) schließt; so fällt das heraus, was blos das rechtwinkl. △ bestimmte, und man erhält Proportionen für lauter Stücke des schiefw. Dreiecks.

§. 11.

§. 11. Man hat nämlich

$1 : \sin H = \sin p : \sin P$

$1 : \sin h = \sin \mathfrak{p} : \sin P$ §. 5 II

Also *I* Regel $\sin H : \sin h = \sin p : \sin \mathfrak{p}$

Ferner $1 : \sin B = \text{tang}\, p : \text{tang}\, P$

$1 : \sin \mathfrak{B} = \text{tang}\, \mathfrak{p} : \text{tang}\, P$ §. 5 III

Also *II* Regel $\sin B : \sin \mathfrak{B} = tg\, p : tg\, \mathfrak{p}$

$1 : \cos P = \sin b : \cos p$

$1 : \cos P = \sin \mathfrak{b} : \cos \mathfrak{p}$ §. 6 IV.

Also *III* Regel $\sin b : \sin \mathfrak{b} = \cos p : \cos \mathfrak{p}$

$\sin b + \sin \mathfrak{b} : \sin b - \sin \mathfrak{b} = \cos p + \cos \mathfrak{p} : \cos p - \cos \mathfrak{p}$

$\sin b + \sin \mathfrak{b} : \sin b - \sin \mathfrak{b} = tg\, \tfrac{1}{2}(b + \mathfrak{b}) : tg\, \tfrac{1}{2}(b - \mathfrak{b})$

$\cos p + \cos \mathfrak{p} : \cos p - \cos \mathfrak{p} = \cot \tfrac{1}{2}(p - \mathfrak{p}) : tg\, \tfrac{1}{2}(p + \mathfrak{p})$

nach § 46. no. 33, 34 eb. Trig. Also

IV Regel

$\cot \tfrac{1}{2}(p - \mathfrak{p}) : tg\, \tfrac{1}{2}(p + \mathfrak{p}) = tg\, \tfrac{1}{2}(b + \mathfrak{b}) : tg\, \tfrac{1}{2}(b - \mathfrak{b})$

$1 : \cos P = \cos B : \cos H$

$1 : \cos P = \cos \mathfrak{B} : \cos h.$ §. 6. V.

V Regel $\cos B : \cos \mathfrak{B} = \cos H : \cos h$

$\cos B + \cos \mathfrak{B} : \cos B - \cos \mathfrak{B} = \cos H + \cos h : \cos H - \cos h$

$\cot \tfrac{1}{2}(B - \mathfrak{B}) : tg\, \tfrac{1}{2}(B + \mathfrak{B}) = \cot \tfrac{1}{2}(H - h) : tg\, \tfrac{1}{2}(H + h)$

nach a. O. no. 34. Also

VI Regel

$tg\, \tfrac{1}{2}(H + h) : \cot \tfrac{1}{2}(H - h) = tg\, \tfrac{1}{2}(B + \mathfrak{B}) : \cot \tfrac{1}{2}(B - \mathfrak{B})$

$1 : \cos b = \text{tang}\, H : tg\, P$

$1 : \cos \mathfrak{b} = \text{tang}\, h : \text{tang}\, P$ §. 5 Verw. zu I.

VII Regel $\cos b : \cos \mathfrak{b} = \text{tang}\, h : \text{tang}\, H$

§. 12. In der gemeinen sphärischen Trigonometrie, verlangt man, außer, daß die Regeln hinreichen sollen, alle vorkommende Fälle aufzulösen, welches wir von den gegebenen 7 Regeln für die schiefwinklichten △△ bald zeigen werden, auch noch, daß sie als simple Proportionen, worin keine Addition und Subtraktion von trigonometrischen Größen vorkommt, bequem durch Logarithmen sollen aufgelöset werden können. Letzteres ist

ist von den gegebenen Regeln auf den ersten Anblick sichtbar; auch von der vierten und sechsten, wo man die Summen und Differenzen der Grade, wonach die gegebenen Seiten und Winkel bestimmt sind, halbiren, und für diese Hälften die trigon. Linien und also auch deren Logarithmen nehmen kann.

§. 13. Eben diese 4te und 6te Proportion findet man in elementarischen Werken selten angeführt, sondern dafür ein paar andre Formeln, die ich einiger Vollständigkeit wegen auch noch beweisen will.

I. Es ist $\cos H : \cos h = \cos B : \cos \mathfrak{B}$. V Regel §. 11. Aber

$$\cos \mathfrak{B} = \cos[(B+\mathfrak{B})-B] = \frac{\cos B . \cos h}{\cos H}.$$

Nun sey $B+\mathfrak{B}=\beta$; so ist §. 44. 4 eb. Tr.

$$\cos\beta . \cos B + \sin\beta . \sin B = \frac{\cos B . \cos h}{\cos H}$$

$$\overline{\qquad\qquad\qquad\qquad\qquad\qquad} : \cos B$$

$$\cos\beta + \sin\beta . \operatorname{tg} B = \frac{\cos h}{\cos H}$$

$$\sin\beta . \operatorname{tg} B = \frac{\cos h - \cos H . \cos\beta}{\cos H}$$

$$\operatorname{tang} B = \frac{\cos h - \cos H . \cos\beta}{\cos H . \sin\beta}$$

oder $\operatorname{tang} B = \cos p . \operatorname{tg} H = \cos p . \frac{\sin H}{\cos H}$ (§. 5. I)

Also $\cos p = \dfrac{\cos h - \cos H . \cos(B+\mathfrak{B})}{\sin H . \sin(B+\mathfrak{B})}$

Man könnte nun hieraus, wenn alle drey Seiten gegeben wären den Winkel finden, der dem h gegenüber liegt; aber durch Logarithmen mit einiger Beschwerde, weil $\cos h$ und $\cos H . \cos\beta$ jedes für sich gesucht, und dann erst abgezogen werden müssen, u. s. w.

Zwar

Zwar ist auch nun $\cos p = \frac{\cos h}{\sin\beta . \sin H} - \cot H . \cot\beta$.
Aber dadurch ist wenig gewonnen. Allein da auch $1 - \cos p = 2(\sin\frac{1}{2}p)^2$ §. 30. Eb. Trig.; so ist

$$(\sin\tfrac{1}{2}p)^2 = \frac{\sin H . \sin\beta - \cos h + \cos H . \cos\beta}{2\sin H . \sin\beta} =$$

$$\frac{\cos(H-\beta) - \cos h}{2\sin H . \sin\beta} \quad \text{§. 44. 4 eb. Trig.}$$

Es sey $H - \beta = \mathfrak{H}$; so ist
$\cos\mathfrak{H} - \cos h = 2\sin\frac{1}{2}(\mathfrak{H}+h) . \sin\frac{1}{2}(\mathfrak{H}-h)$. §. 46. no. 28 eb. Tr. Also da $\mathfrak{H} = H - (B + \mathfrak{B})$; so ist $(\sin\frac{1}{2}p)^2$

$$= \frac{\sin\frac{1}{2}(H-(B+\mathfrak{B})+h) . \sin\frac{1}{2}(h-H+(B+\mathfrak{B}))}{\sin H . \sin(B+\mathfrak{B})}$$

So erhält man $l.\sin\frac{1}{2}p^2$ durch bloße Addition und Subtraktion der Logarithmen, und $l.\sin\frac{1}{2}p$ durch Halbiren von $l.\sin\frac{1}{2}p^2$, mithin $\frac{1}{2}p$ und p, den gesuchten Winkel. Dies ist die Formel, welche man unter andern bei den Herren **Kästner, Karsten und Lorenz** findet.

II. In dem Ergänzungsdreieck zu pbp §. 191 St., welches wir p′b′p′ nennen wollen, muß, wenn alle ähnlich liegenden Stücke mit gleichen nur mit ′ (wie p′) markirten Buchstaben bezeichnet werden,

$$\cos p' = \frac{\cos h' - \cos H' . \cos(B+\mathfrak{B})'}{\sin(B+\mathfrak{B})' . \sin H'} \quad \text{seyn.}$$

Nun ist nach §. 191 St.

$p' + h = 180°$	$\cos p' = -\cos h$
$h' + p = 180°$	$\cos h' = -\cos p$
$H' + p = 180°$	$\cos H' = -\cos p$
$(B+\mathfrak{B})' + (b+\mathfrak{b}) = 180°$	$\sin H' = \sin p$
	$\cos(B+\mathfrak{B})' = -\cos(b+\mathfrak{b})$
	$\sin(B+\mathfrak{B})' = \sin(b+\mathfrak{b})$

Folge

Folglich ist $-\cos h = \frac{-\cos p - \cos p . \cos(b+b)}{\sin p . \sin(b+b)}$

oder $\cos h = \frac{\cos p + \cos p . \cos(b+b)}{\sin p . \sin(b+b)}$

Aber nach §. 45 no. 15 eb. Tr. ist $\frac{1+\cos h}{2} = \cos\tfrac{1}{2}h^2 =$

$\frac{\sin p . \sin(b+b) + \cos p + \cos p . \cos(b+b)}{2 \sin p . \sin(b+b)} =$

$\frac{\cos(p-(b+b)) + \cos p}{2 \sin p . \sin(b+b)}$ §. 37. eb. Tr. Folglich ist

$(\cos\tfrac{1}{2}h)^2 = \frac{\cos\frac{1}{2}(p-(b+b)+p) . \cos\frac{1}{2}(p+(b+b)-p)}{\sin p . \sin(b+b)}$

§. 46 no. 27 eb. Tr., welche Formel nun eben so wie die vorige in no. I. zur logarithmischen Rechnung geeignet ist.

§. 14. Um nun die Anwendung der von §. 11 bis §. 13 erwiesenen Regeln zu erleichtern, kommt es hauptsächlich darauf an, sogleich den Fall zu unterscheiden, von welchem die Rede ist, und die Regel zu finden, nach welcher man ihn aufzulösen hat.

Mir scheint hiebei des sel. Segners Verfahren in den Vorlesungen über die Arithmetik und Geom. XIV, 136 ff. seiner Simplicität wegen sich am besten für den Anfänger zu schicken. Er unterscheidet die beiden Hauptfälle aus 3 gegebenen Stücken 1) eine unbekannte Seite, 2) einen unbekannten Winkel zu berechnen. Nun bedeute in jedem Fall nach Fig. 56 Q das gesuchte (Quaesitum), A, a, die an ihm liegende Stücke, O das dem gesuchten gegenüberliegende Stück (oppositum), N, n die nebenliegenden Stücke. Diese Buchstaben werden nun an ein Dreieck geschrieben, so

wol

Tafel über die Berechnung schiefwinklich-

I. Das Gesuchte

	Fälle.	Bekannt.	Q	Erste
1)	AnO aNO	$\mathfrak{p}$, H, p	h	$\sin \mathfrak{p} : \sin p =$
2)	NnO nNO	H, $(B + \mathfrak{B})$, p	h	$\varrho : \cos p =$ t
3)	ANO anO	$(b + \mathfrak{b})$, H, p	h	$\varrho : \tan g\, \mathfrak{p} =$
4)	AaN aAn	p, $\mathfrak{p}$, H	$(B + \mathfrak{B})$	$\varrho : \cos p =$ t
5)	ANn anN	p, H, h	$(B + \mathfrak{B})$	$\varrho : \cos p =$ t
6)	AaO aAO	p, $(b + \mathfrak{b})$, $\mathfrak{p}$	H h	$\cot \frac{1}{2}(\mathfrak{p} - p) : tg$ oder $\cos \frac{1}{2} h^2 =$

II. Das Ge

	Fälle.	Bekannt.	Q	Erste
7)	AnO aNO	h, H, p	$\mathfrak{p}$	$\sin h : \sin H =$
8)	NnO n NO	$(B + \mathfrak{B})$, p, H	$\mathfrak{p}$	$\varrho : \cos p =$
9)	ANO anO	$(\mathfrak{B} + B)$, p, H	$\mathfrak{p}$	$\varrho : \tan g p =$
10)	AaN aAn	H, h, p	$b + \mathfrak{b}$	$\varrho : \tan g p =$
11)	ANn anN	H, p, $\mathfrak{p}$	$b + \mathfrak{b}$	$\varrho : \tan g p =$
12)	AaO aAO	$(B + \mathfrak{B})$, H, h	p	$tg \frac{(H + h)}{2} : co$ oder $(\sin \frac{1}{2} p)^2 =$

anz auszuschlagen.

ger Dreiecke. Vergl. 55 und 56 Fig.

ist eine Seite.

Zweite Regel	Nummer der Formel
	§. 11. I.
$\cos B : \cos \mathfrak{B} = \cos H : \cos h$	§. 5. I, §. 11. V.
$\cos \mathfrak{b} : \cos b = \text{tang} H : \text{tang}\, h$	§. 6. VI, §. 11. VII.
$\text{tang}\, \mathfrak{p} : \text{tang}\, p = \sin B : \sin \mathfrak{B}$	§. 5. I, §. 11. II.
$\cos H : \cos h = \cos B : \cos \mathfrak{B}$	§. 5. I, §. 11. V.
$\frac{1}{2}\beta : tg\frac{1}{2}(\mathfrak{b} - b); tg p : \varrho = \cot b : \cos H$ $\frac{-\beta) . \cos\frac{1}{2}(\mathfrak{p} + \beta - p)}{n p . \sin\beta}$; wo $\beta = b + \mathfrak{b}$ ist	§. 11. IV, §. 6. VI. §. 13. II.

Winkel.

	§. 11. I.
$\sin \mathfrak{B} : \sin B = \text{tang}\, p : \text{tang}\, \mathfrak{p}$	§. 5. II, §. 11. II.
$\sin b : \sin \mathfrak{b} = \cos p : \cos \mathfrak{p}$	§. 6. VI, §. 11. III.
$\text{tang}\, h : \text{tang} H = \cos b : \cos \mathfrak{b}$	§. 6. VI, §. 11. VII.
$\cos p : \cos \mathfrak{p} = \sin b : \sin \mathfrak{b}$	§. 6. VI, §. 11. III.
$\frac{(B+\mathfrak{B})}{2} : \cot\frac{(B-\mathfrak{B})}{2}$; $tg H : tg B = \varrho : \cos p$ $\frac{(B+\mathfrak{B})+h) . \sin\frac{1}{2}(h - H + (B+\mathfrak{B})}{\sin H . \sin (B+\mathfrak{B})}$	§. 11. VI, §. 5 I. §. 13. I.

wol wenn eine Seite als wenn ein Winkel gesucht wird wie die Figuren zeigen. Daraus entstehet für jeden Hauptfall die erste Columne der nebenstehenden Tabelle, welche 6 Fälle, und eben so viel Variationen enthält. So heißt AnO (56 Fig.) eine Seite zu finden, wenn zwei Winkel, wovon einer der gesuchten Seite gegenüber liegt, und eine Seite, die dem andern Winkel gegenüber liegt, gegeben sind. Das gesuchte selbst steht in der 3ten Columne, wie hier h, die Hypotenuse in dem einen der beiden rechtw. △ △, woraus das ganze zusammengesetzt ist 55 Fig. Die zweite Columne enthält die bekannten Stücke, so wie sie in den Formeln genannt sind, wie hier die beiden Winkel an der Grundseite, und die zweite Hypotenuse. In der 4ten und 5ten Columne stehen nun die Regeln zur Auflösung aus dem 5ten 6ten und 11ten Sph, welche nun schon so genommen sind, daß man durch die erste, wenn nicht selbst das gesuchte schon das 4te Glied ist, doch ein Stück erhalten wird, mit dessen Hülfe man die zweite Proportion so wählen kann, daß das gesuchte zu 3 bekannten Gliedern das 4te wird.

§. 15. Es kömmt nun beim Gebrauch dieser Tafel nur noch darauf an, zu bestimmen, ob die für die gesuchte Seite oder Winkel erhaltene trigonometrische Linie, einem spitzen, stumpfen oder rechten Winkel zugehöre. Ungeachtet man sich nun meistentheils bei dieser Bestimmung mit dem zu begnügen pflegt, was §. 8. aus §. 97. St. für die rechtwinklichten sphär. Dreiecke zum Grunde gelegt worden, und ungeachtet man oft schon durch den Augenschein, oder andre Umstände überhaupt weis, ob eine gefundene Seite, oder Winkel größer oder kleiner als 90° sey; so habe ich mich doch überzeugt, daß die von Herrn H. R. Kästner 2. S. seiner sph. Trig. über die Symptome des schiefwinklichten Dreiecks in den beiden unbestimmten Fällen §. 189. St. angestellte Untersuchung, erst vollständig die Fälle, wo sie eigentlich

lich nur zweideutig, von denenjenigen unterscheidet, wo sie wirklich auch ganz bestimt ein Dreieck geben.

§. 16. Man wiederhole aus §. 198. St. die Entstehungsart der △△ BCD, dCb, bCD, dCB, oder α, β, γ, δ. (53 F.)

I. Es ist nun nach der 3ten Regel §. 5.

$1 : \sin AD = \tang CDB : \tang AC = \cot AC : \cot CDB$ d. i. $\cot CDB = \cot AC . \sin AD$.

Da nun AC immer gleich bleiben kann, so beruhet die Veränderung von cot CDB auf den Wehrt von sin AD, d. i. die Art von CDB wird durch AD bestimmt. Es wird zuerst wie §. 198 St. AD < R angenommen. Man muß sich nun deutlich vorstellen, daß, indem D von D durch Db fortrücket, AD immer größer wird, jedoch etwa bis Q bleibt es < R; in Q ist AD = R, und über Q hinaus bis b ist AD > R. Das heißt: AD wächst bei dieser Veränderung bis es in Q einem Quadranten gleich, über Q hinaus bis b sogar größer als ein Quadrant wird. Da der Punkt C derselbe bleiben soll; so muß sich bei diesem Fortrücken von D weg, immer mehr von dem Halbkreise dCD durch C durchschieben; so daß CD zunimmt, Cd aber abnimmt. Daraus erklärt sich folgendes Schema:

D	rückt nach Q	ist in Q	geht üb. Q hinaus	bis in b
1) AD (oder B)	$< R$	$= R$	$> R$	$= Ab$
2) sin AD (v B)	wächst	$= 1$	nimmt ab §. 10. eb Trig.	sin Ab oder sin AB
3) cot CDB ov. cot p	wächst nach der Formel	$=$ cot AC aus der Formel	nimmt ab weil sin AD abnimmt	
4) CDB oder p	$< R$ nimmt ab; weil cot CDB wächst §. 10 F 149 E Trig.	$= AC < R$	$< R$ wächst weil cot CDB abnimmt	$= AbC$ od. $= ABC$ $< R$
5) d im $\triangle\beta$	rückt nach q	ist in q	geht über q hinaus	bis B
6) bdC $= 180^{0} - CBD$	wächst	wird $= Ca$	nimmt wieder ab	$= aBC$ immer $> R$
7) bDC in $\triangle\gamma > R$	wächst; weil $bDC = 2R - CDB$	wird ein maximum	nimmt ab wegen 4)	$= Cbd$.

II. Nach der Vten Regel §. 6 ist $\cos DC = \cos AC . \cos AD$ oder $\cos H = \cos P . \cos B$ Hiernach hängt also DC von $\cos AD$ eben so ab, wie vorher CDB von sin AD abhing. Dies giebt folgendes Schema

D	rückt gegen Q	ist in Q	geht über Q hinaus	bis b
1) $AD = B$	$< R$ wächst	$= R$.	$> R$ wächst	
2) cos AD $=$ cos B	nimmt daher ab	ist $= 0$	wächst negativ §. 10 eb. Tr.	
3) DC od. H	$< R$ wächst; denn AC und AD beide $< R$ §. 197. II. St.	$= R$ §. 197. II. St.	$> R$ wächst; weil $AC < R$; $AD > R$ §. 197. St.	
4) d	rückt gegen q	ist in q	geht über q hinaus	bis B
5) Cd in β	$> R$ nimmt ab, weil CD wächst per const. in I	bis in q wo $Cd = CD = R$	wird $< R$, und nimmt ab	
6) CD in γ	wie vorher sub no. 3 gewiesen ist.			

III. 1) Wenn $AD < AB$; so kann man $AT = AD$ machen. Folglich ist $\cos CT = \cos AC . \cos AT = \cos AC . \cos AD = \cos DC$, d. i. $CT = CD$; mithin $BTC = 2R - ADC$ §. 189 St.

2) Als-

2) Alsdann aber ist TC < BC oder DC < BC. Denn in BAC und DAC ist jede Seite < R. Nun ist $\cos AC = \frac{\cos BC}{\cos AB} = \frac{\cos DC}{\cos AD}$. Aber AD < AB, also cos AD > cos AB; daher cos DC > cos BC; mithin DC < BC.

3) DC = 2R − dC, und BC = 2R − bC; daher 2R − dC < 2R − bC, mithin wenn DC < BC im △ α; so ist bC < dC im △ β.

IV. Hieraus fließen nun folgende Sätze.

1) Für das △ α. Es sind gegeben BC, CBD, DC. Wenn nun DC < BC; so erhält man zwei ungleiche Dreiecke, worin doch alle Data sind, △ BDC und BTC nach III. 1). Wenn DC > BC; so erhält man nur ein bestimmtes Dreieck, denn DC wird nach b hin immer größer; also kann man da hinaus nie ein DC in einer andern Lage bekommen, das dem gegebenen gleich wäre, und in diesem Falle ist CDB immer spitz, wegen no. I. 4).

2) Für das △ β. Es sind gegeben bC, dbC, dC. Wenn nun dC > bC; so erhält man 2 ungleiche Dreiecke Cdb und Cbt. Denn dC = 2R − DC, und bC = 2R − BC; also ist nun BC > DC. Alsdann konnte in α das 2te △ BTC werden, und es ist TC + Ct = DC + dC, d. i. dC = Ct, und Ctb enthält alle Data. Ein solches Ct ist nur so lange zu erhalten, bis DC > CB ist. Dann ist aber DC = 2R − dC > 2R − bC, d. i. dC < bC. Nun liegt aber dC näher nach B zu; der Winkel bdC ist aber immer > R, bis nach B, vermöge I. 6.

3) Für das △ γ. Es sind gegeben DbC, bC, DC, und daraus läßt sich auch noch das 2te △ bTC machen, wenn TC = DC, d. i. DC < BC,

d. i.

d. i. DC $<$ 2R — bC ist. Wenn aber DC $>$ 2R — bC, so kann auch nur ein bestimmtes Dreieck gemacht werden, wegen 1); und der an D liegende Winkel bDC ist stumpf in allen seinen Veränderungen, I. 7.

4) Für das $\triangle\,\delta$. Es sind gegeben dBC, BC, dC; und auch hier kann ein zweites Dreieck BtC werden, wenn dC $>$ 2R — BC; d. i. dC $>$ bC ist, wie in 2). Also auch, wenn wieder dC $<$ bC, d. i. dC $>$ 2R — B ist, giebts wie dort nur ein bestimmtes Dreieck. Der Winkel CdB ist $<$ R, weil alle ihm gleiche Neigungswinkel an D $<$ R sind.

V. Hieraus ziehet man für unsern Behuf folgende kurze Regel: Es sey nach unserer bisherigen kurzen Bezeichnung:
AD $= \mathfrak{B}$; AC $=$ P; AB $=$ B; CD $=$ h; BC $=$ H; CDB $=$ p; CBD $= \mathfrak{p}$; ACB $+$ ACD $= b + \mathfrak{b} = \mathfrak{c}$.

	Ist nun			so ist	
	p	H	h	$\mathfrak{p}$	
1)	$<$ R	$<$ R	$<$ H	zweideutig	1
			$>$ H	spitz	
2)	$>$ R	$>$ R	$>$ H	zweideutig	2
			$<$ H	stumpf	
3)	$<$ R	$>$ R	$<$ 2R — H	zweideutig	3
			$>$ 2R — H	stumpf	
4)	$>$ R	$<$ R	$>$ 2R — H	zweideutig	4
			$<$ 2R — H	spitz	

VI. Wenn cot BDC $=$ cot AC . sin AD; so gehe D nach D′; indeß ist auch cot BD′C $=$ cot AC . sin AD′. Wenn nun AD (merklich) $<$ R; so kann der Halbkreis DCd sich so durch C ziehen, daß AD′ $>$ R wird, so daß nun AD′ $=$ 2R — AD, also sin AD′ $=$ sin AD wird. So ist auch sin BDC $=$ sin BD′C (weil cot BDC $=$ cot BD′C). Auch — cos AD $=$

$\cos AD'$ §. 14. eb. Trig. und also, weil $\cos CD = \cos AC \,.\, \cos AD$; $\cos CD' = \cos AC \,.\, \cos AD' = \cos AC - \cos AD = -\cos CD'$; $\cos CD = \cos AC \,.\, \cos AD'$; daher auch $\cos CD = -\cos CD'$, und $CD + CD' = 2R$. Nun wird das größte $AD' = 2R - AB$; das kleinste $AD = AB$. Aber AB ist $< R$ (per hyp). Es giebt also solche AD, die $< R$, aber $> AB$ sind. Damit wächst nun immer nach der Formel $\cot BDC$, und also wird BDC kleiner und in Q am kleinsten, weil da $\sin AD = 1$ wird, geht nun aber durch alle vorige Grade wieder durch; bis er in b dem ABC wieder gleich wird. Jedes spitze AD hat ein ihm zugehöriges stumpfes $2R - AD$, wo $BD'C = ADC$, und $AD + AD' = 2R$ ist. Doch ist jeder an AD anliegende Winkel $ADC < ABC$. Wenn aber $ADC > ABC$ ist, muß $AD < AB$ seyn.

VII. Nun hat man wieder folgende Sätze:

1) Für das $\Delta\,\alpha$. Es sind gegeben BC, DBC, BDC, und es sey $BDC > DBC$; so giebt es 2 Dreiecke, worin CD des einen, $CD' = 2R - CD$ des andern Seite ist. Ist aber $BDC > DBC$; so giebts nur ein Dreieck.

2) Für das $\Delta\,\beta$. Es sind gegeben bC, b und d. So kann auch hier die 3te Seite Cd und Cd' seyn. Denn auch hier wächst nach I. 6 bdC bis in q, und nimmt dann wieder ab, bis es mit dem stumpfen Winkel bei B und b gleich wird. So gehören auch hier Cd und Cd' zu einerlei Cdb, da denn immer von der Stelle an, wo $ad = ab$ war, bis in B, $Cdb > b$ ist. Ist dagegen $Cdb < b$, so wird nur ein bestimmtes Dreieck.

3) Für das $\Delta\,\gamma$ sind gegeben bC, b und D. Dies giebt 2 Seiten, wenn $2R - CDb < CbD$; also eben der Fall wie bei 1); denn $Cbd = ABC$ und

$2R -$

$2R - CDb = BDC$; also $BDC < ABC$ giebt wieder die beiden CD. Im Gegentheil, wenn $2R - CDb > Cbd$, d. i. $BDC > ABC$ ist; so giebts auch nur ein bestimmtes CD.

Endlich 4). Im Dreiecke δ ist gegeben CB, B, d. Dies giebt 2 Seiten Cd, wenn $CdB < 2R - CBd$ (oder $CdB = CDB$; $2R - CBd = CBD$, d. i. wie in 1) $CDB < CBD$) ist. Also kommen die beiden Cd und Cd′, wie bei 2) wieder vor. Sonst giebts nur ein stumpfes Cd, wie bey 2), wenn $CdB > 2R - CBd$.

VIII. Hieraus nun folgende kurze Regel; Wenn

p	H	𝔭	so ist	h
$< R$	$< R$	$< p$	= =	zweideutig
=	=	$> p$	= =	spitz
$> R$	$> R$	$> p$	= =	zweideutig
=	=	$< p$	= =	stumpf
$< R$	$> R$	$> 2R - p$	= =	zweideutig
=	=	$< 2R - p$	= =	spitz
$> R$	$< R$	$< 2R - p$	= =	zweideutig
=	=	$> 2R - p$	= =	spitz.

IX. Da $AD = ad$ und $AD' = ad'$; so ist auch diese Seite des sph. Dreiecks in den zweideutigen Fällen zweideutig nach VIII und V außerdem allemal spitz.

Mit dieser Vorbereitung können wir nun alle 12 Fälle für die Auflösung schiefw. sphärischer Dreiecke durchgehen, und untersuchen, ob und wie weit wir bestimmte Antworten auf die vorgelegten Fragen geben können.

§. 17. A. Wenn eine Seite gesucht wird.

I. Fall.

I. Fall. AnO, aNO, p, H, $\mathfrak{p}$, und Q = h; d. i. es sind 2 Winkel und eine Seite, z. E. H die einem der Winkel gegenüber steht gegeben, man soll noch eine Seite h finden.

$\sin \mathfrak{p} : \sin p = \sin H : \sin h$. §. 11. I.

Man findet hier einen Sinus, der so gut zu einem Bogen α als zu $2R - \alpha$ gehören könnte, wenn $\mathfrak{p} < p$ ist, nach §. 16. VIII. Z. E. wenn $H = 70°$, $\mathfrak{p} = 52\frac{1}{2}$, $p = 56$, so findet man $l. \sin h = 9{,}9920933$ der zu $79° 6'$ und $100° 54'$ gehört, beides kann hier statt finden. Wenn aber $\mathfrak{p} > p$ ist, z. E. wenn $H = 89°$, $p = 65°$, $\mathfrak{p} = 76°$; so findet man $l \sin h = 9{,}9703054$, welches zu $69° 4'$ und $110° 56'$ gehöret. Weil aber h nach §. 16. VIII hier spitz seyn muß; so gilt hier der bestimmte Wehrt $69° 4' = h$.

§. 18. II. Fall. NnO, nNO; H, $(B + \mathfrak{B})$, $\mathfrak{p}$; und Q = h bedeuten, daß aus 2 Seiten und Zwischenwinkel die dritte Seite gefunden werden soll.

1. $\varrho : \cos p = \tan H : \tan B$ §. 5. I; Weil kein Sinus unter diesen Stücken ist; so giebt tg B bestimmt die Art von B an. Es bedeutet immer B die Größe pR, oder die Entfernung des Winkelpunkts p vom Perpendikel; $\mathfrak{B}$ die Entfernung der Winkelspitze $\mathfrak{p}$ vom Perpendikel.

Ist also $B > \mathfrak{L}$ (wenn $\mathfrak{L} = p\mathfrak{p}$); so ist $pR > \mathfrak{p}R$, und das Perpendikel fällt außerhalb des △ecks über $\mathfrak{p}$ hinaus, wie in den Dreiecken γ und δ (der 53. F.); $\mathfrak{B}$ ist dann $B - \mathfrak{L}$. Ist $B < \mathfrak{L}$; so fällt wie in den △△ α und β das Perpendikel innerhalb, und $\mathfrak{B} = \mathfrak{L} - B$. In allen diesen Fällen fallen doch R und $\mathfrak{p}$ auf einer Seite von p. Nur wenn $p > R$ ist, wie im △ β und den Dreiecken γ und δ; so liegt, wenn zugleich $H > R$ ist, R und $\mathfrak{p}$ auf einer Seite, wenn aber $H < R$ ist, so liegen R und $\mathfrak{p}$ auf verschiedenen Seiten von p. Im letzten Fall ist

$B = \mathfrak{B} - \mathfrak{L}$

$B = \mathfrak{B} - \mathfrak{L}$ und $\mathfrak{B} = B + \mathfrak{L} = B + p\mathfrak{p}$. Man erhält nun 2) aus $\cos B : \cos \mathfrak{B} = \cos H : \cos h$ §. 11. V den Wehrt von h bestimmt.*)

§. 19. III. Fall. ANO, anO; $((b + \mathfrak{b}) = \varrho)$ H, p. Aus zwei Winkeln und der zwischenliegenden Seite eine 2te Seite h zu finden.

1) $\varrho : \tang p = \cos H : \cot b$ giebt wiederum den Winkel b zwischen H und P ganz bestimmt. Wenn nun $b < \varrho$, so fällt das Perpendikel innerhalb; wenn $b > \varrho$ außerhalb des Dreiecks; auch hat man W. zw. $\mathfrak{h}$ und P, $\mathfrak{b} = \varrho - b$ im ersten, $\mathfrak{b} = b - \varrho$ im 2ten Falle. Nun wird 2) $\cos b : \cos \mathfrak{b} = \tang H : \tang h$, also die Art von $\tang h$ mithin auch von h bestimmt angegeben. Wenn p stumpf, und $H < R$, wie §. 18; so liegt p zwischen R und $\mathfrak{p}$, und $b = \varrho + \mathfrak{b}$.

§. 20. IV. Fall. AaN, anO; p, $\mathfrak{p}$, H, und $Q = \beta = B + \mathfrak{B}$ heißt: aus einer Seite und zwei Winkeln, wovon einer der gegebenen Seite gegenüber liegt, die dem dritten Winkel gegenüberliegende Seite zu finden.

1) $\varrho : \cos p = \tang H : \tang B$ giebt B. Das Perpendikel fällt nach §. 198 St. innerhalb oder außerhalb des Dreiecks, nachdem p und $\mathfrak{p}$ gleichartig oder ungleichartig, sind. Nun sucht man $\mathfrak{B}$ aus

2) $\tang p : \tang \mathfrak{p} = \sin B : \sin \mathfrak{B}$. Die Art von $\mathfrak{B}$ bestimmt sich aus §. 16. VIII. und IX. Denn nur

*) So habe ich mir diesen Fall entwickelt. Hr. Kästners Kennzeichen hat (vielleicht nur) mir nicht einleuchten wollen. Ich sehe nicht, wie sich aus dem Winkel APB (hier $p(b + \mathfrak{b})\mathfrak{p}$) auf die von ihm angegebene und von Hr. Lorenz wiederholte Art ergeben soll, ob R und $\mathfrak{p}$ auf einer oder verschiednen Seiten von p liegen. Vielleicht ists bei Kästner ein Druckfehler und soll heißen: wenn PBA spitz oder stumpf, so liegen jene Punkte auf einer oder verschiednen Seiten; nur trift dies nicht aufs $\triangle \beta$. Von leztern bemerke ich noch. Man nehme den Ergänzungswinkel von $p = \varphi$, schliesse $\varrho : + \cos \varphi = - \tang H : - \tang x$, und setze $180° - x = B = pR$; so umgeht man eine Schwierigkeit, welche hier zu lösen zu weitläuftig ist.

nur wenn die Art von h nach den Datis bestimmt spitzig, ist nach §. 197 St. P spitz, und nach §. 197. II $\mathfrak{B}$ mit ihm gleichartig; wenn h bestimmt stumpf ist, ist P nach I stumpf, und nach II $\mathfrak{B}$ mit ihm ungleichartig. Uebrigens ist nun $\mathfrak{L} = pp = B \pm \mathfrak{B}$, nachdem das Perpendikel innerhalb oder außerhalb fällt.

§. 21. V. **Fall.** ANn, anN; p, H, h, **und** $Q = \mathfrak{L} = B + \mathfrak{B}$; **d. i. aus zwei Seiten und einem Winkel die dritte Seite zu finden.**

1) $\varrho : \cos p = \tan H : \tan B$.

Nun unterscheidet sich zuerst die Lage des Perpendikels aus §. 16. V. Denn bleibt p zweideutig; so bleibt es auch die Antwort auf diese Frage. Sonst folgt aus

2) $\cos H : \cos h = \cos B : \cos \mathfrak{B}$.

$B \pm \mathfrak{B} = \mathfrak{L} = pp$; nachdem das Perpendikel innerhalb oder außerhalb fällt.

§. 22. VI. **Fall** AaO, aAO; p, $\mathfrak{p}$, β, **wo** $\beta = b + \mathfrak{b}$. **d. i. Aus allen drei Winkeln die dem einen Winkel p gegenüberliegende Seite zu finden** ist in der Tafel eine zweifache Methode angegeben.

I. 1) $\cot \frac{1}{2}(\mathfrak{p} - p) : \operatorname{tg} \frac{1}{2}(\mathfrak{p} + p) = \operatorname{tg} \frac{1}{2}\beta . \operatorname{tg} \frac{1}{2}(b - \mathfrak{b})$.

Aus §. 198 St. bestimmt sich die Lage des Perpendikels nach der Art der Winkel p und $\mathfrak{p}$. Nun nimmt man im ersten Gliede $\mathfrak{p} - p$ oder $p - \mathfrak{p}$ nachdem p oder $\mathfrak{p}$ größer ist. Uebrigens da man alle 3 Winkel weis; so kann man bei Dreiecken wie γ und δ immer den stumpfen Winkel β nennen, und so b und $\mathfrak{b}$ aus Summe und Unterschied finden. Nun nimmt man unter den beiden p und $\mathfrak{p}$ den kleinern, und unter b und $\mathfrak{b}$ den größern, und findet aus

2) $\tan p : \varrho = \cot b : \cos H$, die zwischen p und b liegende Seite. Bei Dreiecken wie β (53 Fig.) liegt das größere p und b auf einer Seite.

II.

II. $\cos\frac{1}{2}H^2 = \varrho^2 . \frac{\cos\frac{1}{2}(p+p-\beta)\cos\frac{1}{2}(p+\beta-p)}{\sin p . \sin\beta}$

$= A$. Man beobachte hier genau, daß der erste Buchstab in den Klammern der der gesuchten Seite gegenüberstehende Winkel seyn muß. Nun ist zwar $\cos\frac{1}{2}H = \pm\sqrt{A}$. Aber man nimmt doch den positiven Wehrt; weil, wenn $\frac{1}{2}H > R$ genommen würde, $H > 2R$ würde, wider §. 180. Anm. St.

§. 22. B. **Wenn ein Winkel gesucht wird.**

VII. Fall. AnO, aNO, oder H, p, h, und Q = p heißt nun hier: **Aus zwei Seiten und einem nicht eingeschlossenen Winkel, den an der zweiten Sei liegenden Winkel zu finden.** Man hat

$$\sin h : \sin H = \sin p : \sin p.$$

Die Beschaffenheit von p wird ganz genau durch §. 16 V. bestimmt. Ist z. B. p 98°, H 120°, h 150°; so ist h > H; also nach 2) p zweideutig. Ist p = 69°, H = 97, h = 94, so ist h > 180° − 97°, also nach 3) p stumpf.

§. 23. VIII. Fall. ANO, anO (L = B + B = pp), p, H, und Q = p; d. i. **aus zwei Seiten und dem eingeschlossenen Winkel noch einen Winkel zu finden.**

Aus $\varrho : \cos p = \tang H : \tang B$ sucht man das Segment der Grundseite genau wie §. 18. Daher entscheidet sich die Frage über die Lage des Perpendikels und der Größe von B auch eben so, wie dort umständlich zeigt worden. Mithin kann man nun schließen; sin B; sin B = tg p : tg p, wodurch dann p nach Größe und Art völlig bestimmt wird.

§. 24. IX. Fall. NnO, nNO, und *, p, H, wo Q = p ist, heißt, **aus zwei Winkeln, und der zwischenliegenden Seite, den ihr gegenüberstehenden Winkel zu finden.** Es ist

1) $\varrho : \tg p = \cos H : \cot b$ eben wie §. 19 hier anwendbar; also, nachdem wie dort die Lage des Perpendikels

kels, und b darnach bestimmt worden, schliesset man 2) $\sin b : \sin \mathfrak{b} = \cos p : \cos \mathfrak{p}$ der Größe und Art nach.

§. 25. X. Fall. AaN, aAn, oder H, h, p, wo $Q = \varrho = b + \mathfrak{b}$, d. i. **aus zwei Seiten und dem nicht eingeschlossenen Winkel, den zwischenliegenden Winkel zu finden.**

1) $\varrho : \tang p = \cos H : \cot b$.

Die Lage des Perpendikels bestimmt sich aus §. 16. V, denn daraus erhält man die Art von $\mathfrak{p}$. Denn ist p und $\mathfrak{p}$ gleichartig oder ungleichartig, so fällt es innerhalb oder außerhalb des Dreiecks §. 198. Schließt man nun 2) $\tg h : \tg H = \cos \mathfrak{b} : \cos b$, so ist $\beta = b \pm \mathfrak{b}$

§. 26. XI. Fall. ANn, anN oder H, p, $\mathfrak{p}$, und $Q = \varrho$; d. i. **aus einer Seite, einem an- und einem gegenüberliegenden Winkel dem 3ten Winkel zu finden.**

1) $\varrho : \tang p = \cos H : \cot b$.

Die Lage von P bestimmt sich wie im vorigen Fall aus p, H, $\mathfrak{p}$ nach §. 16 V und 198 St. die Art von b aus §. 197. 1 und 2. Denn ist $H < R$, so ist b gleichartig mit dem bekannten p; ist $H > R$, so ist b ungleichartig mit p. Nun giebt §. 11 III $\cos p : \cos \mathfrak{p} = \sin b : \sin \mathfrak{b}$. und $\varrho = b \pm \mathfrak{b}$, nachdem P innerhalb oder außerhalb fällt.

§. 27. XII. Fall. AaO, aAO, oder H, h, ($\mathfrak{L} = p\mathfrak{p} = B \pm \mathfrak{B}$). **Man soll aus drei Seiten einen zwischen H und $\mathfrak{L}$ liegenden Winkel finden.**

I. Aufl. 1) $\tg \frac{1}{2}(H + h) : \cot \frac{1}{2}(H - h) = \tg \frac{1}{2}\mathfrak{L} : \cot \frac{B - \mathfrak{B}}{2}$ die Differenzen finden sich wie bei VI. §. 22. Da nun B und $\mathfrak{B}$, und also auch ihre Art bekannt; so folgt daraus aus 197. I. die Art von b und $\mathfrak{b}$, und aus der Art von H und h, ob p und $\mathfrak{p}$ damit gleichartig oder nicht

nicht §. 197 2). Daraus ferner aus §. 198 die Lage von P. Nun giebt 2) $tg H : \varrho = tg B : cos p$ auch die eigentliche Größe des Winkels p.

II. Aufl. $\sin \frac{1}{2} p^2 = \frac{\varrho^2 . \sin \frac{1}{2}(h - L + H) . \sin \frac{1}{2}(h + L - H)}{\sin H . \sin L.}$

Auch hier und aus eben den Gründen wie bei VI §. 22 wird für $\sin \frac{1}{2} p$ der zugehörige spitze Winkel genommen.

§. 28. Wenn man sich daran deutlich erinnert, daß jede körperliche Ecke, wie ein körperliches oder sphärisches Dreieck betrachtet werden kann, so sieht man offenbar, daß der Aufgaben der Stereometrie §. 80. 124. und 125.

Aus der Grundfläche einer Seitenlinie Dd, und den Seiten der Ecke D, (CDE, dDC, dDE) den Inhalt eines Parallelepipedum, Prisma oder Pyramide zu finden.

Auflösung durch die sphärische Trigonometrie angegeben sey. Denn nimmt man an, daß die Grundfläche berechnet worden, so sey der Flächenwinkel an DE $= p$; die gegenüberstehende Seite $dDC = h$, die übrigen Seiten H und L; so giebt die zuletzt §. 27 gebrauchte Formel $\sin \frac{1}{2} p^2$, und also $\sin \frac{1}{2} p$ (51 Fig.), mithin den Flächenwinkel an DE. Den Winkel dDL zu finden denke man daran, daß 1) dL(D) die Perpendikularseite P eines rechtwinkl. sphärischen oder körperl. Dreiecks; 2) $dDE = H$ die Hypotenuse ist. Nun ist, §. 5. II. Regel, $\sin P = \frac{\sin p . \sin H}{\varrho}$. Mithin ist die Höhe $dl = Dd . \frac{\sin p . \sin H}{\varrho}$, und der Inhalt, wenn $Dd = a$, die Grundfläche $= b^2$ gesetzt wird, $a . b^2 . \frac{\sin p . \sin H}{\varrho}$.

Ist

Ist der Körper ein **Prisma** von ungleichseitigen Grundflächen; so berechnet man b^2 aus den Theilen nach §. 195 Pl. oder §. 69 Z. eb. Trig.

Ist der Körper ein **Parallelepipedum**, und die Grundfläche ein schiefes Parallelogramm, dessen Seiten b und c den Winkel α machen; so ist der Inhalt $abc . \sin p . \sin H . \sin \alpha$, wenn $\varrho = 1$. Der **ungleichseitigen Pyramide** Inhalt ist

$$\tfrac{1}{3} a b^2 . \frac{\sin p . \sin H}{\varrho}$$

der **gleichseitigen Pyramide** Inhalt ist

$$\tfrac{1}{3} n a r^2 . \frac{\sin tab\, \alpha . \sin tab\, p \;\; \sin tab\, H}{2 \varrho . \varrho} \quad \text{§. 77. eb. Tr.}$$

wenn α der Centriwinkel der regulären Grundfläche, und n die Anzahl der Polygonseiten derselben ist.

§. 29. Wenn der Feldmesser z. E. in nicht großer Entfernung von Signalen auf merklichen Anhöhen oder Bergen nicht den horizontalen Winkel ACB (58 Fig.) messen kann, sondern den Winkel aCb messen muß, so kann er letztern durch die sphärische Trigonometrie auf den Horizontalwinkel reduciren, und daraus wenigstens beurtheilen, ob der Fehler bedeutend sey. Ein Instrument zum Höhenmessen giebt ihm immer die Bogen Pb, Pa zwischen dem Scheitelpunkt (d. i. dem Pol des Horizonts ABG). Nun ist BPA = p = dem gesuchten Horizontalwinkel ACB, den man wiederum, wenn man den gemessenen = h, Pa und Pb = $\mathfrak{L}$ und H setzet, wie im vor. § aus

$$\sin \tfrac{1}{2} p^2 = \frac{\varrho^2 . \sin \tfrac{1}{2}(h + \mathfrak{L} - H) . \sin \tfrac{1}{2}(h + H - \mathfrak{L})}{\sin \mathfrak{L} . \sin H}$$

findet.

Exem=

Exempel. Es sey der gemessene Winkel h = 57°; H = 80°; L = 81°; so ist

$$l.\sin \tfrac{1}{2}(57° + 81° - 80°) = l.\sin 29° = 9{,}6855712$$
$$l.\sin \tfrac{1}{2}(57° + 80° - 81°) = l.\sin 28° = 9{,}6716093$$
$$l\sin 29° + l\sin 28° + l\,\varrho^2 = 39{,}3571805$$
$$l.\sin 80° = 9{,}9933515$$
$$l.\sin 81° = 9{,}9940199$$
$$l.\sin 80° + l\sin 81° = 19{,}9879714$$
$$l.\sin \tfrac{1}{2}p^2 = 19{,}3692091 \quad :2$$
$$l.\sin \tfrac{1}{2}p = 9{,}6845046$$
$$\text{mant. pr. min.} = \ldots . 4297$$

1749 giebt
$\frac{1}{2}p = 28°55'45''$; den Winkel p bei P = ACB = dem Horizontalwinkel = 57°51'30", also 51'30" größer als den gemessenen. Wäre h = 25°; H = 84°; L = 86, so würde p nur 1'4" größer, welches unbedeutender ist. Freilich ist im berechneten Falle die Abweichung der Signale vom Horizont viel größer; der Winkel selbst mehr als doppelt so groß.

§. 30. Man mißt bei geographischen Arbeiten die Winkel in der Vertikalfläche; die Schenkel sind also wirklich Tangenten größter Kreise, und also mit den sphärischen Winkeln einerlei §. 183. St. Auch die gemessenen graden Linien, wenn man sie gleich sich als in einer Ebene gedenket, sind doch die Bogen größter Kreise, d. i. Seiten sphärischer Dreiecke im Längenmaaß, z. B. von n oder m Meilen; und so enthalten sie im Bogen (weil 15 Meilen ein Grad größter Erdkugelkreise ist) $\frac{n}{15}$, oder $\frac{m}{15}$ Grade. Aber der Schluß auf die nicht gemessenen Stücke fällt etwas anders aus, wenn ein ebenes, als wenn ein sphärisches Dreieck wie eigentlich seyn sollte, vorausgesetzt

 wird.

wird. Ob man hier um etwas bedeutendes auf der Charte noch merkliches bei der ersten Voraussetzung von der Wahrheit abweiche, ist doch interessant für den geographischen Feldmesser, der es unternimmt Charten von ganzen Ländern zu machen. Es seyn H, p, L gemessen, wie groß wird h nach beiden Rücksichten berechnet?

Es war §. 13

$$\cos p = \frac{\cos h - \cos H . \cos L\ (= \cos(B + \mathfrak{B}))}{\sin L\ (= \sin(B + \mathfrak{B})) . \sin H}.$$

Also $\cos h = \cos H . \cos L + \sin L . \sin H . \cos p$; und wenn, wie zu dieser Untersuchung vorausgesetzt werden kann, $H = L$; so ist $\cos h = \cos H^2 + \cos p . \sin H^2 = (1 - 2 \sin p^2) \sin H^2 + \cos H^2$ (§. 30. Z. eb. Tr.) $= 1 - 2 \sin \frac{1}{2} p^2 . \sin H^2$ §. 18. 2) ebend. Also $1 - \cos h = 2 \sin \frac{1}{2} p^2 . \sin H^2 = 2 \sin \frac{1}{2} h^2$ §. 30. ebend. Mithin in der Kugelfläche $\sin \frac{1}{2} h = \sin \frac{1}{2} p . \sin H$. Dagegen ist $h = 2H . \sin \frac{1}{2} p$, wenn man es auf einer ebenen Oberfläche sich vorstellt.

Exempel. $H = L = 80$ Meilen, und $p = 60°$ giebt in der Ebene $h = 2 . 80 . 0{,}5 = 80$ Meilen. Für die Kugelfläche aber ist $H = \frac{80}{15}$ Grad; d. i. $H = 5°\ 20'$. Also nach Schulz

$$\sin \tfrac{1}{2} h = \tfrac{1}{2} . 0{,}0929499 = 0{,}0464749$$

$$\begin{array}{r} 285 \\ \hline 464{,}0 \\ 48{,}4 \end{array} \Big| 9{,}6$$

Dies giebt $\frac{1}{2} h = 2°\ 39'\ 49{,}6''$ und $h = 5°\ 19'\ 39{,}2'' = 5{,}327$ Grad. Also $15 . 5{,}327$ oder $79{,}905$ deutsche Meilen. Also nur $0{,}095$ Meilen weniger.

Wenn also 10 Meilen (wie oben §. 72. der ebenen Trigonometrie angeführt wurde) nur 3 Zoll, also 80 Meilen 2 Fuß auf der Charte betrügen, so machte

machte der Unterschied nur $\frac{0,095}{80}.2 = 0,324$ kaum $\frac{1}{3}$ einer Linie.

Dies kann wenigstens dem zur Beruhigung dienen, der eines großen Landes Vermessung ohne hinlängliche Kenntniß der sphärischen Trigonometrie unternommen hätte und den jetzt jemand mit der Krümmung der Erde ängsten wollte.

§. 31. Um die Flächeninhalte des würklichen sphärischen Dreiecks mit dem gradlinicht angenommenen zu vergleichen, müßte man noch erst die gleichen Winkel an der Grundlinie aus §. 5. I. berechnen, und nun nach §. 199 St. und §. 62. eb. Trig. den Quadratinhalt in beiden Voraussetzungen berechnen. Im vorhabenden Fall findet man den gleichen Winkel an der Basis 60° 8′ 17″; also ist der Inhalt des Dreiecks respective 3155 und 3550 Qu. Meilen, nach dem man den Erdhalbmesser 859 oder 860 Meilen nimmt; dagegen das ebene gleichseitige △ nur $\frac{1}{4} 80^2 . \sqrt{3} = 2771$ □Meilen wenigstens 384 Qu. Meilen weniger d. i. beinahe $\frac{1}{8}$ des ganzen giebt, *welches in mehr als einer Rücksicht merkwürdig ist.*

Da nämlich wie die physisch mathematische Geographie lehret, die Erde keine vollkommene Kugel wol gar nicht einmal ein nach bestimmten Gesetzen bei den Polen abgeplattetes Sphäroid ist, so daß unter einerlei Breite wol nicht immer dieselbe Entfernung vom Mittelpunkt statt findet; so ist nicht daran zu denken, daß man den Halbmesser der Erde im individuellen Falle genau bestimmen wolle. Und doch macht es einen so großen Unterschied bei der Berechnung eines nur etwas großen sph. △ auf der Oberfläche der Erdkugel wenn man die Größe r nur um 1 größer oder kleiner annimmt, nämlich fast $\frac{1}{9}$, oder wenn man bei der Bestimmung des Quadratinhalts eines Landes als dem letzten wichtigsten Resultat aller Messung entweder nach der ebenen oder sphår. Trigon. rechnet. Es hilft auch wenig, wenn man hier vorschlåget; nach §. 156 Stereom. Stücke von Zonen oder Kugeltrapezien zu berechnen. Denn immer kommt es auf die Gröſse r an. Man sieht hieraus, daſs es mit der Angabe der Quadratfläche groſser Reiche noch eine ziemlich miſsliche Sache seyn würde, wenn man sie nicht lieber nach kleinen gradlinigten △△ die bald ein wenig > oder < als das zug. sph. △ sind bestimmte.

§. 32. **Aus der Lage der Dachfläche und der Walmenseite gegen den Boden, und dem Winkel, den die Giebel- und Långenseite des Hauses mit einander machen, den Flächenwinkel des Walms mit dem Dache (die Wiederkehr) zu finden.**

Auflösung. Man nenne nach dem VIII Fall die Neigung des Walms p, des Dachs β, den Winkel der Fronte und der Giebelseite h, den gesuchten Winkel p. Nun ist nach §. 13. II. $\cos h = \frac{\cos p + \cos p . \cos \beta}{\sin p . \sin \beta}$. So ist $\cos p = \cos h . \sin p . \sin \beta - \cos p . \cos \beta$. Ist das Haus wie gewöhnlich rechtwinklicht; so ist $\cos h = 0$, also $\cos p = - \cos p . \cos \beta$; das heiſst die Wiederkehr ist ein stumpfer Winkel. Z. E. Ist $p = \beta = 45°$; so ist $\cos p = \cos \beta = \sqrt{\frac{1}{2}}$, und $\cos p = - \frac{1}{2}$. Da nun $\frac{1}{2} = \sin 30° = \cos 60°$; so ist $- \frac{1}{2} = \cos 120$ und die Wiederkehr 120°.

Setzt man in der Formel zu Ende §. 13. II. statt h den Winkel, welchen der Eckſparren mit der Frontenlinie macht = H, und β statt p, statt β aber p; so erhält man aus

$$\cos\tfrac{1}{2}H' = \frac{\cos\tfrac{1}{2}(\beta - p + \mathfrak{p})\,.\,\cos\tfrac{1}{2}(\beta + p - \mathfrak{p})}{\sin\mathfrak{p}\,.\,\sin p}$$

wie §.21. gewiesen ist, H; und nun giebt aus §.5. I. Reg. $\sin P = \sin p\,.\,\sin H$ den Winkel welchen der Eck- oder Gradsparren mit dem Dachboden macht.

Im speciellen Exempel sind im rechtwinklichten sphärischen Dreiecke außer dem rechten auch die beiden übrigen Winkel $\mathfrak{p} = 45°$ und $\tfrac{1}{2}p = 60°$ bekannt. Also ist aus §.6. IV Regel $\sin 60° : \cos 45° = 1 : \cos P$

d. i. $= \text{l.}\cos 45° = 19{,}8494850$

$\text{l.}\sin 60° = 9{,}9375306$

$\text{l.}\cos P = 9{,}9119544$

Also macht der Ecksparren einen Winkel von 35° 16′ mit der Balkenlage, und aus §.6. VI. hat man $\tan 45° : \cot 60° = 1 : \cos H$ d. i. $\cos H = \cot 60° = 0{,}5773503 = \cos 54° 44'$; so daß also die Seitenlinie mit der Dachfläche sowol als mit dem Walm einen Winkel von 54° 44′ macht, oder der Walm ein gleichschenklicht △, an der Spitze von 70° 32′ ist.

Anm. Als Nachtrag zu §. 158 Ster. erlaube man hier noch anzuführen, daß man auch 3seitige sphärische Pyramiden nach §. 199 nun leicht berechnet, wenn man den gefundenen Quadrateninhalt des sph. △ mit $\tfrac{1}{3}r$ multiplicirt.

Höhere theoretische Mathematik.

I. Analysis endlicher Größen.

I. Von der unbestimmten Analytik.

§. 1.

Was im VIII und folgendem Abschnitte der allg. Rechenkunst unter der Ueberschrift **niedre oder gemeine Algebra** vorgekommen ist, betraf im Grunde die Auflösung solcher Aufgaben der algebraischen Analysis, wo eine einfache Gleichung auch **nur eine**, n einfache Gleichungen auch n unbekante Größen oder doch eine quadratische Gleichung zwei und **nicht mehr oder weniger** Wehrte für die gesuchte unbekannte Größe gaben. Aber es können Fälle vorkommen, wo man n unbekannte Größen sucht und doch aus den Umständen oder den Bedingungen, die bei der Aufgabe bekannt sind, nur n—1 oder überhaupt n—r **wirklich** verschiedene Gleichungen ableiten kann. Konnten so viel Gleichungen erhalten werden, als man unbekannte Größen suchte; so war das allgemeine Verfahren dieses: Man verglich diese Gleichungen mit einander §. 219 A. R. bis man eine **Finalgleichung** bekam, worin **nur noch eine** unbekannte Größe war, die also nun **bestimmt** angegeben werden konnte, und alsdann die Wehrte aller übrigen be-

bestimt finden half. Daher konnte man dies die bestimmte Analytik nennen. Lassen sich aber für n Größen nur n — r Gleichungen finden, so muß man schon für eine und die andere unbekannte Größe nach unbeschränkter oder auch nach mehr oder weniger beschränkter Willkühr Wehrte annehmen, wornach die Wehrte der übrigen sich dann richten müssen. Wegen dieses mehr oder weniger Willkührlichen heißet dies die **unbestimmte Analytik.**

§. 2. Manchmal scheinen aus den Bedingungen einer Aufgabe mehr Gleichungen hervorzugehen, die aber nicht wirklich sondern nur scheinbar verschieden sind in der That aber keine genauere Bestimmung geben. Man muß darauf genau merken, um sich nicht zu viel davon zu versprechen. Z. B. Zwei Zahlen zu finden, wovon die Summe $= 8$ und der Summe Kubikzahl $= 512$ ist, giebt $x + y = 8$ und $(x + y)^3 = 512$; letzteres führt wieder auf $x + y = 8$ und lehret weiter nichts als was schon aus dem ersten folgte, daß wenn $x = 1$; $y = 7$; wenn $x = 2$; $y = 6$; wenn $x = 3$; $y = 5$; wenn $x = 4$; $y = 4$ u. s. w. sey.

§. 3. Aufgaben ohne alle Einschränkungen §. 1. Z. B. $y = 2x^2 - 5$ lassen unzählige Antworten zu. Dergleichen heißen in der Folge **Funktionen.** Die, von welchen wir hier reden sind mehrentheils durch folgende Bedingungen eingeschränkt: daß die gesuchten Zahlen **ganze, positive,** mehrentheils wenigstens **Rationalzahlen** seyn sollen. Dadurch wird manchmal die unbestimt scheinende Aufgabe unversehens bestimmt und auf **eine** Antwort beschränkt; ja manchmal, wie dies alles die Folge lehren wird, wol gar unmöglich aufzulösen. Auch die Geometrie giebt dergleichen unbestimmte Aufgaben. Z. B. Ueber einer gegebenen Hypotenuse ein rechtwinklichtes Dreieck zu verzeichnen, ist ganz uneingeschränkt. Wenn zugleich der Inhalt vorgeschrieben, ist sie bis auf zwei Antworten eingeschränkt §. 345 Pl. Ein Dreieck von gegebenem Inhalt und Grundlinie zu verfertigen, wird beschränkter, wenn es ein rechtwinklichtes ist, noch beschränkter, wenn der rechte Winkel eine bestimmte Lage haben soll. Ich werde jetzt noch einige Beispiele der unbestimmten Analytik geben.

§. 4. A. **Beispiele einfacher Gleichungen, wo aus einer Gleichung zwei unbekannte Zahlen gefunden werden und zwar:**

I. **Wenn die Gleichung von der Form** $ax + by = c$ **ist.** Diese Gleichung ist die erste §. 222. A. R. Der Fall ist also dieser: zwei Röhren haben die eine 2, die andere 3 Minuten Wasser und zusammen 21 Kubikfuß gegeben. Wie viel kann man annehmen (wenn man nur auf ganze Kubikfuß rechnet), daß jede in einer Stunde Wasser giebt. Man sieht aus dem a. O. deutlich, daß man um dies bestimmt zu wissen, noch eine Beobachtung, und aus solcher noch eine Gleichung von der Form $dx + fy = g$ haben müsse, durch die eine aber nur ein etwaniger (unbestimmter) Ueberschlag zu machen sey.

Aufl. Es ist $2x + 3y = 21$. Also $x = \frac{21 - 3y}{2}$ oder mit 2 dividirt, $x = 10 - y + \frac{1 - y}{2}$. Nun soll $\frac{1 - y}{2}$ oder welches einerlei ist $\frac{y - 1}{2}$ eine ganze Zahl seyn. Man setzt $\frac{y - 1}{2} = z$ so ist $2z = y - 1$ und $y = 2z + 1$. Mithin ist $x = 10 - y - z$ (weil statt $\frac{1 - y}{2}$ umgekehrt $\frac{y - 1}{2} = z$ gesetzt war). Folglich ist $x = 10 - 2z - 1 - z = 9 - 3z$. Also $x = 9 - 3z$ und

und $y = 2z + 1$. Da x und y positiv seyn sollen, so kann z nicht über 3 und z nicht negativ seyn; sondern es sind nur folgende Wehrte von z möglich.

Wenn z	0	1	2*	3
so ist x	9	6	3	0
= y	1	3	5	7
	$2.9 + 3.1 = 21$	$2.6 + 3.3 = 21$	$2.3 + 3.5 = 21$	$2.0 + 3.7 = 21$

Man sieht daß wie die Natur der Sache mit sich bringt der mit * bemerkte Fall der a. a. O. durch die zweite Beobachtung bestimmte ist.

Noch ein Beispiel. Wenn bei einer großen Oekonomie 1000 rthl. Gesindelohn; für den Knecht 25, für die Magd 13 rthlr. berechnet werden; wie viel von jeder Art werden gehalten?

Aufl. Es sey x die Zahl der Knechte, y der Mägde; so ist $25x + 13y = 1000$. Also $\frac{1000 - 25x}{13} = y = 76 - x + \frac{12 - 12x}{13}$ Es muß also $\frac{12 - 12x}{13} = \frac{12.(1 - x)}{13}$ also auch $\frac{1 - x}{13}$ oder $\frac{x - 1}{13}$ eine ganze Zahl seyn. Es sey $\frac{x - 1}{13} = z$; so ist $x - 1 = 13z$ und $x = 13 + 1$. Dies in den ersten Werth von y gesetzt giebt $y = 75 - 25z$. Daher, weil y positiv seyn muß, kann z nicht größer als 3 seyn. Also wenn.

$z = 0$ so ist $x = 1$; $y = 75$
$z = 1$ „ „ $x = 14$; $y = 50$
$z = 2$ „ „ $x = 27$; $y = 25$

Wenn §. 211 A. R. blos die Summe des gesammten Tagelohns, aber nicht die Summe der Arbeiter gegeben wäre; so würde sich die dortige Frage über die

die Anzahl jeder besondern Art Arbeiter auf mehr als einerlei Art d. i. nur unbestimmt beantworten lassen.

II. **Wenn die Gleichung von der Form** $ax - bx = c$ oder $ax = bx + c$ ist; so lässet sie eine unzählige Menge von Auflösungen zu. Z. B. Man sucht eine Zahl welche durch 3 dividirt 2; aber mit 5 dividirt 3 übrig läßt, so ist $3x + 2 = 5y + 3$. Also ist $3x - 5y = 1$; und es ist die gesuchte $N = 3x + 2$ auch $N = 5y + 3$. Nun ist $x = \frac{5y + 1}{3} = y + \frac{2y + 1}{3} = y + r$; also $r = \frac{2y + 1}{3}$; $3r = 2y + 1$, und $y = \frac{3r - 1}{2} = r + \frac{r - 1}{2} = r + t$, und $t = \frac{r - 1}{2}$; daher $2t = r - 1$ und $r = 2t + 1$. Hiemit geht man zurück. Es ist

$r = 2t + 1$	Nun war $N = 3x + 2$
$y = r + t = 3t + 1$	Also ist $N = 15t + 8$
$x = y + r = 5t + 2$	

Nun kann t nicht negativ seyn; sonst kann es 0 und alle ganze Zahlen bedeuten. Ist

t	0	1	2	3	4	5	6	
so ist N	8	23	38	53	68	83	98	etc.

d. i. eine unendliche arithmetische Reihe deren erstes Glied 8, die Differenz 15 ist.

Hätte man gleich anfangs auch drittens die Bedingung gemacht, daß N mit 7 dividirt 5 übrig lassen solle; so würde man doch erst wie bisher haben rechnen, nunmehr aber $N = 7x + 5 = 15y + 8$ d. i. $7x = 15y + 3$ setzen müssen. So ist dann wieder $x = 2y + \frac{y + 3}{7} = 2y + r$ und $7r = y + 3$; also

$y = 7r - 3$. Da man nun hier schon auf einen Ausdruck ohne Bruch gekommen ist so ist der Rückweg

$$
\begin{aligned}
y &= 7r - 3 \\
x = 2y + r &= 15r - 6 \\
N = 7x + 5 &= 105r - 42 + 5 \\
&= 105r - 37
\end{aligned}
$$

Auf solche Art kann r nicht negativ auch nicht 0 seyn, wenn N positiv seyn soll. Ist aber

r	1	2	3	
so ist N	68	173	278	u. s. w.

eine arithmetische Reihe deren erstes Glied 68 und die Differenz 105 ist. Nun ist $\frac{68}{3} = 22 + \frac{2}{3}$; $\frac{68}{5} = 13 + \frac{3}{5}$; $\frac{68}{7} = 9 + \frac{5}{7}$ und so bei allen übrigen Zahlen. Ich habe an dem leichtesten Beispiel die Methode zeigen wollen. Alle Beispiele dieser Form $ax = bx + c$ lassen sich auflösen; wenn nur a und b Primzahlen unter sich sind, oder doch ihre gemeinschaftliche Faktoren auch in c aufgehen. Man versuche es an dem Beispiele: Es ist Waizen zu 47 rthl. der Winspel, und Rocken zu 27 gekauft. Aller Waizen kostet 11 rthl. weniger als aller Rocken. Wie viel ists von jeder Art gewesen? Setzt man blos 48 statt 47; so ist die Auflösung nicht möglich, wirds aber wieder, wenn man 12 statt 11 schreibt.

§. 5. B. Beispiele, wie aus 2 Gleichungen verschiedene Wehrte von 3 oder mehr gesuchten Zahlen herzuleiten sind. Ich werde den Fall sogleich durch einige Auflösungen von Aufgaben erläutern.

I. Aufg. Zu einem Gastmahl sind 20 rthlr. für Wein bestimmt. Man will viererlei Arten (p) ungerschen die Bouteille zu 4 rthl.; (q) Champagner zu 2 rthl.; (r) Rheinwein zu 1 rthlr. und (s) Franzwein zu $\frac{1}{2}$ rthl.; in Summa aber auch 20 Bouteillen haben; wie viel kann man von jeder Sorte anschaffen?

Aufl.

Aufl. Die beiden Gleichungen, welche sich hieraus ableiten lassen sind I. und II. Man multiplicirt die zweite Gleichung mit einer Zahl, hier 2, wodurch der Bruch weggeschaft und ein Glied

$$
\begin{array}{ll}
\text{I.} & p + q + r + s = 20 \\
\text{II.} & 4p + 2q + r + \tfrac{1}{2}s = 20 \\
 & 8p + 4q + 2r + s = 40 \\
\text{III.} & 7p + 3q + r = 20 \\
\text{IV.} & s = 20 - p - q - r \\
\text{V.} & r = 20 - 7p - 3q \\
\text{VI.} & s = 6p + 2q
\end{array}
$$

einem Gliede der ersten gleich wird; von der so entstandenen wird I abgezogen, wodurch III. entsteht. Aus I wird IV der Wehrt von s und aus III wird V der Wehrt von r, hergeleitet. V wird statt des r in IV substituirt d. i. V. wird von $20 - p - q$ abgezogen, so wird VI. Nun sieht man aus III daß $7p + 3q < 20$ seyn müsse, wenn auch von r noch ein Antheil angeschaft werden soll. Wenn man nach diesem Gesetze p und q annimmt; so läßt sich nun r und s nach V und VI bestimmen. Wenn

p	q	7p+3q	r	s	p+q+r+s	4p+2q+r+½s
1	1	(10)	10	8	20	$4.1+2.1+1.10+\frac{1}{2}\,8=20$
1	2	(13)	7	10	20	$4.1+2.2+1.\;7+\frac{1}{2}10=20$
1	3	(16)	4	12	20	$4.1+2.3+1.\;4+\frac{1}{2}12=20$
1	4	(19)	1	14	20	$4.1+2.4+\;1\;+\frac{1}{2}14=20$
1	5	(22)	=	=	=	fällt weg weil $7+3.5>20$
2	1	(17)	3	14	20	$4.2+2.1+1.\;3+\frac{1}{2}14=20$
2	2	(20)	=	=	=	fällt weg weil $7.2+3.2$ nicht kleiner als 20 ist

2. Aufg. Aus vorhandenem 14, 11 und 9löthigem Silber sollen 30 Mk. 12 lötiges durch gehörige Vermischung gemacht werden.

Aufl. Man setze, es müßten x Mk. von der ersten, y Mk. von der 2ten, z Mk. von der 3ten Sorte seyn; so muß

I. $x + y + z = 30$ seyn. In den 3 genommenen Quantitäten müssen $30 . 12 = 360$ Loth rein Silber seyn. Da nun in jedem der x Mk. 14 Loth; in jedem y, 11 Loth; in jedem z, 9 Lt. stecken; so muß, wenn die Zahlen x; y, z, die gehörigen sind, $14x + 11y + 9z$ zusammen die Zahl 360 machen. Da nun auch $9(x + y + z) = 9 . 30 = 270$ seyn muß, so hat man

$$\text{II. } 14x + 11y + 9z = 360$$
$$9x + 9y + 9z = 270$$

Rest. $5x + 2y = 90$. Also 1) $y = 45 - \frac{5}{2}x$ und aus I hat man $z = 30 - x - y$. Nun soll doch y positiv seyn. Folglich ist $\frac{5}{2}x < 45$ d. i. 2) $x < 18$ zu nehmen. Soll nun auch y eine ganze Zahl seyn; so muß $45 - \frac{5}{2}x$ und daher auch $\frac{5}{2}x = 2x + \frac{1}{2}x$ eine ganze Zahl seyn. Demnach muß 3) für x eine grade Zahl genommen werden. Nun setze man noch in den Wehrt von z den Wehrt von y aus 1); so ist $z = 30 - x - 45 + \frac{5}{2}x$ oder 4) $z = \frac{3}{2}x - 15$, woraus folgt, daß $\frac{3}{2}x > 15$ d. i. 5) $x > 10$ seyn müsse. Nach den gefundenen Sätzen in 2), 3), 5) können für x nur die Zahlen 12, 14, 16 genommen werden.

a) Wenn $x = 12$ so ist aus 1) $y = 15$ und aus 4) $z = 3$
b) Wenn $x = 14$ so ist „ $y = 10$ und „ $z = 6$
c) Wenn $x = 16$ so ist „ $y = 5$ und „ $z = 9$
und $14 . 12 + 11 . 15 + 9 . 3 = 360$ u. s. f.

Man sieht, daß dies eine sehr nüzliche Regel für Münzmeister und Gold- und Silberarbeiter ist, und die Allegationsregel §. 282 A. R. noch ergänzet. Hatte man z. B. von dem 11lötigen nur 6 Mark vorräthig; so kann man doch die begehrte Mischung nach den Verhältnissen in c) machen.

3. **Aufg. Es sollen genau 20 Thlr. angewandt werden, um ein Dutzend paar Strümpfe; seidene zu 3 Thlr.; feine wollene zu 1 Rthlr.; und grö-**

gröbere zu $\frac{1}{2}$ Thlr. zu kaufen; wie viel muß man von jeder Art nehmen?

Aufl. Es bedeuten p, q, r, die Zahlen der Arten nach der Ordnung, so ist

$$\begin{array}{lll} & p + q + r = 12 & \text{und } r = 12 - p - q \\ & 3p + q + \tfrac{1}{2}r = 20 & r = 12 - p - 28 + 5p \text{ aus } 1) \\ & 6p + 2q + r = 40 & 2)\ r = 4p - 16 \\ & p + q + r = 12 & \text{Daher } 4p > 16 \\ \hline \text{Rest} & 5p + q = 28 & \text{Oder } 3)\ p > 4 \end{array}$$

Also 1) $q = 28 - 5p$; Folglich ist 4) $p < 5\frac{3}{5}$, weil q in 1) sonst 0 wird.

Da nun p eine ganze Zahl seyn, und zwischen 4 und $5\frac{3}{5}$ liegen muß; so kann es keine andere als 5 selbst seyn. Alsdann ist aus 1) $q = 3$ und aus 2) $r = 4$. Daher dies ein Fall ist wo durch die besondern Bestimmungen nur eine Auflösung möglich bleibt. Aber das Merkmal von einer bestimmten Antwort auf die unbestimmt aufgeworfene Frage fiel vor der Auflösung noch nicht in die Augen.

Hätte man die Preise $3\frac{2}{3}$, 1, $\frac{2}{3}$ Thlr. angenommen; so fände man $p < 4$ und $p > 3$; und so wäre gar keine Auflösung in ganzen Zahlen möglich, und Brüche gehen hier doch nach der Natur der Sache nicht an. Weil sich das hier so deutlich zeigt verzeihe man das triviale Beispiel.

§. 6. Anm. Solche Aufgaben, wie die bisherigen, wurden von den alten Rechenmeistern unter dem Namen der Regel Caeci oder der Blindrechnung begriffen. Adam Riese in seiner Rechnung auf den Linien und Federn 2. Ausg. 1525 nennt es Regula Cecis oder *Virginum*, letzteres wegen eines Exempels worin Jungfrauen vorkommen. Er giebt eine sehr undeutliche Regel für Fälle, wie die erste Aufgabe. Der Sinn ist wie folget: Man setze die Anzahl der Stücke zur Linken, den gesamten Preis zur Rechten, die Preise einzelner Arten in die Mitte.

4 Thlr.
20 Stück 2 — 20 Thlr.
1 —
$\frac{1}{2}$ —

oder

oder indem man nun, den Bruch zu vermeiden $\frac{2}{3}$ Thlr. zur Einheit annimmt.

	8	7	
20 St.	4	3	40
	2	1	
	1		

Die dritte Columne wird erhalten, indem man 1 von 8, 4, 2, abzieht. Man multiplicirt mit der niedrigsten Zahl der 2ten Columne die Zahl der Stücke, giebt 20. Dies von 40 abgezogen, läßt 20. Leztere Zahl in solche 3 Theile zerfällt, daß 7, 3, 1 nach der Ordnung darin aufgehen; so sind die Quotienten die Zahlen der 3 ersten Arten. Ihre Summe von der ganzen Anzahl 20 abgezogen giebt die 4te Art. So wäre hier $\frac{7}{7}=1$; $\frac{6}{3}=2$; $\frac{7}{1}=7$ und $20-(7+2+1)=10$. Also ist eine Auflösung diese: daß man von der ersten Art 1, von der 2ten 2, von der 3ten 7, und von der 4ten 10 nimmt. Die mehrern Auflösungen giebt Riesens Regel nicht mit an.

Bisher sind wir der Eulerschen Ausführung dieser Lehren im 2 Th. 2 Abschn. seiner Algebra gefolget. Nur beim 3ten Kapitel müssen wir ihn verlassen, weil die fernere Ausführung für diese Anfangsgründe zu weitläuftig wird, auch schon mehr hin und wieder voraussetzt, als hier von den Gleichungen bisher vorgekommen ist. Am angeführten Orte findet man indessen sehr viele Anweisungen Irrationalformeln rational zu machen in 13 Kapiteln so ausgeführt, daß es das vollkommenste Werk über die unbestimmte Analytik ist, was man bis zu seiner Zeit hatte. Es folgen indessen noch einige hier verständliche Aufgaben.

§. 7. Aufg. Zwei Quadrate zu finden, deren Unterschied auch ein Quadrat ist.

Aufl. Es soll $m^2-u^2=z^2$ seyn. Der Zahlen m und u halbe Summe sey x, also $\frac{m+u}{2}=x$. Eben so sey $\frac{m-u}{2}$ ihr halber Unterschied $=y$. Dann ist $x+y=m$ die größere, und $x-y=u$ die kleinere Zahl

Zahl. Daher ist $(x+y)^2-(x-y)^2=m^2-u^2=4xy$ $=z^2$ §. 140. Anm. A. R.*) Es muß also nicht allein $4xy$ sondern auch das Produkt xy ein Quadrat seyn; das heißt die halbe Summe und die halbe Differenz der gesuchten Zahlen müssen in einander multiplicirt ein Quadrat geben. Nimmt man daher irgend ein vollkommenes Quadrat an, das sich in 2 ungleiche Faktoren auflösen läßt; so haben leztere die begehrte Eigenschaft, wenn man den größern Faktor als die halbe Summe, den kleinern als die halbe Differenz der gesuchten Zahlen ansieht, und aus ihnen gehörig die Wurzeln der begehrten Quadrate oder m und u zusammen sezt. Z. E. $16=8.2$. Nun ist $8+2=10$
$8-2=6$
und $10^2-6^2=100-36=64=8^2$; $36=9.4$ und $13^2-5^2=169-25=144=12^2$; oder $36=12.3$ und $15^2-9^2=225-81=144=12^2$ oder $36=18.2=20^2-16^2=400-256=144=12^2$. u. s. w. Wollte man Quadratzahlen wie 9 annehmen; so müßte man Bruchfaktoren mit zulassen, z. E. $9=21.\frac{3}{7}$ und $(\frac{150}{7})^2-(\frac{144}{7})^2=\frac{22500}{49}-\frac{20736}{49}=\frac{1764}{49}=(\frac{42}{7})^2$. Eben so wenn das zum Grunde gelegte Quadrat selbst ein Bruch ist, z. E. $\frac{36}{64}=\frac{9 \cdot 4}{2 \cdot 32}=\frac{9}{2}\cdot\frac{1}{8}$. Daher $(\frac{37}{8})^2-(\frac{35}{8})^2=\frac{1369}{64}-\frac{1225}{64}=\frac{144}{64}=(\frac{12}{8})^2=(\frac{3}{2})^2$.

§. 8. **Aufg. Eine Quadratzahl zu finden, die von einer gegebenen oder angenommenen Quadratzahl abgezogen, auch eine Quadratzahl übrig läßt.**

Aufl.

*) Es erhellt, weil $\frac{(x+y)^2-(x-y)^2}{4}=xy$; daß man, wie Ludolph Tetragonom. lehrt, das multipliciren zweier Zahlen durch Quadratzahlen in bloßes Subtrahiren und Dividiren mit 4 verwandeln kann S. auch §. 140. 220. A. R.

Aufl. Das gegebene Quadrat heiße a^2; so soll $a^2 - x^2 = y^2$, und a so wol als die unbekannten Größen x, y sollen rational seyn. Nun ist $y = \sqrt{(a^2 - x^2)}$ zu setzen, und daher kann nicht $y = a - x$ seyn (weil $a - x$ die Wurzel von $a^2 - 2ax + x^2$, nicht aber von $a^2 - x^2$ ist,) wol aber, da doch $y < a$, läßt sich ein Ausdruck $a - px = y$ denken, wenn nur p gehörig genommen wird. Diese Form $a - px = y$ wird indessen unter mehrern angenommen, weil man durch sie zu einem Ausdruck gelangt, worin x durch eine einfache Gleichung bestimmt, mithin gewiß rational wird. Denn alsdenn ist $a^2 - x^2 = a^2 - 2apx + p^2x^2$ oder $x^2 = 2apx - p^2x^2$ oder $x = 2ap - p^2x$ woraus $x = \frac{2ap}{1 + p^2}$ folgt. Nun nehme man a und p, wie man will, nur rational; so wird auch x, und daher auch $y = a - px$ rational werden.

Ex. Es sey $a = 10$ $p = \frac{1}{2}$ so ist $x = \frac{10}{1 + \frac{1}{4}} = \frac{40}{5} = 8$, und $y = 10 - \frac{1}{2}8 = 6$, und $100 - 64 = 36$. Es sey $a = 7$; $p = 3$; so ist $x = \frac{2 \cdot 7 \cdot 3}{1 + 9} = 4,2$ und $y = 7 - 3 \cdot 4,2 = -5,6$; und $49 - 17,64 = 31,36 = (-5,6)^2$. Noch nehme man $a = 4$; $p = 6$.

§. 9. **Aufg. Ein Quadrat zu finden, das zu einem gegebenen Quadrat addirt, wieder ein Quadrat giebt.**

Aufl. Da $a^2 + x^2 = y^2$; so wird $y = \sqrt{(a^2 + x^2)}$; y muß daher um etwas größer als x seyn. Es sey p diese Größe und $y = p + x$; so würde $p^2 + 2px + x^2 = a^2 + x^2$ oder $p^2 + 2px = a^2$ seyn; also müßte $x = \frac{a^2 - p^2}{ap}$ genommen werden. Man darf also, um lauter rationale Wehrte zu bekommen, auch hier nur a und p rational nehmen; so wird x, und also $y = x + p$ rational werden.

Ex. Es sey $a = 8$ und man nehme $p = 2$; so ist $x = \frac{60}{4} = 15$; $y = 17$, und $64 + 225 = 289 = 17^2$. Ferner $a = 3$; $p = 5$ giebt $3^2 + 1{,}6^2 = 3{,}4^2$.

§. 10. Aufg. Zwei ganze Zahlen zu finden, deren Quadrate zusammen das Quadrat der dritten ausmachen.

Aufl. Es soll $x^2 + y^2 = z^2$, also $z^2 - x^2 = y^2$ d. i. $(z + x)(z - x) = y^2 = y \cdot y$ seyn. Ferner müssen sowol $z + x$, als $z - x$ ganze Zahlen seyn. Weil nun der eine Faktor $z + x > z - x$; mithin $z + x > y$; so setze man $z + x = ny$, wo n nach der Bedingung eine ganze Zahl ist. Damit aber $(z + x)$

$(z - x) = y^2$ sey, muß $z - x = \frac{y}{n}$ seyn. Daher muß

n in y aufgehen. Es sey also $\frac{y}{n} = m$, eine ganze

Zahl; so ist $y = mn$ und $z + x = mn^2$; $z - x = m$. Nun ist $\frac{z + x}{2}$ die halbe Summe $\frac{z - x}{2}$ die halbe Differenz der gesuchten Zahlen z und x. Daher ist $\frac{mn^2}{2} + \frac{m}{2} = \frac{m(n^2 + 1)}{2} = z$ und $\frac{mn^2}{2} - \frac{m}{2} = \frac{m(n^2 - 1)}{2} = x$. Die Zähler dieser Ausdrücke müssen daher grade Zahlen seyn, (sonst könnten z und x keine ganze Zahlen werden §. 198. A. R.). Nimmt man nun für den Faktor m eine ungrade Zahl; so müssen $n^2 + 1$ und $n^2 - 1$ grade Zahlen, mithin n^2 eine ungrade Quadratzahl, das ist: n ungrade seyn. §. 198. A. R.

Nimmt

Nimmt man aber m grade an; so kann n grade oder ungrade seyn.

Ex. I. Es sey $m = 1$ also ungrade, so muß n auch ungrade seyn.

$y = m.n = n = 1\ 3\ 5\ 7\ 9\ 11$ — — —

$x = \frac{n^2 - 1}{2} = 0\ 4\ 12\ 24\ 40\ 60$ — — —

$z = \frac{n^2 + 1}{2} = 1\ 5\ 13\ 25\ 41\ 61$ — — —

II. Es sey $m = 2$; so kann für n jede ganze Zahl gelten.

$y = 2n = 2\ 4\ 6\ 8\ 10\ 12\ 14$

$x = n^2 - 1 = 0\ 3\ 8\ 15\ 24\ 35\ 48$

$z = n^2 + 1 = 2\ 5\ 10\ 17\ 26\ 37\ 50$

Die beyden Theile des Exempels zeigen, daß man zu jeder ungraden oder graden ganzen Zahl y eine andere x finden könne, von der Beschaffenheie, daß die Summe ihrer Quadrate dem Quadrat einer 3ten ganzen Zahl z gleich sey. Nähme man also grade Linien in dem Verhältniß y : x von einem Maaßstabe, und setzte sie unter einem rechten Winkel an einander; so würde die Hypotenuse z geben; und man kann daher mit jeden 3 dieser Zahlen von dem Maasstab oder mit der Kette genommen auf dem Papier oder auf dem Felde einen rechten Winkel construiren §. 188. Plan. Daher wird diese Aufgabe auch so ausgedruckt: **Ein pythagorisches Dreieck in Zahlen zu finden.** So soll auch schon Pythagoras die Regel für den ersten Theil des Exempels gefunden, Plato aber den zweiten Theil hinzugesetzt haben. Clavii schol. ad Euclid. 47. I.

§. 11. Aufgaben wie in diesem Abschnitte, insonderheit von der Art der 4 leztern begreift man unter dem Namen der **diophantischen Analysis**; weil

Diophantus dergleichen viele aufgelöset hat. Sie waren den Alten besonders schätzbar, weil sie den Irrationalzahlen, denen sie sich auf keine so bequeme Art, wie wir zu nähern, mithin sie auch bei Construktionen nicht genau genug vom Maaßstab zu nehmen wußten, möglichst aus dem Wege zu gehen suchten.

II. Vom binomischen Lehrsatz.

§. 12. Hauptlehrsatz. **Wenn die Wurzel einer Potenz aus zwei Theilen (einem binomio) wie $a+b$ bestehet, und der Exponent eine ganze Zahl n ist, ferner die Anzahl der Glieder, woraus $(a+b)^n$ zusammengesetzt ist, nach der Reihe mit 0, 1, 2, 3 u. s. w. bezeichnet werden; so ist das zu 0 gehörige Glied $= a^n$; jedes folgende aber wird, wenn r überhaupt die Zahl des Gliedes nach a^n bedeutet, durch die Formel**

$$\frac{n.n-1.n-2.n-3\ldots n-(r-1)}{1.2\;.\;3\;.\;4\ldots r-1.r}\,a^{n-r}.b^r$$

gefunden.

Vorb. Es ist das Quadrat oder die 2te Potenz von $a+b$ d. i. $(a+b)^2 =$ multiplicirt mit

$$\begin{array}{r} a+b \\ a+b \\ \hline aa+ab \\ ab+b^2 \\ \hline a^2+2ab+b^2 \\ a+b \\ \hline a^3+2a^2b+ab^2 \\ a^2b+2ab^2+b^3 \end{array}$$

Der Kub. od. $(a+b)^3 = a^3+3a^2b+3a^2b^2+b^3$ u. noch einmal $(a+b)^3(a+b)$ $a^4+3a^3b+3a^2b^2+ab^3$

Also das Biquadrat oder $\qquad a^3b+3a^2b^2+3ab^3+b^4$

$$(a+b)^4 = a^4+4a^3b+6a^2b^2+4ab^3+b^4$$

Daß

Daß der erste Terminus immer der erste Theil a zu der in Rede stehenden Potenz erhoben, seyn müßte, sahe man wol bald; so wie, daß in den folgenden die Exponenten von a um eins fallen, die von b um 1 steigen bis b den Exponenten der gesuchten Potenz bekömmt. Nur auf das Gesetz kams vorzüglich an, das die Coefficienten d. i. die Zahlen, womit die respectiven Potenzen von a und b noch multiplicirt sind, befolgen. Wenn man den Exponenten der ges. Potenz n nennt; so kann man sagen, daß wenigstens bis zur 4ten Potenz, das ganz erste Glied a^n sey, welches $= a^n b^0$ ist. Daher, wenn man die Glieder nach den Exponenten des b zählt; so bekömmt das ganz erste, womit ohnedem nichts weiter abzuthun ist, 0; die übrigen nach der Ordnung die Reihe der natürlichen Zahlen zum Index; und da fand man denn bis zur 4ten Potenz, daß wenn r die Zahl des Gliedes (das ganz erste nicht mitgezählt) ist, jedes Glied aus 3 Faktoren besteht 1) b^r 2) a^{n-r} und endlich 3) einem Coefficienten, den man erhält, wenn man ein Produkt aus r Faktoren macht die eine fallende arithmetische Reihe sind, deren Differenz $=1$ und erstes Glied n ist, und selbiges mit einem Produkt aus gleichfalls r Faktoren dividirt welche eine steigende arithmet. Reihe sind, deren erstes Glied 1 die Differenz gleichfalls $= 1$ ist. Im Dividend wäre also der lezte Faktor $n-(r-1)$; im Divisor $1+(r-1)=r$. So hätte nun in $(a+b)^4$ das so bestimmte 3te Glied weil $n=4$; $r=3$ aus 3) den Faktor $\frac{4 \cdot 4-1 \cdot 4-2}{1 \cdot 2 \cdot 3} =$ $\frac{4 \cdot 3 \cdot 2}{1 \cdot 2 \cdot 3} = 4$ aus 2) den Faktor $a^{4-3} = a$; aus 1) den Faktor b^3 also das ganze $4ab^3$; das zweite Glied wäre $\frac{4.4-1}{1.2} a^{4-2}b^2 = \frac{4.3}{1.2} a^2b^2 = 6a^2b^2$. Das zweite Glied (non connumerato 1mo) in $(a+b)^2$ ist $\frac{2\ldots 2-(2-1)}{1\ldots 2} a^{2-2}b^2 = \frac{2.1}{1.2} a^0b^2 = b^2$ u. s. w. Macht man $(a+b)^4 (a+b)$ so erhält man durch die Multiplication

$a^5 + 5a^4b + 10a^3b^2 + 10a^2b^3 + 5ab^4 + b^5$ u. durch die Reg.

$$a^5 + \frac{5-(1-1)}{1\ldots 1} a^{5-1}b + \frac{5\ldots 5-(2-1)}{1.2} a^{5-2}b^2 + \frac{5\ldots 5-(3-1)}{1\ldots 3} a^{5-3}b^3$$

$$= a^5 + \frac{5}{1} a^4b + \frac{5.4}{1.2} . a^3b^2 + \frac{5.4.3}{1.2.3} a^2b^3$$ u. s. w.

Bew. Könnte man nun deutlich beweisen, daß, wenn irgend eine Potenz, wie hier die vierte, nach der im Lehrsatz angegebenen Art sich durch die Multiplication geformt hätte, man alsdann durch die bloße Substitution des um eins höhern Exponenten alle Glieder der nächst höhern Potenz wie hier der 5ten eben so richtig erhielte, als durch das ausgemacht richtige Verfahren der allg. Multiplication; so wäre die Regel oder Formel für ganze Exponenten unbezweifelt richtig. Es sey demnach $(a+b)^n =$

$$a^n + \frac{n}{1} a^{n-1}b + \frac{n.n-1}{1.2} a^{n-2}b^2 + \frac{n.n-1.n-2}{1.2.3} a^{n-3}b^3$$

multiplicirt mit $a+b$, giebt

$$\text{I.}\ a^{n+1} + \frac{n}{1} a^nb + \frac{n.n-1}{1.2} a^{n-1}b^2 + \frac{n.n-1.n-2}{1.2.3} a^{n-2}b^3$$

$$+ \text{II.}\ a^nb + \frac{n}{1} a^{n-1}b^2 + \frac{n.n-1}{1.2} a^{n-2}b^3$$

$(a+b)^{n+1} =$

$$a^{n+1} + \frac{n+1}{1} a^nb + \frac{n}{1}\left(\frac{n-1}{1}+1\right) a^{n-1}b^2 + \frac{n.n-1}{1.2}\left(\frac{n-2}{3}+1\right) [a^{n-2}b^3$$

$$= a^{n+1} + \frac{n+1}{1} a^nb + \frac{n+1.n}{1.2} a^{n-1}b^2 + \frac{n+1.n.n-1}{1.2.3} a^{n-2}b^3$$

In

In der ersten durch die Multiplication mit a entstandenen Reihe hat jedes rte Glied (non conn. 1mo) z. B. das 3te oder wo r = 3 ist, folgende Form $\frac{n.n-1\ldots n-(3-1)}{1.2.3}a^{n-(3-1)}b^3$; im allgemeinen also

$$\frac{n.n-1\ldots n-(r-1)}{1.2\ldots r}a^{n-(r-1)}b^r$$

Dazu gehört in II das Glied $\frac{n\ldots\ldots n-(r-2)}{1\ldots\ldots r-1}a^{(n-r-1)}b^r$

Es ist daher der gemeinschaftliche Faktor $a^{n-(r-1)}b^r$, und wenn man im Coefficienten die Form der vorlezten Faktoren des Dividends und Divisors noch hinein setzt; so ist die Summe beider $\frac{n.n-1.n-2\ldots n-(r-2)}{1.2.3.4\ldots r-1}\left(\frac{n-(r-1)}{r}+1\right) = \frac{n+1.n.n-1.n-2\ldots n-(r-2)}{1.2.3.4\ldots r-1.r}$. Aber man erhält offenbar eben diese Form, wenn man in dem im Lehrsatz aufgestellten Coefficienten $\frac{n.n-1.n-2\ldots n-(\;\;-1)}{1.2.3\ldots r-1.1}$ auch in dem Potenzialfaktor $a^{n-r}b^r$ und überhaupt in allen Gliedern von $(a+b)^n$, n + 1 statt n sezt. Wenn also die Reihe für eine Binomialpotenz vom Exponenten n richtig ist; so muß auch die für den Exponenten n + 1 wie sie die Substitution giebt, richtig seyn, weil sie mit der ausgemacht wahren Multiplication einerlei Resultat giebt. Nun ist aber die Formel für $(a+b)^4$ auch für $(a+b)^5$ vollkommen richtig. So ist sie auch für $(a+b)^6$ und wenn das ist, auch für $(a+b)^7$ u. s. w. für jede Potenz wahr. Da also n + 1 in $(a+b)^n$ durchaus nur an der Stelle von n steht; so heißt dies so viel, man kann nun wieder n statt n+1 setzen, da denn n jede ganze Zahl bedeutet.

Exempel. Man soll das 6te Glied von $(a+b)^{11}$ machen. Es ist $\frac{11 \cdot 10 \cdot 9 \cdot 8 \cdot 7 \cdot 6}{1 \cdot 2 \cdot 3 \cdot 4 \cdot 5 \cdot 6} a^5 b^6 = 11 \cdot 3 \cdot 2 \cdot 7 \cdot a^5 b^6$ $462 a^5 \cdot b^6$.

3. Die Potenz $(a-b)^n$ wird erhalten, wenn man vor allen Gliedern der Reihe die eine ungrade Potenz von b enthalten — statt + setzet §. 202 A. R.

Anm. Diese Art des Beweises für den binomischen Lehrsatz hat zuerst H. Kästner in theorem. binom. univ. demonstrato 1748 dargestellt und wie wir zeigen werden, im System der Mathem. die Lehren von Summen, Differenzen, figurirten Zahlen und Combinationen darauf folgen lassen, da man vormals den Binomialsatz aus diesen letztern Lehren durch Induktion herleitete. Wie hier findet man ihn auch von Karsten Th. II. §. 112. A. R. der neuesten Ausg. seines Lehrbegrifs vorgetragen, und sofort auf negative und gebrochene Exponenten ausgedehnt, welches H. Kästner erst mit Hülfe der Differentialrechnung für möglich zu halten schien. Wenn ich leztern hierin folge; so geschieht dies wegen der viel größern Leichtigkeit und Kürze seiner thode; so schätzbar es an sich seyn mag einen solchen Hauptsatz auch ohne Rechnung des Unendlichen zu erweisen.

§. 13. Es ist $a^{n-1} = \frac{a^n}{a}$; $a^{n-2} = \frac{a^n}{a^2}$; überhaupt $a^{n-m} = \frac{a^n}{a^m}$. Mithin läßt sich die Binomialformel auch so ausdrücken:

$$a^n + na^n \frac{b}{a} + \frac{n \cdot n-1}{1 \cdot 2} a^n \frac{b^2}{a^2} + \frac{n \cdot n-1 \cdot n-2}{1 \cdot 2 \cdot 3} a^n \frac{b^3}{a^3}$$

u. s. w.

Setzt

Setzt man nun $\frac{b}{a}=q$; so wird hieraus

$$a^n+na^nq+\frac{n.n-1}{1.2}a^nq^2+\frac{n.n-1.n-2}{1.2.3}a^nq^3\ldots$$

$$=a^n\left(1+nq+\frac{n.n-1}{1.2}q^2+\frac{n.n-1.n-2}{1.2.3}q^3\ldots\right)$$

Setzt man $a=1$; $b=x$; $\frac{n}{1}=A$; $\frac{n-1}{2}A=B$; $\frac{n-2}{3}B=C$; so hat man

$$♄\ (1+x)^n=1+\frac{n}{1}x+\frac{n-1}{2}Ax^2+\frac{n-2}{3}Bx^3.$$

Oder es sey $a^n=\alpha$; so ist $na^nq=n\alpha q=$ dem ersten (nach α) folgenden Gliede. Es sey nun $n\alpha q=\beta$; so hat man $\frac{n.n-1}{1.2}a^nq^2=\frac{n-1}{2}.na^nq.q$ $=\frac{n-1}{2}\beta q=\gamma=$ dem 2ten folgenden Gliede.

So findet man auch das dritte $\frac{n-2}{3}\gamma.q$. Nennt man daher das $(r-1)$te (nach $a^n=\alpha$) folgende Glied ν; so ist das rte $\frac{n-(r-1)}{r}\nu q$. Dies giebt folgende Reihe

$$\begin{array}{cccccc} 0 & 1 & 2 & 3\ \ldots & r-1 & r \\ \alpha & \beta & \gamma & \delta & \nu & \rho \end{array}$$

$$\odot\ a^n+\frac{n}{1}\alpha q+\frac{n-1}{2}\beta q+\frac{n-2}{3}\gamma q+\ldots+\frac{n-(r-1)}{r}\nu q$$

Hier kann dies einen etwas leichtern Weg geben, Binomial Potenzen von hohen Exponenten zu finden. Aber den eigentlichen Nutzen geben dergleichen Ausdrücke zur Ausziehung der Quadratwurzeln auch höherer Potenzen, wenn die Binomialregel auch für gebrochene Exponenten erwiesen seyn wird. Doch davon unten mehr. Wenn man ein Binomium wie $\frac{1}{2}x + 2y$ in die 5te Potenz erheben soll; so ist $q = \frac{4y}{x}$; $n = 5$.

Also $(\frac{1}{2}x)^5 = \frac{1}{32}x^5 = \alpha$

$$n \cdot \alpha q = \frac{5x^5}{32} \cdot \frac{4y}{x} = \frac{5}{8}x^4 y = \beta$$

$$\frac{n-1}{2}\beta q = \frac{10}{8}\frac{x^4 y \cdot 4y}{x} = 5x^3y^2 = \gamma$$

$$\frac{n-2}{3}\gamma q = \frac{5x^3y^2 \cdot 4y}{x} = 20x^2y^3 = \delta$$

$$\frac{n-3}{4}\delta q = \frac{10x^2y^3 \cdot 4y}{x} = 40x\,y^4 = \varepsilon$$

$$\frac{n-4}{5}\varepsilon q = \frac{8xy^4 \cdot 4y}{x} = 32y^5 \text{ d. i. } (2y)^5 = \zeta$$

$$\frac{n-5}{6}\zeta q = 0 = \eta$$

Nämlich es erhellt überhaupt, daß es bei ganzen Exponenten nach dem ersten nur n, hier also 5 Glieder geben könne. Denn wenn $r = n$ so wird $\frac{n-(n-1)}{n} = \frac{1}{n}$ aber der nächstfolgende Coefficient wäre $\frac{n-n}{n+1} = \frac{0}{n+1} = 0$ daher hier $\eta = 0$ werden mußte.

§. 14. Auch sieht man leicht aus der Hauptformel, daß zu Gliedern die von dem ganz ersten und letzten gleich weit abstehen, einerlei Coefficienten gehören. Denn es ist der

erste

erste nach dem Anfangsgliede

$$\frac{n}{1} = \frac{n}{n-(n-1)}$$

der vorletzte

$$\frac{n.n-1\ldots n-(n-3).n-(n-2)}{n-(n-1.n-(n-2)\ldots n-2.n-1} \text{ oder } \frac{n}{n-(n-1)}$$

weil sich die übrigen Faktoren aufheben. Das zweite nach dem Anfangsgliede ist $\frac{n.n-1}{1.2} = \frac{n.n-1}{n-(n-1).n-(n-2)}$; dem zweiten vom Ende fehlt nur der letzte obere und untere Faktor und es ist

$$\frac{n.n-1.n-2.n-3\ldots n-(n-3)}{n-(n-1).n-(n-2).n-(n-3)\ldots n-3.n-2} =$$

$\frac{n.n-1}{n-(n-1).n-(n-2)}$; welches dem zweiten nach dem Anfangsglied völlig gleich ist, da sich auch hier die übrigen Faktoren aufheben. So erhält auch das 3te vor dem letzten die Gestalt

$$\frac{n.n-1.n-2.n-3.n-4\ldots n-(n-4)}{n-(n-1).n-(n-2).n-(n-3).n-(n-4)\ldots n-5.n-4.n-3}$$

wo ebenfalls alles bis auf

$$\frac{n.n-1.n-2}{n-(n-1).n-(n-2).n-(n-3)} = \frac{n.n-1.n-2}{1.2.3}$$

(welches dem 3ten nach dem Anfangsgliede gleich ist,) sich aufhebet; welches Gesetz, wie man offenbar sieht durchaus gelten muß, und ja auch davon schon eine nothwendige Folge ist, weil $(a+b)^n = (b+a)^n$ ist; im letzten Falle aber $nb^{n-1}a$ dasselbige seyn müßte, was im ersten $\frac{n.n-1\ldots n-(n-3).n-(n-2)}{1.2\ldots n-2.n-1} a.b^{n-1}$ ist, also die Coefficienten gleich seyn müssen.

§. 15.

§. 15. Hieraus ist von selbst klar, weil die negativen Glieder nur bei ungraden Exponenten vorkommen können, die Potenzialausdrücke aber mit ungraden Exponente eine grade Anzahl Glieder haben mit abwechselnden Zeichen, daß bei diesen die Summe der positiven und negativen Coefficienten absolut genommen gleich groß seyn muß. So ist z. E. bei der 7ten Potenz der 1te Coefficient $+1$ der letzte -1 der 2te -7; der vorletzte $+7$; der 3te vom Anfang $+21$; der 3te vom Ende bei b^5 ist -21. Der vierte vom Anfang bei b^3 ist -35 der vierte vom Ende bei b^4 ist $+35$ also $+1+7+21+35=-1-7-21-35$ der absoluten Größe nach. Aber dies ist überall auch bei Potenzen von graden Exponenten wahr; denn wenn $\frac{b}{a}=q$ so ist nach §. 13

$$(a-b)^n=a^n(1-nq+\frac{n.n-1}{1.2}q^2-\frac{n.n-1.n-2}{1.2.3}q^3$$

u. s. w.). Nun bleiben für jeden Wehrt von q die Coefficienten die nämlichen. Man kann also auch $q=1$ setzen; so ist $1-q=0$ und auch $(1-q)^n=0$ d. i. die Größe in der Klammer $=0$ also $1-n+\frac{n.n-1}{1.2}-\frac{n.n-1.n-2}{1.2.3}$ etc. $=0$ d. i. die negativen Glieder den positiven absolut genommen gleich.

§. 16. Aehnliche Gründe wie diejenigen die wir §. 12. Z. aus §. 202. A. R. hernahmen, weswegen die Glieder wo der 2te Theil der Wurzel einen ungraden Exponenten hat, negativ seyn müssen, finden wir §. 201 und §. 204 A. R. um zu behaupten, daß auch in jeder Potenz von $a+\sqrt{b}$ und $a+\sqrt{-b}$ jedes ungrade Glied vom ersten angerechnet respective rational oder reell, jedes grade irrational oder unmöglich seyn müssen.

§. 17. Es ist $(a+b+c)^n = ((a+b)+c)^n =$ $(a+b)^n + \frac{n}{1}(a+b)^{n-1}c + \frac{n\,n-1}{1:2}(a+b)^{n-2}c^2 +$ $\frac{n.n-1.n-2}{1.2.3}(a+b)^{n-3}c^3$ u. s. w. vergl. mit §. 155 und 164. A. R.1, woraus man zwar einigermaßen sieht, wie man die Potenz einer mehr als zweitheiligen Wurzel finden könne. Das allgemeine Gesetz hier zu finden erfordert aber viel umständlichere Untersuchungen.

III. Allgemeines Gesetz der Summen und Differenzen mit Anwendung auf die figurirten Zahlen.

§. 18. Wenn man eine Reihe von Quadraten ganzer um 1 verschiedener Zahlen mit n^2 anfängt so findet man die Reihe der Quadrate, ihre Unterschiede und von letzten wieder die Unterschiede wie folget:

Wurzel	Quadrate	I. Untersch.	II. Untersch.
n	n^2		
$n+1$	n^2+2n+1	$2n+1$	
$n+2$	n^2+4n+4	$2n+3$	2
$n+3$	n^2+6n+9	$2n+5$	2
$n+4$	$n^2+8n+16$	$2n+7$	2

Man sieht daß hier die zweiten Unterschiede schon beständig werden. Setzt man $n=0$; so hat man hier zugleich die natürliche Reihe der Zahlen ihrer Quadrate und deren erste und zweite Unterschiede. Auch negative Wurzeln geben eben die ersten Unterschiede der absoluten Größe, die zweiten auch positiv wie bei positiven Wurzeln. Auch noch die Würfel und deren Unterschiede wollen wir mitnehmen. Die letzten soll man immer durch den Abzug des vorhergehenden vom nachfolgenden erhalten.

I. Unterschiede der Quadrate in Ziffern.

Wurzeln	Quadrate	I. Unterschiede	II. Unterschiede
-5	$+25$		
-4	$+16$	$16-25=-9$	
-3	$+9$	-7	$-7-(-9)=+2$
-2	$+4$	-5	$-5+7=+2$
-1	$+1$	-3	$+2$
0	0	-1	$+2$
$+1$	$+1$	$+1$	$+1-(-1)=+2$
$+2$	$+4$	$+3$	$+2$
$+3$	$+9$	$+5$	$+2$
$+4$	$+16$	$+7$	$+2$
$+5$	$+25$	$+9$	$+2$

Es ist gleichviel mit welcher Wurzelgröße man zuerst anfängt, und man kann diese beiden Reihen der Unterschiede, deren erste die natürliche der ungraden Zahlen ist, so weit fortsetzen, als man will, vergl §. 157 A. R.

II. Unterschiede der Würfelzahlen.

Wurzeln		Würfelzahlen		Ite Unterschiede		IIte Unterschiede		IIIte Unterschiede
n	-4	n^3-12n^2+48n	-64					
n	-3	n^3-9n^2+27n	-27	$+3n^2-21n$	$+37$			
n	-2	n^3-6n^2+12n	-8	$+3n^2-15n$	$+19$	$+6n$	-18	
n	-1	n^3-3n^2+3n	-1	$+3n^2-9n$	$+7$	$+6n$	-12	$+6$
		n^3		$+3n^2-3n$	$+1$	$+6n$	-6	$+6$
n	$+1$	n^3+3n^2+3n	$+1$	$+3n^2+3n$	$+1$	$6n$	± 0	$+6$
n	$+2$	n^3+6n^2+12n	$+8$	$+3n^2+9n$	$+7$	$6n$	$+6$	$+6$
n	$+3$	n^3+9n^2+27n	$+27$	$+3n^2+15n$	$+19$	$6n$	$+12$	$+6$
n	$+4$	n^3+12n^2+48n	$+64$	$+3n^2+21n$	$+37$	$6n$	$+18$	$+6$

Setzt man allenthalben $n=0$; so hat man so wie vorher bei den Quadraten die Differenzreihen der immer um 1 verschiedenen Kubikzahlen, welche daher durch den kürzern Strich in der Tab. abgesondert sind.

§. 19. Wenn nach einer Reihe A die Glieder einer andern Reihe B und nach B dann noch wol wieder C u. s. w.

u. s. w. mehr oder weniger Reihen nach einer gewissen Regel bestimmt werden, so heißt A in Beziehung auf B und C die **Hauptreihe** (besser primitiva); die andern B, C etc. heißen **abgeleitete**. Die Quadrate und Würfel geben Hauptreihen ab; die ersten, 2ten u. s. w. Unterschiede sind abgeleitete. Solche abgeleitete deren Glieder aus dem Abzug der vorhergehenden Glieder in der Hauptreihe von den folgenden entstehen sind **Differenzreihen** und zwar der ersten, zweiten, dritten Ordnung u. s. w. Eine arithmetische Reihe oder Progression giebt sogleich in der ersten Differenzreihe beständige Unterschiede oder gleiche Glieder. Wenn man bei der ersten Tabelle des vor. §. die erste Differenzreihe als Hauptreihe ansieht; so giebt sie als arithm. Reihe der ungraden Zahlen gleich zur ersten Differenz die Zahl 2. Die zweite Unterschiedsreihe der Würfel in Beziehung auf die dritte ist ebenfalls eine arithmetische, daher die erste Unterschiedsreihe in Beziehung auf sie auch eine beständige Größe giebt. Ist aber die Hauptreihe eine geometrische Progression; so sind es auch alle Differenzreihen, und selbst die ersten Glieder dieser Differenzreihen machen geometr. Reihen §. 311 A. R.

§. 20. Aufg. **Wenn eine primitive Reihe deren Glieder nach einem gewissen Gesetze geformt sind, gegeben ist, eine allgemein geltende Regel zu finden die jedes Glied jeder Differenzreihe aus den Gliedern der Hauptreihe herleitet.**

Aufl. Man kann sich am besten die Glieder der primitiven Reihe durch $x, x_1\ x_2\ x_3\ x_4 \ldots\ldots x_n$ ausdrücken, wo die Zahlen, welche zugleich den Index vorstellen unten zur Seite geschrieben sind, um weder Coefficienten noch Exponenten darunter zu verstehen; x_n ist das $(n+1)$te Glied der Hauptreihe, weil wir mit Fleiß, wie bei den Binomialpotenzen das erste auch mit o bezeichnen. Die Differenzen verschaffe man sich wie dort die höhern Potenzen durch Multiplication, hier durch Subtraktion; zuerst auch bis zur vierten Differenzreihe, wie man dort bis zur vierten Potenz hinauf multiplicirte. So erhält man

Primit.	I. Diff od. D1	II. Diff. oder D2	III. Diff. oder D3	IV. Diff. oder D4
x				
x_3	$x_1 - x$			
x_2	$x_2 - x_1$	$x_2 - 2x_1 + x$		
x_3	$x_3 - x_2$	$x_3 - 2x_2 + x_1$	$x_3 - 3x_2 + 3x_1 - x$	
x_4	$x_4 - x_3$	$x_4 - 2x_3 + x_2$	$x_4 - 3x_3 + 3x_2 - x_1$	$x_4 - 4x_3 + 6x_2 - 4x_1 + x$
x_5	$x_5 - x_4$	$x_5 - 2x_4 + x_3$	$x_5 - 3x_4 + 3x_3 - x_2$	$x_5 - 4x_4 + 6x_3 - 4x_2 + x_1$
x_6	$x_6 - x_5$	$x_6 - 2x_5 + x_4$	$x_6 - 3x_5 + 3x_4 - x_3$	$x_6 - 4x_5 + 6x_4 - 4x_3 + x_2$

Man sieht hier sogleich, daß die Coefficienten bis zur nten Differenzreihe völlig mit dem Binomialcoefficienten §. 12. zusammentreffen. Von der Allgemeinheit dieser Uebereinstimmung habe ich mich am kürzesten und leichtesten dadurch überzeugt, daß ungeachtet hier keine Multiplication vorfällt, doch die Coefficienten der $n+1$ten Differenz auf eben die Art aus den Coefficienten der nten entstehen wie dort diese Größen bei der $n+1$ten Potenz aus der nten wurden.

Nennen wir die ersten Differenzen D1, die zweiten D2 u. s. w. überhaupt Dn; die Glieder jeder Diff. Reihen 1D1, 2D1 ... rD1 überhaupt 1Dn, 2Dn, rDn, so ist z. B. $1D4 = 2D3 - 1D3$. Um es zu finden wird man beide letztgenannte Wehrte folgender Maaßen unter einander ordnen.

$$\begin{array}{rrrrrr} & x_4 & -3x_3 & +3x_2 & -x_1 & \\ \text{subtr.} & + & x_3 & -3x_2 & +3x_1 & -x \\ & - & + \cdot & - & + & \\ \hline & x_4 & -4x_3 & +6x_2 & -4x_1 & +x \end{array}$$

Man sieht bei dieser Anordnung kommen die Coefficienten genau so untereinander zu stehen, wie §. 12. bei den Partialprodukten von $(a+b)^3 . (a+b)$. Dort entstehen nun die Coefficienten in $(a+b)^4$ durch Addition der untereinander stehenden; hier nicht anders. Denn da die absolute Größe dadurch nicht geändert wird, wenn beide sum-

summirenden Zahlen negativ sind, (allenfalls dürfte man auch nur mit $(a-b)'$ $(a-b)$ die Vergleichung anstellen); so müssen die Summen d. i. die Coefficienten der 4ten Differenzreihe auch wieder so ausfallen, wie beim binomio. Man fand dort, daß sich die Coefficienten der 4 oder 5 niedrigsten Potenzen, wenn man überhaupt n statt 1, 2, 3, 4, 5 ... setzt, alle in die Form passeten

$$\begin{array}{ccccc}
\frac{n}{1}; & \frac{n.n-1}{1.2} & \frac{n.n-1.n-2}{1.2.3} & \ldots & \frac{n.n-1.n-2\ldots n-(r-1)}{1.2.3\ldots r} \\
1 & n & \frac{n.n-1}{1.2} & \ldots & \frac{n.n-1.n-2\ldots n-(r-2)}{1.2.3\ldots r-1} \\
\hline
\frac{n+1}{1} & \frac{n+1.n}{1.2} & \frac{n+1.n.n-1}{1.2.3} & \ldots & \frac{n+1.n.n-1\ldots n-(r-2)}{1.2.3\ldots r-1.r}
\end{array}$$

Also auch hier. Noch mehr! Man muß auch, wenn man statt dortiger Multiplication hier $2Dn - 1Dn$ sucht um $1D(n+1)$ zu bekommen eben die nämlichen Coefficienten wie dort zu subtrahiren oder vielmehr nach Veränderung der Zeichen zu addiren bekommen, wie sie im Schema stehen. Hier so gut als dort wird dies durch bloße Substitution von $n+1$ stat n erhalten werden, und so gelten alle dortigen Schlüsse, daß die Regel für jedes $D(n+1)$ gilt, wenn sie für Dn gilt, also für D5 wenn sie für D4 richtig ist für D6 wenn sie für D5 wahr ist. Sie ist aber für D4 wahr wie die Rechnung mit bloßen Zahlen giebt also für alle Dn und rDn in infinitum. Man darf also auch nur hier, da auch $n+1$ unter der allgemeinen Form begriffen ist

$$\frac{n.n-1.n-2\ldots n-(r-1)}{1.2.3\ldots r}$$ zur Hauptregel machen.

Anm. Wenn diese Schlüsse richtig sind; so kann man auch sagen: nachdem der große deutsche Mathematiker für die Binomial sowol als die Differenzformel einen vollständigen Beweis nach aller Strenge gefunden hat, so ists an sich gleichgültig

 welche

welche von beiden Materien im System vorangehet. Man konnte sich bei dem ersten auch auf den letzten beziehen als auf eine ganz gleiche Schlußart, ohne daß ein Satz eigentlich den andern voraussetzte.

§. 21. Z. Man sieht aus der Tabelle der Differenzreihen, daß hier die Subtraktion, (wie beim Binomialsatz die Multiplication), jedem 1D1, 2D1 ... 1D2, 2D2 u. s. w. der ersten bis vierten Differenzreihe die Form giebt, daß immer das erste Glied einer jeden solchen Differenz mit dem ersten Gliede der primitiven Reihe, dem es gegenübersteht, gleich ist; in den folgenden Gliedern aber die angehängten Nummern oder Indices immer um 1 abnehmen (so wie die Potenzen von a beim binomio), so daß also, wenn r das Glied der Hauptreihe x_r ist, das gegenüberstehende Glied irgend einer Differenzreihe oder rDn aus den Theilen $x_r - Ax_{r-1} + Bx_{r-2} + Cx_{r-3} \ldots \pm Rx_1 \mp x$ besteht, wo A, B, C etc die im vor. § gefundenen Quotienten bedeuten. Sie entstehen ebenfalls auf zweierlei Art; entweder durch Abzug des vorhergehenden Gliedes vom nachfolgenden in der Reihe Dn um die Reihe D(n + 1) daraus zu machen, oder auch wenn man in jedem rten Gliede der Reihe Dn r + 1 statt r setzt um das rte Glied der Reihe D(n + 1) daraus zu machen. Es ist offenbar daß dies Gesetz für die 4 ersten Differenzreihen zutrift. Gilt es nun für die 4te, so muß es auch für die 5te, gilt es für die 5te, so muß es auch für die 6te und so fort an gelten.

§. 22. **Aufg. Jedes einzelne Glied der Hauptreihe (außer dem ersten) blos durch alle ersten Glieder sowol der Haupt- als der Differenzreihen auszudrücken.**

Aufl.

Aufl. Diese ersten Glieder sind x, $1D1$, $1D2$, $1D3 \ldots 1Dn$. Der allgemeine Ausdruck für jedes Glied der Hauptreihe ist x_n. Nun mache man

$$x_n = x + n.1D1 + \frac{n.n-1}{1.2}\,1D2 + \ldots$$

$$+ \frac{n.n-1\ldots n-(r-1)}{1.2\ldots r}\,1Dr + \ldots 1Dn$$

Es sind nämlich die Binomialcoefficienten der nten Potenz (stat der Potenzen beim binomio), mit den ersten Gliedern aller Reihen von der Hauptreihe an bis auf die nte Differenzreihe multiplicirt.

Bew. Es ist
$x_1 - x = 1D1$; I. $x_1 = x + 1D1$
$x_2 - x_1 = 2D1$ also $x_2 = x_1 + 2D1 = x + 1D1 + 2D1$
Es ist aber $2D1 - 1D1 = 1D2$ also (NB) $2D1 = 1D1 + 1D2$ und II. $x_2 = x + 2.1D1 + 1D2$; $x_3 - x_2 = 3D1$; mithin $x_3 = x_2 + 3D1$. Es ist aber $2D2 - 1D2 = 1D3$ also $2D2 = 1D2 + 1D3$; $3D1 - 2D1 = 2D2$; $3D1 = 2D1 + 2D2$.

Also $3D1 = 1D1 + 2.1D2 + 1D3$ (aus NB) daher aus II. ist III. $x_3 = x + 3.1D1 + 3.1D2 + 1D3$. Also für die 3 ersten Glieder erhellet die Richtigkeit der Auflösung. Es muß natürlich für die folgenden eben so angehen; nur wird es immer weitläuftiger und geht ins unendliche.. Der Gang des allgem. Beweises, den ich in seiner Extension bei dem Erfinder nachzulesen bitte, wäre nun wieder: Es ist $x_{(n+1)}$ eben das gegen x_n was x_3 gegen x_2 ist, und $(n+1)D1$ gegen $nD1$ was $3D1$ gegen $2D1$ ist. So wie also x_3 durch Addition von x_2 und $3D1$ entsteht; so muß $x_{(n+1)}$ aus der Summe von x_n und $(n+1)D1$ entstehen. So wäre also

$$x_n = x + nD1 + \frac{n.n-1}{1.2}D2 + \ldots \frac{n.n-1\ldots n-(r-1)}{1.2\ldots r}Dr + \ldots 1Dn$$

$$_{(n+1)}D1 = \quad 1D1 + \quad nD2 \ldots + \frac{n.n-1\ldots n-(r-2)}{1.2\ldots r-1}Dr + \ldots nDn + 1D_{(n+1)}$$

völlig so wie die Binomialcoefficienten oben §. 12 nebst den zugehörigen Potenzialausdrücken die (n+1)te Potenz durch **Addition** der Partialprodukte hervorbrachten. Auch hier entsteht durch Substitution unmittelbar was die Addition durch einen Umweg giebt, und weil beide Voraussetzungen, wenn sie für ein solches dessen Zahl 1 mehr beträgt, richtig seyn müssen; aber für das 1, 2te, 3te durch die Rechnung sich richtig erweisen, so müssen sie es auch für das 4te, und wenn dies, fürs 5te seyn in infin. Ich weis wol worin ich hier abweiche; aber die Schlüsse müssen für die Wehrte nD1 so gut gelten, als für x_n welches sich bei umständlicherer Auseinandersetzung noch deutlicher zeigen würde.

§. 23. Addirt man alle vorhergehenden Glieder einer Reihe nach einander, so erhält man eine summirte Reihe, seriem summatricem. Addirt man weiter; so entstehen summirte Reihen von der 2ten 3ten, nten Ordnung. Ein Ausdruck für das gemeinschaftliche Gesetz wornach die Glieder addirt werden heißt der terminus generalis summatorius. Ist die vorgegebene Reihe eine arithmetische, so ist

$$na + \frac{n.n-1}{1.2}d$$ ein solches summatorisches Gesetz.

Geht diese arithm. Reihe von der Einheit an, so heißen die Glieder der summirten Reihen von allen Ordnungen **figurirte Zahlen** (num. figurati) und in der ersten **Polygonalzahlen**, in allen übrigen folgenden **Pyramidalzahlen**.

Fol-

Folgende Schemata erläutern das gesagte. Es sey

Index	1	2	3	4	5	6	
	1	1+d	1+2d	1+3d	1+4d	1+5d	
d=1	1	2	3	4	5	6	
summatrix	1	3	6	10	15	21	Trigonalzahlen
	1	4	10	20	35	56	dreis. Pyramidalzahlen
d=2	1	3	5	7	9	11	die ungraden Zahlen
summatrix	1	4	9	16	25	36	Tetragonalzahlen
	1	5	14	30	55	91	viers. Pyramidalzahlen
d=3	1	4	7	10	13	16	
summatrix	1	5	12	22	35	51	Pentagonalzahlen
	1	6	18	40	75	126	fünfs. Pyramidalzahlen

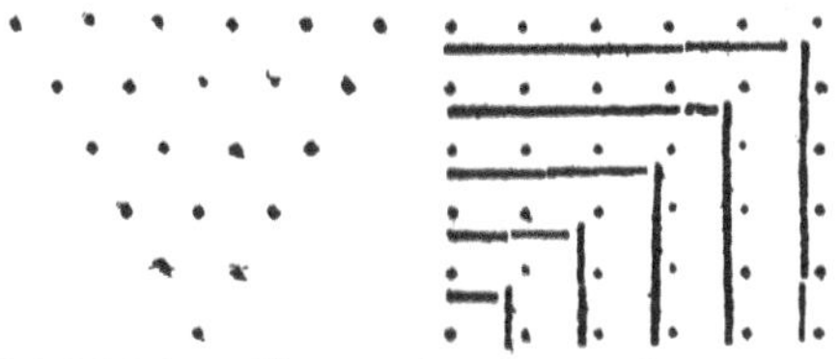

Die Trigonal, Triangular oder dreieckten Zahlen haben ihre Benennung davon erhalten, weil sie sich immer in ein gleichseitiges Dreieck stellen lassen wie nebenstehende Figur zeigt, wo man sich immer die Dreiecke so wie Zahlen aus der Hauptreihe hinzukommen, durch Parallelstriche absondern kann. Eben solche Absonderungen gehen bei dem aus der größten Quadrat- oder Tetragonalzahl der Tabelle durch Horizontal- und Verticalstriche an. Bei den Pentagonal- und übrigen Polygonalzahlen läßt sich dies nicht so leicht darstellen; so wenig wie bei den Pyramidalzahlen, wenigstens lohnts die Mühe nicht. Folgende Tabelle, welche in der 3ten Columne die Trigonalzahlen und in den folgenden Ordnungen 3seitige Pyramidalzahlen enthält ist, die gebräuchlichste. Die erste Verticalcolumne ist der Index der Horizontalzeilen, die römische Ziffern sind der Index der übrigen Verticalcolumnen.

	I	II	III	IV	V	VI	VII	VIII	IX	X
0	1	0	0	0	0	0	0	0	0	0
1	1	1	0	0	0	0	0	0	0	0
2	1	2	1	0	0	0	0	0	0	0
3	1	3	3	1	0	0	0	0	0	0
4	1	4	6	4	1	0	0	0	0	0
5	1	5	10	10	5	1	0	0	0	0
6	1	6	15	20	15	6	1	0	0	0
7	1	7	21	35	35	21	7	1	0	0
8	1	8	28	56	70	56	28	8	1	0
9	1	9	36	84	126	126	84	36	9	1

§. 24. Warum jede Reihe mit 1 anfängt, da immer das Glied der vorhergehenden, woraus sie entspringt 1 ist und nichts mehr über sich hat, sieht man leicht. Was aber gleich beim ersten Anblick auffallen muß, ist dieses, daß in den Horizontalreihen oder Zeilen immer bei 1, 2, 3, 4...9 die Binomialcoefficienten für die erste, 2te, 3te...9te Potenz stehen, und veranlaßt die Frage, woher dies kommt? 1, 1 dem 1 im Vert. Index gegenüber verstehen sich von selbst. Nun vergleiche man die 2te Zeile mit dem Quadrat wie es durch Multiplication entsteht §. 12 so entsteht der Coefficient durch Addition $1ab + 1ab = 2ab$; hier wird er durch $1 + 1$ der ersten Columne; konnte aber auch durch $1 + 1$ der Zeile 1 entstehen. Eben so kann auch das 3 der 3ten Zeile und IIten Columne durch die Addition von dem $2 + 1$ und das 3 in III durch Addition von $1 + 2$ in III und II der Zeile 2 entstehen, weswegen dies einerlei giebt, sieht man gleich. Auch dies stimmt damit, wie 3 in $3a^2b$ aus

$2a^2b$

$2a^2b + 1a^2b$ und $3ab^2$ aus $1.ab^2 + 2ab^2$ wird §. 12. Das Gesetz trift auch noch in der 4ten Zeile zu. Denn $3+1=4$; $3+3=6$; $1+3=4$, wenn man $0+1=1$ nimmt. Nämlich in der Columne, für welche man eine Zahl sucht, nimmt man immer die über ihr stehende und die in eben der Zeile stehende Zahl in der nächstniedern Columne. Da nun dies die Binomialcoefficienten sind, so stehen sie in den 4 ersten Zeilen unter dem Gesetz $1 + n + \frac{n.n-1}{1.2} + \ldots,$ $\frac{n.n-1\ldots n-(r-1)}{1.2\ldots r} + \ldots 1.$ Nehme ich nun an, daß das Verfahren für $n+1$ gilt, wenn es für n gültig ist; so bekomme ich hier eben solche Größen für $n+1$ zu addiren wie dort; nämlich $\frac{n}{1} + 1 = \frac{n+1}{1}$ für die IIte $n + \frac{n.n-1}{1.2} = \frac{n+1.n}{1.2}$ und überhaupt $\frac{n.n-1\ldots n-(r-1)}{1.2\ldots r} + \frac{n.n-1.n-2\ldots n-(r-2)}{1.2.3\ldots r-1}$ $= \frac{n+1.n.n-1\ldots n-(r-2)}{1.2.3\ldots r-1.r}$ welches man auch durch bloße Substitution in dem ersten Coefficienten $\frac{n.n-1\ldots n-(r-1)}{1.2\ldots r}$ erhält, auch nun den letztern selbst wie einen allgemeinen Ausdruck für jede figurirte Zahl gebrauchen kann, wenn man wieder n statt $n+1$ schreibet. Dem Beweis fehlt noch darzuthun, daß überall das $n-1$te Glied in der nten Columne durch die angezeigte Summe gefunden werde. Dies würde wol sehr weitläuftig werden, man kann sich also mit dieser Induktion begnügen, wodurch ich einen Weg zu einem andern Beweise vorgeschlagen habe. Uebrigens lese man Kästners Beweis §. 727 — 733 s. Anal. des Endl. Ist es genug zu zeigen oder ist es nicht vielmehr durchaus nothwendig, daß das n — 1te Glied in der nten Zeile von dem nten in der n + 1ten abgezogen immer die Differenz geben muß, die über letzterm steht z. E. 16 — 6 = 4 und also immer z. B. 6 + 4 = 10 seyn müsse? Die Natur der summirten Reihen giebt dies ja überhaupt an; und so muß es auch bei jedem Gliede statt finden. Ich überlasse Kennern die Entscheidung.

IV. Von der Versetzung und dem Zusammennehmen verschiedener einzelner Dinge (de permutatione et combinatione).

§. 25. **Aufg.** **Wenn eine Anzahl von einander verschiedener Dinge, z. E. die Buchstaben a, b, c, d — — gegeben sind, die Anzahl der Ordnungen zu finden, in welche diese Dinge gestellt werden können, so daß keine Ordnung völlig und durchaus mit der andern übereinkommt.**

Aufl. Kommt zu einem Dinge a ein zweites oder b hinzu, so läßt es sich vor oder nach dem a setzen; nämlich ab, ba. Dies sind 2 oder 1 . 2 Versetzungen. Kommt noch c hinzu; so läßt es sich sowol zu ab als zu ba voran, in der Mitte, und am Ende setzen. Dies giebt 6 = 1 . 2 . 3 Versetzungen: nämlich

I. c zu ab	II. c zu ba
cab, acb, abc;	cba, bca, bac.

Eben so, wenn der 4te Buchstabe d hinzukommt, wird er sich zu jeder von diesen 6 Ordnungen auf 4 verschiedene Arten setzen lassen; nämlich voran, zwischen dem ersten und zweiten, zwischen dem zweiten und 3ten, und am Ende. Dies giebt also unter 4 Dingen 6 . 4 = 1 . 2 . 3 . 4 = 24 verschiedene Ordnungen. Eben so leicht

leicht sieht man, daß weil der 5te Buchstabe, mit jeder dieser 24 Ordnungen 5 neue giebt, 5 Dinge in $1.2.3.4.5 = 120$ Ordnungen gestellt werden können. Wäre dies allgemein so würden also n Dinge $1.2.3 \ldots n$ Versetzungen geben. Man könnte auch den höchsten Faktor zuerst schreiben, so geben $n-1$ Dinge $n.n-1.n-2 \ldots n-(n-1)$. Denn $n-(n-1) = n-n+1 = 1$. Daher ists gleichgültig, ob man mit der 1 anfängt und bis n herauf steigt, oder mit n anfängt und bis 1 herabgeht. Gesetzt nämlich dies sey für $n-1$ Dinge wahr und es käme noch 1 hinzu; so würde dies doch $n-2$ Zwischenstellen und zwei an den Enden geben; also müßte noch mit n multiplicirt werden. Also wenn die Formel für $n-1$ gilt, so ist für n Dinge $n.n-1.n-2 \ldots n-(n-1)$. Nun gilts für 5 Dinge also auch für 6 u. s. f.

Ex. Auf wie viel verschiedene Weise können 8 Töne mit einander abwechseln? 40320 mahl.

In wie viel Ordnungen können 40 Karten liegen? $40.39.38 \ldots 3.2.1$ giebt eine Zahl, die zwischen 10^{48} und 10^{49} liegt, und noch über 2 Oktillionen beträgt.

§. 26. Wenn unter den Dingen, von welchen man wissen will, in wie viel verschiedenen Ordnungen sie gestellt werden können, einige einerley sind; wie wenn unter n Buchstaben m mal der Buchstabe a, und p mal der Buchstabe b vorkäme; so giebt

$$\frac{n.n-1.n-2 \ldots 3.2.1}{m.m-1 \ldots 3.2.1.p.p-1 \ldots 3.2.1}$$ die Anzahl der Versetzungen. Denn es seien z. E. b, a, a; so sollten a, a zwei Versetzungen geben, wenn sie ungleich wären. Da sie jetzt aber nur eine Ordnung geben; so kann b mit ihnen zusammen geordnet auch nicht mehr $3.2.1$; sondern nur $3.1 = \frac{3.2.1}{1.2}$ Versetzungen geben. Eben so

geben cbbbaa, wenn alles ungleich, 6.5.4.3.2.1 oder 120 Versetzungen; weil die beiden letzten Buchstaben gleich sind, giebts nur $\frac{6.5.4.3.2.1}{2.1}$, wenn noch der 2te, 3te und 4te verschieden wären. Weil aber auch diese gleich sind; so sind überall nur

$$\frac{6.5.4.3.2.1}{3.2.1.2.1} = 60 \text{ Versetzungen möglich.}$$

§. 27. Aufg. Es sind n verschiedene Dinge gegeben; man soll finden, wie viel Paare oder Amben, wie viel Dreien oder Ternen, wie viel Viere oder Quaternen u. s. w.; oder, wie man es auch sonst ausdrückt, wie viel Combinationen zu 2, 3, 4, 5 u. s. w. man daraus machen könne, ohne jemals grade eben dieselben 2, 3, 4 ... Stücke zu erhalten.

Aufl. Gesetzt es wären die Buchstaben a, b, c, d, e u. s. w. an der Zahl n gegeben; so lasse man erst a weg und man behält

bcde... oder n — 1 Buchstaben. Mit jedem läßt sich a zu 2 combiniren, wie

ab ac ad ae... Also n — 1 Paare. Man kann nun auch b weglassen; so bleibt

a, c, d, e; und b mit jedem gepaart, giebt auch n — 1 Paare. Da also jeder der n Buchstaben abgesondert, und hiernächst mit jedem der n — 1 übrigen gepaart werden kann; so sind dies überhaupt n. n — 1 Paare wie folget:

ab ac ad ae
ba bc bd be
ca cb cd ce
da db dc de
ea eb ec ed

Da

Da aber ab und ba, ac und ca u. s. w. nur für ein und dasselbe gelten; so ist offenbar, daß die eigentliche Anzahl der wirklich verschiedenen Amben hier $\frac{n.n-1}{1.2}$ ist.

II. Wenn die unter n Dingen möglichen Ternen gesucht werden, z. E. die Ternen aus a, b, c, d, e; so würden n — 1 Dinge $\frac{n-1.n-2}{1.2}$ Amben geben; bcde geben bc, bd, be, cd, ce, de
Setzt man zu jeder Ambe a hinzu, so erhält man $\frac{n-1.n-2}{1.2}$ Ternen. Eben so wird man, wenn man zu den Amben aus a, c, d, e den Buchstaben b setzt, aufs neue $\frac{n-1.n-2}{1.2}$ Ternen bekommen; und da man dies Verfahren n mal wiederholen kann; so erhält man $\frac{n.n-1.n-2}{1.2}$ Ternen. Aus a, b, c, d, e sind es folgende:

abc	abd	abe	acd	ace	ade
bac	bad	bae	bcd	bce	bde
cab	cad	cae	cbd	cbe	cde
dab	dac	dae	dbc	dbe	dce
eab	eac	ead	ebc	ebd	ecd

Man sieht nun hier wieder, daß, weil Ternen wie abc, bac, cab, d. i. jede mit ihren 3 Versetzungen, wie sie hier vorkommen, nur für eine gelten, man noch mit 3 die Formel dividiren müsse, d. i. n Dinge geben $\frac{n.n-1.n-2}{1.2.3}$ Ternen.

III. Eben

III. Eben so findet man daß n Dinge $\frac{n.n-1.n-2.n-3}{1.2.3.4}$ Combinationen zu 4, und überhaupt $\frac{n.n-1.n-2\ldots n-(r-1)}{1.2.3\ldots r}$ Combinationen zu r geben.

Regel. Man suche zwei arithmetische Reihen, in welchen Eins die Differenz ist; erstlich eine absteigende, die von der Zahl der gegebenen Stücke, und zweitens eine aufsteigende, die von 1 anfängt; die Anzahl der Glieder in beiden macht man der Zahl gleich, welche anzeigt, wie viel Stücke zu combiniren sind. Das Produkt der Glieder der ersten Reihe dividirt man durch das Produkt der Glieder der zweiten Reihe; so giebt der Quotient die Anzahl der möglichen Combinationen.

Anm. Da ich hier die Combinationen unmittelbar auf die Versetzungen folgen lasse; so hielte ich es für bequem, letztere Regel so wie die Versetzungsregel herzuleiten. Man sieht sonst auch leicht, daß die Tabelle §. 23. in den Columnen II III IV u. s. w. die Zahl der Combinationen zu 2, zu 3, zu 4 u. s. w. angeben müsse, die mit den jedesmal in I vorhergehenden einzelnen Dingen zu machen sind. Man schreibe nämlich statt 1, 1, 1 u. s. w. in I die Buchstaben a, b, c, d u. s. w.

a	o	o	o	o
b	ab	o	o	o
c	ab, bc	abc	o	o
d	ab, bd, dc	abd, acd, bcd	abcd	o
e	ac, be, ce, de	abe, ace, bce, ade	abce, abde	abcde
f		bde, cde	acde, bcde	
g				
h				

so hatte man z. E. in IV in der 7ten Horizontalzeile 20 Quaternen von den 6 Buchstaben a, b, c, d, e, f. Also muß

muß auch um die Zahl der Combinationen für jeden Fall zu finden, eben die Regel wie für die figurirten Zahlen sich erweisen lassen.

§. 28. **Beispiele.** 1. Wie viel verschiedene Spiele sind im Lombre möglich? Antwort:

$$\frac{40 \cdot 39 \cdot 38 \cdot 37 \cdot 36 \cdot 35 \cdot 34 \cdot 33 \cdot 32}{1 \cdot 2 \cdot 3 \cdot 4 \cdot 5 \cdot 6 \cdot 7 \cdot 8 \cdot 9}, \text{ d. i. } 273\,438\,880;$$

welche Zahl mit 3 zu multipliciren, weil es noch darauf ankommt, ob man der erste, zweite oder dritte der Spielenden ist. Ferner, da 40 Karten $\frac{40 \cdot 39}{1 \cdot 2}$, und 9 Karten $\frac{9 \cdot 8}{1 \cdot 2}$ Amben enthalten; so folget, daß die Wahrscheinlichkeit, diese oder jene bestimmte Ambe, z. E. Spadille und Baste, in einem Spiele zu erhalten $\frac{36}{780} = \frac{1}{21\frac{2}{3}}$ ist; das heißt, daß man nur etwa unter 22 Spielen **einmal** darauf rechnen dürfe, diese beiden Blätter zugleich zu bekommen u. d. gl.

2. Die 10 Zahlzeichen werden im dekadischen System auf alle mögliche Arten verbunden. Die 0 bedeutet für sich nichts, einzeln zeigen sie daher nur neun Zahlenbegriffe an. In Absicht der Amben wird jedem der zehn jede Zahl vorgesetzt, nur bedeutet wieder die 0 vorne nichts. Dies also sind 100 — 10 Zahlenbegriffe durch **Amben** ausgedruckt. **Ternen** bekömmt man dadurch, daß man den 100 Amben, worunter auch solche wie 01, 02 sind, jede der 10 Ziffern vorsetzt; dies giebt 10 . 100 — 100, wo die 0 vorne nichts bedeuten kann. Dies sind 9 + 90 + 900 = 999 Zahlenbegriffe durch Einzer, Amben und Ternen ausgedrückt. Man sieht die Fortsetzung leicht selbst.

3. In

3. In den Wissenschaften dient diese Regel zur Abzählung der Fälle. In der theoret. Mathematik geben §. 256 und 315. A. R. und §. 117 Planim., auch §. 7. 14 Sph. Trigon. Beispiele.

4. In der Logik lassen sich hiedurch die Schlußarten (modi syllogismorum) abzählen. Wenn A einen allgemein bejahenden, E einen allgemein verneinenden, I einen besonders bejahenden, und O einen besonders verneinenden Satz bedeutet; so erhält man $\frac{4 \cdot 3}{2 \cdot 1} = 6$ Paare von diesen Sätzen zu Vordersätzen. Und da man auch jeden Buchstaben doppelt setzen darf; so giebt dies 10 Verschiedenheiten und noch 6 Versetzungen

AA.	
AE EE	EA
AI EI II	IA IE
AO EO IO OO	OA OE OI

Nun wird aber in der Logik gezeigt: 1) Aus bloßen verneinenden oder besondern Vordersätzen folgt nichts; also fallen dir Combinationen, EE, II, EO, IO, OO, OE, OI schon weg. 2) Der Schlußsatz richtet sich nach dem schwächern Theile und 3) aus bloßen bejahenden Sätzen folgt was Bejahendes. Daher hat man 1) AAA 2) AAI 3) AEE 4) AEO 5) AII 6) EIO 7) AOO, wozu noch 8) *EAE* 9) *EAO* 10) IAI 11) IEO, und 12) OAO kommt. Weitere Ausführung findet man bei Kästner Anal. des Endl. §. 744. und in Lamberts Organon Dianoiol. §. 195—219.

§. 29. **Die Lehre von der Wahrscheinlichkeit, z. E. bei den Glucksspielen,** beruhet auch mehr oder

oder weniger auf diesen Lehren. Die nur leider zu unermüdet beschäftigten Zahlenlotterien, die so manchen Unwissenden allmählich ins Verderben stürzen, gewinnen dadurch so unsäglich, daß sie nicht bezahlen, was dem Einsetzer wegen der Gefahr zu verlieren eigentlich zukommt, wenn er einmal das wunderbare Glück hat zu gewinnen. Die Zahlenlotterie enthält 90 Nummern. Davon werden jedesmal 5, wie's trift, gezogen. Nun ist $90:5=18$. Das heißt es ist nur ein günstiger Fall für den Einsetzer, da 17 günstige für der Lotteriecasse sind, wo nämlich keine von den 5 Nummern herauskommt, die der Spieler besetzt haben kann. Wenn der Einsetzer gewönne müßte ihm also der Einsatz 17mal ersetzt werden. Denn wenn er es Jahre lang treibet, so verliert er im ganzen 17mal, ehe er einmal gewinnet. Aber man giebt ihm den Einsatz nur 15mal, und nimmt also schon $11\frac{3}{4}$ Procent Vortheil. Nun giebts in 90 Nummern $\frac{90.89}{1.2}=4005$, und in 5 nur $\frac{5\cdot4}{1.2}=10$ Amben. Von 4005 möglichen Fällen sind für den Einsetzer nur 10 günstige, und 3995 ungünstige. Er sollte also wenn er eine Ambe gewinnt, den Einsatz $399\frac{1}{2}$mal bekommen, und erhält ihn nur 270mahl; man nimmt also über 32 pr. c. Vortheil. Die Ternen in 90 sind $\frac{90.89\cdot88}{1.2.3}=117480$; in 5 sinds $\frac{5\cdot4\cdot3}{1.2.3}=10$. Darnach sollte der Gewinner einer Terne seinen Einsatz 11747mal bekommen, und man zahlt ihn nur 5300 mal; der Empfänger preißt sich glücklich, wenn er gleich um mehr als 54 pr. c. zu wenig bekommt. Endlich der Quaternen sind in 90 Nummern 2555190, und in 10 sind 5. Der Einsatz sollte 511037mal bezahlt werden, und man giebt ihm nur 60000, und nimmt

88 pr. c. für seine Mühe. Noch ist der bestimmte Auszug, wenn man gleichsam darauf wettet, daß eine belegte Nummer die erste zweite u. s. w. der gezogenen seyn sollte, der 89 mal bezahlt werden sollte, aber nur 75mal bezahlt wird. Nichts kann wol besser darauf angelegt seyn, den armen und reichen Unwissenden und Habsüchtigen anzulocken. Denn wie er bei den Ternen und Quaternen vervortheilt wird, weis er nicht; aber der geringe Einsatz und doch mögliche große Gewinn lockt ihn.

Die Wahrscheinlichkeit, daß mit 3 **Würfeln** alle Sechsen geworfen werden, ist wie 1 : 215. Zwar haben alle 3 Würfel zusammen 18 Seiten, und dies gäbe $\frac{18.17.16}{1.2.3} = 816$ Ternen. Aber in jedes einzelnen Würfels 6 Seiten stecken $\frac{6.5.4}{1.2.3} = 20$, d. i. zusammen 60 Ternen, die abgehen, weil es nicht möglich ist, die 3 Nummern zugleich oben zu haben. So auch nicht die $3 . \frac{6.5}{1.2} = 45$ Amben der einzelnen Würfel, und also eben so wenig die Ternen, welche jede dieser 15 Amben des einzelnen Würfels mit jeder einzelnen Zahl der andern beiden machen. So gehen noch $15 . 3 . 6 . 2 = 540$ Ternen, überhaupt also 600 Ternen ab. Bleiben also 216 ungünstige und ein günstiger Wurf; nun ist $216 = 6^3$ die Kubikzahl der Seitenzahl. Es läßt sich leicht beweisen daß $6^2 = 36$ die Regel für zwei Würfel giebt. Denn

	1	2	3	4	5	6
1	1,1	1,2	1,3	1,4	1,5	1,6
2	2,1	2,2	2,3	2,4	2,5	2,6
3	3,1	3,2	3,3	3,4	3,5	3,6
4	4,1	4,2	4,3	4,4	4,5	4,6
5	5,1	5,2	5,3	5,4	5,5	5,6
6	6,1	6,2	6,3	6,4	6,5	6,6

sind 36 Verbindungen; verbindet man mit jeder derselben jede Zahl eines 3ten Würfels; so sinds $6^3 = 216$, und mit jeder dieser 216 die 6 Zahlen des 4ten Würfels, so giebts $216 . 6 = 6^4$ und bei n Würfeln 6^n Verbindungen, worunter immer nur eine einzige ist, wo alle Sechser oder alle Einer und so weiter oben liegen. Man sehe über die Wahrscheinlichkeitsrechnung **Florencourt** im 7ten Kapitel der pol. Rechenk.

V. Vom Ordnen der Gleichungen.

§. 30. **Vorerinner.** Was in den nächst folgenden Abschnitten vorkommen wird, kann man als die ersten Linien der sogenannten **höhern Algebra** ansehen, da es alles auf die allgemeine Auflösung der Gleichungen auch derer, welche die quadratischen übersteigen, sich bezieht. — Ich bin **Karsten**, **Segnern** und **Kästnern**, besonders aber Hrn. **Lorenz** hiebei gefolget, dessen gewohnte Kürze hier auch Licht und deutliche Uebersicht gewähret.

§. 31. **Aufg. Eine rationale bestimmte Gleichung** §. 1. d. i. eine solche, wo die unbekante Größe nicht unter dem Wurzelexponenten steht oder als Bruchpotenz vorkommt, **zu ordnen und sie auf den kürzesten Ausdruck, ihre allgemeine Form zu**

 brin-

bringen. Z. E. Wenn die Gleichung gegeben ist $\frac{n}{x} - c + b = 5ax + \frac{dh}{x}$.

1) **Man bringe die Gleichung auf Null:** So wird aus der vorgegebenen $\frac{n}{x} - c + b - 5ax - \frac{dh}{x} = o$. Aus dem Begrif einer Gleichung §. 205. A. R. ist deutlich, daß dies durchaus angeht. Wenn das, was auf einer Seite des Gleichheitszeichens steht von dem abgezogen wird, was auf der andern Seite steht, d. i. zwei gleiche Größen von einander abgezogen werden; so muß wol diese Differenz d. i. die nunmehrige Gleichung o werden. $3 \cdot 7 = 30 - 9$ und $3 \cdot 7 - 30 + 9 = o$. Wären unbekannte Größen dabei z. E. $3 \cdot 7 = x - 9$; so ist, wenn anders eine Gleichheit statt findet, $3 \cdot 7 - x + 9 = o$ und es beruhet nun darauf, die Größe in Zahlen zu finden, die für x gesetzt, macht, daß alles aufgeht. In so fern hat man die Größe die dies leistet die **Wurzel** der Gleichung genannt. Eine oder mehr Größen die dies für $\frac{n}{x} - c + b - 5ax - \frac{dh}{x} = o$ hervorbrächten, wären Wurzeln dieser auf Null gebrachten Gleichung. Dies wird unten weiter benutzt werden.

2) Ist die unbekannte Größe in der Gleichung irgendwo im **Divisor**; so **schaffe man** sie da **weg** §. 208. VI. A. R. so wird $n - cx + bx - 5ax^2 - dh = o$; denn $x . o = o$.

3) **Alle Glieder die einerlei Potenz** der unbekannten Größe enthalten **vereinige** man in eins, indem man die Coefficienten addirt. Auch aus der Summe aller Glieder, die nur bekanntes enthalten, mache man ein

eins

einzelnes Glied (man kann es auch als den Coefficienten von $x^0 = 1$ ansehen). Man setze zugleich das Glied, welches die höchste Potenz von x enthält, voran, und lasse die übrigen nach der Ordnung der Exponenten folgen. So hat man im Ex. $-5ax + (b-c)x + (n-dh) = 0$.

4) Hat das höchste Glied einen Coefficienten als Faktor oder Divisor so dividire oder multiplicire man alle Glieder mit diesem Coefficienten positiv genommen. Also $-x^2 + \frac{b-c}{5a}x + \frac{n-dh}{5a} = 0$ denn $\frac{0}{5a} = 0$.

5) Hat das höchste Glied das Zeichen $-$ so verwandele man jedes Zeichen in das entgegengesetzte, so ist $x^2 - \frac{b-c}{5a}x + \frac{dh-n}{5a} = 0$. Denn die Gleichung ist nur darum $= 0$; weil die Glieder mit den entgegengesetzten Zeichen ihrer absoluten Größe nach gleich sind, welches hier bleibt. Hier wird $+\frac{dh-n}{5a}$ auch gewis das Gegentheil von $+\frac{n-dh}{5a}$ z. E. wenn $n = 7$; $dh = 2 . 3$ wäre.

6) Nun findet man es öfters bequem, um die allgemeine Form der Gleichung besser zu übersehen, für jeden zusammengesetzten Coefficienten einen einzelnen Buchstab mit dem Zeichen, das der Coefficient hat, zu setzen. Dann wird $x^2 - px + q = 0$.

§. 32. Eine rationale bestimmte Gleichung ist von dem Grade oder der Ordnung, welche nach geordneter Gleichung die Zahl des höchsten Exponenten der unbekannten Größe (x) ist. So ist die allgemeine Form

der quadratischen Gleichung $x^2+px^1+q=0$
der cubischen Gleichung $x^3+px^2+qx+r=0$
der biquadratischen Gleichung $x^4+px^3+qx^2+rx+t=0$
der von der nten Ordnung
$x^n+Ax^{n-1}+Bx^{n-2}+Cx^{n-3}\ldots+Q=0.$

§. 34. Z. Ist unter den Coefficienten einer $=0$; so fällt das Glied, wozu er gehört, eigentlich weg, und die Gleichung heißt **unvollständig**, sonst **vollständig**. Die Stelle, wo ein Glied ausfällt, pflegt man durch ein (*) zu bemerken, damit man den Ausfall nicht übersehe. Nur in so fern ist richtig, daß eine Gleichung von der nten Ordnung immer $n+1$ Glieder hat, nämlich wenn z. B. in der 2ten Stelle ein steht, so ist das zweite Glied $0.x^{n-1}$ u. d. gl. das $n+1$te ist Qx^0 §. 31. 3)

§. 35. **Anm.** Alles beruht also bei Betrachtung einer Gleichung auf Coefficienten und Exponenten. Letztere insbesondere bestimmen **die Gestalt der Gleichung** Ob man nun gleich eine Gleichung $ax+xy-c$ darum eine Gleichung vom 2ten Grade nennet, weil im 2ten Gliede ein Produkt zweier unbekannten Größen ist, das wenn man y bestimmt eine Gleichung worin x^2, wie §. 225. A. R. schon gezeigt ist, giebt; so ist doch hier nur noch zu bemerken, daß man derweilen die Gleichungen nach **einer** der unbekannten Größen, die den höchsten Exponenten hat, zu ordnen pflegt, und die andern unbek. Gr. wie Coefficienten betrachtet. Z. E. $x^2+bzyx+c=0$.

§. 36. **Aufg. Aus 2 rationalen höhern Gleichungen, deren jede 2 unbekannte Größen x, y enthält, eine dritte zu machen die wenigstens einen Grad niedriger ist.**

Aufl. I. Wenn beide nach x oder y geordnete Gleichungen von gleichem Grade sind z. E. $x^5-y^2x^4+y^3x=$

x^5-y^8

$\frac{x^3}{y^2} - y^2x^3 + p = 0$. Man suche aus jeder Gleichung den Wehrt der höchsten Potenz, setze beide Wehrte gleich und ordne die neue Gleichung. So ist $x^5 = y^2x^4 \quad y^3x = y^4x^3 - py^2$ und $x^4 - y^2x^3 - yx + p = 0$ einen Grad niedriger.

II. Wenn sie von ungleichem Grade sind z. E. $\frac{y^5}{x} - xy + x = 0$ und $y^5 - x^3y^4 + q = 0$. Man multiplicire die niedrigere mit einer Potenz von y, hier mit y^2 wodurch sie zu eben dem Grad wie die höhere steigt und verfahre nun wie in I. Auf solche Art wird die niedrigere $y^5 - x^2y^3 + xy^2$ daher $y^5 = x^2y^3 - xy^2 = x^3y^4 - q$. Also $y^4 - \frac{y^3}{x} + \frac{y^2}{x} - \frac{q}{x^3} = 0$. Wenn man also zwei cubische Gleichungen für eine unbekannte Größe hat, so erhält man leicht dafür eins quadratische, die sich wie gewöhnlich auflösen läßt.

§. 37. Aufg. Aus zwei rationalen Gleichungen, deren jede zwei unbekannte Größen x, y mit beliebigen Exponenten enthält, die eine zu eliminiren.

Aufl. I. Wenn in beiden Gleichungen, die zu eliminirende Größe nur in der ersten Potenz ist. z. E. $x + y = a$; $cx + dy = b$. Man multiplicire mit dem Coefficienten > 1, den die zu elimin. Größe in der zweiten Gleichung hat, die erste, und ziehe dann die zweite ab.

1) Wenn y	2) wenn x zu eliminiren
$dx + dy = da$	$cx + cy = ac$
$cx + dy = b$	$cx + dy = b$
$dx - cx = da - b$	$cy - dy = ac - b$

Hat aber die zu eliminirende Größe in beiden Gleichungen einen Coefficienten > 1, so multiplicire man jede

Gleichung mit dem Coefficienten, den die zu eliminirende Größe in der andern hat. Z. E.

$$\begin{array}{ll} mx + ny = a; & cx + dy = b \\ mdx + ndy = da; & mcx + ncy = ac \\ \underline{cnx + ndy = nb} & \underline{mcx + mdy = mb} \\ mdx - cnx = da - nb & ncy - mdy = ac - mb \end{array}$$

II. Wenn die zu eliminirende Größe y nur in einer Gleichung in der ersten Potenz ist. Z. E. $ax + by + c = o$; und $dx^2 + ex + fy^2 + m = o$. Man bestimme y aus der niedrigern Gleichung und substituire es in der höhern. Es ist $y = -\frac{ax - c}{b}$ also ist $x^2 + \frac{b^2e + 2afc}{b^2d + fa^2}x + \frac{c^2f + b^2m}{b^2d + fa^2} = o$. Man sehe auch die Beispiele §. 219 — 223. A. R.

III. Wenn in beiden Gleichungen, welche wir A und B nennen wollen, die zu elimin. Größe y, nach welcher die Gleichungen geordnet sind, die erste Potenz übersteigt.

Es sey nun A und B von gleicher Ordnung oder auch etwa A von einer höhern; so ordnet man beide erst so, daß die höchste Potenz positiv und ohne Coefficienten allein auf einer Seite steht. Dann erhält man nach §. 36 eine 3te Gleichung C, die wenigstens um einen Grad niedriger ist als A. Aus C und der niedrigsten B mache man wiederum nach §. 36 eine 4te Gleichung D und setze dies so lange fort, bis man auf eine Gleichung P, wo y vom ersten Grade ist, kommt, aus der man mit B verglichen auf eben die Art wie sub No. II. des gegenwärtigen §phs eine Gleichung Q herleitet, worin nur noch eine unbekannte Größe x befindlich ist.

Newton, der in der Arithm. univ. p. m. 60 seqq. das Eliminiren der unbekannten Größen auch bei

bei sehr verwickelten Fällen umständlich lehret, giebt p. 61. zu der vorgetragenen Regel folgendes Beispiel: A) $y^3 = xy^2 + 3x$. B) $y^2 = x^2 - xy - 3$. B) mit y multiplicirt giebt $y^3 = x^2y - xy^2 - 3y$. Also C) $y^2 = \frac{x^2y - 3y - 3x}{2x}$ Nun giebt B = C die Gleichung

P) $2x^3 - 3x = (3x^2 - 3)y$ und daraus $y = \frac{2x^3 - 3x}{3x^2 - 3}$. Dies in B substituirt giebt durch eine nur etwas weitläuftige Reduktion das verlangte $Q = x^6 + 18x^4 - 45x^2 + 27 = 0$.

§. 38. Anm. Man kann sich nicht entbrechen, hier beiläufig zu bemerken; daß wenn man für eine unbekannte Größe x zwei höhere Gleichungen hat, ein ganz ähnliches Verfahren dienen könne, die Gleichungen so lange zu deprimiren, bis man die unbekannte Größe x aus einer Gleichung vom ersten Grade bestimmen kann. Z. E. A) $x^3 = ax^2 + bx + c$. B) $x^3 = dx^2 + ex + f$ also $ax^2 + bx + c = dx^2 + ex + f$ mithin C) $x^2 = \frac{ex - bx + f - c}{a - d}$ und $x^3 = \frac{ex^2 - bx^2 + fx - ex}{a - d}$. Mit A gleichgesetzt $ax^2 + bx + c = \frac{ex^2 - bx^2 + fx - cx}{a - d}$. Daraus kann, wie man leicht sieht, ein Wehrt von x^2 gefunden werden. Es wird nämlich

$$x^2 = \frac{(db + f - (ba + c))x - (d - a)c}{a^2 + b(ad + e)} = \frac{(e - b)x + f - c}{a - d} \text{ in C,}$$

wo man denn wirklich eine blos einfache Gleichung für die unbekannte x erhalten hat, die, wenn in A und B Zahlen statt Buchstaben gegeben worden wären, eine kurze Auflösung gewähren würde. Z. E. wenn $a = 7$; $b = 5$; $c = 117$; $d = 6$; $e = 25$; $f = 18$ wäre, wird man $x = 8\frac{10}{17}$ finden.

§. 39. Hat man 3 Gleichungen A, B, C deren jede 3 unbekannte Größen enthält, so macht man aus A und B eine D; und aus A und C eine neue E die nur x, y enthalten. Hierauf aus D und E die Gleichung F die nur x enthält. Das Verfahren an einem vollständigen Beispiel giebt schon §. 224 A. R.

Hat man 4 solche Gleichungen mit 4 unbekannten Größen; so nimmt man erstlich 3 davon vor, und eliminirt eine unbekannte Größe, so bleiben noch 3 Gleichungen mit 3 unbekannten Größen, welches also der eben gezeigte Fall **wieder** ist.

§. 40. Das Allgemeine ist: **Aus n Gleichungen, die eben so viel unbekannte Größen enthalten, lassen sich n — 1 solcher Größen eliminiren.** Denn wenn der Satz von einer Anzahl unbekannter Größen in einer eben so großen Anzahl Gleichungen wahr ist; so ist er auch noch wahr, wenn die Anzahl beider um eins größer ist; denn letzterer Fall läßt sich immer wie §. 39. auf seinen nächst vorhergehenden zurückbringen. Nun ist aber der Satz für 3 Gleichungen mit 3 unbekannten Größen wahr, nach §. 39 und 224. A. R.; also auch für 4; und wenn dies, auch für 5, für 6 u. s. w.

§. 41. Eben der §. 224 auch schon §. 219—223. A. R. zeigen in bestimmten Beispielen den allgemeinen Satz: Wenn für n unbekannte Größen eben so viele verschiedene Gleichungen gegeben sind; so lassen sich auch n bestimmte Gleichungen finden, davon jede nur noch eine dieser unbekannten Größen enthält, die also dadurch genau bestimmt wird. So fand man §. 224. 4 A. R. eine Gleichung V, worin von den dreien x, y, z nur noch z war, und bestimmte dadurch z. Substituirte man dies in II so war darin nur y; das gefundene y in I; so war darin nur noch x, welches also auch sich bestimmte. Es können nun hierunter allerdings auch Gleichungen vorkommen, wie die quadratischen, wo die unbestimmte Größe mehr als einen aber doch bestimmten Wehrt hat.

§. 42.

§. 42. **Aufg. Die Wurzelgrößen aus einer Gleichung wegzuschaffen**, oder wie man es auch nennt, **die Gleichungen algebraisch rational zu machen**, oder sie vom Wurzelzeichen $\surd$ zu befreien. Vergl. mit §. 186. 200. 208. IV. A. R.

Aufl. I. Die Methoden lassen sich so gut nicht classificiren. Alles beruht darauf: Glieder, wo die unbekannte Größe unter einem $\surd$ mit beliebigen Wurzelexponenten steht, ein oder mehrmal zu solchen Potenzen zu erheben, welche die befangene Größe in einem rationalen Ausdruck darstellen. Hier sind Beispiele die beste Anweisung. Es sey

1) $a\sqrt[m]{x} = q$. Zur mten Potenz erhoben $a^m x = q^m$

2) $a\sqrt[m]{x} = b\sqrt[n]{y}$. Erstlich auf die mte Potenz giebt $a^m x = b^m \sqrt[n]{y^m}$; dann zur nten Potenz giebt $a^{mn}x = b^{nm} y^m$.

3) $x - a = \sqrt[3]{(y\surd c + b)}$ giebt $(x - a)^3 = y\surd c + b$. (Nun gleich alles rationale gesammelt) giebt $(x - a)^4 - b = y\surd c$ und $((x - a)^4 - b)^2 = y^2 c$.

4) $x - m = \sqrt[3]{(a + c\surd(x + \surd ex))}$ giebt $(x - m)^3 = a + c\surd(x + \surd ex)$ und $(x - m)^3 - a = c\surd(x + \surd ex)$ also $((x - m)^3 - a)^2 = c^2 . (x + \surd ex)$ oder $((x - m)^3 - a)^2 - c^2 x = c^2 \surd ex$; mithin $[((x - m)^3 - a)^2 - c^2 x]^2 = c^4 ex$.

5) $\sqrt[3]{x} = a + \surd y$ giebt $x = a^3 + 3a^2\surd y + 3ay + y\surd y$ oder $x - a^3 - 3ay = (3a^2 + y)\surd y$; folglich $(x - a^3 - 3ay)^2 = (3a^2 + y)^2 y$.

II. Ein ziemlich oft anzubringendes Mittel zur Rationalisirung der Gleichungen besteht darin, daß man ein jedes Glied, welches eine Wurzelgröße enthält, einer unbekannten Größe gleich setzt; dann nach der Auflösung der Aufgabe vermittelst der Methode des 224. Sphs A. R. eine Gleichung zwischen einer der eingeführten und unter den Datis befindlichen unbekannten Größen erhält wie a. a. O. die Gleichung IV. Diesen Wehrt substituirt man in einer der vorigen, die auch nur die beiden hat; so erhält man eine **Finalgleichung**, worin blos die gegebenen Größen ohne irgend ein Wurzelzeichen vorhanden sind. Z. E. Ist $\sqrt[3]{a} + \sqrt[3]{b} = x$ gegeben; so setzt man $\sqrt[3]{a} = y$; $\sqrt[3]{b} = z$, welches 3 Gleichungen giebt I. $y + z = x$ II. $a = y^3$. III. $b = z^3$. Nun ist aus I. $y = x - z$. Man setze diesen Wehrt in II. so hat man IV. $a = x^3 - 3x^2z + 3xz^2 - z^3$, oder wenn man aus III. den Wehrt von z^3 einführt, $z^2 - \frac{3x^2}{3x}z + \frac{x^3}{3x} - \frac{b+a}{3x} = 0$ oder V. $z^2 = xz - \frac{1}{3}x^2 + \frac{b+a}{3x}$, oder auch $z^3 = xz^2 - \frac{1}{3}x^2z + \frac{b+a}{3x}.z = b$; wegen III. und $z^2 = -\frac{1}{3}xz - \frac{b+a}{3x^2}z - \frac{b}{x} = xz - \frac{1}{3}x^2 + \frac{b+a}{3x}$ wegen V. Hieraus wird nun endlich

$$z = \left(\frac{1}{3}x^2 - \frac{b}{x} - \frac{b+a}{3x}\right) : \left(\frac{2}{3}x + \frac{b+a}{3x}\right)$$

Setzt man nun diesen Wehrt von z in einer der vorigen Gleichungen z. E. in IV. so erhält man endlich eine Gleichung, worin blos die Größen a, b und x der Fundamentalgleichung, aber ohne alle Wurzelzeichen sich befinden.

§. 43. **Anm.** Im letzten Beispiel hat sich die Aufhebung der algebr. Irrationalität auch bis auf die unter dem Wurzelzeichen befangenen bekannten Größen erstreckt

streckt. Um bei einer festen Bestimmung zu bleiben ist es allerdings richtiger, eine bestimmte Gleichung schon dann rational zu nennen, wenn nur die unbekannten Größen vom Wurzelzeichen frei oder frei gemacht sind. So ist z. E. $x^2 - 2x\sqrt{3} + 4 = 0$ schon rational; und wir haben bei unsern Methoden, uns dem wahren Wehrt von Größen wie $\sqrt{3}$ unendlich zu nähern das Bedürfniß nicht, was die Alten hatten, hier noch ängstlich, und sollte es auch durch Erhöhung des Grades seyn, die Rationalität auch der bekannten Größen zu suchen. Aber deswegen dünkt mich, muß man nicht sagen, daß eine solche Gleichung wirklich von einem höhern Grade sey, weil sie sich so darstellt, wenn ich das $\sqrt{}$ in $2x\sqrt{3}$ auch noch wegschaffen will. Denn die vorige Gleichung giebt $x^2 + 4 = 2x\sqrt{3}$, folglich allerdings $x^4 + 8x^2 + 16 = 12x^2$ oder $x^4 - 4x^2 + 16 = 0$. Weil es aber allgemein ausgemacht ist, daß sobald man so viel wirklich verschiedene Gleichungen als unbekannte Größen hat, man immer eine rationale, bestimmte Definitiv-Gleichung erhalten könne, so ist es nun auch nur nöthig bei den folgenden Lehren bloß Methoden für rationale bestimmte Gleichungen anzugeben. Denn sind sie es nicht, so weis man sie zur Raison zu bringen.

VI. Erster Begrif der Funktionen.

§. 44. Ich rede hier etwas früher als gewöhnlich geschieht von den **Funktionen**, weil Gleichungen und Funktionen verwandte Begriffe sind, die meines Bedünkens sich wechselseitig Licht geben. Man hat mittelst der Lehren von Gleichungen zwar wol die Funktionen, nicht aber eben durch den Begrif der letztern die Lehren von den Gleichungen deutlich zu machen gesucht. Doch hat mir letzteres nützlich geschienen.

§. 45. In einem Kreise werde auf dem Durchmesser AB (61 Fig.) ein Stück AP von beliebiger Größe genommen, und aus P die senkrechte Linie PM

an

an die Peripherie gezogen; so erhellet, daß dieses PM anders ausfallen würde, wenn man AP um das mindeste kleiner oder größer annähme, so daß also PM sich nach dem Gesetze der Ste'igkeit §. 328. Pl. ändert in dem zwischen jeden einander auch noch so nahe liegenden PM eines gedacht werden kann, dessen Unterschied vom vorhergehenden und nachfolgenden kleiner ist als jede gegebene Größe. In so fern sind AP und PM beide veränderliche von einander abhängende Größen. Nun ist ferner §. 241 Plan. AP : PM = PM : PB d. i. wenn AB = a; AP = x; PM = y gesetzt wird, x : y = y : a — x. Daher $y^2 = x(a-x)$ und $y = \sqrt{(ax - x^2)}$; woraus man sieht, daß wenn der Durchmesser des Kreises **ein für allemal festgesetzt** ist, so bekommt y immer einen genau bestimmten Wehrt, so bald man x bestimmet. In der Gleichung $y = \sqrt{(ax - x^2)}$ ist demnach a eine **beständige**; y und x sind **veränderliche** Größen, wovon man **eine immer willkührlich** annehmen kann. Durch dieses Beispiel wird man auf folgenden Begriff vorbereitet seyn. Wenn man den Wehrt einer veränderlichen Größe y, immer anders und anders bestimmen muß, nach dem man eine andere veränderliche Größe x, welche mit beständigen Größen in einer bestimmten arithmetischen Verbindung ist, so oder anders annimmt; so sagt man, diese Größe y sey eine **Function** von x. So ist in dem Beispiel das Perpendikel PM auf dem Durchmesser dieses veränderliche y, welches von dem ebenfalls veränderlichen Stücke AP des Durchmessers oder von x eine **Funktion** heißet. Da $y = \sqrt{(ax - x^2)}$; so sagt man auch $\sqrt{(ax - x^2)}$ sey eine Funktion von x. Nämlich weil y auch eine Funktion von x ist, so daß sich für jeden Wehrt den man dem y giebt auch ein oder mehrere bestimmte Wehrte von x ergeben, und $y = \sqrt{(ax - x^2)}$ ist; so ist $\sqrt{(ax - x^2)}$ auch eine Funktion von x. Oder

es

es erhellt auch so. Weil $x^2 - ax = -y^2$, mithin $x = \frac{1}{2}a \pm \sqrt{(\frac{1}{4}a^2 - y^2)}$ ist; so ist $y = \sqrt{(ax - x^2)}$ eine Funktion von x. Ueberhaupt sieht man wol daß jedes y den zugehörigen Sinus eines Bogens AM ausdrücke.

§. 46. Die Rechnungsoperationen, welche die algebraischen Verbindungszeichen mit x und den beständigen Größen vorzunehmen gebieten, wenn man für jedes x den zugehörigen Wehrt des y haben will, geben eigentlich das Gesetz ab, wornach sich y ändert. Damit ist nicht gesagt, daß **jedem** x auch ein **anderes** y zukomme. Es können allerdings zu verschiedenen x einerlei y gehören. So z. E. wenn CP = Cp; so ist pm = PM, ungeachtet Ap sehr verschieden von AP ist; weil in diesem Beispiel $x = \frac{1}{2}a \pm \sqrt{(\frac{1}{4}a^2 - y^2)}$ einen doppelten Wehrt hat.

§. 47. Ebenfalls kann **einem** x **mehr als ein** y zugehören. So ist in der That im Beispiel $y = \pm \sqrt{(ax - x^2)}$; so daß in diesem für jedes x **zwei** gleiche y, ein positives und ein negatives gehören.

§. 48. Für x kann man alle Wehrte, positive und negative, rationale und irrationale setzen, um zu sehen, was in jedem solchen Falle aus y wird. Setzt man in unserm Beispiel $x = 0$ oder $x = a$; so wird beidesmal $y = 0$; setzt man x negativ oder $x > a$; so wird beidesmal y die Quadratwurzel aus einer negativen Größe d. i. unmöglich. Ferner giebt $x = \frac{1}{2}a$ auch $y = \frac{1}{2}a =$ dem Halbmesser u. s. w. Nimmt man für a eine bestimmte Zahl z. E. 16 an; so lassen sich die Wehrte von y für Wehrte $\frac{1}{3}$, 1, $\sqrt{2}$, $\frac{7}{4}$, 2, u. d. gl. die man statt x setzt, berechnen. In diesen Gleichungen für den Kreis hatte y für einen jeden angenommenen Wehrt von x einen doppelten Wehrt. Darum heißen diese und dergleichen Funktionen **biformes**. Hat y für

jedes

einen für x angenommenen Wehrt wie in der 63. Figur 3 Wehrte oder gar einen 4, 5, nfachen Wehrt; so heißen die Funktionen triformes, quadriformes und multiformes. Ich habe den Begrif von einer Funktion zu erläutern und seine Entstehung zu zeigen, eine bereits bekannte figürliche Darstellung gewählt, weil ich durchaus nicht an die Vorstellung glauben kann, daß man dem Abstrakten durch das Individuellere nicht eben sehr zu Hülfe kommen könne und müsse. Jetzt da man das Bild vor Augen hat, kann ich blos algebraische Funktionen in abstracto setzen.

VII. Zergliederung der Gleichungen.

§. 49. Die einfachste Form der Gleichung vom ersten Grade ist $x - a = P$; $x - b = Q$; $x - c = R$ u. d. gl. Wir können sie auch als die einfachste Gestalt von Funktionen ansehen, so daß P, Q oder R sich ändert; so als man x anders nimmt; und in so fern sie als Faktoren gebraucht werden sollen, um Produkte P . Q, P . Q . R etc. hervorzubringen, sollen sie hier einfache **Faktoren** heißen. In letzter Hinsicht gebraucht geben sie

I. $x^2 \left.\begin{matrix}-a\\-b\end{matrix}\right] x + ab = PQ$

II. $x^3 \left.\begin{matrix}-a\\-b\\-c\end{matrix}\right] x^2 \left.\begin{matrix}+ab\\+ac\\+bc\end{matrix}\right] x - abc = PQR$

III. $x^4 \left.\begin{matrix}-a\\-b\\-c\\-d\end{matrix}\right] x^3 \left.\begin{matrix}+ab\\+ac\\+bc\\+ad\\+bd\\+cd\end{matrix}\right] x^2 \left.\begin{matrix}-abc\\-abd\\-acd\\-bcd\end{matrix}\right] x + abcd = PQRS$

so daß immer, wenn noch ein einfacher Faktor hinzukommt x um einen Grad höher steigt und sein Exponent die Zahl der einfachen Faktoren d. i. die Anzahl der auch sogenannten **Abmessungen** oder **Dimensionen** anzeigt.

§. 50. **Eine Gleichung wie $x^2 + Ax + B = V$ oder $x^3 + Cx^2 + Dx + E = W$ kann nun immer als ein Produkt von so vielen einfachen Faktoren als der höchste Exponent von x, Einheiten hat, angesehen werden.** Nämlich es sind A, B, C, D einzelne Zahlengrößen von denen man sich aber, indem man nicht blos ganze und gebrochene sondern auch irrationale, selbst imaginäre Größen, positive und negative zuläßt, vorstellt, daß sie in Bestandtheile von dem Verhältniß gegeneinander wie im Beispiel §. 49 zerfällt werden können. Dieser Gedanke liegt zum Grunde, wenn man 1) V mit PQ vergleicht und $A = -a - b$; $B = ab$ setzt; wo man aus 2 Gleichungen nur zwei Größen a und b bestimmen kann. Eben so hat man 2) die Gleichungen $C = -a - b - c$; $D = ab + ac + bc$; $E = -abc$, wo aus 3 Gleichungen auch nur 3 Größen zu bestimmen sind.

§. 51. Da jeder einfacher Faktor, wie $x - a$, als eine Funktion von x angesehen, unter allen möglichen Wehrten auch $= 0$ werden kann; so wird in diesem Fall auch das Produkt, wovon er ein Faktor ist $= 0$, und die nun entstandene Gleichung ist wie eine auf Null gebrachte §. 31 anzusehen, von dem Grade, wovon das Produkt ist; eine quadratische, kubische so wie es der höchste Exponent von x andeutet.

Anm. Dadurch, daß man den einen einfachen Faktor $x - a = 0$ setzt, werden es die übrigen nicht auch; vielmehr muß $x - b = a - b$; $x - c = a - c$ werden, und bei der Multiplication entsteht kein anderer Unterschied, als daß statt x allenthalben a; also a^3 statt x^3,

x^3, a^2 statt x^2 u. s. w. gesetzt werden muß. So erhält man $a^3 \begin{array}{r|} -a \\ -b \\ -c \end{array} \; a^2 \begin{array}{r|} +ac \\ +ab \\ +bc \end{array} \; a - abc$ worin sich alles gegeneinander offenbar aufhebt.

§. 52. Es erhellt also, daß, wenn irgend eine Größe, positive, negative, rationale, irrationale, mögliche und unmögliche in dem einfachen Faktor statt x gesetzt, das Produkt Null macht, sie auch unmittelbar durch Substitution in der Gleichung als Funktion betrachtet aufgesucht und statt x in die Gleichung gesetzt diese Null machen und der aus ihr geformte einfache Faktor ein Divisor der Gleichung seyn würde. Es ist also diese Größe eine **Wurzel** der Gleichung (§. 31. 1) und ein solcher Faktor $x-a=0$ eine **Wurzelgleichung**. So viel Einheiten nun der höchste Exponent der Gleichung hat, eben so oft und eben so gut muß sich ein Wehrt von x finden lassen der eben die Eigenschaften hat, und eben die Formen wie §. 49. 51 hervorbringet d. i. **eine Gleichung hat so viel Wurzeln und Wurzelgleichungen, als sie Grade hat.**

§. 53. Sind die einfachen Faktoren $x-a$, $x-b$ u. s. w. so sind offenbar die Wurzeln der Gleichung $+a$, $+b$ u. d. gl.; Sind die einf. Faktoren $x+a=0$; $x+b=0$; so sind diese Wurzeln $-a$, $-b$. Setzt man daher diese Wurzeln wieder mit Zeichen, die den solchergestalt gefundenen entgegengesetzt sind; so ist z. E. in der biquadratischen Gleichung der Coefficient

1) des 2ten Gliedes die Summe der Wurzeln mit entg. Z.
2) des 3ten Gliedes die Summe der Produkte jeder Amben
3) des 4ten Gliedes die Summe der Produkte jeder Ternen
4) des letzten Gliedes das Produkt der Quaterne alles aus den mit entgegenges. Zeich. genommenen Wurzeln.

§. 54.

§. 54. Eigentlich ist das §. 50. 53 gesagte nebst den Folgen §. 51. 52 nur aus einer unvollständigen Induktion angenommen. Wäre es allgemein, so könnte jede Gleichung $x^n + Ax^{n-1} + Bx^{n-2} \ldots + \pi x^{n-m} + \varrho x^{n-(m+1)} \ldots + \Phi x^{n-n} = Z$ als ein Produkt aus n einfachen Faktoren angesehen werden; so daß wenn jeder der letztern $= 0$ gesetzt würde, der Coefficient A die Summe aller Wurzeln, B die Summe aller ihrer Ambenprodukte u. s. w. der Coefficient π des $m+1$ten Gliedes die Summe aller Produkte ihrer Verbindungen nach m; ϱ die Summe aller Produkte ihrer Verbindungen nach $m+1$; endlich Φ, der Coefficient des $(n+1)$ten oder letzten Gliedes, das Produkt aller Wurzeln, das ist, ihrer Verbindung nach n wäre.

§. 55. **Jede quadratische Gleichung, wie $x^2 + mx + g = 0$, ist ein Produkt aus 2 einfachen Faktoren, wie $x - a = 0$ und $x - b = 0$, und hat daher auch die beiden Wurzeln a und b und keine andere.**

Bew. Es ist $(x-a)(x-b) = x^2 \left.\begin{matrix}-a\\-b\end{matrix}\right| x + ab = V$.

Nun setze man $-a-b = +m$ und $ab = g$; also $x^2 + mx + g = V$. Also nach §. 226. A. R. die zwei einzigen Wehrte von x; $x = -\frac{1}{2}m + \sqrt{(\frac{1}{4}m^2 - g)}$ und $x = -\frac{1}{2}m - \sqrt{(\frac{1}{4}m^2 - g)}$; die also auch in die Gleichung, wenn sie auf Null gebracht ist, gesetzt, alles $= 0$ geben, das ist, die beiden und zwar einzigen Wurzeln der quadr. Gleichung sind. Man mache nun daraus die beiden einfachen Faktoren und multiplicirt sie mit einander, welches also die vorige Gleichung wieder giebt, sie aber nur dann $= 0$ macht, wenn von den Faktoren einer oder beide $= 0$ sind. Jedoch

 können

können keine andere gedacht werden, weil nur ein Produkt o werden kann, wenn einer oder mehr seiner eigentlichen Faktoren o werden; wie die Rechnung zeigt:

$x + \frac{1}{2}m - \sqrt{(\frac{1}{4}m^2 - g)} = R$ gesetzt wie §.49
$x + \frac{1}{2}m + \sqrt{(\frac{1}{4}m^2 - g)} = S$

$x^2 + \frac{1}{2}m$	$x + \frac{1}{2}m$	$\sqrt{(\frac{1}{4}m^2 - g)} - \frac{1}{4}m^2 + g$
$+ \frac{1}{2}m$	$+ x$	$+ \frac{1}{4}m^2$
	$- \frac{1}{2}m$	
	$- x$	

$x^2 + mx \qquad\qquad + g = R \,.\, S$

Aber eben diese Faktoren sind auch nichts anders als $x - a$ und $x - b$, und die Wurzeln keine andere als $+a$ und $+b$. Denn wir setzten $-a - b = m$ und $ab = g$; also $a = -m - b$ und $a = \frac{g}{b}$; $-m - b = \frac{g}{b}$. Folglich $b^2 + mb = -g$ und $b = -\frac{1}{2}m \pm \sqrt{(\frac{1}{4}m^2 - g)}$. Also $a = -m - b = -\frac{1}{2}m \mp \sqrt{(\frac{1}{4}m^2 - g)}$, wie vorhin; daß also hiemit auch erwiesen ist, daß a und b die beiden einzigen Wurzeln, und $x - a$, $x - b$ die beiden einzigen Wurzelgleichungen von $x^2 + mx + g = o$ sind; weil eines Theils jede quadratische Gleichung in der letzten Form sich darstellen muß §. 226 A. R., und anderntheils die Multiplication $(x - a)(x - b) = x^2 - (a + b)x + ab = o$ nur zwei Gleichungen $m = -(a + b)$ und $g = ab$, daher auch nur 2 zu bestimmende Wehrte zuläßt.

§. 56. 3. Und so ist denn auch für die quadratische Gleichung das problematisch allgemeine Gesetz des 54ten §phs gewiß wahr. Denn hier ist m der Coefficient des 2ten Gliedes $= -(\frac{1}{2}m \mp \sqrt{(\frac{1}{4}m^2 - g)} - (\frac{1}{2}m \pm \sqrt{(\frac{1}{4}m^2 - g)}) = -(a + b)$ und $g =$ dem Produkte dieser beiden Größen $= -a \times -b$.

Anm

Anm. Hier giebts nun 4 Fälle.

1) Wenn beide Wurzeln positiv z. E. $a=5$; $b=7$ ist, so ist $(x-5)(x-7)=x^2-12x+35=0$

2) wenn beide negativ z. E. $a=-5$; $b=-7$ ist; so ist $(x+5)(x+7)=x^2+12x+35=0$

3) wenn die positive Wurzel größer z. E. $a=-5$; $b=+7$; so ist $x^2-2x-35=0$

4) wenn die negative größer z. E. $a=+5$; $b=-7$ ist; so ist $x^2+2x-35=0$.

§. 57. **Die im 54ten Sph problematisch aufgestellte mit Z benannte Gleichung laßt sich allemal als ein Produkt aus n einfachen bestimmten Faktoren betrachten; das will sagen: es hat zwar n einfache Faktoren, aber wenn diese einmal bestimmt sind, so lassen sich auch nicht mehrere und keine andere statt derselben angeben.**

Bew. I. Der Beweis muß, so weit es angeht, dem im vor. §. für die quadratische Gleichung folgen. Es mag n im 54 §. ein Exponent seyn, was für einer es will; so ist deutlich genug, daß wenn man im 49 §. mit der Multiplication der einfachen Faktoren so lange fortführe, bis mit dem nten einfachen Faktor die Multiplication vollendet wäre, nicht nur das erste Glied x^n (also sein Coefficient 1) wie im 54 §. und alle folgende Glieder, die niedrigere Potenzen von x (von $n-1$ bis 0) enthalten, sondern auch nach den hier immer fortwirkenden Regeln der Combination bei jeden aus den bekannten Theilen der einfachen Faktoren zusammengesetzte Coefficienten sich einfinden würden. So wie man nun im vor. Sph gesehen hat, daß wenn man auch durch ganz andere Wege aus den Bedingungen einer Aufgabe auf eine quadratische Gleichung gerathen war (man nehme z. B. das Exempel im 238. §. A. R.), sie sich doch auf die allgemeine Form des 226. Sphs der A. R. zurückführen lassen, und dann durch die Vergleichung der Coefficienten

ficienten m und g mit $-(a+b)$ und ab, die durch die Formirung aus den Wurzelgleichungen $x-a$ und $x-b$ entstanden, hier 2 bestimmte Wehrte für a und b angenommen werden müßten; so stellt man sich auch hier die Gleichung für die nte Potenz im 54 §. $x^n + Ax^{n-1} + Bx^{n-2}$ u. s. w. als auf einem andern Wege gefunden, aber auf die Form für die nte Potenz zurückgeführt war. A, B u. s. w. sind bekannte Größen. Setzt man nun zwei gleichnahmige Glieder aus dieser und der Faktoren-Gleichung (wie ich die nach Art des 49 Sphs für die nte Potenz gefundene nennen will) gleich; so heben sich die Potenzialfaktoren auf beiden Seiten, und es bleibt eine Gleichung zwischen den Coefficienten. Dergleichen Gleichungen erhält man an der Zahl n, und daher lassen sich auch n Wehrte für die in den n Gleichungen vorkommenden Größen a, b, c bestimmen, die nun, als bekannte Zahlen in den einfachen Gleichungen $x-a$, $x-b$ u. s. w. gesetzt, die Gleichung Z aus einfachen Faktoren eben so geben werden, als sie vorher auf ganz anderm Wege entsprungen war.

II. Sind nun n solche einfache Faktoren, wie $x-a=P$, $x-b=Q$ etc., aus den n gegebenen Gleichungen hergeleitet; so setze man etwa noch einen einfachen Faktor $x-\alpha$ willkührlich, als hätte er auch die begehrte Eigenschaft; so müßte $(x-\alpha)V=Z$ seyn. Würde nun $x-\alpha=0$; so müßte auch $Z = P.Q.R.S.T = 0$, also einer von den einfachen Faktoren woraus Z wirklich besteht z. E. $Q=x-b=0$ werden. Denn ein Produkt kann nur 0 werden wenn einer seiner wirklichen Faktoren 0 wird. Mithin müßte $x-\alpha=x-b$ d. i. $\alpha=b$ seyn; d. i. jeder einfache Faktor, den man nur annehmen will, ist unter den n gefundenen schon enthalten; es giebt keine verschiedene von selbigen.

§. 58. **3. So hat denn auch eine Gleichung von der nten Ordnung n Wurzeln; nicht mehr und nicht weniger.** Denn ist Z ein Produkt von n gleichen Faktoren, deren jeder für sich allein $=0$ gesetzt $Z=0$ macht, also eine Wurzelgleichung ist; so ist wenn $x-a=0$, $x=a$; wenn $x-b=0$, $x=b$ u. s. w. Also ist jeder solcher Wehrt von x eine Wurzel der Gleichung, deren aus jedem einfachen Faktor oder Wurzelgleichung eine, also überhaupt nur n, nicht mehrere der Gleichung zukommende Wurzeln gefunden werden können.

§. 59. **Das Gesetz des 54 Sphs für die Coefficienten ist wirklich allgemein wahr.**

Bew. Der Beweis wird auf eben die Art geführt wie so viele seit dem für die Coefficienten der Binomialpotenzen geführten Beweise. Es soll gezeigt werden, daß wenn man das erste Glied nicht mitzählt jeder mte Coefficient die Summe der Produkte aller Combinationen der entgegengesetzten Wurzeln nach m seyn müsse. Nun nimmt man auch hier an, daß wenn für eine Gleichung vom nten Grade das Gesetz zutreffe; so müßte folgendes Produkt entstehen, wenn man aufs Neue mit einem Faktor $x-\alpha$ multiplicirte

$$\begin{array}{l}
1)\ \text{mit}\ x;\ x^{n+1}+A \\
2)\ \text{mit}\ \alpha;\ \ldots-\alpha
\end{array}\left|\begin{array}{l} x^n+B \\ \quad -\alpha A \end{array}\right|\begin{array}{l} x^{n-1}\ldots+\varrho \\ \qquad\quad -\alpha\pi \end{array}\left| x^{n-m}\ldots\ldots\right.$$

$$=Z.(x-\alpha)$$

Die aus $Z(x-\alpha)$ durch die Multiplication entstandene neue Gleichung vom Grade $n+1$ heiße Y; so enthält diese alle n Wurzeln §. 58. der vorigen Z, und dann noch die $(n+1)$te Wurzel α. Aber auch von Y gilt das Gesetz der Coefficienten §. 54., wenn es von Z gilt. Denn ist π die Summe der Produkte aller Combinationen nach der Zahl m von allen Wurzeln der Gleichung Z (π ist aber nach §. 54. der

 Coeffi-

Coefficient des $(m+1)$ten oder des $m$ten Gliedes πx^{n-m}, wenn das erste nicht mitgezählt wird); so giebt $-\alpha\pi$, das Multiplum von π mit dem entgegengesetzten der Wurzel $+\alpha$, die Summe der Produkte der Verbindungen von $n+1$ Wurzeln nach der Zahl $m+1$, worin die neue Wurzel α mit vorkommt; der aus dem vorigen bei x^{n-m} (welches aus $x^{n-(m+1)}$ durch Multiplication geworden) stehen gebliebene Coefficient ϱ enthält die oftgenannte Summe aus n Wurzeln worunter α noch nicht ist. Also macht $\varrho+\alpha\pi$ (als absolute Zahl betrachtet) die Summe aller Produkte der Verbindungen nach $m+1$ von $n+1$ Wurzeln. Es ist aber das Glied $\left.\begin{matrix}+\varrho\\-\alpha\pi\end{matrix}\right] x^{n-m}$ in Y wirklich das $(m+1)$te, wenn auch das 1ste x^{n+1} nicht mitgezählt wird. Sein Coefficient läßt sich also völlig nach einerlei Regel mit dem Coefficienten jedes Gliedes in Z formiren; welches man von jedem andern eben so zeigen könnte. Ist mithin dies Gesetz von einer Gleichung, von welchem Grade sie auch seyn möge, wahr; so sieht man, daß es auch von der nächst höhern gelten müsse. Nun ist es für die quadratischen Gleichungen wahr wie §. 56 zeigt. Also auch für die cubischen, und so fort an ohne Einschränkung, wie es §. 54 ausdrückt. Denn es ist hier, wie so oft gezeigt worden, zulässig, in Y allenthalben $n+1$ statt n zu setzen, und statt $n+1$ Wurzeln die allgemeine Zahl n anzunehmen. Z. B. die 3te Gleichung §. 56. Anm. $x^2+2x-35=0$ mit $x-3$, giebt $x^3-x^2-41+105=0$. Dies mit $x-2$, giebt $x^4-3x^3-39x^2+187x-210=0$. Die Wurzeln sind $+2$, $+3$, $+5$, -7. Ihr Entgegengesetztes, -2, -3, -5, $+7$; dessen Summe -3; die Summe der Produkte der Amben $+6+10-14+15-21-35=-39$; die Summe der Ternenprodukte $-30+70+42+105=+187$; das Produkt der Quaterne 210.

§. 60.

§. 60. Anm. Jede allgemeine Form einer Gleichung von einem jeden Grade enthält daher auch eine Aufgabe, n Zahlen, die gewisse Bedingungen erfüllen, zu finden. So war z. E. §. 235 A. R. $x^2 - mx + g = 0$ wirklich die Aufgabe: Man soll zwei Zahlen finden, so daß ihre Summe dem Coefficienten m, ihr Produkt dem Coefficienten g gleich sey. Eben so heißt $x^3 + px^2 + qx + r = 0$, drei Zahlen zu finden, so daß ihre Summe $= p$, ihr Produkt $= r$ und die Summe ihrer Ambenprodukte $= q$ sey u. s. w. Wollte man aber die Wurzeln auf diesem Weg suchen; so würde man immer wieder Gleichungen von eben so hohem Grade erhalten.

§. 61. Der Coefficient des zweiten Gliedes kann 0 werden, wenn die Summe der positiven und negativen Wurzeln grade gleich groß ist. Fehlt also das 2te Glied, so kann man diese Gleichheit daraus schließen. Das 3te würde fehlen, wenn die Summe der Produkte aus den Wurzelpaaren $= 0$ wäre u. s. w.

Fehlet das letzte Glied, so muß eine Wurzel der Gleichung $= 0$ seyn; es ist dies aber auch nur ein Schein einer höhern Gleichung als es wirklich ist. Durch Division jedes Gliedes mit x fällt sie in den gebührenden nächst niedrigern Grad. So ist es auch wenn noch mehr letzte Glieder fehlen. So oft man die daseyenden mit x dividiren kann, so viel sind weniger Wurzeln da, als der höchste Exponent anzugeben scheint; oder wenn man will, so viele Wurzeln sind $= 0$.

§. 62. Anm. Die folgenden Sätze von allgemeinen Eigenschaften der Gleichungen, kann ich ohne Weitläuftigkeit, welche nützlicheren Wahrheiten den Plaz rauben würde, nicht mit ihren ausführlichen Beweisen versehen.

§. 63. Im 49 §. hatten die Gleichungen, welche durch Multiplication der einfachen Faktoren, wie $x - a$, entstanden, lauter positive Wurzeln, und die Zeichen $+$, $-$ vor den Gliedern wechselten ab. Im 56 §. hat die zweite Gleichung lauter negative Wurzeln und die Zeichen wechseln gar nicht ab; die einfachen Faktoren haben alle die Form $x + a$. Hieraus hat man zuerst geschlossen, aber auch vollständig erwiesen, daß, wenn eine Gleichung anders lauter reelle Wurzeln habe, darunter so viel positive als Abwechselungen, so viel negative als Folgen von Zeichen seyn. Wer sich mit einer bei jeder Probe zutreffenden Induktion nicht begnügen will, findet den scharfsinnigen Beweis bei Segner curs. math. parte II §. 506 — 527; abgekürzt in Karstens Lehrbuch II. Th. 2 Abth. §. 234 — 236 von Kästner in e. besondern Abhandlung, und An. des Unendl. §. 190. Eine Bestätigung der Behauptung zeigt sich darin, daß man blos die Zeichen in einer Gleichung nach diesem Satze verändern darf; so erhält man Gleichungen, deren Wurzeln den Wurzeln der vorigen, wie man will, entgegengesetzt sind. Z. B. $x^3 - 8x^2 + 17x - 10 = 0$ hat die Wurzeln $+1 +2 +5$. Bei lauter positiven Zeichen sind die Wurzeln $-1 -2 -5$. Oder die Gleichung $x^3 + 2x^2 - 13x + 10 = 0$ hat die Wurzeln $+1 +2 -5$. Aber $x^3 - 2x^2 - 13x - 18 = 0$ hat $-1 -2 +5$.

Fehlet ein Glied in der Gleichung, und man giebt diesem fehlenden Gliede beide Zeichen, so kommt es nun darauf an, ob die Abwechselungen und Folgen beidemal dieselbe Anzahl positiver und negativer Wurzeln andeuten oder nicht. Ist ersteres, so ist nichts dawider, daß die Anzahl der möglichen positiven und negativen Wurzeln den Kennzeichen gemäß sey. Z. E. $x^3 \pm 0x^2 - 3x + 30 = 0$; so sind in beiden Fällen zwei Verwechselungen und eine Folge und die Gleichung kann daher zwei positive und eine negative Wurzel haben. Hingegen in $x^3 \pm 0x^2 + qx - r = 0$ giebt $+0x^2$ eine Wurzel positiv und zwei negativ; aber $-0x^2$ giebt drei negative Wurzeln, daher weil es widersprechend, daß zwei Wurzeln positiv und zugleich negativ seyn sollten; so sind es zwei unmögliche Wurzeln.

§. 64. Sollte unter den Wurzeln ein wahrer Bruch $\frac{e}{c}$ seyn, so müßte die Gleichung Z durch $x - \frac{e}{c} = 0$ eben so wol als durch einen Divisor von der Form $x - a = 0$ eine Gleichung von dem nächst niedrigern Grade zum Quotienten geben. (Jedoch sieht man leicht, daß keine Gleichung von den so lange betrachteten, wenn alle Coefficienten ganze rationale Zahlen sind, eine solche gebrochene Wurzelgleichung haben könne). Läßt sie sich aber durch $x - \frac{e}{c}$ dividiren; so muß sie sich doch auch durch $\frac{cx - e}{c}$; mithin auch durch $cx - e$ dividiren lassen, da sich ja $c.Z$ dadurch dividiren lassen muß, und $cx - e$ in c nicht aufgeht, also in Z aufgehen muß. So kann also $cx - e$ als noch allgemeinere Form für jede Wurzelgleichung angesehen werden, (denn $\frac{e}{c}$ kann auch jede ganze Zahl z. E. $\frac{10}{5} = 2$ andeuten; dann muß $5x - 10$ auch ein einfacher Faktor seyn). Uebrigens hat man auch für $c = 1$, $x - e = 0$; für $e = 1$; $cx - 1$ oder $1 - cx = 0$. Vergl. **Segner** a. a. O. §. 500. 501.

§. 65. 3. Eine Gleichung, die ein Produkt aus 2 höhern Gleichungen ist, muß nach den allgemeinen Lehren der Arithmetik mit einer derselben dividirt die andere zum Quotienten geben. Daß man also durch geschickte Zerfällung einer höhern Gleichung in solche Faktoren, besonders wenn darunter quadratische Gleichungen sind, welches man **reduciren** nennt, ein oder mehr Paare von Wurzeln erhalte; sieht man wol; und man findet dazu z. B. bei **Segner** a. a. O. §. 544 — 550 die allgemeine Methode; auch gezeigt, wie eben dadurch die **gleichen** Wurzeln der Gleichung zu entdecken sind.

§. 66. Man nennet eine Gleichung **reducibel**, wenn sie durch eine rationale von niedrigerm Grade ohne Rest sich dividiren läßt, z. B. $x^3 - 10x^2 + 34x - 40 = 0$ durch $x - 4$, giebt $x^2 - 6x + 10 = 0$. Da nun diese die unmöglichen Wurzeln $x = 3 \pm \sqrt{-1}$ hat; so ist sie in so fern **irreducible**. Man sieht also, daß bei einer Gleichung wie die letztere, deren Glieder nichts irrationales enthalten, die Wurzeln irrational, ja, wie sie es wirklich sind, unmöglich seyn können. ($x^3 - 12x^2 + 42x - 40 = 0$ giebt außer $+ 4$ die irrationalen Wurzeln $x = 4 \pm \sqrt{6}$). Gleichungen, deren höchster Exponent eine grade Zahl, können immer diese Eigenschaft im Hinterhalt haben; weil das Irrationale und selbst das Imaginäre der Wurzeln nach §. 102. 104. A. R. durch die Multiplication gehoben wird. Enthält also kein Glied der Gleichung eine unmögliche oder imaginäre Größe, so sind entweder alle seine Wurzeln mögliche oder reelle Größen; oder wenn imaginäre dabei sind, so müssen sie in grader Anzahl, und das was sie unmöglich macht, in jedem Paare, wie bei obigem Beispiel $+ \sqrt{1}$ und $- \sqrt{1}$, entgegengesetzt seyn. Denn wäre letzteres nicht, so müßte der Coefficient des 2ten Gliedes nach §. 54. 59. durchaus etwas imaginäres zeigen. Fehlen kann aber bei ungleichen imaginären Wurzeltheilen auch das 2te aus eben dem Grunde nicht, da sich das ungleiche + und — nicht gegeneinander aufheben kann. Sehr treflich hat Hr. H. R. **Kästner** Anal. endl. Größen §. 228 — 272 alles hieher gehörige auseinandergesetzt. Bei **Karsten** findet man es a. O. §. 229 ff.

§. 67. Solche Gleichungen, wie die bisher betrachteten **müssen**, wenn sie von **ungrader Ordnung** sind, wenigstens **eine** mögliche Wurzel haben; sind sie von **grader Ordnung**, so **können** sie lauter unmögliche oder imaginäre Wurzeln haben. So ist auch bei ungrader Ord-

Ordnung der Gleichung die Zahl der möglichen Wurzeln allemal ungrade, bei grader Ordnung allemal grade, welches alles aus eben dem Grunde wie im 66 §. sich herleiten läßt, weil sich das Gegentheil nicht zu einer Gleichung von lauter rationalen Gliedern passen würde.

3. Reine Gleichungen vom Exponenten 2n haben daher nur 2 mögliche gleiche oder entgegengesetzte, die vom Exponenten 2n+1 nur eine mögliche Wurzel; denn $Z^{2n} = a$ kann nur aus 2 gleichen Wehrten wie $+c$, $-c$; $Z^{2n+1} = a$ nur aus einem wie $+c$ oder $-c$ entstehen.

VIII. Transformation der Gleichungen.

§. 68. Man **transformirt** eine Gleichung oder giebt ihr eine andere Gestalt, wenn man durch Rechnungsoperationen statt selbiger eine andere Gleichung darstellt, deren Wurzeln zu den Wurzeln der vorigen ein bestimmtes oder bekanntes Verhältniß haben. Um deswillen wird man mit den Wurzeln der letztern auch die Wurzeln der ersten gefunden haben, und man wird zu der Transformation auch nur alsdenn schreiten, wenn etwa die Form der letztern geschickter ist, die zugehörigen Wurzeln der Gleichung zu entdecken.

§. 69. Aufg. **Statt einer gegebenen Gleichung eine andere zu schaffen, deren Wurzeln um eine bestimmte Größe d größer oder kleiner sind als die Wurzeln der ersten.**

Aufl. Die Gleichung sey z. B. $x^3 - px^2 + qx - r = 0$. Soll nun die neue Wurzel d. i. der neue Wehrt der unbekannten Größe y um d größer oder kleiner als x seyn so muß 1) $x + d = y$ und $y - d = x$; im 2ten Fall $x - d = y$ d. i. $x = y + d$ seyn. Man setzt also $y \mp d$ statt x in die Gleichung z. E. $x = y - d$ giebt

$x^3 =$

$$\begin{array}{rl|l|l} x^3 = & y^3 - 3d & y^2 + 3d^2 & y - d^3 \\ -px^2 = & \quad -p & +2pd & -pd^2 \\ +qx = & & +q & -qd \\ -r = & & & -r \\ \hline \end{array}$$

$$0 = y^3 - (3d+p)y^2 + (3d^2+2pd+q)y - (d^3 + pd^2+qd+r) = 0$$

z. E. Würde man die Gleichung $x^3 - x^2 - 41x + 105 = 0$, welche die Wurzeln $+3$, $+5$, -7 hat, hiernach in eine andere transformiren, deren Wurzelgröße $y = x + 6$ wäre; so erhielte man eine Gleichung deren Wurzeln $+9$, $+11$, -1 wären.

Wenn $x = y + d$; so verfährt man eben so und erhielte eben das, als wenn man in die bereits transformirte Gleichung des ersten Falls allenthalben $-d$ statt $+d$ schriebe.

§. 70 Z. Im ersten Fall, weil $y = x + d$, kommt zu den positiven Wurzeln sowol als zu den negativen der gegebenen Gleichung etwas positives; im zweiten Fall, weil $y = x - d$, kommt zu beiderlei Wurzeln etwas verneintes hinzu. Hiedurch werden also im ersten Fall die positiven Wurzeln vermehrt und die verneinten vermindert; im zweiten Fall aber die positiven vermindert, die negativen vermehrt.

§. 71. Z. Wenn eine Wurzel $-a$ und der Zusatz $d > a$ und d positiv ist, so erhält man $+d - a$, eine positive Wurzel statt einer negativen. Eben so macht alsdenn $+a - d$ eine positive Wurzel negativ.

Es sey a die größte Wurzel einer Gleichung absolute genommen, und $d > a$, so giebt $\pm a - d$ immer eine verneinte Größe und so werden alle Wurzeln verneint; aber der Zusatz $+d$ macht nun alle Wurzeln bejaht. Man sieht wol was folgt, wenn a absolute genommen die kleinste Wurzel und $d < a$ wäre. Dann bleiben sie von der Art wie sie sind.

Ist

Ist eine Wurzel der gegebenen Gleichung $\pm a = \mp d$ so wird das zu substituirende $y = x - d = + a - d = 0$ oder $y = - a + d = 0$, also wird die transformirte Gleichung um einen Grad niedriger §. 61. z. E. $x^3 - 5x^2 - 2x + 24 = 0$ giebt, wenn $y = x + 2$ gesetzt wird, $y^3 - 11y^2 + 30y = 0 = y^2 - 11y + 30$, führt also auf die Wurzeln $x = y - 2 = 6 - 2 = 4$; $5 - 2 = 3$ und $x = y - 2 = 0 - 2 = - 2$. Es geht öfters an, wenn der letzte Coefficient ganze Zahlen a zu Faktoren hat schnell zu überschlagen ob, wie im Beispiel, $a^3 - 5a^2 - 2a + 24 = 0$ werde.

§. 72. Aufg. **Eine Gleichung in eine andere zu transformiren, deren Wurzeln emal größer oder kleiner als die Wurzeln der ersten sind.**

Aufl. Man multiplicirt die Glieder der vorgegebenen Gleichung nach der Ordnung im ersten Fall mit $1, e, e^2 \ldots e^n$; im zweiten Fall mit $1, \frac{1}{e}, \frac{1}{e^2} \ldots \frac{1}{e^n}$ und setzt y statt x z. E. $x^3 - 5x^2 - 2x + 24 = 0$; transformirt in Gleichungen mit doppelt oder halb so großen Wurzeln, wird $y^3 - 10y^2 - 8y + 192 = 0$ und $y^3 - \frac{5}{2}y^2 - \frac{1}{2}y + 3 = 0$.

Bew. 1) Es sey $ex = y$; so ist $x = \frac{y}{e}$. Also $x^3 - 5x^2 - 2x + 24 = 0 = \frac{y^3}{e^3} - 5\frac{y^2}{e^2} - \frac{2y}{e} + 24 = 0$ mult. mit e^3 giebt $y^3 - 5ey^2 - 2e^2y + e^3 . 24 = 0$.

2) Wenn $\frac{x}{e} = y$ also $x = ey$; so erhellet der Richtigkeit des Verfahrens eben so leicht.

3. Man

3. Man sieht leicht daß dies auf jedes Verhältniß der y zu x anwendbar sey. Denn wenn z. E. $y = \frac{h}{g} x$ so setzt man $\frac{h}{g} = e$ und verfährt nach eben der Regel.

§. 72. **Gleichungen wie diese** $x^{2n} + Ax^n + C = 0$ und $x^{3n} + Ax^{2n} + Bx^n + C = 0$ **werden in quadratischt und kubische ransformirt, wenn man** x^n **in selbigen** $= y$ **setzt, wie man ohne weitern Beweis einsieht.**

§. 73. **Aufg. Eine kubische Gleichung, worin das zweite Glied fehlt, in eine quadratische zu transformiren.**

Aufl. In der Gleichung $x^3 \mp px \pm q = 0$ setzt man $x = y \pm \frac{p}{3y}$ so erhält man nach eben der Methode wie §. 69 $y^3 ** \pm q \pm \frac{p^3}{27 y^3} = 0$, welches mit y^3 multiplicirt, $y^6 \pm qy^3 \pm \frac{p^3}{27} = 0$ giebt. Setzt man nun hier $y^3 = z$; so hat man $z^2 \pm qz + \frac{p^3}{27} = 0$. Aus dem hier nach den Regeln der gemeinen Algebra gefundenen z macht man $\sqrt[3]{z} = y$ und $x = y + \frac{p}{3y}$.

§. 74. **Aufg. Die Brüche aus den Coefficienten einer Gleichung wegzuschaffen.**

Aufl. Man suche den kleinsteh Generalnenner der gebrochenen Coefficienten. Er sey e. Man multiplicire wie §. 71 mit 1, e, $e^2 \ldots e^n$ nach der Ordnung alle Glieder der Gleichung, da denn freilich die Coefficienten ganze Zahlen werden, aber auch eine Glei-

Gleichung entsteht, deren Wurzeln emal so groß als die Wurzeln der vorgegebenen sind; z. E. $x^3 + \frac{3}{10}x^2 - \frac{7}{5}x + 8 = 0$ giebt $e = 30$ und $y^3 + 9y^2 - 7.150y + 8.30^3 = 0$

Anm. Ein seltener Fall ist, wenn durch die Methode des 71 §phs sich irrationale Coefficienten in rationale transformiren lassen z. B.

$x^3 + 4.\sqrt{2}.x^2 - 6x - \frac{8}{\sqrt{2}} = 0$ multipl. mit

$1 \quad \sqrt{2} \quad 2 \quad 2\sqrt{2}$

$x^3 - a\sqrt[3]{2}.x^2. + b\sqrt[3]{32}.x - c = 0$ divid. mit

$1 \quad \sqrt[3]{2} \quad \sqrt[3]{4} \quad 2$

Es kommt darauf an, daß man das zweite Glied der Faktoren Reihe wie hier $\sqrt{2}$, $\sqrt[3]{2}$ so nehmen kann, daß unter den irrationalen Coefficienten immer solche Reihenglieder zu stehen kommen, wodurch die Coefficienten rationalisirt werden.

§. 75. **Aufg. Eine gegebene Gleichung in eine andere zu transformiren, deren leztes Glied kleiner ist und weniger Divisoren hat.**

Aufl. Man versuche, ob eine Größe d statt x in die Gleichung z. E. in $x^3 \mp px^2 + qx \pm r = 0$, gesetzt eine Summe $d^3 \pm pd^2 \pm qd \pm r = D < r$ giebt. Wenn dies; so setze man $y + d$ statt x in die Gleichung.

Bew. Nach §. 69. erhält der letzte Terminus wenn $y \pm d = x$ gesetzt wird, die Form $d^3 \pm pd^2 \pm qd \pm r$. Setzt man dieses $= D$ und ist $D < r$, so muß ja durch die Substitution von $y + d$ statt x eine Gleichung entstehen, deren letztes Glied die begehrte Eigenschaft hat.

Ex. In $x^3 - 3x^2 - 10x + 24$ setzt man $x = +1$ so ist $1 - 3 - 10 + 24 = 12$ und $12 < 24$. Also erhält man für $x = y + 1$ die Gleichung $y^3 - 13y + 12 = 0$.

§. 76. **Eine gegebene unvollständige Gleichung, es mögen auch noch so viel Glieder fehlen, transformirt man leicht in eine ganz vollständige,** wenn man $x = y \pm d$ in die vorgegebene $x^n + Ax^{n-1} \ldots + c = 0$ setzt. Denn schon $x^n = (y \pm d)^n$ giebt eine vollständige Gleichung.

§. 77. **Aufg. Aus jeder gegebenen Gleichung das zweite Glied wegzuschaffen.**

Aufl. Man dividirt den Coefficienten des zweiten Gliedes mit dem höchsten Exponenten der Gleichung. Der Quotient sey $\pm d$. Man transformire die Gleichung nach §. 69, indem man $x = y \mp d$ hineinsetzt (nämlich immer das entgegengesetzte von $+d$ und $-d$). Z. B. die Gleichung $x^3 - 12x^2 + 4x - 48 = 0$ giebt $\frac{-12}{3} = -4$; also $x = y + 4$. Daher ist

$$\begin{array}{rcl} x^3 & = & y^3 + 12y^2 + 48y + 64 \\ -12x^2 & = & \quad -12y^2 - 96y - 192 \\ +4x & = & \qquad\qquad +4y + 16 \\ -48 & = & \qquad\qquad\qquad -48 \\ \hline 0 & = & y^3 \quad * \quad -44y - 110 \end{array}$$

Bew. Setzt man in $x^n + Ax^{n-1} + Bx^{n-2} \ldots + c = 0$, $x = y \pm d$; so erhält man

$$\begin{array}{rcl} x^n & = & y^n - nd \left.\begin{matrix} \\ \pm A \end{matrix}\right] y^{n-1} + \left.\begin{matrix} \frac{n.n-1}{1.2} d^2 \\ \pm A(n-1)d \\ B \end{matrix}\right] y^{n-2} \\ \pm Ax^{n-1} & = & \\ \pm Bx^{n-2} & & \end{array}$$

Nun soll $\pm A - nd = 0$ seyn. Wenn A positiv ist; so hat man $A - nd = 0$ oder $\frac{A}{n} = +d$; wenn A ne-

gativ

gativ so ist $-A-nd=0$ oder $\frac{-A}{n}=-d$ wornach $x=y\mp d$ genommen wird.

§. 78. Z. 1. Der Coefficient des zweiten Gliedes könnte nicht Null werden, wenn nicht wenigstens eine der Wurzeln der transformirten Gleichung den übrigen entgegengesetzt wäre, so daß sich alles aufhöbe.

§. 79. Z. 2. Nicht mehr als bloß das zweite Glied läßt sich durch dies Verfahren wegschaffen. Denn sogar, wenn auch andere fehlten, würden sie nach §. 76 hiedurch eingeführt werden.

§. 80. Z. 3. Wollte man das 3te, 4te, nte Glied wegschaffen, so sieht man wol aus dem Beweise des 77 Sphs, daß man immer erst d aus einer quadratischen, kubischen und so immer höhern Gleichung bestimmen müsse, und daher auch immer nur ein Glied zugleich, manchmal auch gar keines wegbringen könne, wenn d unmögliche Wehrte hätte. Aber die Wegschaffung des zweiten Gliedes ist nur eigentlich von bedeutendem Nutzen bei den Auflösungsmethoden der Gleichungen. Man sehe **Kästners** Anal. endl. Größen §. 290. 291. und an mehreren Stellen.

IX. Auflösung der Gleichungen.

§. 81. Aufg. **Die Wurzeln der quadratischen Gleichung $x^2 \pm px \pm q = 0$ zu finden.**

Aufl. 1. Die gemeine Algebra §. 231. A. R. giebt sie $\pm\frac{1}{2}p \pm \sqrt{(\frac{1}{4}p^2 \pm q)}$.

2. Man setze, wenn der Coefficient des 2ten Gliedes $\pm p$ ist, $x = y \mp \frac{1}{2}p$; so hat man z. E. im ersten Fall $y^2 - \frac{1}{4}p^2 \pm q = 0$ §. 77., oder $y^2 = \frac{1}{4}p^2 \mp q$ und $y = \sqrt{(\frac{1}{4}p^2 \mp q)}$. Also $x = -\frac{1}{2}p \pm \sqrt{(\frac{1}{4}p^2 \mp q)}$, wie vor-

hin. Beispiele genug hat man A. R. §. 232. bis 239 wo man auch im 234 §. findet (vergl. §. 67), daß eine quadr. Gleichung entweder 2 reelle oder zwei eingebildete Wurzeln haben müsse.

§. 82. Nach §. 72. wird aus $x^{2n} + ax^n + b = 0$, wenn $x^n = y$ gesetzt wird, $y^2 + ay + b = 0$. Dies giebt $x^n = y = -\frac{1}{2}a \pm \sqrt{(\frac{1}{4}a^2 - b)}$. Also $x = \sqrt[n]{(-\frac{1}{2}a \pm \sqrt{(\frac{1}{4}a^2 - b)})}$. So giebt $x^4 - 6x^2 + 1 = 0$, wo $4 = 2n$ und $n = 2$, $x = \pm\sqrt{(3 \pm \sqrt{8})} = 2{,}41$. Man sehe hierüber *Segn.* curs. math. II. §. 416. 417.

§. 83. **Aufg. Die Wurzeln der kubischen Gleichung $y^3 \pm ay^2 + by \pm c = 0$ zu finden.**

Aufl. Man setze, daß man nach §. 77 statt ihrer die Gleichung $x^3 \pm px \mp q = 0$ erhalten habe. Z. E. Statt der Gleichung $y^3 - 6y^2 + 4y - 18 = 0$ folgende $x^3 - 8x - 26 = 0$, wo $y = x + \frac{6}{3} = x + 2$ ist. So nehme man nach der Form der letztern speciellen Gleichung die allg. Form $x^3 - px - q = 0$ oder $x^3 = px + q$. Man setze $x = a + b$, so ist $x^3 = a^3 + 3ab.b + 3ab.a + b^3 = 3ab(a + b) + a^3 + b^3 = 3ab.x + a^3 + b^3$. Folglich ist $p = 3ab$; $q = a^3 + b^3$. Setzt man nun $a^3 = f$; $b^3 = g$; so ist $a = \sqrt[3]{f}$; $b = \sqrt[3]{g}$ und $ab = \sqrt[3]{fg} = \frac{1}{3}p$ und $4.(\frac{1}{3}p)^3 = \frac{4}{27}p^3 = 4fg$

Da nun $a^3 + b^3 = f + g = q$ und $f^2 + 2fg + g^2 = q^2$ auch $-4fg = -\frac{4}{27}p^3$ so ist

$$f^2 - 2fg + g^2 = q^2 - \tfrac{4}{27}p^3 \text{ und}$$
$$f - g = \pm\sqrt{(q^2 - \tfrac{4}{27}p^3)}$$
$$f + g = q$$

Also

$$f = \tfrac{1}{2}(q \pm \sqrt{(q^2 - \tfrac{4}{27}p^3)})$$
$$g = \tfrac{1}{2}(q \pm \sqrt{(q^2 - \tfrac{4}{27}p^3)}).$$

Folglich ist, da $\sqrt[3]{f} + \sqrt[3]{g} = a + b = x$ endlich

$x =$

$x =$

$$\sqrt[3]{\left(\frac{q}{2} \pm \sqrt{\left(\frac{q^2}{4} - \frac{1}{27}p^3\right)}\right)} + \sqrt[3]{\left(\frac{q}{2} \mp \sqrt{\left(\frac{q^2}{4} - \frac{1}{27}p^3\right)}\right)}$$

Ex. Nun ist für obige Gleichung $x^3 - 8x - 26 = 0$, $p = 8$; $q = 26$. Also eine Wurzel

$$x = \sqrt[3]{\left(\frac{26}{2} \pm \sqrt{\left(\frac{26^2}{4} - \frac{1}{27}8^3\right)}\right)} + \sqrt[3]{\left(\frac{26}{2} \mp \sqrt{\left(\frac{26^2}{4} - \frac{1}{27}\cdot 8^3\right)}\right)}$$

$= 3,85$ beinahe; daher $y = x + 2 = 5,85$. Es giebt $y^3 - 6y^2 + 4y - 18 = 0,245$; $y = 5,84$ genommen, würde es um 0,1 zu klein geben.

Anm. Dies ist die sogenannte Regel Cardans, wovon unten in der Geschichte. Man sehe Kästn. Anal. endl. Größen §. 699 bis 723.

§. 84. Hieher gehören alle Formen wie $x^{3n} + ax^{2n} + bx^n + c = 0$, wo x die Form $\sqrt[3]{(a \pm \sqrt{b})} + \sqrt[3]{(a \mp \sqrt{b})}$ hat.

§. 85. Reine kubische Gleichungen von der Form $x^3 - a^3 = 0$ geben $x = + a$ und $\frac{x^3 - a^3}{x - a} = x^2 + ax + a^2 = 0$ also $x = -\frac{1}{2}a \pm \sqrt{(-\frac{3}{4}a^2)} = \frac{a(-1 \pm \sqrt{-3})}{2}$ z. E. $x^3 - 8$ hat die Wurzeln $+2$; $-1 + \sqrt{-3}$; $-1 - \sqrt{-3}$; deren jede kubirt, die Zahl $+8$ giebt.

§. 86. Anm. Auch auf biquadr. und überhaupt jede reine höhere Gleichung läßt sich ein ähnliches Verfahren anwenden. Z. E. $x^4 - a^4 = 0$ giebt $x = \pm a$ und $\frac{x^4 - a^4}{x^2 - a^2} = x^2 + a^2 = 0$, welches letztere noch $x = \pm \sqrt{-a^2}$ giebt. Z. E. $x^4 - 81 = 0$.

§. 87. Aufg. Die Wurzeln einer biquadratischen Gleichung $y^4 \pm ay^3 \pm by^2 \pm cy \pm d = 0$ zu finden.

Aufl. Man setze die Gleichung sey nach §. 77. in in eine andere worin $x \pm e$ statt y gesetzt worden, wie $x^4 * \pm px^2 \pm qx \pm r = 0$ oder in einem speciellen Fall (der hier dem Lehrling leichter seyn wird) in $x^4 + 6x^2 - 60x + 36 = 0$ transformirt worden. Nun ist

I. $x^4 = -6x^2 + 60x - 36$. Also wenn $2zx^2 + z^2$ addirt wird, hat man $x^4 + 2zx^2 + z^2 = (2z - 6)x^2 + 60x + (z^2 - 36)$.

II. $x^2 + z = \sqrt{((2z - 6)x^2 + 60x + (z^2 - 36))}$ Man vergleiche nun mit der Größe unter dem Wurzelzeichen ein vollständiges Quadrat $a^2x^2 + 2abx + b^2$ so ist $a^2b^2 = \left(\frac{2ab}{2}\right)^2 = (\frac{1}{2}60)^2 = 30^2 = (2z - 6)(z^2 - 36) = 2z^3 - 72z - 6z^2 + 216$; oder $z^3 - 3z^2 - 36z - 342 = 0$, eine kubische Gleichung, die man nach Cardans Regel §. 83 auflöset. Nämlich, wenn man $z = u + 1$ setzt; so erhält man $u^3 - 39u - 380$, welches nach §. 83. $u = 9{,}01$ also $z = 10{,}01$ giebt. Daraus wird nun die Größe rechter Hand in II $\sqrt{14{,}02x^2 + 60x + 64{,}2} = \sqrt{14{,}01x^2} + \sqrt{64{,}2} = 3{,}744x + 8{,}012$ und $x^2 - 3{,}744x = -1{,}998$; also $x = 3{,}099$ und $x = -0{,}645$ woraus dann $y \pm d$ leicht gefunden wird.

§. 88. Anm. Die hier gewiesene Methode heißt gemeiniglich Bombellis Regel. Außer ihr und der Regel Cardans giebt es weiter keine bestimmte oder allgemeine Regel, Gleichungen von einer bestimmten höhern Ordnung aufzulösen. Auch die hier gewiesenen Methoden sind um so weniger von sonderlichem Gebrauch, da sie selten die rationale Wurzel, wenn auch eine wirklich da ist, wegen der mannigfaltigen verwickelten Wurzelausziehungen bestimmt angeben, sondern sie in Irrationalität verlarven. Z. E. $y^3 - 7y^2$

$+ 13y$

$+13y-3=0$ würde nach Cardans Regel $y=3{,}41$ geben; da es doch 3 ist. Daher bedient man sich lieber solcher Annäherungsmethoden, wodurch man die wahren Wurzeln in beliebig engere Gränzen einschließen kann. Doch sind auch die Theorien hievon weitläuftig und verwickelt genug, um sich hier nur auf einen Vorschmack davon einzuschränken, und den der weiter gehen will auf eigentlich für diesen Gegenstand geschriebene umständliche Lehrbücher hinzuweisen. Man sehe unten die Geschichte der allgemeinen Rechenumst.

§. 89. Zwei Zahlen, zwischen welchen eine Wurzel einer Gleichung liegt, heißen die **Gränzen** dieser **Wurzel**. Zwei Zahlen, zwischen welchen alle Wurzeln einer Gleichung enthalten sind, heißen **Gränzen der Wurzeln** einer Gleichung.

§. 90. Nach dem eben gegebenen Begrif wären nun eine positive Zahl die absolut größer ist als die größte bejahte Wurzel, und eine negative Zahl die nur noch um etwas absolut größer ist, als die verneint größte Wurzel, die beiden Gränzen der Wurzeln (wiewol man auch überhaupt das verneinte wie §. 122. A. R. kleiner als das bejahte ansehen und daher die letztgenannte Gränze kleiner als alle Wurzeln ansehen kann). Man sieht leicht was Gränzen aller positiven und Gränzen aller negativen Wurzeln für sich betrachtet seyn müssen.

§. 91. **Aufg. Die Gränzen der Wurzeln einer Gleichung zu finden.**

Aufl. Man hat hiezu mehrere Wege. Zur Probe soll hier nur einer gezeigt werden, weil er sich noch am kürzesten zeigen läßt. Er giebt aber oft noch zu weite Gränzen. Wenn nämlich eine Gleichung wie $x^5+2x^4-10x^3+2x^2+4=0$ vorgegeben; so setzt man $x^5+2x^4+2x^2+4=10x^3$; so ist offenbar, daß jedes Glied zur linken für sich kleiner seyn müsse als $10x^3$ weil es mit allen übrigen zusammengenommen erst leßterm gleich ist. Daraus folgt nun

1) $x^5 < 10x^3$	2) $2x^4 < 10x^3$	3) $2x^2 < 10x^3$	4) $4 < 10x^3$
$x^2 < 10$	$2x < 10$	$2 < 10x$	$0{,}4 < x^3$
$x < \sqrt{10}$	$x < 5$	$0{,}2 < x$	$x > \sqrt[3]{0{,}4}$
$x < 3{,}2$	Noch $x < 3{,}2$	$x > 0{,}2$	$x > 0{,}7$

Es sind also die Gränzen der positiven Wurzeln zwischen 3,2 und 0,7 enthalten, (so daß eine Wurzel ziemlich nahe bei 2,05 seyn wird).

§. 92. Aufg. **Einfache Wurzelgleichungen von der Form $x \pm a$ zu suchen, wodurch die Gleichung sich dividiren lasse, so daß also $\mp a$ Wurzeln derselben sind.**

Aufl. Es werden Gleichungen mit lauter Coefficienten in ganzen Zahlen hiebei vorausgesetzt weil jede so werden kann §. 74. Das letzte Glied als Produkt aller Wurzeln §. 54. zerfälle man in seine einfachen Faktoren, nehme wenn man Gränzen gefunden diejenigen welche zwischen den Gränzen liegen und versuche ob $x + a$ oder $x - a$ (wenn a eine solche begränzte Zahl ist) sich ohne Rest in die Gleichung dividiren lassen.

Ex. $x^3 - 3x^2 - 10x + 24 = 0$ sei gegeben; so hat 24 die Faktoren 1, 2, 3, 4, 6, 8, 12, 24, und $+2$, -3, $+4$ sind hier wirklich Wurzeln der Gleichung.

§. 93. Anm. 1. Man pflegt, außer daß man die Gränzen, wofern es angeht, vorher sucht, auch noch wol vorläufig das 2te Glied wegzuschaffen, oder die Gleichung auf eine andere zu bringen, die weniger Divisoren hat §. 75.

§. 94. Anm. 2. Man kann auf diese Art (welches aber bei der unendlichen Mannigfaltigkeit wie die Gleichungen entsprungen und zusammengesetzt gedacht wer-

werden müssen, sehr selten zu erwarten ist) mehrere Wurzeln entdecken, mittelst jeder die Gleichung um einen Grad erniedrigen, und wenn dies bis zur quadratischen geschehen, beide Wurzeln auf einmal finden.

Ex. $x^4 - 4x^3 - 19x^2 + 106x - 120 = 0$ dividirt mit $x - 2$, giebt $x^3 - 2x^2 - 23x + 60 = 0$. Dies mit $x - 3$, giebt $x^2 - x - 20 = 0$; woraus $x = \frac{1}{2} \pm \sqrt{(20 + \frac{1}{4})} = \frac{1 \pm \sqrt{81}}{2}$; also $x = 5$ und $x = -4$ folgt; so daß die biquadr. Gleichung 4 ganze Zahlen $+2$, $+3$, $+5$, -4 zu Wurzeln hat.

§. 95. Wenn man die vorgegebene Gleichung $P = x^n \pm ax^{n-1} \pm bx^{n-2} \ldots \pm d = y$ setzt, statt sie $= 0$ zu setzen; das heißt, wenn man sie als eine Funktion von y betrachtet §. 45. und nach §. 48. x willkührlich annimmt, so erhält man steigende oder fallende Wehrte von y. Ist, wenn man x z. E. $= a$ setzte, $y = + A$, für $x = b$ aber $y = - B$; so muß zwischen a und b **wenigstens ein Wehrt** von x, wofür $y = 0$ wird, (d. i. eine Wurzel der Gleichung P) liegen, da nach dem Gesetz der Stetigkeit eine bejahte Größe nicht in eine verneinte übergehen kann, ohne durch den Zustand 0 zu gehen. Um aber diese Untersuchung in erträgliche Gränzen einzuschließen, wird man freilich die Gleichung wie §. 91. 92. dazu vorbereiten. Z. B: Man nehme die Gleichungen I. $x^5 + 2x^4 - 10x^3 + 2x^2 * + 4 = y$.

II. $x^4 - 16x^2 + 7x + 37 = y$; so sind die Gränzen von I. 3,2 und 0,7 und von II. 4 und 0,4375. Es ist also, wenn

I. x	y	II. x	y
+3	+157	+4	+65
+2	− 4	+3	− 5
+1	− 1	+2	+ 3
0	+ 4	+1	+29
−1	+ 17	0	+37
−2	+ 92	−1	+15
−3	+211	−2	−25

In I. sind 2 Uebergänge zwischen $+3$ und $+2$ und zwischen $+1$ und Null. Dies läßt auf 2 Wurzeln schließen, wovon eine, weil 4 viel kleiner als 157 ist, nicht viel über $+2$, die andere

dere aus gleichem Grunde nicht viel unter 1 seyn wird. In II. zeigen sich Merkmale, daß positive Wurzeln zwischen 4 und 3, 3 und 2 und eine negative zwischen — 1 und — 2 liegen.

§. 96. **Ein** Uebergang des Wehrts y durch die Null, also eine Wurzel zwischen a und b, ist in diesen Fällen gewiß da. Aber es ist gar nicht unmöglich, daß mehr als eine dazwischen liege. Da zwischen 4 und 3 in II und sogleich wieder zwischen 3 und 2 ein Uebergang ist, so könnten ja wol z. E. zwischen 4 und $3\frac{2}{3}$ und wieder zwischen $3\frac{2}{3}$ und $3\frac{1}{3}$, und endl. $3\frac{1}{3}$ und 3 ein Uebergang ins entgegengesetzte d. i. zwischen 4 und 3 gar 3 Uebergänge seyn; so daß bei dieser Substitution blos ganzer Zahlen sogar Uebergänge unbemerkt bleiben könnten.

§. 97. **Aufg. Wenn man weis, daß eine Wurzel zwischen zwei ganzen Zahlen fällt, sie bis auf ihre Zehntheile zu bestimmen.**

Aufl. Man braucht nur die für x gesetzte ganze Zahl, deren zugehöriges y näher bei Null ist, um 0, 1; 0, 2; 0, 3 zu vermehren oder zu vermindern, und y darnach zu bestimmen; so wird man auf die beiden bis auf Zehntel bestimmten Wehrte kommen, zwischen welchen die Wurzel liegt. Z. E. §. 95. II. giebt zwischen 3 und 2 der Wehrt 2, 1; $y = + 0,58$; für den Wehrt 2,2 ist $y = - 1,61$; mithin ist $x = 2.1 +$. Aber ich will noch ein leichteres Beispiel nehmen. Setzt man in $x^3 - 50x - 120 = y$, $x = 8$, so ist $y = - 8$ und für $x = 9$ ist $y = + 159$; die Wurzel liegt also viel näher bei 8. Setzt man sie 8,1 so ist $y = 6,441$; sie fällt daher zwischen 8 und 8,1. Man muß also vors erste 8,0 dafür annehmen.

§. 98. **Aufg. Sich einer Wurzel die man bis auf Zehntheile gefunden, noch auf kleinere Theile so weit man nöthig findet, zu nähern.**

Aufl.

Aufl. Für die letztangeführte Gleichung war die Wurzel 8,0... gefunden, das ist sie betrug kein völliges Zehntheilchen über 8. Man setze also 1) $x = 8,0 + p$. Nun ist

$$\begin{array}{rl} x^3 & = +512 + 192 \\ -50x & = -400 - 50 \end{array}\Big] p + 24p^2 + p^3$$
$$\begin{array}{rl} -120 & = -120 \\ \hline 0 & = -8 \quad +142\,p + 24p^2 + p^3 = A \end{array}$$

2) Da p hier einen eigentlichen Bruch, der kleiner als 0,1 ist, bedeutet, so sind die beiden letzten Glieder in A so unbeträchtlich, daß man sie weglassen und $142p - 8 = 0$ d. i. $p = \frac{8}{142} = 0,0563...$ setzen kann.

3) Ganz genau ist nun aber dies p nicht. Hr. Kästner beweiset, daß nur die Ziffern bis in die Ordnung $-2n + 2$ richtig seyn können, wenn die höchste Ziffer von der Ordnung $-n$ (der nten niedrigern Ordnung §. 93. Arithm.) ist. Hier ist 5 von der Ordnung -2; also $-2n + 2 = -4 + 2 = -2$. Also eben nur diese 5 ist richtig und $p = 0,05$.

4) Nun setzt man in A; $p = 0,05 + q$. Also ist

$$\begin{array}{rlll} p^3 & = 0,000125 + & 0,0075 & \Big|\, q + \;\; 0,15 \,\Big]\, q^2 + q^3 \\ +24p^2 & = 0,06 \quad + & 2,4 & \Big|\, \quad + 24,00 \,\Big] \\ +142p & = 7,2 \quad\;\; + & 142,0 & \\ -\;8 & = -8,0 & & \\ \hline 0 & \multicolumn{3}{l}{= -0,839875 + 144,4075q + 24,15q^2 + q^3} \\ & \multicolumn{3}{r}{= B} \end{array}$$

Da nun q ein noch kleinerer Bruch als p ist; so kann man so viel eher die Glieder worin q^2, q^3 vorkommt weglassen, und man erhält $q = \frac{0,839875}{144,4075} = 0,0058$. Hier ist $-n = -3$ also $-2n + 2 = -4$. Also ist q so weit richtig.

4) Wenn man nun in B setzet $q = 0{,}0058 + r$ so wird man eine neue Gleichung C erhalten die nach eben der bisherigen Methode $r = 0{,}00001038$ giebt. Es wäre unnöthig, weiter zu gehen. Nun war

$$\begin{array}{ll} & r = 0{,}00001038 \\ & q = 0{,}0058 \\ & p = 0{,}05 \\ \text{dazu} & 8{,}0 \\ \hline & x = 8{,}85581038\ldots \end{array}$$

. Also ist die Wurzel

§. 99. Anm. 1 Setzt man nach der Ordnung 8,0; 8,05 8,0558 in die Gleichung, so muß zwar immer der Wehrt von y einerlei Zeichen, wie bei 8,0, behalten, aber doch sich der Null immer mehr nähern, wenn man anders recht gerechnet hat

Anm. 2. Man vergleiche hiemit die Regel zur schnellern Auszziehung der Kubikwurzeln §. 240. A. R.

§. 100. Anm. Es hat nur hier eine kurze sehr eingeschränkte Ansicht von der Auflösung der höhern Gleichungen überhaupt als der eigentlichen sogenannten höhern Algebra gegeben werden können. Ueber die letzte Methode, welche eigentlich die Newtonsche in meth. of fluxions p 19. vel Opuscul. T. I. p 37. ist, sehe man hauptsächlich Kästners Anal. endl. Gr. §. 321. u f. wenn man sich genauer unterrichten will. Ich bemerke nur noch, daß Lambert in den Zusätzen zu den trig. Tabellen von der XXVII bis XXXIV Tafel Formeln und berechnete Zahlentabellen und im VI Abschnitte der Einleitung Anweisung zu deren Gebrauch zur Auflösung der Gleichungen überhaupt, besonders aber der kubischen gegeben hat, welches alles ein schätzbarer Beitrag zur Verkürzung der hier vorkommenden weitläuftigen Rechnungen ist. Hier nur ein paar Beispiele. Für die Hallersche Annäherungsmethode giebt L. die allgemeine Regel: Wenn $0 = x^n + ax^{n-1} + bx^{n-2} + \ldots$ so ist

$$x' = \frac{(n-1)y^n + a(n-2)y^{n-1} + b(n-3)y^{n-2} \text{ etc.}}{n\,.\,y^{n-1} + a(n-1)y^{n-2} + b(n-2)y^{n-3} \text{ etc.}},$$

Also für die vollständige kubische Gleichung

x =

$x = \frac{2y^3 + ay^2 - c}{3y^2 + 2ay + b}$ d. i. für $x^3 - 50x - 120 = 0$ §. 99;
$x = \frac{2y^3 + 120}{3y^2 - 50}$. Also setzt man $y = 8$; so erhält man
$x = 8{,}05704$. Davon sind nur richtig 8,05 die man aufs neue setzt u. s. w.

Die kubische Gleichung $x^3 - ax - b = 0$ wird mit Hülfe der trig. Tabellen (eigentlich durch Trisektion des Winkels) aufgelöset

Man macht $r = \sqrt{\frac{4a}{3}}$, und nun daraus $\frac{4b}{r^3}$. Wenn letzteres < 1; so ist $\frac{4b}{r^3} = \cos 3w$. Man sucht $3w$ in den Tafeln, und nimmt $r \cos w = x$ z. B. $x^3 - 12x - 8$ giebt $r = 4$; $\frac{4 \cdot b}{r^3} = \frac{32}{64} = 0{,}500000 = \cos 60$ also $w = 20$ und $4 \cos 20 = 3{,}758740$ also $x = 3{,}76$ beinahe; daraus wird $x^3 = 53{,}3575$; $-12x = -45{,}12$; -8

$$\begin{array}{r} 53{,}12 \\ \hline 0{,}2375 \end{array}$$ weil x etwas zu groß war.

X. Fernere Betrachtung der Funktionen und ihre Auflösung in Reihen.

§. 101. Aehnliche Funktionen sind solche, die auf einerlei Art bestimmt werden z. E. $Z = a + bz + cz^2$; $Y = a + by + cy^2$; $Z^3 = az^2 Z + b$; $Y^3 = ay^2 Y + b$ Sie sind von **einerlei Form**, wenn sie einerlei Potenzen derselben veränderlichen Größe in einerlei Gliedern enthalten $M = 1 + ax + bx^2 + \ldots lx^n$ und $N = 1 + \alpha x + \beta x^2 + \ldots \lambda x^n$.

§. 102. Die Funktion z einer veränderl. Gr. heißt **entwickelt** (explicita) oder **verwickelt** (implicita) je nachdem Z durch eine reine oder gemischte Gleichung angegeben wird. $Z = gz^n$ und $Z^2 = az^m + bz^n$ sind entwickelt; $Z^2 = az^2 Z - bz^3$ ist verwickelt. Kann man aber die Gleichung, in welche Z verwickelt ist, auflösen, das ist ihre Wurzel finden, so wird Z dadurch entwickelt. So kann man ja bei dem letzten Beispiel $az^2 = P$, $bz^3 = Q$ also $Z^2 = PZ - Q$ setzen, wodurch $Z = \frac{1}{2}P \pm \sqrt{(\frac{1}{4}P^2 - Q)} = \frac{1}{2}az^2 \pm \sqrt{(\frac{1}{4}a^2z^4 - bz^3)}$ wird.

§. 103. Wird eine veränderliche Größe Z durch z so bestimmt, daß jeder bestimmte Wehrt von z auch einen bestimmten Wehrt oder doch eine gewisse Anzahl bestimmter Wehrte von Z giebt, so heißt die Funktion Z **algebraisch**, welche durch eine algebraische Gleichung von der Form $Z^n + PZ^{n-1} + QZ^{n-2} \ldots + TZ^{n-n} = 0$ (wo P, Q...T einförmige Funktionen von z bedeuten) angegeben werden kann. Wenn aber jedes z unzählige Wehrte von Z giebt, und sich die Funktion durch keine algebraische auf eine bestimmte Anzahl von Abmessungen beschränkte Gleichung angeben läßt, sondern die Anzahl der Abmessungen über alle Gränzen steiget; so heißt die Funktion **transcendent** (alle Zahl der Abmessungen übersteigend) z. E. $Z = a + bz + cz^2 + dz^3$ in infinitum.

§. 104. Ob die veränderliche Größe unterm Wurzelzeichen steht oder nicht, im Divisor vorkommt oder nicht, bestimmt den Unterschied **irrationaler und rationaler, gebrochener** oder **ganzer Funktionen.**

Anm. Von den Funktionen hat niemand deutlicher und vollständiger als Euler introd. in anal. inf Tom. I. und La Croix Lehrbegrif des Differential- und Integralcalculs, übersetzt von Hr. Grüson 1799, gehandelt.

§. 105. **Wenn eine Funktion $a + bz + cz^2 + dz^3 \ldots = Z$ für jeden Wehrt von z gleich 0 wird, so muß jeder Coefficient a, b, c . . . = 0 seyn.**

Bew. Gäbe die Funktion nicht immer $Z = 0$; so wäre es entweder eine algebraische wo für z eine gewisse Anzahl, oder eine transcendentische wo eine unzählige Menge bestimmter Wehrte von z folgen sollen.

Es

Es soll aber für jeden Wehrt von z, $Z=0$ seyn. Es kann dies also nicht im Wehrt von z liegen, sondern muß auf die Coefficienten ankommen; jeder muß $=0$ seyn, denn wenn man für z jeden Wehrt also auch 0 setzen kann so kann Z nur dann 0 seyn, wenn $a=0$ also $Z=0+bz+cz^2\ldots=0=b+cz+dz^2$, wo also auch $b=0$ seyn muß, wenn $Z=0$ gesetzt wird u. s. w.

Dies muß auch für $0=Ax^n+Bx^{n+d}+Cx^{n+2d}\ldots$ gelten, wo die Exponenten auch verneinte und gebrochene Zahlen seyn können. Denn es ist auch nun $0=A+Bx^d+Cx^{2d}\ldots$ (wenn man hier mit x^n wie vorhin mit z dividirt); setzt man nun $x^d=z$ so hat man eine Funktion wie die vorige. Wäre d verneint; so setzt man $\frac{1}{x}=z$ folglich $x^{-d}=z^d$ also $0=A+Bz^d+Cz^{2d}$. Da man nun x so groß nehmen kann als man will; so kann auch z so klein werden als man will, also auch $=0$; daher auch hier die vorige Schlußart wieder eintritt.

§. 106. **Aufg. Die gebrochene Funktion $\frac{1}{a+x}$ in eine unendliche Reihe aufzulösen.**

Aufl. Da die Reihe für jeden Wehrt von x von 0 bis zu der höchstmöglichen Größe statt finden soll, so müssen sich die Potenzen von x von jeder Ordnung nach einander darin befinden. Man setze also $\frac{1}{a+x}=A+Bx+Cx^2+Dx^3\ldots=\Theta$. Denn im ersten Gliede darf x nicht seyn, weil sonst für $x=0$ die Reihe auch $=0$ werden müßte, welches dem widerspräche, daß für diesen Fall $\frac{1}{a+x}=\frac{1}{a}$

also

also auch die Reihe $= \frac{1}{a}$ werden muß. Hieraus sieht man, daß bei der angenommenen Reihe ⊙ das Haupt-Erforderniß bei dieser Art von Aufgaben beobachtet und die **Gestalt der Reihe richtig** angenommen worden, es nun also nur darauf ankomme die Coefficienten, welches hier die unbekannten Größen sind, zu finden (x ist eine veränderliche, eigentlich jede Größe). Multiplicirt man an beiden Seiten mit $a + x$ so hat man

$$1 = \left.\begin{matrix} aA \\ \end{matrix}\right. + \left.\begin{matrix} aB \\ +A \end{matrix}\right\} x + \left.\begin{matrix} aC \\ +B \end{matrix}\right\} x^2 + \left.\begin{matrix} aD \\ +C \end{matrix}\right\} x^3 \ldots \text{ also}$$

$$0 = aA - 1 + (aB + A)x + (aC + B)x^2 + (aD + C)x^3 \ldots$$

Dies ist nun eine Gleichung, die 0 seyn muß; man nehme für x was man wolle; mithin müssen es nach §. 105 jede Coefficienten seyn. Nun ist also

$$1)\; aA - 1 = 0 \text{ also } A = \frac{1}{a}$$

$$2)\; aB + A = 0 \text{ oder } B = \frac{-A}{a} = -\frac{1}{a^2}$$

$$3)\; aC + B = 0 \text{ oder } C = \frac{-B}{a} = -\left(-\frac{1}{a^2} : a\right) = +\frac{1}{a^3}$$

$$4)\; aD + C = 0 \text{ oder } D = \frac{-C}{a} = -\frac{1}{a^4}$$

Also ist $\frac{1}{a+x} = \frac{1}{a} - \frac{1}{a^2}x + \frac{1}{a^3}x^2 - \frac{1}{a^4}x^3 \ldots$

Das allgemeine Glied ist $\frac{x^{n-1}}{a^n}$ und zwar positiv wenn n ungrade, negativ wenn n grade ist.

§. 107. Z. Man wird bemerken, daß die hier gelehrte Methode eben die Reihe giebt, welche man

§. 147. A. R. durch Division ohne Ende für $\frac{a}{b+c}$ ($a=1$; $c=x$; $b=a$ gesetzt) erhielte. Man vergleiche auch §. 316—319. A. R. Daran sieht man leicht was für Reihen $\frac{1}{a-x}$, $\frac{c-x}{a\pm x}=c-x.\frac{1}{a\pm x}$ geben würden.

§. 108. Anm. 1. Das allgem. Glied zeiget, daß man nur einen Coefficienten zu wissen braucht, um sie alle, indem man nur den vorigen immer wieder mit dem ersten multiplicirt, zu bekommen. Solche Reihen wo man immer aufs vorhergehende oder vielmehr erste Glied zurücksehen muß, um das folgende zu machen, heißen daher zurückkehrende (revertentes).

§. 109. Anm. 2. Zur Regel um die richtige Gestalt der Reihe nicht zu verfehlen, kann man annehmen, daß die Glieder derselben außer den problematischen Coefficienten immer Faktoren enthalten müssen, welche nach einerlei Gesetze auf einander folgende Potenzen eines Gliedes des Nenners sind. So kann man nun setzen

$$\frac{1}{a-x}=A+Bx+Cx^2+Dx^3\ldots\ldots \text{ oder}$$
$$=A+Bx^{-1}+Cx^{-2}+Dx^{-3}\ldots \text{ oder}$$
$$=A+Ba+Ca^2+Da^3\ldots \text{ oder}$$
$$=A+Ba^{-1}+Ca^{-2}+Da^{-3}$$
$$\frac{1}{a-x^2}=A+Bx^2+Cx^4+Dx^6$$
$$\frac{1}{a-\sqrt{x}}=A+Bx^{\frac{1}{2}}+Cx+Dx^{\frac{3}{2}}+Ex^2$$

§. 110. Anm. 3. Wenn Funktionen wie $\frac{1}{1+x+x^2}$ in Reihen aufgelößt werden sollen; so setzt man $x+x^2=y$; so ist nach §. 106. (weil hier $a=1$) $\frac{1}{1+y}=1-y+y^2-y^3+y^4-y^5\ldots$ wo dann für y, y^2 u. s. w. $x+x^2$; $x^2+2x^3+x^4$ u. s. w. gesetzt wird.

§. 111. **Aufg.** Die irrationale Funktion $\sqrt{(a+x)}$ in eine unendliche Reihe aufzulösen.

Aufl. Da für $x=0$; $A=\sqrt{a}$ seyn muß, und auch hier eine Folge der Potenzen eines Gliedes der Wurzelgröße durch die Glieder der Reihe fortlaufen muß, so setzt man billig $\sqrt{(a+x)}=A+Bx+Cx^2+Dx^3\ldots$ Beides ins Quadrat erhoben, giebt wie §. 155. A. R.

$$a+x=A^2+2AB\left.\right]x+\left.\begin{matrix}B^2\\+2AC\end{matrix}\right]x^2+\left.\begin{matrix}2BC\\+2AD\end{matrix}\right]x^3+\left.\begin{matrix}C^2\\+2BD\\+2AE\end{matrix}\right]x^4$$

Abgezogen $a+x$ an beiden Seiten giebt

$$0=A^2-a+(2AB-1)x+(B^2+2AC)x^2+(2BC+2AD)x^3+(c^2+2(BD+AE))x^4 \text{ u. s. w.}$$

Also, da, dies eine Reihe, die für jedes x, $=0$ nach §. 105; so ist

1) $A^2-a \quad =0$ folgl. $A=\sqrt{a}=a^{\frac{1}{2}}$

2) $2AB-1 \quad =0$ folgl. $B=\frac{1}{2A}=\frac{1}{2.a^{\frac{1}{2}}}$

3) $B^2+2AC \quad =0$ folgl. $C=\frac{-B^2}{2A}=\frac{1}{4a}:2a^{\frac{1}{2}}$

$$=-\frac{1}{2.4.a^{\frac{3}{2}}}$$

4) $2(BC+AD) \quad =0$ folgl. $D=\frac{-BC}{A}=\frac{1}{2.2.4a^{\frac{5}{2}}}$

$$=\frac{1.3}{2.4.6\,a^{\frac{5}{2}}}$$

5) $C^2+2BD+2AE=0$ folgl. $E=-\frac{C^2+2BD}{2A}$

$$=\frac{-1.3.5}{2.4.6.8\,a^{\frac{7}{2}}}$$

Also

Also $\sqrt{(a+x)} = a^{\frac{1}{2}} + \frac{1}{2a^{\frac{1}{2}}} x - \frac{1}{2.4\,a^{\frac{3}{2}}} x^2 + \frac{1.3}{2.4.6\,a^{\frac{5}{2}}} x^3$

$$- \frac{1.3.5}{2.4.6.8\,a^{\frac{7}{2}}} x^4 \ldots$$

§. 112. Anm. Diese Reihe erhält man auch wenn man die Regeln zur Ausziehung der Quadrat-Wurzeln §. 154 A R. auf das unvollkommene Quadrat $a+x$ anwendet; auch wenn man die Binomialformel als für Bruchpotenzen (wie unten bewiesen werden wird) geltend annimmt, und nach § 12. $(a+x)^{\frac{1}{2}}$ macht, wo $n = \frac{1}{2}$ ist. Die Reihe selbst giebt die Quadratwurzel stufenweise genauer z. E. $\sqrt{17}$; denn es ist $a = 16$, $x = 1$ also $A = 4$; $Bx = \frac{1}{8} = 0{,}125$; $Cx^2 = -\frac{1}{8.64} = -0{,}0019$ u. s. w. d. i. $\sqrt{17} = 4{,}123\ldots$

§. 113. Je kleiner x gegen a ist, je schneller convergirt die Reihe; will man also eine schnell convergirende Reihe, so muß man, wenn $x > a$, $\sqrt{(x+a)} = A + Ba + Ca^2 \ldots$ setzen.

§. 114. Wenn $a = 1$, so erhält man die Lambertsche Reihe Taf. XXXIV deren Coefficienten in der XLIV Tafel bis zum 16ten Gliede in Decimalbrüchen berechnet sind; wo dann nur noch mit $\frac{x}{\sqrt{a}}$, $\frac{x^2}{a\sqrt{a}}$, $\frac{x^3}{a^2\sqrt{a}}$ zu multipliciren ist, um die annähernde Quadratwurzel zu haben.

§. 115. Aufg. Aus einer Gleichung zwischen zwei veränderlichen Größen y und x, die eine y vermittelst einer Reihe zu finden, deren Glieder nach Potenzen der andern x geordnet sind, wenn nämlich die Gestalt dieser Reihe (forma seriei) gegeben ist.

Aufl. Die für y nach ihrer Gestalt gegebene Reihe setzt man statt y in die zwischen y und x gegebene Gleichung, und bestimmt die Coefficienten wie bisher gezeigt worden.

Ex. Die Gleichung zwischen y und x sei $y^3 + a^2y + axy - 2a^3 - x^3 = 0$, und für y sey als richtig die Form gegeben (eigentlich nach Regeln, die hier zu weitläuftig sind, gefunden).

$y = A + Bx + Cx^2 + Dx^3 \ldots$ so ist

$$\begin{array}{rlllll}
y^3 = & A^3 & +3A^2B \left.\right] x & +3AB^2 \left.\right] x^2 & +B^3 \left.\right] x^3 \ldots & \\
a^2y = & a^2A & +a^2B & +3A^2C & +6ACB & = 0 \\
axy = & & +aA & +a^2C & +3A^2D & \\
-2a^3 = & -2a^3 & & +aB & +a^2D & \\
-x^3 = & & & & +aC & \\
 & & & & -1 &
\end{array}$$

Hier ist also auch nach den Gründen des 105 §phs jeder Coefficient $= 0$. Also

1) $A^3 + a^2A - 2a^3 = 0$. Hier ist offenbar $a = A$ Folgl. $A - a$ eine Wurzelgleichung; womit man dividirt und $A^2 + aA + 2a^2 = 0$ also $A = -\frac{1}{2}a \pm \sqrt{(\frac{1}{4}a^2 - 2a^2)} = -\frac{1}{2}a \pm \frac{a}{2}\sqrt{-7} = (-1 \pm \sqrt{-7})\frac{a}{2}$ erhält, welches zwei eingebildete Wehrte sind; so daß also nur $A = a$.

2) $3A^2B + a^2B + aA = 0 = 3a^2B + a^2B + a^2 = 4a^2B + a^2 = 0$ auch $4B + 1 = 0$ und $B = -\frac{1}{4}$.

3) $3AB^2 + 3A^2C + a^2C + aB = 0$. Setzt man hierin die gefundene Wehrte von A und B so erhält man $C = -\frac{1}{64a}$.

4) So findet man $D = \frac{129}{512a^2}$, und könnte mehrere Coefficienten finden, wenn man die für y gegebene Reihe nach mehr Gliedern substituirt hätte.

§. 116. Alles kommt, wie man auch besonders an diesem letzten Beispiele sieht, darauf an, daß man der Reihe, in welche man eine vorgegebene Funktion auflösen will, die richtige Gestalt giebt, d. i. in der neuen Reihe die Potenzen eines in der vorgegebenen

Funk

Funktion vorkommenden Größe nach einem Gesetze auf einander folgen läßt, welches macht, daß sie nicht mit der Natur der Funktion im Widerspruch zu stehen kommt. Man hat mehr Wege, dies zu vermeiden, unter andern das **Newtonsche Parallelogramm**, dessen Theorie in **Kästners** Anal. endl. Größen §. 624 bis 698, also in 72 §phen enthalten ist. Siehe auch Pfeiferi aequatt. speciosarum resolutio ope parall. Newt. Tub. 1765. Auch hat **Nicolaus Bernoulli** eine allgemeine Regel gegeben, aber sie beruht auf der Infinitesimalrechnung. Siehe **Kästners** Analysis des Unendlichen §. 465 ff.

Höhere theoretische Mathematik.

II. Höhere Geometrie.

I. Gleichungen für krumme Linien.

§. 117. Unter **höhere Geometrie** verstehe ich hier die Lehre von den krummen Linien überhaupt, davon der Kreis insbesondere in der niedern Geometrie betrachtet worden ist.

§. 118. Aus den ersten Begriffen von den Funktionen, so wie sie §. 45 — 48 dargestellt worden, siehet man an dem dort vom Kreise gegebenen Beispiel, welches man hier noch einmal zu wiederholen hat, wie dergleichen Ausdrücke, worin von zwei veränderlichen Größen die eine die Funktion der andern ist, dienen können, jeden Punkt in einer Curve zu bestimmen, d. i. den Zug und die Eigenschaften einer krummen Linie daraus herzuleiten. Hiezu bedient man sich ihrer auch fast überall in der höhern Geometrie. Die Linie, auf welcher die Wehrte von x in der Gleichung $y^2 = ax - x^2$ oder $y^2 + x^2 - ax = 0$ genommen werden, heißt die Abscissenlinie; jedes angenommene x, wie AP (61 F.), heißt eine **Abscisse**; die den Abscissen zugehörigen y, wie hier PM, heißen **Applicaten** oder **Ordinaten**. Der Ordinatenwinkel APM muß gleich groß, d. i. die Ordinaten parallel seyn. Ist nun, wie wir in der Folge fast immer setzen werden, APM = R; so nennt man die Abscissenlinie lieber die **Axe**. Der Anfangspunkt der Abscissen ist willkührlich. Abscissen und Ordinaten zusammen heißen **Coordinaten**.

§. 119. Auf doppelte Art bedient man sich dieser Methode zur Kenntniß der Eigenschaften der krummen Linie zu gelangen. Entweder man sucht eine wesentliche Eigenschaft derselben auf, wofern sie nicht schon bekannt ist, und daraus leitet man eine solche Gleichung her, worin y als eine Funktion von x betrachtet wird, um mittelst solcher Gleichung die übrigen Eigenschaften zu finden; oder man nimmt eine solche Gleichung wie willkührlich an, und untersuchet, was die krumme Linie für Eigenschaften hat, welcher die Gleichung zukommen soll. Zu dem letztern gehört der Fall, wenn eine Gleichung vorgegeben ist, die wirklich, ohne daß man es schon bestimmt weis, für eine bekannte krumme Linie gehört, welches man denn erst bei der Untersuchung findet.

Ex. I. Eine Gleichung für den Kreis zu finden, wenn der Anfangspunkt der Abscissen im Mittelpunkt genommen wird. Wenn (61 F.) Cp = x und pm = y, der Halbmesser CA = Cm = a; so ist jederzeit $y^2 = a^2 - x^2$ und $y = \sqrt{(a^2 - x^2)}$. Da nun, wenn man den Anfangspunkt in A setzt, Cp = x — a ist; dies aber in die gegenwärtige Gleichung statt x gesetzt $y^2 = a^2 \quad (x^2 - 2ax + a^2)$ oder $y^2 = 2ax - a^2$ wie §. 118 (weil hier 2a der Durchmesser ist) giebt; so hat man jene Eigenschaft des Kreises $x : y = y : a - x$ aus der hier zum Grunde gelegten abgeleitet.

Ex.

Ex. II. Zu finden, welcher Linie die Gleichung $y^2 = ay - x^2$ zugehört. Aus der Gleichung folgt $y = \frac{1}{2}a \pm \sqrt{(\frac{1}{4}a^2 - x^2)}$ d. i. jedem Wehrte von x kommt ein doppeltes positives y zu. Für $x = 0$, hat y den Wehrt a und 0; In der 62ten Figur sey AB die Abscissenlinie, C der Anfangspunkt, so ist C selbst in der krummen Linie, und wenn $CD = a$ auch der Punkt D. Für $x = \pm \frac{1}{2}a$ fallen beide Wehrte von y zusammen und es ist $y = \frac{1}{2}a$. Also wenn $CB = CA = \frac{1}{2}a$ und $AE = BF = \frac{1}{2}a$; so sind auch F und E Punkte der Curve, und über dieselben hinaus liegt nichts von ihr, weil für $x > \pm \frac{1}{2}a$ die Wehrte von y unmöglich werden. Endlich für jedes x zwischen 0 und $\pm \frac{1}{2}a$ bekömmt y doppelte aber ungleiche Wehrte, wovon diejenigen, wo man $y = \frac{1}{2}a - \sqrt{(\frac{1}{4}a^2 - x^2)}$ setzt, kleiner als $\frac{1}{2}a$, und wo man $y = \frac{1}{2}a + \sqrt{(\frac{1}{4}a^2 - x^2)}$ setzt, kleiner als $a = CD$ sind. Besonders wenn man hier der Einbildungskraft durch eine Zeichnung zu Hülfe kommt, worin nun die Punkte A, B, P auf der Linie AB, und die Punkte C, D, E, F, M, N in der Curve vor Augen liegen, wird man bald sehen, daß dies alles auf einen Kreis passet, der aus der Mitte von CD mit dem Halbmesser $KC = \frac{1}{2}a$ gezogen ist. Aber man sieht nun auch bald folgendes. Es ist $CP = x$; $PM = y$. Man ziehe $MR \mathrel{\#} CP$ so ist $MR = CP = x$ und $CR = PM = y$. Nun folgt aus der Gleichung daß $ay - y^2 = x^2$ oder $(a - y) . y = x^2$; also daß jederzeit $x = MR$ die mittlere Proportionalgröße zwischen zweien Abschnitten der Linie $CD = a$ sey, welches offenbar nur für einen Kreis gilt, dessen Durchmesser $= a$ ist, so daß man also wieder auf die Eigenschaft $y : x = x : a - y$ zurückgekommen ist.

Aus allem diesen rechtfertigt es sich schon gegenugsam, daß man solche Gleichungen eigentliche

Definitionen der krummen Linien nennen könne, so wie auch die 3 verschiedenen für den Kreis angegebenen Gleichungen in einem Beispiele zeigen, daß eine Curve durch sehr verschiedene Gleichungen bestimmt werden könne, indem man überhaupt bald diese bald eine andere wesentliche Eigenschaft zur Erklärung einer Sache annehmen und die übrigen daraus ableiten kann.

Mit Fleiß erläutert man die Art, nach welcher man hier die Curven betrachtet, durch das Beispiel des Kreises, einer aus der Elementargeometrie schon bekannten krummen Linie. Denn da das hiesige Verfahren ganz allgemein ist; so läßt es sich auch brauchen alle Eigenschaften des Kreises zu erfinden. Es erstreckt sich sogar in so weit selbst auf die graden Linien, als sich eine Gleichung angeben läßt, die für keine andere als eine grade Linie gehören kann. Diese Gleichung ist $y = \frac{bx}{a} + b$ (64 Fig.). Denn es sey $DA = a$; $AB = b$; $AP = x$; $PM = y$; so ist $a + x : y = a : b$, also $y = \frac{(a+x)b}{a} = \frac{b}{a} x + b$; eine einförmige Funktion §. 48; wie denn auch wirklich bei der graden Linie y für jedes bestimmte x nur einen Wehrt hat, dagegen alle Funktionen oder Gleichungen für den Kreis auch die §. 119. 2 für jedes x ein doppeltes y gaben, d. i. zweiförmig waren. Dies Verfahren soll nun auf andere krumme Linien angewandt werden. Die bekanntesten kommen zuerst. Siehe Kästn. Th. 3. 1 Abtheil. §. 340. ff.

II. Von

II. Von der Parabel, Ellipse und Hyperbel, wie sie als Kegelschnitte sich zuerst darstellten.

§. 120. Man nehme 2 gleiche mit den Spitzen gegeneinander gekehrte (grade) Kegel §. 11 Ster.) ABC und ADE (65 Fig.) deren Axen in grader Linie liegen, wie in der Figur, und deren Seiten sich über alle Gränzen hinaus erstrecken. Wenn ein grader Kegel von einer Fläche durchschnitten wird, so kann diese Fläche gegen die Axe des Kegels mancherlei Lagen haben, wodurch die Durchschnittsfigur verschiedene Gestalten bekommt. Daß der Durchschnitt durch die Axe ein gleichschenklichtes Dreieck ABC, der auf die Axe senkrechte, also mit der Grundfläche parallele Schnitt einen Kreis gebe, erhellet aus der Stereometrie § 110. 113. Ein so entstandener Kreis sey HK. Man lasse sich die Fläche worin der Kreis liegt um den Punkt K so drehen, daß sie in die Lage KL kommt, aber noch auf ABC senkrecht, nur nicht mehr ∓ BGC ist; so entsteht noch eine krummlinigte Figur, deren in sich selbst zurückkehrende Gränzlinie in der konischen Oberfläche liegt. Es ist kein Kreis mehr, sondern eine länglicht runde Figur, die man, sowol als die Gränzlinie selbst, Ellipse genannt hat. Sie wird immer länger, je weiter sich die Durchschnittsfläche drehet, bis sie (immer noch auf ABC senkrecht), eine mit der Seite AB parallele Lage bekommt. Die nun entstandene Figur ist nicht mehr rings um begränzt, und die krumme Linie, welche auf der konischen Fläche entsteht, kann nicht in sich selbst zurückkehren. Man nennt nun die Curve auf der Oberfläche des Kegels eine Parabel, und jeden unbestimmten Theil der unbegränzten Ebene eine parabolische Flache. Dreht sich nun die Durchschnittsfläche noch weiter; so heißt ein solcher krummlinigter Durchschnitt, der nun weder mit einer Seite, noch mit der Grundfläche parallel, aber auch keine in sich selbst zurückkehrende Linie ist, eine Hyperbel. Bei dieser Lage der Durchschnittsfläche kömmt das besondere vor, daß, wenn man sie weit genug verlängert, in dem entgegengesetzten Kegel auch ein hyperbolischer Durchschnitt entsteht, welches weder beim elliptischen noch parabolischen möglich ist.

§. 121. Aufg. Die Gleichung für die Parabel aus dem Kegel abzuleiten. (66 Fig.)

Aufl Der Durchschnitt Amp sey eine Parabel. Man schneide den Kegel auch mit der Grundfläche parallel, so daß der Schnitt irgendwo zwischen A und F durchgehe; so giebt letzterer einen Kreis BMC. Weil nun auch BMC auf DEF senkrecht, so ist auch PM auf DEF, §. 42. Ster. also PM auf BC und Ap senkrecht §. 7. Ster. Die Linie Ap kann nun als die Axe der Parabel, AP als eine Abscisse, PM als eine Ordinate angesehen werden, §. 118; daher sey $AP = x$; $PM = y$. Nun ist $PM^2 = BP . PC = y^2$. Weil aber $DG : GA = x : (PC = \frac{GA}{DG} . x)$; so ist $y^2 = \frac{BP . GA}{DG} . x = \frac{GA^2}{DG} . x$. Man setze die dritte Proportionalgröße zu DG und GA, welches hier eine beständige Größe ist $= p$; so hat man $y^2 = px$ eine Gleichung für die Parabel. Die beständige Größe p heißt hier der **Parameter** oder latus rectum.

Auch für die Ellipse und Hyperbel lassen sich nach dem §. 119. bezeichneten ersten Wege die Gleichungen auf solche Art aus dem Kegel herleiten, wie es auch die Alten gemacht haben. Da man aber aus einer definirenden Gleichung für eine krumme Linie nach §. 119. 2. alle ihre Eigenschaften herleiten kann, so haben die Neuern Kürze halber diese Gleichungen wie willkührliche Definitionen dieser krummen Linien angenommen, und daraus ihre ganze Theorie abgeleitet. So wenig man in der niedern Geometrie die Eigenschaften des Kreises dadurch, daß man ihn als einen Kegel- oder Cylinderschnitt betrachtet, sondern selbige gleich aus einer Construktion in der Ebene herleitet, eben so kann man auch diese

Curven sogleich in der Ebene nach einer Gleichung oder mit einem Instrument construirt betrachten. Ein Blick auf die Stereometrie würde nun zeigen, daß sie wie das Dreieck und der Kreis, nach einer gewissen Richtung Schnitte des Kegels wären. Wir wollen dieses nun eben so machen und nur noch ein für allemal bemerken, daß wir die Gleichungen für rechtwinklichte Coordinaten verstehen.

III. Von der Parabel.

§. 122. Diejenige krumme Linie in welcher $y^2 = px$ ist eine **Parabel**. (Gleichnis, eine Gleichheit. Nämlich das Quadrat der Ordinate ist dem Produkt aus der beständigen Größe p in die Abscisse x **genau gleich**). Wenn nun p der Parameter genannt wird; so ist $x : y = y : p$; und also der Parameter die dritte Proportionallinie zur Abscisse und Ordinate, und die Ordinate ist die mittlere Proportionallinie zwischen dem Parameter und der Abscisse.

Und weil auch $y = \pm \sqrt{px}$; so kommt jedem x ein zweifaches, gleich groẞes, aber entgegengesetztes y zu, und die Axe theilet die Parabel in zwei congruente Hälften.

§ 123. Wenn nun (67 Fig.) $AE = p$ auf der Axe genommen, und A zum Anfangspunkt der Abscissen gesetzt wird; so ist es leicht, für jedes $AP = x$ die zugehörigen y zu finden. Man zieht CD senkrecht auf EP durch A; beschreibt aus der Mitte von EP mit dem Halbmesser $\frac{1}{2}EP = \frac{1}{2}(p + x)$ einen Kreis, oder bemerkt nur dessen Durchschnittspunkte mit CD z. E. R und ϱ so ist immer $AR = A\varrho = \pm y$ und die Winkelpunkte M und m der Rechtecke AM und Am sind in der Parabel. Denn $PM^2 = AR^2 = EA \cdot AP = px$.

Dies giebt eine leichte Methode, schnell eine Menge Punkte zu bestimmen, wodurch eine Parabel von gegebenem Parameter durchgehen muß, so nahe bei einander als man will; die man alsdann aus der freien Hand durch eine krumme Linie verbindet.

§. 124. Es sey PM eine Ordinate und QV eine andere. Da p beständig; so ist $PM^2 = p\,AP$ und $QV^2 = p.AQ$. Daher $PM^2 : QV^2 = AP : AQ$; und $PM : QV = \sqrt{AP} : \sqrt{AQ}$ d. i. die Absciffen verhalten sich wie die Quadrate der Ordinaten, die Ordinaten verhalten sich wie die Quadratwurzeln der Abscissen.

§. 125. Für $x = 0$ ist $y = \pm\sqrt{px} = 0$ d. i. der Anfangspunkt A ist selbst in der Parabel oder die Axe wird daselbst von ihrer Curve geschnitten. Dieser Punkt heißt der Scheitel der Parabel.

§. 126. So lange x positiv, wird $\pm\sqrt{px}$ größer; folglich werden die Ordinaten immer größer, die Aeste (Rami) der Parabel entfernen sich immer weiter von der Axe, und werden selbst immer größer, bis ins Unendliche. Wenn x negativ, so erhält man $\pm\sqrt{-px} = y$ d. i. y ist unmöglich, oder die ganze Parabel liegt nur auf einer Seite des Perpendikels CD.

§. 127. Der Punkt F der Axe, dessen zugehörige Ordinate dem halben Parameter gleich ist, soll bei den Kegelschnitten der **Brennpunkt** (focus) heißen.

§. 12 . Anm. Dieser bei den Kegelschnitten und darnach geformten Körpern für die Optik, Astronomie und Physik so höchst merkwürdige Punkt muß hier durch eine willkühlich scheinende Definition vors erste bestimmt werden, obgleich schon der Nahme zeigt, daß er nicht blos geometrische Eigenschaften hat.

§. 129. Da also für die Parabel $FO^2 = y^2 = \frac{1}{4}p^2 = p.AF$; so ist **der Abstand des Brennpunkts vom Scheitel der Parabel** oder $AF = \frac{1}{4}p$ = dem 4ten Theil des Parameters.

§. 130.

§. 130. Ferner ist jede aus dem Brennpunkt an die Parabel gezogene Linie $FM = \sqrt{(FP^2 + PM^2)} = \sqrt{((x - \frac{1}{4}p)^2 + y^2)} = \sqrt{(x^2 - \frac{1}{2}px + \frac{1}{16}p^2 + px)} = \sqrt{(x^2 + \frac{1}{2}px + \frac{1}{16}p^2)} = x + \frac{1}{4}p =$ der zu dem Punkte M gehörigen Abscisse und dem 4ten Theil des Param. zusammen genommen. Läge P noch auf AF d. i. dem Scheitelpunkte näher als F; so wäre $FP^2 = (\frac{1}{4}p - x)^2 = (x - \frac{1}{4}p)^2$, also immer noch $FM = x + \frac{1}{4}p$.

§. 131. Man schneide aus A auf der Axe zu beiden Seiten AF und $Af = \frac{1}{4}p$ ab; ziehe so viele und so nahe Perpendikel durch die Axe als man will, und schneide aus F auf beiden Seiten mit der Distanz Pf, pf Punkte in den Perpendikeln über P, p ab; so liegen alle diese Punkte in der Parabel.

§. 132 Anm. Hierauf ist auch das Instrument (68 Fig.) gegründet, mittelst dessen man die Parabel mit einem Zuge zeichnet. Ein Linial CD, welches eine wie ein Schwalbenschwanz geformte Krinne hat, wird auf der Axe fX senkrecht befestigt, $fF = \frac{1}{2}p$ gemacht. An dem Winkelmaaß HGL wird in H ein Faden befestiget so lang als GH. Das Winkelmaaß läuft mit dem Schenkel GI in der Krinne des Lineals CD. Wenn man nun das andere Ende des Fadens in F befestiget, und das Winkelmaaß an fX schiebet, dann eine Bleyfeder an die Stelle hält, wo sich der Faden bei A zusammen legt, und mit der Feder dem Faden folget, indem das Winkelmaaß sachte in der Richtung fD verschoben wird; so beschreibt man eine Parabel. Denn es ist $FM = GM = x + \frac{1}{4}p$ in jeder Lage des Instruments.

IV. Von der Ellipse.

§. 133. Die krumme Linie, in welcher $y^2 = px - \frac{px^2}{a}$ heiße eine **Ellipse**. Die beständige Größe p soll hier wieder der Parameter, a aber die große Axe heißen.

Setzt

Setzt man p bei der Parabel und Ellipse gleich, so ist bei der letzten das Quadrat der Ordinaten um die Größe $\frac{px^2}{a}$ kleiner als bei der ersten; daher kömmt der Name Ellipse (defectus, omissio).

§. 134. Wenn man auf der graden Linie AB (69 F.) von A an die Abscissen rechnet, so wird diese grade Linie von der Curve geschnitten, wenn $y = o$, also auch $y^2 = o$; mithin $o = px - \frac{px^2}{a}$, d. i. $\frac{px^2}{a} = px$ ist. Diese beiden Größen sind in den beiden Fällen gleich, wenn $x = o$ und wenn $x = a$. Diese beiden Durchschnittspunkte sollen die Scheitel der Ellipse heissen, und die Entfernung beider ist daher die große Axe selbst.

§. 135. Es ist $y = \pm\sqrt{\left(px - \frac{px^2}{a}\right)}$. Daher hat jede Abscisse zwei gleiche aber entgegengesetzte Ordinate und wird von der Axe in zwei congruente Hälften getheilt.

§. 136. Es seyn zwei verschiedene Ordinaten y, z, die zu 2 verschiedenen Abscissen x, v gehören; so ist $y^2 = p\left(x - \frac{x^2}{a}\right)$ und $z^2 = p\left(v - \frac{v^2}{a}\right)$. Folglich $p\left(x - \frac{x^2}{a}\right) : p\left(v - \frac{v^2}{a}\right) = x - \frac{x^2}{a} : v - \frac{v^2}{a} = ax - x^2 : av - v^2 = (a-x)x : (a-v)v = y^2 : z^2$ d. i. die Quadrate der Ordinaten **verhalten sich wie** die Rechtecke aus den Segmenten der Axe. Im Kreise waren diese Quadrate solchen Rechtecken **gleich**.

§. 137. 1. Wenn $x = \frac{1}{2}a$; so ist $y = \sqrt{\left(\frac{1}{2}ap - \frac{p \cdot \frac{1}{4}a^2}{a}\right)} = \sqrt{\frac{1}{4}ap} = \frac{1}{2}\sqrt{ap}$. In der Figur ist folglich

lich CD $= \frac{1}{2}\sqrt{ap}$ und Dd $= \sqrt{ap}$. Diese mittlere Proportionallinie zwischen der großen Axe und dem Parameter nennt man die **kleine Axe** (axis conjugatus) der Ellipse. Der Punkt C auf der Mitte der großen und kleinen Axe, heißt hier der **Mittelpunkt.**

2. Wenn die kleine Axe c heißt; so ist $c^2 = ap$ und der Parameter $p = \frac{c^2}{a}$ = der dritten Proportionallinie zur großen und kleinen Axe.

3. Dieser Wehrt statt p in die Definition gesetzt, giebt $y^2 = \frac{c^2}{a}x - \frac{c^2x^2}{a^2}$, welches man **die Gleichung aus den beiden Axen** nennt.

4. Wenn a = c; so ist $y^2 = ax - x^2$; die Gleichung für den Kreis, dessen Durchmesser a. Dann ist auch $p = \frac{c^2}{a} = a$, oder der Kreis ist eine Ellipse, deren große Axe, kleine Axe und Parameter gleich groß sind.

§. 138. 1. Wenn man den Mittelpunkt zum Anfangspunkt der Abscissen nimmt, und die Abscissen CP = u setzt; so ist das vorherige $x = \frac{1}{2}a - u$. Dies in die letzt gefundene Gleichung §. 137. 3 gesetzt giebt $\frac{c^2}{a}(\frac{1}{2}a - u) - \frac{c^2}{a^2}(\frac{1}{2}a - u)^2 = \frac{1}{4}c^2 - \frac{c^2}{a^2}u^2 = y^2$; welches **die Gleichung** für die Ellipse **aus dem Mittelpunkt** heißt.

2. Man sieht aus der Gleichung, daß jede Ordinate kleiner ist als CD, desto kleiner, je weiter sie sich vom Mittelpunkt entfernt. Denn wenn u = o so ist $y = \sqrt{\frac{1}{4}c^2} = \frac{1}{2}c$; in allen übrigen Fällen wird von $\frac{1}{4}c^2$ etwas abgezogen, und desto mehr, je größer u ist.

3. Für

3. Für $u = \pm \frac{1}{2}a$ ist $y = 0$ (§. 134), und unmöglich für $u > \pm \frac{1}{2}a$. Daher erstreckt sich die Ellipse nicht weiter vom Mittelpunkt auf beiden Seiten als um die Entfernung $\frac{1}{2}a$, und muß eine in sich selbst zurückkehrende Curve seyn.

§. 139. Gleiche u zu beiden Seiten von C geben einerlei y §. 138. 1. d. i. auch die kleine Axe theilt die die Ellipse in 2 gleiche congruente Hälften, so daß auch die 4 elliptischen Quadranten congruent sind.

§. 140. **Aufg. Die Entfernung des Brennpunkts F vom Mittelpunkt C zu finden.**

Aufl. Im Brennpunkt ist $y^2 = \frac{1}{4}p^2$ §. 127. Daher wenn $u = CF$ so ist $\frac{1}{4}p^2 = \frac{c^4}{4a^2}$ (§. 137. 2) oder $\frac{c^4}{4a^2} = \frac{1}{4}c^2 - \frac{c^2}{a^2}CF^2$ §. 138. 1. Man multiplicire mit a^2, und dividire mit c^2 alle Glieder der Gleichung, und verwechsele die Zeichen; so ist $-\frac{1}{4}c^2 = -\frac{1}{4}a^2 + CF^2$ oder $CF^2 = \frac{1}{4}a^2 - \frac{1}{4}c^2$. Mithin $CF = \pm\frac{1}{2}\sqrt{(a^2 - c^2)}$. Also hat die Ellipse zwei Brennpunkte auf der Axe in gleicher Entfernung auf beiden Seiten des Mittelpunkts.

§. 141. Z. 1. Setzt man $CF = e$ so ist $e^2 = \frac{1}{4}a^2 - \frac{1}{4}c^2$ und $c^2 = a^2 - 4e^2$.

§. 142. Z. 2. Die Entfernung beider Brennpunkte von einem Scheitel ist $\frac{1}{2}a \pm e = \frac{1}{2}a \pm \frac{1}{2}\sqrt{(a^2 - c^2)}$; und wenn F und f die Brennpunkte sind, so ist $FD = fD = \sqrt{\left(\frac{a^2 - c^2}{4} + \frac{c^2}{4}\right)} = \frac{1}{2}a$.

§. 143. Z. 3. Setzt man $fP = w$ so ist $w = u + \frac{\sqrt{a^2 - c^2}}{2}$, oder $u = w - \frac{\sqrt{(a^2 - c^2)}}{2}$ und $u^2 = w^2 - 2w \cdot \frac{\sqrt{(a^2 - c^2)}}{2} + \frac{a^2}{4} - \frac{c^2}{4}$. Setzt man diesen Wehrt in die Glei-

Gleichung aus dem Mittelpunkt §. 138. 1., so erhält man eine etwas unbequeme Gleichung aus einem Brennpunkt f.

§. 144. **Wenn man aus beiden Brennpunkten der Ellipse F und f an einen Punkt in der Peripherie M die Linien FM und fM ziehet; so ist FM + fM = a = der großen Axe.**

Bew. Man nehme einen Punkt M seitwärts von D im Umfange der Ellipse und ziehe MP; so ist, wenn P zwischen C und F fällt,

$$FM^2 = (CF - CP)^2 + PM^2 \text{ d. i.}$$

$$FM^2 = \left(\frac{\sqrt{(a^2 - c^2)}}{2} - u\right)^2 + \tfrac{1}{4}c^2 - \frac{c^2}{a^2}u^2$$

$$= \frac{a^2}{4} - \frac{c^2}{4} - u\sqrt{(a^2 - c^2)} + u^2 + \frac{c^2}{4} - \frac{c^2}{a^2}u^2$$

$$= \frac{a^2}{4} - u\sqrt{(a^2 - c^2)} + \frac{(a^2 - c^2)}{a^2}u^2$$

Wenn man die Wurzel ausziehet; ist daher $FM = \frac{1}{2}a - \frac{u\sqrt{(a^2 - c^2)}}{a}$. Eben so findet man, weil $fM^2 = (Cf + CP)^2 + PM^2$, daß $fM = \frac{1}{2}a + \frac{u\sqrt{(a^2 - c^2)}}{a}$, folglich $FM + fM = a$ sey.

§. 145. Z. 1. Wenn die große und kleine Axe gegeben, so findet man e nach §. 140. Man beschreibet nun mit einem Stücke der großen Axe z aus F einen Kreis und aus f mit a − z einen andern, ihre Durchschnitte sind Punkte in der Ellipse, und man kann auf solche Art so viel Punkte finden, als man will.

§. 146. Z. 2. Je näher F und f an C rücken, desto kleiner wird e; also auch $fM - FM = \frac{2u\sqrt{(a^2 - c^2)}}{a} =$

$= \frac{4ue}{a}$ wird immer kleiner §. 144. und 140, also desto mehr nähert sich die Ellipse einem Kreise vom Halbmesser $\frac{1}{2}a$, wo $e = 0$ ist, d. i. Brennpunkt und Mittelpunkt zusammenfallen.

§. 147. Anm. Wenn ein Faden so lang als a in F und f mit seinen Enden befestigt, und alsdenn mit einem Stifte in die Lagen FMf ausgedehnt wird; so beschreibt der Stift die Ellipse.

§. 148. Anm. 2. Obgleich alle Dreiecke FMf einerlei Umfang haben; so ist doch das gleichschenklichte FDf bei eben dem Umfange das größte, weil es unter allen die größte Höhe CD hat, §. 138. 2. Dies ist ein sehr abgekürzter Beweis für den Satz §. 83. der eb. Trigonometrie.

§. 149. 1. Wenn eine Parabel und Ellipse einerlei Parameter p haben; so sieht man schon aus §. 133, daß für gleiche Abscissen x die Quadrate der Ordinaten, mithin die Ordinaten selbst um so viel weniger von einander verschieden seyn werden, je größer die große Axe a ist. Denn um so viel geringer ist der Unterschied $\frac{px^2}{a}$. Er kann freilich nicht ganz verschwinden, so lange a noch eine endliche Größe ist, aber er kann kleiner als jede gegebene Größe werden, wenn man a groß genug annimmt. Dies erklärt den Ausdruck: ein parabolischer Bogen ist einerlei mit einem elliptischen, dessen Axe unendlich ist. In der Astronomie sieht man daher die in der That elliptische Bahn eines Kometen unter gewissen Umständen als eine parabolische an, besonders, wenn der Komet nahe bei der Sonne, also auch dem Scheitelpunkt A nahe ist. Und man sieht wol daß bei eben demselben a die Ordinaten PM der Ellipse und PM der Parabel, um so viel weniger unterschieden sind, je näher sie dem Scheitelpunkt A kommen.

2.

2. Ueber AB (78 F.* T. VII) sey ein Halbkreis und eine Halbellipse beschrieben; und CD $= \frac{1}{2}c$; CA $= \frac{1}{2}a$; CP $=$ x; so ist PM: 'PM $= \sqrt{\frac{a^2c^2 - 4c^2x^2}{4a^2}} : \sqrt{\frac{a^2 - 4x^2}{4}}$ (§. 138. 119. Ex. 1) $= \frac{c}{2a}\sqrt{(a^2-4x^2)} : \frac{1}{2}\sqrt{(a^2-4x^2)}$ $= \frac{c}{2a} : \frac{1}{2} = c : a$. Man beschreibe um Kreis und Ellipse gleich breite Rechtecke wie pM', pM so viele, daß ihrer Reihen Unterschied von dem Kreise und der Ellipse Quadranten kleiner wird als jede gegebene Größe (völlig nach dem meth. exhaust. Archimedis vergl. §. 142. ff. Stereom.) so ist Rechteck pM' : Rechteck pM $=$ PM' : PM; und da dies von jedem Rechtecke dieser Art wahr ist; aber die Summe aller pM' $=$ allen 4 Quadranten $= \frac{a^2}{4}\pi$, die Summe aller pM $=$ E $=$ dem Inhalt der ganzen Fläche der Ellipse ist; so ist auch a : c $= \frac{a^2}{4}\pi : E = \frac{a^2\pi}{4} : \frac{ac\pi}{4}$. Es ist also $\frac{ac}{4}\pi$. der Inhalt der Ellipse. Sucht man nun einen Kreis dieses Inhalts; so setzt man $ac.\frac{\pi}{4} = d^2\frac{\pi}{4}$. Also ist eines solchen Kreises Durchmesser d $= \sqrt{ac}$, die mittl. Prop. zwischen großer und kleiner Axe der vorgegebenen Ellipse; so daß Quadratur der Ellipse und des Kreises von einander abhängen.

V. Von der Hyperbel.

§. 150. Die krumme Linie, in welcher $y^2 = px + \frac{px^2}{a}$ heißt die Hyperbel, wo p der Parameter, und a die Axe, hier auch wol Zwerchaxe (latus transversum) heißt. Da hier auch $y = \pm\sqrt{px^2 + \frac{px^2}{a}}$, so hat die Hyperbel 2 gleiche entgegengesetzte Ordinaten.

§. 151. Vergleicht man den Ausdruck mit der Gleichung der Parabel, so ist hier ein Zusatz $\frac{px^2}{a}$. Daher der Name Hyperbel. (additumentum, superabundantia).

Z. Aus der elliptischen Gleichung wird die hyperbolische, wenn man in jener $-a$ statt $+a$ setzet.

§. 152. Die Hyperbel schneidet die Axe wenn

$$y^2 = 0 = px + \frac{px^2}{a} \text{ d. i. wenn } x = 0 \text{ oder } x = -a$$

ist. Es fällt also der Hyperbel (70 F.) anderer Scheitel B auf die entgegengesetzte Seite, und $a = AB$, oder die Zwerchaxe, kann absolut genommen sowol mit den bejahten Abscissen verglichen, als auch wegen §. 151. Z. als verneint angesehen werden. Man sagt daher, die Hyperbel sey eine Ellipse mit einer negativen Axe.

§. 153. Der Punkt C auf der Mitte der Zwerchaxe heißet auch hier der Mittelpunkt, und so könnte eine auf AB in C senkrechte Linie, welche an beiden Seiten bis an die Hyperbel gezogen wäre, die kleine Axe auch hier heißen. Allein eine solche Linie ist an sich unmöglich. Denn hier wäre $x = -\frac{1}{2}a$. Folglich $y = \sqrt{(-\frac{1}{2}ap + \frac{1}{4}ap)} = \sqrt{-\frac{1}{4}ap} = \frac{1}{2}\sqrt{-ap}$ eine unmögliche Größe.

§. 154. Ueberhaupt, so lange die negativen Abscissen kleiner als a genommen werden, ist es sichtbar, daß $px + \frac{px^2}{a}$ eine negative Größe wird. Denn

es

es ist $p.-x$ negativ, $\frac{p.-x.-x}{a}$ positiv; aber weil $a > x$, so ist die Summe aus beiden negativ. Daher ist y in allen diesen Fällen unmöglich. So bald aber das negative x über $-a$ hinaus reicht; so ist px als der negative Theil kleiner als der positive Theil $\frac{px^2}{a}$, also wird y wieder eine mögliche Größe.

Wenn x auf der positiven Seite von A größer wird; so wird auch y immer größer, und wenn einmal $-x >$ $-a$, so wird alsdenn auch y immer größer, je größer das negative x wird; x kann aber an beiden Seiten ohne Aufhören wachsen, daher hat die Hyperbel 4 unendliche Schenkel, wovon je zwei in entgegengesetzter Richtung von beiden Scheiteln ausgehen.

§. 155. Die mittlere Proportionalgröße zwischen a und p oder $\sqrt{ap}$ heiße c, und man nennt dies auch hier die kleine Axe (wenn diese gleich an sich, in so fern sie die Hyperbel in zwei Punkten schneiden soll etwas unmögliches ist); so ist $p = \frac{c^2}{a}$ und $y^2 = \frac{c^2}{a} x + \frac{c^2}{a^2} x^2$.

§. 156. Wenn man von C aus die Abscissen rechnet, so ist $CP = u$ und $AP = x = u - \frac{1}{2}a$. Dies in die eben angeführte Gleichung gesetzt, giebt $y^2 = \frac{c^2u^2}{a^2} - \frac{1}{4}c^2$.

Z. Das Perpendikel durch C wird indessen doch die Hyperbel rechts und links in zwei congruente (unendliche) Hälften theilen und die innerhalb der 4 rechten Winkel auf ähnliche Art bestimmten Theile, z. E. die sectores hy-

hyperbolae, die von gleichen Winkeln an der Axe gebildet werden, sind congruent.

§. 157. Da das Quadrat der Ordinate über dem Brennpunkt $\frac{1}{4}p^2 = \frac{c^4}{4a^2} = \frac{c^2u^2}{a^2} - \frac{1}{4}c^2$; so ist das für diese Ordinate gehörige u, d. i. die Entfernung des Brennpunkts vom Mittelpunkt, oder $CF = e = \pm\frac{1}{2}\sqrt{(a^2+c^2)}$, welches 2 von C gleich entfernte Brennpunkte F und f giebt.

§. 158. **Aufg. Wenn man hier aus F und f die Linien FM und fM an den Punkt M der Peripherie ziehet, den Unterschied fM − FM zu fiuden.**

Aufl. Es ist $fM^2 = PM^2 + (CP + Cf)^2 = \frac{c^2}{a^2}u^2 - \frac{c^2}{4} + \left(u + \frac{\sqrt{(a^2+c^2)}}{2}\right)^2$ oder $fM^2 = \frac{c^2}{a^2}u^2 - \frac{c^2}{4} + u^2 + u\sqrt{(a^2+c^2)} + \frac{a^2}{4} + \frac{c^2}{4} = \frac{a^2+c^2}{a^2}u^2 + u\sqrt{(a^2+c)} + \frac{a^2}{4}$. Eben so findet man $FM^2 = PM^2 + (CP - Cf)^2 = \frac{a^2+c^2}{a^2}u^2 - u\sqrt{(a^2+c^2)} + \frac{a^2}{4}$. Daher ist

$$fM = \frac{u\sqrt{(a^2+c^2)}}{a} + \frac{a}{2}; \text{ und}$$

$$FM = \frac{u\sqrt{(a^2+c^2)}}{a} - \frac{a}{2}.$$

Folglich $fM - FM = a =$ der Zwerchaxe.

§. 159. Z. Hieraus folget wie bei der Ellipse eine Art die Hyperbel zu zeichnen. Denn aus a und p wird e §. 155., und aus diesem e §. 157. gefunden. Ueber F, f werden nun mit beliebig angenommenen Größen fM und fM — a = FM Dreiecke fMF construiret; so liegen alle Punkte M in der Hyperbel.

§. 160. Anm. Hierauf ist denn auch ein Instrument, die Hyperbel durch eine stetige Bewegung zu beschreiben, gegründet, welches aber noch weniger Zuverläßigkeit als das zur Parabel hat §. 132. Ein Faden wird mit einem Ende an ein Linial, welches um die Größe a länger ist als der Faden, mit dem andern Ende aber in dem einen Brennpunkt F befestigt. Das andere Ende des Linials drehet sich um den andern Brennpunkt f. Wenn ein Stift an den Faden gehalten wird, indem man das Linial drehet, so beschreibt der Stift eine Hyperbel. S. Wolfs Anfangsgr. der Alg. § 271. Auf diese Construktionen vermittelst der Instrumente §. 132. §. 147. und der hier angeführten, als genetrischen Erklärungen, gründet L'Hospital sections coniques die ganze Lehre der 3 in der Oberfläche des Kegels noch liegenden Curven. — Freilich werden dadurch ihre Bilder dem Ideal nicht so nahe gebracht, als der Kreis durch das Zirkelinstrument; aber theoretisch sind sie eben so genau.

§. 161. Setzt man $\sqrt{ap} = c = DE$ in A senkrecht auf die Axe, so daß $DA = AE = \frac{1}{2}c$, und zieht durch C und D, C und E grade Linien, von unbestimmter Länge; so heißen diese Linien die **Asymptoten** der Hyperbel.

§. 162. **Die Asymptoten kommen nirgends mit der Hyperbel zusammen, wenn beide auch noch so weit verlängert werden, aber sie kommen sich doch einander immer näher, je weiter sie verlängert werden.**

Bew. 1. Es ist $PC = \frac{1}{2}a + x$; $AD = \frac{1}{2}\sqrt{ap}$ §. 161. Nun ist $CA : AD = CP : PR$ oder wenn $PR = z$,

$$\tfrac{1}{2}a : \tfrac{1}{2}\sqrt{ap} = \tfrac{1}{2}a + x : z$$

Und $\frac{1}{4}a^2 : \frac{1}{4}ap = \frac{1}{4}a^2 + ax + x^2 : z^2$

Also $$\frac{(\frac{1}{4}a^2 + ax + x^2)\,\frac{1}{4}ap}{\frac{1}{4}a^2} = \tfrac{1}{4}ap + px + \frac{px^2}{a} = z^2$$

Nun ist das Quadrat der Ordinate d. i. $PM^2 = px + \frac{px^2}{a} = y^2$. Also ist $z^2 - y^2 = \frac{1}{4}ap = \frac{1}{4}c^2$, das ist: der Unterschied der Quadrate der Ordinaten an der Asymptote und an der Hyperbel ist unveränderlich, und eine endliche anzugebende Größe. Wenn aber die Quadrate zweier Größen verschieden sind, so sind es die Größen selbst, also wird der Unterschied $z - y = PR - PM$, d. i. die Größe RM, nie ganz verschwinden.

2. Indessen wird doch $z - y$ immer geringer. Denn da $z^2 - y^2 = (z - y)(z + y) = \frac{1}{4}c^2$; so ist $z - y = \frac{c^2}{4(z+y)}$; welcher Wehrt um so viel kleiner wird, je größer der Divisor $4(z + y)$ oder $z + y$ wird.

Daher nähern sich die Asymptoten der Hyperbel je mehr und mehr, kommen aber nie mit ihr zusammen; daher auch ihr griechischer Name **nie zusammenfallende Linien** bedeutet. Man braucht diesen Namen im allgemeinen Verstande von graden Linien, die neben krummen auf diese Art gezogen werden können, und es ist ein Hauptumstand, worauf bei den Curven zu sehen ist, ob sie Asymptoten haben.

§ 163. Wenn man durch A die Linie AI mit CD parallel ziehet; so ist $AI = \frac{1}{2}CD$ (§. 223. Pl.) $= \frac{1}{2}CE$ (§. 77. Pl.) $= CI$ (§. 221. Pl.) $= EI$.

Das Quadrat der Größe AI oder CI heißet **Potenz der Hyperbel.**

§. 164. **Die Potenz der Hyperbel ist der sechszehnte Theil von der Summe der Quadrate beider Axen.**

Bew. Da $CI = \frac{1}{2}CE$; so ist $CI^2 = \frac{1}{4}CE^2$. Aber $CE^2 = \frac{1}{4}a^2 + \frac{1}{4}c^2$; folglich ist $\frac{1}{4}CE^2 = \frac{a^2 + c^2}{16} = CI^2$ = der Potenz der Hyperbel.

§. 165.

§. 165. **Die Unterschiede der Ordinaten an der Hyperbel und Asymptote sind auf beiden Seiten der Axe gleich oder RM = rm.**

Bew. Das Dreieck CPR = △ CPr; denn RCP = rCP und bei P rechte Winkel und CP = CP. Daher ist PR = Pr. Aber PM = Pm §. 150. Folglich PR — PM = Pr — Pm, d. i. RM = rm.

§. 166. **Wenn man durch M die Linie MQ mit der Asymptote CE parallel zieht, so wird sie auf CD das Stück CQ abschneiden. Das Product MQ . CQ ist immer der Potenz der Hyperbel gleich.**

Bew. Da W. RQM = DCE und W. QRM = CDE, so ist Dr. RQM ∽ CDE ∽ CRr. Folglich ist ED : DC = RM : RQ = Mr : CQ. §. 221. Pl. Daher ist $CQ = \frac{Mr\ DC}{ED}$. Ferner ist ED : EC = RM : QM. Also $QM = \frac{EC.RM}{ED}$. Nun ist Pr = z; und Mr = z + y; MR = z — y; $DC = EC = \sqrt{\left(\frac{a^2+c^2}{4}\right)}$. Folglich ist, $CQ . QM = \frac{Mr . MR . DC^2}{ED^2} =$

$$\frac{(z^2-y^2)\left(\frac{a^2+c^2}{4}\right)}{c^2}.$$ Nun ist aber $z^2 - y^2 = \frac{1}{4}c^2$ §. 162.

Folglich $CQ . QM = \frac{a^2+c^2}{16}$ = der Potenz der Hyperbel.

§. 167. Man pflegt nun solche Linien wie CQ, QM als Coordinaten anzunehmen. Setzt man CQ = r und QM = q; so giebt $r.q = \frac{a^2+c^2}{16}$ eine Gleichung für die Hyperbel zwischen ihren Asymptoten. Der Ordinatenwinkel kann jede Größe haben. Man macht CA $=\frac{1}{2}$a und DE $=$ c; so ist DCE, der Asymptotenwinkel, $=$ MQR, dem Ordinatenwinkel, wo man nun für jedes q . r die Größe $q = \frac{a^2 + c^2}{16r}$ finden, und die Punkte M bestimmen kann.

Ist blos ein Punkt M in der Hyperbel, die Lage der Asymptoten, also auch der Asymptotenwinkel DCE gegeben; so ziehe man MQ ‡ CE, und halbire DCE mittelst CP. Man nehme CI $= \sqrt{(CQ . QM)}$ und ziehe IA mit CD parallel; so ist CA $= \frac{1}{2}$ a und die senkrechte durch A bis an die Asymptoten gezogene Linie DE $=$ c; daher $\frac{c^2}{a} = p$ dem Parameter u. s. w.

§. 168. Wenn die Zwerchaxe dem Parameter gleich ist, so heißt die Hyperbel eine **gleichseitige**. Weil in derselben $c = \sqrt{ap} = \sqrt{a^2} = a$; so ist DA $= \frac{1}{2}a =$ CA, also DCA $= 45°$; folglich der Asymptotenwinkel DCE $=$ R. Diese Hyperbel heißt daher auch die **rechtwinklichte**. Ihre Gleichungen sind

I) $ax + x^2 = y^2$ die Hauptgleichung

II) $u^2 - \frac{1}{4}a^2 = y^2$ für den Mittelpunkt

III) $r . q = \frac{1}{8}a^2$ zwischen den Asymptoten.

VI. Von krummen Linien überhaupt, auch von den transcendentischen.

§. 169. Aus dem bisherigen wird man genugsam erkennen, wie überhaupt aus einer Gleichung die Eigenschaften einer Curve herzuleiten sind. Die Betrachtung der Kegelschnitte insbesondere ist indessen, wie bekannt, jedem nöthig, der bei vielen der nüzlichsten und ange-

nehm-

nehmsten praktischen Lehren nicht auf dem halben Wege stehen bleiben will. Hier sage ichs nur, daß sie es sind, besonders die Ellipse, welche der Schöpfer seinen Welten zur Bahn vorschrieb. — Es ist noch eine Menge anderer Curven von Zeit zu Zeit erfunden, wofür sich eine **algebraische Gleichung** geben läßt; wo sich alsdenn für jedes x, ein Wehrt od. eine bestimmte Anzahl Wehrte von y durch eine **geometrische Construktion**, wie §. 123. bei der Parabel, finden lassen. Man nennt sie daher auch algebraische Linien oder Curven, und unterscheidet die transcendentischen Curven, für welche sich keine solche Gleichungen, die auf eine bestimmte Anzahl Wehrte führten, geben lassen. Die **algebraischen** Linien sind von der ersten, zweiten, dritten **Ordnung** u. s. w. nach dem Grade der höchsten Potenz, worauf eine der veränderlichen Größen in irgend einem Gliede der Gleichung steiget. Sonst sagt man auch noch, eine Curve sey vom nten **Geschlecht**, wenn sie n + 1 Abmessungen hat. Z. B. die bisher betrachteten Kegelschnitte sind vom ersten Geschlecht. Sind die veränderlichen Größen in einem Gliede in einander multiplicirt, so muß man die Exponenten summiren, um danach die Ordnung zu bestimmen z. E. §. 167. Die grade Linie selbst machet die erste Ordnung. Zur zweiten gehören die bisher betrachteten Kegelschnitte; den Kreis mit eingeschlossen.

Diese Kegelschnitte heißen auch die Apollonischen (weil Apollonius von Perga ein berühmtes Werk darüber schrieb). Man macht die Gleichungen für die Kegelschnitte überhaupt allgemeiner. Z. E.

1) $y^{m+1} = ax^m - x^{m+1}$ für den Kreis
2) $y^m = a^{m-1} x$ für die Parabel
3) $ay^{m+n} = bx^m (a \mp x)^n$ für die Ellipse und Hyperbel.

Setzt man in der erstern $m = 1$; so entsteht die Gleichung für den gem. Kreis; setzt man in der zweiten $m = 2$ so giebt sie die apoll. Parabel. Eben so die apoll. Ellipse und Hyperbel, wenn man m und n = 1 setzt. Andere Wehrte für m und n geben andere Curven da dann alle auf solche Art zu no. 1) 2) oder 3) gehörigen zusammen eine Familie machen. So entstehen höhere Geschlechter der Kegelschnitte, worauf wir uns hier nicht einlassen können.

§. 170. Krumme Linien sind überhaupt **ähnlich**, wenn die beständigen Größen in den sie bestimmenden Gleichungen einerley Verhältniß gegen einander haben. Dieser Begrif kömmt mit den gemeinen Begriffen von der Aehnlichkeit überein, und läßt sich durch Ellipsen am besten erläutern. Man sieht auch, daß alle Parabeln, so wie alle Kreise, darum einander ähnlich sind, weil ihre Gleichungen nur eine beständige Größe enthalten.

Wenn sich in ähnlichen Curven die Abscissen, wie eine der beständigen Größen verhalten, so verhalten sich die Ordinaten eben so. Das könnte hier heißen: gleichnahmige Abscissen und Ordinaten sind in Proportion. Auch werden dadurch ähnliche Stücke von dem Flächenraum sowol, als auch von der Peripherie, d. i. ähnliche Bogen abgeschnitten. Wäre die beständige Linie in der einen im verjüngten Maaße gegen das Maaß der andern bestimmt; so trift dies zu, wenn man die Absciffen in beiden von gleich viel Einheiten oder Theilen der Einheit annimmt.

§. 171. Eine bei den Alten schon bekannte Curve, ist die **Cissois des Diocles**. Auf dem Durchmesser AB (71 Fig.) eines Kreises steht in einem Endpunkt die Tangente BD; man nehme auf letzterer so viel Punkte D als man will und ziehe DA. Man mache immer AM = DE. Alle solche Punkte M liegen in der Cissoide.

§ 172 **Aufg. Die Gleichung für die Cissoide zu finden.**

Aufl.

Aufl. Es sey AB $=$ a, AP $=$ x, PM $=$ y. Also x : a $=$ y : $\left(BD = \frac{ay}{x}\right)$. Auch ist ferner x : a $=$ AM : $\left(AD = \frac{a.AM}{x}\right)$. Es ist aber $BD^2 = \frac{a^2y^2}{x^2} = DE.AD = \frac{a.AM^2}{x}$ weil DE $=$ AM §. 171. Da nun $AM^2 = x^2 + y^2$; so ist $\frac{a^2y^2}{x^2} = \frac{a(x^2+y^2)}{x}$ folglich $ay^2 = x^3 + xy^2$ oder $y^2 = \frac{x^3}{a-x}$ die Gleichung für die Cissoide.

§. 173. Z. Die Cissoide ist eine Curve der 3ten Ordnung (wegen x^3 und xy^2) und des zweiten Geschlechts §. 169.

§. 174. Z. 2. Die Gleichung giebt $y = \pm\sqrt{\frac{x^3}{a-x}}$ und diese doppelten Wehrte entstehen, wenn man eben die Zeichnung für den andern Halbkreis macht. Eben so sind für $x > a$, und für $-x$ keine Ordinaten möglich. Die Cissoide liegt ganz zwischen BD und einer Parallele durch A. Endlich für $x = 0$ ist $y = 0$, und für $x = a$ ist $y = \infty$, auch wächst y mit x, weil der Divisor $a - x$ immer abnimmt. Die Cissoide geht mit ihren Schenkeln immer näher an BC heran, aber sie erreichen nie BC, welches also eine Asymptote ist.

§. 175. In den graden Linien (72 Fig) CM, CM′; Cm, Cm′, die alle durch einen Punkt C der Linie CA gehen, und eine auf letzterer in E senkrechte Linie BT in Q, Q′ schneiden, nehme man QM, Q′M′ etc. einer beständigen Linie EA gleich; so liegen alle Punkte M in der **Muschellinie des Nikomedes.** Man sieht leicht, daß

daß BT eine Asymptote der Muschellinie ist, denn letztere kommt ihr immer näher ohne sie zu erreichen.

§. 176. Setzt man EA = a, CE = b; MR = EP = x, ER = PM = y so ist QR = $\surd(a^2-x^2)$, EQ = ER − QR = y − $\surd(a^2-x^2)$. Nun ist b : y − $\surd(a^2-x^2)$ = b + x : y. Daher $\surd(a^2-x^2) = \frac{xy}{b+x}$ Also $a^2 - x^2 = \frac{x^2y^2}{(b+x)^2}$. Dies giebt I. $x^2y^2 = (b+x)^2 (a^2-x^2)$ und II. $x^4 + 2bx^3 + (y^2+b^2-a^2)x^2 - 2a^2bx - a^2b^2 = 0$, die Gleichung für die Muschellinie, welche also eine Linie der 4ten Ordnung und eine Curve des 3ten Geschlechts ist. Die Gleichung I zeigt, daß jedem x zwei gleiche entgegengesetzte y zugehören, und daß sie durch CA in zwei Hälften getheilt wird; ferner, daß, wenn x = 0, y = ∞ ist, wegen der Asymptote, auch daß keine Ordinate für x > a statt findet, daß aber verneinte x noch eine Muschellinie auf der entgegengesetzten Seite geben.

Z. Hier sollen dies nur Proben von Linien höherer Ordnung seyn. Wie die Alten die Cissoide und Conchoide besonders zur (spekulativen) Auflösung des Delischen Problems §. 162. Stereom. brauchten erzähle ich unten in der Geschichte. Man sehe auch **Kästners** Anal. endl. Gr. §. 497 — 543.

§. 177. Wenn sich ein Kreis bDOQ (73 F.) dergestalt auf einer graden Linie AB fortwälzet, daß alle Theile seines Umfangs nach einander alle Theile der graden Linie decken, so daß, wenn in einer andern Lage des Kreises, der Punkt Q sich in P befindet, dafür aber der Punkt D in T auf der graden Linie AB ist, alsdenn der Bogen PT oder QD dem Theil QT der graden Linie gleich ist; so sieht man überhaupt wol, daß der Punkt Q während der ganzen

ganzen Umwälzung eine krumme Linie beschreiben muß, bei welcher es wol der Mühe wehrt seyn mögte, zu untersuchen, ob sie zu einer der uns schon bekannten Arten gehöre, oder eine davon verschiedene Gattung ausmache. Diese krumme Linie würde z. E. von einem Nagel im Umfang eines Wagenrades beschrieben werden, wenn das Rad über einen vollkommen ebenen Weg in einer gleichen Richtung fortrollte. Daher heißt sie **Radlinie** (roulette) oder **Cykloide**. Der Kreis bDOQ heißt der **Generator**, Q der beschreibende Punkt, QB die **Grundlinie**.

§. 178. Wenn QB der halben Peripherie des Generators gleich, so ist Q in F und b in B. Man fälle auf FB aus einem willkührlichen Punkte P der Cykloide ein Perpendikel PM. Da nun PM ≠ QB, QT = Arc. TP = Arc. BL; so ist QB — QT = TB = FLB — BL = Arc FL. Nun ist aber TB = PM — PN = PM — ML = PL. Daher ist der Bogen LF = PL, und man sieht, wenn durch jedes Punkt des Halbkreises FLB Parallelen mit der Grundlinie gezogen würden, und man LP jedesmal so lang als Arc. FL machte; so müßte P ein Punkt der Cykloide seyn. Weil also von der Länge der Bogen FL die Größen LP abhangen, so können die Bogen FL als Abscissen betrachtet werden, und x heißen. Dann ist jedes LP eine Ordinate oder = y. Nun wäre die Gleichung für die Radlinie y = x. Aber der Analogie wegen wollen wir doch auch jedes FM = x und die rechtwinklichte Ordinate auf dem Durchmesser 2a des Generators, MP = y setzen, so ist MP = u + $\sqrt{(2ax - x^2)}$ §. 45., wenn u den Bogen FL bedeutet, oder MP = $\sqrt{(2ax - x^2)}$ + Arc. sin $\sqrt{(2ax - x^2)}$ (wie man den Bogen, dessen Sinus man weis, auszudrücken pflegt).

§. 179. Weil x ein gegebener Bogen und y eine grade Linie seyn soll, die dem Bogen x gleich gemacht wird,

wird, wozu eigentlich die Rektifikation des Kreises erfodert wird; so erhellet daraus, daß die Gleichung eigentlich keine algebraische ist. Denn einmal ist diese Construktion nicht in der Gewalt der Elementargeometrie, und da sich der Generator vor der Stellung in BLF unzähligemal umgewälzet haben kann, so giebt es auch keine bestimmte Anzahl der Wehrte y; und die Cykloide ist eine transcendentische Curve §. 169. Die **Lambert**sche XXIII Tabelle dienet indessen eine Menge Punkte derselben **beiläufig**, aber doch für die Praxis so genau als möglich, zu finden, wenn der Halbmesser des Generators bekannt ist.

§. 180. Anm. Eine **Epicycloide** entsteht, wenn sich ein Kreis über eine andere festliegende Kreisperipherie gleichförmig fortwälzet. Nämlich der Punkt, mit welchem der bewegliche Kreis beim Anfang der Bewegung die feste Peripherie berühret, beschreibet bei der Bewegung des Umwälzens die Epicykloide. De la Hire schrieb darüber 1694 einen ausführlichen Traktat mit Anwendung auf die Mechanik. So interessant die Theorie ist; so ist sie doch für uns zu weitläuftig. Ich gebe noch folgende Construktion ihres praktischen Nutzens wegen. YA (74 F.) sey der Halbmesser der festen Peripherie, AD der Durchmesser des beweglichen Kreises dessen Hälfte in E, F, B . . . in 2n gleiche Theile getheilt ist. Man mache mittelst Lamb. XXIII Tafel nach §. 31. Pl. und §. 54. 2) eb. Trig. Ad dem halben Umfang des Generators gleich, und theile diesen Bogen in eben so viel gleiche Theile in e, f... als den halben Generator, ziehe nun aus Y e8, f9 bis YX und mit YE, YF u. s. w. die Bogen ry, qz u. s. w. Auf diesen Bogen nehme man L14 = lk; M15 = ml; O16 = 7B; Q17 = qF; Rw = rE, so wird die durch 14, 15, 16, 17 und w gehende Curve eine Epicykloide.

§. 181. Es sey eine Linie CA (75 F.) gegeben, und man stelle sich auf dieser Linie zugleich einen beweglichen Punkt M vor, der mit gleichförmigem Gange von C

nach

nach A geht, indem sich CA um C einmal herumdrehet. Der bewegliche Punkt wird durch $CM = \frac{1}{4} CA$ gegangen seyn, wenn sich CA durch einen Winkel von 90° bewegt, oder der Punkt A einen Bogen von 90° beschrieben hat; er wird von C um $\frac{1}{2}$ CA abstehen, wenn der Punkt A 180° durchgegangen. Ueberhaupt wird der bewegliche Punkt $\frac{n}{m}$ CA von C entfernt seyn, wenn A durch $\frac{n}{m}$ 360° gegangen ist, bis er endlich, nach dem A die ganze Peripherie durchgegangen, mit A zusammen fällt. Eigentlich wird sich alsdenn der Punkt M durch eine krumme Linie bewegt haben, welche die archimedische Spirallinie heißt.

Da man sich eine grade Linie wie CA über alle Gränzen verlängert vorstellen kann, und man eben so gut annehmen kann, daß sie sich noch weiter drehet, nachdem sie in die vorige Lage gekommen, und daß auch der bewegliche Punkt fortfährt sich in der verlängerten CA gleichförmig zu bewegen, indem diese sich drehet; so sieht man wol, daß, wenn die verlängerte CA wieder 90° durchgegangen, M von C um $\frac{5}{4}$ CA entfernt seyn wird, und überhaupt, daß auf solche Art die Spirallinie mit fortgesetzten Wendungen ins Unendliche fortgehet.

Man nenne nun überhaupt den Winkel ACP, wodurch sich eine Linie CA von unbestimmter Länge oder den Bogen AP, wodurch sich der Punkt A bewegt hat, x; den bestimmten Theil auf der Linie, nämlich CA, aber r, und die damit beschriebene Cirkelperipherie p; die jedesmalige Entfernung des Punkts M von C bei jeder Lage von CA heisse y: so ist $p : x = r : y$. Mithin $y = \frac{rx}{p}$.

§. 182.

§. 182. Hiedurch läßt sich nun eine Methode angeben, **manche bestimmte Punkte** einer Spirallinie zu finden. Denn da man den Kreis z. E. in 2, 4, 8 u. s. w. Theile theilen kann; so sey z. E. $r = 16$. Wenn nun $x = 90°$; so ist $y = \frac{90}{360} . 16$; wenn $x = 360° + 90°$ so ist $y = \frac{450}{360} . 16$ u. s. w.

Aber **nicht jeder unbestimmte** Punkt der Spirallinie läßt sich durch diese Gleichung oder durch eine auf sie gegründete geometrische Konstruktion finden. Denn dazu würde erfordert werden, daß man einen Kreis in eine jede beliebige Anzahl gleicher Theile z. E. in 7, 11, 13 Theile geometrisch theilen könne. Demnach ist die Gleichung für die Spirallinie ebenfalls keine algebraische. Es ist daher auch die archimedische Spirallinie eine transcendentische §. 169.

§. 183. Anm. 1. An der Spirallinie sieht man offenbar, wie sich von ihr behaupten lasse, daß sie von einer durch sie gezogenen graden Linie in unzähligen Punkten geschnitten werde.

§. 184. Anm. 2. Aus der von der Entstehungsart der Spirallinie gegebenen Vorstellung mag man nun Instrumente beurtheilen, welche sie in einem Zuge beschreiben sollen. Dergleichen giebt Penther an, Baukunst Th. 3. §. 67. ff. In der Praxis setzt man sie gewöhnlich aus Bogen verschiedener Kreise zusammen, wo eine Methode dann der Wahrheit näher kommt, als die andere, keine etwas ganz richtiges giebt a. O. §. 116. ff.

§. 183. Anm. 3. Sobald nur eine veränderliche Größe eine Funktion von der andern ist, und eine Gleichung das Gesetz ausdrückt, nach welchem die eine von der andern abhängt; so läßt sich dies durch Abscissen und Ordinaten, da die äußersten Punkte der letztern in einer Curve liegen, darstellen. Uebrigens mögen die Größen welche unter x und y verstanden werden, seyn was sie wollen. Denn wenn es Größen sind, wird ihr jedesmaliges Verhältniß doch durch Zahlen, mithin auch durch Linien, die

etwa

etwa rechtwinklicht an einander gesetzt sind, vorgestellt werden können.,

Z. E. Wenn t die Zeit ist, die der schwere Körper gefallen, s den Raum bedeutet, durch welchen er gefallen; so findet man in der Mechanik $s = gt^2$ und $t^2 = \frac{1}{g} s$ d. i. $t = \sqrt{\frac{1}{g} s}$. Wenn g hier eine beständige Größe bedeutet, und man die s auf einer Abscissenlinie annimmt, so werden die Endpunkten der Ordinaten sich in einer Curve befinden, die hier noch dazu eine bereits bekannte Linie ist. Eine Parabel, deren Parameter $\frac{1}{g}$, wird durch ihren Zug darstellen, wie die Zeiten des Falles sich nach dem Raum bestimmen, den der Körper durchgefallen ist. So kann jede Gleichung, welche wir in der höhern Algebra betrachtet haben, als eine Funktion von einer Größe wie y angesehen, oder $= y$, $= y^2$ u. s. w. gesetzt, und die Curven gesucht werden, deren Coordinaten x und y sind. Die Wurzeln der Gleichung $x^n + ax^{n-2} + bx^{n-2} \ldots + d = 0$ sind eigentlich nichts anders als die Weyte von x, bei welchen die Curve die Abscissenlinie oder die Axe schneidet; wo $y = 0$ ist Im allgemeinen ist diese Bemerkung richtig. Wie mehrere Curven durch Multiplication ihrer definirenden Funttionen in einander eine Gleichung höherer Ordnung darstellen können, lehrt Euler Introd. Tom. II. § 61. ff.

Ich bemerke nur noch, daß selbst in solchen Fällen, wo man auch eigentlich keine Gleichungen zwischen den veränderlichen Größen hat, aber doch Beobachtungen und Versuche ihr Verhältniß gegen einander in manchen bestimmten Fällen geben, man doch wol diese bestimmten Fälle durch eine Construktion auszudrücken, und dann die gefundenen Endpunkte der Ordinaten aus der freien Hand mit einer Curve zu verbinden pflegt. So hat Lambert in der Theorie der Beobachtungen und Versuche §. 63. ff. (Beitr. I. Th. S. 478) gezeiget, wie man die Beobachtungszeiten zu Abscissen, die Abweichungsgrade der Magnetnadel zu Ordinaten annehmen könne, um um das periodische in den mittlern Veränderungen der Richtung der Nadel mittelst einer Curve vorzustellen. Der Zug der Curve zeigt, daß die jetzige Abweichung gegen Westen wohl aufs höchste gestiegen seyn mag, und nun der Rückgang nach Osten zu erwarten sey. Eben daselbst §. 67. ff. konstruirt er die Linie der Sterblichkeit aus den Londonschen Sterberegistern, in dem er zu Ordinaten die Reste annimmt, welche von 10000 zugleich Gebohrnen, nach 1, 2, 3...10, 20 u. m. Jahren noch leben; die Abscissen sind die Jahre selbst. Ausser sehr natürlichen Betrachtungen, welche die Gestalt der Curve über das Gesetz der Sterblichkeit angiebt, findet man auch daselbst, und noch mehr in den Anmerkungen über die Sterblichkeit Beitr. 3 Th. IX., scharfsinnige Methoden, aus einer solchen nach Beobachtungen gezogenen Curve, auf ihre allgemeine Gleichung zu schließen.

III. Analysis des Unendlichen.

I. Differentialrechnung.

I. Allgemeine Gründe und Regeln der Differentialrechnung.

§. 184. Ich glaube, daß es nützlich seyn wird, ehe wir uns in die eigentlichen Gründe und Rechnungsregeln des sogenannten Infinitesimalcalcüls einlassen, noch einige Begriffe, die dabei zum Grunde liegen, oder damit in Beziehung gedacht werden, weil man manchmal schreckende Vorstellungen davon hat, hier zusammenzustellen, und dadurch zu erläutern.

§. 185. Man pflegt wol Reihen wie diese (§. 318. 319. A. R.) $\frac{1}{3} + \frac{1}{9} + \frac{1}{27} + \frac{1}{81} \ldots$ unendliche Reihen zu nennen. Eigentlich sind es aber nur Grössen, zu welchen immer neue aber immer kleinere Vermehrungen hinzukommen, und (wie z. E. die vorgegebene) einer bestimmten oft selbst sehr geringen Grösse (hier $\frac{1}{2}$) zwar immer näher kommen, sie aber nie völlig erreichen. So wachsen sie zwar **ohne Ende** (unaufhörlich) aber nicht **unendlich**, welches man nur von Grössen sagen kann, die immer gleiche oder gar grössere und grössere Zusätze erhalten, so daß, wenn diesem Wachsthum keine Gränze bestimmt wird, keine weder mit Zahlen noch nach einem Maasstab anzugebende Grösse gedacht werden kann, die sie nicht endlich übersteigen müßten. Z. E. eine Reihe 1, 2, 4, 8, 16, 32, 64, 128 ... wächst auf solche Art nicht nur **ohne Ende**, sondern auch **ins Unendliche**. So auch $a + bx + cx^2 + dx^3 + ex^4 \ldots rx^n + qx^{n+1} \ldots$ in infin. wo die Coefficienten sowol als x ganze Zahlen seyn sollen.

§. 186. Wenn im Gegentheil für $x > 1$ die aufeinander folgenden Quadrat-, Cubikwurzeln u. s. w. aller folgenden Potenzen, ohne bei einer abbrechen zu dürfen, wie $x, x^{\frac{1}{2}}, x^{\frac{1}{3}}, x^{\frac{1}{4}} \ldots x^{\frac{1}{n}}, x^{\frac{1}{n+1}}$ in infin., angenommen werden; so wird jede folgende Wurzel immer kleiner, und es läßt sich keine auch noch so geringe Grösse angeben oder denken, daß nicht eine Zahl n so groß sollte genommen werden können, daß $x^{\frac{1}{n}}$ doch noch kleiner werden müßte. So kann durch diese Wurzelausziehung (und nach unzähligen andern Gesetzen) x **unendlich abnehmen, d. i. kleiner als jede auch noch so kleine, doch auch gegebene, Grösse, werden.**

§. 187. Wenn a und b beständige, u und z veränderliche Größen sind, und man setzt fest, daß ab = uz (vergl. mit der Potenz der Hyperbel §. 163—167) d. i. u : a = b : z seyn soll, und läßt man nun u wachsen, so muß z abnehmen; und da der Wachsthum von u durch nichts beschränkt ist, so muß, wenn uz = ab bleiben soll, auch die Abnahme von z unbeschränkt seyn; und so kann man sagen, wenn u **unendlich** wächst, nimmt z **unendlich** ab, und umgekehrt.

§. 188. Setzt man, es sey a = b = 1; so ist 1 = uz, und $z = \frac{1}{u}$ wird unendlich abnehmen, wenn u unendlich zunimmt. Mit Zeichen drückt man dies auch so aus: Wenn u = ∞ wird, so wird $z = \frac{1}{\infty}$.

§. 189. Wenn man zwar nicht sagen konnte, daß durch die unaufhörlichen Zusätze $\frac{1}{9}$; $\frac{1}{27}$ u. s. w. zu $\frac{1}{3}$ diese Größe unendlich wächst §. 185, so ists doch richtig, daß sich diese Reihe $\frac{1}{3} + \frac{1}{9} + \frac{1}{27} \ldots$ in infin. der Gränze $\frac{1}{2}$ **unendlich nähere**. So heißt eine Größe, von der eine andere nur noch um weniger als sich angeben läßt verschieden werden kann, **die Gränze** der letztern. Und so kann auch ein Verhältniß die **Gränze eines andern Verhältnisses** genannt werden, wenn letzteres sich ihm ohne Aufhören nähert, (wenn es dasselbe auch nie erreichte). So ist der Zähler zum Nenner des Bruchs $\frac{1}{2} = 1 : 2$; und des Bruchs $\frac{1}{3} = 1 : 3$; $\frac{1}{3} + \frac{1}{9} = \frac{4}{9} = 4 : 9$; $\frac{4}{9} + \frac{1}{27} = \frac{13}{27} = 13 : 27$ u. s. w. nähern sich die Verhältnisse 40 : 81; 121 : 243 der Verhältniß 1 : 2 als ihrer Gränze unendlich.

Ex. So war in der Planimetrie §. 263. der Kreis die Gränze aller zugehörigen innern und äußern Polygone. Das heist: Wenn man statt eines innern oder äußern Polygons von n Seiten, bei eben dem Kreise sich

sich ohne Ende Polygone von 2n, 4n etc. Seiten gedenkt; so nähert sich das Polygon unendlich dem Inhalt und Umfang des Kreises, und das Verhältniß des Polygons zum Kreise nähert sich durch Verdoppelung, Verdreifachung u. s. w. der Seitenzahl unendlich dem Verhältniß der Gleichheit 1:1.

§. 190. Wenn in der Gleichung $y = e + z$, z unendlich abnimmt, kann $y = e$ gesetzt werden, denn der Unterschied zwischen y und e ist nun kleiner als jede angebliche Größe.

§. 191. **Wenn in der Gleichung $au + b = z$ u unendlich wächst; so ist au die Gränze der sich z unendlich nähert.**

Bew. Es ist $\frac{au+b}{au} = 1 + \frac{b}{au}$ Nun wachse u unendlich; so nimmt $\frac{b}{au}$ unendlich ab, und $1 + \frac{b}{au}$ nähert sich unendlich dem 1. Da nun $1 + \frac{b}{au} = \frac{z}{au}$ so kommt auch $\frac{z}{au}$ dem 1 unendlich nahe, welches nicht anders geschehen kann, als wenn der Dividend dem veränderl. Divisor, d. i. z dem au sich unendlich nähert.

§. 192. Es sey $z = au^m + bu^{m-n}$ (wo $+n < +m$) so ist $\frac{z}{au^m} = 1 + \frac{b}{au^n}$. Nun wachse u unendlich, so ist 1 die Gränze für $\frac{z}{au^m}$ wie im vor. §., und au^m, d. i. das Glied in der vorgegebenen Gleichung, welches die höchste Potenz der ins unendliche wachsenden Größe u enthält, ist die Gränze, welcher sich die andere veränderliche Größe z unendlich nähert.

§. 193. 1. Aus $y = \frac{k}{u^m} + \frac{l}{u^{m+n}} \ldots$ wird $yu^m = k + \frac{l}{u^n}$. So nähert sich $y . u^m$ beim unendlichen Wachsen von u der Gränze k; mithin in der vorgegebenen Gleichung y der Gränze $\frac{k}{u^m}$, **dem Gliede wo im Divisor die niedrigste Potenz von** u **vorkommt**, indem freilich die übrigen noch früher unendlich abnehmen müssen.

2. Setzt man hier, wie §. 188., $\frac{1}{z} = u$; so wäre $y = kz^m + lz^{m+n} \ldots$, und man müßte sagen, kz^m, das ist, das Glied worin die unendlich-abnehmende Größe $z = \frac{1}{u}$ in der niedrigsten Potenz vorkommt sey die Gränze, welcher sich der Wehrt y unendlich nähert

Anm. In der Differentialrechnung pflegt man statt z, welches man sich schon an sich als einen kleinen Bruch vorstellt, um welchen eine endliche Größe x im nächstfolgenden Zustand vom vorherigen verschieden ist, Δz zu setzen; und so folgt: wenn $y = k(\Delta x)^m + l\Delta x^{m+n} + \ldots$ ist, so nähert sich y, je kleiner Δx wird, dem Wehrt $k(\Delta x)^m$ unendlich, und $k(\Delta x)^m$ ist die Gränze, der er so nahe kommen kann, daß zuletzt keine Verschiedenheit davon mehr sich angeben läßt, weil, wenn man sie annehmen will, die Voraussetzung eines noch kleinern Δx die folgenden Glieder noch immer unbedeutender gegen $k(\Delta x)^m$ machen wird.

Dies mag zur Einleitung genug seyn; und ich will nun mich bemühen, durch sinnliche Darstellung ausgemachter Sätze an den Figuren es dem Anfänger so deutlich als möglich zu machen, daß man nichts als Gränzen der Verhältnisse beim Differentiiren suche.

§. 194.

§. 194. Es sey y eine Funktion von x mit beständigen Größen verbunden §. 45, und man habe für x einen gewissen Wehrt angenommen, für welchen daher auch y gegeben ist. Nun lasse man sich x um eine gewisse Größe verändern. Diese Größe mag hier Δx heißen; so daß nun aus x die Größe $x + \Delta x$ geworden ist, und Δx nichts anders als die Differenz zwischen dem vorigen x und jetzigen $x + \Delta x$ anzeigt, (also Δ keinen Faktor bedeutet). Alsdenn wird auch aus y eine andere Größe $y + \Delta y$ geworden seyn, wo ebenfalls Δy die Differenz vom vorigen anzeigt. So wol Δx als auch Δy sollen hier **endliche bestimmte** Unterschiede bedeuten. So ist z. E. in der Parabel $AP = x$ (67 Fig.); $Ap = x + \Delta x$; $PM = y$ und $pm = y + \Delta y$. Wenn nun der Parameter p, so ist für die Abscisse $AP = x$ die Ordinate $= \sqrt{px}$; und für die veränderte Abscisse $x + \Delta x$ ist auch die gleichfalls veränderte Ordinate $y + \Delta y = \sqrt{(p(x + \Delta x))} = \sqrt{(px + p\Delta x)}$.

Uebrigens werden diese Differenzen Δx und Δy für jedes Δx ihr bestimmtes Verhältniß zu einander haben.

Anm. Diese Bezeichnung Δx, Δy ziehe ich einer solchen wie E, e vor, weil sie sofort an den Begrif Differenz erinnert.

§. 195. Man kann nun Δx immer kleiner und kleiner annehmen; und so muß es, wenn man ohne Aufhören z. E. seine Hälfte und davon wieder die Hälfte nimmt, und so fort an, kleiner als jede gegebene Größe werden, d. i. unendlich abnehmen §. 175. A. R. Für ein solches Δx wird auch Δy kleiner als jede gegebene Größe seyn. Diese unter jede solche angebliche Größe gesunkenen Δx und Δy nennet man die **Differentialen** von x und y, und zeigt sie zum Unterschiede durch dx, dy an. Hier muß also d auch für keinen Coefficienten angesehen werden. Je kleiner man in der Figur Pp $= \Delta x$ annähme, desto näher würde pm dem PM rücken, und desto kleiner würde auch rm $= \Delta y$ werden, bis, wenn Pp kleiner wird als jede noch nennbare Größe, auch rm unter alle angebliche Größen herabsinkt.

§. 196. Nun ist es freilich richtig, daß in dem angenommenen Falle, wo Δx unter jede gegebene Größe sinkt oder dx daraus wird, sich für diese unendliche Abnahme weder dx noch dy mehr bestimmen lassen. Sollte aber bei einer solchen unendlichen Abnahme, das **Verhältniß** dx : dy noch endlich bleiben; so würde doch dies Verhältniß sich noch bestimmen lassen.

Dieses Verhältniß dx:dy wollen wir das **Differentialverhältniß** nennen. Es wird die Gränze seyn, welcher sich das Verhältniß $\Delta x : \Delta y$ ohne Ende nähert, ohne sie je völlig zu erreichen; so lange beide Glieder noch angebliche Größen sind. Unmittelbar vor dem Verschwinden wird $\Delta x : \Delta y$ wie um nichts von dx:dy verschieden seyn. Im Verschwinden der Größen Δx, Δy selbst, werden beide Verhältnisse gleichsam zusammen fallen, oder wie man auch sagt: die Größen Δx, Δy werden mit dem Verhältniß dx:dy verschwinden.

§. 197. **Erläuternde Anmerkung.** Folgende Betrachtung wird vielleicht den Anfänger am besten überzeugen, daß es Fälle giebt, wo dem Differentialverhältniß dx:dy, d. i. der Gränze, welcher sich $\Delta x : \Delta y$ unendlich nähert, eine endliche und bestimmte Größe beigelegt werden kann und muß.

Es sey $x : y = 2 : 1$, und es ist für jedes Δx das Verhältniß $\Delta x : \Delta y = 2 : 1$. Selbst wenn man p dem P unendlich nähert, d. i. Δx unendlich abnehmen läßt und $=$ dx setzet, muß doch noch dx:dy $= 2 : 1$ seyn. Also ist hier gewiß das Differentialverhältniß, d. i. das

das Verhältniß, welches noch im Akt des Verschwindens oder des allerersten Entstehens des Verhältnisses $\Delta x : \Delta y$ da ist, das endliche genau zu bestimmende Verhältniß 2 : 1 endlich.

Bei einer krummen Linie (77 Fig.) sei nun $AP = x$; $PM = y$; $Pp = \Delta x = Mr$; $rm = \Delta y$. Man denke sich an dem Punkt M die Tangente Mt; so ist zwar $Mr : rm$, d. i. $\Delta x : \Delta y$ sehr verschieden von $Mr : rt$. Aber je näher man p bei P annimmt, je mehr nähern sich die Verhältnisse $\Delta x : \Delta y$ und $Mr : rt$. Wird nun p dem P unendlich nahe gebracht, d. i. nimmt Δx unendlich ab; so muß auch Δy unendlich abnehmen. Aber dann wird auch das Verhältniß $dx : dy = Mr : rt = PT : y$, d. i. das Differentialverhältniß hat die bestimmte Größe $Mr : rt = PT : y$, oder letzteres ist die Gränze, welcher sich $\Delta x : \Delta y$ unendlich nähert, die nun allerdings gefunden werden kann, sobald man eine Tangente an M ziehen kann; eine Sache, deren allgemeine Möglichkeit niemand bezweifeln wird, und wozu die Methoden bald gezeigt werden sollen. Hier wollte man durch die allgemeine Vorstellung einer Tangente an einer Curve, welche auch einen Kreisbogen vorstellen kan, nur zeigen, daß bei dem Kunstwort Differentialverhältniß ein reeller Begrif zum Grunde liegt. Bei den nun folgenden arithmetischen Methoden dasselbe zu finden, kann man sich nun immer vorstellen, daß eine Funktion zwischen x und y, also eine Curve §. 183, zum Grunde liegt, wo man das Verhältniß $y : PT$ findet.

§. 198. Fundamentalaufgabe der Infinitesimalrechnung. Wenn $a^{n-1}y = x^n$, das Differentialverhältniß $dy : dx$ zu finden.

Aufl. Es ist $a^{n-1}(y + \Delta y) = (x + \Delta x)^n$, oder

$$a^{n-1}y + a^{n-1}\Delta y = x^n + nx^{n-1}\Delta x + \frac{n.n-1}{1.2}.x^{n-2}\Delta x^2$$

$$+ \frac{n.n-1.n-2}{1.2.3} x^{n-3}\Delta x^3 \text{ u. s. w.}$$

Also ist, wenn man $a^{n-1}y = x^n$ links und rechts des Zeichens ($=$) abzieht:

$$a^{n-1}\Delta y = nx^{n-1}\Delta x + \frac{n.n-1}{1.2}x^{n-2}(\Delta x)^2 + \frac{n.n-1.n-2}{1.2.3}x^{n-3}(\Delta x)^3 \ldots$$

Nun sollen Δy, Δx unendlich abnehmen. Hier ist also, wenn man in der Gleichung §. 193, $y = kz^m + lz^{m+n} \ldots$, Δy statt y, und Δx statt z setzt das dort erwiesene völlig anwendbar. Es ist nämlich $nx^{n-1}\Delta x$ dasjenige Glied in der Gleichung in welchem die unendlichabnehmende Größe Δx (§. 195.) den niedrigsten Exponenten (nämlich 1) hat, und daher ist $nx^{n-1}\Delta x$ die Gränze, welcher sich $a^{n-1}\Delta y$ (oder Δy, wenn $a = 1$) unendlich nähert. Denn man muß bei der immer fortschreitenden Abnahme sich Δx bald als einen sehr kleinen eigentlichen Bruch gedenken; also sinkt Δx^2, Δx^3 noch viel früher als Δx bis zu einer nichtsbedeutenden Kleinheit herab. Im Fall des Verschwindens (in casu evanescentiae), wo Δy, Δx durch dy, dx bezeichnet wird §. 195, ist die Gränze als erreicht anzusehen §. 196, oder es ist $a^{n-1}dy = nx^{n-1}dx$, und das gesuchte Differentialverhältniß, welches Δx, Δy nur beim Verschwinden erreichen, ist $dx : dy = a^{n-1} : nx^{n-1}$, oder es ist $\frac{dy}{dx} = \frac{nx^{n-1}}{a^{n-1}}$.

§. 199. Z. 1. Wenn nun dx das Differential von x §. 195, so ist das zugehörige Differential von y oder $dy = \frac{n}{a^{n-1}} x^{n-1} dx$; oder wenn $a = 1$, so ist $dy = nx^{n-1} dx$. Dergleichen Ausdrücke nennt man auch **Differentialgleichungen** zwischen y und x.

§. 200. Z. 2. Die **Differentialrechnung** enthält also die Regeln, wie man, wenn y eine Funktion von x ist, diese Größen **differenziiren** d. i. ihr Differentialverhältniß dy:dx finden solle, und wie man aus einer endlichen Gleichung zwischen veränderlichen Größen die **Differentiale** dieser Größen mithin eine **Differentialgleichung** finden solle.

§. 201. Z. 3. Der Beweis des 198 §phs zeiget überhaupt wie letzteres anzustellen. Wenn die endliche Gleichung soeingerichtet worden ist, daß die veränderliche Größe, welche die Funktion einer oder verschiedener andern ist, sich nur allein in den Gliedern auf der einen Seite befindet, so betrachtet man jede veränderliche Größe in zwei verschiedenen Zuständen. Den ersten Zustand ziehet man von dem andern, da die Größen gewachsen sind oder sich verändert haben, ab. Nun bleiben keine andern Glieder, als welche Δx, Δy u. d. gl. enthalten. Stellt man sich nun vor, daß alle diese Größen unendlich abnehmen §. 136, oder dx, dy werden, und behält nur diejenigen wo dx, dy u. s. f. in der ersten oder der niedrigsten Potenz vorkommen; so erhält man unmittelbar die Differentialgleichung, z. E. $dy = nx^{n-1}dx$. So giebt $y = x^2$, $y = x^3$ u. s. w. die Differentialgleichungen $dy = 2xdx$; $dy = 3x^2dx$ u. s. w., woraus denn die Differentialverhältnisse $\frac{dy}{dx} = \frac{2x}{1}$; $\frac{dy}{dx} = \frac{3x^2}{1}$ herzuleiten sind.

§. 202. Anm. Nach der bildlichen Vorstellungsart des 197 §phs würde $a^{n-1}y = x^n$ (eine Gleichung für eine Parabel von höherer Ordnung §. 169, deren Ordinaten x sind) $dx:dy = PM:PT = a^{n-1}:nx^{n-1}$ geben; also für $n = 3$, $y = 10$, $a = 5$ hätte man $x = \sqrt[3]{250} = 6,3$ und $PM:PT = 25:119 = 6,3:30 = dx:dy$ ein bestimmtes Verhältniß, wobei nichts von unendlich Kleinem

Kleinem und unendlich Großem, was man allerdings anstößiger findet als es bei richtigen Begriffen wirklich ist, zu erwähnen nöthig hat.

§. 103. Anm. In der Folge gründet man nun die Regeln für die besondern Fälle entweder auf das Verfahren §. 198, oder man verfährt nach §. 201; so wie das eine oder das andere am deutlichsten in die Augen fällt.

§. 204. **Aufg. Wenn eine veränderliche Größe y die Summe und Differenz verschiedener anderer u, x, z ist, oder auch mit beständigen Größen eine Summe oder Differenz macht; die Differentialgleichungen zu finden.**

Aufl. Es sey I. $y = u + x - z$. Man verändere den Zustand, so ist

$$y + \Delta y = u + \Delta u + x + \Delta x - z - \Delta z.$$

Man ziehe den vorigen Zustand ab; so ist

$$\Delta y = \Delta u + \Delta x - \Delta z$$

und lasse die Differenzen unendlich abnehmen; so ist

$dy = du + dx - dz$ die Differentialgleichung.

Eben so wenn II. $y = u + a$; so ist $y + \Delta y = u + \Delta u + a$ und nach dem Abzug und der unendlichen Abnahme

$$dy = du.$$

§. 205. Z. 1. Wenn $x + y = a$; so ist $y = a - x$; folglich $dy = - dx$. Nämlich wenn y zunimmt, muß x abnehmen.

§. 206. Z. 2. Beide letztern Beispiele zeigen, in was für einem Verstande man sagen könne, das Differential einer beständigen Größe sey $= 0$. Nämlich weil die beständige Größe weder wächset noch abnimmt, so ist $u + \Delta u + a + \Delta a = u + \Delta u + a$; folglich $\Delta a = 0$, und man erhält, wenn man die Differenzen unendlich abnehmen läßt, gar kein da, d. i. $da = 0$.

§. 207. **Aufg. Wenn eine veränderliche Größe dem Produkt zweier veränderlichen gleich oder**

oder $y = xz$ ist, die Differentialgleichung zu finden.

Aufl. Man multiplicire jeden Faktor mit dem Differential des andern. Die Summe dieser Produkte ist das Differential von y, oder $dy = xdz + zdx$.

Bew. Weil $4y = 4xz = (x+z)^2 - (x-z)^2$ §. 140. Anmerk. A. R.; so ist $4dy = d(x+z)^2 - d(x-z)^2$. Es sey $x+z = u$, so ist $du = dx + dz$; und wenn $x - z = w$, so ist $dw = dx - dz$. Daher, weil $(x+z)^2 = u^2$, so ist $d(x+z)^2 = 2udu$; und eben so wird $d(x-z)^2 = 2wdw$. Nun ist $2udu - 2wdw = 4dy$. Aber

$$2udu = (2x + 2z)(dx + dz)$$
$$= 2xdx + 2xdz + 2zdx + 2zdz$$

Und $2wdw = 2xdx - 2xdz - 2zdx + 2zdz$

Also subtrahirt $4xdz + 4zdx = 4dy$ oder

$$dy = d.xz = xdz + zdx.$$

§. 208. Z. 1. Wenn $y = axz$ und a eine beständige Größe, so erhält man $dy = axdz + azdx$.

§. 209. Z. 2. Ferner wenn $y = xzu$ und auch u eine veränderliche Größe, so ist $dy = d.(xz).u = xzdu + u.d(xz) = xzdu + uxdz + uzdx$, woraus die Allgemeinheit der Regel erhellet, das Produkt mag aus so viel veränderlichen Faktoren zusammengesetzt seyn als es will.

§. 210. **Aufg.** **Zu einer endlichen Gleichung wie $y = \frac{x}{z}$, wo veränderliche Größen in einander dividirt sind, die Differentialgleichung zu finden.**

Aufl. Vom Produkt des Divisors in das Differential des Dividends subtrahirt man das Produkt

des

des Dividends in das Differential des Divisors, den Rest dividirt man mit dem Quadrat des Divisors d. i. $dy = d\frac{x}{z} = \frac{zdx - xdz}{z^2}$.

Bew. Es ist $yz = x$; daher $dx = ydz + zdy$. Also $dy = \frac{dx - ydz}{z}$. Da nun $y = \frac{x}{z}$ so ist $dy = (dx - \frac{x}{z}dz) : z = \frac{zdx - xdz}{z^2}$.

§. 211. Weil auch ax^n eine Funktion von x mit Recht genannt wird §. 45; so läßt sich auch die Aufgabe so ausdrücken; z. E. das Differential einer Funktion von x wie ax^n zu finden. In diesem speciellen, wiewol doch sehr weit greifenden Fall hat man nun die allgemeine Regel: **Das Differential der Potenz einer veränderlichen Größe in eine beständige Größe multiplicirt erhält man, wenn man die um einen Grad verminderte Potenz mit dem ungeänderten beständigen Faktor (a), dem ungeänderten Exponenten n, und mit dem immer am Ende angehangenen Differential der Wurzelgröße (dx) multiplicirt.** So ist $d.ax^n = anx^{n-1}dx$.

Daß nun diese Regel in allen folgenden Fällen gilt, soll von jedem besonders erwiesen werden.

§. 212. 1. **Das Differential einer Wurzelgröße oder Bruchpotenz** $\sqrt[n]{x^m}$ **oder** $x^{\frac{m}{n}} = w$ **ist.**

$$dw = d.x^{\frac{m}{n}} = \frac{m}{n} x^{\frac{m}{n}-1} dx$$

Bew. $x^{\frac{m}{n}} = w$; also $x^m = w^n$; folglich $mx^{m-1}dx =$

$= nw^{n-1}dw = nx^{\frac{m}{n}.(n-1)}dw = nx^{m-\frac{m}{n}}dw$. Mithin $\frac{mx^{m-1}dx}{nx^{m-\frac{m}{n}}} = \frac{m}{n}x^{\frac{m}{n}-1}dx = dw = dx^{\frac{m}{n}}$.

§. 213. 2. Das Differential von $\frac{1}{x^r} = y$ wird gefunden, wenn man $dy = d.\frac{1}{x^r} = dx^{-r} = -rx^{-r-1}dx$ setzt.

Bew. Weil $y = \frac{1}{x^r}$, so ist $yx^r = 1$. Folglich nach §. 207. 204. $ryx^{r-1}dx + x^r dy = 0$; mithin $dy = -\frac{ryx^{r-1}}{x^r}dx = -ryx^{-1}dx$, und (weil $y = \frac{1}{x^r} = x^{-r}$) $dy = -rx^{-r-1}dx = dx$ oder wie man es lieber auszudrücken pflegt $= \frac{-rdx}{x^{r+1}}$ Z.E. $d.\frac{1}{x^2} = -\frac{2dx}{x^3}$; $d.\frac{1}{x^3} = -\frac{3dx}{x^4}$.

§. 214. 3. Da in $y = \frac{1}{x^r}$ der Exponente r auch einen positiven Bruch bedeuten kann, so kann $dy = d.x^{-\frac{m}{n}} = -\frac{m}{n}x^{-\frac{m}{n}-1}dx$ gesetzt werden.

§. 215. Wenn also $x^t = y$, so ist $dy = tx^{t-1}dx$; es mag t eine ganze Zahl §. 198., ein positiver Bruch §. 212., eine negative ganze Zahl §. 213; ein negativer Bruch

Bruch §. 214., oder selbst eine Irrationalzahl oder unmögliche Größe seyn. Denn Irrationalzahlen lassen sich immer als Brüche ansehen, weil die Annäherung, welche man dafür findet, als Bruch dargestellt zu werden pflegt; mit den unmöglichen Größen hier aber keine andere Rechnungsregeln zu beobachten, als daß das Differential immer das zweite Glied der Potenz $(x + dx)^n$ ist, wo man also auch $\sqrt{-a} . x^{(\sqrt{-a})-1} dx$ erhalten würde.

§. 216. So lassen sich also alle bisher betrachteten Differentialen nach der §. 211 aufgestellten Hauptregel, verbunden mit §. 207. leicht machen, auf welche beide Regeln also die ganze bisherige Differentialrechnung zurückgeführt ist; welches man an folgenden Beispielen siehet

1) $d.(ax) = d(ax^1)$

2) $d.(\sqrt[m]{x}) = d.x^{\frac{1}{m}}$

3) $d.(a\sqrt{x}) = d.ax^{\frac{1}{2}}$

4) $d.\frac{a}{x} = d.ax^{-1}$

5) $d.\frac{x}{z} = d.x.y^{-1}$

6) $d.a\frac{y^3}{x^2} = d.ay^3.x^{-2} = \frac{3ay^2xdy - 2ay^3dx}{x^3}$

wenn der Zähler und Nenner mit x multipl. wird zeigt sich die spec. Regel des 210 §phs

7) $d.\frac{a^2b}{xy} = d.a^2bx^{-1}.y^{-1} = \frac{-a^2b(xdy + xax)}{x^2y^2}$

8) $d.\frac{a}{\sqrt{x^3}} = d.ax^{-\frac{3}{2}}$

9) $d.\frac{a}{xy+ty} = d.a.(xy+ty)^{-1} = -(xy+ty)^{-2}.$

$d(xy+ty)$ etc. und $d\frac{ax}{yz-xz}$ durch ähnlichen Gang.

10)

10) $d(x+ax)^2 = (2+4a+2a^2)xdx$, und auf ähnliche Art $d.(xy+uy)^3 = 3P^2dP$, wo $P^2 = (xy+uy)^2$; und $dP = d(xy+uy)$ aus §. 207 leicht herzuleiten ist.

§. 217. 3. Noch einige Beispiele zur Uebung.

1) $d.\frac{x+y}{z}$. Man setze $x+y=v$, und mache $d\left(\frac{v}{z}\right)$ nach §. 210 oder 216, und substituire $dv = dx+dy$.

2) $d.\frac{a^2+bx}{a-x} = d\left(\frac{z}{y}\right)$ Subst. $dz = bdx$, $dy = -dx$ giebt $\frac{(a^2+ab)dx}{a-x^2}$ nach §. 210 oder 216.

3) Das Differential von $y = (a+bx^n)^m = P^m$. Also $mP^{m-1}\,dP$. Also $mnbx^{n-1}dx.(a+bx^n)^{m-1}$.

4) Zu differentiiren $y = (a+bx^2)^3.(c+fx)^2$. Man setze es $= P^3.Q^2$, und verfahre nach §. 207, indem man das Differential des Produkts der veränderlichen Größen P^3 in Q^2 macht. Nun substituire man $dP = 2bxdx$ und $dQ = fdx$ u. s. w.

§. 218. **Aufg. Das Differential der Funktionen für den Kreis, $\sqrt{(rr-x^2)}$ und $\sqrt{(2rx-x^2)}$ zu finden.**

Aufl. Ein Anfänger verfährt am besten auf folgende Art. Es ist doch $y = \sqrt{(rr-x^2)}$. Dies quadrirt, giebt $y^2 = r^2-x^2$. Die Differentialgleichung ist $2ydy = -2xdx$. Daher $dy = -\frac{2xdx}{2y}$

$$= -\frac{xdx}{\sqrt{(r^2-x^2)}} = d.\sqrt{(r^2-x^2)}.$$

Eben so, weil $y = \sqrt{(2rx - x^2)}$, ist $y^2 = 2rx - x^2$, $2ydy = 2rdx - 2xdx$. Dies giebt $dy = \frac{2rdx - 2xdx}{2\sqrt{(2rx - x^2)}} = \frac{rdx - xdx}{\sqrt{(2rx - x^2)}}$.

Anm. Es wird aber gut seyn, sich eine Regel zu machen, das Differential jeder Funktion mit Wurzelgrößen, welches unter der allgemeinen Form

$$d.\sqrt[n]{X^t}$$

begriffen ist, zu finden. Ich sage aber: es ist allgemein

$$d.\sqrt[n]{X^t} = \frac{t}{nX}\,dX\sqrt[n]{X^t}$$

Denn $\sqrt[n]{X^t} = X^{\frac{t}{n}}$. Aber $d.X^{\frac{t}{n}}$ nach §. 215. $= \frac{t}{n}X^{\frac{t}{n}-1}dX = \frac{t}{n}X^{\frac{t}{n}}.X^{-1}dX = \frac{t}{nX}dX\sqrt[n]{X^t}$.

Exempel. Es werde nun verlangt

1) $d.(a\sqrt[3]{(xy+zy)^2})$; so ist hier $t=2$, $n=3$, $X = xy + zy$, $dX = d(xy + zy) = xdy + ydx + zdy + ydz$ §. 207. Mithin ist das verlangte Differential durch bloße Substitution

$$(2axdy + 2aydx + 2azdy + 2aydz).\frac{\sqrt[3]{(xy+zy)^2}}{3(xy+zy)}$$

Der zweite Faktor ist $\frac{(xy+zy)^{\frac{2}{3}}}{3.(xy+zy)^1} = \frac{(xy+zy)^{-\frac{1}{3}}}{3} = \frac{1}{3\sqrt[3]{(xy+zy)}}$, womit man den ersten multiplicirt.

2) In $d.\frac{1}{\sqrt[3]{(xy+zy)}} = d.\sqrt[3]{(xy+zy)^{-1}}$ ist $t=-1$, $n=3$; $X=xy+zy$, $dX=d(xy+zy)$. Durch gehörige Substitution und Reduktion zu dem verständlichsten Ausdruck giebt dies

$$d.\frac{1}{\sqrt[3]{(xy+zy)}} = -\frac{xdy + ydx + zdy + ydz}{3\sqrt[3]{(xy+zy)^4}}.$$

3) Aus

3) Aus $d.\sqrt[m]{(x^n + x^r.y^t)^n}$ setzt man in die Hauptformel n statt t, m statt n, $x^n + x^r y^t$ statt X, $nx^{n-1}dx + dx^r y^t$ (letzteres nach §. 207. entwickelt) statt dX; so hat man

$$\frac{n^2x^{n-1}dx + ntx^ry^{t-1}dy + nry^tx^{r-1}dx}{m\sqrt[m]{(x^n+x^ry^t)^{n-m}}}$$

4) In dem vorgegebenen $d\sqrt[n]{(x+ay)^m}.\sqrt[r]{(x+cx^2)^t}$ setze man zur leichtern Uebersicht $\sqrt[n]{(x+ay)^m}=V$; $\sqrt[r]{(x+cx^2)^t}=W$; so ist nach §. 207 $d.V.W = VdW + WdV$. Nun ist in $dV = d.\sqrt[n]{(x+ay)^m}$ wiederum $t=m$; $n=n$; $X=x+ay$; $dX=dx+ady$. Also $dV = \frac{mdx+mady}{n(x+ay)}.\sqrt[n]{(x+ay)^{m-n}}$. Eben so entwickelt man dW, und so ist das gesuchte Differential

$$\frac{m}{n}(dx+ady)\sqrt[n]{(x+ay)^{m-n}}.\sqrt[r]{(x+cx^2)^t} + \frac{tdx}{r}(1+2cx)\sqrt[r]{(x+cx^2)^{t-r}}.\sqrt[n]{(x+ay)^m}.$$

Auch der oben angeführten Kreisfunktionen Differention läßt sich durch diese allg. Regel finden.

§. 219. Hier läßt sich nun leicht erweisen, was §. 12. Anm. hieher verschoben wurde, daß die Binomialformel sich auch auf gebrochene und negative Exponenten erstrecke. Man setze $(1+x)^n = 1+Ax+Bx^2+Cx^3 .. +Px^m+Qx^{m+1} = w$; so ist immer $dw = n(1+x)^{n-1}dx$ oder $(1+x)dw = n(1+x)^n dx$; $(1+x)\frac{dw}{dx} = n(1+x)^n = nw$, und $(1+x)\frac{dw}{dx} - nw = 0$. Nun ist auch

$dw = Adx + 2Bxdx + 3Cx^2dx \ldots$

$$\begin{array}{l|l|l|l} 1 \cdot \frac{dw}{dx} = A + 2B & x + 3C & x^2 \ldots + (m+1)Q & x^m \\ x \frac{dw}{dx} = \quad A & + 2B & \ldots + mP & \end{array}$$

$$(1+x)\frac{dw}{dx} = A + (2B+A)x + (3C+2B)x^2 \ldots,$$

$$+ ((m+1)Q + mP)x^m;$$

$-nw = -n - nAx - nBx^2 \ldots - nPx^m$. Daher ist nun $A - n = 0$ also $A = n$ der 1te Coefficient $2B + A - nA = 0$ und $\frac{nA - A}{2} = \frac{n-1}{2} A = B$ der 2te Coefficient $3C + 2B - nB = 0$ d. i. $\frac{n-2}{3} B = C$ der 3te Coefficient $(m+1)Q + (m-n)P = 0$ d. i. $\frac{n-m}{m+1} P = Q$ der $(m+1)$te Coefficient. Alles wie §. 13. h, nur daß hier n jeden Wehrt haben, auch Brüche und verneinte Größen anzeigen kann §. 215, welches sich denn auch auf die Formel $(a+b)^n$ §. 18. erstrecken muß, aus welcher die in §. 13. nur abgeleitet waren.

§. 220. Anm. Es sey also ganz allgemein (n mag eine positive oder negative, ganze oder gebrochene Zahl seyn)

$$(a+b)^n = a^n + na^{n-1}b + \frac{n.n-1}{1.2} a^{n-2}b^2 + \frac{n.n-1.n-2}{1.2.3} a^{n-3}b^3 \ldots$$

Man schaffe aus dieser Reihe das 2te Glied weg, indem man das ganze mit einer Zahl multiplicirt, die das zweite Glied dem 3ten gleich, aber negativ machet. Nämlich:

$na^{n-1}bz = \frac{n.n-1}{1.2} a^{n-2}b^2$ giebt $z = \frac{n-1}{2} \cdot \frac{a^{n-2}b^2}{a.a^{n-1}b} = \frac{n-1}{2} \cdot \frac{b}{a}$. Dies setze man $-\frac{n-1}{2} \frac{b}{a}$ und multiplicirt plicire mit $1 - \frac{n-1}{2}\,\frac{b}{a}$ die Reihe für $(a+b)^n$ so erhält man

$$a^n + na^{n-1}b + \frac{n.n-1}{1.2}a^{n-2}b^2 + \frac{n.n-1.n-2}{1.2.3}a^{n-3}b^3 \ldots$$
$$-\frac{n-1}{2}a^{n-1}b - \frac{n.n-1}{1.2}a^{n-2}b^2 - \frac{n.n-1.n-1}{1.2.2}a^{n-3}b^3 \ldots$$

$$a^n + \frac{n+1}{2}a^{n-1}b * + \frac{n.n-1}{2}\,.\left(\frac{n-2}{3} - \frac{n-1}{2}\right)a^{n-3}b^3 \ldots$$

Weil nun $\frac{n-2}{3} - \frac{n-1}{2} = \frac{-n-1}{6} = -\frac{n+1}{6}$ so ist dies

$$a^n + \frac{n+1}{2}a^{n-1}b * - \frac{n.n-1}{2}\,.\,\frac{n+1}{6}a^{n-3}b^3 \ldots$$

Da nun hier $(a+b)^n$ mit $1 - \frac{n-1}{2}\,.\,\frac{b}{a} = \frac{2a-(n-1)b}{2a}$ multiplicirt ist, so muß, wenn man jenen Wehrt wieder herstellen will, mit letzterer Größe dividirt werden. Nun ist die Summe der ersten beiden Glieder $a^n + \frac{n+1}{2}a^{n-1}b = \frac{2a^n + (n+1)a^{n-1}b}{2}$; also beide mit $\frac{2a-(n-1)b}{2a}$ dividirt giebt

$$(a+b)^n = \frac{2a+(n+1)b}{2a-(n-1)b}a^n * - \frac{n.n-1.n+1.b^3}{6.(2a-(n-1)b)}a^{n-2}$$

Setzt man nun n den Brüchen $\frac{1}{2}, \frac{1}{3}, \frac{1}{4}, \frac{1}{5}$ u. s. w. gleich, so giebt dies Formeln zur Ausziehung der Wurzel jeder Potenz, weil wie sich gleich zeigen wird, der Theil b der Potenz gegen a sehr klein ist; daher läßt man $(n-1)b$ weg; und erhält

$$(a+b)^n = \frac{2a+(n+1)b}{2a-(n-1)b}\, a^n * - n.\frac{n^2-1}{12}\left(\frac{b}{a}\right)^3 a^n.$$

$$\sqrt[2]{(a+b)} = \frac{4a+3b}{4a+b}\sqrt[2]{a} * + \tfrac{1}{32}\left(\frac{b}{a}\right)^3 \sqrt{a}$$

$$\sqrt[3]{(a+b)} = \frac{3a+2b}{3a+b}\sqrt[3]{a} * + \tfrac{2}{81}\left(\frac{b}{a}\right)^3 \sqrt[3]{a}$$

$$\sqrt[4]{(a+b)} = \frac{8a+5b}{8a+3b}\sqrt[4]{a} * + \tfrac{5}{256}\left(\frac{b}{a}\right)^3 \sqrt[4]{a}$$

$$\sqrt[5]{(a+b)} = \frac{5a+3b}{5a+2b}\sqrt[5]{a} * + \tfrac{2}{125}\left(\frac{b}{a}\right)^3 \sqrt[5]{a}$$

. . . .

$$\sqrt[10]{(a+b)} = \frac{20a+11b}{20a+9b}\sqrt[10]{a} * + \tfrac{33}{4000}\left(\frac{b}{a}\right)^3 \sqrt[10]{a}$$

$$\sqrt[11]{(a+b)} = \frac{11a+6b}{11a+5b}\sqrt[11]{a} * + \tfrac{10}{1331}\left(\frac{b}{a}\right)^3 \sqrt[11]{a}$$

Man sieht nunmehr schon das Gesetz für das erste Glied der Reihe, worauf es eigentlich nur ankommt, da das 2te schon sehr klein ausfällt. Nämlich für die ungraden Exponenten ist der Coefficient von a im Zähler und Nenner der Wurzelexponent selbst, die Summe der Coefficienten von b im Zähler und Nenner ist dem Wurzelexponent gleich, nur im Zähler ist der Coefficient von b um 1 größer; für die graden Exponenten sind die Coefficienten von a und die Summe der Coefficienten von b dem doppelten Wurzelexponenten gleich, nur daß der von b im Zähler um 2 größer ist. Man verfährt nun so: Es sollte die Wurzel der 7ten Potenz von 8390275621 gesucht werden. Die Formel ist $\frac{7a+4b}{7a+3b}\sqrt[7]{a} + \tfrac{4}{343}\left(\frac{b}{a}\right)^3 \sqrt[7]{a}$.

Man nimmt nun von der Zahl der Potenz so viel Ziffern als angeht, um mittelst seiner Handtabellen dafür den Logarithmen zu finden. Die Vegaschen verstatten 7 zu nehmen; also hier

	8390275000 = a zu setzen.	Dies giebt $la = 9{,}9237762$
Nun ist	621 = b	$\frac{1}{7}la = l\sqrt[7]{a} = 1{,}4176823$
	58731925000 = 7a	Also ist $\sqrt[7]{a} = 26{,}162684$
	1863 = 3b	
	58731926863 = 7a + 3b	
	58731927484 = 7a + 4b	

Nun ist $\frac{7a+4b}{7a+3b} = 1{,}000000010573$

Also $\frac{7a+4b}{7a+3b} \sqrt[7]{a} = 26{,}162682466180 67932$

Man findet §. 145. A. R. am Ende, wie man am kürzesten rechnen müsse; nur die gewöhnlichen log. Handtabellen sind zu abgebrochen, um bei so großen Zahlen, wie 7a+3b hier ist, die gesuchte Genauigkeit zu geben. So hat man also bis auf 18 Decimalstellen $\sqrt[7]{(a+b)}$ gefunden, nach Lamb. Zus. §. 105. Das 2te oder vielmehr 4te Glied (man sieht weshalb man das gegen a^3 so geringe $(n-1)b$ weglassen konnte) dienet blos zur Probe, ob man die Wurzel genau genug hat. Es ist nämlich hier $\frac{b}{a} = 0{,}00000007$; beim Kubus 343 fällt die höchste Ziffer in die 22te niedere Ordnung, und dies soll nun noch mit 343 dividirt, und nur etwa mit 105 multiplicirt werden, welches eine unbedeutende Kleinigkeit selbst gegen die niedrigste Ziffer der ges. Wurzel ist.

§. 221. Anm. Diese höchst scharfsinnig von dem verewigten Lambert entdeckte, so sehr convergirende Reihe für die Wurzelgrößen, daß sie mit dem ersten Gliede schon fast alles erschöpft, konnte ich mich nicht enthalten, hier noch beizubringen, weil ichs methodisch nicht eher durfte. Den Beweis, der bei ihm Beiträge II Th. S. 152. und Architecktonik §. 860 steht, habe ich gemeinfaßlicher zu machen, auch die Anwendung nach den Lamb. Zus. a. O. und Taf 34 zu erleichtern gesucht. Dies ist nunmehr zum praktischen Gebrauch die vollständigste Auflösung der Aufgabe: Die Wurzel jeder Potenz auf dem kürzesten Wege bis auf 16 bis 18 Ziffern zu finden.

Lambert hat dadurch Taf. XXIV. S. 151.

$$\sqrt[3]{\frac{\pi}{6}} = 0{,}523598\ 755008\ 234820$$ berechnet.

§. 222. Man sieht wol, weil bei der Binomial-Potenz ganzer Zahlen die Reihe darum bestimmte Gränzen hat, weil der Coefficient des letzten Gliedes $=1$ wird; daß dies bei Bruchpotenzen nie vorkommen kann, also die Binomialreihe unendlich werden muß. Denn die Faktoren des Zählers $n . n-1 . n-2$ sind lauter eigentliche Brüche, die des Nenners ganze Zahlen. So kann niemals Zähler und Nenner gleich, also auch der Coefficient nie $=1$ werden.

II. Die Methode die Lage der Tangenten an einem gegebenen Punkt der krummen Linie zu bestimmen (Methodus Tangentium directa).

§. 223. **Tangenten an krummen Linien** (es trift auch auf die, aus der nied. Geomet. bekannte Kreistangente) sind solche grade Linien wie TM (Fig. 77), die einen Punkt mit der Curve gemein haben, aber so, daß beide von diesem Punkte ausgehende Schenkel, (Rami) so lange sie sich nach einer Seite krümmen, auch ganz auf einer Seite von TM liegen. Zieht man die Sehnen AM, Mm, so ist AMm $<$ 2R; je näher man aber die A und m bei M nimmt, desto weniger wird mMr von tMr, und AMP von TMP, Mmr von Mtr, und MAP von MTP verschieden seyn. Rücket pm dem PM unendlich nahe, so sind diese Winkel als gleich anzusehen, und die ins unendliche abnehmenden Sehnen fallen mit TM zusammen. In dieser Rücksicht nennt man sie **Elemente der Curve.**

Wäre

Wäre $M\mu$ ein solches Element; so wäre $m\varrho : \varrho\mu$ das Differentialverhältniß $dx : dy = Mr : rt = PT : PM$.

§. 224. Ein Bogen ist nach der Seite zu **hohl**, wo die beiden Sehnen aus dem Berührungspunkt MA, Mm einen Winkel $< 2R$ einschließen; **erhaben** nach der Seite des erhabenen Winkels beider Sehnen hin.

§. 225. Wenn AP die Abscisse (77 F.), PM die Ordinate ist, und die durch den Punkt M der Curve gezogene Tangente die Abscissenlinie in T schneidet; so heißt PT die **Subtangente** für den Punkt M. Der Anfangspunkt liege wie er wolle.

So wie nun offenbar der Punkt T bestimmt wird, wenn man die Lage von TM gegen die Abscissenlinie weis: so läßt sich hinwiederum die **Tangente** sogleich ziehen, als man PT mithin den Punkt T weis.

Es läßt sich also die Auflösung der Aufgabe, Tangenten an jeden Punkt M in der krummen Linie zu ziehen darauf zurück führen, die für jeden Punkt gehörige Subtangente zu finden.

§. 226. **Aufg. Einen allgemeinen Ausdruck für die Subtangente zu finden.** (77 F.)

Aufl. Man ziehe pm, in beliebiger Entfernung von $PM = y$, mit PM parallel, und verlängere pm bis sie die Tangente TM in t schneidet. Es sey Mr ǂ Ap; so ist $rt : Mr = PM : PT$. Wenn nun $\pi\mu$ unendlich nahe an PM gedacht wird, folglich $\varrho\mu : M\varrho$ das Differentialverhältniß $dy : dx$ vorstellt; so ist $rt : Mr = \varrho\mu : M\varrho = dy : dx$. Folglich ist $dy : dx = PM(y) : PT$, oder zu der Subtangente. Daher ist $\frac{y\,dx}{dy}$ der gesuchte allgemeine Ausdruck für jede Subtangente.

Anm. $M\mu e$ ist das berühmte, von Leibnitz zuerst so benannte, triangulum characteristicum curvarum.

Daher darf man nur nach den Lehren des vorigen Abschnitts das Differentialverhältniß der Größen x und y aus der Gleichung für jede Curve suchen; und da dieses ein endliches bestimmtes Verhältniß wird, so erhält man durch dessen Substitution einen endlichen bestimmten Ausdruck für $\frac{ydx}{dy}$.

§. 227. **Aufg. Die Subtangente der Parabel zu finden.**

Aufl. Weil für die Parabel, wenn A der Scheitelpunkt ist (77 Fig.), $y^2 = px$; so ist $2ydy = pdx$. Folglich $\frac{2y}{p} = \frac{dx}{dy}$. Folglich $PT = \frac{ydx}{dy} = \frac{2y^2}{p} = \frac{2px}{p} = 2x$; d. i. die Subtangente der Parabel ist der doppelten Absciße gleich; mithin $AT = x$. Da y zugleich mit x ab und zunimmt, so hat man auch $\frac{\pm dx}{\pm dy}$, das heißt: das Differential giebt bei der Parabel immer etwas positives, und daher kann auch die Lage der Subtangente für $+y$ bejaht heißen, wenn T und A auf einer Seite, hier links, von y liegen.

Verzeichn. An einen gegebenen Punkt M der Parabel wird also eine Tangente gezogen, wenn man aus M die Ordinate MP senkrecht auf die Axe zieht, und nun die AT vom Scheitel rückwärts auf der verlängerten Axe der Absciße gleich macht; so ist TM die Tangente.

§. 228. **Aufg. Die Subtangente für die Ellipse und Hyperbel zu finden.** (78 F.)

Aufl.

Aufl. Für diese beiden Curven ist $y^2 = px \mp \frac{px^2}{a}$, wo das Zeichen (—) für die Ellipse, (+) für die Hyperbel gilt. Also ist $2ydy = pdx \mp \frac{2p}{a}xdx$. Folglich ist $\frac{dx}{dy} = \frac{2y}{p \mp \frac{2p}{a}x} = \frac{2ay}{ap \mp 2px} = \frac{2ay}{p(a \mp 2x)}$.

Daher ist die Subtangente $\frac{ydx}{dy} = \frac{2a(apx \mp px^2)}{ap(a \mp 2x)} = \frac{2(ax \mp x^2)}{a \mp 2x} = \frac{2x(a \mp x)}{a \mp 2x}$.

Zieht man die Abscisse x ab, so bekömt man $AT = \frac{2x(a \mp x)}{a \mp 2x} - x = \frac{2ax \mp 2x^2 - ax \pm 2x^2}{a \mp 2x} = \frac{ax}{a \mp 2x}$. Wenn man daher zu $a \mp 2x$, a, und x die 4te Proportionallinie sucht, so darf diese nut vom Scheitel hinaus auf die Axe gelegt werden, um den Punkt T, mithin die Tangente TM zu bestimmen.

§. 229. Anm. 1. Weil in der Ellipse die Abscissen x immer kleiner sind als die große Axe a, so ist der Zähler in dem Ausdruck für PT, oder die Subtangente, immer positiv. Aber da das doppelte x größer seyn kann als a so kann der Nenner negativ werden. Dann lieget die Subtangente rechter Hand über den Scheitel hinaus, wie es bei $x > \frac{1}{2}a$ ja natürlich ist. Dies und was bei der Parabel bemerkt giebt ein allgemeines Kennzeichen. Nämlich $+\frac{dx}{dy}$ deutet darauf, daß A und T auf einer Seite von y liegen; $-\frac{dx}{dy}$, daß A und T auf verschiedenen Seiten von y liegen, und PT eine der Lage für

für $+\frac{dx}{dy}$ entgegengesetzte Lage hat. Wenn $x = \frac{1}{2}a$; so ist $PT = \frac{ax}{0}$ unendlich, das will sagen, die Tangente läuft mit der Axe parallel u. s. w. Setzt man $a = \infty$, so muß $\frac{2ax \mp 2x^2}{a \mp 2x} = PT = 2x$ werden. Denn $2x^2$ und $2x$ verschwinden gegen $2ax$ und a. Es folgt auch aus §. 193. 2) und aus §. 190. Besser kann man noch, wenn man a als ohne Ende wachsend denket, den Satz aus §. 192. herleiten.

2. Wird $\frac{ydx}{dy} = 0$; welches bei den Linien der 2ten Ordnung jedesmal geschieht, wenn $x = 0$ ist; so schneidet die Curve in dem Berührungspunkte ihre Axe.

§. 230. Ein Perpendikel aus M (77. 78. F.) auf der Tangente aufgerichtet, welches in N die Axe schneidet, heißt die **Normallinie** und PN die **Subnormallinie**.

Man sieht leicht daß die Erfindung der letzten die erstere geben, und alsdann die senkrecht aus M auf NM aufgerichtete Linie die Tangente seyn würde.

§. 231. Aufg. **Die Subnormallinie überhaupt, und für die Parabel, Ellipse und Hyperbel insbesondere zu bestimmen.**

Aufl. I. Es ist TMN ein rechtw. Dreieck. Also $PT : PM = PM : PN$ §. 240. Pl., oder $\frac{ydx}{dy} : y = y : PN$; das giebt $\frac{ydy}{dx} = PN$, der Subnormallinie.

II. Daher ist für die Parabel, weil $\frac{p}{2y} = \frac{dy}{dx}$ §. 227, die Subnormallinie oder $PN = \frac{yp}{2y} = \frac{1}{2}p$, d. i. beständig, und dem halben Parameter gleich.

III.

III. Für die Ellipse und Hyperbel ist aus §. 228. $\frac{ydy}{dx} = \frac{y \cdot p(a \mp 2x)}{2ay} = p \cdot \frac{(a \mp 2x)}{2a}$; und weil im Kreise (§. 137. 4) $p = a$, so ist da $PC = \frac{1}{2}a - x$ (61 Fig.), d. i. die Normallinie geht immer in den Mittelpunkt.

§. 232. Anm. Nimmt man auf allen Normallinien MN (78 F.) gleiche Distanzen MG von der Curve einwärts, so geht eine mit AMm gleichlaufende Curve durch die Punkte G. Kästner hat diese Curve betrachtet §. 95 ff. Sollen gekrümmte Mauren über dem Horizont, Gewölbe-Bogen mit der Centrilinie gleichlaufend verfertigt werden, so muß man hiernach verfahren. — Die Epicykloide kann am Wellfuß Dd (74* F.), wo sie nur einen Punkt des Balgenschwengels DA am Ende der Diagonale D. berührt nach §. 180. gekrümmt werden (NB die Krümmung geht an, wenn der Schwengel mit der Axe der Welle in einer Horizontalfläche liegt). Aber wenn der Triebstock C ein Cylinder, so muß die Krümmung des Zahns Z eine mit der Epicykloide gleichlaufende Linie seyn. Siehe Kästner in Comm. Gött. T. V. 1782.

§. 233. **Wenn man durch einen Punkt M (77 F.) in der Parabel eine Linie LM mit der Axe parallel, und eine andere von M nach dem Brennpunkt F ziehet, und MN die Normallinie für den Punkt M ist; so machen LM und FM mit MN gleiche Winkel, oder FMN = LMN.**

Bew. Man ziehe MP senkrecht; so ist $AP = x$; $FP = \frac{1}{4}p - x$, oder $x - \frac{1}{4}p$ §. 127. (nachdem P dem Scheitel näher oder davon entfernter als F ist). Mithin $FN = PN \mp FP$; mithin im ersten Falle $FN = \frac{1}{2}p - (\frac{1}{4}p - x)$; im zweiten $FN = \frac{1}{2}p + (x - \frac{1}{4}p)$ beides $= \frac{1}{4}p + x$. Daher nach §. 130. $FN = FM$. Daher ist $FMN = FNM = LMN$.

Z. Daher ist auch $TMF = R - FMN = LMt = R - LMN$.

§. 234.

§. 234. Zwei grade Linien FM und fM (78 F.), die aus beiden Brennpunkten der Ellipse F und f an einem Punkt des Umfanges M gezogen sind, machen mit der Tangente TM gleiche Winkel FMT und fMt.

Bew. Es war §. 228. $AT = \frac{ax}{a - 2x}$ Setzt man nun $x = \frac{1}{2}a - u$, so ist $AT = \frac{a(\frac{1}{2}a - u)}{a - 2(\frac{1}{2}a - u)} = \frac{\frac{1}{2}a^2 - au}{2u}$. Nun ist $FA = \frac{1}{2}a - \frac{\sqrt{(a^2 - c^2)}}{2}$ (§. 140.) $= \frac{a - \sqrt{(a^2 - c^2)}}{2}$; also $AT + FA = FT = \frac{\frac{1}{2}a^2 - au}{2u} + \frac{a - \sqrt{(a^2 - c^2)}}{2} = \frac{\frac{1}{2}a^2 - u\sqrt{(a^2 - c^2)}}{2u}$. Nun war §. 144. $FM = \frac{\frac{1}{2}a^2 - u\sqrt{(a^2 - c^2)}}{a}$. Daher ist $FM : FT = 2u : a$. Da nun $fT = FT + Ff = \frac{\frac{1}{2}a^2 - u\sqrt{(a^2 - c^2)}}{2u} + \sqrt{(a^2 - c^2)} = \frac{\frac{1}{2}a^2 + u\sqrt{(a^2 - c^2)}}{2u}$, und nach §. 144. $fM = \frac{\frac{1}{2}a^2 + u\sqrt{(a^2 - c^2)}}{a}$; so ist auch $fM : fT = 2u : a$. Folglich ist $FM : FT = fM : fT$. Aber es ist $FM : FT = \sin FTM : \sin FMT$; und $fM : fT = \sin FTM : \sin fMT$. Daher ist $\sin FTM : \sin FMT = \sin FTM : \sin fMT$. Also ist $\sin FMT = \sin fMT$. Nun ist $\sin fTM = \sin fMt$, als dem Sinus der Ergänzung zu 2R. Folglich ist $\sin FMT = \sin fMt$, oder W. $FMT = fMt$.

§. 235. Z. Daher, weil nun auch $R - FMT = R - fMt$, d. i. $FMN = fMN$; so ist $FM : fM = FN : fN$

fN §. 225. Planim. Daher findet man die Lage der Normallinie an einem Punkt M der Ellipse, wenn man die Brennpunkte weis, blos durch Halbirung von FMf.

§. 236. Anm. In der Katoptrik folgt aus diesen Sätzen, verbunden mit dem Erfahrungssatz: Der Einfalls- und Zurückprallungswinkel der Lichtstralen sind gleich, 1) daß alle Stralen, die mit der Axe eines parabolischen Spiegels parallel einfallen, sich wieder in F als dem Brennpunkte vereinigen, und 2 die aus dem Brennpunkte ausgehen, von der Parabel mit der Axe parallel zurückgeworfen werden; ferner, daß alle Stralen, die aus einem Brennpunkte der Ellipse an die Peripherie gehen, wieder in den andern Brennpunkt zurückgeworfen werden. Eben daher kömmt die Benennung Brennpunkt.

§. 237. Aufg. Eine Tangente an einen Punkt der Radlinie § 177 zu ziehen.

Aufl. Es sey P (73 Fig.) ein Punkt in der Radlinie. Man ziehe PM mit der Grundlinie QB parallel, so daß sie den Generator in L schneidet, so ist PL die Ordinate nach §. 177. Man stelle sich pl so vor, als wenn es unendlich nahe an PL gezogen wäre; so sind Pp und Ll Elemente der Radlinie und des Kreises, und fallen §. 223. mit den Tangenten der Curven in P und L zusammen. Stellt man sich nun vor, daß beide Tangenten so weit ausgezogen sind, bis sie sich in V schneiden, und daß durch P die Linie PS mit der Tangente des Kreises parallel gezogen sey; so ist PS = Ll = dx (weil der Bogen FL hier die Abscisse ist) und pS = dy. Aber es ist Dr. pPS ∽ PVL; mithin pS : PS = PL : LV, oder $dy : dx = y : LV$, d. i. $LV = \frac{ydx}{dy}$ = der Subtangente. Da nun für die Radlinie $y = x$, so ist $dy = dx$.

Folg-

Folglich ist $\frac{ydx}{dy} = y$, oder die Subtangente ist der Ordinate gleich.

Diese Subtangente muß nun auf der Fortsetzung des Elements des Kreises, d. i. auf seiner Tangente genommen werden. Durch ihren Endpunkt V wird alsdenn VP oder die Lage der Tangente an P bestimmt.

3. Die Tangente PV ist auch der zugehörigen Sehne FL im Generator parallel. Denn im Dreieck PLV ist PL = LV, mithin VLM = 2VPL, und FLV = $\frac{1}{2}$LKF = FLM; folglich FLM = VPL, d. i. die Tangente PV ‡ der Sehne FL, welches eine leichte Konstruktion der Tangente giebt, indem man nur mit der gegebnen zugehörigen Sehne FL des Generators durch den Punkt P eine Parallele ziehen darf. So ist nun immer eine durch P mit dem zugehörigen LF gezogene Parallele, da nur **eine** solche gezogen werden kann, die Tangente der Radlinie in P.

§. 238. I. Eine besondere Untersuchung verdiente die allgemeine Methode, **die Lage der Asymptoten an einer krummen Linie zu finden.** Man sieht wol daß man voraussetzen kann: die Asymptote berührt ihre Curve in einem unendlich entfernten Punkte. Wenn man dies mit der Hyperbel (70 F.), einer Curve, von welcher man weis, daß sie Asymptoten hat, vergleicht; so ist bei derselben der Mittelpunkt C derjenige, wo die Asymptote die Axe schneidet, und ihre Lage wird durch AD $= \frac{\sqrt{ap}}{2}$, welches man auch die eingebildete halbe kleine Axe nannte, bestimmt. Für dergleichen Linien wie AC, AD müßte man nun

eine

eine Bestimmung suchen, die für jede Curve überhaupt (nicht blos für die Hyperbel) gilt. Nun ist $AC = PC$ (subtg) $- AP = \frac{ydx}{dy} - x$, und $PC : PM = AC : AD$, d. i. $\frac{ydx}{dy} : y = \frac{ydx}{dy} - x : AD$, d. i. $AD = y - \frac{xdy}{dx}$. Diese beiden Wehrte sucht man in endlichen bestimmten Ausdrücken für die Tangente; setzt alsdenn in selbigen für die Asymptote, die auch eine Tangente, aber in einem über alle Gränzen entfernten Berührungspunkte, nach den Umständen x, welches das gewöhnlichste ist, oder auch $y = \infty$. Erhält man so für beide noch bestimmte Wehrte, so ist die Lage der Asymptote gefunden. Z. B. Bei der Hyperbel ist AC für die unendliche Tangente oder Asymptote als die Subtangente AP anzusehn; also $AC = \frac{ax}{a + 2x}$ §. 228. mithin $AD = y - \frac{px(a + 2x)}{2ay} = \frac{2ay^2 - pax - 2px^2}{2ay} = \frac{2apx + 2px^2 - apx - 2px^2}{2ay} = \frac{px}{2y}$. Ist nun $x = \infty$, so ist $AC = \frac{1}{2}a$ §. 191; und weil $x : y = x : \sqrt{(px + \frac{p}{a}x^2)} = x : \sqrt{\frac{px^2}{a}}$ (§. 192.) $= x : x\sqrt{\frac{p}{a}} = 1 : \frac{\sqrt{p}}{\sqrt{a}} = \sqrt{a} : \sqrt{p}$, so ist $AD = \pm \frac{\sqrt{ap}}{2} = \frac{1}{2}c$, wie §. 161; und weil AD zwei entgegengesetzte Wehrte hat, so giebts unter der Axe noch eine 2te Asymptote.

II. So ist gezeigt, wie sich eine aus der Natur der apollon. Hyperbel hergeleitete Methode auch an dieser Curve selbst bewährt. Nun noch 2 Beispiele bei noch nicht bekannten Curven.

1) Für die cubische Hyperbel ist ⊙ $ay^3 = apx^2 + px^3$. Hier ist also $y = \sqrt[3]{(px^2 + \frac{px^3}{a})}$. Das Differentiiren nach §. 215. 216 giebt $\frac{dx}{dy} = \frac{3ay^2}{2apx + 3px^2}$ (umgekehrt $\frac{dy}{dx}$). Also ist $\frac{ydx}{dy} - x = \frac{3ay}{2apx + 3px^2} - x$. Den Zähler aus ⊙ eingeführt, giebt für endliche x den Wehrt AC oder $AT = \frac{apx}{2ap + 3px}$; für $x = \infty$, $AC = \frac{apx}{3px}$ (§. 191. 192.) $= \frac{1}{3}a$. Ferner ist $y - \frac{xdy}{dx} = y - \frac{2apx^2 + 3px^3}{3ay^2} = \frac{3ay^3 - 2apx^2 - 3px^3}{3ay^2}$; substituirt aus ⊙ erhält man $AD = \frac{apx^2}{3ay^2} = \frac{px^2}{3y^2}$. Da nun für $x = \infty$, $y = \frac{x\sqrt[3]{p}}{3\sqrt[3]{a}}$; so wird $AD = \frac{px^2 . \sqrt[3]{a} . \sqrt[3]{a}}{3x^2\sqrt[3]{p} . \sqrt[3]{p}} = \frac{p\sqrt[3]{a^2}}{3\sqrt[3]{p} . \sqrt[3]{p}} = \frac{\sqrt[3]{a^2p}}{3}$, das heißt: im Scheitelpunkt A macht man das Loth auf der Axe $\frac{1}{3}\sqrt[3]{a^2p} = AD$, und auf eben der Axe $AC = \frac{1}{3}a$, und zieht die Linie CD, so hat man die Lage der Asymptote.

2) Die von **Kästner** §. 115. 211. so lehrreich untersuchte Hyperbel, bei welcher $y = \frac{a^3}{x^2} + c = a^3x^{-2} + c$

giebt

giebt $\frac{dx}{dy} = -\frac{x^2}{2a^3}$, und $\frac{dy}{dx} = -\frac{2a^3}{x^2}$ §. 215. Also für die im Unendlichen berührende Linie, d. i. für die Asymptote, ist AC oder AT $= y\frac{dx}{dy} - x =$ $\left(\left(\frac{a^3}{x^2}+c\right)-\frac{x^2}{2a^3}\right) - x = \frac{-a^3 - cx^2 - 2a^3x^2}{2a^3x^2}$ $= -\frac{cx^2}{2a^3}$ ein verneintes Unendliches für $x = \infty$, ferner AD $= y - \frac{xdy}{dx} = \frac{a^3 + cx^2 + 2a^3}{x^2}$. Also für $x = \infty$ erhält man $\frac{cx^2}{x^2} = AD = c$. Dies bedeutet: die Asymptote geht mit der Abscissenlinie parallel, in der Entfernung AE $= c$ (85 F.). Bestimmt man alles aus $y = \infty$, so wird man auf die Asymptote ES geleitet. Weil die Gleichung auch, für $-x$ positive Wehrte y giebt; so muß man sich die Schenkel dieser Hyperbel, wie die Figur sie beiläufig darstellt, gedenken.

III. Wird für $x = \infty$, AC oder überhaupt die Entfernung des Punkts auf der Abscissenlinie, durch welchen die Tangente geht, vom Anfangspunkt der Abscissen AT $= \infty$, und AD entweder endlich oder $= 0$; so ist im ersten Fall (wie bei der Tangente §. 229.) die Asymptote in der Entfernung AD der Abscissenlinie parallel, wie no. 2; im 2ten ist die Abscissenlinie wie die Anwendung dieser Methode auf die Gleichung $y = \frac{a^3}{x^2}$, für $c = 0$ in no. 2, oder auf die Muschellinie zeigen würde, selbst eine Asymptote. Giebt AD unendliche oder gar unmögliche Wehrte, so giebts keine solche Asymptoten, als man hier voraussetzt. Z. E. Bei der Parabel AT = x; AD = $\sqrt{\frac{px}{4}}$ §. 227. sind ∞, wenn x = ∞. Wenn es nach der Natur der Curve keine unendliche Abscissen geben kann, man also AT und AD durch *y* ausdrücket, und man nun für y = ∞ noch bestimmte Wehrte erhält; so ist die Asymptote mit den Ordinaten parallel, wie AE in no. 2. u. s. w. Siehe **Kästner** §. 108. ff.

§. 239. Wir wären also bei dem wenigen, was wir von der Differentialrechnung beibringen können, bisher mit der Vorstellung so ziemlich ausgekommen, daß immer eine Gränze oder Gränzverhältniß statt fände dem sich zwei von einander abhängende veränderliche Größen nähern, oder mit welchem sie verschwinden, etwas zu seyn aufhören, ins Nichts übergehen, oder aus dem Nichts hervorkommen. Bei **La Grange**'s, **La Croix** s und anderer Vorstellung, betrachtet man das **Differenziren** blos als eine Regel, aus einer vorgegebenen Funktion von x (letzterer bezeichnet sie f(x) im Calc. diff. et integ. 1797 u. 98) z. B. der Funktion x^n, die sie die **erzeugende** nennen, zu den **abgeleiteten** nx^{n-1}, $n.n-1.x^{n-2}$ u. s. w. überzugehen; wozu denn für alle Arten von Funktionen, z. E. auch für die logarithmischen die Regel gewiesen wird. Auch die höhern Differentiale welche man ddy, dddy oder d^3y bezeichnet, sind in dieser Vorstellung mit begriffen. So ist im Beispiel $n.n-1.x^{n-2} = \frac{d^2y}{dx}$ das 2te Differential. Ob man nun hiebei durchaus an kein Ab- und Zunehmen ohne Ende, oder an kein **Verschwinden** (S. **La Croix** S. 154 der deutschen Uebersetzung) denken darf, besonders bei den Differentialen, da man zur Quadratur und Rektification gekommen wäre, lasse

ich

dahin gestellt seyn. Freilich ist es immer verstattet, einen Begriff, eine Aufgabe, ganz willkührlich anzunehmen und sich vorzugeben. Doch aber wünscht man eine Deduktion, gleichsam einen Beweis der Zulässigkeit des richtigen Verfahrens bei der Zusammenstellung grade dieser Merkmahle, um den zusammengesetzten Begriff zu formiren. Dies geschieht durch die Reduktion auf die Grenzverhältnisse nach hiesiger Methode gleich Anfangs; bei La Croix, wie es mir scheint, erst bei der Anwendung. Dazu kommt, daß La Croix selbst gesteht, daß er nichts an der Richtigkeit der Theorie der Grenzen (des limites) auszusetzen habe, dadurch auch diese Rechnung auf sehr wenige Regeln gebracht werden könne (S. 318 der Grüsonschen Uebersetzung); und so darf ich mich wol nicht entschuldigen, daß ich sie bei der mir unentbehrlichen Kürze beibehalten habe. Doch gestehe ich, daß jene leichte Regeln für die höhern Differentialen ein Vorzug der neuern Methode sind. Denn sobald man die Richtigkeit der Regel: das erste Differential von $y = x^n$, $dy = d.x^n$ §. 198. sei dem ersten Gliede in der Binomialformel $nx^{n-1}dx$, d. i. $\frac{dy}{dx}$ sey dem nx^{n-1} gleich, und man nennet das Differential von diesem Differential das zweite Differential von x^n, und druckt es durch $d.dy$ oder d^2y aus, so wird nun $d^2y = n.n-1.x^{n-1}dx$, mithin $\frac{d^2y}{dx^2} = n.n-1.x^{n-2}$; ja man kann sogar das mte Differential für diese bekanntlich sehr weit gefundne Differentiirung von x^n durch den Theil des Zählers des mten Gliedes der Binomialformel, der eine Funktion von x ist, allgemein ausdrücken, oder wie einen terminum generalem darstellen. So ist

$$\frac{d^m y}{dx^m} = n.n-1.n-2\ldots(n-m+1)x^{n-m}$$

Aber auch nach der zweiten Hauptregel §. 215, wenn für $d.uz = udz + zdu$ sowol z als u Funktionen von einer veränderlichen Größe x, z. B. $u = ax + bx^2$ und $z = cx^3$; sind, hat man nach dieser Regel

$$\frac{d.uz}{dx} = 4acx^3 + 5bcx^4; \quad \frac{d^2uz}{dx^2} = 12acx^2 + 20bcx$$

und so fort bis $\frac{d^5uz}{dx^5} = 240.bc =$ einem beständigen Diff. Das Differentiiren der Funktionen, worin zwei oder mehr veränderliche Größen vorkommen, würde uns hier zu weit führen. Man muß sich darüber bei Schriftstellern unterrichten, die die Rechnungen umständlicher vortragen, von l'Hospital an, bis Euler, Kästner und La Croix. Siehe unten die Geschichte §. 51. ff.

Anm. Indessen kann ich doch mich nicht enthalten, zu bemerken, daß die Vorstellung von den Gränzen (limitibus rationum) auch äußerst leicht auf die höheren Differentialen führt, sobald man nur das erste Differential, in allen §. 216 unter einen Gesichtspunkt gebrachten Fällen, aus unumstößlichen Gründen, wie ich gethan zu haben glaube, hergeleitet hat. Ich gebe mir die

Aufg. Jedes höhere (tiefere) Differential von $y = a^{1-n}x^n$ und $z = xy$ zu finden.

Aufl. Nach §. 196 ist 1) $dy = \frac{nx^{n-1}}{a^{n-1}} dx$, und das Differential-Verhältniß 2) $\frac{dy}{dz} = \frac{nx^{n-1}}{a^{n-1}}$. Nun ist man schon von der allgem. Rechenkunst her (vergl §. 275. 294. Allg. Rechenkunst) genugsam damit bekannt, daß Verhältnisse sich wie Zahlen zusammensetzen und theilen lassen, wachsen und abnehmen können. Das Wachsen und Abnehmen des ersten Differentialverhältnisses, also des Quotienten $\frac{nx^{n-1}}{a^{n-1}}$ findet nur in so fern statt, daß x auch hier sich in $x \pm \Delta x$ verwandelt.

Das Differential $d.\frac{dy}{dx}$ kann ich nun für sich so bestimmen, als wenn dy und dx veränderliche Größen wä-

wären. Alsdann ist nach §. 210 und 216 der angen. Bezeichnung nach $d.\frac{dy}{dx}=\frac{dx.d^2y-dy.ddx}{dx^2}$. Aber wenn $\frac{nx^{n-1}}{a^{n-1}}=Z$ gesetzt wird; so ist

$$Z+\Delta Z=\frac{n(x+\Delta x)^{n-1}}{a^{n-1}}=$$

$$\frac{n}{a^{n-1}}x^{n-1}+\frac{n.n-1}{a^{n-1}}x^{n-2}\Delta x+\frac{n.n-1.n-2}{1.2.a^{n-1}}x^{n-3}\Delta x^2$$

Also $\Delta Z=\frac{n.n-1}{a^{n-1}}x^{n-2}\Delta x+\frac{n.n-1.n-2}{1.2.a^{n-1}}x^{n-3}\Delta x^2+\ldots$

Nimmt man hier Δx wie §. 98. sehr klein gegen x, und immer kleiner und kleiner, so nähert sich ΔZ der Gränze $\frac{n.n-1}{a^{n-1}}x^{n-2}\Delta x$ immer mehr, und für $\Delta x=dx$ tritt hier ebenfalls der Fall ein, daß man $dZ=\frac{n.n-1}{a^{n-1}}x^{n-2}dx$ setzen kann. So würde denn $d.\frac{dy}{dx}=\frac{n.n-1}{a^{n-1}}x^{n-2}dx$, also auch $\frac{n.n-1}{a^{n-1}}x^{n-2}dx=\frac{d^2y\,dx-dy\,d\,ddx}{dx^2}$ seyn. Aber so wie man die Differenzen $P\pi=\Delta x=\pi p$ auf der Abscissenlinie also sich gleich nimmt; so werden dadurch die Differenzen Δy nicht gleich, außer nur bei der Gleichung für die grade Linie a. a. O. Für die Curven, zum Ex. für eine Parabel, wird $\varrho\mu>rm$, obgleich $\varrho\mu$ für PM, und rm für $\pi\mu$ das gehörige Δy vorstellen. Läßt man nun die Δx und Δy immer kleiner und kleiner werden, so sind, wenn pm, $\pi\mu$ und PM sich unendlich nahe kommen, zwar die dx sich alle gleich, und also quantitates constantes, nicht aber die dy; sondern es ist ihr Verhältniß gegen dx nach Art der Curve immer anders und anders. In der Figur, wenn man annimmt, daß die Gränzen dadurch vorgestellt werden, ist $\frac{\varrho\mu}{\varrho M}$ das erste Differentialverhältniß $\frac{dy}{dx}$; aber rm ist das Differential von $\varrho\mu$, also $d\,dy=d^2y$, und das zweite Differential von y. Das Differentiodifferential von $\varrho\mu=d^2y$; $P\pi=\varrho M=\pi p=rM=dx$ ist

ist eine beständige Größe, und hat kein Differential. So ist, weil nach 1) $dy = \frac{nx^{n-1}dx}{a^{n-1}}$, nur $ddy = \frac{n.n-1\ x^{n-2}dx\ dx}{a^{n-1}}$, und das zweite tiefere Differentialverhältniß $\frac{d^2y}{dx^2} = \frac{n.n-1}{a^{n-1}}\ x^{n-2}$. Wer sieht nicht, daß diese Schlüsse ohne Ende fortgehen, und daß wir hieraus der Natur der Sache, so wie La Grange und seine Nachfolger, (weil auch bei mir die ersten Reihenglieder immer keine Divisoren 1.2, 1.2.3... erhalten) auch die Hauptformel $\frac{d^my}{dx^m} = n.n-1.n-2...n-m+1.x^{n-m}$ für jede höhere (oder tiefere) Differentialverhältnisse erhalten. Z. B. Es sey $y = x^2$, so ist $dy = 2xdx$, $ddy = 2dx^2$ und $d^3y = 0$; $y = x^5$, $dy = 5x^4dx$, $d^2y = 20x^3dx^2$, $d^3y = 60x^2dx^3$, $d^4y = 120xdx^4$, $d^5y = 120dx^5$, $d^6x = 0$ u. d. gl. Auch sieht man, daß aus diesen Betrachtungen auch die höhern Differentialen von uz eben so gut sich ableiten lassen.

III. Die Methode die größten und kleinsten Wehrte veränderlicher Größen zu finden.

§. 240. Ich kann nicht umhin, von dem methodo maximi et minimi, welche gewiß eine der nützlichsten Erfindungen der neuern Geometrie ist, hier so viel als die bisherige Theorie erlaubt, beizubringen. Um in allen Fällen ganz sichere Schlüsse hier zu machen, müßte man die eben nur berührte Lehre von den höhern Differentialien völlig inne haben. Doch, hoffe ich, wird das, was ich hier beibringen werde, hinreichen, um in den meisten Fällen, wo man das Größte und Kleinste in der theoretischen und praktischen Mathematik aufzusuchen veranlasset ist, sich helfen zu können, ohne der höh. Diff. dabei nöthig zu haben. Doch werde ich beide Methoden zeigen.

§. 241.

§. 241. Wenn in einer krummen Linie MDN, (79. 80 F.) die parallele Ordinaten hat, indem die Abscisse AP zunimmt, auch die Ordinate PM bis auf eine gewisse Gränze D wächset, nachher aber wieder abnimmt; oder wenn, indem AP wächst, PM bis auf eine Gränze D abnimmt, nachher aber wieder zunimmt; so sagt man im ersten Falle, in dieser Gränze sey die Ordinate CD ‡ PM ein maximum, im andern Falle, sie sey ein minimum. Man sieht leicht, daß dies sich nicht blos auf krumme Linien einschränke, die durch Gleichungen, d. i. durch Funktionen zwischen veränderl. Größen gegeben sind sondern daß unzählige Fälle vorkommen können, wo einer veränderlichen Größe, die von einer andern veränderlichen Größe abhängt, für einen gewissen Wehrt der leztern ein größter oder kleinster Wehrt zukommet. §. 45. 183.

§. 242. *a* **Aufg. Es ist eine Funktion y der veränderlichen Größe x gegeben, man soll finden, für welchen Wehrt von x der Wehrt von y am größten oder am kleinsten werde.**

Aufl. Es ist immer möglich, wenn eine solche Gleichung gegeben ist, worin 2 veränderliche Größen vorkommen, sich die eine x als die Abscisse, die andere y als die Ordinate bei einer gewissen Curve vorzustellen §. 183. Z. E. wenn $y^4 = ax^3 - x^4$ gegeben ist. Die zugehörige Linie sey AMN (79 F.); AP sey x und PM = y. Man stelle sich vor, daß durch M eine Tangente gezogen sey, welche die Axe in T schneidet. Nun setze man pm dem PM unendlich nahe, und ziehe Mr ‡ Pp; so ist mr = dy und Mr = dx. Da nun dx : dy = TP : PM = 1 : tang MTP, so ist jedesmal tang MTP $= \frac{dy}{dx}$. Wächst dann PM mit der Abscisse AP; so nimmt der Winkel MTP ab. Ist

$y = CD$ für $x = AC$ am größten; so ist die Tangente an D mit der Abscissenlinie parallel. Alsdenn muß der Winkel MTP über alle Gränzen abgenommen abgenommen haben, oder verschwunden, $= 0$ geworden seyn. Des Winkels MTP Tangente ist dann auch $= 0$. Mithin ist in diesem Fall $\frac{dy}{dx} = 0$.

Machen wir eben die Schlüsse bei Fig. 80, so finden wir, daß PM abnimmt, wenn die Abscisse wächst, und wenn $x = AC$, wird $PM = CD$ am kleinsten, und MTP, also ebenfalls $\frac{dy}{dx}$, $= 0$ werden muß. Eben das läßt sich auch blos an der Funktion $y = b \mp (x - a)^2$ ohne dabei an eine Curve zu gedenken arithmetisch zeigen. Es sey 1) $y = b - (x - a)^2$, oder $y = b - x^2 + 2ax - a^2$; also $dy = -2xdx + 2adx$, $\frac{dy}{dx} = 2a - 2x$. Wenn daher $\frac{dy}{dx} = 0$, so ist $a = x$. Wenn 2) $y = b + (x - a)^2 = b + x^2 - 2ax + a^2$. Mithin $dy = 2xdx - 2adx$, $\frac{dy}{dx} = 2x - 2a$. Ist es $= 0$, so ist ebenfalls $x = a$. Im ersten Fall ist y ein maximum; im zweiten ein minimum. Denn $x = a$ giebt im ersten Fall $y = b$. Ist $x < a$ so ist $y = b - (x - a)^2$ nothwendig kleiner; denn es sey $x - a^2 = -\delta$, so ist $y = b - (-\delta)^2 = b - \delta^2 < b$. Ist aber $x > a$, so ist wieder $y = b - (x - a)^2$, und wenn $x - a = \delta$, $y = b - \delta^2 < b$. Im 2ten Fall giebt $x = a$, $y = b + (x - a)^2 = b$. Wird nun $x < a$; so daß $x - a = -\delta$ so ist $y = b + \delta^2 > b$; und wenn $x > a$, und $x - a = +\delta$, so ist auch $y = b + \delta^2 > b$, also y ein minimum.

Man

Man kann also sagen: **wenn y am größten oder am kleinsten seyn soll; so muß $\frac{dy}{dx}=0$ seyn.** Nur bleibt es noch unentschieden, wenn $\frac{dy}{dx}=0$ ist, welchen von beiden Fällen, des größten oder des kleinsten, man dabei annehmen muß. Denn in den betrachteten Fällen konnten wir daraus, daß $\frac{dy}{dx}=0$ gesetzt wurde, ohne im ersten die Natur der Curve, und im zweiten Fall ohne die Natur der Funktion zu Hülfe zu nehmen, nicht bestimmen, welches von beiden, ein maximum oder minimum, statt finde. Ja man kann gar die Frage aufwerfen, ob denn durchaus, wenn der Winkel MTP oder tg MTP $=\frac{dy}{dx}=0$ wird, oder überhaupt, wenn $\frac{dy}{dx}=0$ ist damit ein größter oder kleinster Wehrt von y verbunden seyn müsse? oder ob der erwiesene Satz umgekehrt werden könne?

Es wird also eine Regel nöthig seyn, wornach man bestimmet, ob 1) ein maximum, oder 2) ein minimum, oder 3) keins von beiden statt findet: „Man sucht durch „die Differentialrechnung den Wehrt von $\frac{dy}{dx}$ in einem „endlichen Ausdruck, und wenn man nun diesen $=0$ setzt; „so findet sich bald, ob man einen bestimmten Wehrt auf „den Fall für x bekommt, der für ein größtes oder kleinstes y gehört, oder nicht. Bekommt man nun hier für „x **keinen bestimmten Wehrt**; so zeigt dies an, es „gebe gar kein maximum oder minimum. Bekömmt „man aber einen **bestimmten Wehrt** für x, so nimmt „man statt dieses Wehrts von x, den wir A nennen, $A+$ „Δx, und $A-\Delta x$ an, wo Δx in der Bedeutung des

„194 Sphs gebraucht wird, so daß Δx eine sehr „kleine Größe ist. Man setzt erstlich A in die Glei„chungfund bestimmt darnach y. Gesetzt es erhielte da„durch den Wehrt B; so setzt man nun auch $A + \Delta x$; „und $A - \Delta x$ für x. Wird beidesmal $y < B$; so giebt „$x = A$ ein größtes y; wird im Gegentheil sowol für „$x = A + \Delta x$ als für $A - \Delta x$ der Wehrt $y > B$, so „giebt $x = A$ ein kleinstes an.“ Man vergleiche dieses Verfahren mit der Art, die Gränzen der Wurzel einer Gleichung zu finden §. 91. 95; so wird man hier mit eben dem Grade der Gewißheit, wie dort, sagen können: Wenigstens ein Größtes oder ein Kleinstes liegt zwischen $A + \Delta x$ und $A - \Delta x$. Wir wollen für jeden der 3 Fälle ein Beispiel geben.

I. Es sey $y^2 = px$; man soll finden, wie groß x seyn müsse, wenn y ein größtes oder kleinstes ist. Nun ist $2ydy = pdx$; und $\frac{dy}{dx} = \frac{p}{2y} = \frac{p}{2\sqrt{px}} = 0$ gesetzt, giebt gar keinen bestimmten Wehrt für x, denn $p = 0 . 2\sqrt{px} = 0$. Es findet also in diesem Fall kein maximum oder minimum statt; welches auch von der Parabel zutrift, für welche die Gleichung $y^2 = px$ gehöret. Denn ihre Ordinaten wachsen ohne Aufhören, ohne je wieder abzunehmen.

II. Es sey $y^2 = ax - x^2$; man soll hierden für ein größtes oder kleinstes y gehörigen Wehrt von x finden. Es ist nun $2ydy = adx - 2xdx$. Also $\frac{dy}{dx} = \frac{a - 2x}{2y} = 0$ gesetzt, giebt $a - 2x = 0$ oder $a = 2x$, und $x = \frac{1}{2}a$. Da nun $y = \sqrt{(ax - x^2)}$; so ist in diesem Falle $B = \sqrt{(\frac{1}{2}a^2 - \frac{1}{4}a^2)} = \sqrt{\frac{1}{4}a^2} = \frac{1}{2}a$. Will man nun wissen, ob B ein Größtes oder Kleinstes sey, so setze man $\frac{1}{2}a + \Delta x$ statt $\frac{1}{2}a$, und man erhält $\sqrt{(\frac{1}{2}a^2 + a\Delta x - \frac{1}{4}a^2 - a\Delta x - \Delta x^2)} = \sqrt{(\frac{1}{4}a^2 - \Delta x^2)} < B$. Eben so, wenn man

$\frac{1}{2}a -$

$\frac{1}{2}a - \Delta x$ statt $\frac{1}{2}a$ setzt, erhält man $\sqrt{(\frac{1}{2}a^2 - a\Delta x - \frac{1}{4}a^2 + a\Delta x - \Delta x^2)} = \sqrt{(\frac{1}{4}a^2 - \Delta x^2)} < B$, wie vorher; so daß für $x = \frac{1}{2}a$ der Wehrt $y = \frac{1}{2}a$ ein maximum ist. Dies trift denn auch beim Kreise zu, wofür die Gleichung gehöret. Denn die Ordinate aus dem Mittelpunkt ist die größte.

III. Es sey $x^2 - 10x + 60 = y$; so ist $2xdx - 10dx = dy$. Daher $\frac{dy}{dx} = 2x - 10 = 0$ gesetzt, giebt $x = +5$, und $y = 25 - 50 + 60 = 35$. Man setze $x = 5 + 1 = 6$, so ist $y = 36 - 60 + 60 = 36$, und für $x = 4$ ist $y = 16 - 40 + 60 = 36$ beidesmal größer als 35; so daß hier 35 ein minimum ist.

§. 242. β) Der 239 §. mit §. 198 verglichen zeigt, daß, wenn man unter dx das Differential von x, unter Δx eine endliche, aber doch aus einem sehr kleinen eigentlichen Bruch, z. E. 0,0001, bestehende Größe versteht, aus $y = x^n$ werden wird, (weil $\frac{dy}{dx} = nx^{n-1}$; $\frac{d^2y}{dx^2} = n.n-1.x^{n-2}$ etc.)

$$\odot.\ y + \Delta y = y + \frac{dy}{dx}\frac{\Delta x}{1} + \frac{d^2y}{dx^2}\frac{\Delta x^2}{1.2} + \frac{d^3y}{dx^3}\frac{\Delta x^3}{1.2.3} + \ldots$$

$$☽.\ y - \Delta y = y - \frac{dy}{dx}\frac{\Delta x}{1} + \frac{d^2y}{dx^2}\frac{\Delta x^2}{1.2} - \frac{d^3y}{dx^3}\frac{\Delta x^3}{1.2.3} + \ldots$$

(§. 12. 3.)

Dies ist der nicht unberühmte Taylorsche Lehrsatz; welcher nun die Regel: ob ein Größtes $= M$ oder Kleinstes $= \mu$, und welches von beiden da sey ganz bestimmt giebt. Sie setzt voraus

1) Man kann die (Differential=) Coefficienten von der Form $\frac{d^m y}{dx^m}$ finden; vermöge des 239 Sphs.

2) Die

2) Die sehr kleine Größe oder den sehr kleinen Bruch Δx, kann man immer so klein nehmen, daß die Summe aller folgenden Glieder der Reihe weniger als das nächst vorhergehende beträgt. Man bedenke nur, daß Δx^m, als Potenzen kleiner Brüche (§. 175. A. R.), noch dazu mit Faktoren $1 . 2 \ldots m$ dividirt, auch die Differential-Coefficienten stufenweise abnehmen. Aber schon $1 + \frac{1}{2} + \frac{1}{4} + \frac{1}{8} + \frac{1}{16} \ldots$ zeigt die vorausgesetzte Eigenschaft der Reihe ☉, also noch vielmehr der ☽.

3) So lange $\frac{dy}{dx}$, also auch $\frac{dy}{dx}\Delta z$, nicht $= 0$ ist; so muß $y >$ ☽ seyn, weil nach no 2 mehr weggenommen wird, als hinzukommen kann; und y muß $<$ ☉ seyn, weil in ☉ das y immer vermehrt wird. Mithin ist hier kein M oder μ, sondern fortgehendes Wachsen.

Demnach ist das Verfahren zur Entdeckung des M und μ und seiner Art folgendes:

I. Man bestimmt zuerst nach den bekannten Regeln $\frac{dy}{dx}$, und nach §. 239 $\frac{d^2y}{dx^2}$. Z. B. Wenn $y = b \mp (a-x)^2$ ist, so hat man $\frac{dy}{dx} = \mp 2x \pm 2a$; $\frac{d^2y}{dx^2} = \mp 2$.

II. Man setzt nun $\frac{dy}{dx} = 0$. Erhält man dadurch für x keinen bestimmten endlichen Wehrt, so giebts kein M und μ, sonst suchet man für den endlichen Wehrt von x in diesem Falle den Wehrt von y. Z. E. $\mp 2x \mp 2a$ giebt $x = a$ und $y = b$.

III. Man sieht nun, ob der Wehrt von $\frac{d^2y}{dx^2}$ negativ, oder positiv, oder $= 0$ sey. Ists A) negativ, so ist das gefundene y ein Größtes; ists B) positiv, so ist y ein Kleinstes.

Bew.

Bew. Denn wenn $\frac{dy}{dx}=0$, so hat man beim noch so kleinen Δx

$$y+\Delta y = y + \frac{d^2y}{dx^2}\cdot\frac{\Delta x^2}{1.2} + \frac{d^3y}{dx^3}\cdot\frac{\Delta x^3}{1.2.3}\ldots \text{ offenbar } > y$$

$$y-\Delta y = y + \frac{d^2y}{dx^2}\cdot\frac{\Delta x^2}{1.2} - \frac{d^3y}{dx^3}\cdot\frac{\Delta x^3}{1.2.3}\ldots \text{ ebenfalls } > y$$

wegen 2), also y ein μ. Wenn aber $\frac{d^2y}{dx^2}$ negativ, so ist

$$y+\Delta y = y - \frac{d^2y}{dx^2}\cdot\frac{\Delta x^2}{1.2} \text{ etc.}$$

$$y-\Delta y = y - \frac{d^2y}{dx^2}\cdot\frac{\Delta x^2}{1.2} \text{ etc.}$$

also in beiden Fällen $<y$. Daher y ein M.

Z.E. Für $y=b-(a-x)^2$ ist $\frac{d^2y}{dx^2}=-2$, also $y=b$ ein M

Für $y=b+(a-x)^2$ ist $\frac{d^2y}{dx^2}=+2$, also $y=b$ ein μ

C) Ist für $\frac{dy}{dx}=c$ auch $\frac{d^2y}{dx^2}=0$, das heißt, wird letzteres, wenn man darin den Wehrt von x setzt, wodurch $\frac{dy}{dx}=0$ wird, selbst $=0$: aber $\frac{d^3y}{dx^3}$, welches man nun auch noch bestimt, wird endlich; so ist wegen no. 3 und 2 hier wieder kein M oder μ, da $+\frac{d^3y}{dx^3}\frac{\Delta x^3}{1.2.3}+\ldots$ den Wehrt $y+\Delta y$ größer, $-\frac{d^3y}{dx^3}\frac{\Delta x^3}{1.2.5}$ ihn kleiner macht wie a. D. Wenn dagegen $\frac{d^3y}{dx^3}$ auch

noch

noch $= 0$ durch solches Verfahren wird; so giebt ein negativer Werth von $\frac{d^4y}{dx^4}$ wieder M, ein positiver μ. Kurz, nach dem so das Verfahren gewiesen, hat man die allgemeine Regel:

„Nur alsdann, wenn beim Hineinsetzen das x aus „$\frac{dy}{dx} = 0$, in dem ersten nicht verschwindenden $\frac{d^my}{dx^m}$, „μ „grade ist, giebts ein M oder μ; M wenn $\frac{d^my}{dx^m}$ negativ, μ „wenns positiv ist. Ist im ersten, bei der Substitution „jenes x nicht verschwindenden $\frac{d^my}{dx^m}$ das m ungrade, so „giebt kein M oder μ."

§. 243. Wenn $\frac{dy}{dx} = 0$ gesetzt wird, so muß entweder $dy = 0$, oder doch $dy = 0$ im Verhältniß gegen dx, d. i. dx unendlich groß im Verhältniß gegen dy seyn. Wir werden hier nur nöthig haben den ersten Fall anzunehmen. Da nun der Wehrt von y, oder überhaupt von y^n, immer einem Wehrt gleich gesetzt wird, wo x in Verbindung mit unveränderlichen Größen steht, so ist letzterer selbst eine Funktion von x §. 45. Daher pflegt man auch nur diese zu differentiiren, und das Differential, weil es $d \cdot y^n$ ausdrückt, $= 0$ zu setzen, um das maximum oder minimum zu bestimmen. Z. E. man soll diesen Fall für die Funktion $px - \frac{px^2}{a}$ finden; so setzt man $pdx - \frac{2p}{a} x dx = 0$, so ist $p - \frac{2p}{a} x = 0$, folglich $x = \frac{ap}{2p} = \frac{1}{2}a$. Nun ist aber $y^2 = px - \frac{px^2}{a}$

die

die Gleichung für die Ellipse, und es folgt, daß y^2, mithin auch die Ordinate y, am größten ist, wenn die Abscisse $x = \frac{1}{2}a$ ist, wie auch schon aus der Natur der Sache erhellet. In der Folge werden wir uns bald dieser, bald der ersten Methode bedienen.

§. 244. Aufg. **Die größte Ordinate in der Curve AMN (79 F) zu finden, deren Ordinaten mittlere Proportionallinien zwischen Abscissen eines Kreises, und den zugehörigen Ordinaten sind.**

Aufl. Es sey a der Durchmesser des Kreises, die Abscissen x, seine Ordinaten = y. Die Ordinaten der beschriebenen Curve = u, so ist $x : u = u : y$. Folglich $u^2 = xy = x\sqrt{(ax - x^2)}$. Dies giebt $u^4 = ax^3 - x^4$ und $4u^3\,du = 3ax^2\,dx - 4x^3\,dx = 0$. Daher ist auch *$3ax^2 - 4x^3 = 0$, und $3ax^2 = 4x^3$, folglich $3a = 4x$; oder* $x = \frac{3}{4}a$. Man könnte $0{,}76.a$ und $0{,}74.a$ nach §. 241 statt x setzen, so würde in beiden Fällen $u < \frac{1}{4}a\sqrt{(3\sqrt{3})}$ werden, oder $\frac{d^2y}{dx^2}$ giebt $6ax - 12x^2$. Also für $\frac{3}{4}a = x$;

$\frac{18a^2}{4} - \frac{27.a^2}{4} = -\frac{9}{4}a^2$ ein Negatives. Für diesen Wehrt von $\frac{3}{4}a = x$ ist folglich u am größten, nämlich $= \sqrt{(\frac{3}{4}a\sqrt{(a.\frac{3}{4}a - \frac{9}{16}a^2)})} = \frac{1}{4}a\sqrt{(3\sqrt{3})} = M$. Vergleicht man $u^4 = ax^3 - x^4$ mit $y^{m+1} = ax^m - x^{m+1}$ in §. 169 1); so sieht man, daß man hier mit einer Curve zu thun hat, die zum dritten Geschlecht und der 4ten höhern Ordnung, und zwar zur Familie der Kreise gehöret.

§. 245. a **Wenn eine Linie in 2 Theile x und a − x getheilt ist, so ist das Rechteck aus diesen Stücken am größten, wenn $x = \frac{1}{2}a$ ist.** Denn es ist immer der Inhalt $ax - x^2$. Diese Funktion von x war aber nach §. 241. II. und weil $\frac{ddy}{dx^2} = -2$ am

größ

größten, wenn $x = \frac{1}{2}a$. Folglich hat das Quadrat unter allen Rechtecken, die einerlei Umfang haben, den größten Inhalt. Ein abgekürzter Beweis für §. 82. Eb. Trigon.

§. 246. **Aufg. Wenn der Inhalt a^3 eines Parallelepipedi, und eine seiner Dimensionen (Höhe, Breite oder Länge) gegeben ist, zu finden, wie die beiden übrigen Dimensionen genommen werden müssen, damit es bei eben dem Inhalt die kleinste Oberfläche habe.**

Aufl. Es sey der Inhalt a^3, und die gegebene Seite b. Es sey die zweite x, daher die eine Seitenfläche bx. Daraus ergiebt sich die dritte Dimension $\frac{a^3}{bx}$. Nun sind die 3 Seitenflächen I. bx. II. $x \cdot \frac{a^3}{bx} = \frac{a^3}{b}$ III. $b \cdot \frac{a^3}{bx} = \frac{a^3}{x}$. Daher sollen diese zusammen, welche die halbe Oberfläche ausmachen, oder $bx + \frac{a^3}{x} + \frac{a^3}{b} = \mu$ seyn. Nun ist $\frac{a^3}{x} = a^3x^{-1}$. Daher $bdx - a^3x^{-2}dx = 0$. Also ist $b - \frac{a^3}{x^2} = 0$ und $x^2 = \frac{a^3}{b}$. Folglich $x = \sqrt{\frac{a^3}{b}}$. Weil $\frac{ddy}{dx^2} = +2a^3x^{-3}$ positiv also hier wirklich ein μ. Setzt man nun $\sqrt{\frac{a^3}{b}}$ für x in die dritte Dimension $\frac{a^3}{bx}$; so findet man letztere $\frac{a^3}{b} : \sqrt{\frac{a^3}{b}}$

=

$= \sqrt{\frac{a^3}{b}}$; daher müssen die beiden übrigen Dimensionen gleich groß genommen werden.

Ex. Ein Gebäude soll bis unter das Dach 14 Fuß hoch seyn, und bis eben dahin 30000 Kubikschuh Raum einschließen; so muß seine Breite und Länge, wenn die Oberfläche am wenigsten betragen soll, $\sqrt{\frac{30000}{14}} = \frac{100 . \sqrt{42}}{14}$ (§. 191 A. R.) $= \frac{648,07}{14} = 46,29$ Fuß seyn.

3. Wäre blos der Inhalt a^3 gegeben, so setze man die eine Dimension $= x$; so müssen doch die andern beiden gleich groß, und weil x hier das ist, was vorher b war, beide $\sqrt{\frac{a^3}{x}}$ seyn. Daher sind hier 3 Seitenflächen $\frac{a^3}{x} + 2\sqrt{a^3 x} = \mu$. Daher ist $- a^3 x^{-2} dx + \sqrt{a^3 x^{-\frac{1}{2}}} dx$, und $\frac{\sqrt{a^3}}{\sqrt{x}} - \frac{a^3}{x^2} = 0$. Also $\frac{a^3}{x^2} = \frac{\sqrt{a^3}}{\sqrt{x}}$, mithin $\frac{a^3}{\sqrt{a^3}} = \frac{x^2}{\sqrt{x}} = \sqrt{a^3} = \sqrt{x^3}$, d. i. $a = x$; daß also der Kubus selbst unter allen mit ihm gleich großen Parallelepipedis die kleinste Oberfläche hat.

Setzt man, wie im Exempel des 245 Sphs, noch den Inhalt $= a^3 = 30000$; so gäbe dies für Länge, Breite und Höhe $\sqrt[3]{30000} = 10\sqrt[3]{30} = 31,07$ Fuß. Nun giebt, nach dem vor. Sph, $14 . 46,29^2$ den Inhalt 29998, beinahe 30000; die halbe Oberfläche, nach §. 245, $bx + \frac{a^3}{b} + \frac{a^3}{x} = 14 . 46,29 + \frac{30000}{14} + \frac{30000}{46,29} = 3438,88$.

Setzt man $x = 47 > 46,29$, so erhält man die 3te Seite 45,59; also $14 \cdot 47 + 14 \cdot 45,59 + 47 \cdot 45,59 = 3438,99 > 3438,88$ bei eben dem Inhalt. Setzt man $x = 45 < 46,29$, so erhielte die 3te Seite 47,61, und wieder eine etwas größere Oberfläche. Da nun im jetzigen Fall $31,07^2 \cdot 3 = 2896$ die halbe Oberfläche für $a^3 = 29993$ oder 30000 beinahe ist; so sieht man, was bei der kubischen Figur gewonnen wird.

§. 247. Aufg. Wenn ein körperlicher Raum von einem fünfseitigen graden Prisma eingeschlossen werden soll, so daß die Seiten der Grundfläche (82 F. T. VII) $AB = ab$, $bD = BD$ sind, den kleinsten Umfang zu finden.

Aufl. Wenn man erstlich alles auf ein Parallelepipedum vom kleinsten Umfange, das ist auf den Würfel gebracht hat, so sey dessen Grundfläche AEea. Theilt man nun Ee in 4 gleiche Theile in G, F, g, nimmt alsdenn $EB = eb$, doch so, daß $BE < \frac{2}{3} EF$ ist, und zieht durch BG und bg grade Linien; so erhält man eine Grundfläche wie die in der Aufgabe verlangte. Sie ist mit der vorigen AEea gleich groß, weil Dr. $EBG = GDF$ u. s. w. Das auf ihr aufgerichtete Prisma wird also mit dem Würfel von gleicher Höhe einerlei Raum einschließen §. 72. Ster. Auch ist in diesem Fall $BD < EF + BE$. Denn da $BE < \frac{2}{3} EF$ ist, so ist $3BE^2 < 2EF \cdot BE$, $4BE^2 < 2EF \cdot BE + BE^2$, $EF^2 + 4BE^2 < EF^2 + 2EF \cdot BE + BE^2$. Folglich, weil $EF^2 + 4BE^2 = BD^2$, so ist $BD^2 < EF^2 + 2EF \cdot BE + BE^2$, und $BD < EF + BE$. Mithin ist des Prisma Umfang kleiner als des Würfels, und zwar wird er am kleinsten, wenn die Differenz $EF + BE - BD = y$ ein Größtes ist.

Nun sey $EG = a$, und $BE = x$; so ist $BD = 2\sqrt{(a^2 + x^2)}$. Also $y = 2a + x - 2\sqrt{(a^2 + x^2)}$. Daher

muß

muß im vorhabenden Fall $dy = dx - \frac{2x\,dx}{\sqrt{(a^2+x^2)}} = 0$ seyn. Dies giebt $1 - \frac{2x}{\sqrt{(a^2+x^2)}} = 0$, und $\sqrt{(a^2+x^2)} = 2x$; daher ist $a^2 + x^2 = 4x^2$, oder $a^2 = 3x^2$, d. i. $x = a\sqrt{\frac{1}{3}}$ im Fall des M.
Nun ist $\sin 30° = \frac{1}{2}$; $\cos 30° = \sqrt{\frac{3}{4}} = \frac{1}{2}\sqrt{3}$.
Also $\tan 30° = \frac{\sin 30°}{\cos 30} = \frac{\frac{1}{2}}{\frac{1}{2}\sqrt{3}} = \frac{1}{\sqrt{3}} = \sqrt{\frac{1}{3}}$.
Folglich ist $x = a\sqrt{\frac{1}{3}} = a \tan 30°$, d. i. der Winkel $EGB = DGF = DBb$ muß im vorhabenden Fall 30° genommen werden.

Ex. Die Auflösung passet ganz auf den Fall, wenn ein Gebäude, wie gewöhnlich, mit einem Satteldach versehen wird. Im vor. Sph hatte man $AE = Ee = 4a = 31{,}07$. Also erhält man $x = \frac{31{,}07 \cdot 0{,}5773}{4} = 4{,}5$ Fuß beinahe. Macht man nun das Gebäude 26,57 Fuß bis unters Dach, und setzt alsdenn ein Dach unterm Winkel von 30° auf, so hat man 30000 Kubikf. in die kleinste Oberfläche, die hier möglich, gebracht. Man sieht also, daß sich die Höhe dieses Dachs zur Breite des Hauses wie 1:3,45 also so ziemlich wie 1:4 verhalten würde. Letzteres ist wie beim italiänischen Dach, daher also auch noch die damit versehenen Gebäude im Ganzen genommen an der Oberfläche sparen.

Anm. Die vor. Aufgabe ist aus Lamb. Beiträgen 3 Th. Anmerk. über die Baukunst §. 81. genommen, und für ungeübtere Leser eingerichtet. Es werden daselbst noch mehrere minima bei den Dächern bestimmt. Hier wollte man den Lehrling nur einmal vorwärts blicken lassen. Wer dies für schädlich hält, daß man ihm zeiget, wie er durch die Natur einer Aufgabe auf das M oder μ, was er suchen muß, hingeführt wird, welches meiner Einsicht nach ein Theil des pflichtmäßigen Unterrichts ist, der kann ein blos geometrisches Uebungsexempel daraus machen: Statt eines Würfels ein eben so großes 5seitiges grades Prisma, worin BD = bD; AB = ab ist, vom kleinsten Umfang zu machen; so ist dies abstrackter, und also, wie man sagt, deutlicher. Noch deutlicher und mechanischer oder leichter ist die Aufgabe: das maximum für die Funktion $y = 2a + x - 2\sqrt{(a^2 + x^2}$ zu finden. So macht man gewis keine schädliche Anwendung vom Erlernten. Siehe die Vorrede zur ersten Abth.

§. 248. **Aufg. Die kleinste Oberfläche eines oben ofnen Cylinders von gegebenem Inhalt (a^3) zu finden.**

Aufl. Der Halbmesser sey x, die Höhe y. Die cylindrische Oberfläche F ist dann $y.2x\pi$. Nun ist der Inhalt $a^3 = y.x^2\pi$. Also $y = \frac{a^3}{x^2\pi}$, mithin $F = \frac{a^3.2x\pi}{x^2\pi}$ $= \frac{2a^3}{x}$. Dazu die Bodenfläche $x^2\pi$. Es soll nun $d.\left(x^2\pi + \frac{2a^3}{x}\right) = 0$, oder $d(x^2\pi + 2a^3.x^{-1}) = 2\pi x dx$ $- 2a^3x^{-2}dx = 0$, also $\pi x - \frac{a^3}{x^2} = 0$, folglich $\pi x =$ $\frac{a^3}{x^2}$, oder $x^3 = \frac{a^3}{\pi}$, mithin $x = \frac{a}{\sqrt[3]{\pi}}$ seyn. Es war aber der Inhalt $yx^2\pi = a^3$. Es soll hiernach $y.\frac{a^2}{\pi^{\frac{2}{3}}}.\pi = a^3$ seyn, und sonach ist die Höhe $y = \frac{a^3.\pi^{\frac{2}{3}}}{a^2.\pi^{\frac{3}{3}}} = \frac{a}{\pi^{\frac{1}{3}}} = \frac{a}{\sqrt[3]{\pi}}$, d. i. Halbmesser und Höhe sind gleich.

§. 249. Z. Wenn die obere Kreisfläche noch mit zum Umfang gerechnet wird, so ist die ganze Oberfläche

$2x^2\pi$

$2x^2\pi + \frac{2a^3}{x}$; und nun erhält man natürlich $x = \frac{a}{\sqrt[3]{2\pi}}$,

$y \frac{a^2}{(2\pi)^{\frac{2}{3}}} \pi = a^3$, also $y = 2x$. Denn $y = \frac{a^3 \cdot 2^{\frac{2}{3}} \cdot \pi^{\frac{2}{3}}}{a^2 \cdot \pi^{\frac{3}{3}}}$

$= \frac{a\sqrt[3]{4}}{\sqrt[3]{\pi}}$. Nun ist $\frac{a\sqrt[3]{2} \cdot \sqrt[3]{2}}{\sqrt[3]{\pi}} : \frac{a}{\sqrt[3]{2} \cdot \sqrt[3]{\pi}} = \sqrt[3]{8} = 2$.

§. 250. Anm. 1. Diese mit vielem Scharfsinn und sehr umständlich von Kästner entwickelten minima sind von ihm, der, wie es scheint, das abstrakte sogleich nützlich zu machen, selbst dem grossen Mathematiker nicht für unanständig hält, darauf angewandt, dem Scheffel die kleinste, mindest kostbare Oberfläche zu geben, und für das gemünzte Geld diejenige Oberfläche zu bestimmen, wobei es sich am wenigsten abreiben würde. Der Berliner Scheffel, der nach Eytelw. 3059 rh. Z. hält, müßte daher 19'' 10''' breit, und 9'' 11'' hoch seyn, um das wenigste Material, z. E. an Kupfer, dazu zu brauchen. Zinnerne Quartmaaße von $2\frac{3}{4}$ Zoll Höhe und $5\frac{1}{2}$'' Weite mögten unbequem seyn.

2. Der Fall des 249 §phs folget auch schon daraus, weil zwei nach §. 248 gefertigte, oben ofne Cylinder, mit den kleinsten Oberflächen für einerlei Inhalt, wenn sie mit der ofnen Seite zusammengesetzt wären, nun noch die kleinste geschlossene Oberfläche geben. Erst war $y = x$. Nun muß also, weil die doppelte Höhe y genannt wird, $y = 2x$ geben.

§. 251. Aufg. Das größte Viereck zu finden, das sich aus 4 gegebenen Seiten verzeichnen läßt.

Aufl. Man lege zwei beliebige Seiten, $AB = a$ (81 F.), und $BC = b$, unter einem Winkel B aneinander, so daß $\cos B = \frac{a^2 + b^2 - c^2 - e^2}{2(ab + ce)}$ sey, wenn c und e die beiden übrigen Seiten bedeuten, mittelst welcher man über AC das Dreieck ACD verzeichnet, um das Viereck zu ergänzen.

Bew. Es sey sin ABC $= x$, sin ADC $= y$; so ist Dr. ABC $= \frac{abx}{2}$, und Dr. ADC $= \frac{cey}{2}$, (§. 63. eb. Trig. Daher soll $\frac{abx + cey}{2}$ ein M seyn. Folglich muß $\frac{abdx + cedy}{2} = 0$ seyn, woraus $-abdx = cedy$ folget. Nun ist auch $AC^2 = a^2 + b^2 - 2ab\sqrt{(1-x^2)} = c^2 + e^2 - 2ce\sqrt{(1-y^2)}$. (§. 56. 2. S. 507. 1. eb. Tr.) Man differentiirt nur die Glieder, worin x und y vorkommen, und setzt demnach $2ab\sqrt{(1-x^2)} = u$; so ist $u^2 = 4a^2b^2 - 4a^2b^2x^2$ und $2udu = -8a^2b^2xdx$. Also $du = -\frac{2abxdx}{\sqrt{(1-x^2)}}$. Eben so findet man $d.2ce\sqrt{(1-y^2)} = -\frac{2ceydy}{\sqrt{(1-y^2)}}$. Es ist demnach $\frac{abxdx}{\sqrt{(1-x^2)}} = \frac{ceydy}{\sqrt{(1-y^2)}}$. Nun war oben $cedy = -abdx$. Folglich ist $\frac{abxdx}{\sqrt{(1-x^2)}} = \frac{-abydx}{\sqrt{(1-y^2)}}$, oder $\frac{x}{\sqrt{(1-x^2)}} = \frac{-y}{\sqrt{(1-y^2)}}$, d. i. $\frac{\sin ABC}{\cos ABC} = -\frac{\sin ADC}{\cos ADC}$ oder tang ABC $= -$ tang ADC. Daher müssen sich jede beide gegenüberstehende Winkel zu 180° ergänzen, wenn das Viereck das größte mögliche seyn soll. §. 14. eb. Tr. am Ende des Beweises.

Wenn alle 4 Seiten gegeben sind, so brauchts nur noch einen Winkel, um das Viereck zu bestimmen. §. 258. B. 1) Planim. Hier muß nur noch ausgemacht werden, wie groß der seyn müsse, wenn er seinen entgegengesetzten zu 180° ergänzen soll. Denn für die beiden übrigen bleiben alsdann 2R übrig. Wenn nun der Winkel D $= 180° - B$ seyn soll, so muß cos D $= -$ cos B

$\cos B$ seyn. Darum ist $AC^2 = a^2 + b^2 - 2ab\cos B = c^2 + e^2 + 2ce\cos B$. Folglich $\cos B = \frac{a^2+b^2-c^2-e^2}{2(ab+ce)}$, welches die obige Auflösung erweiset.

§. 252. 3. Weil die Vierecke im Kreise diese Eigenschaft haben, und sich um jedes Viereck, dessen entgegenstehende Winkel sich zu 180° ergänzen, ein Kreis beschreiben läßt, §. 151. Plan.; so ist jedes Viereck im Kreise das größte, welches sich mit eben den 4 Seiten verzeichnen läßt, und die Auflösung schickt sich auch für die Aufgabe: **Aus 4 Seiten ein Viereck zu verzeichnen, um welches sich ein Kreis beschreiben läßt.** Vergl. §. 200 Planim. Daß die Ordnung, in welcher man die Seitenlinien neben einander legt, gleichgültig sey, ist daraus offenbar, weil jedesmal durch gleiche Sehnen gleiche Stücke vom Kreise abgeschnitten werden. Man wird genauer zeichnen, wenn man, nachdem $\cos B$ gefunden, auch noch AC trigonometrisch berechnet, §. 56. 2. eb. Tr.

Anmerk. Diese Aufgabe findet man von Herrn Moula Comment. Petrop. T. IX. p. 138. aufgelöset. Inhalt dieses Vierecks, und Halbm. des umschriebenen Kreises bestimmt Hr. Grüson im ersten St. des Leipz. Mag. für Math. 1788.

II. Von der Integralrechnung.

I. Allgemeine Gründe und Regeln der Integralrechnung.

§. 253. Das **Integral** oder die **Summe** einer Differentialgröße ist diejenige Größe, durch deren Differentiirung die Differentialgröße entstanden ist. So ist (§. 211) ax^n das Integral von $anx^{n-1}dx$.

Soll man also eine vorgegebene Differentialgröße **integriren**, d. i. ihr Integral finden, so muß man das

Verfahren, welches man beim Differentiiren gebrauchte, umkehren. Im Exempel ax^n die Potenz um einen Grad vermindert (x^{n-1}), mit dem Produkt des ungeänderten Exponenten (n) in das Differential der Wurzel (dx) multiplicirt, und die beständige Größe (a) gelassen wie sie war, gab $nax^{n-1}dx$, oder die Differentialgröße, §. 211. Nun sey zu integriren $nax^{n-1}dx$. In dem vorgegebenen $nax^{n-1}dx$ wird 1) die Potenz von x um einen Grad erhöhet, giebt $nax^n dx$; 2) wird der neue Exponent (n) mit dem Wurzeldifferential (dx) multiplicirt; 3) mit dem erhaltenem Produkt nun noch dividirt, giebt $\frac{nax^n dx}{ndx} = ax^n$.

Daß integrirt werden soll, oder daß eigentlich das Integral oder die Summe einer Differentialgröße zu verstehen sey, zeigt man durch den Buchstaben $\int$ an, den man vor der Differentialgröße setzt. Das Integral ist also eben so ein umgekehrtes Verfahren, und verhält sich eben so gegen die Operation des Differentiirens, wie die Ausziehung der Wurzeln sich gegen die Erhebung zu Potenzen verhält.

Anm. Lacroix sagt nun, das Integriren bestehe allein in der Aufgabe: von einer beliebigen abgeleiteten Funktion wieder zu der erzeugenden zurückzugehen, dem Inhalt des 239 §. gemäß.

§. 254. Vermöge des vorhergehenden ist nun

1) $\int nx^{n-1}dx = x^n$ §. 215. 216.

2) $\int (dx + dy) = x + y = a$ §. 204. 205.

3) $\int (xdz + zdx) = xz$ §. 207.

4) $\int \frac{zdx - xdz}{z^2} = \frac{x}{z}$ §. 210.

5) $\int \frac{-xdx}{\sqrt{(a^2 - x^2)}} = \sqrt{(a^2 - x^2)}$ §. 218.

6) $\int \frac{adx - xdx}{\sqrt{(2ax - x^2)}} = \sqrt{(2ax - x^2)}$ eben das.

7) $\int (bx^{n-1}dx) \quad = \frac{bx^n}{n}$

8) $\int (ax^n dx) \quad = \frac{ax^{n+1}}{n+1}$

9) $\int (a\sqrt{x}dx) \quad = \frac{ax^{\frac{3}{2}}}{\frac{3}{2}} = \frac{2}{3}ax\sqrt{x}$

10) $\int (x^{\frac{m}{n}} dx) \quad = \frac{x^{\frac{m}{n}+1}}{\frac{m}{n}+1} = \frac{n\sqrt[n]{x^{m+n}}}{m+n}$

11) $\int 2ydy \, . \, \sqrt{(4y^2 + p^2)}$. Wenn $4y^2 + p^2 = z$, also $dz = 8ydy$ ist, wird $\int (\frac{1}{4} dz \, . \, z^{\frac{1}{2}}) = \frac{1}{6}z^{\frac{3}{2}} = \frac{1}{6}z \, . \, z^{\frac{1}{2}} = \frac{1}{6}(4y^2 + p^2) \sqrt{(4y^2 + p^2)}$.

12) $\int \frac{dx}{\sqrt{x}} \quad = \int x^{-\frac{1}{2}} dx = 2x^{\frac{1}{2}} = 2\sqrt{x}$.

Eben so kann man nun alle Differentialen von der Form derjenigen, welche §. 212 bis 218. Anm. angegeben werden, in die Funktionen, woraus sie entstanden, zurück übersetzen, oder nach **La Croix** Ausdruck, sie als abgeleitete Funktionen ansehen, von welchen man zu den erzeugenden zurückgeht. In den schwerern Fällen §. 218. Anm. pflegt man wol die sehr zusammengesetzten Differentialen auf die dort gegebene Hauptform zurückzuführen. Es ist nämlich umgekehrt

$$\int \frac{t}{nX} \, . \, dX \sqrt[n]{X^t} = \sqrt[n]{X^t}. \quad \text{So ist}$$

$$\int \frac{n^2x^{n-1}dx + ntx^r y^{t-1} dy + nry^t x^{r-1} dx}{m\sqrt[m]{(x^n + x^r y^t)^{n-m}}} = \sqrt[m]{(x^n + x^r y^t)^n},$$

wenn

wenn man nämlich $x^n + x^r y^t = X$, n statt t, m statt n setzt; so wird man finden, daß der Zähler das tdX enthält u. s. w. Selbst den Rückweg von den höhern Differentialen, als entfernter Zweige zum Hauptstamm, kann man als eine wiederholte Integration betrachten. Denn z. B. $\int n . n - 1 . x^{n-2} dx = nx^{n-1}$ und $\int nx^{n-1} dx = x^n$ u. d. gl.

§. 255. Diese Methode reicht in so fern bei den gegebenen Beispielen zu, als 1) der Exponent von x selbst keine veränderliche Größe oder $= -1$ ist. Ersteres wurde beim Differentiiren von x^n, und was dem ähnlich ist, vorausgesetzt; $\frac{dx}{x} = x^{-1} dx$ aber würde durch die Integration $\frac{x^{-1+1}}{0} = \frac{x^0}{0}$ eine beständige Größe geben, welche $\frac{1}{0} = \infty$ wäre. Von diesem Umstande folgt die nähere Entwickelung weiter unten.

2) Weil das Differential der beständigen Größen $= 0$ ist (§. 206), so bleibt in der Differentialgröße nicht die mindeste Spur solcher beständigen Größen, die blos durch + und — mit den veränderlichen Gliedern zu einer Summe in der vorgegebenen Funktion verbunden wären, wären, wodurch man sie nachher wieder finden könnte. Daher ist es ungewiß ob $\int nx^{n-1} dx = x^n$ oder $= x^n + a$ oder $= x^n - a^2 + \frac{bc}{f^2}$ u. s. w. sey. Denn alle diese Ausdrücke führen auf einerlei Differential. In der Folge wird sich zeigen, wie man öfters aus besondern Umständen jeder Aufgabe, diese beständigen Größen ebenfalls finden könne. Ueberhaupt zeigt man indessen die beständige Größe, die noch wol da seyn kann, wenn man sie auch noch nicht gefunden hat, oder

oder zu finden weis, durch C (constans) an. Man schreibt $\int nx^{n-1}\,dx = x^n + C$, $\int (xdz + zdx) = xz + C$, wo das noch zu suchende C positiv oder negativ, selbst o seyn kann.

§. 256 Anm. 1) Man kann fast jede Funktion differentiiren, aber noch nicht jede Differentialgleichung integriren. Manchmal, wenns auch möglich ist, erfordert es sehr künstliche Methoden. Hier müssen wir uns nur mit den ersten Aussichten in ein so weites, nicht jedem Auge übersehbares, Feld begnügen.

2) Wenn man das Integral auf einem oder dem andern Wege gefunden zu haben glaubt; so ist eine so einfache Probe, wie die bei den 4 Species der gemeinen Arithmetik, daß man das seynsollende Integral differentiirt, und sucht, ob dies das vorgegebene Differential wieder herausbringt.

3) Daß ganz gleiche Größen gleiche Differentialen geben, ist zwar eben so wahr, als daß gleiche Wurzeln gleiche Logarithmen haben; aber von gleichen Differentialen läßt sich freilich wegen §. 255. 2. nicht so unbedingt zurückschließen.

II. Von der Quadratur der krummen Linien.

§. 257. Aufg. Das Differential einer Fläche zu finden, die von der krummen Linie AM, der Abscisse AP = x und der Ordinate PM = y eingeschlossen wird. (77 F.)

Aufl. Die Abscisse wachse um ein zu bestimmendes Stück Pp, und die neue Ordinate sey pm; so ist die Fläche um das Stück = MrpP + MμmrM gewachsen. Das letzte Stück ist größer als das gradlinigte Dreieck Mrm aber kleiner als das Rechteck mNMr. Dies wird immer so seyn, so lange Pp eine noch anzugebende Größe ist. Setzt man nun die vermischtlinigte Fläche APM = Z, und ihren Zuwachs ΔZ, Pp $= \Delta x$, rm $= \Delta y$; so ist

$$\Delta Z < y.\Delta x + \Delta y.\Delta x, \text{ oder } \frac{\Delta Z}{y\Delta x} < 1 + \frac{\Delta y}{y}$$

$$\Delta Z > y\,\Delta x + \tfrac{1}{2}\Delta y.\Delta x, \text{ oder } \frac{\Delta Z}{y\,\Delta x} > 1 + \frac{\Delta y}{2y}$$

Da aber p dem P so nahe als man will genommen werden kann; so wird nicht allein $\Delta y = rm$ immer kleiner und kleiner werden, sondern es nimmt auch unendlich ab, und daher kann $\frac{\Delta y}{y}$ und $\frac{\Delta y}{2y}$ unter alle gegebene Größen sinken. Daher wird der Quotient $\frac{\Delta Z}{y\,\Delta x}$ sich der Gränze 1 und dem Verhältniß 1:1 unendlich nähern. Vergl. §. 191 ff. Nimmt man nun an, daß sich die Ordinaten PM und pm unendlich nahe gekommen sind; so wird Δx in dx, und ΔZ in dZ verwandelt, und man hat $\frac{dZ}{ydx} = 1$, oder $dZ = ydx$, welches das Differential der Fläche APM ist.

Anm. Dies ist die Kästnersche Auflösung. Sonst pflegte man hier nur zu sagen: Wenn $MP\pi\mu$ das Differential einer Fläche wäre, und man nähme das Element der krummen Linie $M\mu$ für eine grade Linie; so bestünde das Flächendifferential aus den 2 Stücken $MP.P\pi + \frac{M\varrho.\varrho\mu}{2} = ydx + \frac{1}{2}dxdy$, wo das letzte Stück, als ein Produkt aus zwei unendlich kleinen Faktoren, gegen ydx verschwindet. Es frägt sich, ob la Grange und la Croix diese Quadrir- und Recktifikationsregeln auch ohne ans Verschwinden und an die Gränzen der Verhältnisse zu denken rechtfertigen können?

§. 258. **Aufg. Eine solche Fläche, wie die im vor. §. beschriebene APM, zu quadriren, oder wie man es ausdrückt, eine jede krumme Linie zu quadriren.**

Aufl.

Aufl. Wenn ydx das Differential einer solchen Fläche ist; so muß derjenige endliche Ausdruck, aus dem dieses Differential durchs Differentiiren hergeleitet werden kann, die Fläche APM selbst seyn. (§. 257). Unter den bisher vorgekommenen Differentialen ist ydx in dieser seiner Form nicht vorhanden. Man muß es also auf eine bekannte Form bringen, indem man den Wehrt von y aus der Gleichung für die krumme Linie, die selbst, oder von welcher doch ein Bogen die zu quadrirende Fläche mit begränzet, in das Differential ydx setzt. Es wird nämlich y durch x und beständige Größen in einer solchen Gleichung bestimmet seyn. Auch kann man dx, wenn man dazu etwa bequemer kommen kann, aus y und dy ausdrücken. Ueberhaupt muß man nur dahin sehen, daß in dem ganzen Differentialausdruck eben die veränderliche Größe x, y etc., oder Potenzen von ihr enthalten seyen, wozu das darin bleibende dx oder dy als Differential von der Wurzel x, y etc. gehöret. Exempel zeigen die Sache deutlicher.

§. 259. Aufg. Die Parabel, oder eigentlich die parabolische Fläche APM (77 F.) zu quadriren.

Aufl. Für die Parabel ist $y^2 = px$. Also $y = \sqrt{px} = p^{\frac{1}{2}} x^{\frac{1}{2}}$; also ist hier $ydx = p^{\frac{1}{2}} x^{\frac{1}{2}} dx$. Daher ist (nach der Regel des 254 §phs no. 10) $\int ydx = \int p^{\frac{1}{2}} x^{\frac{1}{2}} dx = \frac{2}{3} p^{\frac{1}{2}} x^{\frac{3}{2}} = \frac{2}{3} x \sqrt{px}$. Nun ist nur noch die Frage, ob hier nicht noch eine beständige Größe hinzuzusetzen. Sie heiße C, so müßte in diesem Fall das Integral $\frac{2}{3} x \sqrt{px} + C$ seyn. §. 255. 2). Nun weis man aber, weil die Abscissen vom Scheitel gerechnet sind, daß das Integral o seyn müsse, wenn $x = o$ ist. (Dies ist ein solcher specieller Umstand, wovon a. a O. die Rede war, den man weis, weil man ja weiß, daß man mit einer Parab. Fläche zu thun hat). Daher müßte alsdenn $o + C = o$, d. i. es muß überhaupt $C = o$ seyn, weil die beständi-

ge

ge Größe in allen übrigen Fällen eben den Wehrt hat, den sie in einem einzigen hat. Daher ist immer die parabolische Fläche APM $= \frac{2}{3} x \sqrt{px} = \frac{2}{3} xy$, d. i. $\frac{2}{3}$ des Rechtecks AP.PM.

§. 260. Z. Das Stück des Rechtecks aussen an der Parabel ist also $\frac{1}{3} xy$, und das Segment zwischen dem parabolischen Bogen AM und seiner Sehne ist $\frac{1}{6} xy$.

§. 261. **Aufg. Das Stück der parabolischen Fläche PMmp zu quadriren.** (77 F.)

Aufl. I. **Fall.** Man setze, in der Entfernung AP $= a$ vom Scheitelpunkt sey der Anfang der Abscissen, und Pp $= x$, pm $= y$; so ist aus der Natur der Parabel $y^2 = p(a+x)$, daher ist $y = \sqrt{(ap + px)}$. Also $ydx = (ap + px)^{\frac{1}{2}} dx$. Setzt man $ap + px = u$ so ist $du = pdx$, und $dx = \frac{du}{p}$. Mithin ist $ydx = \frac{1}{p} u^{\frac{1}{2}}. du$. Dies giebt $\int ydx = \int \frac{1}{p} u^{\frac{1}{2}} du = \frac{2}{3p} u^{\frac{3}{2}} = \frac{2}{3p} u \sqrt{u}$. Setzt man nun den Wehrt von u wieder hinein; so ist $\int ydx = \frac{2(ap+px)}{3p} \sqrt{(ap + px)}$, das ist PMmp $= \frac{2}{3} (a+x) \sqrt{(p.(a+x))}$. Weil nun für $x = 0$ auch hier das Integral $= 0$ seyn muß; so muß die beständige Größe C so genommen werden, daß $\frac{2}{3}(a+x) \sqrt{(p.(a+x))} + C = 0$ sey, wenn $x = 0$ gesetzt wird. Aber dann wird $\frac{2}{3} a \sqrt{ap} + C = 0$, d. i. $C = -\frac{2}{3} a \sqrt{ap}$ seyn müssen. Es ist also hier das vollständige Integral $\frac{2}{3}(a+x) \sqrt{(p.(a+x))} - \frac{2}{3} a \sqrt{ap}$. Dies ist auch völlig der Natur der Sache gemäß. Denn da hier $a+x = Ap$, und $\sqrt{(p.(a+x))} = y = pm$; so ist der erste Theil, nach dem vor. §., $\frac{2}{3}$ Ap.pm. Man erhält also erst was man hier suchte, wenn man APM $= \frac{2}{3}$AP.PM $= \frac{2}{3} a \sqrt{ap}$ abzieht.

II. Fall.

II. Fall. Wollte man eben diese Fläche pmMP auf die Art suchen, daß man den Anfang der Abscissen in p, $pP = x$; $PM = y$; $pA = a$ setzte; so wäre $AP = a - x$, $P\pi = dx$ negativ, folglich $ydx = -\sqrt{(ap - px)}dx$, woraus wie vorher $\int ydx = -\frac{2}{3}(a - x)\sqrt{(ap - px)}$ folget. Für $x = 0$ ist $-\frac{2}{3}a\sqrt{ap} + C = 0$, oder $C = \frac{2}{3}a\sqrt{ap}$, und das vollständige Integral also $\frac{2}{3}(a - x)\sqrt{(ap - px)} + \frac{2}{3}a\sqrt{ap}$. Der erste Theil ist hier $-APM$; der zweite $+Apm$. Aber $Apm - APM = PMmp$.

III. Fall. Gesetzt man verfiele bei dem Integriren der parabolischen Fläche PMmp nur auf den Satz §. 127, 128. Wenn also hier, wie 67 Figur, der Brennpunkt in F ist; so müßte $AFO = \frac{2}{3} \cdot \frac{1}{4}p \cdot \sqrt{(p \cdot \frac{1}{4}p)} = \frac{1}{12}p^2$ seyn. Nun ist $PF = -x = \frac{1}{4}p - a$ eine verneinte Größe. Daher kann man für dieses bestimmte x ein Stück der Parabel PMOF, von dem Loth aus dem Anfangspunkt der Abscissen nach dem Scheitel hin, durch lauter bekannte Größen ausdrücken. Es ist $PMOF = -AMP + AOF = -\frac{2}{3}a\sqrt{ap} + \frac{1}{12}p^2$. So ist $\frac{2}{3}(a + x)\sqrt{(p(a + x))} + C = -\frac{2}{3}a\sqrt{ap} + \frac{1}{12}p^2$. Setzt man nun hier $x = \frac{1}{4}p - a$ hinein, so hat man $\frac{2}{3}(a - a + \frac{1}{4}p)\sqrt{(p.(a - a + \frac{1}{4}p))} + C = -\frac{2}{3}a\sqrt{ap} + \frac{1}{12}p^2$. Nun ist $\frac{2}{3}(a - a + \frac{1}{4}p)\sqrt{(p.(a - a + \frac{1}{4}p))} = \frac{1}{12}p^2$. Also folgt auch aus dieser Eigenschaft der Parabel $C = -\frac{2}{3}a\sqrt{ap} + \frac{1}{12}p^2 - \frac{1}{12}p^2 = -\frac{2}{3}a\sqrt{ap}$. Ueberhaupt muß, man mag bei der Aufsuchung des C aus irgend einer Eigenschaft der Curve einen bekannten Wehrt einführen welchen man will, C immer einerlei für einerlei vorhabendes Integral werden. So ist denn auch hier $PMmp = \frac{2}{3}(a + x)\sqrt{(ap - px)} + \frac{2}{3}a\sqrt{ap}$.

§. 262. Nach den §. 259 bis 261 betrachteten Fällen an der Parabel wollen wir nun die **Regel, die beständige Größe bei der Integration zu finden,** allgemein so fassen:

„Man

„Man überlege, 1) ob man nicht aus den Umstän„den der Aufgabe schon wisse, wie groß das gesammte „Integral, die beständige Größe C mit eingerechnet, für „irgend einen bestimmten Wehrt von x oder y seyn müsse. (Am öftersten weis man dies für $x=0$, und oft, „aber lange nicht immer, ist dann das Integral selbst „$=0$). Nachdem man 2) zu dem aus dem Differential „gefundenen Theil des Integrals $+C$ hinzugeschrieben „hat; so setzt man alles dem für das bestimmte x gehö„rigen Wehrt gleich, und setzt nun auch 3) in dem aus „dem Differential gefundnen Theil stat x den in dem be„stimmten Fall ihm nun zukommenden Wehrt. So „erhält man eine Gleichung, durch welche C sich aus lau„ter bekannten Größen herleiten läßt."

§. 263. **Aufg. Cykloiden-Stücke wie FPM, und auch die halbe, mithin auch die ganze cykloidische Fläche FQB und 2FQB zu quadriren.**

Aufl. Es war §. 178. $MP=y=u+\sqrt{FM.MB}$ $=u+\sqrt{(2ax-x^2)}$: Mithin $dy=du+\frac{adx-xdx}{\sqrt{(2ax-x^2)}}$ §. 218. Es muß nun noch du aus einer Funktion von x ausgedruckt werden. Man stelle sich (wie es den ersten Erfindern des Differentio-Integral-Kalkuls gewöhnlich war*) den verschwindenden Kreisbogen Ll als Hypotenuse von den gleichfalls verschwindenden Katheten $l\lambda$ $=dLM$ und $L\lambda=dx$ vor; so ist $dLM=d\sqrt{(2ax-x^2)}$ $=\frac{adx-xdx}{\sqrt{(2ax-x^2)}}$, also $du^2=dx^2+(dLM)^2=dx^2+\frac{a^2dx^2-2axdx^2+x^2dx^2}{2ax-x^2}=\frac{a^2dx^2}{2ax-x^2}$ (wenn man die

Aus-

*) Man erlaube mir hier diese kurze Vorstellungsart; unten §. 298 leite ich das Differential des Bogens aus der überall zum Grunde liegenden Vorstellung von den Gränzen der Verhältnisse umständlich her.

Ausdrücke auf einerlei Benennung bringt). So ist also $dy = \frac{2adx - xdx}{\sqrt{(2ax - x^2)}}$. Zieht man die Tangente Fb und die Lothe Rσ und rp; so ist RP = FM = x und das Differential des Inhalts der vermischtlinigten Figur FPR ist RPpr = xdy. Also (weil in der allg. Betrachtung §. 257 x an die Stelle von y tritt)

$$\int xdy = \int \frac{x.(2a - x)dx}{\sqrt{(2ax - x^2)}} = \int dx.\sqrt{(2ax - x^2)}.$$

Da nun offenbar $\sqrt{(2ax - x^2)}$ die Ordinate des Kreises ist, dessen Durchmesser 2a = FB oder bQ, und dessen Abscissen-Differential dx ist; so ist das Integral $\int ydx$ des Zirkelstücks FLM = RFF dem aufwärts an der Cykloide liegenden Stücke ihrer Fläche; daher ist auch das ganze bQF = dem Halbkreis FLIB. Ferner ist, weil QB = semiper = $a\pi$ und BF = 2a, das Rechteck QB. BF = $2a^2\pi = 4.\frac{1}{2}a^2\pi$ das vierfache des halben Generators. Da nun QB.BF − FLIB = $(2a^2 - \frac{1}{2}a^2)\pi = 3.\frac{1}{2}a^2\pi$ = QB.BF − bQF = der cykloid. Fläche FPQB ist; so ist FQB das dreifache des halben, 2FQB, die ganze cykloidische Fläche, das dreifache des ganzen Generators. Auch ist das Cykloiden-Stück FPM = 3FLM.

3. Man sieht also deutlich, daß die Quadratur des Kreises und der Cykloide von einander abhängig sind.

Anm. Auf die Constans brauchten wir hier nicht zu sehen. Denn wir haben nicht wirklich integrirt, sondern nur der Cykloide Verhältniß gegen den Kreis gefunden.

III. Von den logarithmischen Differentialen.

§. 264. Durch den Anfang einer Abscissenlinie A (83 F.) richte man ein Loth AB auf, mache AP = AB, setze AB = 1, und nehme willkührlich eine Parallele mit AB, in der Figur PC = a (wie bei den Logarithmen die Grundzahl, und wie dort das Grundverhältniß AB : PC = 1 : a). Nun laufe durch B und

C eine krumme Linie, so daß für $x = AR$ und $y = RE$, immer, wenn $\frac{AR}{AP} = \frac{x}{1} = x$, auch $AB:RE = 1:RE = AB:PC^x = 1:a^x$ sey. Es mag nun x eine ganze Zahl oder ein Bruch seyn: genug, x zählt immer auf, wie oft AB:RE aus dem (Grund-) Verhältniß AB:PC oder 1:a zusammengesetzt sey; kurz. RE soll immer so groß seyn, daß $AB:RE = x(AB:PC) = x(1:a)$ wird. Alsdann stellen, mit §. 291 ff. A. R. verglichen, die Abscissen AP, AQ, AR die Logarithmen der zugehörigen Ordinaten PC, QD, RE vor. Wenn z. B. die genannten Abscissen AP, 2AP, 3AP wären, so sollen die Ordinate $\frac{PC}{AB} = a = PC$, $\frac{PC^2}{AB} = \frac{a^2}{AB} = QD$, $\frac{PC^3}{AB} = \frac{a^3}{AB} = RE$ in einer geometr. Progression fortgehen, wo dann die zwischenliegenden Lothe die interpolirten Glieder der Reihe §. 294. A. R. vorstellen. Es ist also $\frac{RE}{AB}$ so groß als des Quotienten $\frac{PC}{AB}$ Potenz vom Exponenten $\frac{AR}{AP}$, oder $\frac{RE}{AB} = \left(\frac{PC}{AB}\right)^{\frac{AR}{AP}}$; mithin, weil $AB = AP = 1$, $PC = a$, $AR = x$, $RE = y$ war, so ist die Gleichung für die Curve $y = a^x$.

Diese krumme Linie, deren Abscissen die Logarithmen der zugehörigen Ordinaten vorstellen, kann man also mit allem Fug die **logarithmische Linie**, oder die **Logistick** nennen.

§. 265. Wenn $a > 1$ angenommen wird, so wachsen die Ordinaten von A nach der Seite R unendlich, von A nach O zu nehmen sie unendlich ab ab, und $\frac{1}{a^x} = a^{-x}$ wird immer kleiner, doch kann es nie ganz verschwinden; das heißt: die Abscissenlinie nähert sich der Curve unendlich, erreicht sie aber nimmer, ist also ihre Asymptote, §. 162. Z.

§. 266. Theilt man (wie §. 194 A. R. a. E.) hier AP = 1 in r Theile, wovon jeder c sey, so daß rc = 1 ist, und r eine ganze Zahl bedeutet; so sey Ap = c, und für das erste $c = \frac{1}{r}$ von A angerechnet sey die Ordinate $= 1 + q = p\beta$, und es wird das Verhältniß $(1 : 1 + q)$ rmal genommen 1 : a geben, oder es ist, aus eben den Gründen wie §. 264, $1 : a = r(1 : 1 + q)$, oder $a = (1 + q)^r$, d. i.: das Verhältniß 1 : a besteht aus so viel gleichen Verhältnissen $1 : 1 + q$, als kleine Stücke c auf AP gehen. Es ist also $(1 + q)^{rc} = a^c = a^{\frac{1}{r}} = 1 + q$, weil AP = 1 war. Also ist $a^c - 1 = q$.

Aus $a^c - 1 = q$ folgt 1) daß, wenn a und c einmal beliebig festgesetzt sind, q darnach bestimmt werden muß. Z. E. wenn a = 2, $c = \frac{1}{4}$, so ist $2^{\frac{1}{4}} - 1 = 0,1892 = q$.

2) Daß, wenn a und q willkührlich genommen werden, nun auch c, oder rc = 1 bestimmt sind; wo r eine ganze Zahl ist. Denn $a^c = q + 1$ und $c = \frac{l(q+1)}{la}$. Z. E. wenn q = 0,1892, a = 2, so ist

$$c = \frac{0,0752575}{0,3010300} = \frac{1}{4} = 0,25.$$

Da nun $r . \frac{1}{4} = 1$ seyn soll, so ist r = 4 §. 303 A. R.

§. 267. Anm. Beim ersten Erlernen dieser allgemeinen Logarithmenlehre wird man wohl thun, das, was §. 290. ff. A. R. über das specielle Briggische System vorkommt, als erläuterndes Beispiel zu benutzen. Es wird dadurch eben so wenig der Gedanke von der ganz allgemeinen Idee der Logarithmen überhaupt abgezogen werden, als durch die Zeichnung eines Beispiels von einer Logistik in der 83 Figur, welche durch jede sonstige geometr. Fig., welche immer nur einen ganz individuellen Fall darstellet. Man sieht hieraus, zu was für Widersprüchen die in der Vorrede angeführte Behauptung eines sonst mit Recht so geschätzten Mathematikers leitet.

Der 266 §ph wird ganz deutlich werden, wenn man §. 294 Allg. R., insbesondere in der Tabelle S. 219 den Theil a^0 bis a^1 und die zugehörigen Zahlenausdrücke mit dem hiesigen Vortrag vergleicht.

Dort ist $a = 10$; $r = 4$; $c = \frac{1}{4}$; $1 + q = \sqrt[4]{10} = 10^{\frac{1}{4}} = 1{,}775$; $q = 0{,}775 = 10^{\frac{1}{4}} - 1$ u. s. w.

§. 268. Man nehme $R\varrho = c$, und zu der Absciſſe $A\varrho = x + c$ gehöre die Ordinate $\varrho\varepsilon = y + \delta$. Man ziehe Et, so ist $t\varepsilon = \delta$. Nach §. 264 ist nun $y + \delta = a^{x+c}$, also ist $\frac{y+\delta}{y} = 1 + \frac{\delta}{y} = \frac{a^{x+c}}{a^x} = a^c$, mithin $\frac{\delta}{y} = a^c - 1$. Nun war §. 266 auch $q = a^c - 1$, also hier $\frac{\delta}{y} = q$, oder $\frac{y}{\delta} = \frac{1}{q}$; mithin auch $\frac{y \cdot c}{\delta} = \frac{c}{q}$. Dies bleibt nun aus eben dem Grunde unveränderlich, wie das $a^c - 1 = q$ a. a. O., nachdem a und c, die zwar an sich willkührlich genommen werden konnten, für eine Logistick einmal bestimmt sind. Und so folgt nun hieraus, daß jedes Paar Ordinaten, wie AB, $p\beta$; RE, $\varrho\varepsilon$; QD, qd, die um die Größe c auf der Absciſſenlinie von einander abstehn, in eine geometr. Reihe gehören, deren Verhältnißnahme $1 : 1 + q$ ist. Denn $1 : q = y : \delta$ giebt $1 : 1 + q = y : y + \delta = AB : p\beta$ u. s. w.

§. 269. Je kleiner man c und je größer man r nimmt, um so näher rücken sich die Ordinaten. Nimmt man r größer als jede gegebene Größe, so geben ihre obern Endpunkte die zusammenhangende Curve, die wir Logistick nannten. Nimmt man nun als Maaß aller

aller andern Verhältnisse $1:a$ an, so führet dieses Grundverhältniß, wenn man es in so viel gleiche Theile getheilt, als zur jedesmaligen Absicht nöthig ist, auf ein logarithmisches System, worin $la = 1$ ist §. 293. A. R.

§. 270. Nimmt man für $AP = AB = 1$ (83 F.) statt $PC = a$, in P die Ordinate $P\gamma = h$, so hat man in diesem zweiten Falle ein andres Grundverhältniß $1:h$, also $y = h^x$. Da nun hier die $1:y$ nach einem andern Verhältniß gemessen werden; so entsteht auch ein andres Logarithmensystem, wovon die Logistick $B\gamma\delta\varepsilon$ ein Bild giebt, da das vorige durch die Curve BCDE vorgestellt wurde. Man sieht hier deutlich, daß, wenn $h > a$ ist, die Ordinaten rechter Hand von A stärker wachsen und linker Hand stärker abnehmen. Z. E. $Q\delta > QD$, $\pi\eta < \pi c$. Es seyen z. B.

die Abscissen	-3,	-2,	-1,	0,	$+1$,	$+2$,	$+3+\ldots$
Ordin. I System	$\frac{1}{8}$	$\frac{1}{4}$	$\frac{1}{2}$	1	2	4	$8\ldots$
II " "	$\frac{1}{27}$	$\frac{1}{9}$	$\frac{1}{3}$	1	3	9	$27\ldots$

§. 271. Man kann nun die Anzahl der Theilchen auf AP oder die Zahl r der Stückchen c größer werden lassen als jede noch gegebene Größe; so wird $c = dx$ und δ kann nun ebenfalls in dem Sinne des 195 Sphs durch dy bezeichnet werden. So wird der Ausdruck im 268 Sph $\frac{y.c}{\delta} = \frac{ydx}{dy}$. Man sieht gleich, daß wir hier auf den allgemeinen Ausdruck für die Subtangente in §. 226 gekommen sind; hier ist also $\frac{ydx}{dy} = \frac{c}{q}$ §. 268. Hierin ist also das Verhältniß begriffen, womit die Zuwächse von x und y verschwinden, oder womit das eben entstehende x, und der Ueberschuß des y über 1, Etwas werden. Dies Verhältniß kann allerdings endlich seyn. §. 196 179. Daß es hier so ist, erhellt aus Folgendem.

 Zieht

Zieht man eine grade Linie durch die Endpunkte D und d zweier naheliegenden Ordinaten, bis die Abscissenlinie in T geschnitten wird, so ist $QT = \frac{cy}{\delta} = \frac{c}{a^c - 1} = \frac{c}{q}$ §. 268; und nun giebt die Figur schon deutlich zu erkennen, daß, wenn sich D und d unendlich nähern, DT eine Tangente werden, und QT endlich bleiben wird. Es versteht sich, daß man sich bei der zweiten Logistick §. 270 durch das Verhältniß $\frac{c}{h^c - 1}$, bei der zum Briggischen System gehörigen durch $\frac{c}{10^c - 1}$ der Subtangente nähert. Es kann aber auch $\frac{c}{q}$ niemals o werden, denn sonst müßte die Logistick ihre Abscissenlinie in A schneiden, wo doch ihr Abstand von derselben $AB = 1$ seyn soll. Auch kann $\frac{ydx}{dy}$ nicht unendlich seyn; denn so müßte die Logistick überall ihrer Abscissenlinie parallel seyn, welches ebenfalls gegen die Definition ist §. 264. 265. Man kann also immer $\frac{ydx}{dy} = \alpha$ setzen, wo α eine beständige endliche Größe ist, und dieser Ausdruck ist nun als Gleichung für jede Logistick zwischen der beständigen Größe α, der Ordinate und Verhältniß der Coordinaten anzusehen.

§. 272. So ist also 1) $\frac{dx}{\alpha} = \frac{dy}{y}$ und 2) $\int \frac{dx}{\alpha} = \frac{x}{\alpha} = \int \frac{dy}{y}$. Nach diesem richtig abgeleiteten

Aus-

Ausdruck muß es nun eben so richtig seyn, daß die Abscisse x durch die Subtangente α der Logistick dividirt eine Funktion der Ordinate y sey. Die Funktion muß eine solche seyn, daß wenn man sie differentiirt, ihr Differential $\frac{dy}{y}$ wird. Dies sieht man im allgemeinen voraus, ob man gleich $\frac{dy}{y}$ noch nicht integriren kann, weil nach §. 255 die bisherige Regeln dazu nicht hinreichen.

§. 273. Nach §. 264 war $y = a^x$. Und so ist $\log y = x\,l\,a$ §. 303. A. R. Nun ist aber $l\,a = AP = 1$ §. 26.. Daher ist 1) $ly = x$ und $dly = dx$. Also muß $\frac{dly}{\alpha} = \frac{dy}{y}$ seyn, nach §. 272 1); also 2) $\frac{ly}{\alpha} = \frac{x}{\alpha} = \int \frac{dy}{y}$ (nach §. 272. 2.) seyn.

Daß nun jede Abscisse x genau der Logarithme ihrer zugehörigen Ordinate in einem System sey, dessen Grundzahl a den Logarithmen 1, und dessen Logistick eine beständige Subtangente α hat, davon erhellt das erste aus 1), das andere aus 2). Jedoch ist das zweite eine allgemeine Eigenschaft jeder Logistick.

§. 274. Aber so viel ist hieraus offenbar: Jedes x für jedes y, d. i. den jeder Zahl zugehörigen Logarithmen aus der Zahl selbst zu finden, muß man nicht nur $\frac{dy}{y}$ zu integriren, sondern auch die Subtangente α für jede Logistick, oder, wie man es auch sonst nennt, den Modul für jedes System zu finden wissen. Denn es ist, nach §. 273. 2), $x = \alpha \int \frac{dy}{y}$.

§. 275. Nach der Hauptregel §. 253. 254. würde man $\int \frac{dy}{y} = \int y^{-1} dy = \frac{y^{-1+1}}{1-1}$ machen. So sollte $\int \frac{dy}{y} = \frac{y^0}{0} + C = \frac{1}{0} + C = \infty + C$ seyn. Aber hieraus kann durch Differentiation $\frac{dy}{y}$ nicht abgeleitet werden, wie §. 272 verlangt wurde. Es hält also das Integral die Probe nicht. Wie konnte auch $\frac{dy}{y}$ aus etwas Unveränderlichen und noch dazu Unendlichgroßem werden? Aus der Natur der Logistick folgt nur das einzige: Weil für $x = 0$, $y = 1$, und also $l\,1 = 0$ ist; so muß in diesem Fall auch $\alpha \int \frac{dy}{y} = x = 0$, mithin $\int \frac{dy}{y} = 0$ seyn.

IV. Berechnung der Logarithmensysteme durch die Integration.

§. 276. Die Schwierigkeit, das zur Darstellung eines Logarithmensystems Erforderliche aus der Gleichung $\frac{y\,dx}{dy} = \alpha$ zu finden, haben wir gesehen. Man gebe sich indessen folgende

Aufgabe. Den einer gegebenen Zahl y zugehörigen Logarithmen x durch eine unendliche Reihe auszudrücken.

Aufl. Weil außer AB = 1, wovon der Logarithme 0 ist, alle übrigen $y > 1$ sind; so setzt man $y = 1 + u$,

$1+u$, mithin $u=y-1$, und $dy=du$. Folglich ist nach §. 273 $x=l(1+u)$, mithin $dx=\frac{\alpha du}{1+u}=$

$\alpha du \frac{1}{1+u}=\alpha(du-udu+u^2du-u^3du+\ldots)$
§. 147. 3) A. R. Davon ist das Integral $x=\alpha\,u-\frac{1}{2}u^2+\frac{1}{3}u^3-\frac{1}{4}u^4+\frac{1}{5}u^5-\ldots)$

Sollte diese Reihe brauchbar seyn, so müßte sie schnell convergiren, also fallend seyn; daher muß $u<1$ seyn § 288. A. R. Auf solche Art kann aber $y=1+u$ nicht einmal bis an 2 steigen, welches eine sehr eingeschränkte Reihe von Zahlen y, und ihren Logarithmen x giebet. Uebrigens verschwindet (nach §. 275) x für $u=0$, und daß hier $C=0$ sey sieht man nun leicht; **vollständig** ist also das gefundene Integral.

§. 277. **Aufg. Die einem gegebenen Logarithmen x *im* System zugehörige Zahl *y* durch eine unendliche Reihe zu finden.**

Aufl. Auch hier setzt man $y=1+u$. Man weiß, daß $x=0$ für $y=1$ ist, und daß man mit u zugleich auch immer y habe. Dies u also zu finden nimmt man aus §. 273 $dx=\frac{\alpha du}{1+u}$. So ist

I. $du=\frac{dx}{\alpha}+\frac{udx}{\alpha}$; dieses integrirt giebt

II. $u=\frac{x}{\alpha}+p$; letzteres soll hier immer den noch nicht integrablen Theil anzeigen. Den Wehrt von u in II setzt man in dem Gliede $\frac{udx}{\alpha}$ in I. so ist

III. $du = \frac{dx}{a} + \frac{xdx}{a^2} + \frac{pdx}{a}$. Nun ist $\int \frac{xdx}{a^2} = \frac{x^2}{2a^2}$, also was sich integriren läßt in II gesetzt giebt

IV. $u = \frac{x}{a} + \frac{x^2}{2a^2} + p$. Diesen Wehrt von u setzt man aufs neue in das Glied $\frac{udx}{a}$ der Gleichung I; so ist

V. $du = \frac{dx}{a} + \frac{xdx}{a^2} + \frac{x^2dx}{2a^3} + \frac{pdx}{a}$ Nun ist wiederum $\int \frac{x^2dx}{2a^3} = \frac{x^3}{3.2a^3}$; mithin, wenn man was sich integriren läßt nun in II einführet, so hat man

VI. $u = \frac{x}{a} + \frac{x^2}{2a^2} + \frac{x^3}{3.2a^3} + p$. Fährt man auf diese Art weiter fort, so erhält man

VII. $du = \frac{dx}{a} + \frac{xdx}{a^2} + \frac{x^2dx}{2a^3} + \frac{x^3dx}{3.2a^4} + \frac{x^4dx}{4.3.2a^5}$ $+ \ldots$ und

VIII. $u = \frac{x}{a} + \frac{x^2}{2a^2} + \frac{x^3}{3.2a^3} + \frac{x^4}{4.3.2a^4} + \frac{x^5}{5.4.3.2a^5}$ und mehr folgende nach dem sich nun schon genugsam offenbarenden Gesetz. Nämlich: 1) Alle Glieder der Reihe für u sind positiv, wenn das erste positiv ist; denn dies erste positive Glied giebt in III das zweite Glied der Differenzreihe positiv, woraus denn durch Integration das zweite für u in IV ebenfalls, und aus diesem wieder für du in V ein positives Glied entsteht u. s. w. 2) Ist in einer

ner Reihe für u ein Glied von der Form $\frac{x^n}{n\,n-1\ldots 2\alpha^n}$; so bringt dies in das darauf folgende du ein Glied von der Form $\frac{x^n\,dx}{n\,.\,n-1\ldots 2\alpha^{n+1}}$ und durchs Integriren erhält also das folgende u ein neues Glied von der Form $\frac{x^{n+1}}{n+1\,.\,n\,.\,n-1\ldots 2\alpha^{n+1}}$. Setzt man nun in der Reihe VIII, nämlich in $u = \frac{x}{\alpha} + \frac{x^2}{2\alpha^2} + \frac{x^3}{3\,.\,2\alpha^3} + \frac{x^4}{4\,.\,3\,.\,2\alpha^4} + \ldots + C$, $u = 0$; so muß nach der Natur der Logistick (§. 264) $x = l(1+u) = l1 = 0$ seyn. Also ist $C = 0$, und das gefundene Integral ist komplet.

§. 278. Aufg. **Diejenige Ordinate y zu finden, deren zugehörige Abscisse x der Subtangente α gleich ist.**

Aufl. Aus der Reihe VIII des vorigen §phs erhält man, wenn $x = \alpha$ ist,

$$1 + u = y = 1 + 1 + \frac{1}{2} + \frac{1}{2.3} + \frac{1}{2.3.4} + \frac{1}{2.3.4.5} \ldots\ldots$$

Die wirkliche Rechnung, wie sie auch **Langsdorf** S. 138 seiner Erläuterung der Kästnerschen Anal. des Unendl. lehret, wird am leichtesten so geführt. Zu 2 addirt man $\frac{1}{2} = 0{,}5$; zu diesem $\frac{0{,}5}{3} = 0{,}1666$; ferner $\frac{0{,}1666}{4} = 0{,}0416$, u. s. w. Drückt man so die Decimalbrüche bis auf eine hinlängliche Anzahl von Stellen aus so erhält man folgende Zahl

6 1

2,71828I 828359 045235 360287 4I7I352 662497 757247 12. So stehet die Zahl bei Schulz T. I. S. 188.

S. 188. Statt der 44 Decimalstellen hat Langsdorf nur 25; statt der beiden letzten 74 hat letzterer 61. Man ist stillschweigend übereingekommen, diese Zahl mit dem Buchstaben e anzudeuten, und versteht in der Lehre von den Logarithmen unter e diejenige Zahl, deren Logarithme in jedem Log. = System der Subtangente derjenigen Logistick gleich ist, wodurch das jedesmalige System ausgedruckt wird. Aus der Reihe, woraus wir sie gefunden haben, war α herausgefallen, a war gar nicht darin gewesen. Dies zeigt, daß e von der speciellen Subtangente und speciellen Grundzahl jedes besondern Systems unabhängig ist, das heißt, daß $e = 2{,}71828\ldots$ für alle Logarithmensysteme und für alle Logarithm. Linien eben so einerlei ist, wie $\pi = 3{,}14159\ldots$, für alle Kreise.

Anm. Die Subtangente des bereits berechneten Briggischen Systems, oder seiner Logistick, ist also $= l\,2{,}718281\ldots = 0{,}43429448\ldots$; doch ist dies nur eine beiläufige Bestimmung aus den bereits fertigen Briggischen Logarithmentafeln. Unten wird sie aus der Theorie überhaupt vollständiger hergeleitet werden.

§. 279. Hauptaufgabe. Eine Reihe für die Logarithmen jeder gegebenen Zahlen zu finden, die schneller convergirt, als die §. 276 gefundene.

Aufl. 1) Man setzte a. a. O. $y = 1 + u$, und fand so eine Reihe für $l(1 + u)$. Man kann auch $y = 1 - u$ setzen. Alsdann ist $dy = -du$, und

$$x = l(1 - u),\ dx = -\alpha du \frac{1}{1 - u} = -\alpha du (1 + u + u^2 + u^3 + u^4 + u^5 \ldots).$$ So ist also nach §. 276.

$$l(1 + u) = \alpha(+u - \tfrac{1}{2}u^2 + \tfrac{1}{3}u^3 - \tfrac{1}{4}u^4 + \tfrac{1}{5}u^5 + \ldots)$$
$$l(1 - u) = \alpha(-u - \tfrac{1}{2}u^2 - \tfrac{1}{3}u^3 - \tfrac{1}{4}u^4 - \tfrac{1}{5}u^5 - \ldots)$$

Subtrahirt ist $2\alpha(u + \tfrac{1}{3}u^3 + \tfrac{1}{5}u^5 \ldots) =$

$$\alpha 2u(1 + \tfrac{1}{3}u^2 + \tfrac{1}{5}u^4 \ldots) = l\frac{(1 + u)}{(1 - u)}$$

nach

nach §. 265. A. R, weil $l(1+u)-l(1-u)=l\frac{1+u}{1-u}$ eine Eigenschaft ist, die allen Logarithmen und allen Logarithmensystemen wesentlich zukommt. In der Voraussetzung, daß u ein eigentlicher Bruch sey, wie es §. 276 verlangte, erhellet genugsam, daß sich gegenwärtige Reihe schneller wie die dortige nähert. Die Glieder derselben steigen immer um zwei Grade, und ihr Wehrt, als Produkte von Potenzen eigentlicher Brüche in immer kleinere Brüche, nimmt sprungweise ab.

2) Aber $\frac{1+u}{1-u}$ kann auch, so daß u dabei immer ein eigentlicher Bruch ist, jede gegebene Zahl N ausdrücken. Denn $\frac{1+u}{1-u}=N$ giebt $N-Nu=1+u$; also $u+Nu=(N+1)u=N-1$, oder $u=\frac{N-1}{N+1}$. Dies muß immer ein eigentlicher Bruch seyn, freilich immer größer und der Einheit näher, je größer N ist. Z. E. für $N=1001$ ist $u=\frac{1000}{1002}$, wobei sich doch immer noch die Reihe, wiewol langsam, nähert. Es erhellt hier also wenigstens die Möglichkeit, wenn nur α bekannt ist, den Logarithmen einer jeden Zahl unmittelbar zu finden. Bei der wirklichen Berechnung der Logarithmen irgend eines Systems wird man sie zuerst lieber für kleinere N suchen, und mithin auch kleinere u zum Grunde legen, da sich denn die Reihen schnell nähern. Die Logarithmen der größern Zahlen lassen sich dann meistens leichter durch Addiren und Subtrahiren finden, wie §. 297. A. R. davon seine nicht allein auf das Briggische System eingeschränkte Probe giebt. So viel sieht man auch, daß wenn man α weis, sich z. B. l5 gar sehr

sehr viel kürzer, als §. 295 A. A. werde finden lassen; u wird hier $\frac{2}{3}$, und giebt auch eine ziemlich schnelle Annäherung.

§. 280. Noch ein Beispiel hierzu, welches zugleich einen, wiewol etwas weitläuftigen, Weg zeigt, das α oder die Subtangente des Briggischen Systems zu finden, ist folgendes. Man suche wie groß α seyn muß, damit wie beim Briggischen System $l\,10 = 1$ werde. Da $N = 10$, also $u = \frac{9}{11}$ §. 299; so ist $l\,\frac{1+u}{1-u} = 1 =$

$\alpha . 2 (\frac{9}{11} + \frac{9^3}{2.11^3} + \frac{9^5}{5.11^5} + \ldots)$. Da $\frac{9}{11} = 0,8181\ldots$, so nehmen dessen Potenzen nicht schnell genug ab, und α ist merklich kleiner als $\frac{11}{18}$.

§. 281. **Langsdorf**, S. 140. a. a. O., zeigt, hiebei, indem er die Grundzahl (basis) $a = \frac{1+u}{1-u}$, und $l\,\frac{1+u}{1-u} = 1$ setzt, wie man aus der Gleichung $\frac{1}{2\alpha} - u - \frac{1}{3}u^2 - \frac{1}{5}u^3 \ldots = 0$, wenn man derselben Wurzeln u finden könnte, und auch α kennte, nun freilich auch die (basis) Grundzahl a finden könne. Aus den Sätzen des 63 Sphs, den ich aber nicht streng erwiesen habe, leitet er her, daß a nur einen möglichen, aber unzählige, unmögliche Wehrte habe.

§. 282. Was wir bisher eigentl. als eine Linie, z. E. QT in der Fig. 83, die Subtangente der Logistick genannt, aber doch schon als eine Zahl mit α bezeichnet haben, heißt als arithmetische Größe auch der **Modul** (modulus) **des Logarithmensystems**, wozu α gehöret. Ich bemerke nur hiebei, daß manche Schriftsteller $\frac{1}{\text{subt.}}$ den

Modul

Modul nennen; ich finde aber unnöthig den beiden Worten eine verschiedene Bedeutung unterzulegen.

§. 283. Nach der Natur jedes Log.-Systems ist $la = 1$; dann ist a, was oben (§. 279) N war. So ist $u = \frac{a+1}{a-1}$, und man kann also, wie §. 280 fürs Brigg. System, aus $1 = \alpha . 2 \left(\frac{a-1}{a+1}\right)\left(1 + \frac{1}{3}\left(\frac{a-1}{a+1}\right)^2 \ldots\right)$ für jedes System den Modul, und mittelst dessen den Logarithmen jeder Zahl y oder N nach §. 279 herleiten. Wir werden aber alle übrigen Systeme beseitigen, und nur die bisherige Theorie auf die bisher bekannten, bis auf mehr oder weniger Logarithmen für ganze Zahlen berechneten, anwenden. Von dem Briggischen haben wir schon die elementarischen Sätze §. 291 bis 309 A. R. ziemlich umständlich erkläret. Hier soll nun das natürliche, welches man, zwar später erst, genauer, und als den Schlüssel aller übrigen hat kennen lernen, zuerst aus dem Bisherigen erklärt werden.

§. 284. Die allgemeine Gleichung war (§. 272) $\frac{ydx}{dy} = \alpha$. Wenn der Modul oder die Subtangente $= 1$ ist, welches man für das natürliche Logarithmensystem angenommen hat; so ist $dx = \frac{dy}{y}$, oder $x = ly = l\frac{1+u}{1-u}$ $= 2u(1 + \frac{1}{3}u^2 + \frac{1}{5}u^4 \ldots)$ die Gleichung für die Logistik der **natürlichen** Logarithmen, und dies ist nun die Reihe, aus welcher, weil α herausgefallen ist, ohne weitere Schwierigkeit die Logarithmen jeder Zahl y im natürlichen System, entweder unmittelbar oder mittelbar (§. 279) berechnet werden können. Da auch die Grundzahl jedes Systems diejenige ist, die den Logarithmen 1 hat; so ist

die

die im 278 Sph. gefundene Zahl e die Grundzahl des natürlichen Systems. Denn ihr Logarithme ist die Subt., und diese ist hier $=1$; eine Zahl aber, deren Logarithme 1 ist, ist die Grundzahl eines Systems.

§. 285. **Aufg.** Die natürlichen **Logarithmen** der ersten 10 Zahlen zu finden.

Aufl. Man setze für u die Brüche $\frac{1}{5}$; $\frac{1}{7}$; $\frac{1}{9}$; $\frac{1}{99}$. So erhält man für $\frac{1+u}{1-u}$ die Wehrthe $\frac{3}{2}$; $\frac{4}{3}$; $\frac{5}{4}$; $\frac{50}{49}$. Die sehr kleinen Brüche für u geben nun sehr leicht aus der Reihe des vorigen Sphs die Logarithmen der Brüche für $\frac{1+u}{1-u}$. Nun ist aber nach §. 297 A. R.

$l\frac{3}{2}+l\frac{4}{3}=l2$	$2l5+l2=l50$
$l\frac{3}{2}+l2=l3$	
$2l2=l4$	$l50-l\frac{50}{49}=l49$
$l\frac{5}{4}+l4=l5$	$\frac{1}{2}l49=l\,7$
$l2+l3=l6$	$3l2=l\,8$
	$3l3=l\,9$
	$l2+l5=l10$

Die Zahlen dieser Logarithmen stehen in **Eulers** Introd. T. I. §. 123 bis auf 25 Decimalstellen, bei **Schulze** T. 1. S. 100 machen sie den Anfang der Wolframschen hyperbolischen Logarithmen bis auf 48 Decimalstellen, auch findet man sie jetzt bei **Vega**, **Callet** und mehrern. Ich setze hier nur her, weil wir ihn bald brauchen werden

log. nat. $10=2,30258509299404568401799 14$.

Man hat sie darum auf so viel Stellen berechnet, damit, wenn aus ihnen, z. E. durch Multipliciren, die Briggischen hergeleitet werden, letztere noch bis auf die erforderliche Anzahl Stellen richtig bleiben.

Anm. Wer natürliche Logarithmen selbst berechnen will findet bei **Langsdorf** a. a. O. S. 155 bis 157 noch bequemere Formeln, und Anweisung zu ihrem Gebrauche.

§. 286. Die Logarithmen x und w einer und derselben Zahl y verhalten sich in zwei verschiedenen Systemen, wie die Moduln oder Subtangenten α und β beider Logarithmensysteme, d. i. $x : w = \alpha : \beta$

Bew. Im Syst.	I und	II	
sind die Moduln	α	β	$a = e^{\frac{1}{\alpha}}$; $h = e^{\frac{1}{\beta}}$. Also
die Abscissen oder Logarithmen	x	w	$y = a^x = (e^{\frac{1}{\alpha}})^x = e^{\frac{x}{\alpha}}$
Grundzahlen	a	h	
Die gleiche Zahl y	a^x	h^w	$y = h^w = (e^{\frac{1}{\beta}})^w = e^{\frac{w}{\beta}}$
§. 264. 276. die gemeinschaftliche Zahl e	a^α	h^β	Mithin $e^{\frac{x}{\alpha}} = e^{\frac{w}{\beta}}$
§. 278. Hieraus folgt nebenstehend			Und $\frac{x}{\alpha} = \frac{w}{\beta}$, oder $x : w = \alpha : \beta$, welches erwiesen werden sollte.

Z. Wir haben §. 284 dasjenige Logarithmensystem, dessen Modul oder Subtangente $= 1$, und dessen Grundzahl $e = 2{,}718\ldots$ ist, das natürliche genannt. Alle übrige heißen künstliche. So eins ist das gemeine oder Briggische, dessen Grundzahl nach §. 295. A. R. die Zahl 10, daher in selbigem $l.\,10 = 1$ ist. Seinen Modul wollen wir β nennen. Unter log. nat. y versteht man nun den Logarithmen einer Zahl y im natürlichen System. Der Logarithme eben dieser Zahl y im Briggischen System soll log. Brigg. y heißen.

§. 287. Aufg. Aus einem gegebenen natürlichen Logarithmen einen Briggischen, und aus einem Briggischen einen natürlichen zu finden.

Aufl. Es ist log. Brigg. $y = \beta$. log. nat. y, und

$$\text{log. nat. } y = \frac{\text{log. Brigg. } y}{\beta}$$

Bew. Wenn $x = \log. nat. y$ und $w = \log. Brigg. y$ ist, $\alpha = 1$ des natürlichen, und β des Briggischen Modul oder Subtangente ist; so ist nach §. 286, $(x : w) = \log. nat. y : \log. Brigg. y = 1 : \beta$. Also $\log. Brigg. y = \beta \log. nat. y$ und $\log. nat. y = \frac{l. Br. y}{\beta}$

§. 288. Aufg. Die Subtangente, oder den Modul β (§. 286 Z) des Briggischen Systems zu finden.

Aufl. Es ist $\log. Brigg. 10 = 1$ §. 286. Z. Daher ist $1 = \beta \log. nat. 10$. Mithin ist $\beta = \frac{1}{\log. nat. 10}$

$= \frac{1}{2,30258309 \ldots}$ (§. 285) $=$
0,434294 481904 251827 651128 9... = dem Modul oder der Subtangente des Brigg. Systems. Vergl. §. 278.

§. 289. Z. Man könnte also, wenn man sie nicht schon hätte, die Brigg. Logarithmen der Primzahlen viel leichter und kürzer als nach §. 295. A. R. finden, wenn man die nat. Log. dieser Zahlen, die sich nach §. 285 viel leichter als im Brigg. System finden lassen, mit dem gefundenen Modul 0,4342... multiplicirte; so wie man den natürl. Log. findet, wenn man den Briggischen mit $\beta = 0,434\ldots$ oder mit $\beta = \frac{1}{\log. nat. 10} = \frac{1}{2,3025\ldots}$ dividirt (d. i. im letzten Fall mit 2,3025... multiplicirt).

Anm. Nach der obigen Bemerkung §. 268. 2. sagen nun jene Schriftsteller: $\frac{1}{subt. \log. nat.} = \frac{1}{1} = 1$ ist der Modul der natürlichen; $\frac{1}{0,43429\ldots} = 2,30258\ldots$ ist der Modul der Briggischen. Nun war (§. 280) $\log. nat\ y : \log. Brigg. y = 1 : 0,43429\ldots$, also auch $= 1 : \frac{1}{2,30258} = 2,30258 : 1$.

Das

Das ist: die Log. einerlei Zahl in verschiedenen Systemen sind umgekehrt, wie die hier nun sogenannten Moduln der Syst. Das Resultat ist das nemliche. Denn nun ist log. nat. $y = 2{,}3025$. log. Brigg. y, und log. Brigg. y

$$= \frac{1}{2{,}3025\ldots} \text{ log. nat. } y = 0{,}43429\ldots \text{ log. nat. } y$$

§. 290. Anm. Ist in der 83 Figur $AP = AB = 1$, und $PC = e$ §. 278; so ist die Curve die Logistick der natürlichen Logarithmen. Dieses e ist nämlich immer die Zahl, deren natürlicher Logarithme $= 1$ (hier AP) ist. Nun läßt sich jede Zahl $y = e^x$ setzen. Denn hieraus folgt x. log e $=$ log. y, oder x log. nat. $e =$ log. nat. y, welches dient, eine jede Zahl y aus ihrem natürlichen Logarithmen x zu bestimmen, da log. nat. $e = 1$ ist. Wenn z. E. $x = 2$, so ist $y = (2{,}718\ldots)^2 = 7{,}389281\ldots$, d. i. die Zahl, deren nat. Logarithme 2 ist. Die Absolutzahlen bei Schulz I. Th. S. 188 sind Potenzen von e, von 1 bis 25; von 30 und 60. Man vergleiche hiemit, wie §. 295. 296 A. R. jede Zahl als eine Potenz der Grundzahl 10 des Brigg. Systems ausgedruckt wurde.

Ex. Karsten findet Lehrbegr. Th. 4. §. 318 Mech., daß, wenn eine (eiserne) Kugel, deren specif. Gewicht m (7,815) und Halbmesser r ($\frac{1}{4}$ Fuß) ist, im Wasser, dessen spec. Gewicht $n (= 1)$ ist, auch anfangs die horizontale Geschwindigkeit h (1000 Fuß in der Sekunde) hätte, nachdem sie x (62,6) Fuß zurückgelegt hätte, wegen des erlittenen Widerstandes nur noch die Geschwindigkeit

$$c = h : e^{\frac{3nx}{16mr}} = 1000 : 2{,}718284^{\frac{3\,.\,62{,}6}{4\,.\,7{,}825}}$$ haben würde; $\frac{3.62{,}6}{4.\ 7{,}825} = 6$. Also ist unter den Absolutzahlen

$e^6 = 403{,}428$. Mithin $c = \frac{1000}{403{,}428}$

$$\begin{array}{r} \text{l}\,1000 = 3{,}0000000 \\ \text{l}.\,403{,}428 = 2{,}6057660 \\ \hline c = 0{,}3942340 \end{array}$$

Die Geschwindigkeit 1000 Fuß ist also bis 2,43 Fuß vermindert, wenn die Kugel 62,6 Fuß horizontal im Wasser zurückgelegt hat.

§. 291. Aufg. Es sey BCD (84 Fig.) eine gleichseitige Hyperbel zwischen ihren Asympto-

 ten

ten AF und AE; man sucht den Raum GCMP, wenn die Ordinaten GC, PM senkrecht auf einer Asymptote AE sind.

Aufl. Wenn a die Axe γC bedeutet, so ist der gleichseitigen Hyperbel Gleichung zwischen den Asymptoten nach §. 168 (wenn das r hier = AP, q = PM gesetzt wird) $PM.AP = \frac{a^2}{8}$, also $PM = \frac{a^2}{8AP}$. Es sey $GCMP = X$, und man stelle sich Pp so vor, daß p um weniger als jede gegebene Größe von P entfernt sey; so ist $PMmp = d.GCMP = PM.Pp$, und $Pp = d.AP$. Also $PM.Pp = \frac{a^2}{8}\frac{dAP}{AP}$. Setzt man nun $AP = y$, so hat man $dX = \frac{a^2}{8}\frac{dy}{y}$. Hieraus sieht man nun gleich die Uebereinstimmung mit der Differentialgleichung der Logistick §. 271. 272, $dx = \alpha \int \frac{dy}{y}$ Denn $\frac{a^2}{8}$ oder die Potenz der gleichseit. Hyperbel würde hier als das dortige α, oder als der Modul des Systems anzusehen seyn. Da $AP = y$, so wie jede Linie eine Zahl ausdrücken kann, bei welcher eine Einheit zum Grunde liegt; so nehme man hier willkührl. AG zur Einheit an, und setze $\frac{a^2}{8} = 1$, welches aber ein Quadrat ist, oder doch darin verwandelt werden kann; so ist $X = \frac{a^2}{8}\int \frac{dAP}{AP} = \frac{a^2}{8}\int \frac{dy}{y}$, oder welches einerlei $X = 1 \int \frac{dAP}{AP} = 1.\int \frac{dy}{y}$. Man wird also wie

§. 284

§. 284 für die leztere Gleichung $x = ly = l.\frac{1+u}{1-u} = 2u(1+\frac{1}{3}u^2+\frac{1}{5}u^4 \ldots)$ für jedes AP oder $\frac{AP}{AG} = y$ finden. GCMP ist nun $\frac{a^2}{8}$ l. AP + C. Für AP = AG, wo P mit G zusammenfällt, ist $X = 0 = \frac{a^2}{8} l \frac{AP}{AG} + C = \frac{a^2}{8} l 1 + C = 0 + C$. Also ist C = 0, und das Integral complet. So werden sich die hyperbolischen Flächen CGPM, welche zu den Abscissen AP = y gehören, wie die natürlichen Logarithmen verhalten, wenn man sie in Zahlen ausdrückt.

Z. 1. Die Einheit AG kann man zwar willkührlich annehmen, doch kann natürlich AG nicht = 0 werden, wider den Begrif einer Einheit. Es würde dann $l.\frac{AP}{AG} = l\frac{AP}{0} = l\infty = \infty$ werden, also PM mit der unendlichen Asymptote AF (die mit GC jezt einerlei ist) einen unendlichen Flächenraum einschließen, statt daß wir hier nur endliche bestimmte Räume GCMP suchen.

Z. 2. Läßt man aus dem Scheitel C der Hyp. ein Loth CG auf eine der Asymptoten AE fallen, so ist AG = CG §. 163; folglich $2AG^2 = AC^2$, und $AG = \frac{AC}{\sqrt{2}} = \frac{a}{2\sqrt{2}}$. Weil AG = 1, so ist nun $a = 2\sqrt{2}$ die ganze hyp. Axe nach der Einheit AG gezählt. So ist $a^2 = 8$ und wirklich $\frac{a^2}{8} = 1$. So wird nun

 auch

auch recht eigentlich $GCMP = 1 . l \frac{AP}{AG} = ly$. Diese Flächen verhalten sich nicht nur wie die natürlichen Logarithmen der Abscissen AP; sondern die Zahlen, welche ihren Inhalt nach Einheiten AG^2 angeben, sind auch eben dieselben, welche im System die natürlichen Logarithmen zu Zahlen AP, die nach der Einheit AG bestimmt werden, ausmachen.

Z. 3. Wenn man nun $AG = 1$, $GP = u$ setzt; so ist man ganz in dem Fall des 279 Sphs und $X = l\,nat. (1 + u)$. Wenn $u < 1$, so läßt sich auch dies nach §. 276 bestimmen; aber aus dort angeführten Gründen setzt man lieber in §. 279. 2) auch hier $N = AP$ und $u = \frac{AP - 1}{AP + 1}$. Die Zahl, welche man so durch Integration erhält, sey z. E. n; so ist dann immer die Fläche $CGMP = 1 . n = n . AG$.

§. 292. So sieht man, daß man im letzten Fall die Quadratur der gleichs. Hyperbel für $AG = 1$ (wie §. 291. Z. 2. genommen) in den Tabellen für die natürlichen Logarithmen, wenn $AP =$ num. integ., unmittelbar hat. Könnte man die Quadratur der gleichs. Hyp. auf andern Wegen unter den angenommenen Bedingungen finden; so erhielte man dadurch wiederum die natürlichen Logarithmen für jedes AP, d. i. für jedes $AG + GP$, und für jedes $AG - GG'$, d. i. für ganze Zahlen und Brüche bis 0. Seitdem diese wechselseitige Abhängigkeit gefunden ist, hat man die Namen **hyperbolische** und **natürliche Logarithmen** als gleichgeltend für dieses System gebraucht; in der höhern Analyse ist der erste noch gewöhnlicher.

§. 293. So giebt es eigentlich drei Logarithmen-Systeme, die bis zu einer Ausdehnung berechnet sind, und wovon man Tabellen hat.

1) Das

1) Das **Briggische**. Man nennt es seines allgemeinen Gebrauchs wegen das **gemeine**, logg. vulgares, auch wol **das künstliche**; es ist aber nur ein künstliches System, deren es mehr giebt, und eine unendliche Menge seyn können. Vom Briggischen System ist umständlich in der allg. Rechenk. und eb. Trigonometrie gehandelt. S. auch unten Geschichte der Trigonometrie.

2) Die **natürlichen** oder **hyperbolischen Logarithmen**. Man braucht sie nicht wie die vorigen grade zur Abkürzung gewöhnlicher Rechnungen; sondern sie kommen als **absolute Zahlengrößen**, besonders bei Integrationen, sowol in der höhern theoretischen, als auch vorzüglich in der angewandten Mathematik, besonders in der höhern Mechanik und Hydraulik u. m. vor (vergl. §. 290). So ist schon in Absicht der Darstellung in mehreren Decimalstellen, selbst in Berechnung eines erweiterten Briggischen Canons ihr Nutzen §. 289 gezeigt. **Schulz** hat sie nach **Wolfram**, einem holländ. Artillerie-Lieutenant, dessen Aufopferung für das mathematische Beste man bewundern muß, der sie nämlich bis 2200 für jede, bis 10000 für die meisten Primzahlen bis zu 48 Decimalstellen berechnet hat, mitgetheilt. Bei **Vega** sind sie bis 9973 für alle Primzahlen ergänzt. **Callet** ist im Grunde nicht so vollständig. S. auch unten Gesch. der Trigon.; auch **Lamberts** Zusätze.

3) Die **Neperschen** Logarithmen. Ihr Grundverhältniß ist doch kein anderes als 10000000 : 9999999 wie es **Karsten** im 2. Theil s. Lehrbeg. 146 §. erste Ausg. 1768 angab. Dies hat sich nun in der letzten Ausgabe Th. 2. 1 Abth. 1786 durch die Anführung der eignen Worte Nepers (S. 16 n. 33. der 2ten Ausg. des Mirifici can. logg. *constructio* 1759) hinlänglich bestätigt. Der Misverstand zwischen ihm und

Kästner (S. des letztern astron. Abhandl. II. S. 70) rührte blos davon her, daß letzterer nur die Ausgabe des mir. can. Log. *descriptio* von 1614 vor Augen hatte. S. Kästn. Anal. des Unendl. von 1799 und Gesch. der Mathem. Th. III. S. 86. Man hat oft die Neperschen Logarithmen mit natürlichen für einerlei gehalten. Dies ist irrig, denn die natürlichen haben ein anderes Grundverhältniß, wie eben angeführt, auch einen andern Modul, wie ich gleich zeigen will. Kürze wegen setze ich $10000000 = m$. Nun ist nach §. 287, wenn wir den Neperschen Modul $= b$ setzen,

$$\log Nep.\, y = b \log nat.\, y + C$$

$$0 = b \log nat.\, m + C$$

Mithin $C = -b . \log nat.\, m$ Folglich

⊙ $\log Nep.\, y = b \log nat.\, \frac{y}{m}$

Wenn $y = m$, so ist $lg\, Nep.\, m = 0$, weil m das erste Glied des Grundverhältnisses ist.

Nun ist nach Neper, weil $\sin 30° = 5000000$, $\log Nep.\, 5000000 = 6931472$

Also $6931472 = b \log nat.\, \frac{5000000}{10000000} = b.l.nat.\, \frac{1}{2} = b.l.\, nat.\, 1 - l.\, nat.\, 2 = 0 - b.\, l.\, nat.\, 2$

d. i. $6931472 = -b\, l.\, nat.\, 2 = -b . 0{,}6931472$. Folglich ist $\frac{6931472}{0{,}6931472} = 10000000 = m = -b$, und $b = -m$.

Nun hat man

h) $\log Nep.\, y = -m \log nat.\, \frac{y}{m}$, und

$$\log nat.\, \frac{y}{m} = -\frac{1}{m} \log Nep.\, y.$$ Also

$$\log nat.\, y - l.\, nat.\, m = -\frac{1}{m} \log Nep.\, y.$$ Mithin,

um natürliche und Brigg. aus Neperschen zu finden,

$$\log nat.\, y = \log nat.\, 10000000 - \frac{Log. Nep.\, y}{10000000},$$

I. $\log.\,nat.\,y = 16{,}1180956508 - \frac{\log.\,Nep.\,y}{10000000}$

II. $\log.\,Brigg\,y = 7 - \frac{0{,}4342940}{10000000}\log.\,Nep.\,y$

Letzteres folgt so: $l\,Brigg\frac{y}{m} = \beta\log nat\frac{y}{m}$, §. 287. Also in der Gleichung ⊙ $\log Nep\,y = \frac{b}{\beta}\,l\,Brigg\frac{y}{m}$

Folgl. $\frac{\beta}{b}\log Nep\,y = \log Brigg\frac{y}{m} = l.\,Brigg\,y - \log Brigg\,m$. Da nun $b = -m$

d. i. $7 - \frac{\beta}{m}\log Nep\,y = \log Brigg\,y$

Diese Regel giebt kürzer als die Reihe §. 277 die Grundzahl dieses Systems; denn es ist $\log Brigg\,y = 7 - \frac{0{,}4342940}{10000000} = \frac{70000000 - 0{,}434294}{10000000} =$ 69999999,565706, wozu die Zahl 9999999 ganz genau gehört; zur Bestätigung des Obigen. Nach Ursinus ist log Urs. 50000000 = 69314718. Nach Krüger, der Handtabellen für die gemeinen Zahlen von 1 bis 10000 nach Neperscher Art berechnet hat, log. Crüg. 5000 = 69315. Daher hat man

III. $\log nat\,y = \log nat\,100000000 - \frac{\log.\,Urs.\,y}{100000000}$

Weil $-m = b = 100000000$; und

IV. $\log nat\,y = \log nat\,10000 - \frac{\log Crüg\,y}{100000}$, weil Crügers Grundverhältniß zwar 10000:9999,9999, aber sein Modul 100000 ist. Denn sein niedrigster Logarithme ist 10. Da er nun nur 3 Stellen weniger als Ursin hat, so stimmt diese 10 mit dem Ursinschen Logarithmen

10020, der den Ursinschen für den Sinus 99990048 um sehr wenig übertrift. Aber für 99999999 gehört bei Ursinus der Logarithme 1. Schneidet man in den Sinus 4, in den Logarithmen 3 Stellen ab; so sieht man deutlich Crügers System. — Neper und Ursinus gaben nur Logarithmen für die trigonometrischen Linien, und begehrten, daß man die gewöhnlichen Zahlen unter den Sinus aufsuchen, oder wenn sie darunter nicht genau enthalten, sie und ihre Logarithmen durch Interpolation finden solle. Nach der Anlage vom Neperschen System müßten Zahlen über 10 (also bei Ursin über 100) Millionen, negative; zehntheilige Brüche sehr hohe positive Logarithmen bekommen. Setzt man nun für y einen Sinus aus den Tabellen für den Halbmesser $\varrho = m$; so wird in ℑ

V. $\text{Log nat} \frac{\sin \text{tab} \Phi}{\varrho} = - \frac{\log \text{Nep} \sin \text{tab} \Phi}{\varrho}$. Denn da $\frac{\sin \text{tab} \Phi}{\varrho}$ ein eigentlicher Bruch, so muß die Bestimmung seines Logarithmen, die aus Neperschen Logarithmen hergeleitet ist, wornach sie positiv ausfällt, negativ werden, weil log nat eines solchen Bruchs negativ ist. Eben so ist

VI. $\text{Log nat} \frac{\cos \text{tab} \Phi}{\varrho} = - \frac{\log \text{Nep} \cos \text{tab} \Phi}{\varrho}$

Nun giebt VI von V abgezogen

$$\log \text{nat} \frac{\text{tg tab} \Phi}{\varrho} = \frac{(\log \text{Nep} \cos \text{tab} \Phi - \text{lg Nep} \sin \text{t.} \Phi}{\varrho}$$

VII. $\text{Log nat} \frac{\text{tang tab} \Phi}{\varrho} = \frac{\log \text{Nep} \cot \Phi}{\varrho}$. Darnach muß man die von Schulz, durch bloße Division mit 100 Millionen aus Ursins Tabellen hergenommene natürl. oder hyperb. Logarithmen der Sinus, Co-

Cosinus und Tangenten für den Halbmesser = 1 berichtigen; nämlich die hyp. Log. der Sin. und Cos., so auch die für $\phi - 45$ negativ; nur die einzigen logg. hyp. tangg. kann man, wie sie da stehen, positiv nehmen. Bei allen obigen Regeln, außer der zweiten, aber ist, um aus dem Neperschen den Briggischen zu erhalten der ges. Wehrt noch mit β zu multipliciren. Bei Nepers Schülern hießen 1) Logarithmen 2) Antilogarithmen (wie bei Kepler und Bartsch) 3) Mesologarithmen und Differenzen (ersteres bei K. B. und Crüger letzteres bei Ursin) resp. die Logarithmen 1) der Sinus 2) der Cosinus 3) der Tangenten.

Beispiele. I. Es sey log Nep 1997300 = 3,9133742

Da nun 16,1180956 = l. 10000000

— 3,9133742 = log Nep y

lnat 1997300 = 12,2047214 $\quad \dfrac{}{10000000}$ so ist

Für die log Brigg 1997300 muß man mit 0,4342940 multipliciren. Nun ist l. β

6377798 für 43429

p. p. für 4 40

0,6377838 — 1

l. 12,204 = 1,0865022

für 4 252

für 2 72

für 1 36

für 4 144

l. 12,2047214 = 1,0865281,704

= 0,7243119,7 giebt 5,5004

ist der log Brigg 1 3086

33,7 giebt 4

Also der Brigg. Logarithme 5,3008000 welcher

zunächst für 1998941 gehört $\frac{7911}{89}$. Ist 1641 zu

groß

groß. Der Unterschied scheint wol in der Neperschen und Ursinischen Rechnung zu liegen.

II. $\text{Log nat} \frac{\text{tang tab } 28°}{\varrho} = \frac{\text{log Nep cot } 28°}{\varrho}$

$\frac{\text{tang tab } 28°}{\varrho} = 0{,}5317094$. Nun ist log Nep cot. tab 28° $=$ log Nep cos tab 28° $-$ log Nep sin tab 28 $= 1244894 - 7561475$ entstanden, welches eine negative Größe -6316581, und wie alle Nepersche Logarithmen eine ganze Zahl ist. Negativ muß sie seyn, weil cot 28° $=$ tang 62°; und da log Nep 10000000 $=$ log sin. tot $=$ log tang 45° $= 0$; also alle Logarithmen für Tangenten (Mesologarithmen) unter 45° positiv abnehmen, alle Mesologarithmen über 45° negativ zunehmen. Solchergestalt ist nach obiger richtigen Ableitung log nat. $0{,}5317094 = -0{,}6316581$ negativ, wie log nat eigentlicher Brüche seyn müssen. So ist also diese Zahl, welche Schulz als $\text{log hyp} \frac{\text{tang } 28°}{\varrho}$ aufgeführt hat, wirklich der natürl. Log. der Tangente von 62° pro rad. 1. Dies bestätigt sich noch mehr, wenn man sie mit $\beta = 0{,}43429448$ nach §. 309. Anm. 2. A. R. multiplicirt, oder auch zu ihrem Logarithmen l. $\beta = 0{,}63778430965 - 1$ addirt. Beides giebt $-0{,}2743256$, den Brigg. Logarithmen der Tangente von 62° oder cot von 28 für den Halbmesser 1. Die Richtigkeit der Rechnung bewährt sich so. Aus der eben gefundenen Gleichung

$\text{log Brigg} \frac{\text{tang tab } 28°}{10000000} = -0{,}2743256$ folgt

log Brigg tang tab 28° $-$ l 10000000 $= -0{,}2743256$ u. l. Brigg tang tab 28° $= 10 - 0{,}2743256$, §. 41. eb. Trig. Also ist aus unserer Rechnung die richtige Folgerung abge-

abgeleitet l. Brigg tang tab 28° = 9,7256744, wie in den Tafeln.

V. Von der umgekehrten Methode der Tangenten. (Methodus tangg. inversa).

§. 294. Oben §. 225 ff. suchte man mittelst der Differentialgleichung für die Subtangente, Normalen und Subnormalen, die Tangente einer vorgegebenen Linie durch die bekannte Gleichung derselben (Meth. directa) zu bestimmen. Hier will man aus den gegebnen Eigenschaften der Subtangente u. s. w., die Curve ableiten wozu sie gehören. Daher die Benennung.

§. 295. Aufg. Für was für eine Curve gehört die Subtangente $\frac{y^2}{r+x}$?

Aufl. Man setzt $\frac{y^2}{r+x} = \frac{ydx}{dy}$ §. 226; so ist mit $\frac{y}{dy}$ dividirt, $\frac{ydy}{r+x} = dx$, und $rdx + xdx = ydy$. Also integrirt, $rx + \frac{1}{2}x^2 = \frac{1}{2}y^2 + C$, wo $C = o$, wenn x und y zugleich o sind; $2rx + x^2 = y^2$. Also ist die gesuchte Linie die gleichseitige Hyperbel §. 168. I., wo $2r =$ der großen Axe ist.

§. 296. Aufg. Die krumme Linie zu finden, deren Subnormale eine beständige Größe ist.

Aufl. Es soll $\frac{ydy}{dx} = a$ seyn. Mithin ist $ydy = adx$. Also $\frac{1}{2}y^2 = ax + C$. Gesetzt nun, hier sey $y = c$, wenn $x = o$ ist; so ist $C = \frac{1}{2}c^2$, und $y^2 = 2ax + c^2$. Man setze $x = u + e$, denn jede unbekannte

kannte Größe kann man sich so vorstellen, daß ein wenigstens sehr kleiner Theil davon bekannt ist, wo e eine ganz willkührliche Größe ist, also vors erste noch unbestimmt bleiben kann. Doch giebt sie den Ausdruck $y^2 = 2au + 2ae + c^2$. Nun bestimme man o und setze $e = -\frac{c^2}{2a}$; so kann man jederzeit $y^2 = 2au$ erhalten, welches auf eine Parabel deutet, deren Parameter 2a ist, und deren Subnormale nach §. 231. allerdings $\frac{1}{2}p = a$, oder der halbe Parameter ist.

§. 297. Anm. 1. Weil man durchaus immer wieder auf die Form $y^2 = 2ax$ oder 2au zurückkommt, so bedeutet dies, daß keine andere Curve, als die Parabel diese Eigenschaft habe, und der Satz „die Subnormale der Parabel ist eine beständige Größe" sich umkehren lasse. Und man kann diese Untersuchungsart auf mehr für eine Curve gefundene Subtangente oder Subnormallinie anwenden.

Anm. 2. Es ist die allgemeine Regel: Wenn für die Subtangente oder Subnormale ein endlicher Wehrt gegeben ist, z. E. die Subtangente ist $\frac{y^2}{a - x}$; so setzt man ihn der allgemeinen Formel II Absch. des Meth. directae gleich, also $\frac{y^2}{a-x} = \frac{ydx}{dy}$, so entstehet eine Differentialgleichung ($ydy = adx - xdx$). Ihre Integration giebt die Gleichung für die gesuchte Curve ($y^2 = 2ax - x^2$ Ein Kreis dessen Halbmesser a, Abscisse x ist.)

Anm. 3. Man kann mehr dergleichen Fragen aufwerfen. Hier noch folgende zur Uebung der Regel.

1. Was für eine Curve ist es, deren Subtangente der Ordinate gleich ist?

Antw. Die Cykloide. Denn weil $y = \frac{ydx}{dy}$ (per hyp) so ist $dy = dx$ und $y = x$, die Gleichung für die Radlinie §. 178.

2. Was

2. Was für eine Curve hat die Subtangente $2x$? Antw. Die Parabel. Denn $2x = \frac{ydx}{dy}$; also $\frac{dy}{y} = \frac{1}{2}\frac{dx}{x}$ $ly = \frac{1}{2}lx$ §. 282. Mithin $y = \sqrt{x}$ und $y^2 = x$; zeigt auf jede Parabel, ihr Parameter sey so groß er wolle.

3. Was für eine Curve hat die Subnormale $\sqrt{ax}$? Antw. Es ist $\sqrt{ax} = \frac{ydy}{dx}$ §. 231, oder $a^{\frac{1}{2}}x^{\frac{1}{2}}dx = ydy$; folglich $\frac{2}{3}a^{\frac{1}{2}}x^{\frac{3}{2}} = \frac{1}{2}y^2$, $\frac{4}{3}x\sqrt{ax} = y^2$. Es ist eigentlich eine Curve der 4ten Ordnung $\frac{16}{9}ax^3 = y^4$. Macht man aber $\frac{2}{3}x\sqrt{4ax} = y^2$, für den angenom. Parameter $4a$ und $AP = x$ die $PM = \sqrt{4ax}$, und nimmt auf jedem PM die mittl. Prop zwischen $\frac{2}{3}AP$ und dem zugeh. PM ab $=$ PM; so liegen die N in der Curve deren Subn. $\sqrt{ax}$ ist.

VI. Von der Rektification der krummen Linien.

§. 298. **Aufg.** Das Differential des Bogens AM (77 F.) einer gegebenen krummen Linie zu finden.

Aufl. Läßt man auch hier wie §. 257 AP um Pp wachsen; so erhält der Bogen AM den Zusatz Mm. Nun ist der Bogen Mμm größer als die Sehne Mm. Der Bogen AM heiße nun s, so ist Bog. $Mm = \Delta s$. Folglich $\Delta s^2 > \Delta x^2 + \Delta y^2$ oder $\Delta s > \sqrt{(\Delta x^2 + \Delta y^2)}$; daher $\frac{\Delta s}{\sqrt{\Delta x^2 + \Delta y^2}} > 1$. Wir setzen, es wäre in dem hier vorgezeichneten Fall $\frac{\Delta s}{\sqrt{(\Delta x^2 + \Delta y^2)}} = 1 + p$. Aber wenn Pp kleiner genommen wird, folglich pm näher an PM rücket, so kommt auch die Sehne Mm ihrem Bogen immer näher, und wenn pm dem PM unendlich nahe kommt, muß auch die Sehne ihrem Bogen unendlich nahe kommen, d. i. mit ihm zu-

sammen

sammen fallen, oder ein Element der Curve werden. Je näher Sehne und Bogen einander kommen, je geringer wird natürlicher Weise p; bis endlich, da sie sich nicht mehr unterscheiden lassen, das heißt, wenn sich Δs in ds, Δx in. dx, und Δy in dy verwandelt, auch $\frac{ds}{\sqrt{(dx^2 + dy^2)}} = 1$ ist. Denn da die Sehne nicht kleiner als der Bogen werden kann, so ist 1 die Gränze, welcher sich dieser Wehrt ohne Ende nähert. Wenn man sich diese Gränze als erreicht vorstellt; so ist $ds = \sqrt{(dx^2 + dy^2)}$.

Dies drückt man kurz so aus: Es sey $\mu\pi$ dem PM unendlich nahe; so ist $M\mu$ das Differential des Bogens AM als eine grade Linie anzusehen; also ist $M\mu = ds = \sqrt{(dx^2 + dy^2)}$.

§. 299. **Das Integral einer krummen Linie, oder eines Stücks derselben AM zu finden,** darf man also nur dx und dy aus der Gleichung suchen, und alsdenn $\sqrt{(dx^2 + dy^2)}$ entweder blos durch x und dx, oder durch y und dy ausdrücken. Wenn man die solchergestalt eingerichtete Differentialgröße integrirt; so ist das Integral dem Bogen AM oder s gleich.

§. 300. **Aufg. Eine krumme Linie deren Gleichung $y^3 = px^2$ zu rektificiren.**

Aufl. Es ist $\sqrt{y^3} = \sqrt{px^2}$ oder $y^{\frac{3}{2}} = p^{\frac{1}{2}}x$. Mithin $\frac{3}{2}y^{\frac{1}{2}}dy = p^{\frac{1}{2}}dx$ und $\frac{3\sqrt{y}dy}{2\sqrt{p}} = dx$. Folglich ist $dx^2 = \frac{9y}{4p}dy^2$. Hieraus ist in diesem Falle $ds = \sqrt{(dy^2 + \frac{9y}{4p}dy^2)} = dy\sqrt{\left(1 + \frac{9y}{4p}\right)} =$

dy

$\frac{dy\sqrt{(4p+9y)}}{2\sqrt{p}} = \frac{dy(4p+9y)^{\frac{1}{2}}}{2\sqrt{p}}$. Um nun zu integriren, setze man $4p+9y=z$; so ist $9dy=dz$ und $dy=\frac{dz}{9}$. Daher $\int ds = \int\frac{dy(4p+9y)^{\frac{1}{2}}}{2\sqrt{p}} = \int\frac{z^{\frac{1}{2}}\,.\,dz}{9.2\sqrt{p}}$ $=\frac{2}{3}z^{\frac{3}{2}}:9.2\sqrt{p}=\frac{2.z.\sqrt{z}}{3.9.2\sqrt{p}}$, d. i. $s=\frac{1}{27}(4p+9y)$. $\sqrt{\left(4+\frac{9y}{p}\right)}+C$. Nun ist $y=\sqrt[3]{px^2}$, also $y=0$, oder die Curve schneidet die Axe im Punkt A, dem Anfange der Abscissen in der Figur. Da nun auch AM, d. i. das vorhabende Integral, für $y=0$ ebenfalls 0 ist; so ist (0 statt y in den gefundenen Wehrt gesetzt) $\frac{1}{27}.4p.\sqrt{4}+C=\frac{8}{27}p$ $+C=0$, oder $C=-\frac{8}{27}p$: daß also das vollständige Integral $s=\frac{1}{27}(4p+9y)\sqrt{\left(4+\frac{9y}{p}\right)}-\frac{8}{27}p$ giebt. Z. B. wenn $y=4$ bei $p=3$ genommen würde, so wäre der Bogen $6\frac{2}{9}$.

Anmerk. Die krumme Linie, deren Rektifikation hier gewiesen, ist eine Parabel der höhern Gattung, weil $y^3=px^{3-1}$ unter die allgemeine Gleichung $y^m=px^{m-1}$ §. 169. 2) gehört. Die gegenwärtige heißt auch die Neilsche Parabel; weil Wilh. Neil sie zuerst, doch nach einer andern Methode, rektificirt hat. Es ist überhaupt die erste Curve, deren Rektifikation man gefunden hat.

§. 301. Aufg. Die gemeine oder apollonische Parabel, deren Gleichung $y^2=px$, zu rektificiren.

Aufl. Weil $2ydy=pdx$, so ist $\frac{4y^2}{p^2}dy^2=dx^2$. Mithin ist hier $ds=dy\sqrt{\left(1+\frac{4y^2}{p^2}\right)}$, wo sich der

Ausdruck unter dem Wurzelzeichen nicht anders als durch eine unendliche Reihe ausdrücken läßt. Es ist nämlich nach dem binomischen Lehrsatz, vermöge §. 219 aus §. 13. ☉, $\left(1+\frac{4y^2}{p^2}\right)^{\frac{1}{2}} = 1 + \frac{2y^2}{p^2} - \frac{2y^4}{p^4} + \frac{4y^6}{p^6}$ ... Jedes Glied der Reihe mit dy multiplicirt und für sich integrirt, giebt auch für den Bogen s die unendliche Reihe:

$$y + \frac{2y^3}{3p^2} - \frac{2y^5}{5p^4} + \frac{4y^7}{7p^6} \ldots$$

Nähme man y groß an, ja gar $y > p$; so würde diese Reihe nicht convergiren. Sie ist also nur brauchbar, wenn $y < p$; also nur für solche parabolische Bogen, die sich nicht weit vom Scheitel erstrecken. Z. E. Es sey $p = 8$, und man nehme $y = 4$ an, d. i. man sucht den Bogen vom Scheitel bis grade über dem Brennpunkt; so ist:

$$s = 4 + \frac{2 \cdot 4^3}{3 \cdot 8^2} - \frac{2 \cdot 4^3 \cdot 4^2}{5 \cdot 8^2 \cdot 8^2} + \frac{4 \cdot 4^3 \cdot 4^3 \cdot 4}{7 \cdot 8^2 \cdot 8^2 \cdot 8^2}$$
$$= 4 + \frac{2}{3} - \frac{1}{10} + \frac{1}{28} - \frac{5}{288} \ldots$$
$$= 4 + 0{,}666 - 0{,}1 + 0{,}0357 - 0{,}0173$$

$= 4{,}5844$, welcher Wehrt mit der Natur der Sache übereinstimmt. Denn weil hier $x = \frac{1}{4}p = 2$, so ist die Sehne $\sqrt{20} = 3{,}472$, welche nun von dem Bogen übertroffen wird.

Für größere y bekommt man indessen auch eine convergirende Reihe, wenn man blos so schließet: Es ist $\sqrt{\left(1+\frac{4y^2}{p^2}\right)} = \sqrt{\frac{p^2+4y^2}{p^2}} = \frac{1}{p}\sqrt{(4y^2+p^2)}$

Nun ist $(4y^2+p^2)^{\frac{1}{2}} = 2y + \frac{p^2}{4y} - \frac{p^4}{64y^3} \ldots$

Das

Daher ist $s = \int \frac{dy}{p} \left(2y + \frac{p^2}{4y} - \frac{p^4}{64y^3} + \frac{p^6}{512y^5} \ldots\right)$

$= \frac{y^2}{p} + \frac{1}{4}p.\text{lognat}\,y$ (nach §. 284) $+ \frac{p^3}{128y^2}$

$- \frac{p^5}{2048\,y^4} \ldots$

Man wird aus dem beim zweiten Gliede angeführten und dem 274 Sph sehen, daß $\frac{1}{4}p\int\frac{dy}{y}$ nichts anders als $\frac{1}{4}$p.lognat y seyn kann; $\frac{1}{4}$p.lognat y nimt man aus der Wolframschen Tabelle, oder berechnet den natürl. Logarithmen nach §. 289. aus einem Briggischen, den man mit l. nat 10 multiplicirt. Wenn $p = 4$ ist, so ist die Länge des parabolischen Bogens bis dahin, wo die Ordinate $= 10$, die Abscisse also 25 ist, oder $s = 27,3075$ (hier ist $\frac{1}{4}$p lognat y $=$ 2,3026 $=$ lognat 10). Wenn man den Bogen bis über den Brennpunkt sucht, so erhält man ihn $= 4,897$, für $p = 8$, also $y = 4$; also um 0,313 größer und genauer als durch obige Reihe.

Durch die Umsetzung der Theile des Binomii erhält man eigentlich den Vortheil, daß grade alsdann, wenn man y groß nimmt, also für längere Bogen die Reihe schneller convergirt, weil nun y aus dem Dividend in den Divisor übergehet.

§. 302. Aufg. Die Radlinie zu rektificiren.

Aufl. Aus $dy = \frac{2adx - xdx}{\sqrt{(2ax - x^2)}} = \frac{dx\sqrt{(2a-x)}}{\sqrt{x}}$ §. 262 folgt $dy^2 = \frac{2adx^2 - xdx^2}{x}$. So hat man hier $ds =$ $\sqrt{\frac{xdx^2 + 2adx^2 - xdx^2}{x}} = \frac{\sqrt{2adx^2}}{\sqrt{x}} = dx\sqrt{\frac{2a}{x}}$, wovon das Integral $\int ds = s = \int (2a)^{\frac{1}{2}}.x^{-\frac{1}{2}}dx = 2.(2a)^{\frac{1}{2}}.x^{\frac{1}{2}} = 2\sqrt{2ax}$ ist. Nun ist aber (F.73) $\sqrt{2ax} = \sqrt{FB.FM} = FL$ §. 241. Pl., und so ist der Bogen der Cykloide FP das doppelte der Sehne FL. Setzt man $x = 2a$; so ist FPQ, der ganze ramus der Cykloide, doppelt so lang, und die ganze Cykloide viermal so lang, als der Durchmesser des Generators.

VII. Quadratur und Rektification des Kreises.

§. 303. **Aufg.** Die Kreisfläche zu quadriren.

Aufl. I Wenn der Durchmesser $= 1$, so ist $y = \sqrt{(x - x^2)}$; folglich $\int ydx = \int dx(x - x^2)^{\frac{1}{2}}$. Es muß also $(x - x^2)^{\frac{1}{2}}$ in eine unendliche Reihe aufgelöst werden. Nun ist $(x - x^2)^{\frac{1}{2}} = x^{\frac{1}{2}}(1 - x)^{\frac{1}{2}}$. Aber der letzte Faktor ist $1 - \frac{1}{2}x - \frac{1}{8}x^2 - \frac{1}{16}x^3 - \frac{5}{128}x^4 - \frac{7}{256}x^5 - \frac{21}{1024}x^6 \ldots$ (vermöge §. 219 aus §. 13. ☉, für n = einem Bruch). Multiplicirt man jedes Glied mit $x^{\frac{1}{2}}$, so erhält man

$$\int dx(x - x^2)^{\frac{1}{2}} = \int (x^{\frac{1}{2}} - \tfrac{1}{2}x^{\frac{3}{2}} - \tfrac{1}{8}x^{\frac{5}{2}} - \tfrac{1}{16}x^{\frac{7}{2}} - \tfrac{5}{128}x^{\frac{9}{2}} \ldots)dx;$$

und jedes Glied integrirt, giebt

$$\int ydx = \tfrac{2}{3}x^{\frac{3}{2}} - \tfrac{1}{5}x^{\frac{5}{2}} - \tfrac{1}{28}x^{\frac{7}{2}} - \tfrac{1}{72}x^{\frac{9}{2}} - \tfrac{5}{704}x^{\frac{11}{2}} \ldots\ldots$$

II. Wenn man die Abscissen vom Mittelpunkt rechnet, und den Halbmesser $= 1$ setzt, so ist

$$\int ydx = \int dx\sqrt{(1 - x^2)} = \int dx(1 - x^2)^{\frac{1}{2}} =$$
$$\int dx(1 - \tfrac{1}{2}x^2 - \tfrac{1}{8}x^4 - \tfrac{1}{16}x^6 - \tfrac{5}{128}x^8 - \tfrac{7}{256}x^{10} \ldots) =$$
$$x - \tfrac{1}{6}x^3 - \tfrac{1}{40}x^5 - \tfrac{5}{112}x^7 - \tfrac{5}{1152}x^9 - \tfrac{7}{2816}x^{11} \ldots$$

Setzt man also $x = 1 =$ dem Halbmesser, so giebt $1 - \frac{1}{6} - \frac{1}{40} - \frac{1}{112} - \frac{5}{1152} - \frac{7}{2816} \ldots$ die Fläche des Quadranten.

§. 304. **Aufg.** Die Kreislinie zu rektificiren, oder das Verhältniß der Peripherie zum Diameter anzugeben.

Aufl.

Aufl. Ich will hier nur diejenige Methode angeben, deren man sich wirklich bedient hat, das genannte Verhältniß zu berechnen. Es ist diese:

In der 86ten Figur stellet CA den Halbmesser, AT die Tangente des Bogens AB, CT seine Sekante vor. Der Bogen wachse um die Größe BE, so wächst die Tangente um Tt, wie man deutlich siehet, wenn man die neue Sekante Ct ziehet. Nun kann der Bogen BE oder der Winkel BCE ohne Ende, oder bis auf nichts abnehmen. Unterdessen bleibt doch immer das endliche Verhältniß Tt : CT = sin TCt : sin AtC, und W. ATC = TCt + AtC. Doch wird der Winkel AtC dem ATC immer näher kommen, je kleiner man TCt nimmt; so daß ATC die Gränze ist, welcher sich AtC unendlich nähert. Wenn man überdem mit dem Halbmesser CT den Bogen TD beschreibet; so werden, wenn TCt kleiner als jeder noch in Zahlen auszudrückende Winkel angenommen wird, TD und BE als Elemente ihrer Kreise, d. i. als grade Linien angesehen werden können, die auf CT und Ct senkrecht stehen. Dies dienet zur Rechtfertigung folgender Schlüsse:

Wenn Ct dem CT unendlich nahe angenommen wird; so ist ATC = AtC, und bei D und A sind rechte Winkel. Nun ist CT:CA = Tt:DT, oder $DT = \frac{Tt \cdot CA}{CT}$. Weil man auch CT : (BC = CA) = DT : BE setzen kann, so ist $BE = \frac{DT \cdot CA}{CT} = \frac{Tt \cdot CA^2}{CT^2}$. Nun ist in dem angegebenen Fall, wenn BCE unendlich klein, Tt = dt, dem Differential der Tangente AT = t; BE = ds, dem Differential des Bo-

Bogens AB $=$ s. Setzt man noch CA $= 1$, so ist $CT^2 = 1 + tt$. Folglich ist in diesem Falle BE $=$ $ds = \frac{dt}{1 + tt}$. Dies giebt $\int ds = \int \frac{dt}{1 + tt} = \int dt.$ $\frac{1}{1 + tt}$. Durch die Auflösung des Bruchs $\frac{1}{1 + tt}$ in eine unendliche Reihe, nach §. 147. 2 A. R. (wenn man das dortige $x = tt$ setzt), erhält man $\int dt. \frac{1}{1 + tt}$
$= \int dt (1 - tt + t^4 - t^6 + t^8 \ldots$
Nun giebt die Integration

$$s = t - \tfrac{1}{3} t^3 + \tfrac{1}{5} t^5 - \tfrac{1}{7} t^7 + \tfrac{1}{9} t^9 \ldots$$

Wollte man nun hiernach die Rektifikation der Kreislinie finden, so könnte man z. E. AB $= s = 45°$ setzen. Alsdenn ist dessen Tangente $= 1 =$ dem Halbmesser. Folglich $s = 1 - \frac{1}{3} + \frac{1}{5} - \frac{1}{7} + \frac{1}{9} - \frac{1}{11} + \frac{1}{13} - \frac{1}{15}$ u. s. w. Welches 4mal genommen das Verhältniß des Halbkreises zum Radius oder des ganzen Kreises zum Durchmesser geben würde.

Aber dies würde eine höchst beschwerliche Rechnung sein, wenn man eine Zahl für den Umkreis bis auf viele Decimalstellen genau haben wollte. Um 100 Stellen dadurch zu bekommen, müßte man, wie Hr. Euler Comm. Petrop. T. IX. p. 226. erinnert, 10^{50} Glieder der Reihe suchen, welches eine ewige Rechnung wäre.

Da es nun willkührlich ist, von was für einem Bogen man die Tangente zum Grunde der Rechnung legen will; so nehme man den Bogen kleiner, wo die Reihe geschwinder sehr kleine Glieder giebt. Nimmt man den Bogen von 30°; so ist $\sin 30° = \frac{1}{2}$; $\cos 30° = \sqrt{\frac{3}{4}}$. Mithin $\tan 30° = \frac{1}{2} : \sqrt{\frac{3}{4}} = \frac{1}{\sqrt{3}} =$ $\sqrt{\frac{1}{3}}$.

$\sqrt{\frac{1}{3}}$. Dies statt t in $t(1-\frac{1}{3}t^2+\frac{1}{5}t^4\ldots)$ gesetzt, giebt $s=\sqrt{\frac{1}{3}}(1-\frac{1}{3\cdot 3}+\frac{1}{5\cdot 3^2}-\frac{1}{7\cdot 3^3}+\frac{1}{9\cdot 3^4}-)=$ $\frac{1}{3}\times\sqrt{3}(1-\frac{1}{3\cdot 3^1}+\frac{1}{5\cdot 3^2}-\frac{1}{7\cdot 3^3}\ldots)$. Da nun dies den Bogen von 30° giebt, so darf man ihn nur 6 mal nehmen; so hat man eine Zahl für die halbe Peripherie zu dem Halbmesser $=1$, wodurch also $\pi:1$ oder das Verhältniß der ganzen Peripherie zum Durchmesser um so viel genauer gefunden wird, je genauer man $\sqrt{3}$ berechnet hat.

Die Rechnung selbst wird am bequemsten so geführt. Man sucht $\frac{\sqrt{3}}{1}$, $\frac{\sqrt{3}}{3}$, $\frac{\sqrt{3}}{3^2}$, $\frac{\sqrt{3}}{3^3}$ u. s. w., indem man nur immer das gefundene wieder mit 3 dividirt, die so gefundenen Größen dividirt man nach der Ordnung mit den ungraden Zahlen 1, 3, 5, 7, 9 u. s. w. Die Summe der graden Glieder, als der negativen Größen, zieht man von der Summe der ungraden, als der positiven Größen, ab. Nun sollte man noch, um den Bogen von 30°, als das zu suchende s, zu erhalten, mit 3 dividiren. Das was man hat, ist daher Bog. 3.30° oder der Quadrant, das doppelte ist π, was man sucht. Wenn man sofort $\sqrt{12}$, wie von $\sqrt{3}$ gesagt ist, behandelt, welches eben so leicht ist, so hat man, weil $\sqrt{12}=2\sqrt{3}$, sogleich

$$\pi=\sqrt{12}.(1-\frac{1}{3\cdot 3^1}+\frac{1}{5\cdot 3^2}-\frac{1}{7\cdot 3^3}\ldots)$$

auf eben so viel, z. E. wie Sharp auf 74 Decimalstellen, als worauf man $\sqrt{12}$ zu berechnen sich bemüht hat. Machin aber und Lagny haben lange unbekannt gebliebene Kunstgriffe gebraucht,

 um

um diesen Wehrt bis auf 127 Stellen, so wie er oben angegeben worden, zu erhalten. (Siehe §. 305 Geom., wo auch die Fortsetzung eines Ungenannten bis 154 Stellen beigebracht ist.) **Vega** im Thesauro S. 633 hat 140 Stellen, wo aber die letzten vier, statt der Kästnerschen 3172, in 6136 bestehen. Noch hat Vega l. Br. π und l. hyp. π beide bis auf 23 Decimalstellen mitgetheilt. Den ersten hat schon Lambert S. 151 der Zusätze. Unten am Ende der Geschichte der höhern Geom. und Analysis findet man die Formel, nach welcher wahrscheinlich Machin gerechnet hat. Hier führe ich nur noch folgende Schlüsse an: Es sey

Arcus (Bogen) $45^\circ = \frac{\pi}{4} = \alpha + \beta$; so ist immer noch

$\text{tang}(\alpha + \beta) = 1 = \frac{\text{tg.}\,\alpha + \text{tg}\,\beta}{1 - \text{tg.}\,\alpha\,.\,\text{tg}\,\beta}$ §. 44. eb. Trig. no. 5. Also $\text{tg}\,\beta = \frac{1 - \text{tg}\,\alpha}{1 + \text{tg}\,\alpha}$. Nun sey $\text{tang}\,\alpha = \frac{1}{2}$, so wird $\text{tang}\,\beta = \frac{1}{3}$; so erhält man aus
$s = t - \frac{1}{3}t^3 + \frac{1}{5}t^5 \ldots$

$$\text{Arc}\,\alpha = \frac{1}{1.2} - \frac{1}{3.2^3} + \frac{1}{5.2^5} - \frac{1}{7.2^7} + \ldots$$

$$\text{Arc}\,\beta = \frac{1}{1.3} - \frac{1}{3.3^3} + \frac{1}{5.3^5} - \frac{1}{7.3^7} + \ldots$$

und $\text{Arc}\,\alpha + \text{Arc}\,\beta = \frac{1}{4}\pi$ u. s. w.

§. 305. Das was hier von der Kreisquadratur und Kreisrektifikation gesagt ist, ist nur das allernothwendigste, und wovon sich leicht die Anwendung zeigen ließ. An sich sieht man wol, daß, so viel trigonometr. Linien außer der Tangente sind, so viel Aufgaben müssen gegeben werden können daraus den zugehörigen Bogen, und umgekehrt aus dem Bogen die

die zugeh. trigon. Linie zu finden. Eine führe ich noch an.

§. 306. Aufg. Aus dem gegebenen Sinus σ den zugehörigen Bogen a zu finden.

Aufl. Es sey AM$=$a; CA$=$r; PM$=\sigma$, so ist AP$=r-\sqrt{(r^2-\sigma^2)}$. Nun sey Pp $=$ MR $=$ dAP $=\frac{-\sigma d\sigma}{\sqrt{(r^2-\sigma^2)}}$, weil in $\sqrt{(r^2-\sigma^2)}$, $t=1$, $n=2$, $r^2-\sigma^2=X$ nach §. 218. Anm. zu setzen ist. Demnach ist nach §. 298. $da=\sqrt{d\sigma^2+\frac{\sigma^2 d\sigma^2}{r^2-\sigma^2}}=\frac{d\sigma}{\sqrt{\left(1-\frac{\sigma^2}{r^2}\right)}}=d\sigma\left(1-\frac{\sigma^2}{r^2}\right)^{-\frac{1}{2}}$. Nach §. 13. ☉, wenn man das dortige $n=-\frac{1}{2}$, $q=\frac{\sigma^2}{r^2}$ setzt, vermöge §. 219, ist also $da=d\sigma\left(1+\frac{1}{2}\frac{\sigma^2}{r^2}+\frac{1.3}{1.2.4}\left(\frac{\sigma^2}{r^2}\right)^2+\frac{1.3.5}{1.2.3.8}\left(\frac{\sigma^2}{r^2}\right)^3+\frac{1.3.5.7}{1.2.3.4.16}\left(\frac{\sigma^2}{r^2}\right)^4\ldots+\frac{1.3.5\ldots 2n-1}{1.2\ldots n.2n}\left(\frac{\sigma^2}{r^2}\right)^n\right)$, wo in dem allgemeinen Gliede n die Zahl der Glieder mit Ausschluß des ersten bedeutet. Davon ist das Integral

$$\int da=a=\sigma+\frac{1}{2}.\frac{1}{3}\frac{\sigma^3}{r^2}+\frac{1.3}{1.2.4}.\frac{1}{5}\frac{\sigma^5}{r^4}+\frac{1.3.5}{1.2.3.8}.\frac{1}{7}\frac{\sigma^7}{r^6}+\ldots+\frac{1.3.5.7\ldots 2n-1}{1.2.3.4\ldots n.2^n}.\frac{\sigma^{2n+1}}{r^{2n}}.$$

Anm. Die direkten Aufgaben würden wir nach der vorausgegangenen Theorie auflösen können. Nicht so die umgekehrten, aus den Bogen die trigonometr. Linien.

Dazu würde die weitere Ausführung der §. 116. abgebrochenen Lehren erfordert. Man kann das hier Fehlende aus Kästners analytischen Lehrbüchern erlernen.

VIII. Erfindung des Inhalts der Körper durch die Integration.

§. 307. Indem sich eine Fläche, wie AMDC (Fig. 87) um AC, welche Linie die Axe heißt, drehet, bis sie wieder ihren anfänglichen Ort erreicht; so wird dadurch ein (runder) Körper aus dem unendlichen Raume ausgeschnitten, der von dem Kreise um CD und von der Fläche, welche durch die Bewegung von AMD bezeichnet worden, begränzt ist. Die Stereometrie §. 142 ff. hat schon des Cylinders, Kegels, und der Kugel Entstehung auf diese Art betrachtet, auch wirklich Erfindung des Inhalts und der Oberfläche von letzterer ganz eigentlich auf diese Betrachtung gegründet. In der That werden wir, nur etwas abgekürzter, durch ähnliche Methoden den Inhalt solcher Körper, die, so wie ihre Oberflächen, durch Umwälzung von noch andern Curvenflächen als kreisförmigen entstehn und ihre Oberflächen hier finden lehren. Erstlich das leichtere.

§. 308. Hauptaufgabe. **Den Inhalt eines runden Körpers zu finden.**

Aufl. Man denke sich die Entstehung eines Theils durch APM wie im vor. §. Der Theil der Axe AP sei $= x$, der Halbmesser des Grundkreises PM $= y$; so ist, wenn Pp $= \Delta x$, ϱm $= \Delta y$, und das durch die Kreise $PM^2\pi$ und $pm^2\pi$ abgeschnittne Stück des Körpers $> PM^2\pi\Delta x$ und $< pm^2\pi\Delta x$. Man nenne dieses Körperstück (als den Zuwachs von APM) Δk so ist

Δk

$\Delta k > \pi y^2 \Delta x$,

$\Delta k < \pi (y + \Delta y)^2 \Delta x \quad \Delta k < \pi y^2 \Delta x + 2y\Delta y \pi \Delta x + \pi \Delta y^2 \Delta x$

$\frac{\Delta k}{\Delta x} > \pi y^2$, und $\frac{\Delta k}{\Delta x} < \pi y^2 + 2\pi y \Delta y + \pi \Delta y^2$.

Wenn nun Δx und damit Δy immer abnimmt, so sinken $\pi \Delta y^2$ und $\pi y \Delta y$ nach einander unter alle endliche Wehrte herab, und $\frac{\Delta k}{\Delta x}$ nähert sich unendlich dem Verhältniß $\frac{dk}{dx} = \pi y^2$; nach §. 193. 2., wenn man sich vorstellet, daß $\pi y^2 = \pi y^2 \Delta y^0$ sey. Alsdenn ist $dk = \pi y^2 dx$, und die Summe aller dieser $\pi y^2 dx$ von P an bis A, d. i. $\int \pi y^2 dx + C$ giebt nun in jedem Fall den kubischen Inhalt des runden Körpers. Es kommt nur darauf an, aus der Gleichung für die Linie AM das y^2 durch eine Funktion für x, oder das dx durch eine Funktion, worin y und dy sind, zu bestimmen, und dann nach den Regeln der Integralrechnung das Integral aufzusuchen.

Ich wiederhole aus Ster. §. 92, um mit dem Cylinder den Inhalt der übrigen runden Körper zu vergleichen, daß der **Normal-Cylinder**, dessen Höhe $AC = a$ ist oder umgekehrt, $C = \frac{a\pi c^2}{4}$ oder wenn c die Axe $\frac{c\pi a^2}{4}$ giebt.

§. 309. **Aufg. Des graden Kegels Inhalt durch Integriren zu finden.**

Aufl. Es sey (88 Fig.) $DE = c$, $AC = a$, $PM = y$; $AP = x$; so ist $\frac{\frac{1}{2}cx}{a} = y$, $y^2 = \frac{c^2x^2}{4a^2}$. Mithin $\pi \int y^2 dx =$

$\pi \int$

$\pi\int\frac{c^2x^2dx}{4a^2}=k=\frac{1}{3}\frac{\pi c^2x^3}{4a^2}=\frac{1}{12}\frac{x^3c^2\pi}{a^2}$. Für $x=AC$ $=a$ ist also $k=\frac{1}{12}c^2\pi$ §. 122. Ster. Cyl:Con $=\frac{1}{4}:\frac{1}{12}=1:\frac{1}{3}=3:1$.

Anm. Diese Aufgabe ist zum Beweis der Allgemeinheit der Methode mitgenommen.

§. 310. Aufg. Eine allgemeine Formel für den Inhalt aller durch Umdrehung der Kegelschnitte um die Axe entstehender Körper zu finden.

Aufl. Es ist die allgemeine Gleichung für diese vom Apollonius betrachteten Schnitte (§. 122. 133. 150.) $y^2=px\mp\frac{p}{a}x^2$. Also hier $\int\pi y^2dx=\int\pi(pxdx\mp\frac{p}{a}x^2dx)=\pi(\frac{p}{2}x^2\mp\frac{p}{3a}x^3)=\odot=\frac{\pi px^2}{6a}(3a\mp 2x)$ $=\mathfrak{D}=\pi px^2\left(\frac{1}{2}\mp\frac{x}{3a}\right)$. Daher

1. Die parabolische Konoide heiße P, so ist $P=\frac{1}{2}\pi px^2=\frac{1}{2}\pi y^2x$; und wenn $y=\frac{1}{2}c$, $x=a$, $P=\frac{1}{8}\pi c^2a$; d. i., mit $C=\frac{1}{4}\pi c^2a$ § 308 vergl., ist P grade die Hälfte des Körpers, nämlich des Cylinders, der durch die Rotation des Rechtecks AD entsteht.

3. Der durch Umdrehen von AGDMA entstandene Körper ist also damit völlig gleich, d. i. gleichfalls $\frac{1}{8}\pi c^2a$

Beweis.

I. Weil a bei der Parabel $=\infty$ (§. 149); so ist in der allg. Formel $\mathfrak{D}$ $\frac{x}{3a}=\frac{\frac{1}{3}x}{\infty}$ $=0$, §. 188. u. s. w.

Der Zusatz ist wahr. Weil $C=\frac{1}{4}\pi c^2a$, so ist die Scutella $\frac{1}{4}\pi c^2a-\frac{1}{8}\pi c^2a$ $=\frac{1}{8}\pi c^2a$; wie sich auch ohne

$\frac{1}{8}\pi c^2 a$. Man nennt ihn ein Schildchen (scutella).

II. Das **Kugelstück**

$\Sigma = \frac{\pi x^2}{6}(3a - 2x)$; und wenn x, der Durchmesser, $= a$ ist, so ist $\Sigma = \frac{1}{6}\pi a^3$ der Inhalt der ganzen Sphäre. Man bemerke hier, wie auf verschiedenen richtigen Wegen dieselbe Wahrheit folgt. Verglichen mit Cyl $= \frac{1}{4} a\pi c^2$, indem bei der Kugel alle Durchmesser gleich sind, also auch $c = a$ ist, hat man $C : \Sigma = \frac{1}{4} : \frac{1}{6} = 1 : \frac{2}{3} = 3 : 2$.

III. Die elliptische Sphäroide heiße E; so ist ein Sphäroidenstück bei jeder Höhe vom Scheitel $E = \frac{1}{2}\pi p x^2 - \frac{1}{3}\frac{\pi p x^3}{a} = \frac{\pi p}{6a}(3ax^2 - 2x^3)$. Man führe $p = \frac{c^2}{a}$ ein, aus §. 132, wo

ohne Rechnung einsehen läßt.

II. Weil beim Kreise, als der hier sich drehenden Ebene, der Parameter $p = a$ wird §. 137. 4. der Faktor $\frac{\pi p x^2}{6a} = \frac{\pi x^2}{6}$ wird. Setzt man wie in §. 149 Aufl. 2. Ster. $x = a$, und das hiesige a, oder die Axe $= 2r$, so erhält man wie dort bei diesen Bezeichnungen $\Sigma = ra^2\pi - \frac{1}{3}a^2\pi$ mit der Aufl. in §. 150 Ster., und $a = d$ gesetzt $\frac{a^3\pi}{6} = \frac{d^3\pi}{6}$ im 147 §. Ster. Dies giebt nun völlig die archimedische berühmte Erfindung §. 146; im Grunde auch durch eine nur von einer andern Seite betrachtete Exhaustionsmethode.

III. **Bew.** Das Differential war oben für die Ellipse aus §. 133.

$$\pi y^2 dx = \pi\left(px - \frac{p}{a}x^2\right)dx$$

$$= \pi\left(\frac{paxdx - px^2dx}{a}\right);$$

$$\pi\int y^2dx = \frac{\pi p}{a}\int(axdx -$$

x^2dx

wo c die kleine Axe ist, so hat man $E = \frac{1}{2}\cdot\frac{\pi c^2}{a}\cdot x^2 - \frac{1}{3}\frac{\pi c^2}{a^2}x^3 = \frac{1}{6}\frac{\pi c^2}{a^2}(3ax^2 - 2x^3)$

Für $x = \frac{1}{2}a$ ist nun die Hälfte der Sphäroide $E = \frac{1}{8}\pi c^2 a - \frac{1}{24}\pi c^2 a$ $= \frac{1}{12}\pi c^2$

und für $x = a$ ist also die ganze elliptische Sphäroide $E = \frac{1}{2}\pi c^2 a - \frac{1}{3}\pi c^2 a$ $= \frac{1}{6}\pi c^2 a$ d. i. $2\cdot\frac{1}{12}\pi c^2 a$. Vergleicht man den Inhalt eines Cylinders von der Höhe a und Durchmesser c, so ist $C:E = \frac{1}{4}\pi c^2 a : \frac{1}{6}\pi c^2 a = 1 : \frac{2}{3} = 3:2$.

IV. Das hyperbolische Konoid ist bei der unbestimmten Entfernung seiner Grundfläche x vom Scheitel, $H = \frac{\pi p}{6a}(3ax^2 + 2x^3)$ Den Parameter hier auch $p = \frac{c^2}{a}$ gesetzt, wo c die ein-

$x^2dx) = \frac{\pi p}{a}(\frac{1}{2}ax^2 - \frac{1}{3}x^3)$

Also $E = \frac{1}{2}\pi p x^2 - \frac{1}{3}\frac{\pi p x^3}{a}$

und $E = \frac{\pi p}{6a}(3ax^2 - 2x^3)$

Das übrige folgt aus der Substitution; $\frac{c^2}{a}$ führt man lieber ein, um deutlicher zu sehen, was die kleine Axe auf die Kubatur für einen Einfluß hat.

Da die Kugel $\frac{1}{6}\pi\alpha^3$ oder wenn $a = \alpha$, $\frac{1}{6}\pi a^3$; so verhält sich das elliptische Sphäroid zur Kugel, deren Diameter ihrer langen Axe gleich ist, wie $\frac{\pi}{6}ac^2 : \frac{\pi}{6}a^3 = c^2 : a^2$, wie das Quadrat der kleinen Axe zum Quadrat der großen Axe.

IV. Bew. Es versteht sich von selbst, daß alles so kommen muß, um die unbestimmte hyp. Konoide zu geben, wie bei dem ell. Sphäroid, außer daß $+2x^3$ statt $-2x^3$ entsteht, das übrige ist bloße Substitution; die Körper aus der Pa-

eingebildete kleine Axe §. 155 ist, $H = \frac{\pi c^2}{6a}(3ax^2 + 2x^3)$ und wenn man $x = \frac{1}{2}a =$ der halben Zwerchaxe setzt, ist $H = \frac{1}{6}\pi c^2 a$. Für $x = a$ aber ist $H = \frac{5}{6}\pi c^2 a$.

Parabel und Hyperbel nennt man **Konoiden**, weil sie sich ohne Ende weiter ausbreiten wie der Konus; den Körper aus der Ellipse aber **Sphäroid**, weil er mit der Sphäre das ähnliche hat, daß er rings um gerundet und geschlossen ist.

§. 311. 3. Aus der Vergleichung sieht man, daß die Verhältnisse für einerlei Höhe und Durchschnitt und Dicke der runden Körper folgende, mit dem Cylinder, als Maasstab verglichen, sind:

C	$\frac{1}{4}$	6	1
K	$\frac{1}{12}$	2	$\frac{1}{3}$
P	$\frac{1}{8}$	3	$\frac{1}{2}$
Σ	$\frac{1}{6}$	4	$\frac{2}{3}$
E	$\frac{1}{6}$	4	$\frac{2}{3}$
H	$\frac{5}{6}$	20	$3\frac{1}{3}$

So ist der Cylinder 3mal so groß als der gleich hohe und gleich breite Kegel doppelt so groß als die parabolische Konoide, ein und ein halbmal so groß als die Kugel oder ellipt. Sphäroide, und $3\frac{1}{2}$mal kleiner als die hyp. Konoide. Der Kegel ist $\frac{2}{3}$ von der par. Konoide, die Hälfte von der Kugel und ell. Sph. Die par. Konoide ist $\frac{3}{4}$ von der ellipt. Sphäroide, die hyp. Konoide 15mal größer als der Kegel u. s. w.

§. 312. **Aufg. Den Inhalt des Sphäroids zu finden, das durch Rotation der Ellipse um ihre kleine Axe** (axis conjugatus) **entstehet.**

Aufl. Man setze (89 F.) $Dr = w$, $rM = CP = u$, $PM = \frac{1}{2}c - w$; so ist $(\frac{1}{2}c - w)^2 = \frac{1}{4}c^2 - \frac{c^2}{a^2}u^2$ §. 138. I. $= \frac{1}{4}c^2 - cw + w^2$, $\frac{c^2}{a^2}u^2 = cw - w^2$ und $u^2 = \frac{a^2}{c}w - \frac{a^2}{c^2}w^2$. So ist durch eben die Schlüsse wie §. 310 III.

$\pi\int dw$

$\pi \int dw \left(\frac{a^2}{c} w - \frac{a^2}{c^2} w^2\right) = \frac{\pi}{6} \frac{a^2}{c^2} (3cw^2 - 2w^3)$, welches für jede Distanz vom Endpunkt D der kleinen Axe das auf der Axe senkrecht abgeschnittene Stück giebt. Wenn man aber $w = c$ setzt, so ist die ganze an den Endpunkten Dd abgeplattete Sphäroide

$$= \frac{\pi a^2}{6 c^2} (3c^3 - 2c^3) = \tfrac{1}{6} \pi a^2 c.$$

Die durch Umwälzen um die große Axe entstandene Sphäroide verhält sich zu dieser wie $\frac{1}{6} \pi c^2 a : \frac{1}{6} \pi a^2 c = c : a$.

3. Wenn die Erdkugel als eine ell. Sphäroide die bei den Polen eingedruckt ist; so daß $c = \frac{230}{231} a$ ist; so ist, wenn des Aequators Umfang genau 5400 geogr. Meilen nach §. 309. Plan. ihr Inhalt nun mittelst Logar. sehr leicht zu berechnen. Es ist nämlich, weil $a = \frac{5400}{\pi}$

$\frac{\pi}{6} \cdot \frac{5400^2}{\pi^2} \cdot \frac{5400}{\pi} \cdot \frac{230}{231} = \frac{5400^3 \cdot 230}{\pi^2 \cdot 6 \cdot 231}$ (l. π findet man bei Lamb. in 24 Stellen angegeben S. 151). Ebenfalls, wenn man die Erde als eine Kugel von gleichem Durchmesser und Axe berechnet, ihr Inhalt zu der hier vorausgesetzten Gestalt nach §. 111.

$$\tfrac{1}{6} \pi a^3 : \tfrac{1}{6} \pi a^3 \cdot \tfrac{230}{231} = 1 : \tfrac{230}{231} = 231 : 230.$$

§. 313. **Aufg.** Den Inhalt einer parabolischen Sphäroide, deren Umdrehungs-Axe π irgend eine rechtw. Ordinate CD auf der gemeinen Axe ist. (Fig. 87.)

Aufl. Es soll das Differential $\pi ME^2 d.DE$ integrirt werden; also muß vorher ME^2 und dDE aus der Natur der Parabel und den gegebenen Größen $AC = a$ und $DC = c$ bestimmt werden. Es sey AP

$= PM$

$=PM=y$; so ist $ME^2=PC^2=(a-x)^2$; $d.DE=d(c-y)=-dy$, welches aber doch hier positiv genommen werden muß, da die Abnahme von $CE=MP$ das DE und das Sphäroidenstück vergrößert. So ist $\Pi=$

$\pi\int(a^2dy-2axdy+x^2dy)$; und weil $x=\frac{y^2}{p}$, so ist

$$\Pi=\pi\int(a^2dy-\frac{2a}{p}y^2dy+\frac{y^4}{p^2}dy)$$

$$=\pi(a^2y-\frac{2a}{3p}y^3+\frac{1}{5p^2}y^5)$$

und wenn man x wieder einführet, ist

$$\Pi=\pi(a^2y-\tfrac{2}{3}axy+\tfrac{1}{5}x^2y).$$

Um nun die parab. Sphäroide bis AC zu haben, setzt man $x=a$, $y=c$, und erhält

$\Pi=\pi(a^2c-\frac{2}{3}a^2c+\frac{1}{5}a^2c)=(\frac{6}{5}-\frac{2}{3})\pi a^2c=\frac{8}{15}\pi a^2c$.
Die ganze parab. Sph. ist $1\frac{1}{15}\pi a^2c$. Mit §. 310. I. und §. 308. verglichen, ist das hiesige c nach dortiger Bestimmung $\frac{1}{2}c$, also nun das ganze

$\Pi=\frac{8}{15}\pi a^2c$; $C:\Pi=\frac{1}{4}:\frac{8}{15}=15:32$.

§. 314. **Aufg.** Den durch Umdrehung der Konchoide um die Axe $EA=a$ entstandenen Körper zu finden.

Aufl. Es ist nach §. 176. bei der Muschellinie

$$\pi y^2dx=\pi\left(\frac{a^2b^2}{x^2}+\frac{2a^2b}{x}+a^2-b^2-bx-x^2\right)dx;$$

Das Integral

$$\pi(-a^2b^2x^{-1}+2a^2b.\log.\text{nat}.x+(a^2-b^2)x-\tfrac{1}{2}bx^2\ \tfrac{1}{3}x^3);$$

und wenn $x=a$ gesetzt wird, ist das Integral

$$\pi(a^2b(2\,\text{l. nat. }a-\tfrac{1}{2})+\tfrac{2}{3}a^3-2b^2a).$$

§. 315. **Aufg.** Den Inhalt L des Körpers zu finden, der durch die Rotation der Logistick um die Axe OR entsteht.

Aufl. Wenn wie (§.) $AP=lx$, $PC=y$ ist, so ist bei der Logistick §. 272. 1) $dx=\frac{\alpha dy}{y}$. Folglich ist $L=\int\pi y^2 dx=\int\pi\alpha y dy=\frac{1}{2}\pi\alpha y^2$. Dies verschwindet nur, wenn y verschwindet. Aber y nähert sich nur dem o als einer äußersten in einer unermeßlichen Entfernung über O hinaus liegenden Gränze. Das hier gefundene L ist also eben so unermeßlich lang, als die Linie durch die Punkte P, A, O... in inf selbst ist, irgend ein $y=PC$, QD, ER u. d. gl. ist seiner Grundfläche Halbmesser. Dennoch ist seine Größe eben so endlich, wie die absteigende Reihe §. 185. Denn ist ein bestimmtes PC der Grundfl. Halbmesser, so ist der Körper $L=\frac{\pi a}{2}PC^2$, oder die Hälfte des Normalcylinders

§. 308; weil $PC=\frac{1}{2}c$, mithin $L=\frac{\pi ac^2}{8}$ gesetzt werden

muß. Des doppelt so großen Cylinders Höhe a ist die Subtangente der jedesmaligen Logistick. Das Stück zwischen zwei Kreisen vom Halbmesser CP und DQ ist

nun $\frac{\pi\alpha}{2}(DQ^2-CP^2)$ z. B.: bei der Brigg. Logi-

stick, wenn $DQ=100$, $CP=10$, $\frac{3,14.0,434\ldots}{2}.9900$

Ist $RE=1000$, so verhält sich der von DQRE erzeugte Raum zum vorigen, wie 990000, d. i. diese Räume gehen in einer Progression fort, deren Verhältnißnahme 1 : 100 ist. So geht die Reihe bei dieser Logistik auch abwärts durch die Brüche $\frac{1}{100}$, $\frac{1}{1000}$ fort, und so in allen Fällen; woraus sich die Vergleichung mit §. 185 bestätigt. Natürlich wird der körperliche Raum, der Rechts eine Grundfläche $y^2\pi$, durch die Umdrehung des steigenden Schenkels der Logistick beschrieben wird, unend-

unendlich groß. Uebrigens findet man bei Hr. H. Kästner a. a. O. u. §. 611 sehr scharfsinnige Betrachtungen über diese unendlich langen, bald endlichen, bald unendlich großen Körper.

§. 316. **Aufg. Den Inhalt eines Körpers R zu berechnen, der durch Umdrehung einer parabolischen Fläche um eine Tangente AG an ihrem Scheitelpunkte erzeugt wird Fig. 87.**

Aufl. Es sey $AP = MF = x$, $PM = AF = y$; $AC = c$, $CD = a$, so ist $Ff = m\varrho = dy$, wenn fm dem FM unendlich nahe ist; das Integral des Körpers um die Axe AF, der von der Fläche AMF beschrieben wird, ist also, nach §. 308, $R = \pi \int x^2 dy$. Nun ist $x = \frac{y^2}{p}$, und $x^2 = \frac{y^4}{p^2}$. Also $R = \pi \int \frac{y^4}{p^2} dy = \frac{1}{5}\pi \frac{y^5}{p^2}$; und da $y^4 = p^2 x^2$, ist $R = \frac{1}{5}\pi x^2 y$. Setzt man nun $x = AC = c$, $y = a$, so ist $R = \frac{1}{5}\pi c^2 a$. Es ist aber der Cylinder von der Höhe $AG = CD = a$, und dem Halbmesser $AG = c$, $\pi c^2 a$. Zieht man davon $\frac{1}{5}\pi c^2 a$, den Körper um AG, der durch Rotation von AMDG entsteht, ab: so ist $\pi c^2 a - \frac{1}{5}\pi c^2 a = \frac{4}{5}\pi c^2 a = S$, dem Körper, der durch die Rotation der parabol. Fläche ACD um die Tangente AG entsteht.

§. 317. Anm. Durch Vergleichung in der Natur und Kunst vorkommender Körper mit den hier berechneten wird man öfters praktischen Gebrauch von diesen Berechnungen, z. B. bei sphärischen, elliptischen und parabolischen Gewölben, machen können, die man als hole halbe Sphäroiden und Konoiden ansehen kann. Es giebt Erzlager, Gebirge, deren Gestalt den hier beschriebenen ähnelt So sind die Lagen der Bernsteinlager in Ostpreußen unter der Erde solche Körper (Flatsche, im Plattdeutschen), als etwa die Konchoidische Fläche durch ihre Umdrehung hervorbringen würde u. s. w. Schon Proklus sagt: pro conis et cylindris geometricis cumulos et puteos metitur Geodaesia.

IX. Erfindung der Oberfläche der Körper durch Integration.

§. 318. I. Hauptaufgabe. Indem sich die Linie AM (87 Fig.) um die Linie AP (als einer unbeweglichen Axe) so drehet, daß sie gegen AP ihre Lage nicht verändert, entsteht ein Körper, den die Kreisfläche vom Halbmesser PM, und der Weg, durch welchen die (krumme) Linie AM gegangen ist, begränzet. §. 307. Letzterer ist seine krumme Oberfläche; man soll diese Oberfläche des so entstandenen Körpers finden.

Aufl. AP = x, PM = y gesetzt, sind pm und Ap zwei andere Coordinaten. Zwischen den Peripherien, welche von M und m beschreiben werden, liegt ein Theil der gesuchten krummen Oberfläche, welcher von Mm beschrieben wird. Ist Mm der Bogen einer Curve, so wird doch die zu Mm gehörige Sehne = e die konische Oberfläche eines Kegelstumpfs §. 135 Ster. beschreiben, welche = $(y + pm)e\pi$ ist. Heißt das Stück AM der generirenden Linie s; so ist nach §. 298 ihr Element ds. Legt man nun pm an PM immer näher und näher; so wird in dem Augenblick da $\frac{m\varrho}{M\varrho}$ die Grenze $\frac{dy}{dx}$ erreichen, auch s in ds übergehen, d. i. e = ds und PM + dy = pm = PM seyn. So ist in dem Falle, da Mm zu einer Curve gehört, doch nun I. $(y + pm)e\pi = 2\pi y ds$ geworden.

Da nach §. 298. $ds = \sqrt{(dx^2 + dy^2)}$; so hat man II. das Element der krummen Oberfläche oder $dF = 2\pi y \sqrt{dx^2 + dy^2})$; und das Integral, welches man hier sucht, wenn F die (krumme) Oberfläche bedeutet, ist

$$\odot \quad F = 2\pi \int y \sqrt{(dx^2 + dy^2)}.$$

Daraus

Daraus entsteht die allgemeine Regel: „Aus der Glei„chung für die grade oder krumme generirende Linie sucht „man die Wehrte von dy^2 oder dx^2 durch eine Funktion „auszudrücken, deren Glieder respektive nur x und dx, „oder y und dy, und ihre Potenzen enthalten; diese substi„tuirt man in ⊙, welches man nun nach den bekannten „Regeln integrirt."

§. 319. Anm. Die cylindrischen, konischen und sphärischen Oberflächen lehrt schon die niedere Geometrie finden. Ich will indessen doch einige hier vornehmen, um die Uebereinstimmung der Resultate der Integralrechnung mit den elementarischen zu zeigen.

Die Oberfläche des graden Kegels findet man darnach, wenn seine Höhe a, seiner Grundfläche Halbmesser r, seine Seite l ist, indem man aus $a:r = x:y$, also $y = \frac{rx}{a}$; $dy = \frac{rdx}{a}$; $dy^2 = \frac{r^2dx^2}{a^2}$; $2\pi\int y\surd(dx^2 + dy^2)$; $F = 2\pi\int\frac{rx}{a}\sqrt{\left(1+\frac{r^2}{a^2}\right)}\,dx = 2\pi\int\frac{rxdx}{a^2}.\surd(a^2+r^2)$ $\surd(a^2+r^2) = \frac{\pi rx^2}{a^2}.\surd(a^2+r^2) + C$ erhält. Da aber für $x = 0$ auch $F = 0$, so ist $C = 0$; und weil $\surd(a^2+r^2) = l$; so ist $\frac{\pi rx^2 . l}{a^2}$ das vollständige Integral für das Stück bis an PM (88F). Wird aber AP = AC oder $x = a$; so ist die konische Oberfläche πrl wie §. 134. Ster., wozu sich die des abgestumpften wie $a^2 - x^2 : a^2$ verhält, wie man leicht sieht.

Die sphärische Oberfläche, wenn der Halbmesser der Kugel r ist, erhält man so: Es ist $y = \surd(2rx - x^2)$, also nach §. 218 $dy = \frac{rdx^2 - xdx}{\surd\ 2rx - x^2)}$; dessen Quadrat in §. 318 ⊙ substituirt, giebt

$$F = 2\pi\int y\sqrt{\left(dx^2 + \frac{(r^2 - 2rx + x^2)\,dx^2}{2rx - x^2}\right)}$$

$$= 2\pi\int y\sqrt{\frac{(2rx - x^2 + r^2 - 2rx + x^2)\ dx^2}{2rx - x^2}}$$

$$= 2\pi\int\frac{\surd\ 2rx - x^2)}{\surd(2rx - x^2)}\ \surd r^2dx^2 = 2\pi r\int dx.$$

So ist $F = 2\pi rx + C$ das Integral; wo $x = 0$, $F = 0$ und also $C = 0$ giebt. Man hat daher für jedes Kugelstück von der Höhe x (welche §. 155. Ster. h hieß) bis an den Pol genommen $F = 2xr\pi$ oder $2hr\pi$ wie dort. Ist $x = r$, so ist $F = 2r^2\pi$; ist $x = 2r$, so folgt $F = 4r^2\pi$ für die Oberfläche der ganzen Kugel, wie §. 151 Ster. So findet man alles hier wieder, was dort von Oberflächen der Zonen abgehandelt ist.

§. 320 Aufg. Einer parabolischen Konoide Oberflache zu finden.

Aufl. I. Aus $px = y^2$, also $pdx = 2ydy$, folgt $dx^2 = \frac{4y^2dy^2}{p^2}$. Also hier $F = \int 2\pi y \sqrt{\frac{4y^2dy^2}{p^2} + dy^2}$. Also $\int \frac{2\pi}{p} ydy \sqrt{(4y^2 + p^2)} = \int \frac{2\pi}{p} ydy\, (4y^2 + p^2)^{\frac{1}{2}} = \int \frac{\pi}{p} (4y^2 + p^2)^{\frac{1}{2}} . 2ydy$. Also nach §. 254. II. das Integral $= \frac{\pi}{p} . \frac{1}{6}(4y^2 + p^2) \sqrt{(4y^2 + p^2)} = \frac{\sqrt{(4y^2 + p^2)} \times \pi(4y^2 + p^2)}{6p}$. Da im Scheitel die Fläche $= 0$, dann aber auch $y = 0$ ist; so ist in diesem Fall $\frac{\pi\sqrt{(0 + p^2)^3}}{6p} = \frac{\pi\sqrt{p^6}}{6p} = \frac{\pi p^2}{6}$, also $0 = \frac{1}{6}\pi p^2 + C$, und $C = -\frac{1}{6}\pi p^2$.

Es ist aus obigem $dy = \frac{pdx}{2\sqrt{px}}$; $dy^2 = \frac{p^2dx^2}{4px} = \frac{pdx^2}{4x}$. Mithin $F = \int 2\pi y \sqrt{\left(1 + \frac{p}{4x}\right) dx^2} = \int 2\pi ydx \sqrt{\frac{4x + p}{4x}} = \int 2\pi \sqrt{\frac{px}{4x}} dx \sqrt{(4x + p)} = \int \pi \sqrt{p} dx \sqrt{(4x + p)}$. Man setzt $4x + p = z$, so ist $dz =$

$dz = 4dx$ und $dx = \frac{1}{4}dz$. Mithin $F = \int \frac{\pi\sqrt{p}}{4} dz . z^{\frac{1}{2}}$ $= \frac{2\pi\sqrt{p}}{3 \cdot 4} z^{\frac{3}{2}} = \frac{\pi}{6}\sqrt{p}(4x + p)\sqrt{(4x + p)}$ oder $\frac{\pi p\sqrt{p} \cdot \sqrt{4x+p} \cdot (4x+p)}{6p} = \frac{\sqrt{(4px+p^2)} . \pi(4px+p^2)}{6p}$, welches die Uebereinstimmung mit vorigem zeigt, da $px = y^2$ ist. Die Oberfläche der parabolischen Konoide ist die 4te Proportionalgröße zum sechsfachen Parameter, dem Halbmesser und Inhalt eines Kreises, dessen Halbmesser $\sqrt{(4px + p^2)} = \sqrt{(4y^2 + p^2)}$ ist; wo aber noch $\frac{1}{6}\pi p^2$ abgezogen werden muß.

§. 321. Da in der ersten Aufl. des vor. §phs vermöge §. 301. 219. 13; $y dy \sqrt{\left(\frac{4y^2}{p^2} + 1\right)} = dy . y\sqrt{\left(1 + \frac{4y^2}{p^2}\right)} = y dy + \frac{2y^3}{p^2}dy - \frac{2y^5}{p^4} dy + \frac{4y^7}{p^6}dy \ldots$ und $dy . y . \sqrt{(1 + \frac{4y^2}{p^2})} = y dy \sqrt{\frac{4y^2 + p^2}{p^2}} = \frac{1}{p} y dy (4y^2 + p^2)^{\frac{1}{2}} = \frac{2y^2 dy}{p} + \frac{p dy}{4p} - \frac{p^3}{64 p y^2} + \frac{p^5 dy}{256 y^4} \ldots$ ist; so sieht man wie dergleichen auch durch Annäherungen vermittelst Integration der Glieder unendlicher Reihen gefunden werden können.

§. 322. **Aufg.** Die Oberfläche einer elliptischen Sphäroide zu finden, wenn man die generirende Ellipse sich um die große Axe drehen lässet.

Aufl. Aus $y^2 = \frac{c^2}{a}x - \frac{c^2}{a^2}x^2$ folgt $2ydy = \frac{c^2}{a}dx - \frac{2c^2}{a^2}xdx$; mithin $\frac{2a^2ydy}{c^2(a-2x)} = dx$, und $dx^2 = \frac{4a^4y^2dy^2}{c^4(a^2-4ax+4x^2)}$. Nun ist die Gleichung für die Ellipse mit 4 und das erste Glied rechts im Zähler und Nenner überdies mit a multiplicirt. Dies giebt $4y^2 = \frac{4c^2a}{a^2}x - \frac{4c^2}{a^2}x^2$, und $-\frac{4a^2y^2}{c^2} = -4ax + 4x^2$ also $dx^2 = \frac{4a^4y^2}{c^2(c^2-4y^2)}$. Also in ⊙ §. 318 substituirt, giebt $F = 2\pi\int ydy\left(\frac{c^4-4y^2c^2+4a^2y^2}{c^4-4c^2y}\right)^{\frac{1}{2}}$. Man setze $a^2 - c^2 = b^2$, so hat man $F = 2\pi\int ydy\left[\frac{c^4+4b^2y^2}{c^2(c^2-4y^2)}\right]^{\frac{1}{2}}$. Man verwandele nach §. 13 ⊙ $(c^4+4b^2y^2)^{\frac{1}{2}}$ und $(c^2-4y^2)^{\frac{1}{2}}$ in unendliche Reihen; so erhält man, weil $n = \frac{1}{2}$, $q = \frac{4b^2y^2}{c^4}$ für den Zähler; $q = -\frac{4y^2}{c^2}$ für den Nenner

$\alpha = (c^4)^{\frac{1}{2}} = c^2$;		$(c^2)^{\frac{1}{2}} = c$
$\beta = naq$	$= -\frac{2b^2y^2}{c^2}$;	$+\frac{2y^2}{c}$
$\gamma = \left(\frac{n-1}{2}\right)\beta q$	$= -\frac{2b^4y^4}{c^6}$;	$+\frac{2y^4}{c^3}$
$\delta = \left(\frac{n-2}{3}\right)\gamma q$	$= -\frac{4b^6y^6}{c^{10}}$;	$+\frac{4y^6}{c^5}$
$\varepsilon = \left(\frac{n-3}{4}\right)\delta q$	$= -\frac{10b^8y^8}{3c^{14}}$;	$+\frac{10y^8}{c^7}$

Nun dividire man

$c^7 +$

$$\frac{c^2 + \frac{2b^2y^2}{c^2} - \frac{2b^4y^4}{c^6} + \frac{4b^6y^6}{c^{10}} - \frac{10}{3}\frac{b^8y^8}{c^{14}} \ldots}{c + \frac{2y^2}{c} + \frac{2y^4}{c^3} + \frac{4y^6}{c^5} - \frac{10y^8}{c^7} \ldots}$$

Es beruht also darauf, eine unendliche Reihe mit einer solchen zu dividiren, wozu die Regel hier noch nicht hat vorgetragen werden können. (Sie ist in den Schriften über die combinatorische Analitik des Hrn. Hindenburg am besten gegeben. Man sehe unten die Geschichte §. 59.)

§. 323. Anm. Die ersten Glieder des Integrals finde ich nach Hindenburg Infinitinom. 1779. p. 106.

$$2\pi\left(\tfrac{1}{2}y^2 + \tfrac{1}{2}\frac{b^2y^4}{c^3} - \tfrac{1}{2}\frac{y^4}{c^2} - \tfrac{1}{3}\frac{b^4x^6}{c^8} - \tfrac{1}{6}\frac{4b^2 + c^2}{c^8}y^6 + \tfrac{2}{5}\frac{y^5}{c^3}\ldots\right).$$

Hier werden alle Glieder, außer dem ersten, $=0$, wenn $a=c$, und also $a^2-c^2=b^2=0$, das ist die elliptische Fläche in eine Kreisfläche übergeht. Also hat man die Oberfläche $=\pi y^2=\pi r^2$. Daß sie nicht $2\pi r^2$ wird, liegt daran, daß die Größe C, welche sich auf diesem Wege nicht finden läßt, noch hinzukommen müßte. Kurz: sollen die Oberflächen elliptischer und hyperbolischer Sphäroiden und Konoiden bestimmt werden, so setzt das noch mehr als das bisherige voraus. Hr. Kästner hat diese Lehre in der letzten Ausg. umständlicher abgehandelt. Auch findet man bei L'Huilier und Pasquich in ihren Lehrbüchern darüber Auskunft. Hr. Langsdorf hat (Erl. S. 157) den Satz, daß sich die sphäroidischen Oberflächen eben so verhalten, wie die Flächen, aus deren Umwälzung sie entstehen, weil sich $\pi\int y dx$ wie $\int y dx$ verhält. Aber dx ist alsdenn, wie er auch ausdrücklich sagt, Differential der Absciße x. Das Verhältniß ist mit $\int y ds = \int y \sqrt{(dx^2+dy^2)}$ nicht einerlei. Es müßte sonst folgen, wenn man nach §. 149 die Ellipse, welche den Durchschnitt der Erdkugel durch die Pole vorstellet, worin $c=\frac{229}{230}a$ ist, in einen Kreis verwandelt, dessen Halbmesser $a\sqrt{\frac{229}{230}}$ ist; so müßte man, wie Kästner S. 708., die Erdoberfläche 9255762 erhalten. Aber so werden es nur 9241735 □meilen. Der Satz

 kann

kann aber auch schon darum nicht statt finden: Wenn einerlei Raum von einem Kreise und von einer andern krummen Linie umschlossen wird, so muß letztere größer, also doch wol Sds größer seyn.

X. Fragen über krumme Linien nach der Art der umgekehrten Methode der Tangenten aufzulösen.

§. 323 Oben §. 297 Anm. 2 gab ich zu der sogenannten umgekehrten Methode der Tangenten eine allgemeine Regel. Ganz durch ein ähnliches Verfahren ist man oft vermögend aus den Ausdrücken 1) des Inhalts eines krummlinigten Flächenraums oder eines Stücks desselben, 2) eines Perimeter oder Bogens, und 3) eines durch Rotation entstandenen Körpers von gekrummter Oberfläche u. s. w., wenn diese Ausdrücke Funktionen von x und y sind, die Curve, wozu beide erstgenannten Ausdrücke gehören, oder welche der Ursprung (genitrices) der letztgenannten sind, herzuleiten. Die Hauptregel ist: 1) „man differentiirt die „gegebenen Ausdrücke, und 2) vergleicht auch sie mit „den allg. Formeln der Elemente des Flächeninhalts „§. 257, des Bogens § 298. 299, der Körper §. 308, „und ihrer Oberfläche §. 318. Aus dieser Verglei„chung wird 3) eine Differentialformel erwachsen, in „welcher sich 4) entweder durch Dividiren mit dx, „oder nach den gewöhnlichen Regeln, das Integral „und damit die Natur der ges. Curve darstellen läßt."

§. 325. Aufgabe. Die Curve zu finden, deren unbestimmter Flächenraum $\frac{x^3}{a}$ ist.

Aufl. 1) Man macht d. $\frac{x^3}{a} = \frac{3x^2dx}{a}$, welches

2)

2) mit $\frac{3x^2dx}{a} = ydx$ §. 257 gesetzt, 3) $\frac{3x^2}{a} = y$, und 4) $x^2 = \frac{1}{3}ay$ und $y = \frac{3x^2}{a}$ giebt. Dies deutet auf eine Parabel, deren Convexität der Abscisse zugekehrt ist, und deren Parameter $\frac{1}{3}a$ ist. Denn wenn $AP = x$, $PM = y$ ist, so ist, weil hier y und x die gewöhnliche Bedeutung vertauscht haben, $\frac{1}{3}x.y$ (§. 260) $= \frac{1}{3}x.\frac{3x^2}{a} = \frac{x^3}{a}$

§. 326. **Aufg. Die Curve zu finden, deren unbestimmte Quadratur $\frac{2}{3}xy$ ist.**

Aufl. 1) Es ist $d.\frac{2}{3}xy = \frac{2}{3}xdy + \frac{2}{3}ydx$, und 2) $\frac{2}{3}xdy + \frac{2}{3}ydx = ydx$, oder $\frac{2}{3}xdy = \frac{1}{3}ydx$; also $2xdy$ ydx, mithin 3) $\frac{dy}{y} = \frac{dx}{2x}$, und 4. $\int\frac{dy}{y} = \frac{1}{2}\int\frac{dx}{x}$ oder $ly = \frac{1}{2}lx$, welches $y = \sqrt{x}$, also $y^2 = 1.x$, oder eine Parabel anzeigt, deren Parameter die 1 (die Subtangente der Logistick d. nat. Logg.) ist. Richtig ist auch dieser Parabel, so wie aller übrigen Quadratur $\frac{2}{3}xy$ §. 259; aber weil $y = \sqrt{px}$, so giebt dies Verfahren hier nur überhaupt eine Parabel, nicht eine durch einen bestimmten Parameter individualisirte Parabel an, da alle Parabeln sich ähnlich sind, §. 170.

§. 327. **Aufg. Die Curve, deren Inhalt $\int dx\sqrt{(ax+x^2)}\frac{\sqrt{p}}{\sqrt{a}}$, zu finden.**

Aufl. Man bemerke zuerst, daß hier der Fall, wie öfters vorkommt, daß der Inhalt in einem nur erst zum Integriren vorgelegten Differentialausdruck gegeben ist. Es fällt also no. 1 hier weg; aber nach

nach no. 2 wird $dx\sqrt{(ax+x^2)}\,\frac{\sqrt{p}}{\sqrt{a}}=ydx$ oder $y = \sqrt{\frac{p}{a}}.\sqrt{(ax+x^2)}$, woraus nach 4 (weil no. 3 auch wegfällt) $y^2=px+\frac{p}{a}x^2$, die Gleichung der Hyperbel für die Axe §. 150, folget, deren Quadratur allerdings auf der Integration der Differentialfunktion $dx\sqrt{(ax+x^2)}.\sqrt{\frac{p}{a}}$ beruhet.

§. 328. **Frage. Was ist es für eine Curve, deren Inhalt** $a\sqrt{(a^2+x^2)}$ **ist?**

Antw. 1) Nach §. 218. Anm. ist $((a^2+x^2)=X$; ($t=1$; $n=2$ gesetzt) das Differential $axdx.(a^2+x^2)^{-\frac{1}{2}} = ydx$ (nach no. 2). Also gleich (nach 4) $y = \frac{ax}{\sqrt{(a^2+x^2)}}$; so daß also in der gesuchten Curve die Ordinate die 4te Proportionale zu $\sqrt{(a^2+x^2)}$, a und der Abscisse ist. Setzt man $\sqrt{(a^2+x^2)}=u$; oder $u^2=a^2+x^2$, oder $x^2=u^2-a^2$, so stimmt dies, wenn x die Ordinate CD = PM, u die Abscisse CP (91 Fig.) vorstellt, mit der Gleichung für die gleichs. Hyperbel §. 168, 2), deren gleiche Axen hiesige 2a betragen; und so erhält man die vorliegende Curve, wenn man auf der verlängerten Axe einer solchen gleichseitigen Hyperbel in hinreichender Menge Lothe $\frac{ax}{\sqrt{(a^2+x^2)}} = PN$ errichtet, deren Stücke von krummlinigten Flächen nun $a\sqrt{(a^2+x^2)}$ sind.

§. 329. Anm. Daß ein gegebener Inhalt $\frac{1}{2}\frac{bx^2}{a}=\frac{1}{2}x\frac{bx}{a}$ auf die Gleichung für die grade Linie $\frac{bx}{a}=y$ hindeutet,

tet, aus §. 325 herleiten zu wollen, wäre an sich ein Umweg. Aber daß aus $\frac{bxdx}{a} = ydx$ doch auch $\frac{bx}{a} = y$ die Gleichung für die grade Linie, folgt, ist Beweis von der Allgemeinheit der Methode.

§. 330. Frage. Was ist es für eine Curve, deren Bogen $\int \frac{dy}{p} \sqrt{(4y^2 + p^2)}$ ist?

Antw. Die apollonische Parabel, deren Parameter p ist. Denn nach 2) ist $\frac{dy}{p} \sqrt{(4y^2 + p^2)} = \sqrt{(dx^2 + dy^2)}$ oder (quadr. und mit p^2 durch multiplicirt) $4y^2dy^2 + p^2dy^2 = p^2dx^2 + p^2dy^2$, d. i. $4y^2dy^2 = p^2dx^2$, und nach 3) $2ydy = pdx$; also nach 4) $y^2 = px$ §. 122.

§. 331. Frage. Was für eine Curve ist es, durch deren Umwälzung um die Axe der Körper $\int \left(pxdx - \frac{px^2dx}{2r}\right)$ entsteht?

Antw. Nach no, 2 ist $pxdx - \frac{px^2dx}{2r} = \pi y^2dx$ §. 308., oder $2rpxdx - px^2dx = 2r\pi y^2dx$. Mithin $2rpx - px^2 = 2r\pi y^2$. Ist nun 2r der Durchmesser, p die Peripherie eines Kreises so ist $2r\pi = p$; also $y^2 = 2rx - x^2$ die Gleichung für den Kreis, und die erzeugende Curve (curva genitrix) des gegebenen Integrals ist der Kreis, dessen Durchmesser 2r; das Integral ein Kugelstück, vergl. §. 149 Ster., wenn x = dem dortigen a ist.

Anm. Eben so leicht findet man, daß der Körper $\frac{apx^2}{4r}$ aus der Parabel entsprungen sey. Denn $\frac{apxdx}{2r} = \pi y^2dx$

giebt

giebt $2r\pi y = apx$; und da $p = 2r\pi$ ist, $y^2 = ax$ die Gleichung für die Parabel.

XI. Anhang. Weitere Untersuchung der krummen Linien durch die Differentio-Integralrechnung.

§. 232. Ich bringe in diesen Anhang alles, was ich aus bisheriger Theorie, die ich gegeben habe, noch zur Kenntniß der krummen Linie herleiten zu können glaube. Nach Gleichungen jeden Punkt in einer Curve zu bestimmen lehrte schon die Analysis des Endl. Die Richtung jedes einzelnen Punkts in einer in einem Zuge fortgehenden Curve bestimmte die Lehre von den Tangenten an jede Curve. Aber es giebt hier noch mehr Rücksichten. Der Kreis ist die einfachste Curve. Man hat die Krümmung anderer mit der des Kreises verglichen, selbst derjenigen die mit ihm unter eine Ordnung gehören; so könnte man von Elementen nicht allein, sondern gewissermaßen von ganzen Bögen nach Eigenschaften des Kreises urtheilen. Zwar nicht bei den Linien der zweiten Ordnung, aber bei den höhern Ordnungen kommen noch 2 Fälle vor. 1) Die Curve hat Wendungspunkte wie A in der 92ten Figur, wo die Curve, die nach einer Gegend hin hohl war, nun nach eben der Gegend erhaben oder convex wird und umgekehrt; oder sie hat Rückkehrpunkte, entweder wie in B (93 Fig.), oder in C (94 Fig.); anders sind keine partiale Veränderungen im Zuge der Curve gedenkbar. Ob, und wo sie sie hat, war interessant zu wissen. Endlich fand man, daß der Endpunkt einer um eine krumme Linie gelegten Schnur, wenn er allmählig abgewickelt wurde, so daß der Rest noch immer fest anlag, Curven von besonderer Natur, die aus der

Natur

Natur der abgewickelten (Evoluta) bestimmt wurden, hervorbrachte. Ueber alles dies will ich, weil es auch praktischen Nutzen hat, beibringen was meine Leser verstehen können. Erst ein noch biß hieher verspartes Problem aus der direkten Methode der Tangenten, weil hier besonders auch Ordinaten aus einem Punkte öfters zu betrachten vorkommen werden.

§. 333. **Aufg. Eine Tangente TM (95 F.) an eine solche Curve zu ziehen, deren Ordinaten aus einem Punkte gehen,** (wie §. 181 bei der archim. Spirale).

Aufl. Aus dem Mittelpunkt eines Kreises sey an die Curve die Ordinate CM = y, welche verlängert von der Peripherie die Abscisse AA'P = x abschneidet. Cpm sey dem Halbmesser CP = r und der y unendlich nahe. Man ziehe noch das Loth CT auf CM, und mit CM den Bogen MS, welcher als senkrecht auf CP und Cp angesehen werden kann, §. 260 Plan. Demnach ist r : y = Pp(dx) : MS also $MS = \frac{ydx}{r}$, und $mS(dy) : \frac{ydx}{r} = mC(=MC) : CT$.

Daher ist $CT = \frac{y^2dx}{rdy}$.

In der archimed. Spirale ist $y = \frac{r}{p}x = \frac{\frac{1}{2}}{\pi}x = \frac{x}{2\pi}$, und $dy = \frac{1}{2\pi}dx$; mithin $\frac{y^2dx}{rdy} = \frac{x^2}{4\pi^2} \cdot \frac{dx \,.\, 2\pi}{r \,.\, dx} = \frac{x^2}{2\pi r} = \frac{xy}{r} =$ der Subtangente CT. Sie ist eine grade Linie, und man muß also, um sie zu erhalten, den Kreisbogen AA'P = x rektificiren können. So hänget also die Tangente an der Spirale von der Rektificatification des Kreises, und dessen Rektification also auch, Quadratur, von der Erfindung der Subtangente der Spirale ab.

Böge man die Axe einer Parabel in einen Kreisbogen, so daß A der Anfangspunkt ist, so würden die Ordinaten, wie PM in einem Punkt C zusammen gehen, jedoch, wenn auch hier die Entfernung von diesem Punkt C bis an die Curve, oder $CM = y$ gesetzt wird, so ist $PM = r - y$ und $(r-y)^2 = MP^2 = px$ Die $PM = r - y$ werden immer größer und größer und die Punkte M formiren eine Curve die Jak. Bernoulli die parabolische Spirale genannt hat. Hier wäre also $d(r-y)^2 = -d(r^2 - 2ry + y^2) = -2rdy + 2ydy = pdx$; also $\frac{2(y-r)}{p} = \frac{dx}{dy}$, und $CT = \frac{y^2dx}{rdy} = \frac{2(y-r)y^2}{pr} = \frac{2y^3 - 2ry^2}{pr}$, welches verneint ist, weil $r > y$ seyn muß, das heißt die Subtangente CT hat bei der parabolischen Spirale eine dem CT der archimedischen entgegengesetzten Lage §. 229.

§. 334. Man kann alle die §. 332 bemerkten unterscheidenden Eigenschaften der Curven, entweder in Rücksicht ihrer Lage gegen eine bestimmte Linie, die Axe, Abscissenlinie u. d. gl. oder gegen einen bestimmten Punkt, den Brennpunkt, Mittelpunkt u. s. w. betrachten.

§. 335. **Das Element der Curve für Ordinaten aus einem Punkte zu finden.**

Aufl. Die Sehne Mm nähert sich dem Bogen Mm unendlich, dann ist $Mm^2 = Ms^2 + mS^2 (dy^2)$. Aber da $r : Pp (dx) = CM (y) : MS$; so ist $MS = \frac{y^2dx^2}{r}$

und

und $dMm = ds = \sqrt{\left(\frac{y^2 dx^2}{r^2} + dy^2\right)} = \frac{\sqrt{(y^2 dx^2 + r^2 dy^2)}}{r}$

$= \frac{1}{r}\sqrt{\frac{(y^2 dx^2 + r^2 dy^2)}{dx^2}dx^2} = dx.\frac{\sqrt{r^2 t^2 + y^2}}{r}$, weil $\frac{CM}{CT}$

$= \frac{mS}{MS} = \frac{dy}{dx} = t =$ der Tangente des Winkels der die Tangente MT mit der Subtangente macht. (Fig. 95.)

B. Krümmung der krummen Linien (curvatura).

§. 336. Zwei nahe Tangenten MH, mH F 97 an einer Curve schneiden sich in einem Punkte H, wo sie den stumpfen und den spitzen Winkel MHm, MHD machen. Die Berührungspunkte kann man sich unendlich nähern lassen, alsdann kann man MHD oder THD den Krümmungswinkel nennen. Daher also die Ergänzung zu 2R des Winkels den zwei nächste Elemente der Curve §. 223. in H mit einander machen; da ja jede krumme Linie unaufhörlich ihre Richtung ändert §. 12. Plan.

§. 237. Da die Punkte M und m sich sehr nahe liegen sollen; so wird man sie gleich anfangs so denken können, daß zwischen ihnen kein Wendungspunkt fällt; ein besonderer Fall wäre, wenn sie beide in einen Wendungspunkt bei der unendlichen Annäherung zusammen fielen.

§. 338. Pp, sei gleich Δx (97 Fig.) einer sehr kleinen Größe; so wird schon MHm ein stumpfer Winkel seyn, der sich 2R unendlich nähert, je kleiner Δx wird. Denn HMm und HmM werden nach §. 223. immer kleiner und kleiner, bis sie beim Zusammenfallen von M mit m verschwinden, also der dritte Winkel im Dr. MHm in 2R, d. i. in eine grade Linie übergeht §. 26. 27. Plan. Nie kann also der Bogen Mm über die Schenkel des

Winkels MHm hinausfallen; der Krümmungswinkel MHD, als Summe zweier verschwindenden Größen, muß selbst eine verschwindende Größe werden.

§. 339. Aber wenn die Curve die Gestalt der 98 F. hat, so wächst die Abscisse NP nur von P bis p; wenn hier die Curve einen Rückkehrpunkt E §. 332. hat; so nimmt die Abscisse wiederum ab. Sie nimmt also während des Ganges der Curve von M zur rechten nach N zu und wieder ab; wenigstens kann man immer eine Abscisse so legen, daß dieses geschiehet. Es thut nichts, daß es Lagen wie ZW giebt, wo dies nicht zutrift. Bei den bisher betrachteten (algebr.) Curven veränderte sich die Abscisse immer auf einerlei Art.

§. 340. Man nennet einen Rückkehrpunkt wie E an einer Curve eine Spitze (Cuspis). Man könnte einen solchen wie e deutsch einen Schnabel (rostrum franz. bec d'oiseau) nennen. Der Unterschied besteht darin, daß bei der Spitze beide Zweige gegen einander erhaben sind. Bei dem Schnabel ist ein Zweig gegen den andern erhaben, der gegen den ersten hohl ist.

§. 341. Aufg. Den Krümmungswinkel an einer Stelle zu finden, wo nicht grade ein Rückkehrpunkt ist, und wo die Curve gegen eine Axe oder gegen einen Punkt hohl ist. Fig. 97

Aufl. I. Der Krümmungswinkel THD = OTH — ODH. Die Tangente macht nun mit der Abscisse den Winkel OTM oder OTH. Aber tang OTM = $\frac{PM}{PT} = \frac{dy}{dx}$ = tang OTH. Nimmt man auf der Abscissenlinie P und p immer näher, so rückt der Punkt M immer näher an m, und so geht OTM = OTH allmählig in ODm = ODH über. THD ist aber doch immer der Unterschied des Winkels OTM von ODH; und da OTM > ODH ; so ist die Differenz die Veränderung des

des Zustandes, welche mit OTM vorgehet, eine Abnahme, d. i. eine negative Größe. Vergleicht man Fig. 97 mit (Fig.) so sieht man, daß das hiesige TM eben das ist bei einer andern Lage, was dort AT ist. Es ist nun aber nach §. 304. das Differential des Winkel PTM, so wie des dortigen Bogens $AM = \frac{dt}{1+tt} = d.\frac{dy}{dx} : \left(1+\frac{dy^2}{dx^2}\right) = \frac{dxd^2y - dyd^2x}{dx^2} : 1+\frac{dy^2}{dx^2}$ (§.) und so ist das negative hievon $\frac{dyd^2x - dxd^2y}{dx^2} : 1+\frac{dv}{dx^2} = \frac{dyd^2x - dxd^2y}{dx^2+dy^2} = \frac{dyd^2x - dxd^2y}{ds^2}$; oder auch, wenn man $\frac{dy}{dx} = t$ setzt, $-\frac{dt}{1+t^2}$ das Differential von dem Krümmungswinkel THD, was man suchet.

Bemerkung. Man denke immer daran, daß $t = \frac{dy}{dx}$ die Tangente des Winkels OTH bedeutet, welchen die Tangente an den oben in Betracht gezogenen Punkt der Curve mit der Axe, oder im folgenden Fall mit dem aus den Punkt C errichteten Loth machet.

§. 342. Aufg. Wenn Ordinaten aus einem Punkte gehen. (95 Fig.)

Aufl. Zur Erleichterung erinnere man sich der §. 333 gewiesenen Auflösung, wie in diesem Fall die Subtangente gefunden wird. Auch hier ist CP = r, CM = y. Der Krümmungswinkel THD = 2R — MHm. Nun ist MHm = 4R — CMH — CmD — MCm, oder MHm = 2R + CMT — CmD — MCm, weil CMH = 2R — CMT = 2R - ϕ, THD = CmD — CMT + MCm. Bei unendlicher Annäherung von

M und m ist CmD—CMT das Differential von CMT oder ϕ; und weil hier wie §. 333 Pp $=$ dx, ist MCm $= \frac{dx}{r}$ §. 319 b Plan., subt CT $= \frac{y^2dx}{rdy}$, tang $\phi = \frac{CT}{y} = \frac{ydx}{rdy}$. Setzt man auch hier $\frac{dy}{dx} = t$, so ist die tg $\phi = \frac{y}{rt}$. Da nun hier d CMT $= -$ d CTM, weil eins abnimmt, wenn das andere wächst; so erhalten wir hier unmittelbar nach durch eine Differentiation wie §. 341 das Differential des THD oder den Krümmungswinkel selbst. Weil das t^2 (in §. 304) $= y^2$ ist; so hat man THD $= \frac{r(tdy-ydt)}{r^2t^2\left(r+\frac{y^2}{r^2t^2}\right)} + \frac{dx}{r}$ oder ⊙. THD $= \frac{r(tdy-ydt)}{r^2t^2+y^2} + \frac{dx}{r}$; dt $=$ d $\frac{dy}{dx}$ in no. 1.

Nennt man PM als Ordinate auf der Kreisperipherie y, so wird das vorige y $=$ CM nun durch r + y bezeichnet. Solches giebt da immer noch d CM $=$ dy; $t = \frac{dy}{dx}$ bleibt der Ausdruck THD $= \frac{tdy - r(r+y)dt}{r^2t^2+(r+y)^2} + \frac{dx}{r}$. Wenn r unendlich groß gesetzt wird, so wird der Kreisbogen eine grade Abscissenlinie wie §. 341 und THD $= \frac{\infty tdy - \infty^2 dt}{\infty t^2 + \infty^2} + \frac{o}{\infty} = \frac{-\infty^2 dt}{t^2\infty^2 + \infty^2} + \frac{o}{\infty} = -\frac{dt}{t^2+1}$ wie §. 341, denn $\frac{o}{\infty}$ fällt doch gewis weg, da schon $\frac{a}{\infty} = o$ ist.

Das

Das was man von dem gefundenen Wehrte des Krummungswinkels behält, ist an sich zwar auch ein sogenanntes unendlich Kleines. Allein das $\frac{dx}{r}$, was man wegläßt, ist in Verhältniß dagegen noch unbedeutender, ein sogenanntes Unendlichkleines von der zweiten Ordnung, ein unendlichkleiner Theil von einem Unendlichkleinen. Alle diese Ausdrücke deuten nur an, daß man es ohne alles Bedenken weglassen kann.

§. 343. Leicht ist es, hieraus den Krümmung winkel für den Fall, wenn der Ast der Curve convex gegen die Abscissenlinie ist, abzuleiten; er wird $\frac{rydt - rtdy}{r^2t + y^2} - \frac{dx}{r}$, und für $r = \infty$ ist er $+ \frac{dt}{1 + t^2}$, wie voraus zusehen ist. Denn das endliche THD wird hier durch CMT — CmD — MCm, (so daß eben die Größen mit entgegengesetzten Zeichen zum Grunde liegen) durch ähnliche Schlüsse wie oben bestimmt.

§. 344. So lange THD endlich bleibt zeigt es offenbar an, um wie viel der Punkt m in seiner Richtung von der Richtung oder der graden Linie abweicht, in welcher M fortgehen würde, wenn nichts es von seiner Richtung ablenkte. Nähern sich M und m bis zum Zusammenfallen, so ist freilich ihre Richtung, wenn dies Zusammenfallen wirklich erfolgt nicht mehr verschieden; also auch an jeder Stelle einer Curve und an Stellen verschiedener Curven THD immer Null, d. i. gleich. Aber dennoch wird in gleichen Entfernungen oder in gleichen Bogenlängen von dem Moment der Coincidenz selbst unmittelbar vor oder im Augenblick dieser Coincidenz das THD überhaupt und insbesondere das allerletzte THD (welches durch das zweite Differential des Bogens AM angezeigt wird) in verschiedenen Punkten einer und derselben Curve, ausgen. den Kreis, und in manchen Punkten verschiegener Curven incl. jedes Punktes zweier Kreise von verschiedener Größe; ich sage unter allen diesen Umständen wird dieses letzte THD einen verschiedenen Ausdruck geben. Man drücke also den Wehrt von $dt = d\frac{dy}{dx}$ und von t^2 in der Gleichung $THD = \frac{dt}{1 + t^2}$ durch endliche Wehrte aus, so wie sie für die verschiedene Fälle aus den Fundamentalgleichungen der Curven folgen, so wird sich daraus die Vergleichung der Curvatur herleiten lassen. Z. B. der Parameter der Parabel sey p; so ist $t = \frac{dy}{dx} = \frac{\sqrt{p}}{2\sqrt{x}} = \frac{1}{2}\sqrt{p} . x^{-\frac{1}{2}}$; $dt = -\frac{\frac{1}{4}\sqrt{p}dx}{x\sqrt{x}}$; $t^2 = \frac{p}{4x}$, also $THD = \frac{\sqrt{p}}{\sqrt{x}(4x + p)}$. Also der Krümmungswinkel Lothrecht über dem Brennpunkt $\frac{1}{p}dx$, lothrecht über der Absciße $\frac{3}{4}p$ ist $THD = \frac{1}{p3\sqrt{\frac{1}{2}}}dx$. Da nun dx als unverändert angesehen werden kann; so giebt die Division $1 : \frac{1}{3\sqrt{\frac{1}{2}}} = 3 : \sqrt{2} = 2,2$, d. i. die Parabel ist immer grade über dem Brennpunkt mehr als doppelt so stark gekrümmt, als über einen noch einmal so weit vom Scheitel entfernten Punkt.

Man sieht aus dem Beispiel wohl, worauf es ankommt. „Wie auch gewöhnlich bei den Subtangenten war, alle Differentialwehrte durch eine der ver-

„än-

„änderlichen Größen am liebsten durch x auszudrücken „und mit dx beide Verhältnißglieder zu dividiren, „weil dx immer (und bequemer als dy) gleich auch „bei verschiedenen Curven genommen wird."

§. 345. Bei der Erfindung des Krümmungswinkels, der eine in der That verschwindenden Größe ist, wurde allerdings derselbe einem Differential $-\frac{dt}{1+t^2}$ gleichgesetzt §. 341. Doch setzte man das Differential nicht absolut $=0$. Es war es nur in sofern als $dt = d\frac{dy}{dx}$ $(1+t^2)$, (wo $\frac{dy}{dx}$ eine endl. Größe ist) wiederum ein Differential wird. Bei Rückkehrpunkten und Wendungspunkten Fig. 101 und Fig. 98 ist ein wesentlich verschiedener Umstand dieser. Die beiden Aeste ENM und $\epsilon\nu\mu$; EM; EN; eM, eN' müssen in E auch e nur eine einzige Tangente haben. Diese Punkte sind nämlich beiden Aesten gemein und solche einzelne Punkte; wie an zwei Kreisen die sich von innen, welches rostra giebt, oder von außen, welches cuspides giebt berühren. Hier ist also $d\frac{dy}{dx}(1+t^2)$ für die Abscisse Ap und den Punkt E nicht blos ein Differential des Differentialverhältnisses $\frac{dy}{dx}=t$ sondern das Differential ist ein absolutes o, wie bei der Voraussetzung eines maximi oder minimi §. 241. 242. Es ist auch zu bemerken, daß dy für die Ordinaten von P nach p hin immer abnimmt, dann o wird, und nun wieder bis p etwas wird.

C. **Der Rückkehrpunkt** (punctum regressus, point de rebroussement, aut cuspis aut rostrum, Spitze oder Schnabel courbe ou bec d'oiseau.

§. 346. Aufg. Den Rückkehrpunkt (cuspidem vel rostrum) an einer Curve zu finden. Fig. 99β.

Vorb. Wenn man an M und N die Tangenten TMH, DNH zieht, wird offenbar, so als sich die Punkte M, N näher rücken, der Winkel MHN = THD wird immer kleiner und seine beiden Schenkel werden in E zusammenfallen, wenn sich M und N unendlich nähern, d. i. in E nur einen Punkt ausmachen werden. So muß man also für THD für diese Voraussetzung einen Ausdruck auf ähnliche Art suchen wie zuvor beim Krümmungswinkel §. 341. 342. jedoch wie es hier die besondere Umstände wollen. Den gefundenen Ausdruck muß man alsdenn = 0 setzen.

Aufl. I. Für Ordinaten aus einem Punkt C. Es ist

NHM = (NMT) − MNH = THD
= ((CMN) − CMT) − MNH
= (2R − CNM − MCN) − CMT − (MNH)
= 2R − CNM − MCN − CMT + (CNH − CNM)
= (2R) − MCN − CMT − (CNH) also ist
NHM = THD = CND − CMT − MCN

(wenn man immer statt des eingeklammerten nach der Figur gleiche Wehrte einschiebt)

CM und CN werden nun als 2 aufeinanderfolgende Ordinaten betrachtet, da M durch E per regressum nach N kommen kann, MT und ND sind dann die beiden nach einander folgenden Tangenten CMT und CND zwei nach einander folgende Winkel der Ordinaten mit den Tangenten. Nun aber begegnen sich in unendlicher Annäherung die Punkte M und N in E; und so wird CND − CMT, welches immer im endlichen Zustande die Differenz von CMT war, jetzt beim Zusammenfallen

dCMT

dCMT seyn. Mithin wird nun aus eben den Gründen wie §. 342 der Krümmungswinkel der hier verschwindende $THD = \frac{r(tdy - ydt)}{r^2t^2 + y^2} - \frac{dx}{r}$ dies also setzt man $= 0$ und hat $r^2(tdy - ydt) = (r^2t^2 + y^2)dx$.

II. Für parallele Ordinaten auf der Axe wird eben so wie oben $THD = NHM = - \frac{dt}{1 + t^2}$ gefunden werden, das erste Glied in ⊙ daselbst ist wie hier, und da $- \frac{dx}{r}$ für $r = \infty$ ebenfalls ganz wegfällt; so muß man also auch hier dt d. i. d. $\frac{dy}{dx}$ als eine absolute Null ansehen.

Die Regel ist nun eben die oben beim Krümmungswinkel, alles durch x aus der bekannten Gleichung für die Curve auszudrücken, mit $\frac{dx}{1 + t^2}$ zu dividiren und so das x zu bestimmen, dessen Enden lothrecht unter dem Rückkehrpunkt auf der graden oder circularen Abscissenlinie liegt.

§. 347. Daß $MHN = THD$ hier nicht blos als ein Differential; sondern als ein absolutes Nichts sich darstelle, wird bei parallelen Ordinate auch dann seyn, wenn man zwar dt nicht einen absoluten Nichts aber t oder $\frac{dy}{dx} = \infty$ setzt. Dann wird $MTP = R$, und so kann allerdings in M eine Spitze oder Schnabel seyn wenn $t = \frac{dy}{dx} = 0$ ist.

§. 348. Wenn man sonst schon weis, daß die Curve einen Rückkehrpunkt hat; so giebt wohl diese Auflösung wahrscheinlich seine Stelle. Aber sonst können noch andere Stellen z. E., wo Wendungspunkte sind eben diese Eigenschaften haben; wie man bald sehen wird. Man kann also nicht anders als dadurch daß man aus y in der Gleichung das x herleitet und sieht ob leztes für ein grösseres y abnimmt, sich über das Daseyn eines Rückkehrpunkts vergewissern, wie §. 242.

§ 349. Anm. Allerdings hat man durch diese Untersuchungen ein Mittel zu schließen, ob eine Curve gegen eine Axe, oder gegen einen merwürdigen Punkt hol oder erhaben ist. Man kann die Regel aus dem vorigen ableiten: Wenn Ordinate und $dt = d\frac{dy}{dx}$ entgegengesetzte Größen sind: so ist die Curve hol; wenn sie nicht entgegengesetzt sind, so ist sie gegen die angenommene Gegend erhaben. Denn §. 341 war in der Formel dt negativ; 343 ists positiv. Aber man hat andere, wie mich dünkt, leichtere Mittel aus der Gleichung selbst sich von diesem Zustande der Curven zu vergewissern.

Beispiele zu B bis C.

§. 350. Es kann interessiren die **Curvatur** und die Größe ihrer Verschiedenheit **an den Linien der 2ten Ordnung** zu bestimmen.

I. **Für Ellipse und Hyperbel.** Nach §. 228 ist hier $t = \frac{dy}{dx} = \frac{p}{2a} \cdot \frac{a \mp 2x}{y}$ also $dt = \frac{p}{2a} \cdot d\frac{a \mp 2x}{y}$ $= \frac{p}{2a} \cdot \frac{2ydx - (a \mp 2x)dy}{y^2}$ §. 210. Nun ist $dy = \frac{p(a \mp 2x)}{2ay} dx$. Also $dt = \frac{p}{2a} \cdot \frac{(4ay^2 - p(a \mp 2x)^2)dx}{2ay}$ $= \frac{pdx}{4a^2y^3}(4ay^2 - (a \mp 2x)^2)$. Nun ist ferner

$$\mp 4ay^2 = \mp 4apx + 4px^2.$$
$$-p(a \mp 2x)^2$$

$$-p(a\mp 2x)^2 = \frac{-pa^2 \pm 4apx - 4px^2}{-pa^2}.$$

Also $\odot\, dt = \frac{pdx}{4a^2 y^3} - pa^2 = \frac{-p^2 dx}{4y^3}$ der Krümmungswinkel ist daher nach §. 341 $\frac{dt}{1+t^2} = \frac{p^2}{4y^3(1+t^2)}\, dx = I) \frac{p^2 : 4y^3}{1+t^2}\, dx$; deren kleine Axe c die Hälfte der großen a ist $= 1$. Weil nun $\frac{ds^2}{dx^2+dy^2} = 1$ also $dx^2 = \frac{ds^2 . dx^2}{dx^2+dy^2} = \frac{ds^2}{1+\frac{dy^2}{dx^2}}$; so ist $dx = \frac{ds}{\sqrt{1+t^2}}$. Daher $dt = \frac{-p^2 . ds}{4y^3 . \sqrt{(1+t^2)}}$ und der Krümmungswinkel nach (§. 342 wegen des entgegenges.) ist II) $\frac{p^2 . ds}{4y^3 (1+t^2)^{\frac{3}{2}}}$. Im letzten Fall wird bei der Vergleichung nicht dx, sondern ds das Differential des Bogens; mithin der Bogen nach Långenmaaß gleich groß gesetzt, oder gleich große Element der Curve an jedem untersuchten Punkte vorausgesetzt.

Exemp. Es sey bei einer Ellipse $a = 1$; $c = \frac{1}{2}$, so ist $p = \frac{1}{4}$. Nun ist y am Scheitel $= 0$. Ueber dem Mittelpunkt $= \frac{1}{4}$. Ueber dem Brennpunkt $y = \frac{1}{2}p = \frac{1}{8}$. Die Tangente des Winkels der Tangente mit der Abscisse $\frac{p}{2a} . \frac{a\mp 2x}{y}$. Am Scheitel ∞; am Mittelpunkt 0; über dem Brennpunkt ist $dt = \frac{dy}{dx} = \frac{1}{8}$.

$= \frac{1}{8} \cdot \frac{1-2x}{\frac{1}{8}} = 1 - 2x$. Aber $x = \frac{1}{2}a - e$ (§. 142) $e = \frac{1}{2}\sqrt{(a^2 - c^2)} = \frac{1}{2}\sqrt{\frac{3}{4}}$, also $x = \frac{1}{2} - \frac{1}{4}\sqrt{3} = 0,5 - 0,43 = 0,07$, also $t = 0,93$. Auf solche Art sind nun die Krümmungswinkel. Nach I. am Scheitel $= \infty^2$; denn $p^2 : 4y^3 = \frac{p^2}{4 \cdot 0} \cdot \frac{1}{0} \cdot \frac{1}{0} = \infty^3$ und $1 + k^2 = 1 + \infty^2 = \infty^2$, daher $\frac{\infty^3}{\infty^2} = \infty$. Ueber dem Mittelpunkt $= 1$. Denn $p^2 : 4y^3 = \frac{1}{16} : \frac{4}{64} = 1$ und $1 + k^2 = 1 + 0 = 1$ giebt $\frac{1}{1} = 1$. Ueber dem Brennpunkt $= \frac{8}{1,8649} = 4,3$ beinahe. Denn $\frac{p^2}{4y^3} = \frac{1}{16} : \frac{4}{64.8} = \frac{64.8}{16.4} = 8$; $1 + t^2 = 1 + 0,93^2 = 1,8649$, daher $\frac{8}{1,8649} = 4,29\ldots$

§. 351. Beim Kreise, wo $p = a$ §. 137. 4 und $\frac{dy}{dx} = t = \frac{a-2x}{2y}$; $1 + t^2 = \frac{a^2}{4y^2}$ (geh. quadrirt und subtrahirt). Also ist der Krümmungswinkel $= \frac{a\,dx}{4a^2y^3}$ $a^3 : \frac{a^2}{4y^2} = \frac{1}{y}dx$ und da hier $dx = \frac{ds.\sqrt{a^2}}{\sqrt{4y^2}} = \frac{2y\,ds}{a}$ so hat man $\frac{1}{y}dx = \frac{2}{a}ds = \frac{ds}{\frac{1}{2}a}$, d. i. überhaupt ist der Krümmungswinkel oder Krümmung, grade zu wie die Bogen im Längenmaaß und umgekehrt wie die Halbmesser §. 319. b Pl. z. E. Ein Kreis von doppelten Halbmesser ist nur halb so stark gekrümmt vergl. auch §. 286. Pl. Kurz bei einerlei ds ist die Krümmung immer dieselbe.

§. 352. Jeder Curve Normallinie $\sqrt{\left(\left(y\frac{dy}{dx}\right)^2 + y^2\right)} = (y^2 . t^2 + y^2) = y\sqrt{(1 + t^2)} = w.$ Also, weil $w^3 = y^3(1 + t^2)$ der Krümmungsw. jedes Kegelschnitts (nach §. 342) $= \frac{p^2 ds}{4w^3}$.

Bei der Parabel ist $w = y\sqrt{\left(1 + \frac{p^2}{4y^2}\right)} = \frac{1}{2}\sqrt{(4px + p^2)}$. Daraus folgt dann für die Parabel der Krümmungswinkel $\frac{2p^2 ds}{(4px + p^2)^{\frac{3}{2}}}$ oder $\frac{2p^2 ds}{(p(p + 4x))^{\frac{3}{2}}}$ über dem Brennpunkte, wo $x = \frac{1}{4}p$ ist d. Kr. W. $= \frac{2ds}{p2\sqrt{2}}$. Weiterhin über eine Stelle, wo $x = p$ ist der K. W. $= \frac{2ds}{p5\sqrt{5}}$. Also verhält sich die Krümmung über dem Brennpunkt zu der, wo $x = p$ wie $5\sqrt{5} : 2\sqrt{2} = 11,18 : 2,828 = 3,95 : 1$, d. i. die Parabel ist über dem Brennpunkte, beinahe 4mal krümmer als über dem Ende einer dem Parameter gleichen Abscisse. Am Scheitel wird der K. W. $\frac{2ds}{p}$. Also die Krümmung am Scheitel zu der über dem Brennpunkt wie $\frac{2ds}{p} : \frac{2ds}{p.2\sqrt{2}} = 2.\sqrt{2} : 1 = 2,8 : 1$

Nimmt man $x = \infty$; so ist der Nenner in diesem Fall $(p(p + 4\infty))^{\frac{3}{2}} = p^{\frac{3}{2}} \infty^{\frac{3}{2}} = \infty$. Dies Verhältniß $\infty : (p(4x+p))^{\frac{3}{2}}$ der Krümmung über dem Endpunkt einer noch endlichen Abscisse zu der Krümmung in einem unendlichen Abstande vom Scheitel bedeutet, daß der Ast oder Schenkel der Parabel immer weniger

ger gekrümmt ist, je weiter er vom Scheitel entfernt ist und, daß er sich einer graden-Linie unendlich nähert.

§. 353. Freilich giebt es nicht immer so geschmeidige Formeln, wenn die Fundamentalgleichung der Curve nicht so einfach, wie bei der parabolischen Parabel ist. Bei Neils Parabel ist $y^3 = px^2$ und $\frac{dy}{dx} = t = \frac{2}{3}p^{\frac{1}{2}}.y^{-\frac{1}{2}}$; also $dt = -\frac{1}{3}p^{\frac{1}{2}}y^{-\frac{3}{2}}dy$. Da nun wie §. 350 $dy^2 = \frac{ds^2.dy^2}{dy^2+dx^2} = \frac{ds^2\frac{dy^2}{dx^2}}{\frac{dy^2}{dx^2}+1} = \frac{ds^2t^2}{1+t^2}$; also $dy = \frac{tds}{\sqrt{(1+t^2)}}$, so ist $dy = \frac{-\frac{1}{3}p^{\frac{1}{2}}y^{-\frac{3}{2}}tds}{\sqrt{(1+t^2)}}$. Nun ist der K. W. davon nach §. 341. das entgegengesetzte mit $1+t^2$ dividirt. Demnach hier Kr. W.

$$= \frac{t\sqrt{p}.ds}{3.\sqrt{y^3}.(1+t^2)\sqrt{(1+t^2)}} = \frac{t\sqrt{p}.ds}{3(y(1+t^2))^{\frac{3}{2}}}.$$

Setzt man nun obigen Wehrt von $t = \frac{2p^{\frac{1}{2}}}{3y^{\frac{1}{2}}}$ und $t^2 = \frac{4p}{9y}$ hinein, so ist der K. W. $= \frac{2pds}{9\sqrt{y}.\left(y\left(1+\frac{4p}{9y}\right)\right)^{\frac{3}{2}}} =$

$$\frac{2pds}{9\sqrt{y}\sqrt{\left(\frac{(9y+4p)}{9}\right)^3}} = \frac{27.2pds}{9\sqrt{y}.\sqrt{(9y+4p)^3}} =$$

$\frac{6pds}{\sqrt{y}\sqrt{(9y+4p)^3}}$ und $y = \sqrt[3]{px^2}$ substituirt, giebt den

Krüm-

Krümmungswinkel $= \frac{6\sqrt[3]{p^2}ds}{\sqrt[3]{x^2}\sqrt{(9p^{\frac{1}{3}}x^{\frac{2}{3}}+4p)^3}}$, worin man nun den beständigen Parameter und das für jeden Fall in Zahlen bestimmte x substituiren muß, um das Krümmungsverhältniß zu finden.*)

§. 354 Um auch ein specielles Beispiel für den Fall zu haben, wenn die Ordinaten aus einem Punkte gehen, betrachten wir die archimedische Spirale. Es ist bei ihr $y = \frac{x}{2\pi}$ also $\frac{dy}{dx} = \frac{1}{2\pi} = t$ und $2\pi dy = dx$; mithin $dt = 0$ §. 333. Aber nach §. 342 ist der Kr. W. überhaupt $THD = \frac{r(tdy \quad ydt)}{r^2t^2+y^2} + \frac{dx}{r}$; hier also $\frac{r}{2\pi} \cdot \frac{dx}{2\pi} : \frac{r^2+x^2}{4\pi^2} + \frac{dx}{r} = \frac{rdx}{r^2+x^2} + \frac{dx}{r} = \frac{r^2dx+r^2dx+x^2dx}{r.(r^2+x^2)} = \frac{2r^2+x^2}{r(r^2+x^2)}dx$ und weil

*) Die Fundamentalgleichung giebt 1) $3y^2dy - 2pxdx$ oder $dy = \frac{2pxdx}{3y^2}$ und 2) $y^{\frac{3}{2}} = p^{\frac{1}{2}}x$. Daraus hat man $t = \frac{2p^{\frac{1}{2}}}{3y^{\frac{1}{2}}} = \frac{2p^{\frac{1}{2}}.p^{\frac{1}{2}}x}{3y^{\frac{1}{2}}.y^{\frac{3}{2}}} = \frac{2px\,x}{3y^2x} = \frac{2y^3}{3y^2x} = \frac{2y}{3x}$. So ist $dt = \frac{3x.2dy - 2y.3dx}{9x^2} = \frac{2}{3}\frac{xdy-ydx}{x^2} = \frac{2}{3x^2}\left(\frac{x\,2px}{3y^2} - y\right)dx = \frac{2}{3x^3}\left(\frac{2y^3}{3y^2} - y\right)dx = \frac{2}{x^2}(\frac{2}{3}y - y)dx = -\frac{2ydx}{9x^2}$. Folglich ist hier nun $\frac{dt}{y} = -\frac{2dx}{9x^3}$ und y ist positiv, da dt negativ ist; mithin nach (§) die Curve gegen ihre Axe hol. Dies habe ich nur angeführt, weil der Kästnersche Vortrag hier hauptsächlich durch beibehaltene und noch hinzugesetzte Druckfehler in der 3ten Ausgabe sehr dunkel ist.

weil hiernach der 9 Fig. $r:dx = y:MS = \frac{ydx}{r}$; mithin $d\,AM = ds = \sqrt{\left(\frac{y^2dx^2}{r^2} + dy^2\right)} = \sqrt{\left(\frac{y^2dx^2}{r^2} + \frac{dx^2}{4\pi^2}\right)} = \frac{dx\sqrt{(x^2.4\pi^2+r^2)}}{2\pi r} = \frac{dx\sqrt{(x^2+r^2)}}{2r\pi}$; so ist $\frac{2r\pi ds}{\sqrt{(r^2+x^2)}} = dx$; also ist $THD = \frac{(2r^2+x^2).2\pi ds}{(r^2+x^2)^{\frac{3}{2}}}$. So verhalten sich die Krümmungen für $x = 0$ und $x = 2r\pi$ nach der ersten Umwindung der Spirale wie $\frac{4r^2\pi ds}{r^3} : \frac{(2r^2+4r^2\pi^2)2\pi ds}{(r^2+4r^2\pi^2)^{\frac{3}{2}}} = \frac{r^2.2\pi ds}{r^3} : \frac{2r^2(1+2\pi^2)2\pi ds}{r^3\sqrt{(1+4\pi^2)^3}} = 1 : \frac{1+2\pi^2}{\sqrt{(1+4\pi^2)^3}} = \sqrt{(1+4\pi^2)^3} : 1+2\pi^2$.

D. Der Wendungspunkt, (punctum flexus contrarii, point d'inflexion).

§. 355. Aufg. Den Punkt einer Curve zu suchen, worin sich dieselbe wendet.

Aufl. Die Figur 101 stellet eine Curve vor, welche einen Wendungspunkt hat. Nun sieht man, daß sowol der Tangentenwinkel MHN, als der Kr. W. DHM die 2 Tangenten an M und N mit einander machen, so weit wie die Curve gegen die Axe oder sonst einen Beziehungspunkt hol ist, über die Curve hinaus liegt. Nimmt man aber die Punkte M und N immer weiter rechts, und nimmt man endlich dieselben wie μ und ν an dem convexen Theil der Curve, so liegen besagte Winkel ganz disseits der Curve, und bekommen nun also eine durchaus der vorigen entgegengesetzte Lage. Man stelle sich nun zugleich vor, daß die benannten Punkte M, N bis zu μ, ν im-

immer unendlich nahe genommen waren; so würde man allenthalben auch verschwindende Kr. Winkel erhalten haben. Aber zur entgegengesetzten Lage wie bei μ, v hatten doch diese nicht anders gelangen können, als wenn sie absolut Null und der Tangenten Winkel MHN = 2R wurde, den Fall ausgenommen, wenn etwa diese Winkel durch den Zustand ∞ durchpassirt wären. Der erste Fall ist mit §. 102 Plan. 39 Fig. zu vergleichen, wo der Winkel ILH in GMH, GNH u. s. w. übergeht, bis er kleiner als jeder gegebene endlich absolut Null wird, da dann, wenn sich GM immer weiter um G drehet, auf der **andern** Seite von GH wieder ein Winkel entsteht, der mit den Winkeln vor dem Zustand o eine entgegengesetzte Lage hat. Eben der Fall ist Fig. 149 ebene Trig. mit dem Winkel CGA der Tangente und Sekante. Nur daß sich **dort** eine unbestimmte Linie um einem Punkt drehet, **hier** zwei unendlich nahe Tangenten nach der Richtung einer Curve fortgeschoben werden. Der zweite Fall findet dort bei der Tangente selbst statt, die bis 90° wächst, für 90° = ∞; dann auf der entgegengesetzten Seite wieder **etwas** wird. Aber beim Wendungspunkt kann dieser Fall nicht eintreten; die Curve wird immer weniger gekrümmt, d. i. der Kr. W. beziehungsweise gegen die vorigen immer kleiner, kann also im Wendungspunkt mit einmal nicht = ∞, sondern muß da absolut = o werden, weil ja wirklich die Tangenten der sich unendlich nahen Punkte M, N in eine grade Linie zusammenfallen Es kommt also nur darauf an, um das x oder y für den Wendungspunkt zu bestimmen, daß man die für die Krümmungswinkel gefundene Ausdrücke, die relative Nullen waren, indem man sie noch unter einander verglich, hier wie bei der Untersuchung des Größten und Kleinsten schlechthin = o setzet. So ist also

1. Für parallele Ordinaten: $\frac{-dt}{1+tt} = 0$

Mithin darf nur $dt = d.\frac{dy}{dx}$ oder $\frac{ddy}{dx^2}$ oder weil dx als constant angenommen wird $ddy = 0$ seyn.

2. Für Ordinaten aus einem Punkte muß also der Ausdruck §. 342 $\frac{r(tdy-ydt)}{r^2t^2+y^2} + \frac{dx}{r} = 0$; mithin auch $r^2(tdy-ydt) + (r^2t^2+y^2)dx = 0 =$ einem absoluten Nichts seyn.

§. 356. Die Forderung $\frac{-dt}{1+tt} = 0$ erhält man auch, wenn tt mithin auch $t = \infty$ ist, wenn auch dt nicht absolut 0 gesetzt wird. Also alles eben so wie beim Rückkehrpunkt; so daß ohne, daß man überhaupt etwa aus der Natur der Gleichung für die Curve weis, welches von beiden statt findet, die Entscheidung zweideutig bleibt, ob das gefundene y oder x für einen oder den andern gehört. Wenns das eine nicht ist; so ist das andere; auch wol beides, d. i. der Punkt kann sowol für einen Wende- als Rückkehrpunkt gelten; $t = \infty$ giebt gemeiniglich einen Punkt, der auch ein Rückkehrpunkt ist, wovon unten. Kann von x auf diesem Wege kein bestimmter Wehrt gefunden werden, oder giebt derselbe in die Gleichung gesetzt ein immergleiches y; so hat die Curve weder eins noch das andere.

§. 357. Exempel für par. Ordinaten. Es sey $y = x^m + ax^{m-1} + bx^{m-2} \ldots ux^2 + vx + w$;

so ist $t = \frac{dy}{dx} = mx^{m-1} + m-1.ax^{m-2} \ldots + 2ux + v$,

und $\frac{dt}{dx} = m.m-1.x^{m-2} + m-1,m-2,ax^{m-3} \ldots + 2u = 0$ wegen §. 355.

oder

oder $x^{m-2} + \frac{m-2}{m} a x^{m-3} \ldots + \frac{2u}{m.m-1} = 0$. Hier wird uns also die Aufgabe §. 97. 98: die Wurzeln einer Gleichung vom m 2 Grade zu finden, vorgegeben. Sie hat eigentlich m — 2 Wurzeln nach §.58.2; m—2 Wendungspunkte kann also auch eine Cur- vom Grade m haben. Selbst die 103 Figur zeigt dies deutlich die Curve, welche von αδ einer Abscissenlinie 6mal durchschnitten wird hat 6 — 2 = 4 Wendungspunkte in $\gamma, \varepsilon, \zeta, \eta$. Die Gleichung $y = x^m + a x^{m-1} \ldots$ stellt eigentlich Parabeln von höhern Ordnungen vor. Es sey $m = 3$, so ist $y = x^3 + ax^2 + bx + c$; $t = 3x^2 + 2ax + b$ und $\frac{dt}{dx} = 6x + 2a = 0$, also $x = \frac{1}{3}a$ bei dieser kubischen Parabel. Es sei für eine im Scheitel lothrecht auf der Axe genommene Abscissenlinie die Gleichung $x^2 = py$, oder $y = \frac{1}{p} x^2$, so ist hier $\frac{dt}{dx} = \frac{2:2-1}{p} x^{2-2} = \frac{2}{p} x^0$; da hier $m - 2 = 0$ wird, so heißt dies der parabolische Ast hat (wie auch sonst bekannt ist) keinen einzigen Wende- oder Rückkehrpunkt. Nur erst Curven der 3ten Ordnung, wo $m - 2 = 1$ können dergleichen haben.

§. 358. Aufg. Die Curve deren Gleichung $y = \frac{ax^2}{a^2 + x^2}$ in Rücksicht der Wendungs- und Rückkehrpunkte zu untersuchen.

Aufl. Es sey $\frac{ax^2}{a^2 + x^2} = \frac{w}{z}$. Weil $\frac{zdw - wdz}{z^2} = dy$ aber $dw = 2axdx$; $dz = 2xdx$; so hat man

$\frac{2a^3x + 2ax^3 - 2ax^3}{z^2} = \frac{2a^3x}{z^2} = \frac{dy}{dx} = t$ und $\frac{dt}{dx} = \frac{2z^2a^3 - 8a^3x^2z}{z^4} = 0$. Mithin auch mit z^4 multiplicirt und mit z dividirt wird: $2za^3 - 8a^3x^2 = 2(a^2+x^2)a^3 - 8a^3x^2 = 2a^5 + 2a^3x^2 - 8a^3x^2 = 2a^5 - 6a^3x^2 = 0$. Also auch $x^2 = \frac{2a^5}{6a^3} = \frac{1}{3}a^2$ und $x = \frac{1}{3}a\sqrt{3}$ und $y = \frac{3}{4}a$. In Fig. 100. sey $AB = a$, $PM = \frac{3}{4}a$, $AP = \frac{1}{3}a\sqrt{3}$. Wenn $x = a$, so ist $y = \frac{a^3}{2a^2} = \frac{1}{2}a$. Also wo $x = \frac{1}{3}a\sqrt{3}$ ist ein Wendepunkt.

§. 359. **Aufg. Die Curve, deren Gleichung $y = a + \sqrt[3]{(a^3 - 2a^2x + ax^2)}$ in Absicht der bewußten Punkte zu untersuchen.** Fig. 102.

Aufl. Es ist auch $y = a + \sqrt[3]{a(a-x)^2}$. Da jede Kubikwurzel nur einen möglichen Wehrt hat §. 67 3.; so giebt auch hier jedes x nur ein y. Ferner wenn man $a - x = u$ setzt; so sieht man auch, daß $(+u)^2$ und $(-u)^2$ beide positiv, also y auch immer Wehrte von einerlei (positiver) Art hat. Wenn

$x = 0$	so ist	$u = a$	und	$y = a + \sqrt[3]{a^3} = 2a$
$x = \frac{1}{2}a$	"	$u = \frac{1}{2}a$	"	$y = a + a\sqrt[3]{\frac{1}{4}}$
$x = a$	"	$u = 0$	"	$y = a$
$x = 2a$	"	$u = -a$	"	$y = a + \sqrt[3]{a^3} = 2a$
$x = -a$	"	$u = 2a$	"	$y = a + a\sqrt[3]{4}$
$x = -2a$	"	$u = 3a$	"	$y = a + a\sqrt[3]{9}$

Aber von $x = a$ an liegen, wenn $x < a$ oder x negativ ist, die Ordinaten links von BD, wenn $AB = a$ gesetzt und der Anfang der Abscissen an A genommen

men wird. Es ist $y-a=\sqrt[3]{a(a-x)^2}$ und $(y-a)^3 = a(a-x)^2 = au^2$; dies zeigt eine Gleichung vom dritten Grade an, welche also, wie auch die Figur zeigt, von einer graden Linie dreimal geschnitten werden kann. Nach diesen vorläufigen Betrachtungen setze man $y = a + \sqrt[3]{a} . \sqrt[3]{(a-x)^2}$. Man differentiirt nur $\sqrt[3]{(a-x)^2}$ nach §. 218. Anm. Hier $n=3$; $t=2$; $X=a-x$, $dX=-dx$. Also $d\sqrt[3]{(a-x)^2} = \frac{t}{nX}$

$$dX\sqrt[n]{X^t} = \frac{-2(a-x)^{\frac{2}{3}}dx}{3(a-x)} = -\tfrac{2}{3}.\frac{dx}{\sqrt[3]{(a-x)}}.$$ Also

$$\frac{dy}{dx} = -\tfrac{2}{3}\sqrt[3]{\frac{a}{a-x}} = t.$$ Nun ist $dt = \frac{2}{3}\sqrt[3]{a}$. $-\sqrt[3]{(a-x)^{-1}}$. Letztern Faktor für sich nach eben der Regel differentiirt giebt, (weil $n=3$; $t=-1$; $X=(a-x)$; $dX=-dx$); $\frac{-1.-dx.\sqrt[3]{(a-x)^{-1}}}{3(a-x)}$

$$= \frac{dx}{3\sqrt[3]{(a-x)^4}}.$$ Also ist $\frac{dt}{dx} = -\frac{2}{9}\sqrt[3]{\frac{a}{(a-x)^4}}$.

Also $\frac{2}{9}\sqrt[3]{\frac{a}{(a-x)^4}} = 0$ gesetzt, giebt keinen bestimmten Wehrt für x. Setzt mans $=\infty$; so findet dies statt, wenn $x=a$ ist. So giebt es denn in diesem Fall, wo $y=a$ wird, zwar keinen eigentlichen Wendepunkt, aber wol einen Rückkehrpunkt §. 356, den man als eine Art eines Wendepunkts ansehen kann, siehe aber unten. Es ist eigentlich wider die Regel §. 356, wenn man einen **Wendepunkt** sucht $t = -\frac{2}{3}\sqrt[3]{\frac{a}{a-x}} = \infty$ zu setzen. Man kann es es wol $= 0$ setzen, aber da erhält man für x keinen Wehrt.

§. 361. Setzt man in der oben bereits abgeleiteten Gleichung $(y-a)^3 = a(a-x)^2$; $y-a=z$; a x $= w$ und $a = p$, so erhält man $z^3 = pw^2$ die Gleichung für Neils Parabel und setzt man, wenn die Abscissen und Ordinaten vom Scheitel an genommen werden, die Ordinaten, wie gewöhnlich x und y, so ist $y = \sqrt[3]{p}\sqrt[3]{x^2}$. Also nach der Regel p. $\frac{2x^{\frac{2}{3}}}{3x}$ $= \frac{2\sqrt[3]{p}.x^{-\frac{1}{3}}}{3} = \frac{2}{3}\sqrt[3]{\frac{p}{x}} = \frac{dy}{dx} = t$ und $\frac{dt}{dx} = \frac{2\sqrt[3]{p}}{3}.$ $- \frac{1.x^{-\frac{1}{3}}}{3x} = \frac{1}{3}\sqrt[3]{\frac{p}{x^4}}$, welches $= \infty$ gesetzt, $x = 0$ verlangt. Dies bedeutet, daß Neils Parabel grade am Scheitel einen Rückkehrpunkt habe u. s. w. (denn hier geht die Abscissenlinie, weil alle y um a verkürzt werden, grade durch den Punkt D).

§. 362. **Exempel für Ordinaten aus einem Punkt.** Man soll untersuchen, ob und wo die parabolische Spirale deren Ordinaten wie §. 342 aus dem Mittelpunkt gehen, einen Wendungspunkt hat. Die Hauptregel war

$$\odot.\ r^2(tdy - ydt) + (r^2t^2 + y^2)dx = 0.$$

Setzt man nun den Umfang des Kreises (wenn p der Parameter), welcher ist $2r\pi = \frac{r^2}{p} = x$, so giebt dann $r - y = \sqrt{px} = r$, d. i. $y = r - r = 0$. Aber $p = \frac{r}{2\pi} = \frac{1}{2}r.\frac{1}{\pi}$. Nun sey $r = 1$; $p = \frac{1}{2\pi}$ und $p^2 = \frac{1}{4\pi^2}$; so ist daher $\frac{dy}{dx} = \frac{1}{4\pi(y - 1)} = t$ §. 333. Mithin

dx

$dx = 4\pi(y-1)\,dy$. Es sey $y-1=u$ und $du = dy$; so ist $d.u^{-1} = -1.u^{-2}du = -(y-1)^{-2}dy$; $dt = -\frac{1}{4\pi(y-1)^2}$; $t^2 = \frac{1}{4^2\pi^2(y-1)^4}$. Dies alles nun giebt obige Gleichung $0 = \frac{dy}{4\pi(y-1)} + \frac{y\,dy}{4\pi(y-1)^2} + \frac{dy}{4\pi(y-1)} + y^2.4\pi(y-1)dy = 0$. Mit $4\pi(y-1)$ multiplicirt und mit dy dividirt wird, $1 + \frac{y}{y-1} + 1 + y^2.4^2\pi^2(y-1)^2 = 0$ und mit $y-1$ multiplicirt $y-1+y+y-1+y^2.4^2\pi^2(y-1)^3 = 0$; $3y-2 + y^2.4^2\pi^2(y-1)^3 = (y^3-3y^2+3y-1)\,4\pi^2y^2 + 3y-2 = 4^2\pi^2(y^5-3y^4+3y^3-y^2) + 3y-1 = 0$ und $y^5-3y^4+3y^3-y^2+\frac{3}{4.4\pi^2}y - \frac{1}{2.4\pi^2} = 0$.

Nun ist $\frac{1}{4\pi^2} = \frac{1.1.1.1}{2.\pi.2\pi} = 0{,}02532$; welches mit $\frac{3}{4}$ und $\frac{1}{2}$ multipl. $y^5-3y^4+3y^3-y^2+0{,}01899.y - 0{,}01266$ giebt. Nun sieht man, daß $y=1$ die Gleichung $=+0{,}00633$, $y=0$ sie $-0{,}01266$ giebt. Nimmt man $y=\frac{5}{6}=0{,}83$,

so ist $y^5 = 0{,}39390$	$3y^4 = 1{,}49374$
$3y^3 = 1{,}71536$	$y^2 = 0{,}6889$
$0{,}83.0{,}01899 = 0{,}01576$	$0{,}01266$
$2{,}12502$	$2{,}19530$
	$2{,}12502$
	$0{,}00028.$

Also ist y ziemlich genau $\frac{5}{6}$ und $x = \frac{(1-\frac{5}{6})^2}{p} = \frac{1}{36}$: $\frac{1}{2\pi} = \frac{2\pi}{36}$. Also $\frac{1}{36}$ vom ganzen Umfange. Mithin

 ist

ist bei dem Winkel ACμ (Fig. 96) von $\frac{360°}{36}$ = 10° der Wendepunkt.

§ 363. Man hat bei den bisherigen Lehren bemerken müssen, daß besonders die Aufsuchungen der Wende und Rückkehrpunkte viel mit der Methode vom Größten und Kleinsten §. 240 ff. gemein haben, dies zeigt sich am deutlichsten bei parallelen Ordinaten. Nimmt man (101 F.) auf AB gleiche Δx, so werden doch (fast) jederzeit die zug. Δy ungleich werden, und nach einem gewissen Gesetze abnehmen oder wachsen, können also als Ordinaten einer zweiten Curve angesehen werden. Daher muß auch das Verhältniß der verschwindenden Δy oder der dy bei absolut gleichen dx noch verschieden seyn. Nur blos im Wendepunkte (auch Rückkehrpunkt) müssen die beiden nächsten dy als vollkommen gleichgedacht werden. Denn das Element ist als eine grade Linie anzusehen. Und bei einer solchen wären bei gleichen Δx und dx auch alle Δy und dy absolute gleich groß. So muß also ihr Unterschied und so mit ihr Differential, d. i. ddy ein absolutes Nichts seyn; das heißt an der Stelle, wo die Ordinate der zweiten Curve oder ersten Differentiallinie ein M oder μ werden, liegt ein Wende- oder Rückkehrpunkt oder wie wir dort dy = 0 setzten, um das x zu bekommen, wofür y ein M oder μ wird; so setzen wir hier ddy = 0 um das x und y für die öftgen. Punkte zu finden. Dies ist nur eine andere Vorstellung der Regel §. 355. I. $dt = \frac{ddy}{dx}$ oder wenn dx = 1; ddy = 0 zu setzen.

Anm. Ich bemerke, daß obgleich hier ddy = 0 wird, doch die folgenden Δy oder dy nicht negativ werden, sondern positiv allmählich wachsen. Ein Fall wie §. 12 eb. Trig. bei dem Quersinus des neg. Winkels von mir bemerkt ist.

§. 364.

§. 364. Aber es kann auch, wenn $dy = 0$ gesetzt wird der dadurch gefundene Wehrt von x in ddy gesetzt $ddy = 0$ machen; und so deütet auch dies auf einen Wendpunkt W oder Rückkehrpunkt R. Denn wenn nun d^3y zuerst endlich wird; so hat die Hauptlinie kein M oder μ §. 242 β. Wird aber auch $d^3y = 0$ und d^4y endlich, so hat die Curve wieder kein W und R aber ein M und μ. Kurz in allen Fällen wo nach jener Regel kein M und μ statt findet, ist hier ein W oder R zu vermuthen; und man kann nun jene Regel so vollständig machen. „Man setze $dy = 0$ „und das dadurch gefundene x in d^2y, $d^3y \ldots d^my$ „bis eins davon einen endlichen Wehrt bekommt. „Ist in dem ersten d^my, welches einen endlichen „Wehrt erhält der Ordnungsexponent m **grade**; so „hat die gegebene Curve ein M (maximum) oder μ „(minimum), ersteres wenn d^my einen endlichen ne„gativen; μ wenn d^my einen endlichen positiven „Wehrt hat. Ist aber in dem d^my, welches den er„sten endlichen Wehrt (durch das x aus $dy = 0$) „giebt das m **ungrade**; so hat die Curve kein M „oder μ aber wol ein W oder R."

Daraus folgt aber nicht, daß wenn $dy = 0$ keinen bestimmten Wehrt von x oder y giebt, man nun sogleich schließen müsse, die Curve habe auch kein W oder R, d. i. keinen Wende- oder Rückkehrpunkt; welches schon durch das Beispiel §. 358 widerlegt wird. Man muß noch das Differential ddy suchen und $ddy = 0$ setzen u. s. w., wie gelehrt worden ist.

E. Der Krümmungskreis (circulus osculator Anschmieger?) Krümmungshalbmesser (radius osculi Anschmiegungshalbmesser?).

§. 365. Es sind MN und NV die Sehnen einer Curve. Wenn auch die ungleich gekrümmten Bogen dieses Namens (in gerade Linien ausgedehnt gleich lang wären, so werden doch diese Sehnen von ungleicher Länge seyn (können). Aber immer kann durch die Punkte M, N, V ein Kreis gelegt werden, dessen Halbmesser sich nach §. 142 Plan. oder §. 61. eb. Trig. bestimmen läßt. Indessen können diese 3 Punkte, indem M und V immer gleiche lange Theile der Bogen durchgehen, sich unendlich nähern. In jeder Zwischenlage, z. E. wie M', N, V', läßt sich ein Kreis dadurch gedenken, dessen Halbmesser immer größer wird. Fallen sie endlich zusammen, so wird dieser Halbmesser zwar so groß, als er nach den Umständen werden kann; aber er muß doch eine bestimmte endliche Größe haben. Die Gränze kann er nicht überschreiten, da ja die 3 Punkte nicht verschwindend, nicht über der Curve hinausfallen, da mit ihm ein Kreis beschrieben werden könnte, der flacher als die Curve gekrümmt durch N aber mit beiden Seitenbogen über MM'NV'V hinaus gienge. Im Falle der unendlichen Annäherung von M, N, V heißt der durch sie gehende Kreis **der Krümmungskreis, Anschmieger, Schmiegekreis** (osculator). **Sein Halbmesser, der Krümmungs-Anschmiegungshalbmesser Schmiegemesser** (radius osculi).

§. 366. **Der Krümmungshalbmesser O ist gleich dem Element der Curve in N mit dem zu N gehörigen (verschwindenden) Krümmungswinkel THD dividirt.**

Bew. Wenn MH, ND Tangenten der vorgegebenen Curve sind; so ist die durch den mittlern N gehende D, NDV gewis auch eine Tangente des Krümmungskreises (osculatoris), denn M und V liegen von Anfang an, auf einer Seite der Linie DNW und fallen auch, wenn sie sich noch so sehr dem Punkt N nähern, doch nie über DNW hinaus. Wenn daher

MKN

MKN $=\phi$; VKN $=\psi$; so ist bei jeder Annäherung bis zur äußersten Gränze MNH $=\frac{1}{2}\phi$, WNV $=\frac{1}{2}\psi$ §. 154. Plan. Zwar ist $\frac{1}{2}\psi = \frac{1}{2}\phi \pm \frac{1}{2}\Delta\phi$; so lange M und V sich gleichen Schritt dem N nähern (weil $\psi \lessgtr \phi$ war, §. 365). Aber wenn sich die 3 Punkte unendlich nähern, wird $\frac{1}{2}\psi = \frac{1}{2}\phi \pm \frac{1}{2}d\phi = \frac{1}{2}\phi$, weil nun $d\phi$, also vielmehr $\frac{1}{2}d\phi$ verschwindet §. 266. Pl. Weil nun im endlichen Dr. MHN, HN $=$ HM ist §. 153 Pl. so ist da schon THD $=\phi$. Warum sollte denn nach der unendlichen Annäherung nicht noch THD $=\phi$, aber auch, da $d\phi$ verschwindet, THD $=\psi$ gesetzt werden müssen. Eben so ist, da M von N noch entfernt ist, MK $= \frac{MN}{2\sin\frac{1}{2}\phi}$ §. 26. eb. Trig. Bei der unendlichen Annäherung wird MN $=$ ds $=$ dem Element der Curve und für einen sehr kleinen, also auch unendlich kleinen Winkel hin $\frac{1}{2}\phi = \frac{1}{2}\phi = \frac{1}{2}$THD. Also ist der Krümmungshalbmesser $O = \frac{ds}{\phi}$ oder $\frac{ds}{THD}$.

§. 367. **Aufg. I. Den Krümmungshalbmesser O für jeden Punkt N in einer Curve für parallele Ordinaten zu bestimmen.**

Aufl. 1) Hier war der verschw. THD $= \frac{dyd^2x - dx^2d^2y}{ds^2}$ §. 341; also ist $O = \frac{ds^3}{dyd^2x - dxd^2y}$ oder $O = -(1+t^2)^{\frac{3}{2}} \frac{dx}{dt}$; weil nach a. O. THD $= -\frac{dt}{1+t^2}$ und $ds = dx.\sqrt{(1+t^2)}$ ist.

2) Wenn

2) Wenn dx unveränderlich oder sich selbst gleich ist; so ist $ddx = o$ abh. und $O = -\frac{ds^3}{dxd^2y}$.

3) Wenn ds unveränderlich; so ist $d \,.\, ds^2 = d(dx^2 + dy^2)$, aber $dds^2 = o$ §. 206, so ist $2dxddx + 2dyd^2y = o$. Also $ddx = -\frac{dy\,d^2y}{dx}$; $d^2y = -\frac{dx\,d^2x}{dy}$. Folglich

$$O = \frac{ds^3}{dyd^2x + dx^2ddx} = \frac{ds^3}{(dy^2 + dx^2)ddx}.$$ Folglich

$$O = \frac{dyds}{ddx} = -\frac{dxds}{ddy}.$$

§. 368. Anm. 1. Ohne Rücksicht auf den Kr. Winkel findet man dies auch so: Wenn CM in der Fig. den rad. osc. vorstellet, Cm sich ihm unendlich nähert $AP = x$; $Pp = dx = MR$; $Mm = ds$ und der Bogen NQ mit NC beschrieben ist; so ist

$Mm : MR = NO : NQ$ und $NQ = \frac{MR\,.\,NO}{Mm} = \frac{dx\,.\,NO}{ds}$

$Mm : NQ = MC : NC$

$Mm - NQ : Mm = MC - NC : MC = MN : NC$

Also $O = MC = \frac{MN\,.\,Mm}{Mm - NQ}$

Nun ist $MR(dx) : Mm(ds) = PM(y) : MN$ also $MN = \frac{yds}{dx}$

Also $MC = \frac{yds^2}{dx\left(ds - \frac{dx\,.\,NO}{ds}\right)} = \frac{yds^3}{dx\,.\,(ds^2 - dx\,.\,NO)}$.

Aber $NO = dx + dPN$, PN ist die Subnormale $\frac{ydy}{dx} = \frac{w}{dx}$. Mithin $= \frac{dx\,.\,dw - wd^2x + dx^3}{dx} = (dx + dPN) = NQ\,.\,dx$, $dw = dydy + yddy$. Folglich ist

$O =$

$$O = \frac{yds^3dx}{dx(dx\,ds^2 - dxdw + wd^2x - dx^3)}$$
$$= \frac{yds^3}{dx\,ds^2 - dxdw + wd^2x - dx^3}$$
$$= \frac{yds^3}{dx\,ds^2 - dy^2dx - ydx\,ddy + ydy\,ddx - dx^3}$$
$$= \frac{yds^3}{dx(ds^2 - (dy^2 + dx^2)) + ydy\,ddx - ydxddy}$$
$$= \frac{ds^3}{dyddx - dxddy}.$$

§. 369. Anm. 2. Da die Normallinie $w = y(1+t^2)^{\frac{1}{2}}$; so ist $\frac{w}{y} = (1+t^2)^{\frac{1}{2}}$ und daher $O = -\left(\frac{w}{y}\right)^3 \frac{dx}{dt}$

§. 370. **Aufg. Den Krümmungshalbmesser O für Ordinaten aus einem Punkt allgemein zu bestimmen.**

Aufl. Nach §. 342 ist der Kr. W.

$THD = \frac{r(tdy - ydt)}{r^2t^2 + y^2} + \frac{dx}{r}$ und nach §. 335 ist $\frac{r^2ds^2}{dx^2} = r^2t^2 + y^2$ und $dt = \frac{dx\,d^2y - dy\,ddx}{dx^2}$. Also

$$r(tdy - ydt) = \frac{dxr.\,dy^2 - rydxd^2y + rydyddx}{dx^2}$$ div. mit $\frac{r^2ds^2}{dx^2}$ giebt

$$THD = \frac{dx.\,dy^2 - ydxd^2y + ydyddx + dx.\,ds^2}{rds^2}$$ und

$$O = \frac{ds}{THD} = \frac{rds^3}{dx(ds^2 + dy^2) + ydy\,d^2x - ydx\,d^2y}.$$

Nachdem nun dx oder dy unveränderlich genommen würden, fällt das 2te oder 3te Glied, weil d^2y oder d^2y Null werden weg, weil $r^2ds^2 = y^2\,dx^2 + r^2dy^2 = r^2$, $r^2dsdds = y^2dx\,ddx + ydy\,dx^2 + r^2\,dy\,ddy$.

Nun

Nun kann man dx oder dy beständig, und also ddx oder ddy $=0$ setzen, das stehenbleibende Glied, worin ddy oder ddx letzteres wegschaffen und Formeln erhalten, worin nur das zweite Differential des Bogens dds ist. Ist aber ds unveränderlich; so ist was rechter Hand steht $=0$; also $ddy = \frac{-y^2dxddx - ydydx^2}{r^2dy}$

$= \frac{Z}{r^2dy}$ so hat man

$$\frac{rds\sigma^2 : r^2}{dx\left(\frac{\sigma^2 + r^2dy^2}{r^2}\right) + ydy\,d^2x - \frac{ydxz^2}{r^2dy}}$$ multipl. mit

r^2dy giebt $\frac{rds.\sigma^2}{dx.dy.\sigma^2 + r^2dy^2.dydx + r^2ydy^2d^2x - ydxz}$

$= \frac{rds\sigma^2dy}{dxdy\sigma^2 + r^2dy^2dydx + r^2ydy^2ddx + y^3dx^2d^2x + y^2dx^3dy}$

Der Nenner ist $= dxdy\sigma^2 + (r^2dy^2 + y^2dx^2)dydx + (r^2dy^2 + y^2dx^2)yd^2x$, weil nun $r^2dy^2 + y^2dx^2 = \sigma^2$ war, so ist $O = \frac{rdsdy}{2dxdy + yddx}$.

§. 371. Aehnliche Schlüsse wie §. 342 a. f. zeigen, daß wenn PM $=y$ gesetzt wird, so daß das bisherige $y =$ CM nun $r + y$ ist, und man nimmt alsdenn $r = \infty$, so wird aus der circulären Abscissenlinie nun eine grade und die Hauptformel §. 370 für die Ordinaten aus einem Punkt verwandelt sich in die obige für parallele Ordinaten §. 367.

§. 372. a. Daß der Mittelpunkt des Anschmiegekreises auf der holen Seite der Curve liegt, versteht sich von selbst. Seine Halbmesser müssen daher entgegengesetzte Lagen bekommen, wenn eine Curve oder ein Arm einer Curve erhaben nach einer Gegend hin

ist,

ist, gegen welche die eine oder der andere hol war. Die Formeln selbst würden durch ihren bejahten oder verneinten Wehrt hierauf hinweisen.

§. 372. b. Man hat manche specielle Methoden den rad. osc. zu finden. Eine der leichtesten ist die Bernoullische für das O am Scheitel einer Curve. Lect. Hosp. 17, 18. Opp. T. III. Der Anschmiegekreis hat mit der Curve im Verschwinden PM $= y$ gemeinschaftlich. Es sey AO $= 2$O; so ist $\frac{y^2}{x} = PO$ und $2O = x + \frac{y^2}{x}$; das erste Glied x als verschwindend fällt weg und es ist $O = \frac{y^2}{2x}$, welches doch nach §. 365 eine endliche Größe seyn muß, und da auch y in der Curve liegt, durch die Gleichung für selbige gegeben ist. So ist

1) für die Parabel O am Scheitel $= \frac{px}{2x} = \frac{1}{2}p =$ dem halben Param.

2) Für die gleichs. Hyp. . . . $\frac{ax + x^2}{2x} = \frac{a}{2} + \frac{x}{2}$ und weil auch nun x verschwindet, $O = \frac{1}{2}a =$ der halben Axe oder dem halben Parameter §. 168.

3) Für die Radlinie nach §. 177 wäre dieses $O = \frac{y^2}{2x} = \frac{u + \sqrt{(2rx - x^2)}^2}{2x}$. Im Fall, wo sich y und x dem Gipfel der Radlinie unendlich nähern ist $u = \sqrt{(2rx - x^2)}$, so ist $O = \frac{(2\sqrt{2rx - x^2})^2}{2x} =$

8rx

$\frac{8rx - 4x^2}{2x} = 4r - 2x$, und weil $x = 0$ ist $O = 4r =$ dem doppelten Durchmesser des Generators.

3. Auf die Bestimmung der Größe t kommt alles an, läßt sie sich allein durch x oder allein durch y ausdrücken, so setzt man eine dieser Coordinaten sofort in die Formel §. Ist aber der Wehrt von t in einer Gleichung, worin y und x beide verwickelt sind, und man hatte zugleich eine Gleichung für die Curve quaest. zwischen x und y, so kann damit nach §. 37 x oder y eliminiren, da dann doch nur durch eine dieser variab. Größen bestimmt wird. Für jede algebr. Linie §. 169. läßt sich also eine Gleichung zwischen dem t (§. 341) und der Abscisse x bestimmen.

§. 373. Auch TH muß (in casu evanescential) so gut wie NH den Kreis, so wie die Curve quaest. berühren §. 366. Denn alsdenn ist HMK = 3R — (2R — Φ) — Φ (weil HNK ausgemacht = R mal §. 366); mithin HMK = R. Die Bogen beider fallen innerhalb des △MHN. Da nun durchaus kein anderer Kreisbogen bei unendl. Annäherung zwischen ihnen durchgehen kann, so ist der Anschmiegekreis der beste Maasstab für den Grad der Krümmung. An ihm hat man nämlich einen Kreis gefunden, dessen beständiger Krümmungswinkel §. 351 an der Stelle quaest. auch der Curve Krümmungswinkel ist So giebt die Tangente die Richtung eines Punkts der Curve, der Oskulator die Krümmung in dieser Stelle, gleichsam die Abweichung zweier nebenliegender Elemente.

§. 374. Die Krümmung (d. i. die Krümmungswinkel) verschiedener Curven, oder verschiedener Stellen an einer und derselben verhalten sich grade zu wie die Bogen und umgekehrt wie die Krümmungshalbmesser

messer. Denn $O = \frac{ds}{THD}$; mithin $THD = \frac{ds}{O}$. Also, wenn man ds sich selbst gleich setzt, verhält sich die Krümmung umgekehrt wie die Krümmungshalbmesser. Da $THD = \phi$ dem Centriwinkel, so folgt dies auch aus §. 319 b. Planimetrie.

§. 375. Beispiele für parallele Ordinaten.

Aufg. Die Krümmungshalbmesser für die Kegelschnitte zu finden.

Aufl. Es ist $y^2 = px \pm \frac{p}{a}x^2$. Also

$4a^2y^2 = 4a^2px \pm 4apx^2$; $dt = -p^2\frac{dx}{4y^3}$ §. 350 ⊙

Nun war $1+t^2 = 1+\frac{p^2(a\pm 2x)^2}{4a^2y^2}$ (a. O.) $=$

$\frac{4a^2px \pm 4apx^2 + p^2a^2 + 4ap^2x + 4p^2x^2}{4a^2y^2}$. Also $O = -$

$$(1+t^2)^{\frac{3}{2}}\frac{dx}{dt} = -\frac{[(\pm 4ap+4p^2)x^2+(4a^2p\pm 4ap^2)x+p^2a^2]^{\frac{3}{2}}}{4a^2y^2\sqrt{4a^2y^2}}$$

$$\cdot\frac{4y^3}{-p^2} = \frac{[(\pm 4ap+4p^2)x^2+(4a^2p\pm 4ap^2)x+p^2a^2]^{\frac{3}{2}}}{2a^3p^2} =$$

dem rad. osc. Das Zeichen (+) gehöret für die Hyperbel, (−) für die Ellipse. Für die Parabel ist $a = \infty$, und so fallen alle Glieder, worin nur a ist, gegen diejenigen weg, worin a^2, §. 192. Also ist der Kr.-Halbm. der Parabel $\frac{(a^2.(4px+p^2))^{\frac{3}{2}}}{2a^3p^2} =$

$$\frac{a^2(4px+p^2)a\sqrt{(4px+p}}{2a^3p.\sqrt{p}.\sqrt{p}} = \frac{4x+p}{2\sqrt{p}}\sqrt{\frac{4px+p^2}{p^2}}$$

$= \frac{(4x+p)^{\frac{3}{2}}}{2\sqrt{p}}$. Will man hier lieber die Normallinie brauchen; so ist, weil ($w = y\sqrt{(1+tt)}$ gesetzt), für alle Kegelschnitte

$$O = -\left(\frac{w}{y}\right)^3 \frac{dx}{dt} = \left(\frac{w}{y}\right)^3 \cdot \frac{4y^3}{p^2} = \frac{4w^3}{p^2} \text{ ist.}$$

1) für den Scheitel jedes Kegelschnitts, weil x daselbst $= 0$ ist,

$$O = \frac{(p^2a^2)^{\frac{3}{2}}}{2a^3p^2} = \frac{p^2a^2 \cdot \sqrt{p^2a^2}}{2a^3p^2} = \frac{p^3a^3}{2a^3p^2} = \tfrac{1}{2}p,$$ oder dem halben Parameter.

Da $\dfrac{px \pm \frac{p}{a}x^2}{2x} = \dfrac{y^2}{2x} = \dfrac{p \pm \frac{p}{a}x}{2} = \dfrac{p}{2}$ ist, wenn $x = 0$; so zeigt dies die Uebereinstimmung der Bernoullischen Regel §. 372 mit der allgemeinen Theorie.

2) Den Anschmiegungshalbmesser für den Mittelpunkt findet man am bequemsten mittelst der Normallinie w. Denn hier ist $w = \frac{1}{2}c = \frac{1}{2}\sqrt{ap} =$ der halben kleinen Axe; also ist

$$O = \frac{4(\frac{1}{2}\sqrt{ap})^3}{p^2} = \frac{4 \cdot \frac{1}{8} \cdot ap\sqrt{ap}}{p^2} = \tfrac{1}{2}a\sqrt{\frac{a}{p}}.$$

Bei der Hyperbel wäre im Mittelpunkt $x = -\frac{1}{2}a$. Also im Werth O dies substituirt giebt, $O = \sqrt{(-a^3p)^3}$ als etwas unmögliches, denn über dem Mittelpunkt der Hyperbel ist nichts von der Curve.

Die Krümmung also der Ellipse am Scheitel, die sich nach §. 374 umgekehrt verhalten wie die Krümmungshalbmesser, sind wie $a\sqrt{a} : p\sqrt{p}$. Es ist aber $p = \frac{c^2}{a}$, daher sind sie wie $a\sqrt{a} : \frac{c^2}{a} \cdot \frac{c}{\sqrt{a}} = a\sqrt{a} : \frac{c^3}{a\sqrt{a}} = a^3 : c^3$, d. i. wie die Würfel der großen und

kleinen

kleinen Axe. Also, wenn $c = \frac{1}{2}a$ ist, wie $a^3 : \frac{1}{8}a^3 = 8:1$; eine solche Ellipse ist also am Scheitel 8mal krümmer als über dem Mittelpunkt.

§. 376. Aufg. **An einer gegebenen Curve die Stelle zu finden, wo dieselbe mit einem Kreise, dessen Halbmesser O gegeben ist, eine gleiche Krümmung hat.**

Aufl. Ich zeige es nur in einem Beispiel. Es muß z. E. bei der Parabel immer $O = \frac{(4x+p)^{\frac{3}{2}}}{2\sqrt{p}}$ seyn. Hier ist nun O als gegeben, vorgeschrieben, angenommen, kurz als bekannt anzusehen. Folglich ist $(2O\sqrt{p})^2 = 4O^2p = (4x+p)^3$; also $\sqrt[3]{4O^2p} = 4x + p$, mithin $x = -\frac{1}{4}p + \sqrt[3]{\frac{1}{16}O^2p} = \frac{1}{4}((4O^2p)^{\frac{1}{3}} - p)$; also wenn $O = 4p$, ist $x = p - \frac{1}{4}p = \frac{3}{4}p$. Also wo $x = \frac{3}{4}p$, hat die Parabel eine Krümmung wie ein Kreis, dessen Halbmesser ihrem vierfachen Parameter gleich ist.

§. 377. Aufg. **Die Stelle der größten oder kleinsten Krümmung an einer Curve zu finden.**

Aufl. Es ist hier, wie man sieht, eben die Absicht die man §. 142. β hatte, die größte Ordinate y zu finden, nemlich ein M oder μ für den Kr.-Halbm. O zu bestimmen. Also sucht man vorher die zu dieser Bestimmung von O nöthigen Wehrte, z. B. $\frac{dy}{dx} = t$. Für eine kubische Parabel, deren Gleichung $a^2y = x^3$ ist, hat man $t = \frac{3x^2}{a^2} = \frac{dy}{dx}$. Ferner $dt = \frac{6xdx}{a^2}$. Nun ist also $O = (1+t^2)^{\frac{3}{2}} \frac{dx}{dt}$ (§. 367. 1) $= -\left(1 + \frac{9x^4}{a^4}\right)^{\frac{3}{2}} \cdot \frac{a^2dx}{6xdx} = -\frac{(a^4+9x^4)^{\frac{3}{2}}a^2}{(a^4)^{\frac{3}{2}}6x} = -\frac{(a^4+9x^4)^{\frac{3}{2}}}{6a^4x}$. Nun muß nach §. 242. I, statt des dortigen $\frac{dy}{dx}$ hier $\frac{dO}{dx}$ gesucht werden. Auf das Zeichen (—) braucht man hier fürs erste nicht zu sehen, da es uns nur auf die absolute Größe von O ankommt. Man setze also $a^4 + 9x^4 = X$, so wird $O = \frac{1}{6a^4} \cdot \frac{\sqrt{X^3}}{x}$. Nach §. 218. Anm. ist $d\sqrt{X^3} = \frac{3dX}{2X} \cdot \sqrt{X^3}$. Es ist aber $dX = 36x^3dx$, also das Differential des Zählers $= \frac{3\;36x^3dx.X^{\frac{3}{2}}}{2\,.X}$ $= 54x^3dx.(a^4 + 9x^4)^{\frac{1}{2}}$. Folglich ist

$$dO = \frac{x\,.\,dX^{\frac{3}{2}} - X^{\frac{3}{2}}dx}{6a^4x^2} =$$

$$\frac{(54x^4\sqrt{(a^4+9x^4)} - (a^4+9x^4)^{\frac{3}{2}})dx}{6a^4x^2}.$$ Mithin $\frac{dO}{dx} =$

$$\frac{(54x^4 - (a^4+9x^4))\sqrt{(a^4+9x^4)}}{6a^4x^2} =$$

$$\frac{(45x^4 - a^4)\sqrt{(a^4+9x^4)}}{6a^4x^2} = 0.$$

Mit dem Nenner multiplicirt, und mit der Radikalgröße dividirt, erhält man, wie §. 142 ff., $45x^4 - a^4 = 0$; also $x = \frac{a}{\sqrt[4]{45}}$. Ob dies nun ein M oder μ, d. h. hier die Stelle auf der Axe, senkrecht unter der Stelle der größten oder der kleinsten Krümmung, angebe, erfährt man, wenn man ddO macht. Nun ist $\frac{dO}{dx} =$ $\frac{(45x^2 - a^4x^{-2})\;(a^4+9x^4)^{\frac{1}{2}}}{6a^4}$, wofür man Kürze halber $zy^{\frac{1}{2}}$ setzt, welches das Differential giebt $\frac{1}{2}zy^{-\frac{1}{2}}dy + y^{\frac{1}{2}}dz$ $= zdy$

$\frac{\frac{1}{2}zdy+ydz}{2.y^{\frac{1}{2}}}$. Nun ist $dz = 90xdx + 2a^4 . x^{-3}dx$; $dy = 36x^3dx$. Also $\frac{ddO}{dx^2} =$

$$\frac{(45x^2 - a^4x^{-2})36x^3 + (a^4 + 9x^4)(90x + 2a^4x^{-3})}{6a^4 . 2\sqrt{(a^4+9x^4)}}.$$

Da nun schon $45 . 36x^5 > 36a^4x$ ist, sonst lauter positive Größen hinzukommen; so ist $\frac{ddO}{dx^2}$ eine endliche positive Größe, und also das in Rede stehende O ein Kleinstes, mithin über dem Ende der Abscisse $x = \frac{a}{\sqrt[4]{45}}$ bei der cubischen Parabel am größten.

Sieht man jetzt darauf zurück, daß der Wehrt von O ursprünglich negativ war, so zeigt das freilich an, daß die Curve gegen die Axe convex ist; und hätte man aus diesem negativen Wehrt ddw gesucht, so würde es auch negativ geworden seyn. Aber doch wäre es ein Irrthum gewesen, das gefundene O für ein Größtes anzunehmen. Eigentlich zeigt es ein größtes der entgegengesetzten Lage, das heißt dem Nullwehrte näher, also allerdings ein kleinstes negatives §. 122. A. N.

§. 378. I. Für Ordinaten aus einem Punkt giebt die archimedische Spirale ein Beispiel. Bei ihr ist nach §. 354 h. $O = \frac{ds}{THD} = \frac{(r^2+x^2)^{\frac{3}{2}}}{(2r^2+x^2)2\pi}$.

II. **Aufg. Die Gleichung für die logarithmische Spirale, und ihren Krümmungshalbmesser zu finden.**

Aufl. I. Da auch hier die Ordinaten aus einem Punkte gezogen werden, so ist $CT = \frac{y^2dx}{rdy}$ wie §. 333.

Aber des Winkels CMT Tangente $\frac{CT}{CM} = \frac{ydx}{rdy}$ soll, so wie dieser Winkel selbst, immer gleich groß seyn, welches die Natur der log. Spirale bestimmt. Man setze also $\text{tang}\, CMT = \frac{ydx}{rdy} = m$, so hat man $\frac{dx}{rm} = \frac{dy}{y}$, also $\frac{x}{mr} = ly + C$. Wenn aber angenommen wird, daß die Kreisperipherie, auf welcher die Abscissen genommen werden, die Spirale schneidet; so ist in diesem Fall $x = o$ und $y = r$, also $o = lr + C$ und $C = -lr$. Mithin die vollständige Definition der log. Spirale $\frac{x}{mr} = l\frac{y}{r}$.

II. Das t des 341 §phs oder $tgMTC = \frac{dy}{dx} = \frac{CM}{CT} = \frac{y}{mr}$, $dx = \frac{mrdy}{y}$. Also $dt = \frac{1}{mr}dy$. Setzt man dies in §. 342 in ⊙, so verschwindet das übrige und es bleibt $THD = \frac{dx}{r}$. Nun ist $CM:TM = dy:ds$ und $TM = \surd(CM^2 + CT^2) = \sqrt{\frac{CM^2 + CT^2}{CM^2}} \cdot CM^2 = CM.\surd(1+m^2)$, also $CM:CM\surd(1+m^2) = 1:\surd(1+m^2) = dy:ds$. Mithin $O = \frac{rdy\surd(1+m^2)}{dx} = \frac{rdy.y\surd(1+m^2)}{mrdy} = \frac{y\surd(1+m^2)}{m}$.

§. 379. Aufg. Den Anschmiegungshalbmesser an der Radlinie zu finden.

Aufl.

Aufl. Für diese Curve war bereits §. 242 gefunden $\frac{dy}{dx} = \frac{(2r-x)}{\sqrt{(2rx-x^2)}} = t$, also $1+t^2 = \frac{4r^2-2rx}{2rx-x^2}$. Man setzt $2r-x=z$, $(2rx-x^2)^{\frac{1}{2}}=w$, so ist $dz=-dx$ und nach §. 218, $dw = \frac{(r-x)\,dx}{\sqrt{(2rx-x^2)}}$. Daher ist $dt =$

$$d\frac{z}{w} = \frac{wdz-zdw}{w^2} =$$

$$\left(-(2rx-x^2)^{\frac{1}{2}}dx - \frac{(2r-x)(r-x^2)dx}{\sqrt{(2rx-x^2)}}\right) : 2rx-x^2 =$$

$$\frac{(-2rx+x^2-2r^2+3rx-x^2)dx}{(2rx-x^2)^{\frac{3}{2}}} = \frac{r(x-2r)\,dx}{(2rx-x^2)^{\frac{3}{2}}}.$$ Also

ist $O = -(1+t^2)^{\frac{3}{2}}\,\frac{dx}{dt} = -\frac{(4r^2-2rx)^{\frac{3}{2}}}{(2rx-x^2)^{\frac{3}{2}}}\,.$

$$\frac{dx.(2rx-x^2)^{\frac{3}{2}}}{r(x-2r)dx} = -\frac{4r^2-2rx}{2r^2-rx}.\sqrt{(4r^2-2rx)} =$$

$+2\sqrt{(4r^2-2rx)}$ (denn $\frac{4r^2-2rx}{2r^2-rx} = -2$, welches negativ genommen $+2$ giebt) $= 2\sqrt{2r(2r-x)} = 2LB$ (73 F.) Denn $LB = \sqrt{FB.BM}$, und $2r = FB$; $BM = 2r-x$.

Im Gipfel der Radlinie ist $x=o$, also $O = 2\sqrt{4r^2} = 4r$, wie oben nach der Bernoullischen Hülfsmethode. Bei $x=2r$ ist $O=o$, also die Krümmung $=\infty$ läßt sich gar nicht durch eine Verhältnißzahl ausdrücken, oder der Krümmungswinkel ist von einem endlichen Wehrte, da alle übrigen verschwindende Größen sind. Es ist nämlich $\text{tang}\,Ppm = \frac{dx}{p\sigma} = \frac{dx}{pS+S\sigma}$. Aber wenn $PS \ddagger VL$ wegen Dr. $PpS \backsim VPL$; so ist $VL=PL$, auch $pS=PS=Lt$ und $S\sigma = l\lambda = lm - LM$. Also $\text{tang}\,Ppm = \frac{dx}{Lt+lm-LM}$. Nun ist

$x = 2r - BM$, oder wenn $BM = e$ ist $x = 2r - e$ und $LM^2 = 2re - e^2$, und $LM = (2re - e^2)^{\frac{1}{2}} = \sqrt{2re} - \frac{e^2}{2\sqrt{2re}} \ldots$ nach §. 13 ⊙. In B wird $dx = Mm = e$ und es verschwindet lm bei der unendl. Annäherung noch eher als LM. Dann ist $tg\,PpM = \frac{e}{Ll - LM}$; $Ll^2 = e^2 + (o - LM)^2 = e^2 + LM^2 = 2re$. Daher ist $tg\,PpM = \frac{e}{\sqrt{2re} - \left(\sqrt{2re} - \frac{e^2}{2\sqrt{2re}}\right)} = e : \frac{e\sqrt{e}}{2\sqrt{2r}} = 1 : \frac{\sqrt{e}}{2\sqrt{2r}} = \frac{2\sqrt{2r}}{\sqrt{e}}$. Dies wird $= \infty$, wenn e ein absolutes Nichts wird; ist die Tangente eines rechten Winkels. Man mag nun auf BA den Mittelpunkt einer Kreislinie durch A so klein nehmen als man will; so krümmt sich doch die Radlinie noch stärker. Die Kreisbogen gehen zwischen der senkrechten Tangente in A und dem Cykloidenbogen, der stärker gekrümmt ist, durch; letzterer weicht mehr als alle von der Richtung in A ab, obgleich die Tangente von PpM auch hier unendlich ist.

§. 380. Der Kreis ist allenthalben gleich krumm, verändert seine Krümmung gar nicht §. 351; denn sein Krümmungsh. ist der sich immer gleiche Halbmesser. (In §. 351 war $THD = \frac{ds}{\frac{1}{2}a}$, und nach §. 366 ist $O = \frac{ds}{THD}$. Also für den Kreis $ds : \frac{ds}{\frac{1}{2}a} = \frac{1}{2}a =$ dem Halbmesser). Man sagt daher, jeder Kreis für sich sey gleichförmig gekrümmt. Doch hat ein Kreis eine größere Krümmung als der andere. Die Verglei-

chung

chung jeder andern Krümmung mit einem Kreise von bestimmtem Durchmesser, dem sich ihr anschmiegenden Kreis, gab uns den Maasstab für die Größe oder den Grad der Krümmung (qualitas. curvaturae) jeder Stelle einer Curve §. 333. Wenn man so jede Stelle einer Curve mit der **Veränderung** der Kreiskrümmung, welche o ist, vergliche, so bekäme man einen Begrif von der **Art** seiner Krümmung (qualitas curvaturae). Bei jedem Kreise muß das Differential des Anschmiegehalbmessers, d.i. dO, absolut o seyn. So nicht bei irgend einer andern gekrümmten Linie. Aber nun kommt es auch noch darauf an, wie sich dieses Differential zu dem Element der Curve $ds = \sqrt{(dx^2 + dy^2)}$ an der Stelle verhält, wo man es sucht. Denn je kleiner dies Element bei eben der Abänderung des Krümmungshalbmessers ist desto größer ist die Abänderung der Krümmung überhaupt; oder das Verhältniß dieser beiden Differentialen giebt die Art der Krümmung, den Grad ihrer Ungleichförmigkeit und ihrer Abweichung von der Kreiskrümmung an. Es ist zum Beispiel die Parabel über der Stelle des Brennpunkts auf der Axe viel stärker gekrümmt als weiter hin, als über dem Endpunkt einer sehr großen Abscisse. Aber das dO ist für gleiche Abstände in der Curve im ersten Falle, da die nachfolgenden Krümmungshalbmesser so wenig von einander abweichen, wie etwa die Tangenten der Kreisbogen unter 10 Grad, viel geringer als im zweiten Fall, da die radii osculi bei gleichen Unterschieden der Bogen etwa so wachsen, wie eben diese Tangenten für Kreisbogen über 80°. Eben so ists mit dem andern Moment. Das ds im ersten Fall ist größer bei gleichen dx, denn dy ist größer, als im zweiten Fall, wo bei eben dem dx das dy kleiner ist; ds ist im ersten Fall als Hypotenuse eines rechtwinklichten Dreiecks anzusehen, das bei einerlei Grundlinie eine größere Höhe hat.

Bei der apoll. Parabel war $O = \frac{(4x+p)^{\frac{3}{2}}}{2\sqrt{p}}$, also ist $dO = \frac{3 \cdot 4dx \sqrt{(4x+p)^{\frac{1}{2}}}}{2(4x+p)} = 3dx \sqrt{\frac{(4x+p)}{p}}$

§. ; $ds = dy \sqrt{\left(1 + \frac{4y^2}{p^2}\right)}$, $dy = \frac{p}{2\sqrt{px}} dx$; also $ds = \frac{1}{2} dx \sqrt{\frac{p^2+4px}{px}} = \frac{1}{2} dx \sqrt{\frac{4x+p}{x}}$. Folglich $\frac{dO}{ds} = \frac{2 \cdot 3dx\sqrt{(4x+p)} \cdot \sqrt{x}}{\sqrt{p} \cdot dx\sqrt{(4x+p)}} = 6\sqrt{\frac{x}{p}}$. Also für

$x =$	$\frac{1}{4}p$;	$= \frac{1}{2}p$;	$= p$;	$= 2p$
$\frac{dO}{ds}$	3	$3\sqrt{2}$	6	$6\sqrt{2}$
oder	1	$\sqrt{2}$	2	$2\sqrt{2}$

Allerdings muß bei sehr großen Abscissen für gleiche dx das dO sehr groß seyn, so wie (um ein Gleichniß zu geben), der Unterschied der Tangenten von 87 und 88° auch sehr groß ist, mit dem Unterschied der Tangenten von 2 und 3 Grad verglichen. Erstere ist gegen leztere wie $9555 : 17\frac{1}{2}$.

Bei der §. 378 betrachteten log. Spirale ist $\frac{dO}{ds} = \frac{dy\sqrt{(1+m^2)}}{m.dy\sqrt{(1+m^2)}} = \frac{1}{m}$, also eine beständige Größe, d. i. sie verändert sich immer gleichviel wie 1:m, ist gleichförmig wachsend wie die Geschwindigkeit fallender Körper.

§. 381. **Schlußanmerk.** über die Anschmiegung. Man findet auch bei den Schriftstellern den Begrif eines **Krüm.-Nebenhalbmessers** (coradius osculi). Wenn aus dem Mittelp. C des Anschmiegekr. ein Loth CT (105 F.) auf die Ordinate PM gefällt wird, so ist TM ein

ein solcher Nebenhalbmesser. Wegen MmR $\backsim$ MCT ist Mm(ds):MR(dx) = MC(O):MT, also $\frac{Odx}{ds}$ = corad. osc. = ω und $\frac{\omega ds}{dx}$ = O. Oft kann man ω leichter als O, und dann aus ω sogleich O berechnen. Ohne für ω die allgemeine Formel auf eignem Wege zu suchen, findet man, wenn dx constant ist, nach §. 367. 2) $\omega = -\frac{ds^2}{d^2y}$. Z. B. Die Hyperbel zwischen den Asymptoten hat die Gleichung $xy = \frac{a^2+c^2}{16}$, oder $xy = p^2$, wenn p die Potenz der Hyp. ist §. 167. Daher, weil $xdy + ydx = o$ und $xdy = -ydx$, ist $dy = -\frac{ydx}{x}$. Also $ddy = \frac{-xdx\,dy + ydx^2}{x^2} = \frac{2ydx^2}{x^2}$. Folglich, da $dx^2 + dy^2 = ds^2$, ist $\omega = -\frac{(dx^2+dy^2)x^2}{2ydx^2}$; und da $dy^2 = \frac{y^2dx^2}{x^2}$, ist $\omega = -\frac{(x^2dx^2+y^2dx^2)}{2ydx^2} = -\frac{x^2+y^2}{2y}$. Hieraus folgt eine Construktion des O. Man zieht CM (107 F.) und macht $MN = \frac{1}{2}CM = \frac{1}{2}\sqrt{(x^2+y^2)}$. Das Loth NT giebt MT = ω. Nun ist PM(y) : CM($\sqrt{(x^2+y^2)}$) = MN($\frac{1}{2}\sqrt{(x^2+y^2)}$) : MT; also $MT = \omega = -\frac{x^2+y^2}{2y}$ d. i. auf der der Asympt. CB entgegenges. Seite. Man errichtet das Loth TG, so schneidet es auf dem Lothe auf der Tangente in dem Punkt quaest. der Curve den Schmiegehalbm. Das Verfahren, wenn ω gefunden, ist allgemein genug, um die Erfindung von O alsdenn auf die

die direkte Methode der Tangenten zurückzuführen; ω aber findet man aus dx, dy und ddy. Dann ist O $=$

$$\frac{\omega . \sqrt{(dx^2 + dv^2)}}{dx} = \frac{\omega \, dx}{dx} \sqrt{\left(1 + \left(\frac{dy}{dx}\right)^2\right)} =$$

$\omega . \sqrt{(1 + t^2)}$. So findet man O für die obige Hyperbel $= - \frac{(x^4 + p^4)^{\frac{3}{2}}}{2px^3}$.

F. Von der Evolution.

§. 382. Um einen erhabenen Ast einer Curve, sey eine (undehnbare) Schnur (fest) gewickelt, wickelt man sie allmählig ab, und zieht dabei immer den abgewickelten Theil straff an, so beschreibt sein äußerer Endpunkt eine krumme Linie, welche man die **Evolvente** (oder **durch Evolution entstehende** Linie) nennet, und die ich lieber die **Evolutionslinie**, die **Evolutionaire**, oder auch die **entwickelte Curve** nennen möchte; die Curve, wovon die Schnur abgewickelt wird, heißt die **Evolute**, die **abgewickelte Linie**.

Anm. Evoluta ex evolutione genita, sind die Benennungen der ersten Schriftsteller über diese Verhältnisse zweier Curven. Statt des letzten Ausdrucks hat man kürzere und deutsche gesucht; Evolvens scheint mir nicht der Sache gemäß, der Name Evoluta scheint mir fast eher der Sprachrichtigkeit nach auf die ex evolutione genita zu passen. Die Franzosen kehren es auch grade um. Die aus der Evol. entstandene heißt bei ihnen developpée; die, von welcher die Schnur abgewickelt wird, developpante. Nach dieser Vorstellung hat Hr. Bürja in seiner Sprachkunde der Größenlehre die erste abgewickelte genannt, die zweite aber nicht benant. Ich werde bei den Erfindern bleiben.

§. 383. Der abgewickelte Theil der Schnur ist eine Tangente der Evolute. Wenn A (109 F.) ihr Anfangspunkt ist, so ist EC $=$ Bogen AC; wenn aber schon gleich

gleich anfangs eine Tangente FA = y an die Evolute streifte, die mit der Schnur aus einem Stücke ist, so ist EC = FA + AC.

§. 384. **Die Tangente der Evolvente in E steht auf der abgewickelten Schnur senkrecht.**

Bew. Wenn sich (108 F.) E und M unendlich nähern, so müssen auch Q und C sich eben so nähern. Alsdann fallen die Tangenten CN und NQ mit einander und mit CQ, dem elementarischen Bogen, selbst der Sehne CQ der Evolute zusammen; es wird nur eine Tangente EC = EN = MQ, welcher das Element der Evolvente dAE = ds, als eines verschwindenden Kreisbogens Halbmesser ist, auf welchem also die Tangente in E senkrecht stehen muß, §. 152 266. Planimetrie.

Z. Die abgewickelten Theile der Schnur sind offenbar einerlei mit den Kr.-Halbmesser O; vergl. §. 365.

§. 385. Eine Tangente an einen vorgeschriebenen Punkt E einer Evolutionslinie (Evolvente) zu ziehen, wenn man die Evolute zu ihr weis, beruhet also blos darauf, daß man den Punkt C der letztern sucht, wo sie von einer aus E gezogenen graden Linie berührt wird, das Loth in E auf EC ist der Evolutionslinie Tangente.

Wenn man also an einer rektifikablen Curve in der Praxis durch die Tangenten-Methode, die Tangenten zieht und auf der Richtung derselben das jedesmalige ∫ds aufträgt, so kann man eine Menge Punkte der Evolutionscurve bestimmen. Zur Praxis genügt, daß an der Rektification nichts bedeutendes fehlt.

Eben so: wenn man eine Gleichung für die Evolvente hätte, wodurch mon an jedem Punkt derselben die

die Tangenten, also die darauf lothrechte Richtung von EC erhält, und nun die Länge der Kr.=Halbmesser auf diesen Richtungen aufträgt; so erhält man eine Menge solcher Punkte, daß die dadurch geführte Curve die Evolute zu der gegebenen wird. Sie ist wie die Alten dergleichen nannten, der **geometr. Ort der Krümmungsmittelpunkte.**

§. 386. Solche aus 2 Stellen der Evolvente gezogene Schmiegungshalbmesser machen an dem Punkte N wo sie sich schneiden (müssen) einen Winkel $= \phi =$ CKQ dem Winkel, den 2 Lothe auf den Kr.=Halbmesser in K jenseits der Evolute machen. Man sieht offenbar, daß bei unendlicher Annäherung dieser Winkel $\phi =$ dem THD (§. 336) $=$ dem Kr.=Winkel der Evolute, und daß ihr Anschmiegehalbm. CK $= \omega$ wird.

Dann wird aber auch EM $=$ ds für die Evolvente der Bogen CQ ist bis zu der Verschwindung MQ—EC, wird dann $=$ dO. Da nun ENM $\backsim$ KCQ in diesem Fall seyn muß, so ist ds : O $=$ dO : ω. Also ist $\frac{\omega}{O} = \frac{dO}{ds} = \tang CEK$; weil $\frac{CK}{CE} = \frac{\omega}{O}$ diese Tangente ausdrückt. Hat man von einer Linie (der Evolvente) ds, O, dO, so ist ω leicht gefunden, welches man senkrecht auf O setzt; so erält man durch eine Anzahl ω die Evolute von der Evolute u. s. w. Man sieht, daß diese Formel ganz einerlei mit derjenigen ist, durch welche §. 380 die Aenderungen der Krümmung bestimmt wurden.

Um also die Aenderung der Krümmung, ihre Gleich- und Ungleichförmigkeit zu bestimmen, müßte man jede Curve als Evolvente betrachten, die correspondirenden Krümmungshalbmesser an ihr und ihrer Evolute suchen; so ist ein Bruch, dessen Zähler der letzte, der

der Nenner der erste ist, das Maaß der Krümmung (qualitas curvaturae).

Es muß aber nun gelehrt werden, wie man durch Gleichungen zur Evolvente die ihr zugeh. Evolute, und umgekehrt finden solle.

§. 387. **Aufg. Aus der Gleichung für die Evolvente** αE **(109 F.) zwischen** $FB = x$, $BE = y$, **eine Gleichung für ihre zugehörige Evolute zwischen** $FL = v$ **und** $LC = u$ **zu finden; die Abscissenlinie FL ist gemeinschaftlich.**

Aufl. Außer den beiden Coordinaten sehe man noch auf die Subnormale $\frac{ydy}{dx} = BO = t$ nach §. die Normallinie EO, und den Schmiegungshalbm. $= O = EC$. Nun ist $OE(w) : BE(y) = EC(O) : EB + LC$,

$$EB + LC = y + u = \frac{Oy}{w} \text{ und } u = \frac{O - w}{w} y = A$$

$$OE(w) : BO(yt) = EC(O) : BL$$

$$BL = v - x = \frac{Oty}{w} = B$$

Aus der Gleichung zwischen x und y für die Evolvente folgt noch $w = y\sqrt{(1 + t^2)}$ §. 369 daher $O = -\left(\frac{w}{y}\right)^3 \frac{dx}{dt}$. Mithin läßt sich B in einer Gleichung ausdrücken, worin nur die Data y und x, und die Coordinaten der gesuchten Gleichung v und u sind. Die so ausgedr. Gleichung benenne man C. Dieses C und die Gleichung A vergleiche man nach §. 37 jede für sich mit der Fundamentalgleichung für die Evolvente, und eliminire y, so entstehen zwei neue Gleichungen D und E, worin nur x, v und u sind. Nach eben dem §. 37 eliminirt man mittelst D und E auch noch x, so hat man eine Gleichung, blos zwischen den rechtwinkl. Coordinaten v und

und u auf FL, für die Evolute AC, aus der Gleichung zwischen x und y für die Evolvente, gefunden.

§. 388. **Ist die Evolvente FE eine algebraische Linie**, bei welcher sich die Abhängigkeit der Coordinaten x und y durch eine algebr. Gleichung (mit (gradlinigten) Coordinaten und ohne Differentialgrößen) ausdrücken läßt; **so ist auch die Evolute eine algebraische Linie** §. 169. Denn nach dem vor. §ph läßt sich O alsdann immer aus Gleichungen herleiten, worin lauter bestimmte grade Linien vorkommen, und diesem O, dem solchergestalt gradlinigten Krümmungshalbm., ist der Bogen der Evolute immer gleich, oder doch einer Linie O — g, wo g auch eine grade Linie ist.

§. 389. **Wenn aber die Evolute zwar algebraisch ist, sich aber doch wie der Kreis oder die Ellipse nicht bestimmt rektificiren läßt, so ist die ihr zugehörige Evolvente nicht algebraisch.**

Bew. Die Tangenten einer algebr. Evolute, z. B. des Kreises, sind zwar der Lage nach als grade Linien gegeben; CE sey die Lage oder Richtung einer solchen Tangente. Man nehme nun auf einen Augenblick an, man könne wirklich aus der Gleichung für die Evolute eine algebr. Gleichung zwischen FB (x) und BE (y) für die Evolvente αE ableiten, so müßte ja auch der Punkt E sich für jedes CE bestimmen lassen, und so wäre CE auch der Größe nach bekannt. Also auch der Bogen AC = CE — y wäre einer graden Linie gleich, d. i. die Evolute liesse sich rektificiren, gegen die Voraussetzung.

§. 390. **Aufg. Die der apollonischen Parabel, als Evolvente angesehen, zugehörige Evolute zu finden.**

Aufl.

Aufl. Es ist hier $y^2 = px$, und $y = \sqrt{px}$, wie bekannt; $O = \frac{(4x+p)^{\frac{3}{2}}}{2\sqrt{p}}$ §. 375. (wenn $4x+p = f$) $= \frac{f^{\frac{3}{2}}}{2\sqrt{p}}$, $yt = \frac{1}{2}p$ §. 231; $w = y\sqrt{(1+t^2)} = y\sqrt{\left(1+\frac{p^2}{4px}\right)} = \frac{1}{2}\sqrt{p}\sqrt{(4x+p)} = \frac{1}{2}\sqrt{pf}$. Nun war §. 387. $B = v - x = \frac{Oty}{w} = \frac{f^{\frac{3}{2}}.\frac{1}{2}p}{\frac{1}{2}\sqrt{p}.\frac{1}{2}\sqrt{p}.f} = \frac{1}{2}f$ $= \frac{1}{2}(4x+p) = 2x + \frac{1}{2}p$. Mithin $v - \frac{1}{2}p = 3x$ und $x = \frac{v-\frac{1}{2}p}{3}$. Ferner ist §. 387. $A = \frac{O-w}{w}y = u$ $= y\left(\frac{f^{\frac{3}{2}}}{2\sqrt{p}} - \frac{1}{2}\sqrt{pf}\right) : \frac{1}{2}\sqrt{pf} = y.\frac{f^{\frac{3}{2}} - p\sqrt{f}}{p\sqrt{f}} = y$ $\frac{f-p}{p} = \frac{yf-py}{p} = \frac{f.\sqrt{p}.\sqrt{x} - p\sqrt{p}.\sqrt{x}}{\sqrt{p}.\sqrt{p}} =$ $\frac{(4x+p-p)\sqrt{x}}{\sqrt{p}} = \frac{4x\sqrt{x}}{\sqrt{p}} = u$. Also $x\sqrt{x} = \frac{u\sqrt{p}}{4}$ und $x^3 = \frac{pu^2}{16}$, $x = \frac{p^{\frac{1}{3}}u^{\frac{2}{3}}}{\sqrt[3]{16}} = \frac{v-\frac{1}{2}p}{3}$; zur 3ten Potenz giebt $\frac{pu^2}{16} = \frac{(v-\frac{1}{2}p)^3}{27}$. Also $\frac{27}{16}pu^2 = (v-\frac{1}{2}p)^3$.

Wenn nun (109 F.) $FA = \frac{1}{2}p$ ist, so ist $u = 0$. Setzt man nun $AL = \varrho$, so hat man $\frac{27}{16}pu^2 = \varrho^3$, welches die Abscissen vom Scheitel an gerechnet die Gleichung für Neils cubische Parabel ist, wenn der Parameter derselben $\frac{27}{16}$ vom Parameter einer apollon. Parabe ist. Eine solche Neilische ist also die Evolute einer apollonischen. Die Gleichung giebt $u = \pm\frac{4}{3}\varrho\sqrt{\frac{\varrho}{3p}}$ welches anzeigt, daß diese Evolute zwei völlig gleiche Aeste (ramos) über und unter der Axe AL hat, wvon jeder ebenfalls einen gleichen, aber gegen FL hohlen, Ast seiner Evolvente, der ap. Par., unter und über FL erzeuget. Der Krümmungshalbmesser für den Scheitel der leztern könnte nicht anders als auf der Axe liegen, und müßte, nach §. 375 1., $\frac{1}{2}$p seyn; grade so groß ist FA, welche die Neilische im Scheitel berühret.

§. 391. Betrachtet man die Kreisperiph. als Evolvente, zu welcher man die Evolute suchen mögte; so ist hier O (rad. osc.) und w, die Normale, völlig gleich; O = w = r. Also ist in A §. 387 das u = o, $ty = \frac{ydy}{dx} = r - x$ (§. 231. III.) = v − x, also auch v = r. Auf dem Durchmesser, als der Abscissenlinie, giebt es nur ein einziges v = r, und die Ordinate u darauf ist o, welches anzeigt: zum Kreis gehört keine Evolute; oder wenn mans so haben will: die obgenante Schnur wird nur vom Mittelpunkt abgewickelt. So wäre denn die Evolute des Kreises ein Punkt, und so groß wie der anfängliche rad. osculi, der = r ist, müßten alle übrigen seyn.

§. 392. **Aufg. Wenn eine Gleichung zwischen ϱ und u für eine Curve gegeben ist, und man sie als eine Evolute betrachtet, so daß auch g, die Länge des gradlinigten Endes an der umwickelten Schnur bestimmt ist, eine Gleichung zwischen x und y für die daraus zu entwickelnde Evolvente zu finden.**

Aufl. Es sey AF = g, AL = ϱ, FL = g + ϱ, LC = u, FB = x, BE = y, CE = s + g. Nun sey Ll = dϱ, Rγ = du, Cγ = ds, so ist $OL = \frac{ud\varrho}{du}$

und

und $OC = \frac{uds}{du}$; also $OC : LC = \frac{uds}{du} : u = ds : du$. Mithin $y + u = EB + LC = EH = \frac{CE . LC}{OC} = (S+g) \frac{du}{ds}$. Ferner $OL : OC = d\varrho : ds$. Mithin $BL = \frac{CE . OL}{OC} = \frac{(S+g)d\varrho}{ds}$. Nun ist $y = EH - BH = (S+g)\frac{du}{ds} - u = M$; $x = FL - BL = g + \varrho - \frac{(S+g)d\varrho}{ds} = N$. Aus der Gleichung für die Evolute läßt sich nun $\frac{d\varrho}{ds}$ durch ϱ und u bestimmen, weil $ds = \sqrt{(d\varrho^2 + du^2)}$ §. 298; um aber $\int ds$ wirklich zu erhalten, muß die Evolute sich unbestimmt rektificiren lassen. Dann finden sich in M und N nur noch die gradlinigten Coordinaten y, x, ϱ und u. Nun verbindet man die Gl. für die Evolute mit M und N besonders, und eliminirt bei beiden Vergleichungen das u. Mittelst der beiden dadurch erhaltenen Gleichungen schaffet man auch ϱ weg; so bleibt nur noch eine Gleichung zwischen x und y. Doch alles mit Voraussetzung der Rektification der Evolute.

§. 393. Aufg. **Was für eine Evolvente entsteht, wenn man die Neilische Parabel, wo $pu^2 = \varrho^3$ ist, als Evolute betrachtet.**

Aufl. Es ist $u = \frac{\varrho^{\frac{3}{2}}}{p^{\frac{1}{2}}}$, und $\frac{du}{d\varrho} = \frac{3\varrho^{\frac{1}{2}}}{2p^{\frac{1}{2}}}$. Nun ist nach §. 300, $ds = d\varrho\sqrt{\left(1 + \frac{9\varrho}{4p}\right)}$, und $s = \frac{1}{27}\frac{(4p + 9\varrho)^{\frac{3}{2}}}{\sqrt{p}} - \frac{8}{27}p$. Also ist das M §. 392. hier

 $= y$

$= y = (g+s)3\sqrt{\frac{\varrho}{4p+9\varrho}} - \frac{\varrho\sqrt{\varrho}}{\sqrt{p}}$ (welches $= u$ ist). Das N ist hier $x = (g+\varrho) - (s+g)2 . \sqrt{\frac{p}{4p+9\varrho}}$. Da M und N, auch wenn man den Wehrt von s hineinsetzt, die eine y und ϱ, die andere x und ϱ enthalten; so läßt sich ϱ aus beiden bestimmen. Die beiden für ϱ gefundenen Wehrte gleich gesetzt, geben alsdann eine Gleichung zwischen x und y für die Evolvente. Auch erhellet, daß nachdem man g anders und anders nimmt, verschiedene Curven als Evolventen entstehen müssen. Man nehme $g = \frac{8}{27}p$, setze $4p + 9\varrho = P$; so ist $M = \frac{1}{27}\frac{P^{\frac{3}{2}} . 3\sqrt{\varrho}}{\sqrt{p} . \sqrt{P}} - \frac{\varrho\sqrt{\varrho}}{\sqrt{p}} = \frac{1}{27}\frac{P3\sqrt{\varrho} - 27\varrho\sqrt{\varrho}}{\sqrt{p}} = \frac{3P - 27\varrho}{27\sqrt{p}}\sqrt{\varrho} = \frac{12p}{27\sqrt{p}} . \sqrt{\varrho} = \frac{4}{9}\sqrt{p} . \sqrt{\varrho}$, $N = x = \frac{8}{27}p + \varrho - \frac{P . 3\sqrt{\varrho} . 2\sqrt{p}}{\sqrt{p}\ \sqrt{P}} = \frac{8}{27}p + \varrho - 6\sqrt{P} = \frac{8}{27}p + \varrho - \frac{P^{\frac{3}{2}} . 2\sqrt{p}}{27\sqrt{p}\ \sqrt{P}} = \frac{8}{27}p + \varrho - \frac{2P}{27} = \frac{8}{27}p + \varrho - \frac{8p - 18\varrho}{27} = \frac{8p + 27\varrho - 8p - 18\varrho}{27} = \frac{1}{3}\varrho$. Nun giebt also $y = \frac{4}{9}\sqrt{p} . \sqrt{\varrho}$; das $\sqrt{\varrho} = \frac{9y}{4\sqrt{p}}$ und $\varrho = \frac{81y^2}{16p}$, und $x = \frac{1}{3}\varrho$ giebt $\varrho = 3x = \frac{81y^2}{16p}$; folglich $y^2 = \frac{48px}{81} = \frac{16}{27} . px$, welches eine apollonische Parabel, deren Parameter $\frac{16}{27}$ der Neilischen ist, zur Evolvente angiebt.

In

In andern Fällen, selbst wenn man $g = 0$ setzt, (da sich alsdenn nichts aufhebt) kommen noch zusammengesetztere Gleichungen heraus.

§. 394. **Aufg. Die Evolvente der Kreislinie zu finden.**

Aufl. I. Wenn es blos darauf ankäme diese Curve so darzustellen, daß sie zur Ausübung hinreichende Genauigkeit habe; so nehme man auf einem Kreisbogen dessen Halb. $AK = r$, so viel gleiche Theile von n Graden als nöthig ist, an die Endpunkte ziehe man Tangenten und nehme auf selbigen nach §. 311 Pl. $\frac{n}{180}\pi r$, $\frac{2n}{180}\pi r$ u. s. w. mit Hülfe der dort angef. Tabellen. Die Curve durch die so erhaltenen Punkte ist die Kreisevolvente.

Anm. Man braucht diese Linie um darnach die Hebedaume an einer Welle zu verfertigen, womit man Poch- oder Pumpenstempel senkrecht hebet. Siehe Belidor Arch. hydraulique Vol I. p. 350, woselbst aus der Mechanik gezeigt wird, wie dadurch Gleichförmigkeit in der Bewegung erhalten wird. Soll z. E. 16 Zoll hoch gehoben werden, und die Welle ist $24 = 2r$ dick; so muß der einzutheilende Bogen $\frac{n}{180}\pi r = 16$, also $n = \frac{16 \cdot 180}{12 \cdot \pi} = \frac{240}{3,14} = 76\frac{1}{2}^{0}$ seyn, die man nun in gleiche Theile theilt. In Fig. 110 stellt AH $76\frac{1}{2}$ einen solchen Daumen vor.

II. Wenn die Absciße ϱ, die Ordinate u ist, so ist für die Evolute $2r\varrho - \varrho^2 = u^2$; also $(2r - 2\varrho)d\varrho = 2udu$, mithin $\frac{r-\varrho}{u} = \frac{du}{d\varrho}$, und $ds = d\varrho\sqrt{\left(1 + \left(\frac{du}{d\varrho}\right)^2\right)} = d\varrho\sqrt{\left(1 + \left(\frac{r-\varrho}{u}\right)^2\right)} = \frac{rd\varrho}{u}$, woraus

aus man durch gehörige Substitution $y = (S+g)\frac{r-\varrho}{r} - \sqrt{(2r\varrho - \varrho^2)}$, $x = g + \varrho - (S+g)\frac{\sqrt{(2r\varrho - \varrho^2)}}{r}$ erhält. Aber da sich der Kreis nicht unbestimmt rektificiren läßt, so wird man hieraus auch vergebens eine algebr. Gleichung für seine Evolvente suchen. Denn gäbe es eine, so müßte auch zwischen Bogen und Sinus eine algebr Gleichung rückwärts gefolgert werden können, welches bekanntlich nicht angeht.

§. 395. Wenn ACQ(F. 108) ein Kreisbogen ist, dessen Evolution die Curve AEM giebt, so sey EM $= d$AE, AC $= w =$ CE, und es wird nach §. 386 $\frac{EM}{w} = \frac{dw}{r}$ also $dAE = \frac{wdw}{r}$; daher $AE = \frac{w^2}{2r}$, das elementarische Dr. $MNE = \frac{1}{2}w\frac{wdw}{r}$. Daher der Raum, der von CE, dem Bogen AE, der Evolvente und dem Kreisb. AC eingeschlossen wird, $\int MNE = \int \frac{1}{2r} w^2 dw = \frac{w^3}{6r}$. Ist nun $w =$ der ganzen Periph. der Evolute $= 2r\pi$; so ist die Länge der so weit fortgeführten Evolvente $\frac{4r^2\pi^2}{2r}$, welches heißen kann: die Evolvente ist die 3te Proportionale zum Durchmesser und Umfang seiner circularen Evolute; aber $\frac{4r^2\pi^2}{2r} = 2r\pi . \pi$ kann heißen: die Evolvente ist der halben Peripherie eines Kreises gleich, dessen Halbmesser der Peripherie der Evolute $2r\pi$ gleich ist. Der ganze Flächenraum eines Kreises, wie der letztgenannte, wäre

$4r^2\pi^2$

$4r^2\pi^2 . \pi = 4r^3\pi^3$. Da nun $\frac{w^3}{6r}$ hier $\frac{8r^3\pi^3}{6r} = \frac{4r^2\pi^3}{3}$ ist; so ist letzterer Raum, der zwischen der Evolute (dem abgewickelten Kreise), der Evolvente und dem letzten Krümm.-Halbm. (110 F.) z. B. AR, CY, FX, GZ liegt von dem ganzen mit diesen Kr. Halbmessern $= 2r\pi$, $2\frac{1}{2}r\pi$, $3r\pi$, $3\frac{1}{2}r\pi$ u. s. w. beschriebenen Kreise der dritte Theil. Nun kann die Schnur oftmals, ja unzähligemal, um die Kreisperipherie geschlagen seyn, so windet sich die Evolvente wie eine Spirale eben so oft und eigentlich unzähligemal um den Kreis herum, wie die 110 F. zeigt, und auch daraus erhellt, daß sie transcendentisch ist, und daß daher keine algebr. Gleichung für sie gefunden werden konnte §. 169.

§. 396. Eine Anwendung hiervon auf die Mechanik: ein Schopfrad anzulegen, wodurch eine, nach der Evolvente AHgRYXZQ des Kreises um selbigen gebogene, Röhre Wasser geschöpft, und bis zu der holen Welle, deren Durchschnitt eben die Evolute ist, mit immer gleichförmiger Kraft gehoben wird, zeigt Hr. Rath **Langsdorf**. Erl. der K. An. S. 430 ff.

§. 397. Die Evolvente einer Radlinie ist ihrer Evolute congruent (gleich und ähnlich).

Bew. Durch den Gipfel (111 F.) einer halben Radl. ECA, das ist durch den Punkt E, ist die Berührungslinie des Generators EX ‡ BA, der Grundlinie eben dieser Cykloide. Man nehme auf EX, die Linie ED = BA. Ueber ED als Grundlinie verzeichne man eine der ECA ganz gleiche (halbe) Radlinie, so daß der Gipfelpunkt E der vorigen der Anfangsp. der letztern ist. Ich behaupte, daß die letztere die Evolvente der erstern, als ihrer Evolute sey. Man ziehe AF durch D bis an die zweite Cykloide, so ist FD = BE. Da der Theil der

 abge-

abgewickelten, die Evolvente beschreibenden Schnur die Evolute berühren muß, und auch der Anschmiegungshalbmesser für den Punkt der Evolvente ist, auf welchem dieser nun steht: da ferner bei der Cykl. jedesmal dieser Krümmungshalbmesser $O = 2\sqrt{(4r^2 - 2rx)}$ ist; so müßte man hier beweisen, daß vermöge der Construktion hier jedesmal die Tang. $CM = 2\sqrt{(4r^2 - 2rx)}$ sey. Dazu beschreibe man über EB und FD die halben Generatoren EKB = FPD, ziehe durch einen Punkt C in der ersten Cykloide auf den Durchmesser ihres Generators die Linie Cp mit DE parallel, welche den Umkreis desselben in K schneiden wird. Zieht man nun in dem ersten Generator die Sehne KE, in dem zweiten DP ‡ KE; so ist auch, wegen der gleichen Winkel am Mittelpunkte gleicher Kreise, bei den gleichen Berührungswinkeln §. 154 Pl., d. i. weil 2PDE = 2KED die Sehne DP = KE. Durch P ziehe man die Linie MG, so daß sie die zweite Cykloide in M und ihre Axe in G schneidet, mit DE parallel, und MH ‡ DP; so ist DH = PM = Bog. FP §. 178, mithin EH = B. PD = B. EK = KC. Zieht man nun HC, so muß auch dies (weil EH = KC) parallel und = EK = MH seyn. Mithin ist also CM eine Tangente an der Radlinie ECA, weil sie durch einen Punkt C ihrer Peripherie geht, und mit der durch die Ordinate CK bestimmten Sehne EK ihres Generators parallel ist §. 237 Z. Nun ist aber dieses CM = KE + PD = 2PD. Da nun FD : PD = PD : GD oder 2r : PD = PD : 2r − x (wenn FG = x nach §. 176 gesetzt wird); so ist $CM = 2PD = O = 2\sqrt{(4r^2 - 2rx)}$.

§. 398. Der **logarithmischen Spirale** Definitivcharakter ist die Unveränderlichkeit der Tangential-Winkel BML und LBM. (112 F.) Es sey AB = y. Wenn man nun BM nach C verlängert, und mit dem Lothe AC auf AB in C schneidet, so muß AB : BC = a : b ein bestänständiges Verhältniß seyn, welches selbst für BL zu BM im Verschwindungsfalle bleibt; so daß also nicht nur $BC = \frac{by}{a}$, sondern auch $BM = \frac{bdy}{a}$ ist, dessen Integration $\frac{by}{a}$ die Länge der Spirale = der graden Linie BC giebt, so ist BC = dem log. Spirale BEGA in eine grade Linie ausgedehnt. Schlägt man also BC als eine Schnur um die Spirale, und fängt sie von A an zu entwickeln, so erzeugt sie eine Curve AIHC, und steht in C senkrecht auf selbiger. Man setze auf BC eine Linie CD senkrecht; so ist diese eine Tangente der letztbeschriebenen Evolvente, AC ist hier, was vorher die Ordinate y bei der Evolute war. Verlängert man nun BA bis es CD in D schneidet, so ist, weil ACD = ABC in den ähnlichen Dr. dieses Namens, auch AIHC eine logar., der vor. ganz gleiche Spirale.

§. 399. Diese beiden Linien, die gemeine Radlinie und die log. Spirale, sind die beiden einzigen Curven, welche ihren Evoluten kongruent sind. An der ersten hat **Huygens** diese Eigenschaft zuerst entdeckt (Horol. oscill. propos. VI) und darauf eine praktische Anwendung für die Pendeluhren gegründet, deren Entwickelung in die Mechanik gehört. **Jakob Bernoulli** fand die zweite. **Tschirnhausen** hatte an einer Art der **Brennlinien** entdeckt, daß sie ihrer Evolute ähnlich (aber nicht gleich) wären; **Joh. Bernoulli** zeigt dies von allen Cykloiden oder vielmehr Epicykloiden, dergleichen nach ihm die **Tschirnhausensche** Brennlinie auch eine ist.

§. 400. Schlußanm. Ich will hier nur noch bemerken, daß über den Fall, in welchem man eben fand, daß eine Curve nicht in einem Zuge fortgienge, also einen Wendungs- oder Rückkehrpunkt habe, ohne jedoch aus der Auflösung allein entscheiden zu können, welches von beiden eigentlich statt fände, daß, sage ich, in der Bestimmung des Krümmungshalbmessers ein Hülfsmittel lieget, auch dies auszumachen. Man darf nemlich zu diesem Behuf sich nur den Rückkehrpunkt, wie sehr wohl angehet, als eine Art von Wendepunkt gedenken, wobei man sich vorstellen muß, daß beide Aeste der Curve durch einen unendlich kleinen Bogen verbunden sind, der hohl gegen die Abscissenlinie ist, wenn der nächste Ast am Anfangsp. der Abscissen erhaben war und umgekehrt, man darf also nur den Krümmungshalbmesser Ω für die Stelle suchen, wo die Curve ihren Zug verändert. Ist $\Omega = 0$, so ist ein Rückkehrpunkt. Eben so ist offenbar, daß $\Omega = \infty$ ist, wenn die Curve einen Wendepunkt hat, denn daselbst ist das Element wie eine unendlich kleine grade Linie, d. i. wie der Bogen eines Kreises, dessen Halbmesser unendlich ist, anzusehen.

Auf solche Art ließen sich nun so ziemlich alle die verschiednen nicht mit einander zugleich bei einer Curve existirenden Eigenschaften, ob es ein Größtes und Kleinstes und welches von beiden, Wendungs- oder Rückkehrpunkte und welche von beiden bei ihnen giebt zeigen. Dadurch erhalten also §. 363, 364 ihre Vollständigkeit.

Anhang.

Kurze Geschichte der theoretischen Mathematik nach der Ordnung der Hauptstücke im Lehrbuche.

Erstes Kapitel.

Geschichte der Zahlenrechenkunst.

A. Vor Christi Geburt bis zum Euklides.

§. 1. Man ist ziemlich darin einig, daß die Rechenkunst, als ein Bedürfniß des Kaufmanns, bei den Phönizièrn, als der ersten bekannten Nation, die einen bedeutenden Handel getrieben ihren Ursprung genommen habe. **Strabo** im 17ten Buch seiner Geographie giebt dies so an, als wenn es zu seiner Zeit, das ist im Anfange des ersten Jahrhunderts, durchaus für unzweifelhaft gehalten worden sey. Etwa 300 Jahre später sagt **Porphyrius** in seiner Lebensbeschreibung des Pythagoras ebenfalls als ausgemacht: τα περι αριθμους τε, και λογισμους εκ παλαιων χρονων επιμεληθηναι - Φοινικας (die **Phönizier** hätten sich in den frühesten Zeiten mit allem was die Zahlen und Zahlenrelenrechenkunst betrift, sorgfältig beschäftiget). Was man vom **Theut**, sonst auch **Hermes Trismegistus** genannt, und was **Josephus** vom **Abraham** erzählt, als hätte der eine oder der andere die **Aegypter** zuerst in der Rechenkunst unterrichtet, sind Fabeln, deren Quelle darin liegt, daß jede Nation gern alle wichtige Erfindungen ihren Heroen und Patriarchen zuschreibt.

§. 2. Selbst diese erste Nation, bei welcher das Rechnen zu einiger Vollkommenheit gebracht worden ist, hat, so wie fast alle übrigen, ohne daß dabei eine Verabredung, oder wenigstens eine Art. von Tradition allemal statt gefunden hätte, unter allen willkührlichen Systemen das **Dekadische** zum Grunde gelegt. Ueber diese Uebereinstimmung hat **Aristoteles**, prob. sect. XV. 3, sehr viele subtile Vermuthungen. — Hätte man einen größern 5ten Welttheil, wie man vor 30 Jahren noch hofte, und darin etwa ein Menschengeschlecht mit 6 Fingern gefunden, so würden sie wol nach der Dodekadik gerechnet haben. Das Zählen an den Fingern ist überall dem Ungeübten natürlich; hat er sie einmal durchgezählt, so merkt er sich dies im Gedächtniß, zählt sie wieder durch, und merkt sich nun die 2 Zehner, u. s. w. Merkwürdig sind hier die **Arowaken** in **Guiana**; sie haben nur 4 Worte für die Zahlenbegriffe. Für 5 sagen sie: eine Hand, für 6, eine Hand und 1; für 7, eine Hand und 2, u. s. w.; für 10, 2 Hände; für 15, 2 Hände und ein Fuß; 20 heißt ein Mensch, u. s. f., ein Mensch und 1, ein Mensch und 2; ein Mensch und eine Hand; ein Mensch, 2 Hände und ein Fuß; 2 Menschen u. s. w. Diese Bemerkung steht in der Beschreibung von **Guiana** von einem deutschen Exjesuiten, der zur Zeit des Jesuitenregiments daselbst

selbst lange Zeit kommandirender Missionar gewesen war.

§. 3. Die **Phönizier** bedienten sich auch zuerst der Buchstaben ihres Alphabets als abgekürzter Zeichen der Zahlenbegriffe; der ersten neun um die Einer anzuzeigen, der übrigen um die Zehner und höhern Ordnungen auszudrücken. Im Ganzen sind ihnen darin die **Griechen** gefolgt; um aber 10 durch den Buchstaben ι, wie die **Phönizier** durch ihr jod auszudrücken, wählten sie für 6 das ς (ἐπίσημον, βαῦ); κ, λ, μ, ν etc. bedeuteten nun, wie bei den **Phöniziern** und **Hebräern**, 20, 30, 40, 50 etc. Die Zahlen 90 und 900 wurden dann wieder durch die ἐπίσημα: S, und Э angezeigt, damit die übrigen gleichgeltenden Buchstaben in beiden Alphabeten, auch gleichgeltende Zahlenbegriffe andeuten mögten. Dies zeigt offenbar, woher und weshalb die griechischen Zahlzeichen so und nicht anders geworden sind. Die **lateinische** Art ist ganz anders; fünf Buchstaben, I, V, X, L, C deuten alle gewöhnlich vorkommende Zahlenbegriffe an. Denn das M und D gehört eigentlich nicht dazu. Man hatte 1000 durch cIↄ und 500 durch Iↄ ausgedrückt. Ersteres verwechselten die Abschreiber mit einer vormals fast ähnlichen Art den Uncialbuchstaben M zu schreiben. Aus dem zweiten entstand eben so D. Uebrigens sieht man aus der Charakteristik, daß bei den alten Lateinern das **pentadische** System mit dem **dekadischen** gemischt gewesen. Beim Schreiben selbst haben die Zeichen manchmal auch einen Werth von der Stelle, welche sie einnehmen; aber nach ganz andern Regeln als bei unsrer so äußerst vollkommnen Bezeichnung nach der Dekadik. Auch die **Griechen** haben in ältern Zeiten eine Zifferschrift gehabt, wozu nur 6 Buchstaben, I, Π (5), Δ (10),

Δ (10), Η (100), Χ (1000), Μ (10000) nöthig waren (siehe Monfaucon Paleogr. gr. p. 12, 13 praef.) Offenbar ists, daß sowol mit dieser letzten als auch schon mit der ersten Manier das **Schreiben** der Zahlen viel beschwerlicher war, als es jetzt ist.

§. 4. Aber auch im **Aussprechen** der Zahlen waren die Alten, wie es scheint, sehr von uns verschieden. Die **Griechen** hatten nur bis zur fünften höhern Ordnung, die **Myriade** hieß, ganz eigenthümliche Wörter, und nun sammelten sie diese Myriaden wiederum in ein-, zwei-, drei-, vierfache **Myriontadika**. **Archimedes** hingegen nennt im **Arenarius** (ψαμμίτης) eine **Myriade von Myriaden**, eine **Einheit der ersten Periode**; eine Myriade solcher Einheiten eine **Einheit der zweiten Periode**. Er sagt selbst, daß er diese Bezeichnung zuerst in einem Aufsatze vorgeschlagen habe, der an den **Zeurippus** gerichtet war.

Z. E. 7 | 3479 | 3067 | 2864 | 2982 heißt

bis zum	nach gewöhnl griechis.	Nach Archim. Aussprache
ersten Strich	7 vierfache Myriontadika	7 Einh. zweiter Periode
bis zum 2ten	3497 dreifache —	3497 Myriaden und
bis zum 3ten	3067 doppelte —	3067 Einh. erst. Periode
bis zum 4ten	2864 einfache Myriaden	2864 Myriaden und
und	2982 Einheiten	2982 Einheiten.

Statt, also, daß wir mit Classen zu 6 Ziffern zu Millionen, Billionen u. s. w. aufsteigen; so stiegen gewöhnlich die Griechen durch Classen von 4 Ordnungen zu höhere Myriontadika; Archimedes aber durch Classen von 8 Ordnungen zu Einheiten höherer Perioden. Man sehe Rami arithm. cum comm. Willebrordi Snellii 1613. *)

Die

*) Ein Buch, das weder Kästner in der Gesch. der Mathem. noch Murhard anführet. Scheibel 2 B. S. 389 hat es aber cum Rud. Sn.

Die Römer, besonders die älteren, scheinen über 100000 nicht viel gezählt zu haben; daher die Ausdrücke, z. E. centies vicies semel (centena et) octoginta tria millia, wo die eingeschlossenen Worte meistens wegbleiben, und man doch, eben weil Adverbien da stehen, 12183000 lesen muß, s. Plin. H. N. VII. 26. Späterhin findet man auch die heutige Art, z. E. beim Vitruv. I, 6. Eben die Schwierigkeit sehr große Zahlen mit Worten und Zeichen anzudeuten veranlaßte wol hauptsächlich die vom Archimedes im Arenario widerlegte Behauptung, daß entweder die Menge der Sandkörner unendlich wäre, oder doch ein so großer Zahlenausdruck, als für sie gehörte, sich gar nicht angeben ließe.

Anm. Nöthiger noch als alles dies ist bei uns die Bemerkung, daß die heutigen Franzosen nur bis zu Millionen mit den deutschen gleich numeriren; 1000 Millionen nennen sie schon Billion, und 1000 Billionen sind ihnen eine Trillion. So also ist, wenn M. B. T. Q. diese hohen Ordnungen bedeuten

B. . . . . M. . . . . .
deutsch 784,603,982,759065
Franz. Q . . T . . B . . M . . . . . .

Un milliar bedeutet eben so viel als eine Billion.

§. 5. Haben indessen auch die Alten wirklich bis auf sehr hohe Zahlen gerechnet, so ist uns doch die Art, wie sie dabei verfuhren, nicht vollkommen bekannt. Sie scheinen verschiedene mechanische Mittel gehabt zu haben. So viel ist gewiß, daß sie sogenannte Abacos oder Rechenbretter hatten, auf welchen sie, weil ihre Zifferschrift dazu nicht taugte, mit Stein-

Sn. explicationibus und tadelt Lipen, der es dem Willebr. zuschreibt. Sollten hier 2 Bücher von eben dem Jahr bei eben dem Verleger von Vater und Sohn zugleich herausgegeben seyn?

Steinchen (calculis) **pentadisch** und **dekadisch** rechneten, oder recht eigentlich **kalkulirten**. Denn auf dem abaco, tabula calculatoria legte oder schob man vermuthlich, eben so wie noch vor 200 Jahren bei dem sogenannten **Rechnen auf der Linien**, die calculos in andere durch Parallellinien abgesonderte Fächer, wenn sie einen zehn- oder auch nur fünffachen Wehrt anzeigen sollten. So hieße

	Reichsthl.	Groschen	Pfennige
2000	——00——	————	————
500+	0		
400=900	——0000——	————	————
20	——00——	——0=10——	————
5+	0	0= 5	0=5
8=8	——000——	——000=3——	——00=2——
	2928 rthl.	18 gr.	7 pf.

Um sich zu überzeugen, wie beschwerlich es vor der Einführung der jetzigen Bezeichnung der Zahlen gewesen seyn mag, besonders mit großen Zahlen zu rechnen darf man nur des **Eutocius** Kommentar (p. 49. ed. Bas.) über des Archimedes Buch περὶ κύκλου μετρήσεως nachlesen. Besonders mußte ihnen die Bruchrechnung beschwerlich werden. Daraus sieht man, weswegen **Theon** lib. I. c. 9 in Ptolemaeum seinen Autor so sehr rühmet, daß er τὰ μέρη τῶν μοιρῶν durch Sexagesimalbrüche ausgedruckt habe. „Wenn wir sonst, sagt er, $\frac{1}{2}$, $\frac{1}{4}$, $\frac{1}{20}$ (in der Summe davon) jedes für sich mühsam zu multipliciren hatten, so multipliciren wir jetzt blos $\frac{48}{60}$ (Minuten oder Sekunden).“ Man mußte nemlich vorher dessen Zähler größer als 1 war in solche, deren Zähler = 1, zerfällen. So ward denn aus $\frac{4}{5}$, β''($\frac{1}{2}$), δ''($\frac{1}{4}$), κ''($\frac{1}{20}$). So wäre auch $\frac{1}{14}$ = ιδ''. Indessen findet man doch auch bei Schriftstellern z. E. θ—ια statt $\frac{9}{11}$ oder ια—κα für $\frac{11}{21}$.

§. 6.

§. 6. Unter den Griechen sind indessen Pythagoras und die Pythagoräer überhaupt die ersten gewesen, welche etwas wissenschaftliches in die Arithmetik gebracht haben. Doch beschäftigten sie sich mehr mit gewissen Eigenschaften und Verhältnissen der Zahlen, als mit der Aufsuchung der Gründe brauchbarer Rechnungsregeln. So interessirte sie sehr die Figur, welche durch die Stellung der Einheiten, woraus eine Zahl bestehet, hervorgebracht wird; sie hatten also schon Begriffe von den **figurirten** Zahlen, von Trigonal-, Pyramidal-, Polygonalzahlen u. s. w. In manchen Eigenschaften der Zahlen suchten die Pythagoräer (die Rosenkreuzer des Alterthums) sonderbare Geheimnisse aus eben so sonderbaren und eingebildeten Gründen, und schrieben gewissen Zahlen, als Zahlen, gewisse Kräfte und Heiligkeit zu. So haben sie ganze Bücher von einzelnen Zahlen z. E. **Telauges** von der 4, und **Archytas** von der 10 geschrieben.

B. Von Euklides bis auf die Araber.

§. 7. Die arithmetischen Bücher des **Euklides** (er lebte etwa 272 Jahr a. C.), wozu man das 5te, 7te, 8te und 9te der **Elemente** rechnen kann, enthalten nur die allgemeinen Sätze von den Zahlen, besonders von den Primzahlen, den zusammengesetzten, den graden und ungraden, den vollkommnen und unvollkommnen Zahlen. Eine **vollkommne** Zahl ist der Summe ihrer Faktoren gleich, z. E. $6 = 1 + 2 + 3$, $28 = 1 + 2 + 4 + 7 + 14$, etc. Hauptsächlich ist die Lehre von der Proportion der Zahlen in diesen Büchern ausführlich abgehandelt; die Rechnungsoperationen setzt er voraus, z. E. die sogenannten 4 Species. Es sind besonders die drei letztgenannten Bücher ein Meisterstück tiefsinniger und abstrakter Schlüsse, jedem zu

 empfeh-

empfehlen, der Mathematik zu seinem Hauptstudium macht, wenn gleich Anfänger in der Arithmetik leicht durch die strenge Methode abgeschreckt werden möchten. Es ist daher gut, daß sie vorher wenigstens durch die 4 ersten Euklidischen Elemente, und auch wohl durch die gemeine Algebra zum Abstrahiren gewöhnt werden. Die ersten Theoremen des 7ten Buchs enthalten den allgemeinen Beweis des §. 59 bis 72 Arithm. gewiesenen Verfahrens zur Aufhebung der Brüche. **Tacquet** hat diese Euklidischen Bücher in „theoria et praxis arithmetices 1659 und 1683", erläutert. Die Arithmetik des **Terentius Varro**, vermuthlich die erste bei den Römern, soll nach Heilbr. Hist. math. p. 291. als Manuscript in einer Römischen Bibliothek vorhanden seyn. Unter Tibers Regierung schrieb **Nikomachus**, ein Pythagoräer, εισαγωγην αριθμητικην; sie ist zuerst in Paris 1538 gedruckt. Außer vielen, theils wenig brauchbaren Eintheilungen der Zahlen enthält dies Buch viel von Zahlengeheimnissen oder eigentlich Spielwerken mit Zahlen, worüber unter den Alten **Jamblichus** einen griechischen Kommentar, ed. 1668, ferner **Meursius** in denar. Pythagorico 1631, **Kircher** de. num. myst. 1665 geschrieben. Auch ist die Arithmetik des **Boethius**, im Anfange des 6ten Jahrhunderts, fast nur eine Uebersetzung vom Nikomach; die erste Ausgabe ist von 1488. Noch hat **Psellus**, ein Grieche, der im Jahre 1105 lebte, über die 4 mathematischen Wissenschaften, Arithmetik, Musik, Geometrie und Astronomie geschrieben, welches Werk **Xylander** 1556 mit einer lateinischen Uebersetzung drucken ließ.

C. Von den Arabern bis zum 14ten Jahrhundert.

§. 8. Von den Arabern weis man nur überhaupt, daß sie über Arithmetik geschrieben haben; insbesondere gehört hierher, daß Gerbert von ihnen gelernt hat, mit den bekannten 9 Zahlzeichen §. 27. A. R. alle Zahlen zu schreiben und zu berechnen. Er war ein Mönch im Kloster Fleury in Frankreich. Um das Jahr 970 gieng er heimlich nach Spanien, um bei den dortigen Arabern oder Mauren sich Kenntnisse zu erwerben. Unter andern brachte er auch diese Rechenkunst mit. Für das Faktum, welches neulich ein Engländer North hat bezweifeln wollen, hat man wenigstens den doppelten Grund 1) führt man aus Gerberts Briefen, edit. Parisina. 1611, eine Stelle aus dem letzten der ersten Sammlung an, wo Gerb. sagt: Quid, cum idem numerus modo simplex (v. g. 1, 2, 9) modo compositus (v. g. 12, 27, 359 etc.), nunc digitus (1 bis 9), nunc constituatur ut articulus (20, 30, ... 400 ... 5000 etc.) Siehe Gemmae Frisiae Arithm. A. V. VI., welches Wallis für die dekadische Form der Ziffern hält. 2) In einem 600 Jahr alten Mspt., wornach Gerberti Geometria 1721 vom P. Pez zu Augsburg herausgegeben wurde, befinden sich diese Ziffern. Den orientalischen Ursprung habe ich §. 29. A. R. deutlich genug gewiesen. Es kann indessen seyn, daß die Araber sie von den Indianern erhalten haben. Wirklich ist in einem Mspt. des Abulfaradsch vom 10ten Jahrhundert von dergleichen Indischen Zahlzeichen die Rede. Sollte es wahr seyn, was Boethius de Geom. erzählt: einige der ältern Pythagoräer hätten nur 9 Charaktere gebraucht um alle Zahlen und Rechnungen aufzusetzen; so möchte sie vielleicht Pythagoras von seiner Indianischen Reise mitgebracht haben, s. Wall, opp. I. p 159. II. p. 7. Ueber der, den Pythagoräern gewöhnlichen, Verheimlichung könnte dann ihr Gebrauch verloren gegangen seyn, bis Gerbert sie durch einen andern Weg wieder auffand. Sonst erzählt noch **Weidler**, daß sich diese Zeichen in einem Altorfschen Mspt. des Boethius fänden, welches doch noch kein entscheidender Beweis ist, daß sie aus des B. Zeit herrühren, besonders da ein Chambridger Mspt. an eben der Stelle römische Ziffern haben soll. Wie aber mit letztern das Einmaleins geschrieben werden können; welches doch Weidler gesehn haben will, läßt sich nicht wohl gedenken. — So viel ist indessen gewiß, daß durch Gerbert, der als Pabst unter dem Namen **Sylvester der zweite** 1003 gestorben ist, diese Ziffern doch nicht recht in öffentlichen Gebrauch gekommen sind, denn man findet sie vor dem 14ten Jahrhundert in keinen öffentlichen Aufschriften, und noch vor dem 16ten in keinen Urkunden.

D. Das vierzehnte, funfzehnte und sechszehnte Jahrhundert.

§. 9. Im **vierzehnten Jahrhundert** schrieb **Barlaam der Mönch** eine Arithmetik, worin, wie Wolf de script. math. sagt, alle Operationen der praktischen Rechenkunst sorgfältig demonstrirt sind. Sie ist zuletzt zu Paris 1600. 4to herausgekommen. Im **15ten Jahrhundert** machte **Regiomontanus** durch seine Berechnung der Sinus, die er zuletzt auf den Halbmesser 10000000 bezog, zuerst die Mathematiker auf die großen Vortheile des Decimalsystems aufmerksam; und 1494 gab **Fra Lukas Paciolus**, oder **de Burgo Sti Sepulchri** zu Venedig seine Summa de Arithmetica, Geometria, Proportioni,

sid

(id est: de rationibus) e proportionalita (i. e. proportionibus) heraus, worin zuerst alle arithmetische Operationen auf 7 gebracht sind. In der ersten Hälfte des 16ten Jahrhunderts muß schon William Buckleys Arithm. memorativa, versibus conscripta in Mspt. vorhanden gewesen seyn. Der Verfasser starb 1550; man weis aber von keiner ältern Ausgabe als von 1631. Das Buch enthält Regeln, die Quadratwurzel unvollkommner Quadrate bis auf $\frac{1}{1000}$ zu finden, (wie §. 159 Alg. R.):

Quadrato numero senas praefigitur cifras;
Producti quadri radix per mille secetur.
Integra dat quotiens, et pars ita recta manebit,
Radici ut verae, ne pars millesima desit.

In eben dergleichen Versen eine Regel, aus einem Bruche (wie §. 191 A. R.) die Quadratwurzel auszuziehen; alles ohne Beweise. In Italien schrieb Tartaglia einen General Tractato di numeri in misure. Vinegia. 1556, 2 Vol. in Fol. — Sonst waren in diesem Jahrhunderte für die Arithmetik merkwürdig: Michael Stiffel's Arith. integra, 1540, in 4to wegen ihres wichtigen Inhalts; Adam Riesen's Rechnung nach der Länge auf der Linien und Feder 1550 (zuerst 1525, in 8.), wegen seines lange erhaltenen Rechenmeisterischen Ansehens; und Gemmae Frisii Arithmeticae practicae Methodus facilis, 1548 in 8., weil die Leichtigkeit nicht bloß auf dem Titel steht. — Uebrigens bestand die Rechenkunst des 16ten Jahrhunderts aus den 4 Species, etwas Bruchrechnung; gegen das Ende des Jahrhunderts einige dämmernde Kenntnisse von 10theiligten Brüchen, der Regel de tri, (die Kettenregel hat schon P. Apian in seiner Anleitung zu Kaufmansrechnungen), alles nicht scharf erwiesen. Quadrat und Kubikrechnung aus geometr. Figuren erläutert wurden, wie andere Rechenkünste, nur als Zugabe angesehen. Dazu gehörte auch die Regula Falsi, welche schon vor der Regel Coß da war, und besonders bei einfachen Fragen eben dasselbe gab, nur durch Umwege. Z. E. man fragte: was ist das für eine Zahl, die noch 300 zum Reste läßt, wenn man gleich schon ein Drittel und ein Viertel ihrer Hälfte von dieser Hälfte abgezogen hat. Man nimmt eine andere kleinere, doch meistens eine solche Zahl an, die wahrscheinlich oder offenbar falsch ist; z. E. hier 24, deren Hälfte 12, davon das Drittel 4, das Viertel 3. Hier bleibt $12 - (4 + 3) = 5$. Nun ist $5 : 24 = 300$ zur gesuchten Zahl, die also 1440 ist. Nach der Regel Coß $\frac{1}{2}x - (\frac{1}{6}x + \frac{1}{8}x) = \frac{10}{48}x = 300$, oder $x = 1440$. Gemma hatte die Regel falsi auch auf reine quadratische, selbst höhere Ordnungen ausgedehnt, s. ed. Vitemberg. partis tertiae (das Buch hat nemlich keine Seitenzahlen.)

Die bei Riesen und andern sogenannte Rechnung auf der Linien ist die Arithm. calculatoria mit calculis oder Rechenpfennigen auf dem Rechenbrette §. 5. Die gewöhnliche nannten sie die Rechnung auf der Feder. Erstere findet man sehr gut in **J. Alberts Rechenbüchlein, Wittenberg** 1546, sonst auch beim Heilbronner S. 890, und in Leupolds Theatro. arithm. c. III. §. 10.

E. Das siebzehnte und achtzehnte Jahrhundert.

§. 10. **Im 17ten Jahrhunderte** hat wol zuerst **Stevin** ausführlicher den Nutzen der Decimalrechnung, für Mathematiker sowohl, als auch für manche Künstler, und für Kaufleute, gezeigt; man findet

dies

dies in Girards französischer Ausgabe der Stevinschen Werke; aber es war schon lange vorher Holländisch da gewesen. Demnächst ist J. H. Beyers Logistica decimalis, Francof. 1629 in 4to als ein deutliches und ausführliches Werk über die Substitution der Decimalbrüche und ihrer Berechnung statt der gemeinen, und besonders der Sexagenalrechnung zu bemerken. **Tacquets** vorzüglich deutliche und gründliche Theor. et Pr. Arithm. ist bereits §. 8 genannt. **Ludolph**, der 1690 eine Tetragonometriam tabulariam herausgab (ist 1709 und 1712 neu aufgelegt), worin die Quadratzahlen bis auf 1000000000 mit ihren Wurzeln angegeben sind §. 167 A. R., erfand auch die mit der §. 49. A. R. berührten ähnliche Methode, ohne Einmaleins zu rechnen. Sie setzt voraus, daß man nur jede Zahl verdoppeln und halbiren könne, und hätte auf solche Art gewis Vorzüge vor **Herwarts von Hohenburg** Tabulis arithmeticis προσθαφαιρεσιας univ. Monach. 1610 11 Alphabeth fol. reg., welches nach **Scheubel** S. 417. B. 2. doch eigentlich nichts als ein unmittelbar bis auf das Produkt 1000000 reichendes Einmaleins ist, s. **Kästner** Gesch. 3ter Band S. 8.

§. 11. Zu den Methoden mechanisch, oder mit Instrumenten zu rechnen, gehören die **Neperschen Stäblein**. Mittelst ihrer soll auch der Gebrauch des Einmaleins entbehrlich gemacht werden. Man schreibt nämlich jenes Täfelchen §. 37 Arithm. etlichemal auf ein Brettchen; auf solche Art, daß die Produkte jedes Fachs durch Diagonalen getheilet werden, z. E.

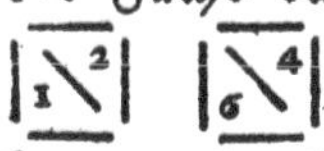

, und schneidet alsdann die Vertikalcolumnen durch, so sind dies die Rechenstäbe. An den Stab, welchen die Columne linker Hand giebt,

 legt

legt man, wenn z. B. 4709 in 279 zu multipliciren ist, nach einander Stäbe, deren obere Ziffer 4, 7, 0, 9 ist; so wird man gleich sehen, daß man die Partialprodukte aus den Zeilen die gegen 2, 7, 9 stehen, nur abschreiben darf, siehe **Nepers** Rhabdologia 1617. Der Vortheil ist doch nicht groß.

Beim Leupold a. a. O. findet man auch von einer Menge eigentlicher aus Rad und Getriebe und dergl. zusammengesetzter Maschinen Nachricht, mittelst deren man, wenn die Maschine z. E. den beiden Faktoren gemäß gestellt ist, durch ein bloßes Drehen, etwa einer Kurbel, das Produkt darstellt. **Leibnitzens** Rechenmaschine, auf welche er in seiner Jugend in Paris gerieth, und die ihm, wie es heißt, die Aufnahme in der Akademie erwarb, scheint ziemlich einfach, also um so viel sinnreicher zu seyn. Doch sagt man, er habe sie nie recht gangbar bekommen können. Wie würde es denn mit so sehr übersetzten Werken, wie z. E. **Poleni's** Maschine ist, erst werden, und wie übel wäre der daran, der, wenn er etwa rechnen wollte, erst seine Maschine repariren müßte? Ein von Leibnitz nachgelassenes Exemplar befand sich, aber auch nicht völlig im Stande, 1773 auf dem Göttingschen Observatorio; man soll indessen diese Reliquie noch an mehreren Orten (so auch in Leipzig) haben. Indessen haben noch mehrere neuerer Zeit sich um das mechanische Rechnen verdient zu machen gesucht. Ich nenne hier nur Hahns Rechenmaschine, und Hrn. Professor Grüsons Rechenscheibe, Pinakothek, die auf einen einfachen sehr sinnreichen Gedanken beruht*), und sein angefangenes großes Einmaleins.

§. 12.

*) Hier ist der Anfang und Ende einer Tabelle, die von dem Ganzen einen Begriff giebt für die Zahl

§. 12. Anm. Daß wir bei zehn erst eine Einheit höherer Ordnung beginnen, machte außer der 0 uns neun Zahlzeichen nöthig; §. 27 Arithm. Zählten wir nur bis vier, so brauchten wir nur 1, 2, 3 und 4 mit 10 zu bezeichnen; so wie wir für zehn und elf nach zwei Zeichen, etwa ♀ ♄, brauchen müßten, wenn wir bis zwölf zählten. Uebrigens würde die Formel §. 66 Arithm. .... $d.10^3 + c.10^2 + b.10^1 + a.10^0 + \beta 10^{-1} + \gamma 10^{-2} + \delta 10^{-3}$ ... nun allgemein für jedes Zahlensystem dienen können. In der Formel hat nun 10 die angegebenen verschiedenen Bedeutungen, die wir Systemzahlen nennen wollen.

Weigel machte 1672 eine Tetraktik mit zu viel Aufhebens bekannt. Ein Chinesisches Mspt. das offenbar Zahlen, aber nur 2 Zeichen (——, — —) enthielte, brachte Leibnitz (Mem. de l'Acad. de Paris 1703) auf die Dyadik. Soll man einen Zahlenbegriff nach einem andern System bezeichnen, z. E. den dekadisch ausgedruckten 3739; so dividirt man mit der nächst niedrigern Potenz der Systemzahl die vorgegebne dekadische Zahl, und so weiter die Reste, und bemerkt die Quotienten von der linken gegen die Rechte. Wo man in absteigender Reihe eine Potenz überspringen muß, setzt man 0. Z. B. nach der Dodekadik (wo zwölf Einheiten durch 10 angezeigt werden könnten)

47

	0	1	2	3	4	5	6	7	8	9
47	0	47	94	141	188	235	282	329	376	423
	1	48	95	142	189	236	283	330	377	424
	2	49	96	143	190	237	284	331	378	425
	3	50	97	144	191	238	285	332	379	426
	:	:	:	:	:	:	:	:	:	
	:	:	:	:	:	:	:	:	:	
	46	93	140	187	234	281	328	375	422	469

Daß die obere Zeile die Produkte von 1 bis 9 in 47 nächst unter ihr stehen hat, daß sie zugleich die ganzen Quotienten jeder Division mit 47 in die grade unter ihr stehenden Ziffer angiebt, so wie die dem Dividend in der ersten Verticalcolumne gegenüberstehende; den Rest, ist der Grund von einer Menge Aufgaben, deren Auflösung nach der Tabelle für den darin geübten auch wol Zeit-Ersparung geben mag, immer aber die beste Probe zu einer wichtigen Rechnung ist.

hat man für $\frac{3739}{1728}$ das Zeichen 2, ferner für $\frac{283}{144}$ das Zeicheu 1, für $\frac{139}{12}$ das obige ħ und noch sieben Einheiten.

Also ist die vorgegebene Zahl	3739
Dodekadisch ausgedruckt	21ħ7
Tetraktisch nach eben der Art	322123
Dyadisch	111010011011

Wie man vorgegebene Zahlen aus andern Systemen ins dekadische übersetzen solle. Damit die Rechnungsarten zu machen, ist ebenfalls so schwer nicht, wenn man nur bedenket, daß man nach eben den Principien dabei, wie bei ganzen genannten Zahlen §. 103 ff. A. R., oder bei dem Sexagesimalsystem §. 196 A. R. verfahren könne. In diesen Fällen machen ja auch nicht zehn, sondern bald mehr bald weniger Einheiten die höhere Ordnung aus. Uebrigens hat der berühmte Mechanikus Brander 1769 eine Arithmeticam Binariam herausgeg. Die vier Rechnungsarten der Dyadik stehen bei ihm so:

Addition	Subtraktion	Multiplikation	Division
	.....		....
1011=11	1010001=81	1010=10	101001 | 11
1101=13	110111=55	101= 5	1101
11000=24	11010=26	1010	1111
		1010	1101
		110010=50	Rest 10

Beim Addiren wird für jede zwei Einheiten einer niedern Classe eine Einheit zu der nächst höhern herüber genommen. Beim Subtrahiren wird durch das Borgen jede zwischenliegende 0 zu 1. Das Multipliciren verwandelt sich in ein bloßes Addiren, so wie das Dividiren in ein Subtrahiren.

§. 13. Ueber die **Primzahlen** und **einfachen Faktoren** hat wol niemand mehr geschrieben als **Euler**, von dem in der **Murhardschen** Litteratur der Mathematik 14 Abhandlungen darüber allein in den Comment. Petrop. von 1732 — 1783 angeführt sind.

Sonst gehören hierher **Lamberts** Abhandl. in seinen Beiträgen 2ter Band S. 1, außer dem was er in den Zusätzen zu den trigonometrischen Tafeln davon sagt, und was die Herren **Hindenburg** und **Klügel** im 2ten St. des Leipziger Magazins davon geschrieben haben, zu den merkwürdigsten Schriften über diesen Gegenstand. Indessen gründet sich das alles meistens auf höhere Algebra. Das Resultat davon, welches auch der gemeinen Arithmetik zu Gute kommet, nemlich die Faktorentabellen, sind indessen ungeachtet der Unsterblichkeit, die Lambert demjenigen versprach, der sie bis auf Millionen fortsetzen würde, noch, so viel ich weiß, ungeachtet der von Hindenburg und **Felkel** gegebenen Hoffnungen und Proben, nicht weiter als von Lambert selbst hinausgeführt. Herr **Grüson** hat sich mit der Versicherung, eine leichte fast ganz mechanische Methode dazu in seiner Gewalt zu haben, zu einer Fortsetzung bis auf vier Millionen anheischig gemacht. Gewis würde man diese noch lieber als den Anfang des colossalischen Einmaleins von ihm gesehen haben.

§. 14. In den bekannten **Wolfischen**, **Segnerschen**, **Kästnerschen**, **Karstenschen**, und mehreren Lehrbüchern der Mathematik ist auch die Arithmetik in unserm Jahrhundert gründlich und nach den verschiedenen Zwecken der Verfasser auch deutlich abgehandelt worden. **Hausen** hat die Decimal- und Sexagenalrechnung zuerst aus der Lehre von den negativen Exponenten in der Algebra hergeleitet §. 184 196 ff. A. R. Hr. v. **Klausbergs** demonstrative Rechenkunst ist sehr vollständig, doch fast zu weitläuftig. Kürzer und doch deutlicher, selbst vollständiger ist doch wohl **F. C. L. Karstens** Rechenkunst 1775.

Reesens allgemeine Regel der Rechenkunst aus dem Holländischen 1739, nebst **Willichs** 1759, und **Schmidt's** 1774 darauf gegründeten Rechenbücher habe ich schon §. 280. A. R. angeführt. Hier nenne ich nur noch **Lempens** Bergmännisches Rechenbuch 1787, und **Bussens** Rechenbuch 1794. Mathematische Leser werden in **Kästners** Fortsetzung der Arithmetik 1786 reichlichen Stoff zum Unterricht und Anwendung finden.

Zwei-

Zweites Kapitel.

Geschichte der allgemeinen Rechenkunst und der Analysis des Endlichen.

A. Bis zu den Zeiten der Araber.

§. 15. Wir können eigentlich kein früheres Werk des Alterthums anführen, worin allgemeine Rechenkunst, oder auch nur deutliche Spur von ihr vorkäme, als die Quaestiones arithmeticas des **Diophantus**. Daß aber nicht viel früher den Pythagoräern, die doch gewiß die ihnen so wichtigen Zahlenbegriffe auf alle Arten von Größen anzuwenden suchten, oder doch den Platonikern; deren Meister die mit der algebraischen verwandte geometrische Analysis so gut kannte, der Gedanke schon beigekommen seyn sollte, Größen oder Zahlen, die sie suchten, durch gewisse Zeichen anzudeuten, um sie durch Entwickelung ihrer Verhältnisse zu bekannten herauszubringen: daran ist kaum zu zweifeln. Sollten auch wohl nicht unter den wirklich algebraischen Problemen der Anthologie manche älter seyn als **Diophantus**? — Indessen wissen wir selbst von ihm nicht genau, wann er gelebt hat. Manche setzen ihn ins 160ste Jahr nach C. G., andere ins 365ste. Später als im im vierten Jahrhunder- kann er nicht gelebt haben. **Hypatia** kommentirte ihn, und diese wurde schon zu Anfange des 5ten Jahrhunderts ermordet, s. Kästner

ner Gesch. I. Band, S. 186, 196, und III. Band S. 132. Er lebte zu Alexandrien, und wurde nach einem Problem der Anthologie 84 Jahr alt. Von 13 Büchern der Quaest. arithm. sind nur 6 übrig geblieben. Die unbekannte Zahl bezeichnet er durch ς, das Quadrat davon δυ (δυναμις, potentia), die Kubikzahl durch κυ; hat auch die Benennungen κυβος, δυναμοδυναμις, δυναμοκυβος, κυβοκυβος. Daß ihm die Auflösung quadratischer Gleichungen bekannt war, ohne daß er sie eigentlich für seine Erfindung ausgegeben hätte, selbst nie von dem Inhalte seiner Bücher als von einer ganz neuen Wissenschaft spricht, wird man in seinen Schriften bemerken. Das erste Buch enthält lauter **bestimmte** Aufgaben; die Aufg. §. 226. A. R. ist mit darunter. Aber vorzüglich wendet er die Analysis auf die Auflösung solcher **unbestimmten** Aufgaben an, wie §. 7 — 10 höhere Algebra. Doch geht er nur bis auf gedoppelte Gleichungen; vermuthlich ging er in den verlornen Büchern weiter. **Xylander** hat ihn, nach einer ihm von Dudilius, Kaiserlichen Gesandten am Polnischen Hofe, mitgetheilten Handschrift, nebst einer Uebersetzung davon, mit Kommentarien 1575 herausgegeben. Aber diese Ausgabe ist von denen, welche **Bachet de Meziriac** 1611, und **Fermat** 1670 veranstalteten, weit übertroffen worden. Beide, und vorzüglich letzterer, haben die **diophantische Kunst**, wie man oft die unbestimmte Analytik genannt findet, viel weiter getrieben als sie beim Diophant gehet, wenn man mit diesem Ausdruck den Begriff §. 1. H. Alg. verbindet; denn sie sind über die gedoppelten von einander abhängenden Gleichungen hinausgegangen. Uebrigens findet man die diophantische Algebra bei **Kersey**, **Prestet** und **Ozanam**, und in **Ougthreds** opusculis. Oben ist **Eulers** Algebra als dasjenige Werk

an=

angeführt, welches, da es erschien in der unbest. Analytik das vollständigste war. Nach ihm haben la Grange in manchen Abhandlungen, vorzüglich in den Mémoires de Berlin noch mehr le Gendre in einem starken Quartanten Théorie des nombres 1798 das System der unbestimmten Analytik noch mit einem parte sublimiori vermehrt.

B. Von den Arabern bis zum 15ten Jahrhundert.

§. 16. Nun hat man weiter keine bekannte Schrift unter den Griechen mehr über die allgemeine Rechenkunst, so daß die Araber im 9ten Jahrhundert wie von neuen damit hervortraten und ihr auch den neuen Namen **Algebra** gaben. Materie und Form haben sie doch wol von den Griechen genommen. Nach **Golius** im arabischen Wörterbuche bedeutet der Name Algebra, reductio partium ad totum; vielleicht, weil durch Auflösung der Gleichungen alle die zerstreuten bekannten Größen gleichsam wie Theile in ein ganzes vereiniget werden, so daß endlich in dem Sinne des 207ten Sphs A. R., $x = A$ wird. Die ersten algebr. Schriftsteller in dieser Epoche sollen **Mohamet-Ben-Mussa**, welchen **Kardan** den Erfinder der Auflösung quadratischer Gleichungen nennt, und **Thabet-Ben-Corrah** gewesen seyn, welcher letzterer schon Anwendungen auf die Geometrie gemacht haben soll. Daß sie auch kubische Gleichungen aufzulösen gewußt, schließt **Montukla** aus dem Titel eines arab. Mscrpts eines **Omar-Ben-Ibrahim** de aequationibus cubicis); es ist in der Bibliothek zu Leyden.

C. Das

C. Das funfzehnte Jahrhundert.

§. 17. Im christlichen Occident wurde inzwischen diese Wissenschaft oder Kunst nur erst im 15ten Jahrhundert bekannt, wenn gleich schon in Gerberts Geometrie (§. 8.), die im zehnten Jahrhundert geschrieben wurde, schon dahin gehörige Begriffe und Operationen, jedoch ohne eigentliche algebraische Bezeichnung, z. E. über die Polygonalzahlen, vorkommen, s. Kästners geom. Abhandl. I. 1. **Leonardus von Pisa** soll diese Wissenschaft ums Jahr 1450 aus dem Orient mitgebracht haben. (s. Heilbronner Hist. math. p. 497). Leonards Schrift scheint verloren gegangen zu seyn. Aber die Methode breitete sich bald aus; denn **Regiomontan** bediente sich schon ihrer in seiner Trigonometrie (de triangulis omnimodis, opus posthumum. 1533), und nach **Gassendi** in vita Regiom. p. 355 beschäftigte er sich schon 1464 mit diesem Werke. Im 2ten Buch §. XII löset er eine Aufgabe algebr. auf, welches vielleicht das erste zum Druck niedergeschrieben Denkmahl vom Gebrauch dieser Methode im christlichen Europa ist. Die unbekannte Größe nannte man damals res, Italienisch cosa (i. e. res quae agitur, worauf es dem Sucher eigentlich ankommt). Das Quadrat von dieser res heißt census, und die Rechnungsart selbst wird von Regiomontan Ars rei et census genannt. In der Auflösung selbst wird noch viel mehreres als jetzt mit Worten ausgedruckt, z. E. die erwähnte Aufg. ist: Data perpendiculari (ad) atque basi (bg) et proportione laterum (ab : ag) cognitis, utrumque latus cognoscere. Nun sagt er: weil man geometrisch diese Aufgabe bisher nicht habe auflösen können, so wolle er es per artem rei et census versuchen. Nachdem er die Data bestimmt und ab : ag = 3 : 5 gesetzt

gesetzt hat, fährt er fort: Sit de aequalis ipsi bd, deturque perpendicularis ad=5, et basis bg 20 pedes; pono lineam eg 2 res (nach unsrer Art =2x), unde linea be erit 20 demtis 2 rebus (20—2x) et ejus medietas bd 10 minus una re (10—x); reliqna vero dg 10 et una re (10+x), duco bd in se, producitur 1 census et 100, demtis 20 rebus ($x^2-20x+100=bd^2$); und in dieser Weitläuftigkeit geht es fort, bis er endlich schließt: Perducemur ad 16 census et 2000 aequales 680 rebus ($16x^2+2000=680x$). Nun setzt er blos noch hinzu: *Quamobrem quod restat praecepta artis edocebunt.* Daß er dem Leser nach gegebener Analysis die eigentliche Auflösung der Gleichung überläßt, zeigt wohl, daß in dem Zeitpunkt da Regiomontan dies schrieb, wahrscheinlich wie gesagt im Anfang der letzten Hälfte des 15ten Jahrhunderts, die Mathematiker mit Auflösung quadratischer Gleichungen und deren Gebrauch in der Geometrie völlig bekannt seyn mußten. Eine andere dergl. Aufl. steht a. a. O. §. XXIII. Indessen ist doch **Lucas de Burgo** der erste eigentliche Schriftsteller über die Algebra im christlichen Europa, den wir noch besitzen. In seinem §. 9 genannten arithmetischen Werke von 1494 handelt das achte Buch von der Algebra, die Ueberschrift in seiner Sprache heißt distinctio de Algebra et Almucabala Das erste Wort übersetzt er durch restauratio, das zweite durch oppositio et solidatio. Er geht auch nur bis auf die unreinen quadratischen Gleichungen, und kennet den Gebrauch der verneinten Wurzel noch nicht, daher er Gleichungen wie census + 4 res = — 6 gar nicht in Betrachtung zieht.

D. Sechzehntes Jahrhundert.

§. 18. Im sechzehnten Jahrhundert, und zwar 1524, schrieb **Christoph Rudolph**, aus Jauer in Schlesien, die erste Algebra in deutscher Sprache, die durch **Michel Stifel** „gebessert und sehr gemehrt" 1571 wieder herausgekommen ist. **Scipio Ferreo** zu Bologna fand eine Auflösung der cubischen Gleichung von der Form $x^3 + px = + q$. Der Wettstreit, zu welchem der von ihm hierin unterrichtete **Florido** den **Tartaglia** (§. 9) aufforderte, veranlaßte letztern zu der Erfindung einer ganz allgemeinen Auflösung der Gleichung $x^3 \pm px = \pm q$. Indessen wurden immer die bekannten Größen nur mit Ziffern, nicht allgemein mit Buchstaben, angedeutet. Z. E. Cubus et 4 res vel minus 4 res aequales 6 vel minus 6 (dragmis, vel numeris); oder auch wol so:

cl et 4 vel minus 4 R (vel ⊙) aequales 6 vel minus 6 ℨ oder auch wohl schon

cl $\dotplus$ 4 R aequales $\dotplus$ 6

Seinen Kunstgriff lies sich **Tartaglia** vom **Cardan**, welcher ihn geheim zu halten versprach, aber ihn doch, zu des erstern größtem Verdrusse, freilich mit Beweisen und Zusätzen, mit zu vieler Anmassungals sein Eigenthum, bekannt machte. Dies geschah in seinem Werke: Ars magna, quam vulgo cosam vocant, 1545, und wirklich hat man nachher diese Auflösung immer **Cardans Regel** genannt. In seinem Buche zeigt er schon etwas richtigere Begriffe von den verneinten Wurzeln, nennt sie aber doch fictas; er spricht auch cap. XX. schon von Nähernng an die Wurzeln höherer Gleichungen, und drückt sich ganz richtig über die unmöglichen Größen aus. Bei Gelegenheit einer Aufgabe des **Joh. Colla** fand **Ludw. Ferrari**, der

von

von seinem Lehrer Cardan dazu aufgefordert wurde; die Auflösung biquadratischer Gleichungen, welche Raph. Bombelli 1589 in seiner Algebra bekannt machte. Daher es wieder Bombellis Regel heißt: Wie jeßt die beiden Regeln angewandt werden lehrt, §. 87, 88 höh. Alg. Unter den Deutschen trugen übrigens diejenigen Rechner, welche Cossisten genannt wurden, so wie die Algebra bei ihnen Regula de cosa §. 17, oder Regel Coß hieß, viel zur Ausbreitung der ersten Grundzüge dessen bei, was man jeßt unter dem Namen Algebra und Analysis des Endlichen begreift; besonders Stifel in der arithmetica integra 1544, wo er Buch 1 Kap 5 de extractione radicum schon eine Tafel, wie §. 23 höh. Alg., für die figurirten Zahlen, und dadurch, wenn er es auch gleich nicht ausdrücklich sagte, für die Binomial-Coefficienten giebt. Die Abtheilung des Kapitels, welche dies enthält, hat die Ueberschrift: de inventione numerorum quae peculiariter pertinent ad sua species extractionum (i. e. coefficientes binomiales). Sollte er also die Erhebung des Binomiums nicht auch in so weit gekannt haben, und für den ersten gehalten werden müssen, da wir keinen frühern kennen, der auf die Spur der allgemeinen Binomialformel geleitet hat?

Was die Zeichen anbetrift, so haben wir oben schon eine Probe gegeben; + und — (oder ÷) nannten sie vorzugsweise Cossische Zeichen. Meistens waren die algebraischen Aufgaben (wenn man die Anwendung auf Geometrie ausnimmt, wie §. 17 und in Rudolphs Coß fol. 199. Die Aufgabe §. 346 Pl. in Zahlen-Coefficienten, und was zur Alligationsregel gehört) Räthsel die man sich, einander aufgab, wie Florido dem Tartaglia; s. Kästner Gesch.

Gesch. I. S. 56 ff. Ordentlich an einander hängende Beweise findet man auch bei den besten Schriftstellern selten. Ausdruck (enunciatio) der Sätze, des bekannten immer noch durch Ziffern, und Zutreffen der Rechnung dient meistens statt Beweises. Daher erkläre ich es, daß bei nicht völliger, eigner, demonstrativer Ueberzeugung Männer wie **Stifel** die weitere Ausbildung der wichtigsten Erfindungen aus den Händen ließen. Sie waren sich doch immer nicht so recht gewiß.

§. 19. Gegen das Ende des Jahrhunderts gab **Franz Vieta** von Fontenai, Maitre des requêtes der Königinn Margarethe, der Algebra eine ganz neue Gestalt. Er bediente sich zuerst der **Buchstaben**, die er species nannte, und zwar der lat. Uncialen, **zur Bezeichnung** nicht allein der unbekannten, sondern **auch der bekannten Größen**. Einzelne frühere Spuren, aber ohne etwas Allgemeines dabei zu beabsichten, finden sich bei **Cardan** auch **Büteon**. Durch diese Bezeichnung sieht man deutlicher den Grad der Allgemeinheit einer Auflösung, und darf im speciellen Fall nur substituiren. Nun entstanden die noch jetzt üblichen Benennungen Algebra vel arithmetica speciosa, Algorithmus speciosus, calculus literalis, was sonst nur **die Coß** hieß. **Vieta's** Hauptentdeckungen waren, wie man Gleichungen die bequemste Form gäbe (transformatio aequationum). §. 68 höh. theor. Math.; **eigne** Auflösungen für die vermischten quadratischen (§. 81. höh. Math.) und kubischen Gleichungen; s. Vieta de aequationum recognitione et emendatione, Tract. II., wo im XIV. Kapitel der Satz, daß die **Coefficienten** Summen der einfachen oder in einander zu 2, 3, 4 multiplicirten verschiedenen positiven Wurzeln seyen, induktionstionsweise vom 2ten bis zum 5ten Grade (quadratocubus) behauptet wird (§. 49 höh. Math.. In dem Buche de numerosa potestatum resolutione sucht er **Gleichungen von allen Graden** dadurch aufzulösen, daß er die vermischten als unvollständige Potenzen von Binomien ansieht, und ihre Wurzeln durch Annäherung sucht. Er lehrte vollständiger als **Regiomontan** und **Tartaglia** bei der Anwendung der Algebra auf die Geometrie die **Konstruktion der Gleichungen** (§. 346 Pl.), besonders der kubischen, von welchen er bemerkte, daß sie sich alle auf Verdoppelung des Würfels und Trisektion des Winkels bringen ließen. Er scheint auch dem **binomischen Lehrsatz** (§. 12 ff. h. M.) sehr nahe gewesen zu seyn. Seine ersten Erfindungen machte er 1590; seine Schriften sind schon 1609, und aufs neue 1646 von **Schooten** zu Leyden in Fol. herausgegeben. Sie sind es doch nicht alle, denn man findet darin z. B. nur das achte Buch Variorum de reb. mathem. responsorum. **Vieta** selbst citirt in Apollonio Gallo, das Variorum sextum. Nach Murhard sind libri octo dieser variorum 1596 besonders herausgekommen, Dem **Vieta** folgte in den Cossischen Benennungen **Ougthred**, ein wegen seiner mathematischen Kenntnisse berühmter englischer Geistlicher. Das Quadrat heißt bei ihm q, der Kubus c, Z die Summe, X der Unterschied der Zahlen A und E. Man schreibt ihm perspicuam brevitatem zu. Seine Hauptschrift heißt Clavis mathematica, die doch erst 1631 herauskam; die Opuscula sind gar erst von 1677, wo er längst tod war. Hauptfortschritte findet man bei ihm nicht.

E. Siebzehntes Jahrhundert.

§. 20. Im 17ten Jahrhundert machte zuerst **Harriot**, ein Engländer, wichtige Schritte in der Algebra. Er führte die kleinen Buchstaben ein, ersparte das Zeichen bei der Multiplication und dergl. Er bediente sich des Vortheils, alle **Gleichungen auf o zu bringen** §. 31. 1 h. M.); aber die Hauptbemerkung, welche wir ihm zu danken haben ist: daß nun **jede höhere Gleichung**, die auf o gebracht ist, als ein Produkt aus einfachen Gleichungen von der Form $x \mp a = 0$ angesehen werden könne (§. 49. h. M.) Freilich meistens nur durch Induktionen, die sich durch die Anwendung durchaus bestätigten, lehrte er die Sätze, welche oben in den Grundlehren der höhern Algebra, im Abschnitt: **Zergliederung der Gleichungen**, bis zum 61sten Sph, jedoch mit allgemeinen größtentheils **Kästnerischen**, Beweisen enthalten sind, z. B. die Zahl der Wurzeln ist mit dem höchsten Exponenten von x gleich; imaginäre Wurzeln müssen paarweise vorkommen; das Gesetz der Coefficienten (§. 54. h. M.) ist allgemein; das bekannte Glied ist ein Produkt aller Wurzeln mit entgegengesetzten Zeichen, u. s. w. Diese Sätze sind der Hauptinhalt seiner Praxis artis analyticae, die 10 Jahre nach seinem Tode 1631, also in einem Jahre mit **Ougthreds** Clavis, herauskam.

§. 21. Demungeachtet scheint doch selbst **Harriot** noch nicht recht fest in der Lehre von den negativen Wurzeln, die er privativas nennt, und oft lieber gar nicht angiebt, gewesen zu seyn. Nun führt zwar **Schooten** in append. de resol. aequat. cub ad comment. in Cartesii Geom. 1695 aus einer kleinen Schrift, **Alb. Girards** invention nouvelle en l'Algebre 1629, Sätze an, die allerdings bewei-

sen,

daß Girard über die verschiedenen Wurzeln, der nach Cardans Regel aufgelößten kubischen Gleichungen, richtiger als seine Vorgänger gedacht hat. Allein, da ich sonst nirgend von Girards Schrift die geringste Nachricht finde, so kann ich hier nur sagen, daß Deskartes, der sich durch seine mathematischen Entdeckungen mehr als durch seine Physik und Philosophie einen bleibenden Namen gemacht hat, die wahre Natur und den eigentlichen Gebrauch der negativen Wurzeln auch in der Anwendung auf die Geometrie zuerst mit einiger Vollständigkeit gewiesen hat, wobei es um so viel sonderbarer ist, daß er sie doch falsche Wurzeln nannte. Außer der bequemern Bezeichnung der Potenzen (§. 135 A. R.) hat er zuerst bemerkt, daß eine Gleichung so viel wahre (positive) Wurzeln, als Abwechselungen, und so viel falsche (negative) als Folgen der Zeichen + und — nach der Ordnung der Glieder vorkommen, haben könne (§. 63 h. M.). Man nennt dies gemeiniglich, wiewol ohne Grund, den Harriotschen Lehrsatz. Den in seinem obgedachten Werk findet man nichts davon, konnte es auch wol nicht, da Hariot in Absicht der verneinten Wurzeln offenbar schwankende Begriffe hatte. Cartesius fand auch eine neue Art, biquadratische Gleichungen aufzulösen, indem er sie in zwei quadratische zerfällte; lehrte die Construktion der Potenzen von allen Graden, und wandte die Analysis sowohl auf die niedere als höhere Geometrie an. Seine Hauptentdeckungen enthält Renati Descartes Geometria, die zuerst 1637 französisch herauskam, nachher von Schooten 1683 und 1695 mit Schootens eigenen und des De Beaune Kommentarien herausgegeben worden ist. Des Cartesius Werk ist nicht sehr ordentlich, manchmal wirklich undeutlich geschrieben, welches Montukla sehr sonderbar seinem feurigen Genie, **la Chapelle** sogar einer Absicht beimisset, dadurch seinen Entdeckungen mehr Wehrt zu geben. So machten es wohl die alten und neuen Scholastiker; letztere auch, um ihren Gegnern vorzuwerfen, es fehle ihnen an Genie, ihren Tiefsinn zu verstehen. Der eben gen. de Beaune, einer von **Cartesens** Nachfolgern, suchte zuerst der Schwierigkeit, alle Faktoren des letzten Gliedes einer Gleichung durchzuprobiren ob einer davon eine Wurzel sey, durch **Methoden die Gränzen** (limites) **der Wurzeln zu finden**, abzuhelfen §. 89 h. M. Sein Traktat ist der obigen Schootenschen Ausgabe von Cartesens Geom. angehängt. In Schootens Commentar findet man auch die hieher gehörige **Wassenaersche** Methode, dadurch daß man in die Gleichung $y+1=x$ und $y-1=x$ setzt, die vorgegebene auf 2 andere zu bringen und alsdenn zu untersuchen, welche von den Faktoren des letzten Gliedes der vorgegeb. Gleichung beides um 1 größer und um 1 kleiner als die Faktoren des letzten Gliedes der beiden neuen Gleichungen sind. Nur diese braucht man dann zu probiren.

Zum leichtern Verstehen der ältern Cossisten und Algebraisten mag folgende Tabelle dienen:

Der Potenzen der unbekannten Größe.

I. Benennung		II. Bezeichnung			
seit Descartes	bei den Cossisten	d. Cossisten	Oughtreds	Harriots	Cartesens
Einheit (unitas)	Dragma und im Plur. Dragme (ae) vel numerus	𝔇	-	-	-
erste Potenz (dignitas potestas)	res Germanis radix cosa Italis	℞ It auch Sol ⊙ It. Germ. Bat.	A	a	x
Quadrat, zweite Potenz	zensus, quadratus	ʒ	Aq	aa	x^2
Kubus, dritte Potenz	cubus	cl	Ac	aaa	x^3
Biquadrat, 4te Potenz	zensizensus, Quadratiquadratus	ʒʒ	Aqq	aaaa etc.	x^4
5te Potenz	surdesolidus, sursolidus, surdum A (Ursi), Relatum I. (It.	ſʒ	Aqc	-	x^5
6te Potenz	Zensicubus v. cubizensus, Quadraticubus et v. v.	ʒcl	Acc etc.	-	x^6
7te Potenz	Bissurdesolidus, sursolidus II, surdum B, Relatum II	Bſʒ	-	-	x^7
8te Potenz	zensizensizensus Quadratus qu. qu Quadriquadriquadrum (Ursi)	ʒʒʒ	-	-	x^8
9te Potenz	Cubicubus	cl. cl	-	-	x^9 etc.
10 Potenz etc.	Zensurdesolidus Zensus relati I mi. Italis	ʒſʒ	-		

Von den Zeichen +, ÷ oder —, Multiplications und Divisionszeichen auch Gleichheitszeichen ∞ wurden außer den ersten beiden die übrigen nur spät von Vieta, Cartesius und andern eingeführt.

§. 22. In der letzten Hälfte des 17ten Jahrhunderts machten **Wallis** und **Barrow** sich um die höhere Algebra sehr verdient. Ersterem hat man die glückliche Bemerkung zu verdanken, die Nenner der Brüche sich als Potenzen, deren Exponenten negativ sind, vorzustellen (§. 184. A. R.) die er in seiner Arithmetica infinitorum trefflich benutzte. **Newton** der **Wallisens** und **Barrows** Schriften hauptsächlich studirte, fand 1663 den **Binomialsatz** (§. 12. h. M.), oder drückte ihn wenigstens zuerst in völliger Allgemeinheit aus; in epist. Ima ad Oldemb. cum Leibn. commun. Opusc. I. p. 307. Auch haben er und **Leibnitz** zuerst den Gebrauch der **unbestimmten Exponenten**, z. E. a^n, x^m, $\sqrt[n]{x^m}$, in die Analysis eingeführt.

Die **Wurzeln höherer Gleichungen durch Annäherung** zu finden ist alsdenn der einzige, bisher noch übrige Weg, wenn alle andere nicht angehen, oder wenn man voraussieht, die Gleichung habe keine rationale Wurzel. Meine §. 89 bis 100 h. M. dazu gegebene Methode ist, wie dort schon gesagt worden, die **Newtonsche**, die er schon 1669 dem **Barrow** mittheilte in Methodo fluxionum, s. Opscll. tom. I. p. 37. Die oben auch berührte **Halleysche**, so wie manche andere Methode ist davon nicht wesentlich verschieden. Die **Halleysche** ist **Newtons** Arithmeticae universali pag. 245 beigefügt.

§. 23. **Newton** hat auch zuerst eine, jedoch noch unvollkommne Regel, gegeben, vor der Auflösung einer Glei-

Gleichung die **Anzahl** der unmöglichen oder eingebildeten Wurzeln derselben zu erkennen (Newt. Arithm. un. p. 185) S. §. 63 h. M. Noch wichtiger und im höchsten Grade scharfsinnig ist seine Methode, Gleichungen von allen Graden, worin zwei veränderliche Größen vorkommen, aufzulösen, indem man y durch eine Reihe ausdrückt, die nach Potenzen von x geordnet ist. Die **Gestalt einer solchen Reihe**, d. i. die Ordnung der Exponenten von x, wird durch das nach dem Erfinder benannte **Newtonsche Parallelogramm** bestimmt S. Newtoni Methodus fluxionum a. a. O., und §. 115, 116 h. M. **Wallis** hatte in seinem oben angeführten Werke durch die Verwandlung algebraischer Ausdrücke in **unendliche Reihen** eine Menge vor ihm unauflösbarer, besonders geometrischer, Aufgaben glücklich und leicht aufgelöset. Auf diesem Wege gingen **Merkator** in Logarithmotechnia, **Barrow**, **Newton**, **Leibnitz** und andere noch weiter. Ihre Erfindungen sind so mannigfaltig, daß man sie hier nicht einmal alle berühren kann; auch gehören sie mit noch mehrerem Rechte zu der Anwendung der Algebra auf die höhere Geometrie, welches man Analysis mixta nennt. Doch will ich hier noch Mylord **Brounkers** Erfindung anführen, den Inhalt des Kreises, wenn das Quadrat des Durchmessers = 1 gesetzt wird, durch eine fractionem continuam auszudrücken. Dies ist, so viel ich finde, die erste Veranlassung, wobei diese Vorstellungsart, von der man jetzt so viele Anwendungen macht, vorkommt (§. 69 Ar.). **Brounker** starb schon 1684 und wurde zu seiner Entdeckung durch eine andre in **Wallis** Arithmetica infinitorum enthaltene Reihe für den Kreis veranlaßt. Daher kann ich nicht mit **Lambert** (in der Vorrede zum zweiten Theil seiner Beiträge) den **Huygens** mit völliger Gewisheit für den ersten annehmen, der von diesen Stufenbrüchen

Ge-

Gebrauch gemacht habe. Denn die Descriptio Automatis Planet. in seinen opp. posthumis ist wahrscheinlich nicht vor 1682 geschrieben, in welcher er sich sonst freilich dieser Verwandlung der Brüche bedienet, und, wie ich gestehen muß, das Verfahren damit so umständlich zeiget, als wenn es etwas ganz neues wäre.

F. Achtzehntes Jahrhundert.

§. 24. Man muß gestehen, daß die hauptsächlichsten Wahrheiten der Analysis des Endlichen, welche wir jetzt besitzen, beim Anfange des 18ten Jahrhunderts bereits erfunden waren, und zwar der größte Theil in der letzten Hälfte des 17ten. Aber eben so wahr ist es, daß mancher in dem vorhergehenden Jahrhunderte herbeigeschafte rohe Stoff im gegenwärtigen mehr ausgebildet, und die zum Theil nur lose aufeinander gepaßten Bruchstücke mit festeren Bindungsmitteln verknüpft worden sind. Indessen ist doch auch die eigentliche erste Bekanntmachung von **Newtons** Arithmetica universali, die so viele neue und verbesserte Methoden enthält, nur erst im 18ten Jahrhundert, in London 1707 geschehen. Diesem Buche ist auch eine Schrift von Halley, de constructione aequationum, beigefügt, die die Erfindung enthält, kubische Gleichungen durch die Sinustafeln aufzulösen. **Cardans** Regel, die von **Kästner** (nach **Euler**, in conjectatione de formis radd. aequatt. Comm. Petrop. T. VI) in seiner Analysis des Endlichen §. 699 ff. so lehrreich vorgetragen ist, hat auch **Newton** in dieser Arithm. univ. (so wie auch **Clairaut**, die **Agnesi** und andre) untersucht. Doch ich muß mich fast nur auf Deutschland einschränken, wo ich doch auch nur einen Theil anführen kann. **Wolf** hat, in seinen Elementis Matheseos universae, 1713, das bis zu der Zeit Erfundene und Zerstreute der Anal. endl.

endl. Gr. in einem wissenschaftlichen Zusammenhange deutlich vorgetragen. **Hausen** und sein größerer Schüler **Kästner** haben selbst die ersten Gründe des Algorithmi deutlicher entwickelt (136 ff. A. R.). Beide und nächst ihnen **Segner** und **Karsten** haben überhaupt dem Vortrage zu der Mathematik, besonders der algebraischen Analysis, zuerst eine tiefer eindringende Gründlichkeit, die mehr reell als formell ist, mitzutheilen gewußt. **Kästner** hat auch allerdings den **Harriotschen Lehrsatz** §. 20, vermöge dessen man den Ursprung jeder Gleichung aus der Multiplication erklärt, strenge bewiesen, s. §. 221 seiner Anal. endl. Gr. Die Lehre von den unmöglichen Wurzeln und deren Anzahl §. 23, die Annäherungsmethode §. 22 sind von ihm viel vollständiger vorgetragen worden. Er hat auch zuerst die Auflösung der **komplexen Gleichungen** durch das **Newtonische Parallelogramm** §. 23 mit einem eigentlichen Beweise versehen, vergl. §. 16 h. M. Zwar hatten **Colson**, **Gravesande**, de **Büat** und **Cramer** es erklärt, und auch den Gebrauch davon gewiesen, aber die Gründe nicht entwickelt. **Kästner** hat noch außerdem dies Parallelogramm zur Umkehrung der Reihen anzuwenden gelehrt, s. §. 690 a. a. O. daß die vollständigeren **Beweise** für den **binomischen Lehrsatz**, und für die Regel der **Summen und Differenzen der Reihen**, und des Gesetzes der **figurirten Zahlen** ebenfalls zuerst von **Kästner** geführt worden, habe ich Anm. zu §. 12 h. M. bereits gewiesen, auch die Art, wie ihn **Euler** und **Karsten** herleiteten, ebendaselbst bemerkt. Offenbar ist dieser Satz erst im 18ten Jahrh. wissenschaftlich erfunden, d. h. mit allgemeinen Beweisen versehen. **Jakob Bernoulli** in arte conjectandi 1713, hat ihn aus den Kombinationen; **Euler** in institut. calc. differentialis p. 366, und

und **Karsten** in mathesi theoretica §. 242 und 250 aus der Differentialrechnung, **Kästner** für ganze positive Exponenten in demonstratione theorem. binom., 1745 aus ganz eignen analytischen Schlüssen, für negative und gebrochene Exponenten in theorem. binom. universaliter demonstrato 1758, aus der Differentialrechnung, dann auch **Karsten** im zweiten Theil seines Lehrbegr. neue Ausg., **Segner** in Mémoires de l'Academie de Berlin, **l'Huilier** in principiis calc. diff. et integr. pag. 195, **Rothe** in einer besondern Abhandlung völlig aus der Anal. des Endl., und zuletzt **La croix** im Lehrbegr. des Diff. und Integral-Calculs aus der Theorie der Reihen hergeleitet. In Rosenthals Encyklopädie stehen 8 verschiedene Vorträge dieses Satzes, worunter auch noch 3 von **Palmquist**, **Klügel** und **Busse** sind. Noch andre Sätze, z. B. den nach §. 21 **irrig sogenannten Harriotschen Lehrsatz**, hat Hr. **Kästner** mittelst der Anal. d. Unendl. bewiesen, u. s. w. So hat auch **Euler** manches Fach der Analysis mehr in Ordnung gebracht, neue und leichtere Methoden ersonnen, Theorien auf andern Wegen gefunden, und sie dadurch mehr bestätigt und erweitert, besonders aber den Uebergang von der Anal. des Endl. zu der Anal. des Unendl. leichter oder doch sicherer gemacht, u. s. f. Kürze halber beziehe ich mich auf den ersten Theil seines unsterblichen Werks introductio in Anal. infinit, Lausannae 1748, wo besonders die Lehre von den Funktionen und ihre Verwandlung in unendliche Reihen mit alles befriedigender Vollständigkeit auseinandergesetzt ist. So haben auch **Segner** und **Karsten** außer dem bereits angeführten noch viele Gegenstände dieser Wissenschaften mit Scharfsinn und Gründlichkeit genauer auseinandergesetzt.

§. 25.

§. 25. **Eulers** Anleitung zur Algebra ist mit so großer Deutlichkeit, und in den meisten Materien auch mit solcher Vollständigkeit abgefaßt, daß wenigstens der erste Theil, und des zweiten Theils erster Abschnitt, jedem, der nur rechnen kann, beim Selbststudieren völlig verständlich ist; auch gewiß noch die ersten Kapitel des zweiten Abschnitts zweiten Theils von der unbestimmten Analytik. Das Werk ist mehrere Male wieder aufgelegt und vermehrt, noch zuletzt 1796 vom Herrn Professor **Grüson** mit Zusätzen herausgegeben. Anwendungen auf die Geometrie findet man in demselben nicht, so wie auch nicht in **Clairaut's** Algebra, welche sonst, besonders in den ersten Abschnitten, doch den Vorzug hat, daß sie den Lehrling auf den Gang der Erfindung analytischer Methoden aufmerksam macht, Paris 1746, und übersetzt von Mylius, Berlin 1752. Gleichzeitige Englische Werke zum Selbstunterricht sind: Th. Simpsons select Exercises for joung Proficients in Math. dessen Treatise of Algebra 1745 und 1767, 8vo.

Um weiter zu gehen weiß ich doch durchaus kein besseres und vollständigeres Lehrbuch, als Hr. Hofrath **Kästners** Analysis endlicher Größen vorzuschlagen. Wer durch die vorgenannten Schriftsteller sich vorbereitet hat, wird, welches freilich das Beste ist, alles hauptsächlich wichtige der heutigen Algebra mit einiger Anstrengung eignen Nachdenkens daraus kennen lernen. Indessen kann er sich auch bei **Kästners** Kommentatoren, z. B. in Hr. Rath **Langsdorfs** Erläuterungen dieses Kästnerischen Werks, über ihm etwas schwerscheinende, oder hin und wieder zu kurze Darstellungen des Verfassers Raths erholen, oder Vorlesungen darüber anhören. Auch aus **Karstens** und **Segners** Lehrbüchern, wie auch aus des Herrn General von

Tem-

Tempelhoff Analysis des Endlichen, kann man diese Wissenschaft mit hinreichender Vollständigkeit erlernen. Zu eben diesem Behuf, und selbst zur Erweiterung seiner Kenntnisse in selbiger sind vorzüglich, außer Newtons vortreflicher Arithm. universali, Mac-Laurins Treatise of Algebra 1748, welche viele Anwendungen auf die Geometrie enthält; die $4\frac{1}{2}$ Alphabet starken Elemens d'Algebre, traduit par Joncourt, 1756 des blinden Saundersons; und die institutione analytiche Mayland 1748 der Donna Agnesi zu empfehlen.

Drittes Kapitel.

Geschichte der niedern Geometrie.

A. Vor Christi Geburt bis zum Euklides.

§. 26. Die erste Gelegenheit die Geometrie zu erfinden soll bei den Aegyptern die jährliche Verschlemmung der Grenzen ihrer Ländereien, oder vielmehr die Veränderung, welche die mit Steuern belegten Gruntstücke durch Anspülen oder Abreißen erlitten, gewesen seyn. König **Sesostris** verlangte deswegen eine allgemeine Landesvermessung. Man ersann zu diesem Behuf, und um die Länder wieder genau auszutheilen, bestimmtere und richtigere Methoden. Diese erste Anwendung derselben scheint noch in dem Namen „Geometrie", den die Griechen aus dem Aegyptischen übersetzt haben, ausgedruckt zu seyn. Die historische Gewährleistung haben wir blos im **Herodot**, in der Euterpe, 109tes Kapitel*), dem

*) — κατανεῖμαι δὲ τὴν χώρην Αἰγυπτίοισι ἅπασι τοῦτον ἔλεγον τὸν βασιλέα κλῆρον ἴσον ἑκάστῳ τετράγωνον διδόντα. Καὶ ἀπὸ τούτου τὰς προσόδους ποιήσασθαι ἐπιτάξαντα ἀποφορὴν ἐπιτελέειν κατ' ἐνιαυτόν. εἰ δὲ τινός τοῦ κλήρου ὁ ποταμός τι παρέλοιτο ἐλθὼν ἂν πρὸς αὐτὸν ἐσήμαινε τὸ γεγενημένον. ὁ δὲ ἔπεμπε—ἀναμετρήσοντας—ὅσου τοῦ λοιποῦ—ἀποφορῆς τελέοι. δοκέει δὲ μοι ἐνθεῦτεν γεωμετρίη εὑρεθεῖσα.

dem wohl eigentlich nur **Porphyrius** in der §. 1 angeführten Stelle folget.

Es heißt, **Theut**, den man mit dem **Hermes Trismegistus** der Griechen für einerlei Person hält, habe die Menschen zuerst die Geometrie gelehrt. Newton (Opscll. T. III. p. 17), und auf seine Autorität Montukla, (Histoire des Mathématiques, Tome I. Livre II. §. III.) glauben, daß dieser **Theut** des **Sesostris** oder **Osiris** Minister gewesen, und diese Ländertheilung angeordnet habe. Die von den Aegyptern in den ältesten Zeiten getriebenen bildenden Künste, und unter diesen besonders die Architektur, setzen doch immer geometrische Kenntnisse voraus. Indessen wissen wir nichts bestimmtes von dieser Aegyptischen Geometrie, und es ergiebt sich doch aus Allem, daß sie höchstens aus einigen praktischen Regeln, aber weniger oder gar keiner Theorie bestanden haben müsse.

§. 27. **Diogenes Laërtius** sagt im Leben des **Thales**, der Phrygier **Euphorbus** habe zuerst σκαληνα και τριγωνα και οσα γραμματικης εχεται θεωριας erfunden, d. h. vermuthlich, eine und die andere Methode angegeben, aus drei gegebenen Stücken jedes Dreieck zu verzeichnen, wobei er denn vielleicht solche Sätze festgestellt hat, wie §. 62 Plan. Das Zirkelinstrument und Linial, eine natürlicherweise sehr frühe Erfindung, schreibt man einem Neffen des **Dädalus** zu. Indessen wurde bei den Griechen früh genug die Theorie und Ausübung dieser Art von Erkenntniß sorgfältig unterschieden. Das theoretische hies bei ihnen nur eigentlich **Geometrie**, allen Anwendungen aufs Messen im gemeinen Leben vorkommender Dinge gaben sie bald den besondern Namen **Geodäsie**; s. Proclus

clus in Euclidem L. I. pag. 12, edit. Basili. „Proconis et cylindris geometricis cumulos et puteos metitur Goedaesia" heißt es daselbst.

§. 28. **Thales von Milet** soll eigentlich von einer Reise, die er noch im Alter nach Aepypten that, die Geometrie nach Griechenland gebracht haben. Aber nun erzählt man wieder von ihm, er habe zur Verwunderung des ägypt. Königs **Amasis** die Höhe der Pyramiden nach dem Schatten, und auch die Entfernung zweier Schiffe auf geometrische Art bestimmt, (s. **Kästners** Gesch. I. Band S. 2); nachmals sey er der erste Erfinder der Sätze §. 31, 48, 61, 116, 148 Plan. gewesen, auch habe er zuerst entdeckt, wie man ein gleichseitiges Dreieck in seinen Kreis beschreiben müsse §. 201 Pl., und aus Freude über diesen letztern Fund habe er den Musen einen Ochsen geopfert. Wenn dies nicht fremde Federn waren, so frägt sich's: worin bestand denn nun die geometrische Weisheit der Aegypter? **Thales** muß im 7ten Jahrhundert A. C. gelebt haben, weil die von ihm in seinem Alter verkündigte Sonnenfinsterniß sich im Jahre 585 A. C. ereignete. Man nennt unter seinen Nachfolgern von der Jonischen Sekte den **Ameristus**, **Anaximander** und **Anaxagoras** als Erfinder in der Geometrie; aber von ihren Erfindungen giebt man weiter nichts bestimmtes an, als daß der letztere die **Quadratur des Kreises** — gesucht habe.

§. 29. **Pythagoras von Samos**, zuerst des **Thales** Schüler, reisete auf sein Anrathen schon im 20sten Jahre seines Alters nach Aegypten, und dann aus eignem Triebe weiter in den Orient. Seine Haupterfindungen in der Geometrie sind die Sätze §. 109. Plan., und der von ihm benannte berühmte Lehrsatz

§. 186. Plan., für dessen Erfindung er den Musen eine Hekatombe (d. h. schon beim Homer weiter nichts, als ein großes, feierliches Opfer) geopfert haben soll. Außerdem soll er gelehrt haben, daß der Kreis und die Kugel bei einerlei Umfang mit andern Flächen und Körpern den größten Raum einschließen. Auch haben er oder seine Schüler die fünf regulären Körper §. 160 St. zuerst herausgebracht. Höchst wahrscheinlich ist es, daß außer den nächsten Anwendungen des **Pythagorischen Lehrsatzes** §. 187. Plan. nun auch eine Menge solcher Sätze, deren Erweis auf jenem beruhet, und weswegen er magister matheseos genannt wurde, von dem Erfinder und seinen Nachfolgern dem Gebäude der Wissenschaft beigefügt wurden. **Pythagoras** starb 80 Jahr alt, im Jahr 540 A. C. **Zenodor**, ein Pythagoräer, hat de figuris isoperimetricis (§. 81. eb. Tr.) geschrieben; denn **Theon von Alexandrien** bezeugt, daß er in seinem Werk über diesen Gegenstand ihn zum Grunde gelegt habe.

Hippokrates von Chius wurde von den Seeräubern geplündert, und verwechselte darauf die Kaufmannschaft mit der Mathematik. Er suchte die Kreisquadratur, und fand — die Quadratur des **Hyppokratischen Möndchens** (§. 320 Pl.). Auch soll er zuerst, oder doch **vor** dem **Euklides**, Elementa (στοιχεῖα) Geometriae geschrieben, und das sogenannte **Delische Problem** auf die Erfindung zweier mittlern Proportionallinien zurückgeführt haben (§. 161 St.).

§. 30. Etwa hundert Jahre nach dem **Pythagoras** entstand zu Athen eine Reformation in der Philosophie durch den **Sokrates**. Er suchte die Weltweisen von leeren Spekulationen und subtilen Fragen über den Ursprung der Welt und das Innere der Natur

tur auf einen für die Menschheit wichtigern, bisher zu sehr versäumten Gegenstand, die Moralphilasophie, aufmerksam zu machen. Freilich war wol selbst Mathematik bei den Sophisten nichts als unfruchtbare Spekulation gewesen, mit welcher, als einer geheimen Weisheit, sie nur prahlten; und so mag sich Sokrates, nach Art eifriger Reformatoren, über die spekulative Geometrie wol öfters im Allgemeinen härter ausgedrückt haben, als er bei ruhiger Ueberlegung über diese Art von Speculation wol eigentlich dachte. Letzteres beweisen solche Stellen der ihm von seinen Schülern beigelegten Gespräche, worin er Kenntniß der Geometrie zeiget, und sie zur Aufklärung der Begriffe anwendet. Daß sein liebster Schüler und Nachfolger Plato das bekannte οὐδεὶς ἀγεωμέτρητος εἰσίτω über seinen Hörsaal schrieb, scheint dies doch auch zu bestätigen.

Plato war nach Aegypten, nach Italien zu den Pythagoräern und nach Cyrene zum Theodor, der auch ein Erfinder in der Geometrie heißt, gereist gewesen. Außer dem eben angeführten Beweise seiner Achtung für die Geometrie soll er auch noch täglich ein geometrisches Problem, um den Verstand seiner Zuhörer zu schärfen, erklärt haben; auch nennt man ihn als den Erfinder der geometr. Analysis, die daher bei den Alten die Platonische Analysis genannt wird, und man setzt hinzu, er habe sie als ein Geheimniß nur seinen liebsten und vorzüglichsten Schülern mitgetheilt. Das heißt wol, er habe nur diejenigen von seinen Schülern, die schon eine ziemliche Anzahl Lehrsätze aus dem synthetischen Vortrage begriffen, und ins Gedächtniß gefaßt hatten, dann erst mit der analytischen Erfindungsmethode bekannt gemacht. Dergleichen Grade unter ihren Schülern waren bei den alten Philosophen, wie z. E. bei den Pythagoräern (die, die drei ersten Jahre lang, nicht mitsprechen durften), ganz was gewöhnliches. Von der geometrischen und algebraischen Analysis handelt umständlich der 17te Abschnitt meiner Planimetrie.

§. 31. Uebrigens ist hier vom **Plato** nur noch zu bemerken, daß er und seine Nachfolger sich auch noch besondre Verdienste um die bis dahin noch wenig bearbeitete höhere Geometrie gemacht haben, wovon unten mehr. Er starb 81 Jahr alt im Jahre 346 A. C. Von den vielen Erfindungen in der niedern Geometrie, welche vom Proclus L. II. in L. I. Euclidis in allgemeinen Ausdrücken den Platonikern beigelegt werden, wissen wir nichts bestimmtes, außer, daß **Archytas von Tarent** die regulären Körper §. 160 St. genauer soll untersucht haben.

B. Vom Euklides bis auf die Araber.

§. 32. **Euklides**, welcher hundert Jahre nach **Plato** die Mathematik in der neu gestifteten Schule zu Alexandrien lehrte, hatte vorher unter den Platonikern zu Athen studirt. Sein Vaterland ist unbekannt, aber am wenigsten hätte man ihn mit dem zänkischen Megarenser, der zu Plato's Zeiten gelebt hat, verwechseln sollen; denn **Pappus** rühmt seine Leutseligkeit und stille Bescheidenheit, die doch mit genug edler Freimüthigkeit verbunden gewesen seyn muß, um seinem Könige geradezu zu erklären, es gäbe keinen königlichen Weg zur Geometrie, nämlich in so fern sie als Modell des strengsten wissenschaftlichen Denkens aufgestellt wird. Seine **Elemente**, wodurch er sich verewiget hat, bestehen aus 15 Büchern, doch sind die beiden letzteren vom **Hypsikles** hinzugethan. Freilich hat wol **Euklides** seine meisten Sätze nicht erfun-

erfunden, sondern aus den Büchern seiner Vorgänger, z. E. des **Hyppokrates** §. 30, des **Leon**, **Theudius**, **Hermotimus**, und andrer, welche von den Alten στοιχειωταὶ genannt werden, hergenommen. Dies erhellet selbst aus des **Proklus** Zeugnisse a. a. O., daß er bei seiner Sammlung vieles vom **Eudoxus** besser geordnet, und viele Lücken, welche **Theätetus** gelassen, ausgefüllt habe. Es ist also sehr unrecht, wenn **Ramus** (in seinen scholis mathematicis) ihn aus diesem Grunde zum bloßen Sammler herabwürdigen will. Denn außerdem, daß doch wohl gewiß mancher Satz, wenigstens mancher Beweis ursprünglich von ihm herrührt, welches, deucht mich, schon aus dem großen Aufsehen, welches sein Buch selbst beim Könige **Ptolomäus** machte, erhellet; so ist eben diese vortrefliche Anordnung, der nie unterbrochene Zusammenhang, worin man, ohne wider die Evidenz zu verstoßen, seit Jahrtausenden keine erhebliche Aenderung hat machen können, und diese so wohl getroffene Auswahl der Sätze, welche in die Grundlage der gesammten Mathematik gehören, wozu weder Alte noch Neuere (wenn man des **Archimedes** Kreisquadratur, und seine stereometrischen Erfindungen ausnimmt), etwas beträchtliches hinzuzusetzen gefunden haben, — dies alles ist Grund genug, dem **Euklides** die Verehrung zu sichern, welche man seinen großen Talenten so lange hat widerfahren lassen. Daß nur die Sätze von ihm, die Beweise hernach von **Theon von Alexandrien** beigefügt wären, wie ebenfalls **Ramus** behauptet, beruhet auf sehr seichten Gründen. Indessen hat man doch dem letzten Grundsatze des ersten Buchs die Evidenz abgesprochen, wovon ich in der Planimetrie §. 101 und 102 schon geredet habe, und auch seine Definition der Proportion getadelt. Letztere, wie sie im Griechischen lautet, wäre jedoch völlig gerechtfertigt, wenn der Wortverstand der Euklidischen Aus-

 drücke,

drücke, und die Anwendung, welche er von seiner Definition macht, zuließen, ihn so zu verstehen, wie Karsten §. 161 seiner Geometrie ihn verstanden wissen will. Wenn manche Sätze aus den Elementen in neuern, sonst sehr vorzüglichen, Anweisungen zur Geometrie weggelassen werden, z. E. fast das ganze 2te Buch; so kommt dies daher, weil wir diese Sätze durch algebraische Analysis heutiges Tages viel leichter ableiten können.

§. 33. Das vollständigste Verzeichniß der Ausgaben der Elemente des Euklides, und seiner Werke überhaupt, findet man in Hrn. Professor **Scheubels** Einleitung zur mathem. Bücherkenntniß, I Band, 1stes und 5tes Stück. Von den Elementen ist die erste und seltenste die Lateinische von 1482, welche bei Erhard Ratdold zu Venedig herauskam. **Kästner** beschreibt sie in einem Briefe an den Cardinal **Quirini** 1750, und in der Gesch. der Mathem. 2ter Band. Die erste griechische ist von 1530, mit dem Titel: Euclidis Opera, graece, cum Theonis expositione; cura Sim. Grynaei, Basil. Fol., worauf bald 1533 die ebenfalls zu Basel bei Hervagen gedruckte folgte. Die schönste ist Ευκλειδου τα σωζομενα. Euclidis quae supersunt omnia, ex recensione Dav. Gregorii, M. D. Astron. Prof. Saviliani et R. R. S. Oxoniae; e theatro Sheldoniano, fol. min. 1703. Eine der besten Handausgaben der Elemente ist Element. Euclidis libri 15, ad graeci contextus fidem recensiti et ad usum tironum accommodati, Lips. 1743; sie ist von Bärmann, Professor der Mathematik. Für Deutsche ist Herrn Prof. **Lorenz** äußerst sorgfältige Uebersetzung aller 15 Bücher von 1781 eine sehr schätzbare Handausgabe. Treflich sind auch die Elementa Geometriae von **Andreas Tacquet** von 1654, 1665, 1701*, 1703, 1725. Er folgt dem Euklides Schritt vor Schritt, ändert, aber verkürzt und aus verdeutlichet, die Beweise; schreibt wenigstens die Nummer der Sätze hin, wenn er aus Gründen glaubt, daß sie wegbleiben können; setzt am Ende die ergänzenden Elementar-Sätze aus dem **Archimed** hinzu, und macht öfters kurze Anwendungen. Hieher gehört auch *Rob. Simſons* Eucl. El. libr. pr. VI., item XI et XII ex verſ. lat. Fr. Commandiniis ſublatiis, quibus olim lib. hi a Theone aliisve vitiati ſunt et quibusdam Eucl. demonſtrat. reſtitutis 1756. 4to. Hievon ist 1799 ein deutscher Auszug von Hr. **Matthias** herausgekommen.

In Scheybels, Professor des Euklides zu Tübingen, lateinischer Uebersetzung der 6 ersten Bücher (Basel 1550 fol.) sind die Figuren, also auch die Sätze und Beweise, ohne Buchstaben. Dies macht den schriftlichen Vortrag äußerst weitläuftig, und doch bleibt er dunkel; **mündlich** läßt sich, besonders bei kürzern Beweisen, so etwas mit Nutzen machen. Wirklich wird öfters der Beweis dadurch evidenter, weil man ihn mit einem Blicke überschaut, als wenn man die der Sache doch immer fremden Buchstaben sorgfältig aufschreibt, wodurch die Aufmerksamkeit getheilt, und oft von der Figur zu sehr abgelenket wird; Geometrie wird, was sie nicht seyn sollte, Buchstabenrechnung. Noch ist Hauſs **wörtliche** Uebersetzung der 6 ersten, auch des 11ten und 12ten Buchs zu bemerken, 1799. So weis nun der Nichtgrieche genau wie Euklids Vortrag war, der vielleicht nur darum die abkürzende Citation der Sphen nicht brauchte, weil die alten Bücher, volumina (v. Erneſti Archaeol. II. 1.) nicht umgeschlagen werden konnten, sondern mit mehr Zeitverlust abgewickelt werden mußten. Des Euklids Geist haben sich wol Lorenz, Bärmann und Tacquet durch ihre Abkürzungen nicht entschlüpfen lassen; auch sind sie für den Lehrling, wie Hr. H. meint, dadurch nicht unverständlich geworden, weil sie von ihm verlangen, beim Euklid eben so wie bei neuern darin nicht unverständlichen Mathematikern, den Obersatz des Syllogismen, wenn er sich ihnen nicht gleich anbietet, im citirten Paragraph aufzusuchen.

§. 34. Unter dem, was man sonst noch dem **Euklides** zuschreibt, gehört das Buch de Divisionibus und die Data noch mit zur niedern Geometrie. Jenes wollen einige für untergeschoben halten (s. Heilbronner p. 163), letztere sind zuerst in einer Ausgabe des Euklids bei Hervagen von 1537 enthalten; auch in der Oxforder befinden sie sich, und zwar mit Verbesserungen des sehr verstümmelten Textes. Die ersten Herausgeber scheinen sie wirklich wegen ihrer subtilen, und äußerst genauen Beweisen, und weil man ihre Absicht nicht kannte, die doch **Pappus** in der oben §. 32 angeführten Stelle seiner collectionum mathematicarum deutlich angiebt, nicht recht verstanden zu haben. In der Ausgabe derselben durch **Robert Simson**, einem Schottischen Geometer, haben sie mehr Korrektion und Ordnung erhalten. Davon hat uns Hr. **Schwab** 1780 eine Deutsche Uebersetzung gegeben, welcher er auch noch eine Sammlung mittelst ihrer aufgelöster Probleme beigefügt hat. Doch, ich habe von ihrem Inhalt und der vorhergehenden Abhandlung des Herrn **Schwab**, über die geometrische Analysis der Probleme, §. 341 Pl. schon das Nöthige beigebracht.

§. 35. Im Jahr 287 A. C. wurde **Archimedes** in Syrakus geboren. Er ersann eine neue Methode, krummlinigte Figuren und Körper mit einander und mit gradlinigten zu vergleichen, die methodum

dum exhaustionis, wodurch er in der gesammten Geometrie die wichtigsten Erfindungen machte. Für die niedere und Elementargeometrie gehört das dadurch Annäherungsweise bestimmte Verhältniß des Durchmessers zum Umfange des Kreises zwischen 7:21 und 7:22 in dem Buche περι κυκλου μετρησεως, und das Verhältniß des Cylinders, der Kugel und des Kegels von gleichen Durchmesser und Höhen, wie 3:2:1 in den Büchern περι σφαιρας και κυλινδρου; (man sehe §. 142 — 146 u. ff. der Stereom.). Er verordnete, daß eine auf diese letztere Erfindung sich beziehende Figur auf sein Grabmal gesetzt werden sollte. Die erste Ausgabe seiner Schriften ist bei, Hervagen Basel 1544, griechisch und lat. nebst dem Kommentar des **Eutokius** gedruckt. Kurz darauf besorgte auch **Commandin** eine Ausgabe, worin auch die Bücher de insidentibus humido, aus dem Arabischen übersetzt, enthalten sind. Ferner hat **Barrow** den **Archimedes**, mit dem **Apollonius** und **Theodosius** in einer Sammlung, 1675 herausgegeben. Ohne etwas wesentliches auszulassen hat er die Archimedischen Beweise kürzer gefaßt. Die neueste und prächtigste Ausgabe hat den Titel: Archimedis opp. quae supersunt omnia, cum Eutocii Ascalonitae Comment.; ex recensione Jos. Borelli cum nova versione. Oxon. 1792.

§. 36. Insofern als nur diejenigen Sätze der niedern Geometrie elementarisch sind, welche nothwendig und häufig, theils in der höhern Geometrie, theils in der angewandten Mathematik zu Grundlagen dienen, läßt sich behaupten, daß die Elementargeometrie seit **Archimedes** Zeiten keine erhebliche Zusätze erhalten habe. Die Geometer der Alexandrinischen Schule beschäftigten sich mehr mit der höhern Geometrie, wie

z. E.

z. E. Apollonius, Serenus und andern. Proklus, Theon, Eutokius und andre kommentirten nur über den Euklides und Archimedes. Seicht und schlecht genug ist dies vom Psellus, einem spätern Griechen, und dem Römer Boethius geschehen, so wie den auch die frühern Römer nach des Cicero Zeugniß Tusul. quaest. L. I. ab init. die Mathematik nicht genug achteten, um darin sich gründliche Kenntnisse zu erwerben. Besser sind daher die Commentare der Arabischen und Persischen Mathematiker, z. E. des Persers Nassareddin, über den Euklides. Dies war zur Zeit derjenigen Dunkelheit in Europa, da die Geometrie, so wie die ganze Mathematik und die Wissenschaften überhaupt von der Barbarei der Nordischen Nomaden verscheucht worden waren.

C. Von den Arabern bis auf jetzige Zeit.

§. 37. Allererst im eilften Jahrhundert brachte Campanus, der, wie man sagt, aus Novarra bei Meyland gebürtig war, unter andern auch eine Arabische Uebersetzung des Euklides von einer wissenschaftlichen Reise zu den Sarazenen mit. Er übersetzte sie ins Lateinische, und versahe sie mit Anmerkungen. (Dies wurde nachher der erste gedruckte Euklides von 1482, §. 33). Auf diese erneuerte Bekanntschaft mit dem Vater der Geometrie gründete sich nun die immer mehr wachsende Kenntniß der Mathematik. Sie wurde jetzt wieder in den Hörsälen, und zwar über den Euklides von sogenannten Professoren des Euklides, gelehrt. Wenige Lehrlinge giengen aber weiter als bis zum 47sten Satz des ersten Buchs, oder dem Pythagorischen Lehrsatz. Indessen ist dies von den berühmten Männern, die ich in der Geschichte der allgemeinen Rechenkunst, in dem Zeitraum bis

zum

zum 16ten Jahrhundert angeführt habe, nicht zu verstehen. In diesem Jahrhundert schrieb der oben genannte **Ramus**, ein Mann nicht ohne Talente, der aber in der Geometree zur Unzeit reformiren wollte, außer seinen Scholis mathematicis libri XXXI. auch Arithmetices libr. II et Geometriae libros XXVII, die von **Schooner** 1599 vermehrt herausgegeben sind. Sie haben doch gegen den Euklides nicht aufkommen können. Dadurch, daß **Franz Vieta** (s. oben §. 20) des **Apollonius** Buch de tactionibus gleichsam wiederherstellte, worin er die Hauptaufgabe „einen Kreis zu finden, welcher drei gegebene berührt,“ aus vorhergehenden Elementaraufgaben zur Verwunderung des **Adrian Romanus** auflößte, lieferte er einen wirklichen Zusatz zur niedern Geometrie. S. Vietae opera no. XI. Apollonius Gallus. Die Auflösung steht auch in **Newtons** Arithmetica universali, probl. 47. **Vieta** brachte ferner das Verhältniß 1 : π §. 305 Pl. bis auf 10, **Adrian Romanus** bis auf 17, und **Ludolph von Ceulen** auf 35 Decimalstellen; s. a. a. O. Auch lebte in diesem Jahrhunderte schon der berühmte **Clavius**, von dessen Werken hier hauptsächlich sein Kommentar über den **Euklides** zu merken ist, 1544. 2 Bände 8vo. Es ist ganz in der Methode der Alten, zwar etwas weitläuftig, doch sehr unterrichtend geschrieben. **Vieta**, **Adrian Romanus** und **Clavius** lebten auch noch im siebzehnten Jahrhundert.

§. 38. Von der **praktischen Geometrie** der **Alten** haben wir sehr wenig anführen können, wie denn auch die Geometrie bei vielen, selbst bei Philosophen wie Plato, mehr wie Speculation und Uebung des Verstandes angesehen, als zum Ausmessen auf der Erde angewandt wurde. Soll doch sogar, nach

Plu-

Plutarchs Erzählung im Leben Marcell's, Plato es für eine Herabwürdigung der Wissenschaft gehalten, und dem Architas und Eudoxus verwiesen haben, daß sie die Reservate der Philosophie durch praktische Mathematik dem Pöbel verriethen. Man will auch, daß man aus eben dem Grunde vom Archimedes, so praktisch er war, sehr wenig Schriften über angewandte Mathematik habe. Nach Wiederherstellung der Wissenschaften aus den Alten war es daher mit der praktischen Geometrie anfänglich nur sehr schwach bestellt. Selbst als schon die Trigonometrie, und die trigonometrischen Linien im 16ten Jahrhundert (s. deren Geschichte unten) bis zu einiger Vollkommenheit gediehen waren, bediente man sich ihrer noch nicht zum Feldmessen, sondern alle Instrumente waren nur darauf eingerichtet, ähnliche Dreiecke zu bekommen, wornach man denn die gesuchten Distanzen durch Regel de tri bestimmte. **Winkelmesser**, wenn es welche gab, wurden nur am Himmel gebraucht. Den **Jakobsstab**, da ein eingetheiltes Linial auf einem andern senkrecht verschoben wurde, mancherlei ihm ähnliche Einrichtungen, selbst das **geometrische Quadrat** (was freilich **Peurbach** ursprünglich zum Winkelmessen einrichtete, s. unten Geschichte der Trig.) brauchte der gewöhnliche Feldmesser nur, ähnliche Dreiecke zu bekommen. Also die vorzüglichen Mathematiker waren, wie immer, weiter voraus; nur die, welche die Geometrie als ihre eigne Kunst und Handwerk lehrten und übten, waren weit zurück. Wie mußte es mit dem Chartenzeichnen aussehen, da für **Tycho** 1553 der **verjüngte Maasstab**, den er durch **Hommeln**, Professor der Mathematik in Leipzig, kennen lernte, eine Neuigkeit war; den man auch bei den praktischen Schriftstellern des 16ten Jahrhunderts nicht findet, selbst bei den bessern, z. E. **Wilh. Schmidt** und

und Albr. Dürer nicht? Etwas weiter waren die Markscheider mit ihrer geheimgehaltnen Kunst, nach dem was Erasm. Reinhold im Unterricht vom Markscheiden, den er seinem Bericht vom Feldmesser von 1574 beigefügt, davon meldet. Wenigstens wandten sie die trigonometr. Sätze vom rechtw. Dreieck zur Erfindung des Fallens, der Seigerteufe und dergleichen an. Ueber das eigentliche Feldmessen haben der sogenannte Pfarrer zu Langeforch, und Puehler im 16ten Jahrhundert noch wohl das brauchbarste geschrieben (s. Kästner Gesch. I Band), und ihres, seiner groben Versehen ungeachtet, nur zu sehr befolgten, Zeitgenossen Röbel's Irrthümer gezeigt.

Die praktische Geometrie des Clavius, welche gleich zu Anfang des 17ten Jahrhunderts 1604 herauskam, ist fast das erste Werk dieser Art, wo diese nutzbare Wissenschaft für seine Zeiten mit einiger Vollständigkeit, und mit Gründlichkeit abgehandelt worden ist, indem man darin von Berechnung, Theilung, Isoperimetrie der Figuren sehr guten Unterricht findet. Die Hauptinstrumente des Clavius sind 1) eine Art von Proportionalzirkel (§. 234 Pl.), 2) ein Quadrante, der schon nach Nunnez Art die kleinen Theile bis auf Sekunden, nur eben nicht am richtigsten, angiebt, und wobei Höhen und Entfernungen aus den Winkeln durch trigonometrische Tafeln bestimmt werden; 3) Das oben genannte geometrische Quadrat, dessen Seiten er dekadisch eintheilte. Um diese Zeit, 1603, wurde wirklich der erste Proportionalzirkel von Jost Byrge erfunden. Aus dunklen Nachrichten davon gerieth 1606 Galiläus auf ein Instrument zu ähnlichen Absichten, welches sich schnell ausbreitete, anfänglich von den Deutschen das Schrägmäß genannt wurde, jetzt aber der gewöhnwöhnliche und auch so genannte **Proportionalzirkel** ist, da man den ersten jetzt lieber **Reduktionszirkel** nennet (§. 355 Pl.). Man darf nur pag. 5 beim **Clavius** die Zeichnung des Instruments no. 1) ansehen, so wird man finden, deß **Galiläus** neben der darauf schon befindlichen arithm. Linie nur mehr schräge, mit andern Eintheilungen versehene Linien gezogen hat. Die Stelle des **Tycho** vom **verjüngten Maasstab** (§. 233 Pl.) steht in seinen Epist. Astron. L. I. p. 60. Vom **Meßtisch** (§. 255 Pl.), welchen **Praetorius**, Prof. in Altorf, zuerst erfunden hat, findet man die erste Nachricht in **Schwenters** Geometria pract. 1667. Bereits im vorigen Jahrhundert hatte **Nunnez** oder **Nonius**, ein Portugiesischer Geometer, die nach ihm genannte Methode, kleinere Theile der Grade zu finden, angegeben. Doch ist diese Erfindung in ihrer jetzigen viel bequemern Art mit dem zu verschiebenden Bogen oder Linial, dem **Vernier** (**Werner**), nach La Lande Astronomie §. 1856 zuzuschreiben, und erst 1631 bekannt geworden. Man hat dieselbe zuerst nur bei astronomischen, dann aber auch bei den größern **Scheibeninstrumenten**, die, von ihrem vormaligen Gebrauch in der noch nicht so vollkommnen Astronomie, auch **Astrolabia** heißen, zum besten der praktischen Geometrie eingeführt (s. §. 162 Pl.).

Anm. 1. Vom Byrgischen Proportionalzirkel ist die erste Beschreibung von Horch 1605. Galiläus beschrieb den seinigen unter dem Namen Compasso Geometrico 1606. Es waren auch noch andere Quadranten, wie der von Ritter (wovon ich eine neue Auflage bei Fürst in Nürnberg ohne Jahrzahl besitze), der Oktante von Hoffmann und dergl. hin und wieder in Gebrauch.

Anm. 2. Damit man sich, wie es mir wirklich ergangen ist, nicht irre, so merke ich an, daß die penitus toto orbe divisi Britanni den Proportionalzirkel sehr

zum

zum Mißverstehen einen Sektor, und das Astrolabium den Theodolet oder Theodolit nennen. Nach der letzten Aussprache kann man zuerst an nichts anders, als eine Versteinerung dabei gedenken. Aber was hat θεος oder θεαομαι damit zu thun Ist es nicht billiger, eine Sache wie die ersten Erfinder, welches doch hier keine Engländer sind, zu benennen?

§. 39. Die Annäherung Ludolphs §. 38 wurde von W. Snellius, in seinem Cyclometricus 1621. noch auf leichterm Wege gefunden; s. a. a. O. Plan. das Mehrere zu der Geschichte dieser Rechnung. Snellius hat in seinem Buche noch sonst einiges zur niedern Geometrie gehöriges. Des großen Geometers Gregorius a St. Vincentio fruchtlose Bemühung um die Kreisquadratur führte ihn doch auf eine Menge, selbst aus bloßen euklidischen Sätzen hergeleiteter, Entdeckungen vom Kreise. Sein interessantes Werk: Quadratura Circuli et Hyperbolae ist von 1647. Cavalleri machte zwei Methoden bekannt, wovon er die erste Geometria indivisibilium nannte, mittelst welcher die weitläuftigen Beweise der Alten auch in der niedern Geometrie abgekürzt werden, von deren zweiten aber, die evidenter als die erste ist, oben in der Stereometrie §. 43. ff. die Beurtheilung steht, und aus welcher die 2ten Beweise §. 118. 145 u. m. abgeleitet sind. Keplers Stereometria doliorum vinariorum. Acc. stereom. Archimed. supplementum Linn. 1615 gehört noch mehr in die höhere als niedere Geometrie. Cartesius machte zuerst von der algebraischen Analysis eine mannichfaltigere Anwendung auf die gesammte Geometrie, wodurch doch manche zur niedern Geometrie gehörende Aufgaben aufgelöset wurden, zu welchen man denn auch wohl die geometrische Analysis hinterher fand.

Ich wünschte in der ersten Ausgabe bei dieser Gelegenheit, daß es jemand unternehmen möchte, alles was wirklich durch die Euklidische Geometrie gefunden ist, und was überdem vielleicht durch die Analysis des Endlichen und Unendlichen zuerst entdeckt ist, aber sich doch auf bloße geometrische Analysis zurückbringen läßt, nach der Art, wie davon **Kraft** in seiner sogenannten Geom. sublimiori eine Probe gegeben hat, gewissermaßen in ein **System der niedern Geometrie** zu sammlen. Dieser mein Wunsch ist zum Theil, durch Herrn Professor **Gilberts** „ausführliches Lehrgebäude der Elementar- und höhern Geo- 1 Th. 1798" erfüllet. **Le Gendres**, **Simsons** und van **Swindens**, besonders des ersten etwas ausführlichern Elemente von 1794, **Greg. a. St. Vincentio** (wie auch Rob. Simsons wiederhergestellte ebene Oerter des Apollonins) sind von ihm dabei zum Grunde gelegt worden, wo ich mit seinem eignen Wunsche in der Vorrede einstimme, daß er sich schon früher als im 5ten Buche der Fesseln entschlagen hätte, als Uebersetzer und Kommentator des Le Gendre aufzutreten.

§. 40. **Hausens**, **Segners**, **Kästners** und **Karstens** Lehrbücher enthalten die gründlichsten Anweisungen auch zur Elementargeometrie. Besonders haben beide letztern in den neuen Ausgaben (von **Kästner's** Elementarmathematik ist 1800 die 6te erschienen) ihren Werken einen noch höhern Grad der Vollkommenheit zu geben gesucht, und es werden wohl wenige Mathematiker seyn, die nicht die ersten Gründe ihrer Wissenschaft diesen Lehrbüchern zu verdanken hätten. Doch wird der angehende Mathematiker immer wol thun, auch noch, sobald er aus jenem oder sonst einem heutigen gründlichen Handbuche die Arithmetik

metik und Geometrie begriffen hat, den Euklides nach der Bärmannschen lateinischen, oder Lorenzischen deutschen Uebersetzung, vielleicht noch besser nach dem oben angeführten Tacquet, verglichen mit einem jener beiden mehr wörtlichen Uebersetzer, zu studieren, um mit gewecktem Selbstdenken in den Geist des Urvaters der Mathem. eingeweiht zu werden. Vorzüglich rathe ich jedem nach den Regeln der geometr. und algebr. Analysis im XVII Absch. Plan., welchen ich bald nach den ersten Abschnitten der Planimetrie wiederholentlich erst theilweise endlich ganz durchzugehen empfehle, so früh als möglich sich zu bemühen, die Beweise der Lehrsätze und Auflösung der Aufgaben durch eigne Kraft herauszubringen, und wenn man sich eines Lehrers bedient, sich von selbigem Lehrsätze und Aufgaben zu dieser Uebung im Selbstdenken zu erbitten. Ich weis aus Erfahrung, daß ein ganzes Jahr bloß synthetischen selbst gründlichen Unterrichts nicht so viel beiträget, den Mathematiker zu formiren, als ein Duzend durch sich selbst aufgelöster geometrischer Aufgaben und entwickelter Beweise. Dies war die Lehrmethode meines mir unvergeßlichen Lehrers, des vortreflichen Röhls. Auch seine Astronomie ist ein Beweis, wie er das Selbstdenken zu wecken wußte.

Von der praktischen Geometrie will ich hier nur noch bemerken, daß außer den im Lehrbuch angeführten Instrumenten, besonders für den Geographen (Ingenieur Geopraphe) neuerer Zeit die Branderschen Instrumente, sein Universalmeßtisch, sein dioptrischer Sektor, sein zur Geometrie eingerichteter vortreflicher hadleyscher Spiegelquadrant, und selbst der astronomische Quadrant, (man hat von allen gedruckte Beschreibungen); so wie auch die nicht immer verbesserten aber sehr vergrößernden von ihnen sogenannten Theodoliten (Scheibeninstrumente, Astrolabia aus dem ganzen Kreise) der Engländer, dergleichen (Ramsden) einen von 3 Fuß im Durchmesser sehr künstlich verfertigte, sehr schätzbare Hülfsmittel abgeben. Als einige der vorzüglichsten Anweisungen nenne ich noch **Marinonis**, prächtiges aber auch sehr gründliches Werk „de re ichnographica 1751 fol. min.; **Böhms** Meßkunst auf dem Felde 1759 4to, vorzüglich Hr. H. **Mayers** praktische Geometrie, ein Werk, welches die Anmerkung am Ende der ebenen Trigonometrie vollkommen bestätigt, wozu auch des großen **Lamberts** Zusätze zur Feldmeßkunst im ersten Theil seiner Beiträge vorzüglich geeignet sind. Im Laufe der letzten Jahre sind noch unter mehreren zwei Lehrbücher der prakt. Geometrie, nämlich eine aus dem Dänischen übersetzte Feldmeßkunst des Hrn. Professor **Bugge**, und ein mehr populäres von meinem vormaligen Freunde Hr. Pred. **Grosse** herausgekommen. Noch sind **Adams** geometr. und geographische Versuche aus dem Engl. 1795 zur Kenntniß, besonders engl. Instrumente zu bemerken. Ueber die Geometr. subterraneam od. die Markscheidekunst haben wir das vollständigste Werk von Herrn Prof. **Lempe**. Vieles darin ist aus den treflichen Anmerkungen über die Markscheidekunst des Hrn. H. **Kästner**, aus dessen Händen alles was er berührt vollkommener hervorgeht, aufgenommen. Zur Visirkunst habe ich schon §. 99. 100 Ster. **Lamberts** Abhandlung im ersten Theil der Beiträge genannt. Ueber das Nivelliren habe ich in dem Anhange zur ersten Abtheilung des Handbuchs das Nöthige zur Litteratur und Instrumentenkenntniß angeführt.

Viertes Kapitel.

Geschichte der Trigonometrie.

A. bis zu den Arabern.

§. 41. Als die Astronomie über den ersten Zustand der Kindheit hinauskam, fand sie, daß ihren Flug zu erleichtern, nichts diensamer seyn könne, als statt der trügenden Zeichnung, die fehlenden Stücke der Dreiecke am Himmel aus den beobachteten zu berechnen; und so geriethen die Astronomen auf die Trigonometrie §. 1. eb. Trigon. **Hipparch** von Nicäa, veranlaßt durch sein kühnes Unterfangen, die gesammten Fix-Sterne mit genauer Bemerkung ihres Orts in ein Verzeichniß zu bringen, womit er sich vom 160ten J. A. C. an 25 Jahre ununterbrochen beschäftigte, verfaßte ein Werk von 12 Büchern über die Sehnen. Es wird von **Theon** im Commentar über dem **Ptolomäus** angeführt, und war gewis die erste Trigonometrie. Denn man betrachtete anfänglich das Dreieck als mit einem Kreise umschrieben, da sich denn die Seiten wie die berechneten Sehnen der gleichen homologen Winkel des Kreises verhielten, dessen Halbmesser die Einheit bei der Berechnung der Sehnen war §. 1 bis 7 eb. Trig. **Menelaus** (**Mileus**) von Alexandrien hat 3 Bücher von Kugel-

 drei-

dreiecken verfasset. Er beobachtete etwa 100 Jahr nach Christi Geburt zu Rom: **Mersennus** hat diese Sphärick in „univ. geometriae mixtaeque Matheseos sinopsi. Par. 1644 herausgegeben. **Montucla** spricht von einer seltnen englischen Ausgabe des Originals. **Ptolomäus**, der um 139 nach C. G. in Alexandrien lebte, kann daher wol das trigonometrische ganz mit ihm übereinstimmende im I. und IIten Buch des Almagests auch von ihm entlehnt haben, aber auch für sich auf diese, sich dem Suchenden immer ganz gleicher Gestalt darstellenden Wahrheiten, gerathen seyn. Im 8ten Cap. I. B. giebt er die Theorie. Seine Chordentafel giebt die **Sehnen** in $\frac{1}{120}$ Theilen des Durchmessers. Jeder solcher Pars wird in 60 Scrupulos, deren jede in 60 Secunden, und deren jede in 60 Terzen getheilt. So ist chord. 120° = 103 pt 55 scr. 23 sec = 374123 sec des radii. Das meiste was man bei diesen ältesten Trigonometristen findet, ist fast nur mit Beziehung auf sphärische Dreiecke entwickelt §. 1. 2. eb. Trig.

B. Von den Arabern bis auf Nepern.

§. 42. **Im 11ten Jahrhundert** haben die Araber, am frühesten wol der sogenannte **Albategnius**, zuerst die **Sinus statt der Sehnen** gebrauch. In rudimentis Astronomia Alfragani, item Albategnii libro de motu stellarum kommen sie unter der Benennung *medietas chordae* duplicitatis arcus vor; zwar ist wol nach **Kästners** Geschichte der eigentlichen Bedeutung der Worte sinus (arab. Dschaib) so wie Grad (arab. Dergeh, per anagr. degrè) gewis von Arabern dieser künstliche Sinn zuerst angepaßt, es ist nicht Uebersetzung aus einer andern Sprache. Nur weis man nicht, wann und von wem sie aufgebracht sind.

sind. **Geber-Ben-Aphlah**, der jünger als Albat. ist, muß in seiner bei ed. Ima von Apiani instrum. Imi mobilis befindl. Trigon. das Wort, welches lateinisch durch sinus ausgedruckt ist, wol gebraucht haben. Indessen klebten die Araber noch immer an der von **Ptolomäus** eingeführten Sexagesimal-Eintheilung. **Georg von Peurbach** redet in seinem Traktätchen Quadratum Geometricum, das er von Wien, (wo er schon mehrere Jahre vor 1451 lehrte, und wo er 1461 starb) an **Johannes, Erzbischof von Gran**, schickte, von seinen ihm, dem Erzbischof, bekannten Sinustafel, in welcher der Halbmesser $=600000$ ($=60 . 10^4$) genommen sey. Hier ist der erste Schritt zur **Decimalrechnung** in der Trigonometrie; gedruckt haben wir dies erst von 1516. Man muß sich wundern, daß **Joh. Regiomontan** in seinen Büchern de triangulis omnimodis, die zwar erst 1533 nach seinem Tode gedruckt sind, woran er aber bereits um 1464 schrieb (§ 16.) selbst in der Zueignung (vermuthlich an den Pabst) seinem Lehrer, dessen er mit so viel warmer Anhänglichkeit erwehnt, diese Erfindung nicht zuschreibt, sondern blos von eignen auf den Halbmesser von 6 Millionen bis auf Minuten berechnet, redet. Diese **Regiomontanische** Trigonometrie ist indessen ein wahres Meisterstück für die damaligen Zeiten. Die ersten 2 Bücher sind die ebne Trigonometrie. Lib. I. leitet er ganz aus der Theorie des rechtwinklichten Dreiecks die 4 Hauptauflösungen (die bei mir §. 48 bis 58 eb. Trig. vorkommen) der eb. Trigonom. her; und nur im 2ten Buch nimmt er erst den Satz des 25ten Sphs meiner Trigon. zu Hülfe. In beiden Büchern kommen eine Menge der von mir §. 59 eb. Trigon. erwähnten Aufgaben vor. Die 3 letzten Bücher lehren die sphärische Trigonometrie.

Von 1541 haben wir die, bis dahin versteckt gebliebenen Schriften, **Peurbachs** super Ptol. propos. de sinubus et chordis, und Regiomontani compositionem tabb. sinuum. **Peurbach** sagt da nichts von eignen auf $\varrho = 60 . 10^4$ berechneten Tafeln. **Regiomontan** spricht nur von seinen Tafeln auf 6 Millionen. Sie sind auch beigefügt, nebst andern auf $\varrho = 10$ Millionen, ohne daß von diesen letztern (wodurch mit einmal die Sexagenalfessel abgeworfen wurde) in der Abhandlung das geringste erwähnt wäre. Es scheint mir, als hätten die miteinander beobachtenden so enge verbundenen P. und R. sich zu ihrem Privatgebrauch Tafeln auf $600000 = \varrho$ mit gemeinschaftlichem Fleisse, die sie also auch als gemeinschaftliches Eigenthum ansahen, berechnet. Sie schenkten ihren Freunden Abschriften (noch war keine Buchdruckerkunst). Nach P. Tode richtete nun R. diese, mit Absicht sie in seiner eignen Hausdruckerei drucken zu lassen, auf 6 und 10 Millionen ein. Auch fügte er eine Tangenten-Tafel für ganze Grade hinzu, die er tab. foecundam nannte. Letztere ist von **Reinhold** seiner Ausgabe von Regiom. zur Astronomie gehörigen tabb. directionum 1606 beigefügt. Noch hat man aus der ersten Hälfte des 16ten Jahrhundert des **Copernikus** und **Apians** trigonometrische Arbeiten und ihre Sinustabellen auf den Halbm. von 10^6 (S. Copern. de lateribus et angg. triangg. 1542 und P. Apian. instrum. Imi mobilis 1534).

Man baute nun auf diesen Grundlagen weiter fort, und so berechnete nun **Rhätikus** (auch außer den Sinus und Tangenten noch die Sekanten, alles von 10 zu 10 Sek. für $\varrho = 1000$ Billionen; vervollkommnete die sphärische Trigonometrie durch criteria des Gewissen und Zweideutigen; entwarf seinen großen Kanon,

non, welches alles **Valentin Otto** nach seinem Tode noch völlig ins Reine brachte, und 1596 in fol. zu Heidelberg in 22 Alphabeten, unter dem Titel: Opus Palatinum de triangulis, herausgab. Eigentlich sind darin alle trigonometrische Linien nur auf 1 mit 10 Nullen reducirt. Aber **Pitiskus**, der zuerst 1595 seine trefliche Trigonometrie, aber noch vollständiger 1612 herausgab, wobei er einen Kanon auf $\varrho = 10$ Mill. lieferte, gab endlich 1613 noch seinen Thesaurus für $\varrho = 10''$, durchaus ad dena secunda, und für einen Grad ad singula secunda heraus. Auch scheint er schon 1607 des **Rhätikus** Kanon verbessert herausgegeben zu haben.

Aber wenn gleich diese bis zu so großer Annäherung an die wahre Größe berechneten trigon. Linien die größtmögliche Genauigkeit gaben; so konnte man diese doch nur durch ein mit ihnen sehr beschwerliches Multipliciren und Dividiren erreichen, so daß fast zu derselben Zeit, da mit angestrengter Mühe das Opus Palat. und der Thesaurus Pitisci fertig geworden waren, man auch schon wieder auf Abkürzungen und Erleichterungen der Rechnungsoperationen selbst denken mußte. Man sann darauf, ob nicht, ohne der Genauigkeit etwas zu vergeben, Addition und Subtraktion statt Multiplication und Division substituirt werden könnten. Hierher gehört nun die, wie es heißt, von **Tycho** oder **Wittich** erfundene **Prostaphäresis**, welche eigentlich auf solchen trig. Formeln sich gründet, da man durch bloße Addition und Subtraktion gegebener trig. Linien die gesuchten findet. Eine Probe davon steht §. 37 eb. Trig. Davon haben **Ursus** in Fundamento Astronomiae, und **Clavius** in Astrolabio, wie auch **Longomontan** in Astronomia Danica geschrieben. In einer Abhandlung Prostaphaeresis inventori suo Rothmanno vindicatur, 1781, s. Göttin. Anz. 107 St. dess. J. will **Matsko** aus einem in der Landgräflichen Bibliothek liegenden Manusc. den **Rothmann**, der mit **Tycho** und **Wyttich** sehr enge verbunden war, als eigentlichen Erfinder angeben.

C. Von Neper bis auf jetzige Zeit.

§. 43. Besser und allgemeiner wurde dieser Unbequemlichkeit durch die Erfindung der Logarithmen abgeholfen. Arithmetiker, welche sich im 16ten Jahrhundert mit der Vergleichung der arithm. und geom. Reihen gleichsam einen Zeitvertreib machten, wie Stifel in Arith. integra 1544 III. 5. Fol. 249. b, wo die Reihe steht:

0	1	2	3	4	5	6
1	2	4	8	16	32	64

dachten noch nicht daran, was für ein Saamen unter ihren Händen keimte. Aber wenn man §. 291 und 294 A. R. vergleicht, so sieht man, daß **Stifels** Sätze: Qualiacunque facit progressio geometrica multiplicando et dividendo, talia facit progressio arithmetica addendo et subtrahendo, und: 5 non solum significat, numerum sibi subscriptum facere propositionem quintam; sed etiam — esse proportionem (rationem) quintuplicatam respectu primae proportionis etc. das ganze Fundament der Logarithmen enthalten. So machte er es wie ein englischer Seecapitain, der auf einer neuentdeckten Küste ein Signal pflanzt, wodurch er vorläufig Besitz nimmt, und mit einem „ne dicar frustra fuisse in hoc loco wieder davon fährt. — Aber der Schotte **Neper** (Napier), Baron von Merchiston, der wahrscheinlich für sich selbst wieder auf diese Gedankenreihe gerathen war,

weil

(weil ihn Stifels Reihe wol nicht auf ein so heterogenes Grundverhältniß als das seinige geleitet hätte) setzte sich in völligen Besitz dieses von Stifel nur gesehenen Landes, als er 1614 seine *descriptionem* mirifici canonis logarithmorum herausgab.*) Er hatte bei seiner ganzen Arbeit die sphärische Trigonometrie und Astronomie beständig im Auge. Daher er auch seine berühmte Regel zur Auflösung sphärischer Dreiecke giebt. — Sein System besteht kürzlich in folgendem: Er nimmt den Halbmesser 10000000 und setzt dessen Logarithmen = 0; der Zahl 10000000 — 1 = 9999999 giebt er den Logarithmen 1. So ist seine logarithmische Reihe; sein Grundverhältniß 10000000 : 9999999. Jedem nachfolgenden Gliede dieser Reihe kommen nun die Logarithmen 2, 3, 4 u. s. w. zu; so daß kleine Zahlen sehr große, Zahlen über 10 Millionen aber negative Logarithmen bei ihm haben. Doch ich habe oben §. 293. h. Math. hinlänglich davon geredet.

Niemand nahm an **Nepers** Erfindung lebhafteren Antheil als **Henr. Brigg**, zuletzt Prof. zu Oxfort; fand aber mit Nepern bald, daß es viel bequemer seyn würde, das Grundverhältniß 1 : 10 anzunehmen. Auf N. Ermunterung fing **Brigg** an, ein solches System zu berechnen §. 291 ff. A. R., und 1616 kam das erste Tausend Briggischer Logarithmen zu London heraus. Dann folgte 1624 seine Arithmetica logarithmica fur die natürlichen Zahlen von 1 bis

*) Jost Byrge aus der deutschen Schweitz gebürtig, Uhrmacher und Assistent auf der Casselschen Sternwarte, war um eben die Zeit wirklich auch auf ein eignes von allen bekannten abweichendes System gerathen; die Tabellen sind 1620 in Prag wirklich gedruckt. Kästner beschreibt diese Seltenheit in seiner weiteren Ausführung der Rechenkunst S. 93.

bis 20000, und von 90000 bis 101000. Die Lücke ergänzte **Adrian Vlacq**, ein Holländischer gelehrter Buchhändler, in dessen Arithmetica logarithmica 100000 Logarithmen, die drei trig. Linien nach Minuten, deren Logarithmen bis auf 10 Decimalstellen,*) stehen, Gouda 1622. Mit diesen Hülfsmitteln versehen fing **Brigg** an, nachdem er vorher für den Halbmesser von 1000 Bill. die Sinus, und für 10000 Mill. die Tangenten und Sekanten auf Hundertheile eines Grades berechnet hatte, die Logarithmen derselben etwa auf die Art zu suchen, wie §. 41 eb. Tr. angezeigt ist. Allein er starb darüber, und **Gellibrand** vollendete seine Arbeit, welche auf **Vlacqs** Kosten zu Gouda 1633 fol. unter dem Titel Trigonometria britannica herauskam. Es folgen nemlich die Tabellen erst auf eine Abhandlung der Trigonometrie, und seiner Methode, die Tafeln zu berechnen. Die Logarithmen der Sinus haben bei ihm 14, die Log. der Tangenten 10 Decimalstellen. Aber besonders, weil **Vlacq** glaubte, die neue Eintheilung der Grade möchte bei Vergleichung alter astronomischer Rechnungen zu viel Schwierigkeit machen; so gab er in eben dem Jahr seine Trigonometriam artificialem heraus, worin die Log. der alten Sinus und Tangenten von 10 zu 10 Sekunden bis auf 10 Decimalstellen, und so auch die Logarithmen der natürlichen Zahlen bis zu 20000 enthalten sind. Die hier genannten Werke, wovon beide letztern in meinem Besitz und hier beschrieben sind, sind jetzt schon Seltenheiten. Allein **Vlacq** gab bereits 1636 zu Gouda in 8vo die nachher so oft aufgelegten, abgekürzten Tafeln

*) So beschreibt es Kästner Gesch. d. M. 3ter Band S. 98; Scheubel Mathem. Bücherk. 2 B. S. 11 stellt es so vor, als war es nur der Kanon trig. Linien ohne Log.

feln heraus, welche man auch die **gemeinen Tafeln** nennt. Die drei letzten Decimalstellen der größern sind darin weggelassen; wenn sie aber über 550 betrugen, dafür eine Einheit zur 7ten Stelle hinzugesetzt. Die neuesten Ausgaben davon sind die **Hentschischen** von 1757 und 1768. So giengen **Brigg** und seine Nachfolger einen andern Weg als **Neper**, jedoch mit desselben Beistimmung. Doch wurden deutsche Mathematiker, besonders dadurch, daß **Kepler** in den Rudolphinischen Tafeln, den damals neuesten für Astronomie, Nepersche Logarithmen gebraucht hatte, veranlaßt, letztere selbst noch weiter auszuarbeiten, und bequem einzurichten. **Benjamin Ursinus** gab, nebst seiner für damalige Zeiten sehr brauchbaren Trigonometrie, Tafeln Neperscher Log. für den sin. tot. = 100 Mill. zu Kölln an der Spree 1624, 4to heraus. Dadurch erhalten seine Log. noch eine Stelle mehr als die Neperschen. Da nun überdem log. sin. ϕ — log cos. ϕ = log. tang. ϕ ist; so sind auch unter dem Namen Differentialia die Log. der Tangenten in diesen Tabellen aufgeführt; + für tg. $\phi < 45^\circ$, — für tg. $\phi > 45^\circ$; weil log. sin. tot = log. tg. 45° = 0 ist. Uebrigens ist alles für Dekaden von Sekunden, wie die Briggischen in Trig. artif., angegeben. Zum bequemern Gebrauch wurden nachher 1) von **Bartsch** zu Sagan, ein Canon manualis 1630 in 8vo, und weil fast alle Exemplare verloren gegangen waren, eben derselbe von **Eisenschmidt** 1700 zu Strasburg aufs neue herausgegeben. Indessen hatte bereits 1634 **Crüger**, ein Danziger Mathematiker, zu Amsterdam Praxin Trig. logarithmicae in 8vo herausgegeben. Seine Logarithmen sind auf den sin. tot. = 100000 bezogen. Uebrigens hat er allein eine Tafel Neperscher Logarithmen für die natürlichen Zahlen 1 bis

10000

10000 eingerichtet; 5000 hat hier aber eben den Log. 6.9315, welchen sin 30° = 50000 hat*). Antilogarithmen sind bei Bartsch Log. cosinuum, Mesologarithmen bei ihm und Crüger die Log. Tangentium.

§. 44. Je leichter nun die trig. Berechnungen durch die Log. wurden, desto mehr bemühte man sich, die Trigonometrie selbst immer mehr zu entwickeln, wozu die Anwendung derselben theils auf alle Theile der angewandten Mathematik, theils selbst die Verbindung ihrer Sätze und Formeln mit den neu erfundenen Rechnungsmethoden, insbesondere der Infinitesimalrechnung, sehr viel beitrug. Eben durch diese Methoden fanden denn hinwiederum Merkator, Gregori, Newton, Halley und andre viel bequemere Wege, die Log. zu berechnen, als Brigg und Vlacq gekonnt hatten. Sie gründen sich größtentheils auf dasjenige, was in der höhern theoretischen Mathematik im dritten und vierten Abschnitte des Integralcalculs, vom 264 §ph an, befindlich ist. Halleys Methode ist den logarithmischen Tabellen beigefügt, welche Sherwin zuerst 1705 herausgab, und die nachher 5mal wieder aufgelegt sind worunter die Gardinersche von 1742 gr. 8tav die brauchbarste ist, s. Scheubel a. a. O. 2 B. S. 403. Sie enthalten die Log. von 101000 Zahlen in 7 Decimalstellen mit ihren Differenzen und deren Proportionaltheilen, und außer den gewöhnlichen trig. Linien und

*) S. über Crüger auch oben §. 293. 3. d. h. M. Auf dem Titel steht so:

a
M. Petro Krugero Reip,
Dantiscanae Mathematico.

So wurde denn das Buch in einem Catalog aufgeführt: Reip's Praxis Trig. logarithmicae.

und ihren Log., auch noch die Log. der Sekanten, und die Quersinus mit ihren Log. Das nützlichste dieser Gardinerschen Tabellen findet man alles in Schulzens neuer und erweiterter Sammlung logarithmischer, trigonometrischer und andrer zum Gebrauch der Mathematik unentbehrlicher Tafeln, 2 Bände, Berlin 1778. Sie enthält auch die hyperbolischen von Wolfram berechneten Logarithmen, und für die Sinus von 1° die Log. für jede Sekunde s. §. 41. 42. eb. Trig., wo auch des Hrn. Major Vega Handtabellen beschrieben sind. Eben desselben große Tabellen, oder Thesaurus logarithmorum completus, Leipzig 1794, in fol. sind eine noch verbesserte Einrichtung der oben erwähnten Trigon. artificialis Vlacquii. Die Logarithmen haben 10 Decimalstellen, und reichen bis auf 101000 natürliche Zahlen. Für die beiden ersten und letzten Grade sind Log. für einzelne Sekunden berechnet. Die hyperbolischen oder natürlichen Logarithmen sind, so wie bei Schulz, bis auf 48 Stellen berechnet, und sehr deutliche Anweisungen zum Gebrauch beigefügt. Das neueste Tabellenwerk ist Tables portatives des Logarithmes, contenant 1) les Logarithmes des nombres depuis 1 jusqu'à 108000, 2) les Logarithmes des Sinus et Tangentes de seconde en seconde pour les cinq premiers degrés, et des dix en dix secondes pour tous les degrés — et suivant la nouvelle division centesimale de 10 milliemes en 10 milliemes par Françãis Callet; à Paris an troisième (1795) edition stereotype sehr prächtig mit Didotschen Zahlen und Lettern; auch dabei die 1200 Wolframschen hyperbolischen Logarithmen mit 20 Decimalstellen, noch einige für höhere Zahlen. Alsdann für die Primzahlen bis 1097 Briggische von 61, und hyperbolische von 48 Stellen. Aber was mir weder bei Callet noch Vega ga gefällt ist, daß die Zahlen für alle trig. Linien ganz fehlen, da doch Fälle genug vorkommen, wo sie äußerst nützlich, ja fast nothwendig sind *). Guter **Rhätikus Otto** und **Pitiskus**, wie kurz ist die Ewigkeit, worauf ihr rechnetet! sic et probe parta — dilabuntur.

Wer sich überzeugen will, wie weit man in der Trigonometrie es durch die Analytik gebracht hat, der vergleiche mit der Trigonometrie der **Wolfischen** Elemente die Abhandlung dieser Wissenschaft bei **Kästner** und **Karsten**, auch nur im gegenwärtigen Handbuch; oder studire **von Oppels** Analysin triangulorum, 1741, und **Klügels** analytische Trigonometrie, besonders aber das neueste und ausführlichste Werk über die gesammte Trigonometrie, welches Italienisch und zugleich in einer französischen Uebersetzung unter den Augen des Verfassers herausgekommen ist. Die Uebersetzung hat den Titel: Cagnoli Traité de Trigonometrie rectiligne et sphérique, contenant des methodes et des formules nouvelles avec des applications à la plupart des problêmes de l'Astronomie, traduit par Chomprè, Paris 1786, 4to mit Didotschen Lettern; mit sehr ausführlichen Tabellen, welche die trig. Formeln enthalten, beträgt es beinahe 3 Alphabeth. Noch ist „sphärische Trigonometrie, mit möglichster Klarheit beschrieben von **Lory**", Augsburg 1783 als ein Werk anzuführen, dessen Verfasser sich sehr bemühet hat, die Schwierigkeiten der sph. Trig. aus dem Wege zu räumen.

Fünf=

*) In den logarithmisch trigonomet. Tafeln etc. von Hr. M. Vega. Leipzig 2 Bände gr. 8. 1797 befinden sich auch Tafeln für natürl. sinus etc. Der Hr. Verfasser scheint aber diese Ausgabe nicht gekannt zu haben.

Anmerk. d. Korrekt.

Fünftes Kapitel.

Geschichte der höhern Geometrie und der Analysis des Unendlichen.

A. Bis auf Apollonius von Pergen.

§. 48. Den Ursprung der **höhern Geometrie** darf man meines Bedünkens in den Zeitpunkt setzen, da die Verdoppelung des Würfels durch geometr.-Construction (§. 162 Ster.) die Geometer zu beschäftigen anfieng. **Hippokrates** (§. 29.) kam schon darauf, sie auf die Erfindung zweier mittlern Proportionallinien zurück zu führen. Die **Trisection** des Winkels mag man eben so früh, oder noch früher gesucht haben. Die erste Aufgabe beschäftigte indessen, wie wir gewiß wissen, den Plato und seine Zeitgenossen § 31. Sie hieß nachmals das **Delische Problem**, (weil der Delische Apoll das Aufhören der großen Athenïensischen Pest, als Preis auf die Auflösung dieser Aufgabe, sollte gesetzt haben.) Platons eigne Auflösung war bloß mechanisch, und auch Archytas gab keine bestimmte Construction an. Allein in Platons Schule fing man an, die 3 berühmten **Kegelschnitte** (§. 120 h. Math.), deren erster Erfinder unbekannt ist, geometrisch zu analysiren. Und nun lösete **Menechmus** die Aufgabe durch die Intersektion zweier Parabeln, und auch durch die Interſ. einer Parabel und einer Hyperbel zwischen den

Asymptoten auf. Dies geschahe durch Verbindung zweier geometr. Oerter (loci geometrici). Man fieng nämlich damals an, diejenigen (krummen) Linien so zu nennen, in welchen jeder Punkt zur Auflösung solcher Aufgaben dient, die ihrer Natur nach eine unendliche Menge von Auflösungen zulassen. Z. E. der geometrische Ort, welcher die Eigenschaft hat, daß jeder Perpendikel auf einer gegebenen Linie zwischen dem Theil, den er von einem Anfangspunkt angerechnet davon abschneidet, und einer andern bestimmten Linie, die mittlere Proportionale ist, ist die Parabel §. 121. 122 h. M. Nach Platons Tode hat unter andern einer seiner Nachfolger, **Aristäus**, ein Werk in 5 Büchern über die Kugelschnitte, und ein anderes de locis solidis (dies sind Linien, die nicht zur Elementargeometrie gehören) geschrieben, welche, so wie ähnliche Werke des Euklides, nicht auf uns gekommen sind. **Archimedes** fand die Quadratur der Parabel, freilich auf einem andern Wege wie §. 259. h. M., und schrieb über die Eigenschaften der Spirallinie, welche **Konon** entdeckt hatte. Beide Schriften finden sich in seinen Werken. Er soll auch conica, d. i. über die gesammten Kegelschnitte, geschrieben haben. Sein methodus exhaustionis §. 35 wird nicht ohne Grund als der erste Keim der Infinitesimalrechnung, d. i. als eine Vorstellungsart angesehen, deren weitere Verfolgung die Erfinder der letzten bis zu dieser weitumfassenden Methode gesichrt habe.

B. Vom Apollonius bis zum 17ten Jahrhundert.

§. 46. Um die Mitte des 3ten Jahrhunderts vor C. G. wurde **Apollonius** zu **Perga** in Pamphylien gebohren. Er heißt auch bei den Alten **Apollonius**, der Geometer, und der große Geometer. Sein Werk, welches in der höhern Geometrie eben so Epoche machte, wie das Euklidische in der niedern, bestand aus 8 Büchern über die Kegelschnitte. In den ersten 4 sammlete und ordnete er, was man vor ihm davon gewußt hatte. Die 4 letzten enthalten seine eigene Erfindungen, welche in der That Bewunderung verdienen. So handelt das 5te de maximis et minimis; ja man findet darin sogar schon bestimmte Begriffe von den Curven, welche in der heutigen Analysis **Evoluten** heißen, indem er die Punkte bemerkt, welche jetzt **Mittelpunkte der Krümmung** (centra curvaturae, circuli osculatoris) heißen, und ihren locum geometricum bemerkt, der nichts anders als die Evolute der krummen Linie ist, wozu sie gehören.

Diese Bücher haben besondere Schicksale gehabt. Unter den Alten haben **Pappus**, **Eutokius** und **Hypatia** sie erklärt, und Pappus hatte zum Glück in seinen Collect. mathem. ihren Inhalt den Sätzen nach größtentheils angegeben. Um 830 fingen die Araber an, die 7 ersten Bücher zu übersetzen. Das 8te war auch damals nicht mehr zu finden. In dem christlichen Europa wurde **Apollonius** allererst um die Mitte des 15ten Jahrhunderts, und zwar nur die ersten 4 Bücher, wieder bekannt. **Regiomontan** wollte sie herausgeben, starb aber darüber; und so ist des **Memmius** schlechte lat. Uebersetzung die erste Ausgabe davon von 1537. **Commandinus** gab 1566 eine bessere, und zugleich des **Eutokius** und **Pappus** Erläuterungen lateinisch heraus. Da sich die übrigen Bücher durchaus nicht auffinden wollten, so suchten einige Geometer ihn nach Pappus Inhaltsanzeige zu ergänzen. So hat man das 5te und 6te

Buch von **Maurolykus**, Abt zu Messina, die aber erst lange nach seinem Tode 1654 ans Licht kamen Im 17ten Jahrhundert arbeitete Viviani, des Galiläus Schüler, lange an einer solchen Divinatione in Vtum libr. Apoll. Ehe er fertig wurde hatte **Golius** die 7 ersten arabisch aus dem Orient mitgebracht, und seinen Fund angezeigt. Man weis nicht, was ihn von der Uebersetzung und Herausgabe abhielt, aber **Borellus** fand derweilen ein arabisches Manuscript von 7 Büchern auf der florent' Bibliothek. Davon gab er die Uebersetzung 1661 heraus, da indessen schon **Viviani** seine Divin. bekannt gemacht hatte. **V.** hatte nicht nur den Inhalt des Originals getroffen, sondern war noch tiefer eingedrungen als der alte Geom. selbst. Außerdem hat man noch Ap' P. con. sect Lib. V. VI. et VII ex Arab. Ms. ante 400 annos elaborato opera subitanea Latin. donati. a Chr. Ravio, Berlinate, orientt. L L. Prof. R. Upsal. Kiel 1669. 8vo min. Die Arabische Uebersetzung war von **Abdilmelek** aus Schiras, von dem auch eine Vorrede da ist, aus welcher man erfährt, daß es im Orient mehr arabische Uebersetzungen gegeben habe. Ihrer Unrichtigkeit und unnützer Weitläuftigkeit wegen tadelt der Perser eine dergleichen von **Ibn-Musa**, und rühmt die seinige als kürzer und richtiger. Ravius macht es bedenklich, ob nicht des Golius Mscpt. schon viel früher in der Leydenschen Bibliothek gewesen, und eins von dergl. fehlerhaften Arab. Exemplaren sey. Nach bereits 1646 flüchtig gemachter Uebersetzung kam nachher Ravius in Konstantinopel, man weis nicht wie, um das Arabische Exemplar und um die Figuren; auch fehlen die letzten Sätze des 7ten Buchs, dagegen sind vom 1sten und 2ten Sätze angegeben, die in andere Ausgaben fehlen; schade, daß wegen Mangel der Figuren und des schlechten Lateins das Buch fast unverständlich ist.

Ich

Ich nenne nur noch die beste Ausgabe des Apollonius von Halley 1710 in Fol.; die 4 ersten Bücher auch Griechisch, die 3 folgenden lat., und das 8te Buch nach des Pappus Auszug vortreflich wieder hergestellt*).

In die Zeiten des **Apollonius** gehört auch **Nikomedes**, der durch die von ihm erfundene **Muschellinie** das Delische Problem auflöste. Aber **Serenus**, der 2 Bücher von den Schnitten des Cylinders und von Kegelschnitten durch die Spitze geschrieben hat, die auch sowohl **Kommandin** als **Halley** ihrem **Apollonius** beigefügt haben, lebte schon nach C. G. Des **Perseus**, **Philo** und **Demetrius** Schriften von krummen Linien haben sich nicht erhalten. Jetzt gieng, wenn man den **Pappus**, der in seinen libris συναγωγης μαθηματικης (collect. math.) auch viel eignes hat, ausnimmt, die Epoche der Commentatoren an, wozu selbst der berühmte **Theon**, und seine Tochter **Hypatia** gehören. Zu Anfang des **sechsten Jahrhunderts** lebte **Eutokius** von Askalon in Palästina,

*) Ich bemerke hier nur noch beiläufig einige Apollonische, wenn gleich nicht zur höhern Geometrie gehörige, Schriften. Außer dem Traktat περι επαφων (de tactionibus §. 37) hat er auch noch περι λογου και περι χωριου αποτομης, und περι διωρισμενης τομης d. i. de sectione rationis, spatii et determinata geschrieben. Auch diese hat Willebr. Snellius nach dem Pappus wieder herzustellen gesucht, Lugodini 1607 und 1608. Das erste fand sich nachher Arabisch. Halley gab es 1708, eben nicht zu Snellius Vortheil, nebst seiner eignen Wiederherstellung des 2ten heraus. Um eben die Zeit stellte Gethaldi von Ragusa noch eine Schrift des Ap. de inclinationibus glücklicher wieder her. Endlich seine Abhandlung de locis planis sind von Fermat 1637, aber zuerst gedruckt 16-5, von Schooten 1659, aber mit algebraischer Analysis, endlich von R. Simson völlig nach der Methode der Alten 1746 wiederhergestellt.

lästina, der den **Archimed** und **Apollon** erläuterte, und uns in dem Commentar über den erstern die verschiedenen Auflösungen des Delischen Problems aufbehalten hat, worunter sich außer den bereits genannten auch noch eine vom **Apollonius** befindet, der klüger als **Menechmus** die Hyperbel mit dem Kreise kombinirte; ferner vom **Diokles**, der die **Cissois** zu diesem Behuf erfand.

Nach dem Ruin der Alexandrinischen Akademie und Bibliothek durch die Sarazenen, und der Unterdrückung der Wissenschaften, ermannten die Araber sich zuerst; doch waren sie, wie aus dem vorigen erhellet, überhaupt nur Uebersetzer, höchstens Scholiasten des **Apollonius**. Bis zu Ende des 16ten Jahrhunderts kann man nicht sagen, daß die höhere Geometrie irgend bedeutende Zusätze erhalten habe. Man hatte bis dahin weiter nichts darüber, als was aus dem **Apollonius** des **Kommandin** und dem **Pappus** genommen werden konnte; denn des **Maurolykus** Bearbeitung des **Archimed** fällt zwar in dieses Jahrhundert, kam aber erst 1685 ans Licht, und seine Divinationes in Apollonium, wie schon oben gesagt, nicht viel früher. Auch **Werners** Opera von 1522, und **Barocius** de Asymptotis Hyperbolae, die ihm paradox schienen, sind Bruchstücke der Alten. Noch wäre etwa von **Vieta** hier anzuführen, daß er durch seine Construktion der kubischen Gleichung das Band zwischen der algebr. Analysis und höhern Geometrie knüpfte.

C. Das siebzehnte Jahrhundert.

§. 47. Aber das an Erfindungen so reiche siebzehnte Jahrhundert war es auch in Absicht der höhern Geo-

Geometrie und Analysis. Wegen der Menge der Entdeckungen kann ich sie hier nur kurz berühren. Die Logarithmen brachten den **Gunter** zuerst auf die **logarithmische Linie.** **Kepler** führte in seiner Stereometrie 1615 zuerst den **Namen und Begriff des Unendlichen** ein, gab sogar schon **Regeln vom Größen und Kleinsten** an; auch bauete er vielleicht zuerst auf das Princip, daß das Produkt aus der generirenden Linie oder Fläche in den Weg, den ihr Schwerpunkt wegen der generirenden Bewegung derselben beschreibt, den Quadratinhalt der entstandenen Fläche, oder den Kubikinhalt des Körpers gäbe, welches in **Guldins** centrobarycis 1640 noch weiter ausgeführet wurde. **Cavalleri** schrieb seine Geometriam indivisibilium 1635. Er scheint Flächen aus Linien, Körper aus Flächen zusammensetzen zu wollen; wenigstens ist sein Vortrag ungeometrisch, und seine Sprache verworren und unlateinisch. Doch kömmt er durch seine fictionem heoristicam, wie man sein princ. indivis. wol nennen kann, und welches mit manchen ziemlich rohen Vorstellungen des Unendlich-Kleinen sehr viel ähnliches hat, auf manche wichtige Sätze, z. B. die Aehnlichkeit der Spirale mit der Parabel. Den oben angeführten Grundsatz §. 39 trägt er erst im 7ten Buch vor, und hätte besser gethan, nur diesen allein zum Grunde zu legen, da er behauptet, mit diesem allein alle aus dem pr. ind. geführte Beweise herleiten zu können. **Fermat** betrachtete 1636 **eine von der archimedischen verschiedene Spirallinie,** und **Descartes** fand (epist. 73. 74 P. I) die **logarithmische Spirale** §. 378, wie auch die allge. **Quadratur der Parabeln** von allen Ordnungen §. 259 h. M., die Bestimmung ihrer Tangenten und **Kubatur ihrer Konoiden** §. 310 h. M. **Roberval**, der übrigens für sich, wie es scheint, auf eine der **Cavallerischen** ähnliche Methode untheilbarer Größen gekommen war, sie aber zu lange verheimlichet hatte (hinc illae lacrymae und Krieg mit den Ital. Mathematikern), schrieb 1640 an **Fermat** von einem methodo tangg., der sich auf die Lehre von der zusammengesetzten Bewegung gründete. Die **Radlinie**, (Cyclois, Trochois §. 177. h. M.) wurde zuerst von **Galiläus** als eine besondere Curve bemerkt, deren Quadratur 1634 von **Roberval** auf des **Mersennus** Veranlassuug (s. dessen Harmon. univ. 1637) gefunden ward. **Descartes** fand ihre Tangenten (§. 238 h. M.), wie auch **Fermat** auf eine noch allgemeinere Art. Wie es scheint kamen in Italien **Torricelli** und **Viviani** für sich, der erste auf **Robervalls**, der andere auf **Cartesens** Erfindungen. Später, um 1658, haben **Wallis**, **Laloubere**, **Wrenn**, **Fermat**, und besonders **Paskal** wichtige Sätze von dieser Linie gefunden. Letzterer lehrte sie rektificiren (§. 302 h. M.), und schrieb ihre Geschichte; wozu man aber die weiteren Zusätze **Huygens**, z. B., daß ihre Evolute ebenfalls eine Radlinie (§. 397 h. M.), und daß sie eine Tautochrona (s. Hugenii Horolog. osculatorium) sey, ferner was **Leibnitz** und beide **Bernoulli** (s. Lect. hospit.) nicht blos von der gemeinen, sondern auch von den Epicykloiden entdeckt haben, hinzurechnen muß. — **Mydorge**, **Desargues** und **Paskal** betrachteten die Kegelschnitte nach der Methode der Alten, doch jeder ging von einem verschiednen Punkte aus; nemlich der erste betrachtete sie wie **Apollonius** als verschiedene Schnitte durch den Kegel, der zweite als einen einzigen Kegelschnitt, der dritte hat nur ein einziges Theorem und 400 Zusätze. Dieser **Paskal** soll als ein Knabe von 12 Jahren durch eigne Kraft die ersten 32 Sätze des Euklides erfunden haben; in seinem 16ten Jahre schrieb er seine „Theorie der Kegelschnitte". **Gregor. a St. Vicentio** machte wichtige Entdeckungen in seiner Quadr. Circ. et Hyperb. bekannt, z. B. schon die Be-

ziehung

ziehung der hyperbolischen Räume zu den Ordinaten also auch zu den Abscissen, worauf die Vorstellung von hyperbolischen Logarithmen (§. 296. h. M.) beruhet. So ist in seinem „Ductus plani in planum“ schon einiges Vorgefühl von Differentialien der Körpertheile, und in seinen eingeschriebenen und umschriebenen Rektangeln schon einiger Vorschmack des Integrirens enthalten. **Huygens** machte eine Reihe Sätze von der logarithmischen Linie in seiner „Tractatio de causa gravitatis“ bekannt, doch ohne Beweis, den **Guido Grandi** nachher hinzufügte. In England gab **Jak. Gregori** ein Werk „de vera circ. et hyp. quadr. 1664“ heraus. **Mich. Aug. Ricci** schrieb ein Buch „de maximis et minimis, worin er die Tangenten der Curven finden lehrt. **Viviani** beschäftigte sich auch um diese Zeit schon, des **Aristäus**, eines alten Geometers Schrift „de locis solidis“ nach dem **Pappus** wieder herzustellen; er gab aber erst 1701 diese Arbeit heraus.

§. 48. Des **Descartes** Entdeckungen in der höhern Geometrie wurden hauptsächlich durch seine glückliche Anwendung der algebr. Analysis auf die Theorie der krummen Linien hervorgebracht. Er unterschied zuerst in seiner Geometrie die geometr. und mechanischen Curven, statt daß man sie jetzt nach **Leibnitz** in algebraische und transcendentische eintheilt (§. 169. h. M.). **Descartes** löste eine Aufgabe, wobei die Analysis der Alten stehen geblieben war, auf, indem er die geometr. Construktion des loci ad tres et quatuor lineas, ja sogar ad quinque lineas durch seine neue Methode fand. Er lehrte auch die Konstruktion der kubischen, biquadratischen und kubokubischen Gleichungen; lehrte eine der **Robervallschen** vorzuziehende Methode der Tangenten (§. 225. h. M.), womit

mit die Auzotsche, von Schooten ad h. l. angeführte, zu vergleichen ist. Mit D. wetteiferte Fermat, der sich eine vom D. verschiedne, noch einfachere Methode der Tangenten ersann, und die Bestimmung des max. und min., aber ohne die Analysis zu geben, hinzufügte. Ich kann hier diejenigen beinahe nur nennen, welche Cartesens und Fermats Methoden weiter ausgeführt haben. De Beaune, welcher zuerst auch an die umgekehrte Methode der Tangenten dachte (§. 294. h. M.); Schooten, der einen schäzbaren Commentar über Cartesens Geometrie herausgab; de Witt, welcher „Elementa curvarum" schrieb, Hudde und von Hevraed. — Die Abhandlungen der genannten Verfasser sind insgesammt der Schootenschen Ausgabe von Cartesens Geometrie (s. §. 21) angehängt. Huygens und Sluse, der eine Methode fand, jede körperliche oder höhere Gleichungen auf eine unendlich verschiedene Weise durch den Kreis und die übrigen Kegelschnitte zu konstruiren, folgten mehr dem Fermat, dessen Methoden sie sehr vervollkomneten und bewiesen. Zur Konstruktion der Gleichungen haben nachher auch Rabuel commentaire de la Géometrie de Descartes, Guisnen Application de l'Algèbre à la Geometrie, Baker, Newton, Halley und beide Bernoulli algemeine Regeln gegeben.

§. 50. Im Jahr 1655 gab Wallis seine Arithmetik des Unendlichen heraus, worin er die algebr. Analysis auf die Geometrie des Untheilbaren in einem solchen Umfange anwandte, daß man von ihm eigentlich die neuesten Methoden, besonders in Quadratur der Räume herrechnen muß. Er quadrirte nemlich krummlinigte Figuren und kubirte Körper; auch solche deren Elemente sich umgekehrt wie die Abscissen

sen verhalten, durch unendliche Reihen, welche er aus den **Cavallerischen** Indivisibilibus formirte. Hiebei unterstützte ihn seine arithm. Entdeckung, wie man sich Potenzen mit negativen Exponenten gedenken müsse (§. 23). Dadurch gerieth er auch auf eine sinnreiche Quadratur des Kreises. Mittelst seiner Methode fand **Neil** die selbst von Descartes für unmöglich gehaltene erste absolute Rektification einer Curve, der nach ihm genannten **Neilischen** (einer kubischen) Parabel §. 300 h. M. Nach einer, bei einer transcend. Linie natürlich verschiedenen Methode rektificirte **Wrenn** die Radlinie, **von Hevraed** für sich die kubische nicht allein, sondern eine ganze Classe von Parabeln. **Brounkers** Reihen für den Kreis §. 24, und für die Hyperbel, die ersten Reihen dieser Art, worauf so viel ähnliche folgten, wie auch **Merkators** Entdeckung einer Reihe für die Hyperbel zwischen den Asymptoten waren alles Erweiterungen wozu Wallis Gelegenheit gegeben hatte. **Merkators** Logarithmotechnia, ein merkwürdiges Werk, worin die hyperbolischen oder natürlichen Logarithmen zuerst ausdrücklich dargestellt sind (S. III. der Integr. bes. §. 291 ff.), erschien 1668. Das Jahr darauf traten **Barrows** Lect. geometricae ans Licht, welche unter vielen neuen und tiefsinnigen Untersuchungen über die Curven eine der Fermatschen ähnliche, aber wieder noch einfachere, Tangentenmethode enthalten. Sein dabei vorkommendes kleines Dr. welches Leibnitz das charakteristische nannte, weil es jede Art Curven von jeder andern unterscheiden lehrt, war der Sache nach schon wirklich das heutige, bei der graden Methode der Tangenten in der Differentialrechnung (§. 225 ff. h. M.) betrachtete Dr. MRm, welches **Jakob Bernoulli** in Act. erudd. 1691 zugesteht.

Indessen war der große Newton 1663 in die Laufbahn der höhern Mathematik eingetreten, worauf er sich besonders des Wallis Werke zu Führern bediente. Er fand sogleich die Reihe für den Kreis (§. 303 h. M.), welche in seiner ersten analytischen Schrift: Analysis per aequatt. numero terminorum infinitas (Opusc. T. I. op. I. p. 9), die er bereits 1669 seinem Lehrer Barrow handschriftlich mittheilte, enthalten ist. Darin liegen auch an sich die Gründe der Fluxionen-Rechnung (welche eben den Zweck wie die Differentialrechnung hat) schon klar vor Augen, die er auf Barrows Zureden in methodo fluxionum et serierum infinitarum (l. c. opusc. II) weiter auseinander setzte, und 1671 herausgeben wollte. — Die erste Schrift ist aber wirklich erst 1711 und die andere gar allererst 1736 im 10ten Jahr nach N. Tode ans Licht getreten. Newtons Bescheidenheit und Scheu vor gelehrtem Streit (dergleichen seine große optischen Entdeckungen ihm zugezogen hatten) waren an dieser so langen Unterdrückung Schuld. Indessen war doch die gedachte Reihe für den Kreis mehreren auch dem Dav. und J Gregory bekannt geworden. Dieser erstere gieng in seinen Exercitationibus worin viel von seines Vetters Jakob G. Erfindungen vorkommt, noch weiter als N.; fand Reihen für den Bogen aus den sinus, für den Bogen aus der Tangente (§. 304 h. M.) und umgekehrt; selbst Reihen für die unmittelbare Berechnung der logg. tangentium et. secantium aus den Bogen und umgekehrt, auch eine Reihe für die Rektification der Ellipse. Das Werk über die letzten ist ungedruckt geblieben. Die Reihe aus dem Bogen für die Tangente fand auch Leibnitz für sich 1674, so wie viele andere Reihen zur Rektif. und Quadr. der Curven, die er in seinen Briefen dem Oldemburg, damaligem Sekretär der Lond-

Londner Societät der Wiss., mittheilte, durch welchen sie auch dem **Newton** bekannt wurden, der nun 1676 einen Brief an Oldembourg zur Mittheilung an Leibnitz schrieb, in welchem er einer von ihm erfundenen Methode, aber in einem unerklärbaren Anagramm, das auch entziffert nichts als den Titel seiner obgenannten zurückgehaltenen Abhandlung gelehrt hätte, obenhin erwähnt. Darauf machte **Leibnitz** 1677 mit deutscher Offenheit dem Old. seine neu erfundene Methode bekannt, die Tangenten der Curven zu finden, deren Gleichungen irrational sind, welche nicht anders als **Differentialrechnung** war. Im Jahr 1684 machte er diese seine Differentialrechnung in den Actis eruditorum Lipſ. öffentlich bekannt, und lösete damit bisher unauflösliche Aufgaben auf. In Absicht auf die Resultate, nicht die Gründe, kommt diese Rechnung völlig mit der Fluxionenrechnung überein, in deren geheimen Besitz Newton schon 15 Jahre früher war. Er hat aber nichts davon vor 1687 bekannt gemacht, da er **in der ersten Ausgabe** der principiorum philosophiae naturalis (der basi seiner Unsterblichkeit) dieselbe anbringet, aber zugleich Leibnitzen das Zeugniß giebt, daß derselbe vor 10 Jahren (1677) auf eine ähnliche Methode gerathen sey, die von der seinigen nur in Worten und Zeichen, und auch in der Vorstellung von der Entstehung der Größen, verschieden wäre, (indem Leibnitzens Differential eine Zunahme der ursprünglichen Größe, aber kleiner als jede gegebene Größe; Newtons Fluxion die anfängliche Geschwindigkeit seiner sich bewegenden Größe ist). Mehr braucht es nicht um den Streit zu beurtheilen, der nachher entstand: wer von beiden, und ob nicht vielmehr jeder für sich auf verschiedenen Wegen hier der Erfinder sey, wer aber doch am frühesten zu seiner Erfindung gelangt sey?

Während dieser Zeitperiode, nämlich 1674, hatte zuerst **Römer** die Epicykloiden und ihren mechanischen Gebrauch, welche Erfindung de la Hire im Traité des Epicycloïdes als seine eigne vorträgt, und **Tschirnhausen** 1682 die Brennlinien (curvas causticas) erfunden.

§. 51 Zu Leibnitzen gesellete sich zuerst, von 1687 an, **Jak. Bernoulli**, bald aber verband sich noch enger mit ihm dessen jüngerer Brüder **Joh. Bernoulli**, der fast noch weit umfassendere Talente als der ältere hatte. Sie führten gleichsam mit vereinten Kräften die Integralrechnung auf dem Grunde der Differentialrechnung auf, wodurch dieser neue Zweig der Analysis, welche man die Analysis des Unendlichen nannte, seine volle Ausbildung erhielt. Vorzüglich die in die höhere Geometrie gehörenden Curven wurden mit Hülfe des Differentio-Integralcalculs untersucht, vermehrt und überall bisher noch nicht bekannte und versteckt gebliebene Eigenschaften an ihnen entdeckt. So wurden die curva isochrona, (die indessen doch **Huygens** ohne Analysis des Unendlichen aufgefunden hatte), die Kettenlinie, die logarithmische Spirallinie (mit dem „eadem mutata resurgo auf Jak. Bernoullis Grabe, siehe die letzte Figur in diesem Buche), die isochrona paracentrica von Leibnitz und Jak. B., die curva elastica (1694), die Lintearia, die Segellinie von Joh. Bernoulli, die brachystochrona von eben demselben wie auch von Newton, auch von **Jak. Bernoulli** und l'Hospital, welche fanden, daß es auch die Radlinie und sey, die synchrona von beiden Bernoullis theils entdeckt, theils mittelst der neuen Methoden aufs Neue in Untersuchung gezogen. Joh. Bernoullis Forschungsgeist pfropfte auf den Stamm der Integralrechnung einen neuen Zweig, den sogenannten calculum exponentialem, wo man auf solche Größen hinaus rechnet, deren Exponent selbst veränderlich, z. B. $z^x = y$ ist. Er schließt sich an die allg. Logarithmenlehre (III. Abschnitt der Integralr.) an; so wie denn die Logistick selbst eine curva exponentialis ist, und alle übrige Exponentialen mittelst der Logistick construirt werden Joh. Bern. machte diese Rechnungsart zuerst 1697 in den Act. Eruditorum bekannt. Siehe Opp. Tom. I. n. 36 und T. III. n. 148 wie auch Kästner Anal. des Unendl. § 235 ff. (Euler hat umgekehrt auf die Exponentialrechnung die Theorie der Logarithmen gegründet Introd. in anal. infin. I. cap. VII.)

Durch Jak. Bernoulli breitete sich die neue Rechnung auch in Frankreich aus, und der von ihm mündlich darin unterrichtete Marquis de l'Hospital schrieb 1696 seine Analyse des infiniment petits; das erste Lehrbuch der Differentialrechnung, meistens wie es scheint nach Joh. Bernoullis Dictaten. Siehe commercium epist. Leibnitii et Bern. und die Vorrede zu de l'Hosp. Werke. Man erwartete aber vergebens von Leibnitzen, er würde in seiner versprochenen Scientia infiniti auch die Integralrechnung abhandeln. Daher wollte ihm niemand vorgreifen, bis 1707 G. Manfredi in Tractatu de constructione aequatt differentialium primi gradus alles was man bis dahin von der Integralrechnung wußte zusammenfaßte. Des Engl. Stone Werk method of fluxions ist viel später 1730 französisch 1735, herausgekommen. (Joh. Bernoulli T. IV. p 69). Nieuwentyts und Rolles Widersprüche gegen den Differentiointegralcalcül haben ihm keinen Abbruch gethan, sondern vielmehr zu mehrerer Bestimmung und Bestätigung desselben durch Vergleichung mit den

Me=

Methoden der griechischen Geometer beigetragen. Newtons theoretisch-mathematische Schriften machen den ersten Band seiner opusculorum aus, welche Lausannae et Genevae 1744 in 3 Bänden herausgekommen sind. Leibnitzens Schriften sind insgesammt von Dutens 1767 herausgegeben; Joh. Bernoullis und Jak. Bernoullis Werke sind die ersten 1742 in 4, die zweiten in 2 Bänden 1744 herausgekommen. Der 3te Band der ersten enthält die Lect. in calculum integralem in usum Hospitalii 1691 et 1692 habitas, woraus man urtheilen kann, wie weit man damals mit dieser Wissenschaft, besonders in der Theorie der Curven, schon eingedrungen war. Denn Leibnitz und Joh. Bernoulli legten im Vertrauen auf die Stärke des neuen Calcüls eine Menge Aufgaben in Beziehung auf Curven vor, die besonders in der höhern Mechanik vorkamen, und eben großentheils schon angeführt worden sind.

D. Das achtzehnte Jahrhundert.

§. 52. In diesem auch beinahe vollendeten Jahrhundert hat man mit den im 17ten errungenen Schätzen immer fortgewuchert. Die Kegelschnitte, oder die Linien der zweiten Ordnung, waren im Geist der Alten, welche sie immer aus ihrer Lage im Kegel selbst ableiteten, von de la Hire 1685. Mit vorzüglicher Concinnität von J. Milnes in sectionum conicarum elementis Oxon 1712 abgehandelt. Darauf sind sie vom M. de l'Hospital in sections coniques, die nach seinem frühen Tode 1720 herauskamen, und von la Chapelle tr. des sections coniques et autres courbes 1751, mit Anwendung auf Naturlehre und Technik, sehr umständlich algebraisch analysirt. Hubens analytische Abhandlung von den Kegelschnitten ist kürzer, und mehr eine Anleitung für

für das erste etwas weiter strebende Studium der h. Geometrie, wenn man die Analysis endlicher Größen, etwa nach Kästner, begriffen hat. Von den Schriftstellern, welche die gesammte Wissenschaft der kr. Linien ausführlich abhandeln, zeichne ich aus: Cramers Analyse des lignes courbes 1750 3⅔ Alph. in 4to besonders aber **Eulers** Introd. in an. infin. 2ter Th. 1748. Von beiden wird die Materie in großer Allgemeinheit, aber ohne Infinitesimal-Rechnung, abgehandelt. Es ist sehr viel werht, zu sehen, wie weit man mit den alten Methoden allein reicht, wenn man auch auf manche, blos geometrisch und blos durch Anal. des Endlichen hier nun bewiesene Sätze, wohl ohne jene Erfindungsinstrumente wenigstens sobald nicht zu Tage gekommen wäre. **Newtons** in enumeratione linearum IIItii ordinis 1706. (OP. T. I. op. IV) angegebene 72 Arten curv. IIItii ord. sind von **Euler** nach einem andern princ. log. divisionis auf 16, die 4te Ordnung aber auf 146 Gattungen gebracht. —

Die Gründe der Infinitesimalrechnung sind nach der insularischen Vorstellung, von quantt. fluentibus, von **Mac-Laurin** in seinem Treatise of fluxions 1742 II T. in 4to nach aller Strenge der altgriechischen Methode vorgetragen, welches aber auch von **Eulers** in institutt. calc. diff. 1755, und von den Herren **von Seguer**, **Kästner** und **Karsten** dadurch für die Leibnitzischen Differentialen geleistet ist, daß man alles auf die **Gränzen** (les limites) der **Verhältnisse** zurückgeführt hat. Hr. **Kästner** zeigt auch in der dritten Ausgabe seiner Analysis des Unendl. (1799), wie diese Rechnungsarten aus der Vorstellung der Fluxionen herzuleiten sind und was in den Vorstellungen der Mathematiker des festen Landes und der Insel von einander Abweichendes ist. Man hat demnächst die Differentialrechnung gebraucht, manches, wobei die Analysis des Endl. stehen blieb, genauer zu entwickeln. Dahin gehört die Lehre von den unmöglichen Wurzeln der Gleichungen, s. **Euler** Calc. diff. P. II. c, 12. 13.; **Kästners** Anal. des U. §. 174. ff. und de Gua Recherches du nombre des racines imaginaires, Mem. de l'Acad. 1741., — **Kästners** allgemeiner Beweis des Binomischen und Harriotschen Lehrsatzes (§. 12. ff. 219. und 63. h. M.) und der Newtonschen Regel von den Grenzen der Wurzeln; — die auf dem allgemeinen Binomialsatz gegründete Poly = oder Infinitinomial = Regel. Nach **Hindenburgs** Infinitinomii Hist., leges et formulae 1779 wird **Leibnitzen** die erste Erfindung lange vor 1695 (Comm. ep. I. 66, deren Ausbildung dem **Jak. Bernoulli** (in Arte conj.), und dem **Joh. Bernoulli** (in Comm. ep. I, 54) mittelst der Integralrechnung, dem **Moivre** (in Transact. anni 1697) durch Induktion, dem **Colson** durch Integriren, **Kästnern** durch bloße Differentialrechnung 1759 (in Progr. infinitinom. — formula) zugeschrieben, dem denn Hr. **Hindenburg** sein eignes kombinatorisches Verfahren beifügt. Das neueste hierüber ist der polynomische Lehrsatz u. s. w., neubearbeitet von **Tetens**, **Klügel**, **Kramp**, **Pfaff** und **Hindenburg** 1796. Die Integralrechnung ist, ungeachtet **Euler** in der Einleitung zu seinen Institutt calc. integr. 1768 und 1769 III. Tomi in 4to wol mit Recht behauptet, daß noch mehr darin zu erfinden sey, als bereits erfunden worden, doch in diesem Jahrhundert mit so vielen Zusätzen von den genannten und andern Schriftstellern, vorzüglich von **Euler** selbst, bereichert worden, daß hier die vollstänge Anführung derselben nicht Platz findet. Ich merke nur folgendes an.

§. 53. Aus den von **Jak. Gregory** erfundenen, und von **Leibnitz** bereits in Act. erud. 1682 bekannt

kannt gemachten Reihen zur Kreisrechnung (§. 50) sind nun zehn Sätze von Reihen, den Bogen durch trig. Linien etc. v. v. auszudrucken geworden; s. Kästner a. a. O. §. 281—304. Im §. 308 das. werden noch zwei Arten, die Reihe für den Umfang noch schneller convergirend zu machen, gelehret.*) Darauf, mit Lehren der analytischen Trigonometrie verbunden, gründet sich die neue Berechnungsart der trigon. Linien (Eulers Introd. §. 134 bis 137 und 142). Ferner gehört hierher die Vervielfältigung der Winkel mittelst der Tangenten (Opp. Joh Bernoulli T. I. n. 89); allgemeine Formeln für die Vieleckseiten (a. a. O. T IV. 152); Vortheile die Logarithmen der trig. Linien zu finden (Euler Introd. I. c. 11, Kästner a. a. O §. 340 ff.); die Methode rationale Funktionen durch Log. nach Zerfällung ihres Nenners zu integriren. (Joh. Bern.

*) Die letzte von diesem ist nach Hr. Klügels Behauptung, Arch. der Math. 9tes H., die vom Hr. Prof Grüson (1797) in seiner Pinakothek mitgetheilte, und bei der Uebers des Lacroix S. 104 (1799) wiederholte Formel, auf eine vortheilhafte Art so ausgedruckt:

$$\pi = 4 \left\{ \begin{array}{l} \frac{2^3}{1 \cdot 10} - \frac{2^5}{3 \cdot 10^3} + \frac{2^7}{5 \cdot 10^5} - \text{etc.} \\ - \frac{1}{1 \cdot 139} + \frac{1}{3 \cdot 239^3} - \frac{1}{5 \cdot 239^5} + \text{etc.} \end{array} \right\}$$

Nachdem was Kästner Anal. d. U. 17.9, und Klügel a. a. O. anführen, scheint sich zu ergeben, daß dies wirklich die Formel ist, wornach Machin die 100 Stellen Pl S. 422 berechnet hat. In Jones Synopsi palmar. mathem ist sie wohl nur als die Machinsche Formel angeführt. Bei Shervins Mathem. Tables soll sie zwar sehr entstellt stehen, doch so, daß ein solcher Kenner wie Kästner bei einer aufmerksamen Betrachtung sie noch erkannt hat. Indessen ist sie in den letzten Jahren von Ferronius de calc. integr. exerc. 1792 aufs neue angewandt; doch, wenn ich Kästner recht verstehe, schreibt Ferr. in den Transact. von 1776 sie auch dem Machin zu. Auch Hr Bürmann im Archiv 8tes Heft hat ebe. diese Formel aus der Kästnerschen, bei §. 304 meiner h M. für tg. (α+β gegebenen, als seine eigne hergeleitet: § 98; es könne aber niemand in den Sinn kommen, sagt Hr. Klügel a. a. O., Hrn. Bürmann (also doch auch wol Hr. Grüson) die eigne Erfindung abzusprechen. Hr. Gr. verspricht, bis auf 200 Stellen das π darnach mit Hülfe seiner Pinak. zu bestimmen.

Bern. T. I. n. 70), noch erleichtert von **Euler** Comm. Petrop. T. XIV. p. 99; Integrirung der Differentialen, die eine 2theilige Irrationalgröße enthalten (Euler Calc. int. T. I. S. 1. C. 2); die von **Clairaut** und **Fontaine** gemachten Entdeckungen über die Differentialen, welche mehrere veränderliche Größen enthalten, und deren Integration. (Wenn $dV = Pdx + Qdy$; so ist $\frac{dV}{dx} = P$, $\frac{dV}{dy} = Q$ und $\frac{dP}{dy} = \frac{dQ}{dx}$ (s. Mem. de Paris 1740. p. 419, **Euler** a. a. O. I. c. 7., **Karsten** Mathesis theor. sect. 26, **Kästner** a. a. O. §. 485)). Endlich **Nik. Bernoullis** Erfindung einer noch allgemeinern Methode als das **Newtonsche Parallelogramm**, s. Kästner. §. 465. So wie in allen Theilen der theoretischen, und vorzüglich der angew. Mathematik, der zu früh gestorbene vortrefliche **Lambert** sich als Erfinder gezeigt hat, so hat er auch in beiden Analysen in den Memoires de Berlin und in seinen Beiträgen mehrere neue Ansichten eröfnet, die hier nicht alle Platz finden. Dem was §. Planim. von ihm gesagt, ist aber noch beizufügen, daß er wirklich bewiesen hat, daß kein Bogen nebst der zugeh. trigon. Linie zugleich ein ration. Verhältniß zum Durchmesser haben kann, woraus die Irrationalität von r:p folgt, Mem. de Berl. 1761 und Beitr. II. 5. Die Analyse demontrée du P. Ruyneau war zwar für den Anfang des Jahrhunderts eine vollständige, wie wol fast zu weitläuftige, Darstellung von 914 Seiten in 4to fast aller damaligen (1708) analytischen Methoden. Allein in **Kästners** obgen. Anal. d. Unendl. findet man alle genannten und überhaupt wol die meisten neuen Entdeckungen in einem kurzen Raume beisammen; besonders auch, wie man die Natur der Curven aus Krümmungswinkeln, Rückkehrpunkten, Wendungspunkten, Krümmungskreisen erforsche; ferner auch die Lehren

Lehren von der Evolution, und wie man den Inhalt der durch Umwälzung der Curven entstandenen Körper und ihrer Flächen, wie auch den Schwerpunkt durch Integralrechnung findet. Größtentheils enthalten Joh. Bern. Lect. in usum Hospit. Opp. T. III. schon alle diese Lehren. Kästners dritte Aufl. 1799 ist stark, auch noch durch Variationsrechnung (wovon unten noch etwas), vermehrt. Wer, welches sich sonst sehr belohnet, durch den meistens sehr gedrängten Kästnerschen Vortrag für sich, mit einiger Anstrengung, sich nicht durcharbeiten will oder kann, wobei sonst Hr. Langsdorfs Erläuterung ihm zu statten kommen könnte, der wird freilich bei Segner curs. math. T. III. 1761, und in Karstens Mathesi theoretica 1764 oder vielmehr in dessen Lehrbegr. 2 Th. 2 Abth., auch in Nekos calc. diff. et integ. inst. 1770. leichtere Arbeit aber nicht so zahlreiche Methoden, finden. Durch die in diesem Handbuch etwas vollständigere Einleitung hoffe ich Anfänger auf ganz ausführliche, und mehr für schon ausgebildetere Mathematikbeflissene geschriebene Handbücher vorzubereiten.

§. 54. Ich nenne nur noch einige der neuesten, geschätztesten Lehrbücher über diese Wissenschaften, als Traité du Calcul differentiel et integral par *Cousin* 1777; L'Huiliers Principp. calc. diff. et integr. expositio elementaris 1795 in 4to, ist eigentlich eine weitere Ausführung seiner Preisschrift bei der Berliner Akademie „Exposition elementaire du calcul superieur". Der Verfasser bemühet sich durch Einschliessung der Differenzen in so sehr als man will verengte Gränzen, d. i. durch die Euklidisch-Archimedische Exhaustionsmethode, mit Vermeidung des Ausdrucks „unendlich klein", die ganze Differentialrechnung, mithin auch die davon abhängende Integration der Differentialien herauszubringen. Pasquichs Unterricht in der mathem. Anal. und Maschinenlehre

2 Bände 1791 und 1792, gr. 8tavo. Beide sind blos theoretisch; der erste enthält die Anal. des Endl., der zweite die Differential- und Integralrechnung. Von eben dem Verfasser „Opuscula Statico-Mechanica principiis Analyseos finitt. superstructa, 2 Volumm. 4to 1799. Das erste Vol auch unter dem Titel: Elementa Analyseos et Geometriae sublim. ex evidentiss. notionibus principiis que deducta ist nichts anders als ein System der Differential- und Integralrechnung, welche der Verfasser hier, so wie in seinem deutschen Werke, ganz auf die Vorstellung von den Grenzen der Verhältnisse zurückführet, nur sich überzeugt hält, alles viel strenger als seine Vorgänger, ohne alle Einmengung der Vorstellung vom unendlich Großen und Kleinen, hergeleitet zu haben; er steht also nach seiner Idee gleichsam isolirt da, indem er sich auch wider die Methode der gleich folgenden Verfasser erklärt, welche die Vorstellung von den Gränzen der Verhältnisse durch eine andre, ihrer Meinung nach von allen Gedanken ans Unendlich-kleine unabhängige, Schlußart unentbehrlich gemacht haben. Dies sind: Theorie des fonctions par le Cit. la Grange, 1798 und 1799; und Traité du calcul diff. et integr. par le C. la Croix à Paris 1797, beide übersetzt vom Herrn Prof. **Grüson** 1799. **Lacroix** leitet im Differentialcalcül alles nach den von **Lagrange** in dem gen. Werke angegebenen Principien aus der Entwickelung der Funktionen in unendl. Reihen her. Ich beziehe mich hier blos darauf, was §. 239. h. M. über diese Vorstellungsart bemerkt ist.

§. Ich darf nicht unterlassen, hier doch noch etwas weniges von zwei ganz neuen Zweigen oder Theilen der höhern Analysis beyzubringen. Erstlich über die **Variationsrechnung**. Wenn selbige gleich schon seit **Huygens**, **Leibnitzens**, und der beiden

Bernoulli Zeiten durch Untersuchungen, wie die über die Curve, welche die Lichtwellen des erstern, oder mit ihr analogisch die Cykloiden aus einerlei Anfangspunkt senkrecht schnitte, veranlaßt wurde, und hiernächst in Untersuchungen über Curvas brachystochronas, isoperimetricas u. m., den genannten Analysten beständig vorschwebte; so kam doch diese Variationsrechnung durch 2 Abhandl. des B. **Lagrange** von einer neuen Methode, die maxima und minima gewisser Integralformeln zu finden (Miscell. Taurinensia 1760), zuerst recht zur Sprache, und **Euler** ergriff diese Idee mit seiner ganzen Kraft, wovon unter mehreren sein Appendix calc. variationum zu seiner Integralrechnung 1770 die Frucht war. Er giebt folgende Definition: Calculus variationum est methodus inveniendi variationem, quam recipit *expressio* ex quodcunque variabilibus utcunque conflata, dum variabilibus vel omnibus vel aliquibus (vel unicae) variatio tribuitur. Er spricht so allgemein, um anzudeuten, daß man die Variationen zu gar vielen Absichten suchen könne. Indessen erhellet doch, daß so wie die Differentialrechnung zur Bestimmung der größten und kleinsten Werthe, welche z. B. die Ordinaten y in einer Curve haben, gebraucht wird, so diese, die Variationsrechnung, dienet, zu untersuchen, welche, z. E. zwischen zwei Punkten gezogene, Curve in irgend einer Absicht die größte oder kleinste, z. B. die brachystochrona, sey. Bei der gewöhnlichen Differentialrechnung ist ein Transitus a puncto curvae ad aliud punctum; bei der Variationsrechnung ist es der Transitus a curva ad, vel in curvam, was dem Untersucher vorschwebet. Außer **Kästner**, wie oben gesagt ist, hat nur noch erst **Cousin**, und **Burja** im selbstlernenden Algebraisten, diese Rechnung in sein Lehrbuch aufgenommen.

§. 56. Noch wichtiger, und viel umfassender ist die **combinatorische Analytik**. Sie greift in die gesammte Analysis ein, und ist der Gipfel des Gebürges, wenn die gemeine Arithmetik das Vorgebürge, die bisherige Analysis des Endl. und Unendl. das Mittelgebürge vorstellen. Wenn die eigentliche Auflösung einer analyt. Aufgabe durch eine Formel ausgedruckt wird, so wird selbige auf eine oder mehrere Weise **Combinationen der zu der Aufgabe gegebenen Größen** (der Datorum) darstellen; wenn anders letztere, so wie die ganze **Vorstellung der Aufgabe im Verstande**, mithin auch ihr Wortausdruck (Enunciatio), **allgemein** genug war. Denn wenn in dem Ausdruck der completen Auflösung, oder in der Formel des Resultats, **durchaus kein einziges combinatorisches Gesetz** sichtbar wird, so kommt dies nur davon her, daß man sich die Aufgabe noch nicht allgemein genug dachte, sondern immer nur noch (vielleicht ohne es zu glauben) einen speciellen, wenn gleich nicht individuellen Fall, statt der, alle Classen umfassenden Abstraktion, vorgestellet hat. So giebt, um ein leichtes Beispiel anzuführen, das Resultat von $(x + a)(x + b)(x + c)\ldots$ Coefficienten der Potenzen von x, welche sichtbare Summen von Ambenprodukten, Ternenprodukten u. s. w. aus den Daten a, b, c sind; dagegen giebt $(x + 2a)(x + 3b)(x + 4c)\ldots$ oder gar $(x + 2)(x + 3)(x + 4)\ldots$, als zu speciel, und gar individuel genommene, der Allgemeinheit sonst fähige Aufgabe, keine sichtbarlich dargestellte Combination in seinen Coefficienten, wenn letztere gleich allerdings auch Summen von Ambenprodukten der Daten sind. Könnte man also jedes (Haupt-) Problem der Analysis allgemein genug (in den Sinn) fassen, und andrerseits für jede Combination (Complexion) ein-

einfache kurze recht charackteristische Zeichen, und dann auch Regeln finden, die Auflösung jener Probleme von höchster Allgemeinheit so einzuleiten, daß das Resultat sich in diesen einfachsten Zeichen darstellen müßte: so wäre dies eine Methode, die bis zu ihrem Erfinder ganz fehlte, wodurch man, bisher wol schon für allgemein angesehene, Genera von Auflösungen in eine Classe durch die allgemeinste Auflösung zusammen fassen, von welcher man dann wieder zu weniger generellen, zu speciellen bis zum Individuellen durch bloße Substitution zurück gehen kann. Diese **Auflösungskunst durch combinatorische Zeichen** geht nun offenbar den entgegengesetzten Weg, den bisher die Analytik hat gehen müssen. Je allgemeiner in der Analyse die Auflösungen waren, je zusammengesetzter wurden die Formeln. Siehe S. XXII. der Vorrede zur ersten Abtheilung. Bei den combinatorischen kürzen sie sich wieder ein, und umfassen doch mehr Classen von Problemen, wie bisher. — Die Schwierigkeit wird vors erste noch freilich darin bestehen, sich bis zur Geläufigkeit in Ausübung ihrer Regeln hinaufzuschwingen. Dann aber wird sie leichtere Uebersicht des Umfangs der Wissenschaft gewähren, und die Anwendung aufs speciellere wird leichter noch als bisher seyn. Denn sie wird in kürzern Zeichen doch alles fassen, was jede, selbst individuelle Auflösung bestimmt. Freilich muß ihr Algorithmus, d. i. die Behandlungs- und Verbindungsart der combinatorischen Zeichen vom bisherigen Algorithmus verschieden seyn, aber auch durch baldmöglichste Generalisirung der Vorstellung und ihrer Enunciation den letztern immer mehr entbehrlich machen.

§. 57. So wie ich hier die Vorstellung von der combinatorischen Analytik gegeben habe, mag sie wol, wenn gleich nicht völlig so deutlich, dem großen Leibnitz bei seiner berühmten Idee einer Artis characteristicae combinatoriae (S. act. Erud. Lips.. 1700. Opp et Opp. T. II. 382. III. p. 34. 35. 416. cet.) vorgeschwebt haben. So viel Wehrt er aber auch darauf setzte, und sie durch sich oder andere ausgearbeitet zu sehen wünschte, so verlor man sie doch fast ganz aus den Augen, wovon, wenn ich nicht irre, auch darin der Grund liegt, daß L. mit seiner Arte char. alles wissenschaftliche umfassen wollte, vide Opp. T. II. 360., daher man dieses mit dem Projekt einer allgemeinen Sprache in eine Classe warf, und die Ausführung eines solchen Ideals aufgab. Wenn daher auch andere in speciellem Fall combinatorische Auflösungen in der Wissenschaft, die ihrer gewis fähig ist, (Cramer bei Eliminationen, Boscowich beim Polynomium) anbrachten; so war dies, wenn man seine Verbündeten Jak. Bern. in arte conjectandi und Joh. Bern. ausnimmt, weder mit Rücksicht auf Leibnitz noch auf seine Generalideen, sondern ein gleichsam nur zu diesem einzelnen Problem ad tempus ersonnener Kunstgrif. Dahin gehört auch eine sehr frappante Stelle, diemir mein gel. Freund Hr. P. Grüson in Spohrs Algebra gezeigt hat, wo die Umkehrung der Reihen völlig nach combinat. Analytik, sogar per combinn. numeri propositi aufgelößt ist, und wer nicht auf dem Titel 1776 sieht, wird glauben der Mann müsse durchaus die nur 2 Jahr spätern Hindenburgischen Schriften über diesen Gegenstand gelesen haben. Hr. Hindenburg schrieb nämlich 1778 eine Dissertation: Infinitinomii dignitatum indeterm. leges et formulae, die 1779 zu einer mäßigen Abhandlung erwachsen wieder herauskam, wozu 1781: Novi systematis, permutationum ac variationum primae lineae auch erst als Dissertation, dann vermehrt als Abhandlung hinzukamen. In der ersten dieser Hauptschriften wurde quantum satis von der combinatorischen Zeichenlehre mit

An-

ad pag. 549.

In der combinatorischen Analytik sind von den Classen,
zionen oder der Einzer selbst und den Amben, Ternen

(1, 2,
a, b,

die combinatorischen Zeichen, welche daher C. Z. d. i. Classenzeichen überschrieben sind.	I. Permutationen. §. 25. h M	C. Z.	II. Combina... §. 25. h. ... 1) ohne	oder mi... derho...
	1, 2, 3, d a, b, c, d	'A	1, 2, 3 a, b, c	•
	1, 2, 4, 3 a, b, d, c	'B	12, 13, 23 ab, ac, bc	11, 12, 1 aa, ab, a e
		'C	123 abc	111, 12 aaa, ab e
		'D	o	

Anm. Ohne Wiederholungen ist späterhin dur
vorgeschlagen, ich mögte lieber einen bloße
für mit, also ·¹B, ·⁴B schreiben.

Sind also z. B. die Zeiger der Reihenglieder ·,

und etwa die gegebene Reihen { A, a, α

so über die Classenzeichen gesetzt anzeigen

daß z. B. $\overset{p}{{}^{1}A}$ = 𝔄, 𝔅, ℭ, 𝔇 = allen einzelnen Glie

$\overset{qp}{{}^{2}B}$ = a𝔄, a𝔅, aℭ . . . b𝔄, b𝔅, bℭ . . .

$\overset{rqp}{{}^{3}C}$ = αa𝔄, αa𝔅, αaℭ . . αb𝔄, αb𝔅 . . . αc𝔄
und dergleichen.

Summen der gleich viel Glieder enthaltenden Comple-
aus den Einzern formirt werden, z. E. aus dem Index

ten, durch

t Versetzungszahlen. Zahlen oder ohne Wiederholung.		III. Variationen, d. i. Combin. mit allen Versetzungen einzeln ausgedrückt.	
3.		E. Z.	
	1, 2, 3, 4 a, b, c, d	${}^{1}A$	1, 2, 3
	11, 12, 13 aa, 2ab, 2ac etc. 12, 13, 23 2ab, 2ac, 2bc	${}^{1}B$	11, 12, 13 . . 21, 22, 23 . . 31, 32 . .
C	11, 112 . . . 123 aaa, 3aab 6abc 123 6abc	${}^{1}C$	111, 112, 113 . . 121, 122, 123 . . 131, 132, 133 . . 211, 212 . . .
			u. s. w.
)	. . . .		

Aber meistens beziehen sich die Variationen nicht auf einzelne Data, sondern auf ganze Reihen von Datis.

. so sind

. p
. . q
. r
etc.

} die Reihenexponenten welche

Reihe p

= allen Amben aus q und p

aus r, q, p in der Folge der Reihenexponenten sey.

Anwendung auf die Polynomialformel ꝛc. und in der zweiten nebenstehenden Tabelle das comb. Zeichensystem umständlich vor Augen gelegt. Es ist fast unmöglich, kurz davon einen Begrif zu geben. Nebenstehende Tabelle ist noch weniger als eine Scitze.

§. 58. Was die Tabelle enthält, nennt der berühmte Erfinder combinn. et varr. *simpliciter* (od. ganzer Classen). Wenn man aber von $^{1}A = \begin{matrix}1&2&3&4\\a&b&c&d\end{matrix}$ alle Ternen nach II. 1) mit Wiederholung aufsucht, nämlich:

$$^{3}C = \begin{matrix}111&112&113&114&122&123&124&133&134&144\\aaa&aab&aac&aad&abb&abc&abd&acc&acd&add\end{matrix}$$

$$\begin{matrix}222&223&224&233&234&244&333&334&344&444\\bbb&bbc&bbd&bcc&bcd&bdd&ccc&ccd&cdd&ddd\end{matrix};$$

so ist $1+1+1=3$ und $444=12$; die Summen der Ziffern der übrigen Ternen liegen zwischen 3 und 12. Diese Summen geben nun Unterabtheilungen der Classe, welche dadurch bezeichnet werden, daß man statt (³) an eben der Stelle Ziffern vor den C. Z. setzt z. E.

$$^{3}C = \begin{matrix}111\\aaa\end{matrix} \;*\; ^{4}C = \begin{matrix}112,&122\\aab,&abb\end{matrix} \;**\; ^{8}C = \begin{matrix}134,&223\\acd,&bbd\end{matrix} \;***\; ^{12}C = \begin{matrix}444\\ddd\end{matrix}$$

Dies nun heißen Summenexponenten, welche auch auf II. 2) und auf III in der Tab. anwendbar sind.

Wenn der Index $\begin{pmatrix}1&2&3\\a&d&c\end{pmatrix}$; so ist

$$c^{5}C = 3\begin{pmatrix}113\\aac\end{pmatrix} \text{ und } 3\begin{pmatrix}122\\abb\end{pmatrix}$$

Hiedurch nun (und hierin besteht der von Leibnitz eben bemerkte Hauptvortheil, wenn über die allgemeinen Buchstabenzeichen Ziffern gesetzt werden) daß man alle Complexionen immer eben so ordnet, wie man die Zahlenbegriffe in steigenden Wehrten mit 1, 2, 3, 4 u. s. w. angeben würde, ist es möglich, durch ein auch rechter Hand unten an das C. Z. angehängte Ziffer

an-

anzudeuten, die wie vielste Complexion in der ganzen Classe oder in einer Unterabtheilung gemeint sey. So ist z. B.

$$ {}^{1}C_{2} = \overset{112}{aab}; \quad {}^{1}C_{7} = \overset{124}{abd} \text{ und } c\,{}^{1}C_{2} = \overset{122}{abb} $$

Da hier nur eine kurze historische Nachricht gegeben werden soll; so läßt sich von der Anwendung dieser Charakteristik nur blos durch eine Resultatsformel einer Aufgabe ein Beispiel geben, ohne den wissenschaftlichen Beweis zu führen.

Es soll ins Polynomium

$$ y = \overset{1}{a} + \overset{2}{b} + \overset{3}{c} + \overset{4}{d} + \ldots \overset{r}{p} $$ potenzirt werden, so ist

$$ \begin{aligned} y &= a^{1}A + a^{2}A + a^{3}A + \ldots\ldots + a^{r}A \\ y^{2} &= b^{2}B + b^{3}B + b^{4}B + \ldots\ldots + b^{2r}B \\ y^{3} &= c^{3}C + c^{4}C + c^{5}C + \ldots\ldots + c^{3r}C \\ y^{4} &= d^{4}D + d^{5}D + d^{6}D + \ldots\ldots + d^{4r}D \end{aligned} $$

So giebt nun z. B. für y^{4} der Index die erste Quaterne $\overset{1111}{aaaa}$ (also durch Wiederholung) und die letzte $\overset{rrrr}{pppp}$. In jener ist die Summe der Ziffern 4, also das erste Glied $d^{4}D$. In dieser ist die Summe 4r, daher das letzte Glied $d^{4r}D$ die nähere Entwickelung findet man bei Hr. H. in infinitinomii dignitatibus. So heißt $d^{5}D$ nach Tab. II, 2 (mit W.): man soll unter den Quaterne - die der Index giebt (wegen D) alle die, deren Bezifferung die Summe 5 giebt (wegen des Summenexp. 5), und alle, die an sich gleiche Einzer, wiewol in verschiedener Ordnung enthalten, durch einen Coefficienten, die Versetzungszahl (wegen d) in die 2te Sammlung zusammen fassen.

Ich führe nur noch kurz an. T oder t heißt im System terminus, und $p^{n}t(m-n)$ z. B. das $(m-n)$te Glied der zur nten Potenz erhobenen Reihe p.

So

So heißen a, b etc. wenn a, b Coefficienten seyn sollen, daß sie nur angenommen, also erst zu bestimmen sind.

In eben der Voraussetzung heißt a_2 überhaupt a_n, b_3, b_n u. s. w. daß man resp. den 2ten oder nten Coeff. der ersten, den 3ten überhaupt nten der 2ten Reihe meine. Man könnte dies auch durch Ziffern, andeuten wie 1_2x^2, 1_nx^n, 2_3x^3, 2_nx^n. (Man hat noch mehr Coefficienten-Bezeichnungen angegeben worüber man sich vereinigen sollte).

Nützlicher sind die **Distanzexponenten** der Coefficienten. Man nimmt von diesen einen; meistens wol den ersten, Coeff. gleichsam als Anfangspunkt an, und schreibt nun, jeden der übrigen anzudeuten $\overset{-2}{a}, \overset{-1}{a}, \overset{0}{a}\ \overset{1}{a}\ \overset{2}{a}\ \overset{3}{a} \ldots \overset{n}{a}$. So heißt $\overset{n}{a}$ der nte, den ersten nicht mitgezählt. Schade, daß hier eine Zweideutigkeit entsteht, weil Hr. H. auch statt αz^n, βz^{n-1} schreibt $\overset{n}{\alpha}$, $\overset{n-1}{\beta}$. Man könnte, wie unter andern Ursus in s. Alg., schreiben $\overset{X}{18}$ statt $18z^{10}$; $\overset{XXVIII}{1}$ statt z^{28} und $\overset{N-1}{\alpha}$ statt αz^{n-1}. Noch ist vorzüglich zu merken, daß Hr. H. die Binomialcoefficienten schreibt

$$\frac{m}{1} = {}^m\mathfrak{A},\ \frac{m.m-1}{1.2} = {}^m\mathfrak{B} \ldots {}^m\mathfrak{N} = \frac{m.m-1 \ldots (m-n+1)}{1.2 \ldots n}$$

Die deutschen Unzialbuchstaben unterscheiden dies von obigen ${}^mA$, ${}^mB$, den Classen mit Summenexponenten.

§. 59. Nach diesen und dergleichen combinatorischen und andern Zeichen haben nun Hr. Prof. Hindenburg selbst und seine Schüler, wie auch andere Mathematiker seit 1778 schon manches Problem combinatorisch aufgelöset. Der Erfinder selbst hat die allgemeine Potenzirungsmethode mit Beweis in Infinitinomio; Multipl. und Div. der Reihen in Nov. syst.

von

von S. 69 — 83 durch Tafeln. Zweierlei Formeln für die Reversion der Reihen in nov. syst. p. 30 ff., welches Hr. **Eschenbach** de ser. rev. 1789 durch die Regel, jeden Coefficienten unabhängig von den vorigen zu finden, noch vervollkommet, und welche Hr. **Rothe** mit einem völligen Beweis versehen hat. Hrn. Prof. **Fischers** Theorie der **Dimensionszeichen** 1792, auf welche der Verfasser für sich gerathen zu seyn behauptet, giebt eine allgemeine Potenziirungsmethode und Auflösung der Gleichungen durch unendliche Reihen mit mehrerm was davon abhängt durch seine Zeichen, mit großer Deutlichkeit und Gründlichkeit an, welches, denke ich, da nach H. und dem Verfasser selbst, kein wesentlicher Unterschied zwischen beiden Bezeichnungen ist, dereinst in die allgemein angenommene combinat. Sprache übertragen, aber dem Theil des comb. Systems, in welchem Hr. F., ohne es einmal zu wissen, gearbeitet hat, gewis vortheilhaft seyn wird *). Uebrigens hat Hr. Hindenburg und andere, besonders im mathemat. Archiv seit 1795 noch manche Anwendungen der combinat. Analytik, welche hier alle anzuführen zu weitläuftig, gezeiget, und so mannigfaltigen Stof für das System einer Wissenschaft gesammlet, dessen völlige Darstellung durch den talentvollen Erfinder selbst jeder wünschen muß, der sich für die allgemeine Analysis interessirt. Ich bin, um noch kürzer zu seyn, Hrn. Prof. **Fischers** kurzer Darstellung der combinat. Anal. in seiner Vertheidigung über den Ursprung der Dimensionszeichen, gefolgt.

*) Wenn ein Mann von so bekannten Talenten und Rechtschaffenheit wie Herr Fischer aufs theuerste versichert, daß er auf seine Dimensionszeichen ganz für sich gerathen sey, und an keine allg. comb. Analytik dabei gedacht habe, muß ihm der Unpartheiische wol glauben; und da sein damals von der Mathematik ganz heterogenes Amt ihn hinderte, seine Lectüre darin weit auszubreiten, so daß er seine wenigen Nebenstunden blos auf seine Schrift verwenden konnte, so ist es auch sehr gedenkbar, daß er H. H. frühere Schriften vorher nicht studirt haben mag.

§. 60. Ueber Geschichte und Litteratur der Mathematik nenne ich die von mir gebrauchten Schriften:

Zur Geschichte führe ich an.

1) *Heilbronneri* Hist. Math. universae a Mundo cond. ad sec. XVI. Praec, Mathem. vit. dogm. scripta et Mss. complexa Acc. rec. Elementt. Compendd. et Opp. mathem. et Hist, Arithm. ad nostra tempp. Lips. 1742. 4to Doch mehr bloße Litteratur, zwar nicht ohne Kenntniß doch nicht tief eindringend, auch nicht allemal hinreichend genau. S. Scheubel mathem. Bücherkenntniß I. B.

2) *Montucla* Histoire des Mathematiques — leurs progrés depuis leur orig. jusqu'a nos jours le tableau et le devel. des princip. decouv. les contestations qu'e ô f naitre et les princ, tr. de la vie des Mathemac l p celebres II T, 4to zus. 7 Alph. 7 B. A Pars 1758 Ein fernvoller Auszug ist bei Scheubel 1 B. Ob die neue angekündigte Ausgabe schon heraus ist, weis ich nicht gewis. Auch ist eine deutsche Uebersetzung Berlin 1800 angekündigt. Immer ein schätzbares Buch. Einen dritten Band über das 18 Jahrhundert hat man von dem noch lebenden Verfasser lange vergebens erwartet. Der Verfasser war in seinem Alter nach Amerika ausgewandert, lebt aber jetzt wieder in Paris. Nur die vermischten math. Wissenschaften, oder die verschiednen Baukünste hat er ausgeschlossen. Die Geschichte soll pragmatisch seyn, d i. auch die Veranlassungen und den Gang der Erfindungen zeigen, welches ihm meistens auch geglückt ist. Manchmal freilich sinds Muthmaßungen. In der Litteratur ist er, wiewol nicht so oft, wie sonst wol seine Landsleute, zuweilen nicht genau genug.

3) Dies findet man viel vollkommener in Hrn. Hofrath Kästners Geschichte der Mathem, wovon wir 4 Bände von 1796 bis 1800 in 8vo erhalten haben. Wenn der Kaiser von China vormals alle 50, und seit 1600 alle 20 Jahre, statt ein mathematisches Tribunal von Europaern anzusetzen, einen mathem Mandarin nach Europa gesandt hätte, um sich nach dem Zustande seiner Wissenschaft im Westen zu erkundigen, und ein mit dem jedesmaligen Umfang derselben und ihrer Litteratur so bekannter Gelehrter als der Verfasser hätte dem Morgenländer vom Fortgange derselben seit der vorigen Epoche eine solche Uebersicht, wie an manchen Stellen seines Buchs ist, und solche litterarische Kenntnisse von Büchern, die merkwürdig oder doch sehr im Gebrauch waren, gegeben, würden diese

Nach-

Nachrichten, im mathem. Archiv zu Peckin niedergelegt, wol nicht den chin. Gelehrten vom jedesmaligen Zustand der Mathem. eine hinreichende Kenntniß gewähren? Was kann man denn wesentlich mehr von einer Litterärgeschichte verlangen? Und leistet der verehrenswürdige Greis dies nicht alles? Man lasse ihn doch seinen eignen Weg gehen und wünsche nur, daß die fortuna Mathematica ihn denselben vollenden lasse, damit der von ihm seit 60 Jahren gesammlete litterarische Schatz der Nachwelt zu Gute kommen. Es thut mir leid, daß man ihn mit Bitterkeit meisterte. Nutzen kanns nicht, hätte schaden können.

Zur Litteratur führe ich an.

1) Scheibels mathematische Bücherkenntniß 19 Stücke seit 1760. Ein Werk von entschiedenem Wehrte. Was der Verfasser vor die Hand nimmt, bearbeitet er mit deutschem Fleiß und zuverläßig. Z. B. seine Bibliographie des Euklides, der Fortification und jetzt der astronomischen Schriften, und so mancher kernvoller Auszug und Recension wichtiger und seltner Bücher.

2) Murhards Litteratur der mathematischen Wissenschaften 1797 1798. Ich brauche mit Dank, was der Verfasser gesammlet hat. Aber doch wünschte ich, hin und wieder mehr Vollständigkeit und Akkuratesse. Z. B. Unter den trigonometr. Schriften wundert man sich v. Oppelus Analysin Triangulorum 1746; Lorys sphär. Trigonometrie von 1783, ja ein solches Hauptwerk wie Cagnoli Trigonometrie von 1786 nicht zu finden Commandins Apollonius steht 100 Jahr später als Serenus, der mit ihm in einem Bande 1566 zugleich heraus kam, und ist hier besonders auf 1666 angesetzt, des Memmius früher Ausgabe, auch die von Maurolykus fehlt ganz rc.rc.

Außer Wolfs 1717 und Ozanams (1590) mathematische Wörterbücher (ersteres nach den Alphabeth letzteres nach den Wissenschaften) die jetzt schon zu unvollständig sind, nenne ich Rosenthals 1794 ff und Hrn. Prof. Klügels Encyklopädie. Letztere habe ich zwar noch nicht gesehen, verspreche mir aber mehr eigengedachtes in derselben zu finden, als bei Hrn. Rosenthal, wenn ich gleich nicht leugnen will, daß letzterer meist aus den besten Quellen geschöpft hat, und daher gar nicht unbrauchbar ist, aber zu weitläuftig werden muß, wenn er, wie bisher, aus ausdrücklich dazu geschriebnen Büchern wörtlich ganze Theorien abschreibt, nicht auszieht.

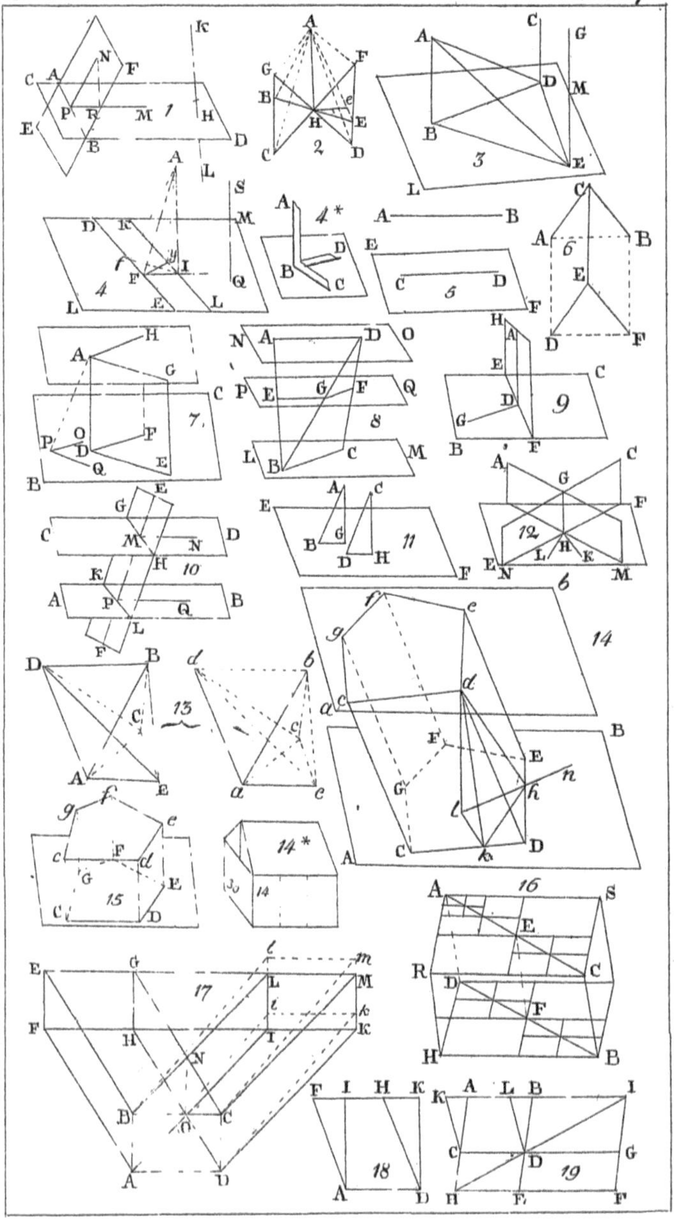

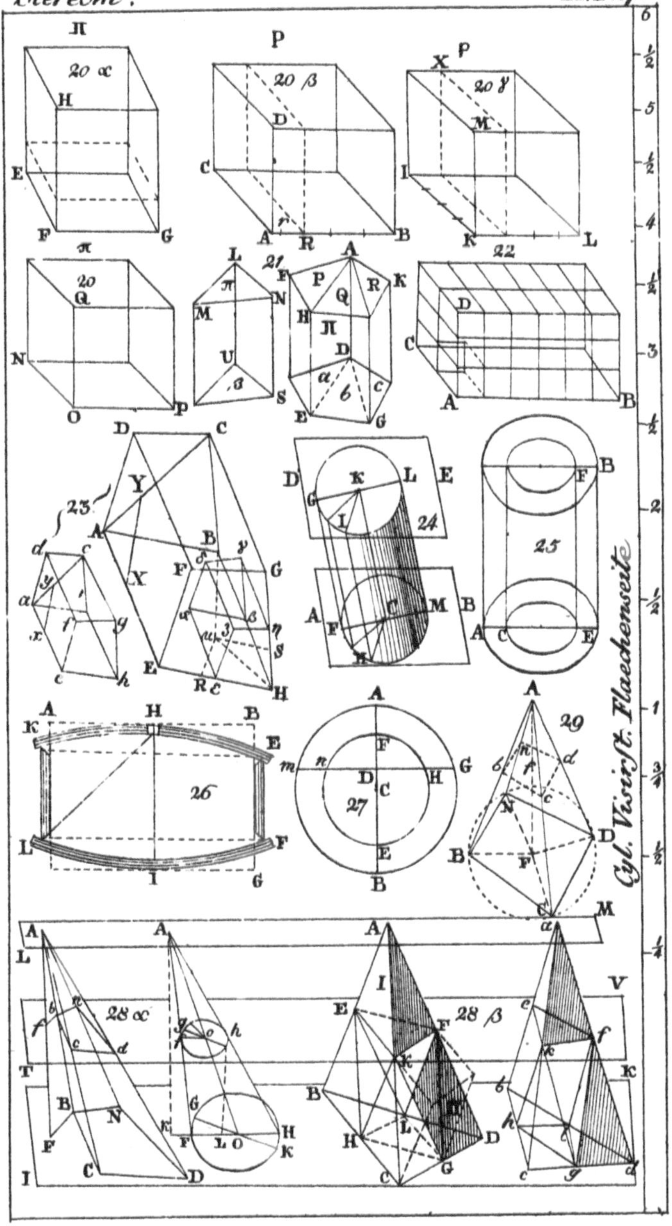
Cyl. Visirst. Flaechenseite

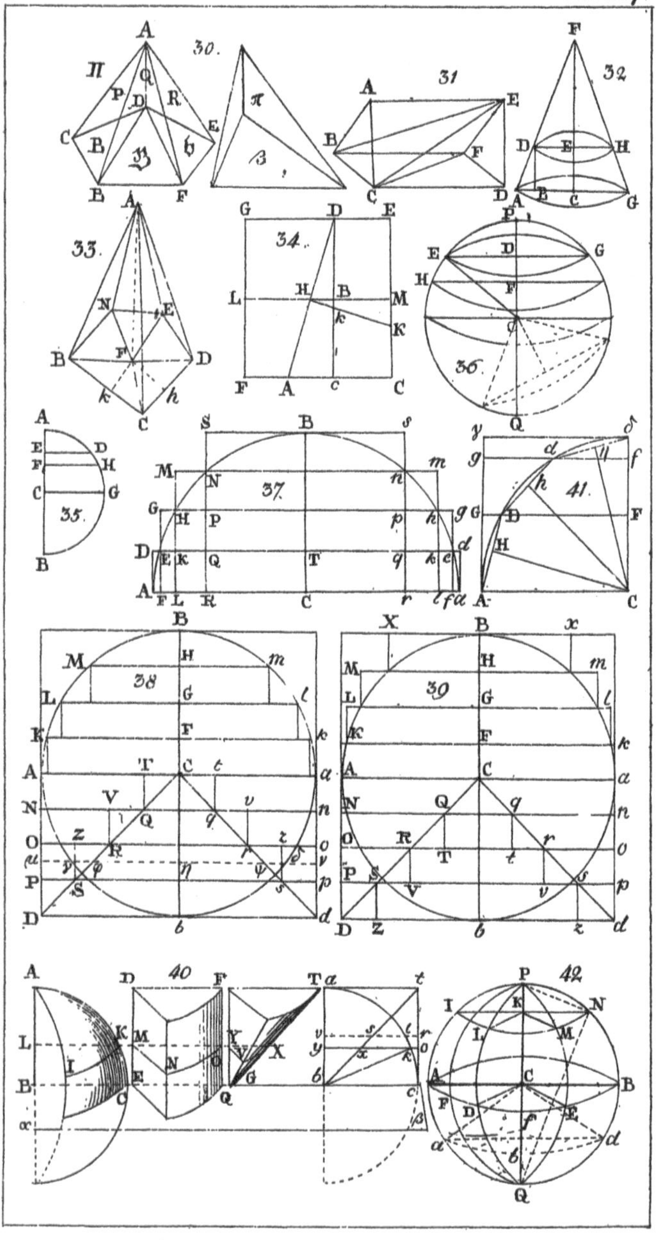

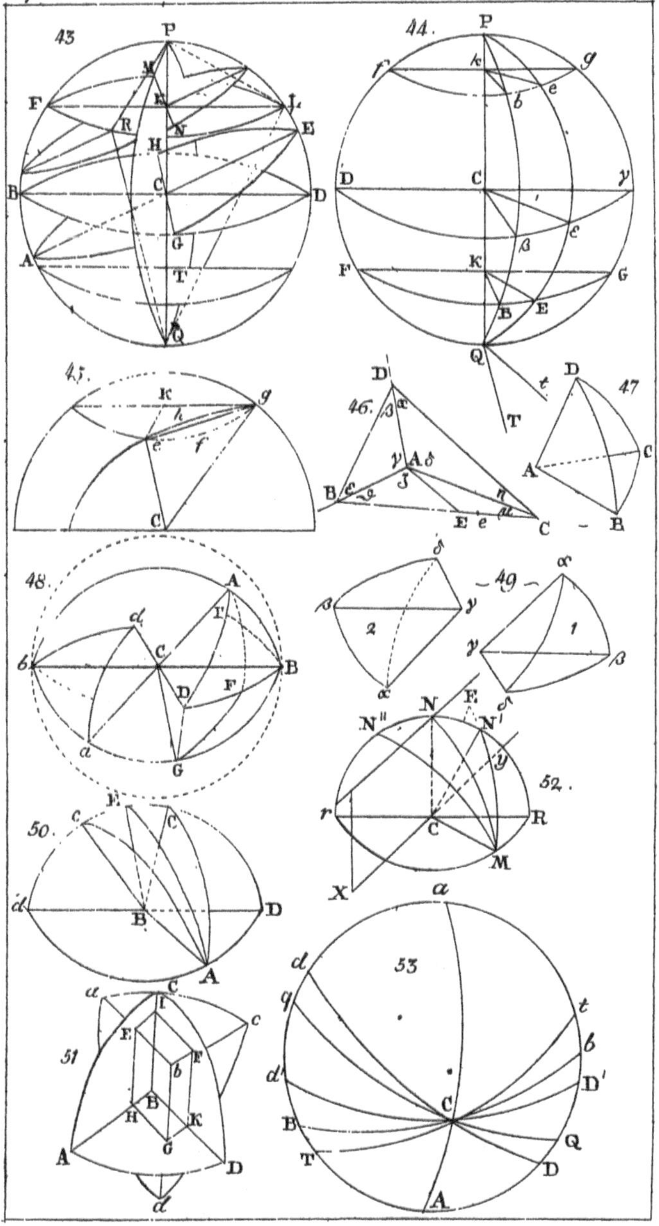
43
44.
45.
46.
47
48.
49
50.
51
52.
53

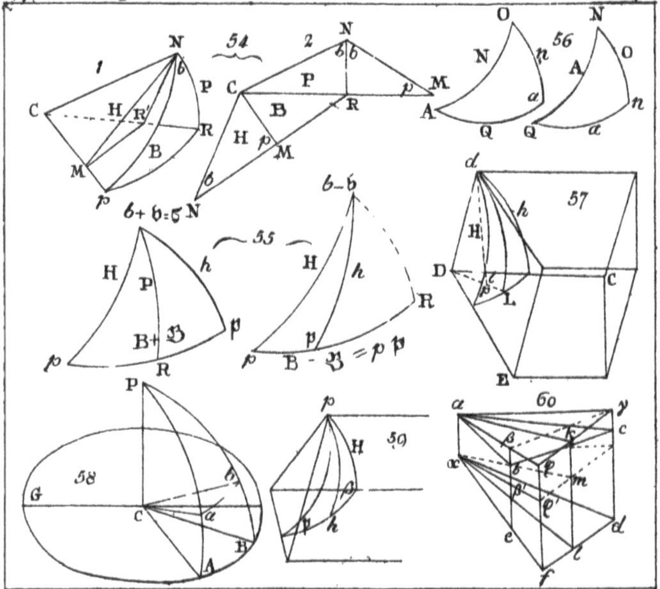

Hoehere Geom. u. Analysis inf.

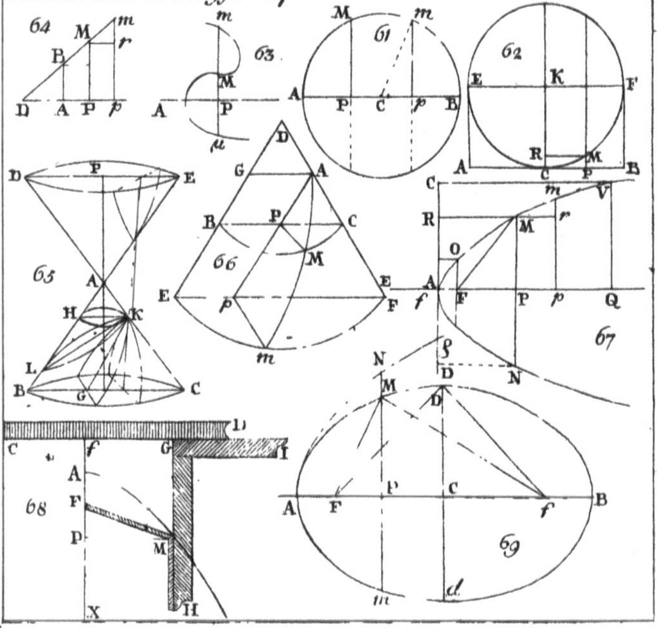

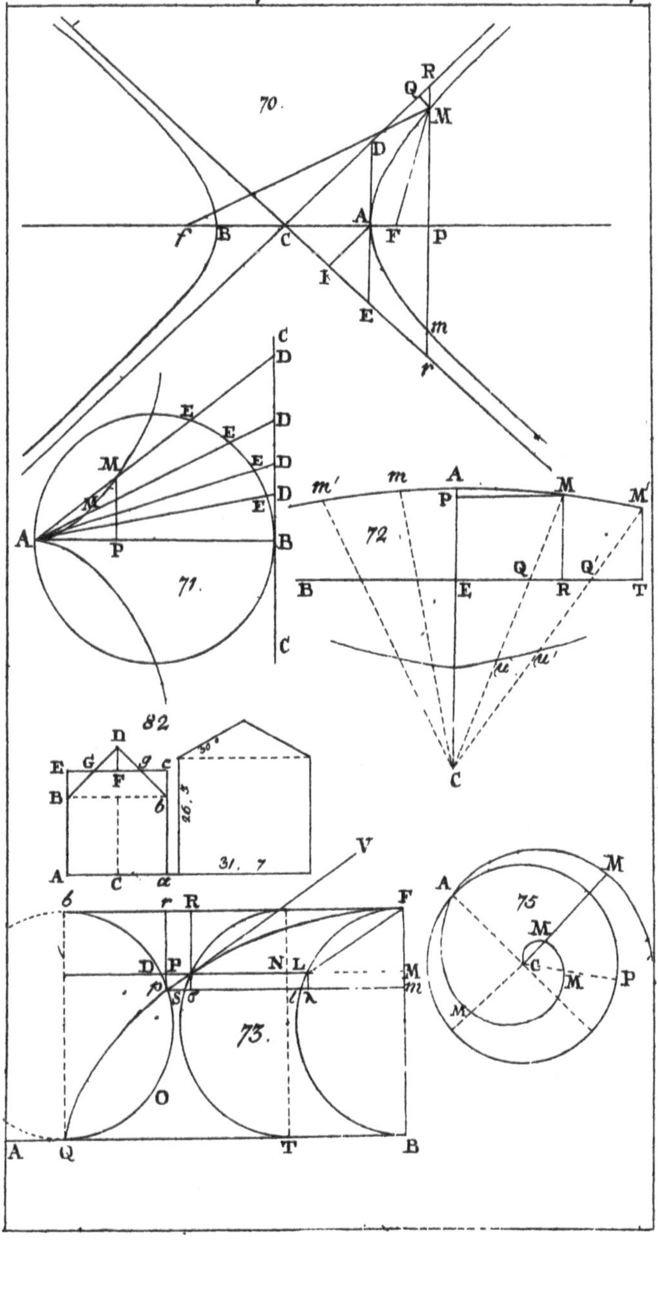
70.
71.
72.
73.
75
82
30°
26,3
31, 7

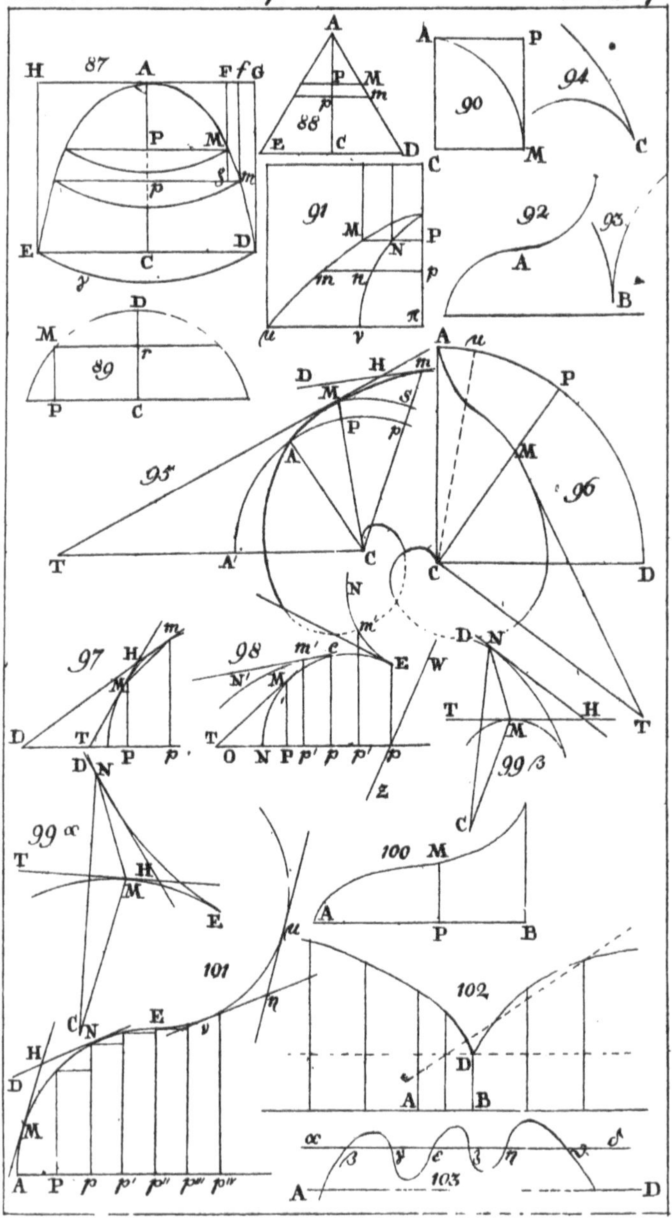
87
88
89
90
91
92
93
94
95
96
97
98
99 α
99 β
100
101
102
103

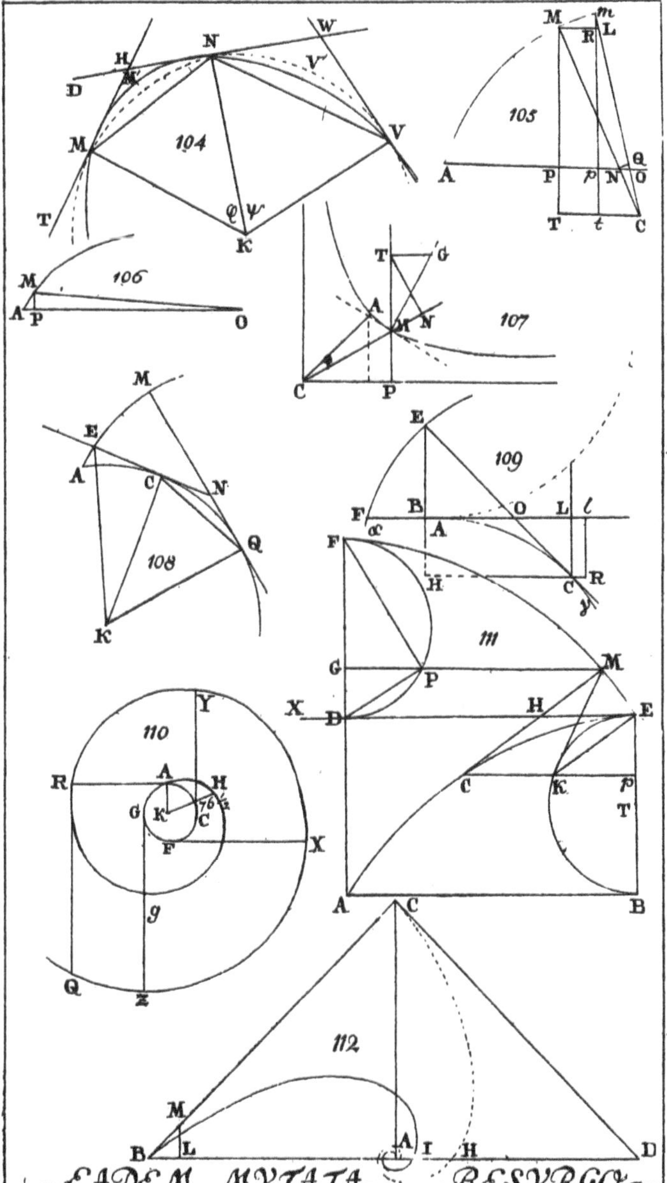

EADEM MUTATA RESURGO

www.ingramcontent.com/pod-product-compliance
Lightning Source LLC
LaVergne TN
LVHW092111300926
849161LV00002B/104